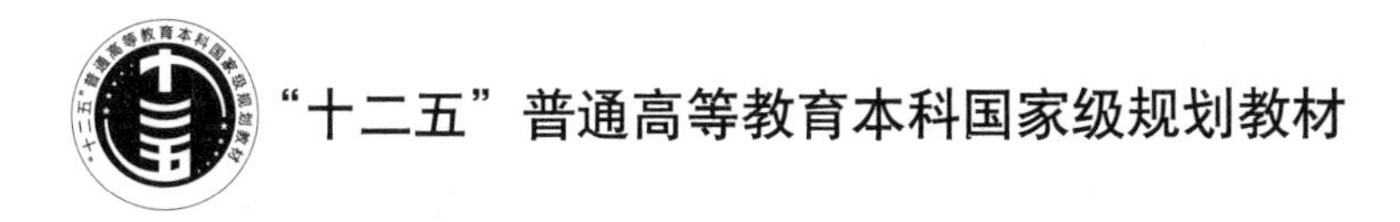

机类、近机类

机械设计基础系列课程教材

机械制图（第二版）

Engineering Graphics and Mechanical Drawing (Second Edition)

田 凌 冯 涓 主编

Tian Ling Feng Juan

清华大学出版社
北 京

内 容 简 介

本书根据教育部高等学校工程图学教学指导委员会2005年制定的“高等学校工程图学课程教学基本要求”及最新发布的《机械制图》、《技术制图》等国家标准编写而成，是普通高等教育“十二五”国家级规划教材，是清华大学国家级精品课“机械制图”课程的使用教材。

全书共分5个单元，构成了机械制图完整的知识体系。

第1单元：机械制图的基本概念、作用，国家标准的相关规定，徒手绘图、仪器绘图、计算机绘图的基本方法；

第2单元：点、线、面等几何元素的投影规律及其相对位置关系，投影变换方法；

第3单元：体的构成以及用投影图表达空间形体的方法。从简单体入手，通过平面与体相交、体与体相交、叠加、切割等多种方式，构成复杂的形体，进一步讲解复杂形体的投影规律及三视图表达方法。同时，讲解轴测图和透视图的特点、用途及画法。

第4单元：在体的三视图表达的基础上，研究复杂形体的多种表达方法和手段，包括多视图、剖视图、断面图以及尺寸标注方法等。

第5单元：机械零部件的表达方法，包括：标准件及常用件的画法，零件图，装配图，公差与配合、表面结构等。

本书及配套习题集(田凌、许纪旻主编，清华大学出版社)可作为高等院校64～128学时的机械类、近机类各专业机械制图课程的教材，也可供机械工程领域的技术人员参考。

图书在版编目(CIP)数据

机械制图：机类、近机类/田凌，冯涓主编. --2版. --北京：清华大学出版社，2013(2024.7重印)
机械设计基础系列课程教材
ISBN 978-7-302-32971-8

Ⅰ. ①机… Ⅱ. ①田… ②冯… Ⅲ. ①机械制图－高等学校－教材 Ⅳ. ①TH126

中国版本图书馆CIP数据核字(2013)第147805号

责任编辑：庄红权
封面设计：傅瑞学
责任校对：赵丽敏
责任印制：刘 菲

出版发行：清华大学出版社
网　　址：https://www.tup.com.cn，https://www.wqxuetang.com
地　　址：北京清华大学学研大厦A座　　**邮　　编**：100084
社 总 机：010-83470000　　**邮　　购**：010-62786544
投稿与读者服务：010-62776969，c-service@tup.tsinghua.edu.cn
质量反馈：010-62772015，zhiliang@tup.tsinghua.edu.cn
印 装 者：天津安泰印刷有限公司
经　　销：全国新华书店
开　　本：185mm×260mm　　**印　　张**：26　　**字　　数**：596千字
版　　次：2007年9月第1版　　2013年9月第2版　　**印　　次**：2024年7月第16次印刷
定　　价：68.00元

产品编号：053325-07

前言

本书是在田凌、冯涓、刘朝儒主编的《机械制图》(机类、近机类)第一版的基础上,根据教育部高等学校工程图学课程教学指导委员会2005年制定的“高等学校工程图学课程教学基本要求”及最新发布的《机械制图》、《技术制图》等国家标准修订而成。

本书是清华大学国家级精品课程“机械制图”的使用教材,编写中汲取了清华大学在机械制图教学中长期积累的丰富经验,特别注重体现精品课建设的经验和近十年来教学研究及改革的成果,立足于满足新的人才培养目标对图学教育的新要求。

本书第一版是普通高等教育“十一五”国家级规划教材,2007年9月出版以来,多次重印,2008年被评为北京市高等教育精品教材,2012年获清华大学优秀教材特等奖(每4年评选一次),2012年入选第一批普通高等教育“十二五”国家级规划教材,此次修订,受到清华大学“985”三期名优教材建设项目的资助。

本书有以下特点:

(1) 在教材的体系结构方面,以现代产品设计制造过程为应用背景,以形体构造能力与图形表达能力为主线,加强机械制图的核心内容,对基本理论、基础知识和基本技能给予充分的重视,为学生进一步学习机械设计后续课程和开展机械工程领域的研究及实践奠定良好基础。

(2) 在教材的组织结构上,根据知识点的内在关系,将内容划分为5个单元。各单元之间既相对独立,又彼此联系。每个单元都有明确的阶段目标,循序渐进,使学生最终掌握完整、深厚的机械制图基础知识和基本理论。学生在学习过程中有明确而清晰的思路和目标,前后知识紧密相联,避免学习过程中的盲目性。

(3) 在教材的写作上,既注重对基本概念和基本原理做深入准确的论述,又注重体现本课程分析问题和解决问题的独特方法。所选择的例题由浅入深,具有典型性,并设计了适量的综合性、应用性题目,以满足研究型教学的要求。

(4) 由田凌、许纪旻主编的《机械制图习题集》(第二版)与本书配套使用,编排顺序与本书相同。作者还配套制作了电子版课件、习题答案和3D模型库,供教师和学生参考。其他教学参考资料和教学资源,可以登录清华大学精品课程网站中的“机械制图课程”查阅。

(5) 本书及配套习题集可作为高等院校64～128学时的机械类、近机类各专业机械制图课程的教材，用“ * ”号标示的内容建议为选学内容。

本书由清华大学机械制图课程负责人和骨干教师编写。参加第一版编写工作的有田凌（各单元提要和第 1 章、4～6 章）、冯涓（第 3 章、第 7～11 章）、刘朝儒（第 2 章、第 13～15 章和附录）、许纪旻（第 12 章）和杨小庆（第 16 章）。参加第二版修订工作的有田凌（各单元提要和第 1～2 章、4～6 章、第 12～15 章和附录）、冯涓（第 3 章、第 7～11 章）和杨小庆（第 16 章），武园浩和王占松参加了部分绘图和编辑工作，全书由田凌负责统稿和定稿。

本书继承了清华大学机械制图课程长期积累的教学成果和资源。在此，向多年来在课程建设中做出贡献的教师致以诚挚谢意。

在本书编写过程中，得到了清华大学教务处的积极推动和大力支持，在此表示衷心感谢。

由于编者水平有限，书中错误在所难免，敬请读者批评指正。

编　者

2013 年 8 月于清华园

目录

第1单元 机械制图的基本知识和基本技能

第2单元 几何元素的投影

第3单元 体的构成及投影

第4单元 形体的表达方法

第5单元 机械零部件的表达方法

第1单元

机械制图的基本知识和基本技能

本单元主要介绍机械制图的基本概念、作用，国家标准的相关规定，徒手绘图、仪器绘图、计算机绘图的基本方法等入门知识。

1 绪　论

1.1　机械制图的应用背景

在机械工程领域，机械图是表达设计对象最重要的载体之一，是交流设计思想的有效手段，在产品设计与表达中具有语音、文字、实物模型等其他载体不可替代的作用，是名副其实的“工程师的语言”。

机械产品的典型设计过程如图 1-1 所示。首先对产品的需求及设计要求进行详细、科学的分析；面向需求，进行概念设计，确定应采取的原理方案，建立起产品的概念模型；在概念模型的基础上，进行产品的结构设计，确定为实现以上原理方案所需要的机械结构，建立初步的装配信息模型，生成装配结构草图；根据装配结构草图进行零件的详细设计，并对原装配结构进行必要的修改，最后建立零件信息模型，生成零件图。在结构设计和详细设计阶段，常常需要进行必要的工程分析(如受力分析，运动学、动力学分析)，根据分析结果，对初始设计进行修改和优化。在上述工作基础上，形成最终的零件图、装配图，同时建立起零件、部件及产品的完整信息描述，将这些设计结果传送到工艺设计环节，进行零件加工工艺和部件、产品装配工艺设计，然后进入机械制造环节，形成最终产品。

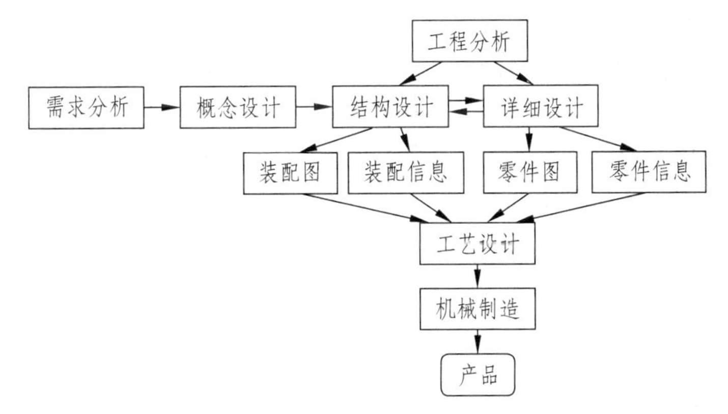

图 1-1　机械产品的典型设计过程

在上述产品设计过程中，机械图(零件图、装配图)不仅起着表达设计结果、承载设计信息的作用，而且起着引领设计过程的作用。例如，一张装配图从最初的草图开始，不断细化、修改、完善，最终成为正式装配图的过程，对应着一个产品从初始结构设计开始，不断细化、修改、完善，最终完成整个产品设计的过程。因此，绘制产品的机械图不只是一个简单的画图过程，在一定程度上也体现了一个产品的设计过程。

1.2 本课程的性质、任务和主要内容

从机械制图在产品设计过程中的地位和作用不难看出，机械制图课程是一门工程技术基础课，教学目标是使学生掌握机械工程设计表达的基础知识、基本理论、基本方法、基本技能和典型手段，以投影理论为基础，培养学生的空间想象能力和形象思维能力，培养构形与表达能力，积累工程科学的基本科学素质，并为学习机械设计后续课程和开展机械工程研究及实践奠定基础。

本课程以现代产品设计制造过程为应用背景，以形体构造能力和图形表达能力为主线，包括正投影的基本理论、常用的二维视图表达方法、用于创意与构思的轴测草图、计算机绘图基础等，构成机械制图的完整知识体系。使学生具备对空间几何问题进行图示和图解的能力，具备将工程技术问题抽象为几何问题的能力，具备绘制和阅读机械图样的能力，初步掌握徒手绘图、仪器绘图和计算机绘图的能力。

本书在结构上，将教学内容划分为5个单元，前后呼应，有机结合。每个单元都有明确的阶段目标，通过循序渐进地学习每个单元的内容，学生可以掌握完整、深厚的机械制图基础知识和基本理论，使学习过程中有明确的思路和目标，前后知识紧密相连，从而避免学习的盲目性。教师也可以以单元目标为线索，开展研究型和实践性教学。围绕单元目标设置研究型题目和动手实践的专题，使学生能够及时运用所学的知识研究问题和解决问题，增强实践能力，进而增强学习的主动性和自觉性。

本课程的主要内容如下：

第1单元 机械制图的基本知识和基本技能。主要介绍机械制图的基本概念、作用，国家标准的相关规定，徒手绘图、仪器绘图、计算机绘图的基本方法等入门知识。

第2单元 几何元素的投影。研究点、直线、平面等几何元素的投影规律及其相对位置关系，为进一步研究体的投影打好基础。同时，研究投影变换的方法，为进一步提高图解能力和今后学习空间结构的设计及分析打好基础。

第3单元 体的构成及投影。在几何元素投影的基础上，研究体的构成及用投影表达空间形体的方法。从简单体入手，通过平面与体相交、体与体相交、叠加、切割等多种方式，构成复杂的形体，进一步讲解复杂形体的投影规律及三视图表达方法，培养空间想象能力和形象思维能力，为后续学习打好投影基础。同时，讲解轴测图和透视图的特点、用途及画法。

第4单元 形体的表达方法。在体的三视图表达的基础上，研究表达复杂形体的多种方法，包括多视图、剖视图、断面图、尺寸标注方法等，着重培养运用所学的投影理论及多种表达方法表达复杂形体的能力。所选例题的复杂程度有所提高，超出组合体的概念，更加接近工程实际，为进一步学习零件图和装配图打下基础。

第5单元 机械零部件的表达方法。以机械零部件的表达方法为主线，将公差与配

合、表面粗糙度以及相关的国家标准和规范联系起来,形成机械设计表达的完整知识体系,着重强调解决实际问题的能力。在与本书配套出版的习题集中给出了一些研究型和实践性的题目。

1.3 投影方法的基本概念

1. 投影的形成和分类

物体在太阳光或灯光照射下,会在地面或墙面上产生影子,形成投影现象。对影子和物体之间的几何关系进行科学研究和抽象,形成的在投影平面上表示空间物体的方法,称为投影方法。

在研究物体的投影时,把影子投落的平面称为投影面,把光线或视线称为投射线。投射线、被投影的物体和投影面,是形成投影必备的 3 个条件,也称投影三要素,见图 1-2。画出物体投影的方法,称为投影法。

根据投射线是交于一点还是相互平行,投影法分为中心投影法和平行投影法。

1) 中心投影法

在图 1-2 所示的投影中,所有的投射线都从一点发出,该点称为投影中心,这种投影法称为中心投影法,用中心投影法画出的投影图称为中心投影图。

2) 平行投影法

在图 1-3 所示的投影中,所有的投射线都互相平行,这种投影法称为平行投影法,用平行投影法画出的投影图称为平行投影图,投射线的方向称为投射方向。平行投影法在工程上应用十分广泛。

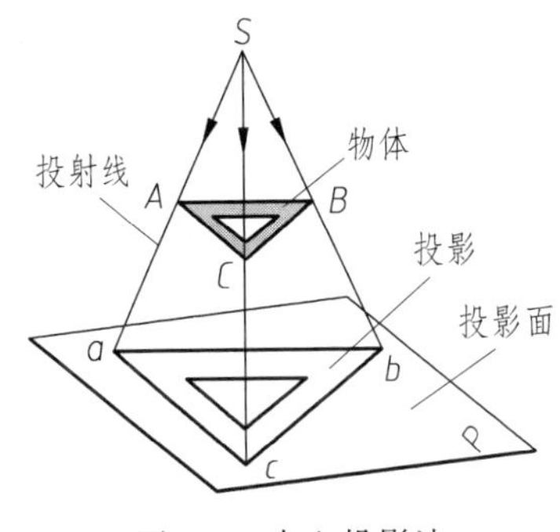

图 1-2 中心投影法

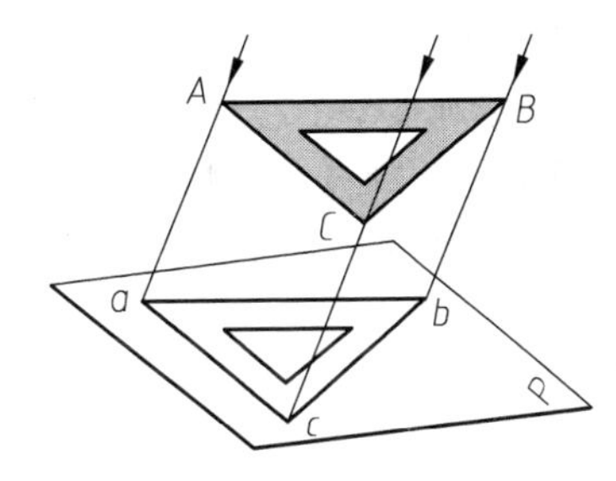

图 1-3 平行投影法

根据投射线与投影面的倾角不同,平行投影法又分为斜投影法和正投影法。

(1) 斜投影法。当投射线与投影面倾斜时,称为斜投影法,如图 1-4(a)所示。用斜投影法画出的投影图称为斜投影图。

(2) 正投影法。当投射线与投影面垂直时,称为正投影法,如图 1-4(b)所示。用正投影法画出的投影图称为正投影图。

2. 工程上常用的几种投影图

在机械工程领域中,常用的投影图有正投影图、轴测投影图和透视投影图。

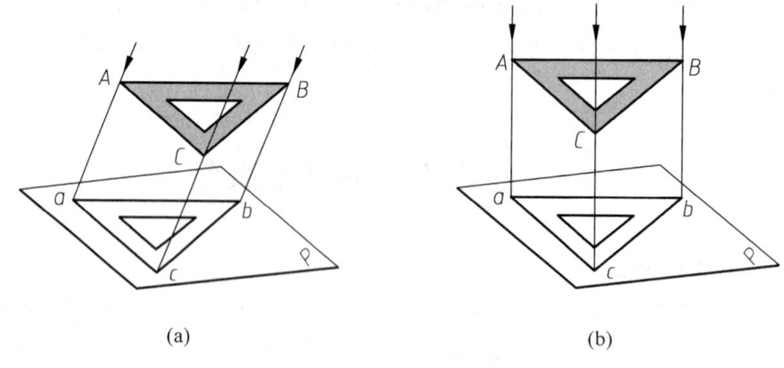

(a) (b)

图 1-4 斜投影法和正投影法

(a) 斜投影法；(b) 正投影法

1）正投影图

用正投影法把物体向一个或多个互相垂直的投影面进行投射，所得的图样称为多面正投影图，简称为正投影图。得到物体的投影图后，各个投影面需按一定的规则展平到同一平面上。正投影图的优点是能准确地反映物体的形状，作图方便，度量性好，所以在工程上得到了广泛应用。其缺点是立体感差，掌握工程制图知识且具备较好空间想象能力的人才能看得懂。

2）轴测投影图

轴测投影图简称轴测图。这种投影图是按平行投影法绘制的。它的优点是立体感强，易于看懂。缺点是度量性不够理想，作图较麻烦。工程中常用轴测图作为辅助图样。

3）透视投影图

透视投影图简称透视图，是按中心投影法绘制的投影图。画图时，通常使画面位于物体和观察者之间，观察者透过画面“视”物体而画出图形，故称之为透视图。它的优点是形象逼真，适用于画大型工程建筑物的辅助图样。缺点是度量性差，作图复杂。

本书对上述3种投影图都加以介绍。其中，正投影图是机械工程中应用最广泛的一种投影图，是本课程学习的重点。

机械制图的基本知识

机械图样是用来表达设计思想和进行信息交流的，规范性要求很高。为此，对于图纸、图线、字体、作图比例以及尺寸标注等，均以国家标准方式作出了严格规定，每个制图者都必须坚决遵守。本章对此择要介绍。

为了使绘图质量高、速度快，绘图者必须有坚实的基本功。因此，本章还对工具使用、绘图方法与步骤、基本几何作图和徒手绘图技能等作基本介绍。

2.1 机械制图国家标准基本规定

2.1.1 图纸幅面和格式

图纸幅面和格式由国家标准《技术制图　图纸幅面和格式》(GB/T 14689—2008)规定。

1. 图纸幅面

图纸幅面指的是图纸宽度与长度组成的图面。绘制技术图样时应优先采用表 2-1 所规定的基本幅面 $B\times L$(单位为 mm)。

表 2-1　图纸幅面及图框格式尺寸

幅面代号	A0	A1	A2	A3	A4
$B\times L$	841×1189	594×841	420×594	297×420	210×297
a	25				
c	10			5	
e	20		10		

必要时，也允许选用由基本幅面的短边成整数倍增加后所得的加长幅面。在图 2-1 中，粗实线所示为基本幅面(第一选择)；细实线和虚线所示为加长幅面(第二选择和第三选择)。

绘图时，图纸可以竖用(短边水平)或横用(长边水平)。

2. 图框格式

图纸上限定绘图区域的线框称为图框。在图纸上必须用粗实线画出图框，其格式分为不留装订边和留有装订边两种，但同一机械产品的图样只能采用一种格式。不留装订

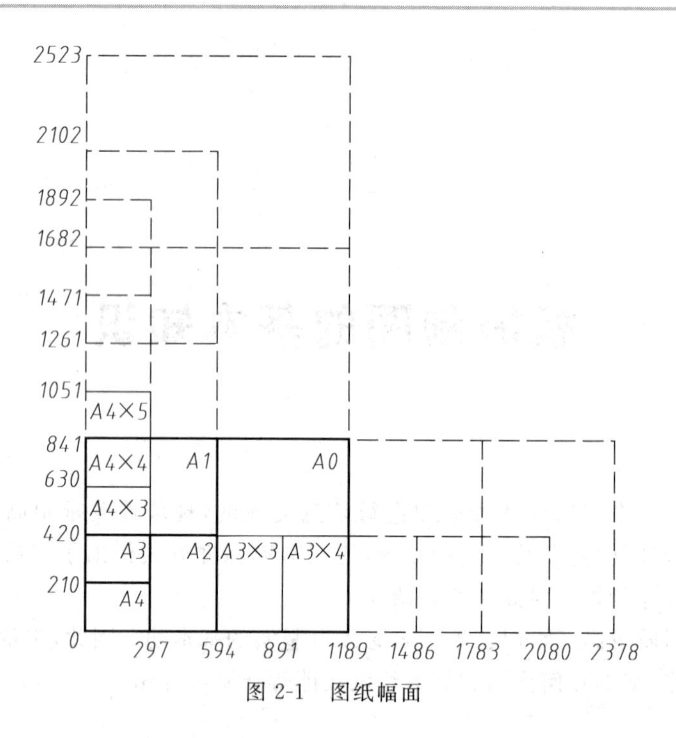

图 2-1 图纸幅面

边的图纸,其图框格式如图 2-2(a)和(b)所示;留有装订边的图纸,其图框格式如图 2-3(a)和(b)所示,尺寸按表 2-1 规定。本书推荐优先使用不留装订边格式。

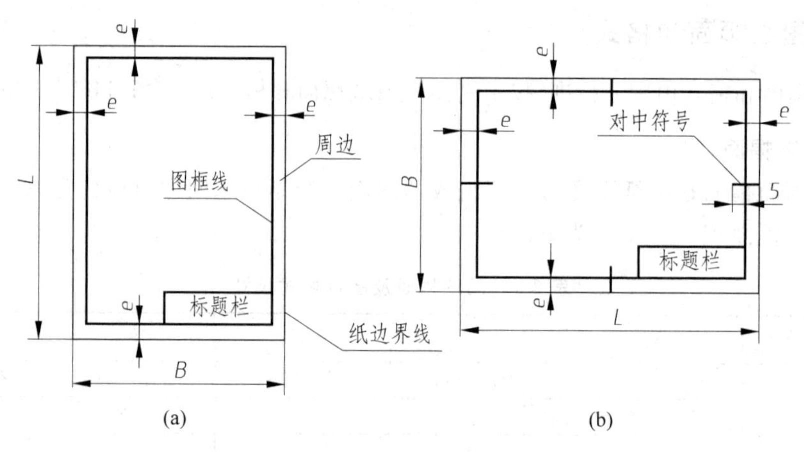

图 2-2 无装订边的图纸格式

为了使图样复制和缩微摄影时定位方便,应在图纸各边(不是图框的边!)的中点处分别画出对中符号,对中符号用粗实线绘制,线宽不小于 0.5mm,长度从纸边界线开始伸入图框内约 5mm,如图 2-2(b)所示。对中符号的位置误差应不大于 0.5mm。

3. 标题栏的方位

每张图纸上都必须画出标题栏。标题栏是由图示零件或装配体名称及代号区、签字区、更改区和其他区组成的栏目。标题栏可提供图样自身、图样所表达的产品及图样管理的若干信息,是图样不可缺少的内容。

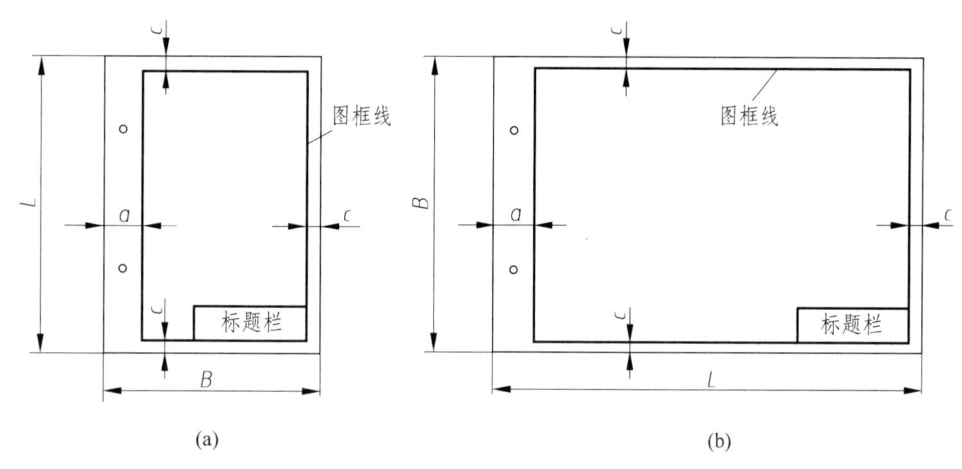

图 2-3 有装订边的图纸格式

标题栏的基本要求、内容、尺寸和格式在国家标准《技术制图标题栏》(GB/T 10609.1—1989)中有详细规定,各设计单位根据各自需求格式亦有变化,这里不作介绍。在学习本课程时可暂用图 2-4 所示格式。

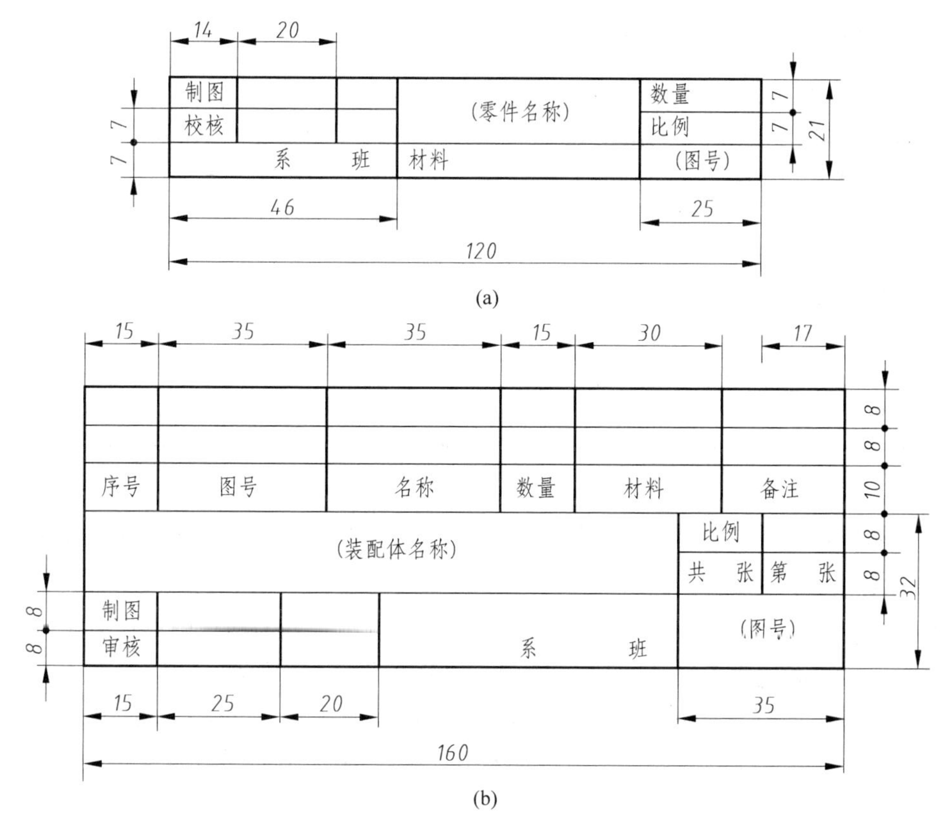

图 2-4 标题栏格式

(a) 零件图用;(b) 装配图用

标题栏应位于图纸右下角，如图 2-2 和图 2-3 所示。标题栏的底边与下图框线重合，右边与右图框线重合。

2.1.2 比例

1. 比例的概念

比例是指图样中图形与实物相应要素的线性尺寸之比。图形画得和相应实物一样大小时，比值为 1，称为原值比例；图形画得比相应实物大时，比值大于 1，称为放大比例；图形画得比相应实物小时，比值小于 1，称为缩小比例。

2. 比例的选取

国家标准《技术制图 比例》(GB/T 14690—1993)对比例的选用作了规定。绘图时，首先应由表 2-2 规定的系列中选取适当的比例，必要时也允许选取表 2-3 中的比例。

表 2-2 绘图比例(一)

种 类	比 例		
原值比例	1∶1		
放大比例	5∶1 5×10^n∶1	2∶1 2×10^n∶1	 1×10^n∶1
缩小比例	1∶2 1∶2×10^n	1∶5 1∶5×10^n	1∶10 1∶1×10^n

注：n 为正整数。

表 2-3 绘图比例(二)

种 类	比 例				
放大比例	4∶1 4×10^n∶1	2.5∶1 2.5×10^n∶1			
缩小比例	1∶1.5 1∶1.5×10^n	1∶2.5 1∶2.5×10^n	1∶3 1∶3×10^n	1∶4 1∶4×10^n	1∶6 1∶6×10^n

注：n 为正整数。

在绘制图样时尽可能用原值比例按实物真实大小绘制，以利读图和进行空间思维。

3. 标注方法

比例的标记采用数学的比例式。按比例的定义，比例前项为图形中要素的线性尺寸，比例后项为实物相应要素的线性尺寸，中间为比号"∶"，如 1∶2，2∶1 等。

绘制同一物体的各个视图[①]时，应尽可能采用同一比例，此时可将采用的比例统一填写在标题栏的比例栏中。当某个视图必须采用不同比例绘制时，可在视图名称下方或右侧标注出来，如$\frac{\mathrm{I}}{2:1}$，$\frac{B—B}{5:1}$等。

---

① 根据有关标准和规定，用正投影法所绘制的物体的图形，称为视图。

2.1.3 图线

在国家标准《技术制图 图线》(GB/T 17450—1998)中,图线的定义是:起点和终点间以任意方式连接的一种几何图形,形状可以是直线、连续线或不连续线。① 该标准规定了15种基本线型。在此基础上,图家标准《机械制图 图样画法 图线》(GB/T 4457.4—2002)中进一步详细规定了机械制图中常用的图线,此处仅介绍部分基本内容。

1. 最常用的图线

机械图样中最常用的图线见表2-4(d优先选用0.7mm)。

表2-4 最常用的图线及应用

图线名称	图线型式	图线宽度	一般应用
粗实线	————	d	可见轮廓线
细实线	————	0.5d	可见过渡线 尺寸线及尺寸界线 剖面线 重合断面的轮廓线 螺纹的牙底线及齿轮的齿根线 引出线 分界线及范围线 弯折线 辅助线 不连续的同一表面的连线 成规律分布的相同要素的连线
波浪线	～～～	0.5d	断裂处的边界线 视图和剖视的分界线
双折线	—√—√—	0.5d	断裂处的边界线 视图和剖视的分界线
虚线	— — — — —	0.5d	不可见轮廓线 不可见过渡线
细点画线	——·——	0.5d	轴线 对称中心线 轨迹线 节圆及节线
粗点画线	——·——	d	有特殊要求的线或表面的表示线
双点画线	——··——	0.5d	相邻辅助零件的轮廓线 极限位置的轮廓线 坯料的轮廓线或毛坯图中制成品的轮廓线 假想投影轮廓线 试验或工艺用结构(成品上不存在)的轮廓线 中断线

① 起点和终点可以重合,如一条图线形成圆的情况。

图线应用示例见图2-5。

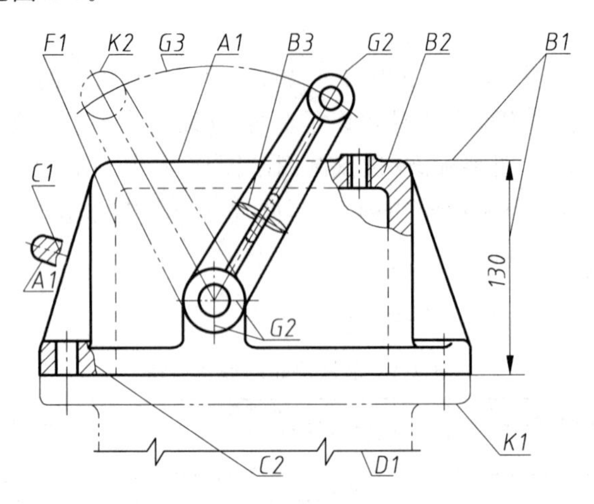

图2-5　图线应用示例

A1—可见轮廓线；B1—尺寸线及尺寸界线；B2—剖面线；B3—重合断面的轮廓线；C1—断裂处的边界线；C2—视图和剖视的分界线；D1—断裂处的边界线；F1—不可见轮廓线；G2—对称中心线；G3—轨迹线；K1—相邻辅助零件的轮廓线；K2—极限位置的轮廓线

2. 图线的尺寸

1）图线的宽度

所有线型的图线宽度(d)应按图样的类型和尺寸大小在下列数系中选择（该数系公式为$1:\sqrt{2}\approx1:1.4$）：

0.13mm，0.18mm，0.25mm，0.35mm，0.5mm，0.7mm，1.0mm，1.4mm，2.0mm。如无特殊要求，优先选用粗实线图线宽度$d=0.7$mm。

机械工程图样上采用两类线宽：粗线和细线，其宽度比例关系为2∶1。例如，若粗实线$d=0.7$mm，则细实线$d=0.35$mm。同类图线的宽度在同一图样中应一致。

2）线素的长度

线素指的是不连续线的独立部分，如点①、长度不同的画和间隔。

手工绘图时线素的长度应符合表2-5的规定且全图一致。

表2-5　线素的长度

线　素	线型No.②	长　度
点	04～07，10～15	$\leqslant0.5d$
短间隔	02，04～15	$3d$
短画	08，09	$6d$
画	02，03，10～15	$12d$
长画	04～06，08，09	$24d$
间隔	03	$18d$

① 图线长度小于或等于图线宽度的一半时称为点。

② 线型编号参见GB/T 17450—1998。

3. 画线时的注意事项

(1) 点画线和双点画线的首末两端应为"画"而不应为"点"。

(2) 绘制圆的对称中心线时,圆心应为"画"的交点[①]。首末两端超出图形外 2~5mm。

(3) 在较小的图形上绘制细点画线和细双点画线有困难时,可用细实线代替。

(4) 虚线、点画线或双点画线和实线相交或它们自身相交时,应以"画"相交,而不应以"点"或"间隔"相交。

(5) 虚线、点画线或双点画线为实线的延长线时,不得与实线相连。

(6) 图线不得与文字、数字或符号重叠、混淆。不可避免时,应首先保证文字、数字或符号清晰。

(7) 除非另有规定,两条平行线之间的最小间隙不得小于 0.7mm。

以上注意事项可参阅图 2-6。

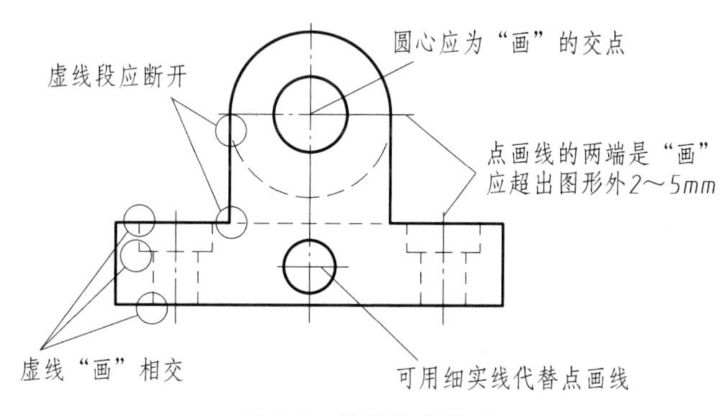

图 2-6 图线注意事项

2.1.4 字体

字体指的是图中文字、字母、数字的书写形式。国家标准《技术制图 字体》(GB/T 14691—1993)规定了对字体的要求。

1. 基本要求

(1) 书写字体必须做到:字体工整、笔画清楚、间隔均匀、排列整齐。

(2) 字体高度(用 h 表示)必须规范,其公称尺寸系列为:1.8mm,2.5mm,3.5mm,5mm,7mm,10mm,14mm,20mm。如需书写更大的字,其高度应按$\sqrt{2}$的比率递增。不同高度的字体以不同号数称之,字体高度代表字体的号数,如 5mm 高的字体称为 5 号字。

(3) 汉字应写成长仿宋体字,并应采用中华人民共和国国务院正式公布推行的《汉字简化方案》中规定的简化字。汉字的高度 h 不应小于 3.5mm,其字宽一般为 $h/\sqrt{2}$(约 0.7h)。汉字示例如图 2-7 所示。书写的要点在于横平竖直,注意起落,结构均匀,填满方格。

---

① 在国家标准《机械工程 CAD 制图规则》(GB/T 14665—1998)中是这样规定的:"图线应尽量相交在线段上。绘制圆时,应画出圆心符号。"

10号字

字体工整 笔画清楚 间隔均匀 排列整齐

7号字

横平竖直注意起落结构均匀填满方格

5号字

技术制图机械电子汽车航空船舶土木建筑矿山井坑港口纺织服装

3.5号字

螺纹齿轮端子接线飞行指导驾驶舱位挖填施工引水通风闸阀坝棉麻化纤

图 2-7 长仿宋体例字

(4) 字母和数字分为A型和B型。A型字体的笔画宽度(d)为字高(h)的1/14,B型字体笔画宽度为字高的1/10。在同一图样上只允许选用一种型式的字体。字母和数字可写成斜体或直体,注意全图统一。斜体字字头向右倾斜,与水平基准线成75°。

A型阿拉伯数字、拉丁字母、希腊字母和罗马数字的字体示例见图2-8～图2-11。

斜体

图 2-8 阿拉伯数字示例(A型)

大写斜体

图 2-9 拉丁字母示例(A型)

小写斜体

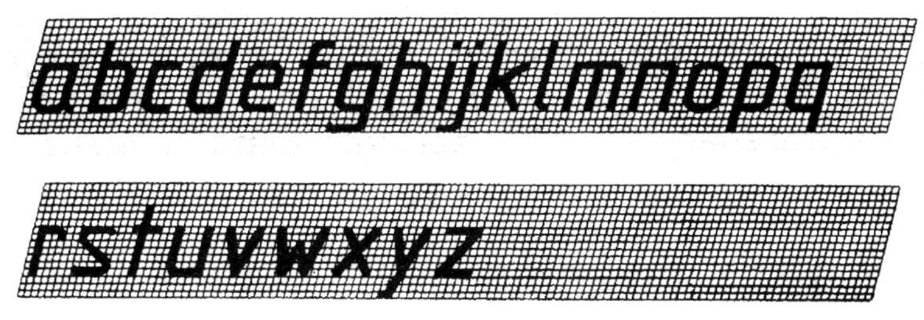

图 2-9(续)

大写斜体

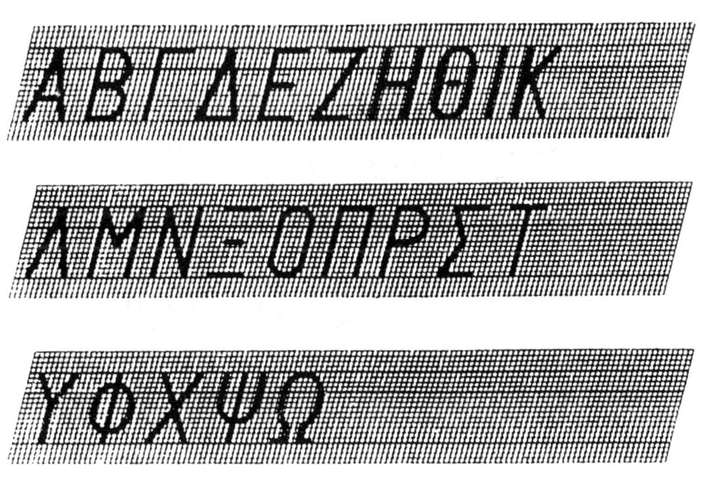

小写斜体

图 2-10 希腊字母示例(A 型)

2. 综合应用的规定和建议

(1) 用作指数、分数、极限偏差、注脚等的数字及字母一般应采用小一号的字体。

斜体

I II III IV V VI VII VIII IX X

图 2-11 罗马数字示例(A 型)

(2) 图样中的数学符号、物理量符号、计量单位符号以及其他符号、代号,应分别符合国家有关标准的规定。

(3) 字母和数字的 A 型字体较纤细挺秀,与汉字并列时比较协调,建议采用 A 型字体。综合应用的示例见图 2-12。

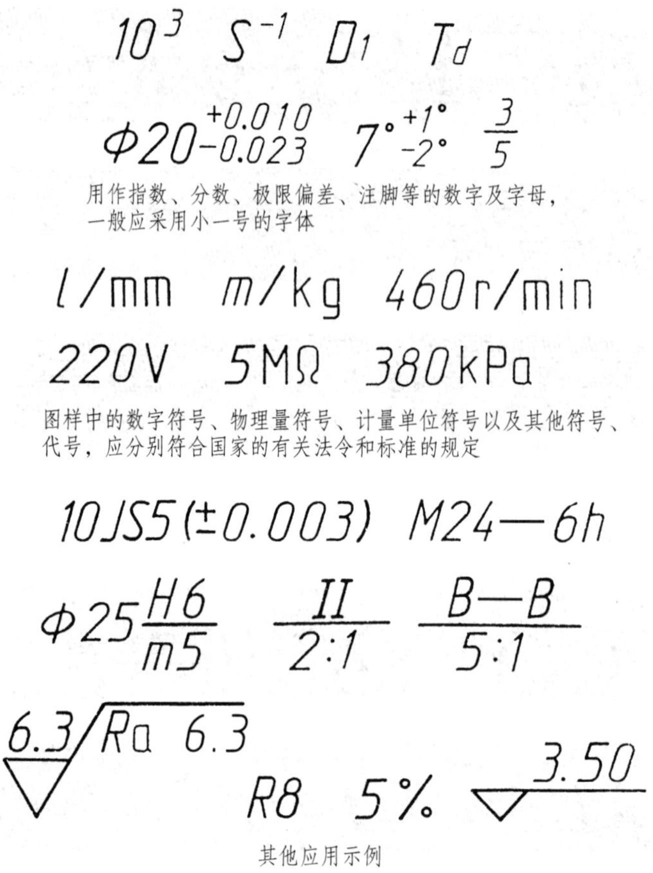

10^3 S^{-1} D_1 T_d

$\phi 20^{+0.010}_{-0.023}$ $7^{\circ}{}^{+1^{\circ}}_{-2^{\circ}}$ $\frac{3}{5}$

用作指数、分数、极限偏差、注脚等的数字及字母,
一般应采用小一号的字体

l/mm m/kg 460r/min

220V 5MΩ 380kPa

图样中的数字符号、物理量符号、计量单位符号以及其他符号、
代号,应分别符合国家的有关法令和标准的规定

10JS5(±0.003) M24—6h

$\phi 25\frac{H6}{m5}$ $\frac{II}{2:1}$ $\frac{B—B}{5:1}$

6.3 Ra 6.3

R8 5% 3.50

其他应用示例

图 2-12 综合应用示例

2.2 手工绘图基本技能

2.2.1 尺规绘图工具及其使用

尺规绘图是指以铅笔、丁字尺、三角板、圆规、手工绘图机等为主要工具以手工绘制图样。虽然目前正规技术图样已大多使用计算机绘制,但尺规绘图既是工程技术人员的必

备基本技能，又是学习和巩固图学理论知识不可缺少的方法，必须熟练掌握。

制图工具准备齐全和使用得法，对提高制图的速度和质量起着决定性的作用。因此，初学制图的人应当特别注意制图工具的正确使用方法，并不断总结经验以提高绘图的技术水平。常用的绘图工具有以下几种。

1. 铅笔和铅芯

要使用绘图铅笔。根据不同的使用要求，准备以下几种硬度不同的铅笔：

B 或 HB——描黑粗实线用；

HB 或 H——描黑细实线、点画线、双点画线、虚线用和写字用；

2H——画底稿用。

铅芯供安装在圆规上画圆用，画底稿和描细线用 H 或 HB 铅芯；描黑粗实线圆和圆弧用 2B 铅芯。用于画粗实线的铅笔和铅芯应磨成矩形断面，其余的磨成锥形，如图 2-13 所示。

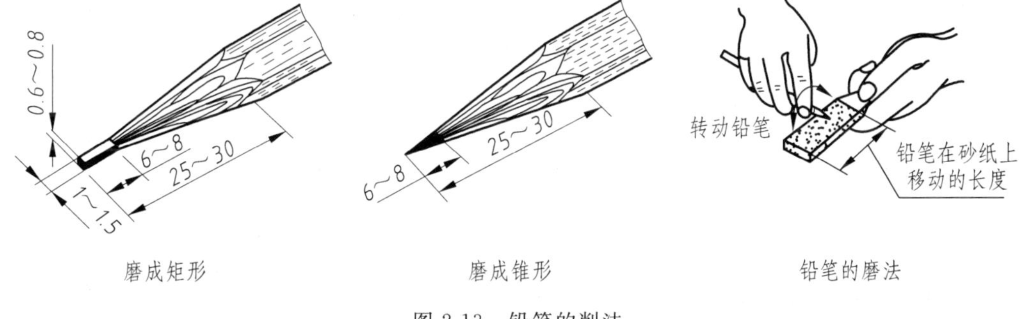

图 2-13 铅笔的削法

画线时，铅笔在前后方向应与纸面垂直，而且向画线前进方向倾斜约 30°(图 2-14)。当画粗实线时，因用力较大，倾斜角度可小一些。画线时用力要均匀，匀速前进。

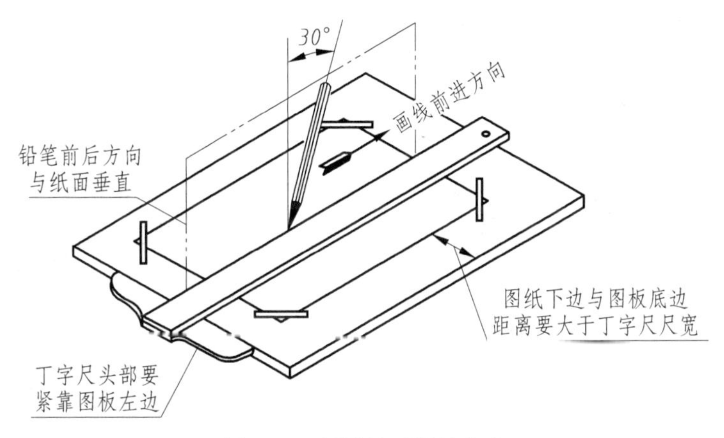

图 2-14 用铅笔画线的方法

2. 丁字尺

丁字尺用来画水平线，并与三角板配合使用，画垂直线及 15°倍角的斜线。使用时，丁字尺头部要紧靠图板左边，然后用丁字尺尺身的上边沿引导铅笔画线(图 2-14)。画线的尺边要很好地保护，不能用来裁纸，并避免磕碰损坏。

3. 三角板

三角板分45°和30°-60°两块，可配合丁字尺画垂直线及15°倍角的斜线；或用两块三角板配合画任意角度的平行线(图2-15)。用三角板画垂直线时，手法如图2-16所示。

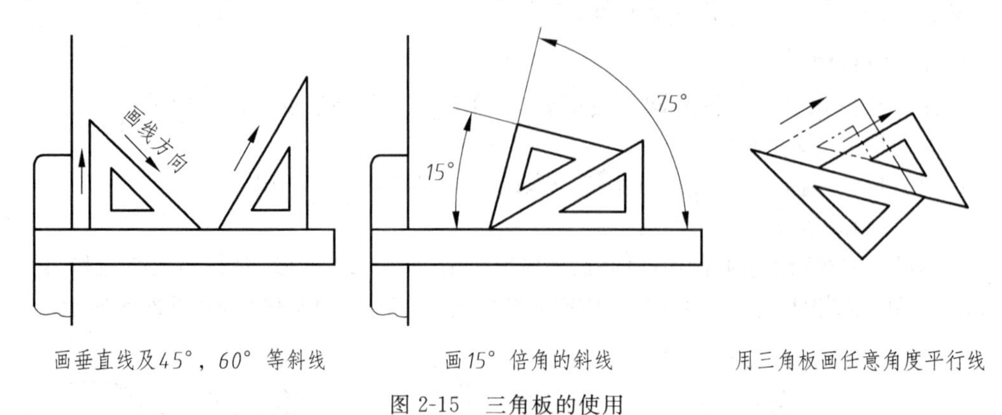

图2-15 三角板的使用

4. 比例尺

比例尺有三棱式和板式两种(图2-17(a)和(b))，尺面上有各种不同比例的刻度，画图时用它来按比例量度尺寸(图2-17(c))。

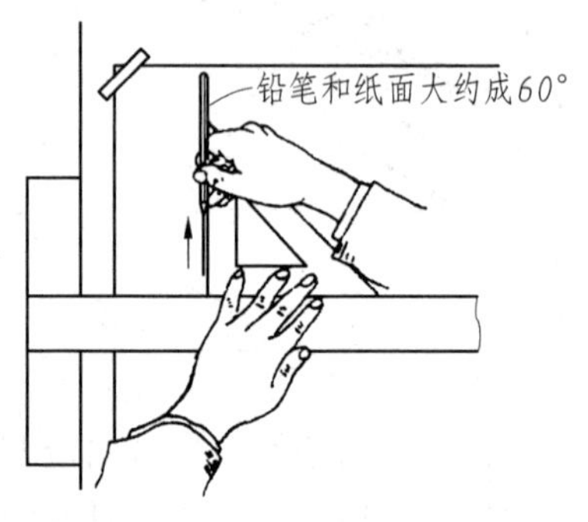

图2-16 画垂直线的手法

比例尺上都标明了刻度的比例。但要注意，每一种刻度常可用作几种不同的比例。例如，若比例尺上标明1∶2(有的比例尺标为1∶200或1∶2000)的刻度，则当它的每一小格(真实长度为1mm)代表2mm时，是1∶2的比例；但若每一小格代表20mm时，它就是1∶20的比例了；同理，若每一小格代表0.2mm，则它的比例就成为5∶1(图2-18)。

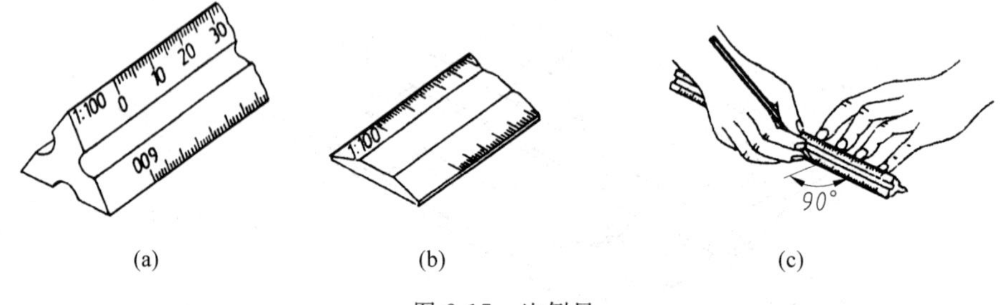

图2-17 比例尺

(a) 三棱式；(b) 板式；(c) 用比例尺量尺寸

有了比例尺，在画不同比例的图形时，从尺上可直接得出某一尺寸应画的大小，省去计算的麻烦。近年来，大多三角板上就配有不同比例刻度，可同时作比例尺使用。

5. 分规

分规用来截取尺寸和等分线段，用法见图2-19。

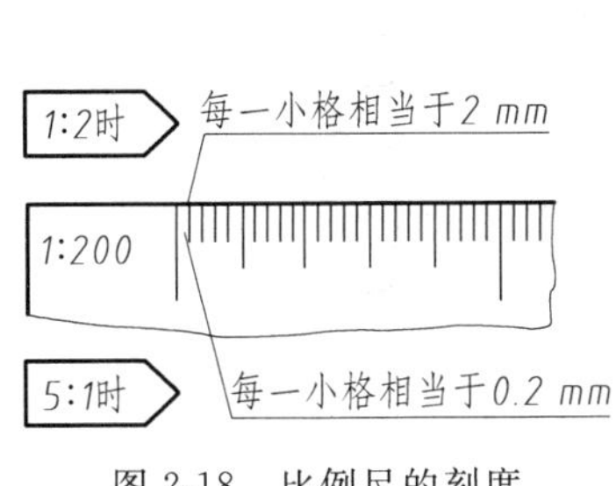

图 2-18 比例尺的刻度

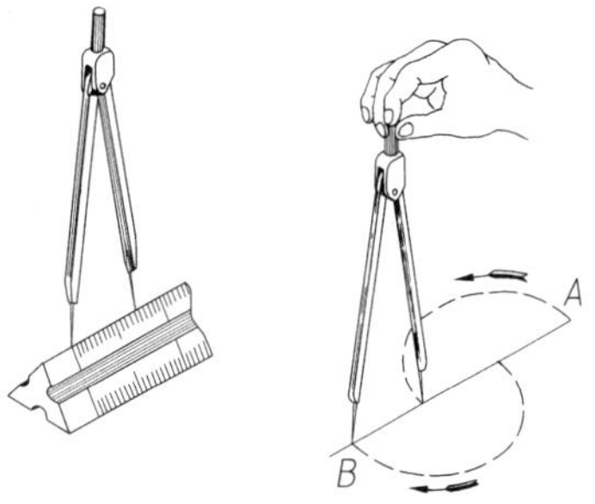

图 2-19 分规的用法

6. 圆规

圆规用来画圆。在描黑粗实线圆时,铅笔芯应用 2B 或 B(比画粗直线的铅笔芯软 1 号)并磨成矩形;画细线圆时,用 H 或 HB 的铅笔芯并磨成铲形(图 2-20)。圆规针脚上的针,当画底稿时用普通针尖;而在描黑时应换用带支承面的小针尖,如图 2-21(b)所示,以避免针尖插入图板过深。针尖均应调得比铅芯稍长一些(图 2-21)。

描黑小圆时,常使用弹簧圆规,如图 2-22(a)所示。

当画大直径的圆或描黑时,圆规的针脚和铅笔脚均应保持与纸面垂直(图 2-22(b))。

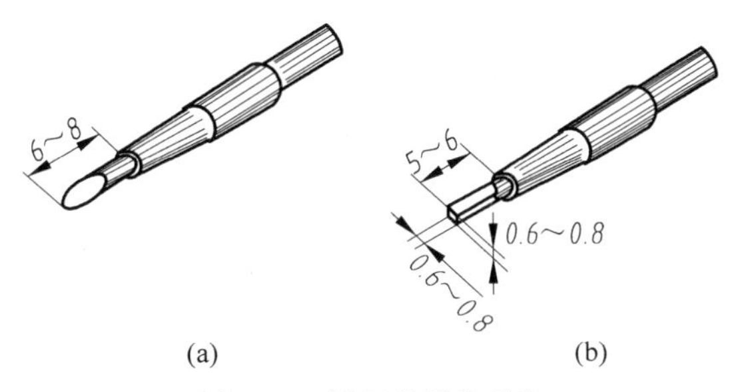

(a) (b)

图 2-20 圆规的铅芯削法

(a) 铲形;(b) 矩形

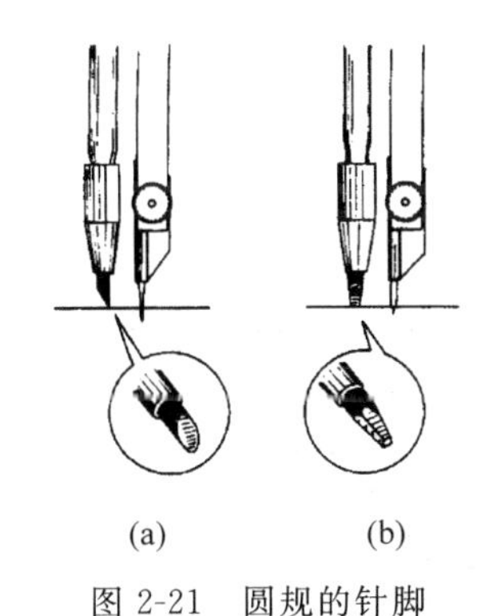

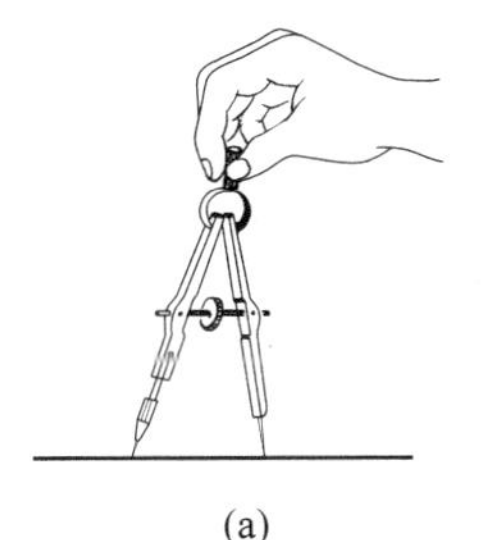

(a) (b)

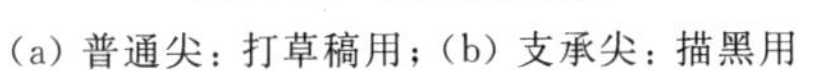

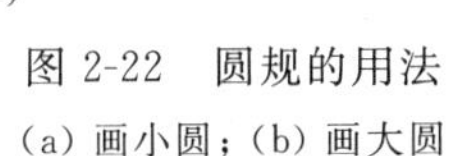

图 2-21 圆规的针脚

(a) 普通尖:打草稿用;(b) 支承尖:描黑用

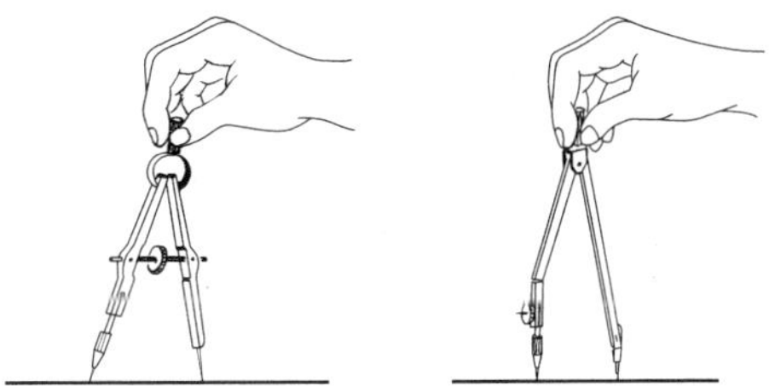

(a) (b)

图 2-22 圆规的用法

(a) 画小圆;(b) 画大圆

当画大圆时,可用加长杆来扩大所画圆的半径,其用法如图 2-23 所示。

画圆时,应当匀速前进,并注意用力均匀。圆规所在的平面应稍向前进方向倾斜,如图 2-24 所示。

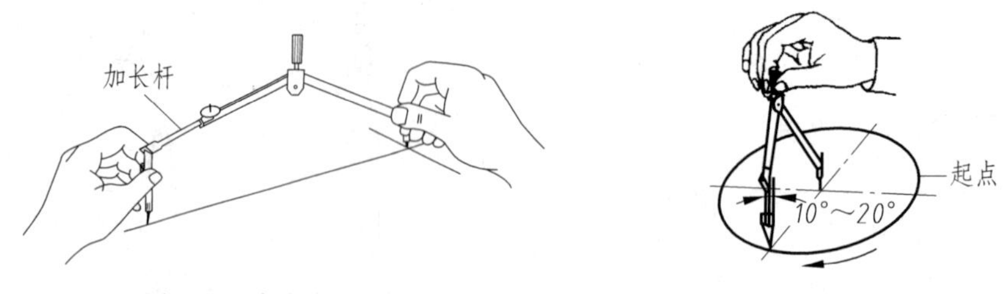

图 2-23 加长杆的用法　　图 2-24 用圆规画圆的方法

7. 曲线板

曲线板用来绘制非圆曲线。使用时,先求出曲线上若干点,点愈密则准确度愈高。先用铅笔徒手将各点按顺序轻轻地连成一条光滑曲线,再从曲线一端开始找出曲线板上与轻描曲线大致相吻合并与连续4个已知点准确吻合的曲线段,用铅笔沿曲线板轮廓画出1点和3点之间的曲线,留下3点和4点之间的曲线不画。下一步再由3点开始找4个点(包括4点在内),连3个点,如此重复直至画完(图2-25)。曲线板的这种用法要点可归纳为两句话:"找四连三,首尾相叠"。

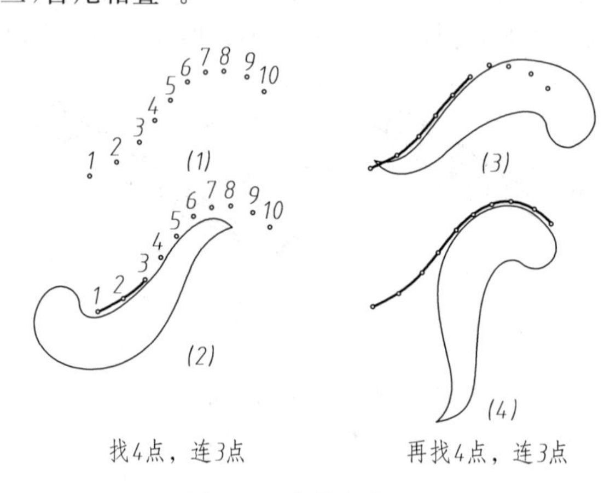

图 2-25 曲线板的用法

8. 绘图模板

绘图模板用透明塑料板制成,上面有多种镂空的图形、符号或字体,在绘图中使用可提高效率和质量。针对专业不同,所镂图案内容不一,此处不再详述。

9. 手工绘图机

手工绘图机是用来代替丁字尺和三角板的工具,使用它可以画出各种角度的直线。它主要由两部分组成(图2-26):

(1) 机头部分。有互成90°的两根直尺,这两根直尺可以一同旋转,形成不同方向的

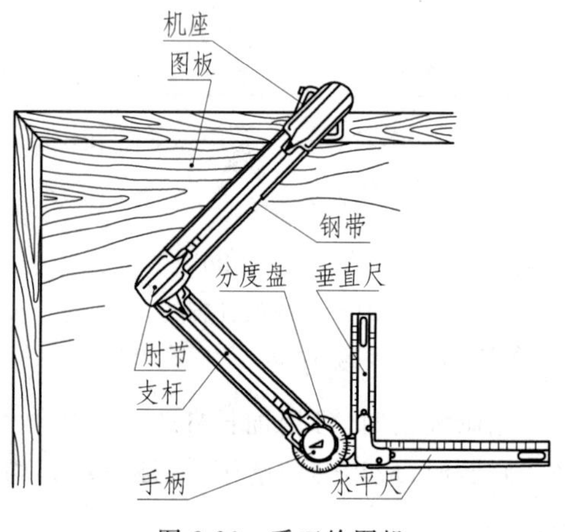

图 2-26 手工绘图机

直角，画出所需各种角度的直线。

(2) 机身部分。由两平行四杆机构组成，机身可使机头移到图纸的任何指定地点，并保持所确定的角度。

10. 其他工具

除了上述工具之外，在绘图时，还需要准备削铅笔刀、橡皮、固定图纸用的塑料透明胶带纸、测量角度的量角器、擦图片(修改图线时用它遮住不需要擦去的部分)、砂纸(磨铅芯用，通常把它剪一小块贴在对折的硬纸内面，以免磨下的铅芯粉末飞扬)以及清除图面上橡皮屑的小刷等(图 2-27)。

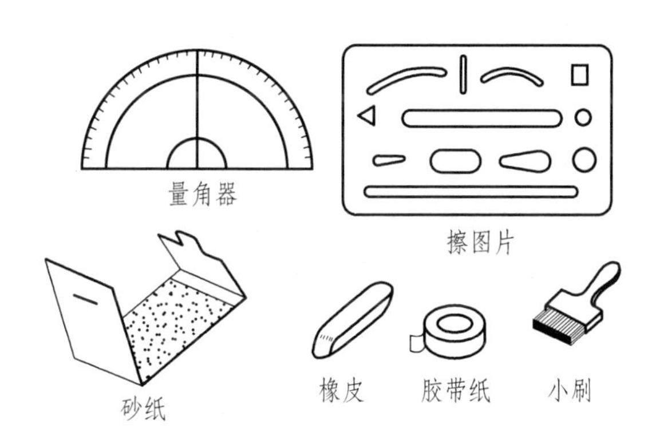

图 2-27 其他绘图工具

2.2.2 尺规绘图的操作步骤

尺规绘制图样时，一般按下列步骤进行。

1. 选择图纸幅面

根据所绘图形的多少、大小以及所确定的图形分布情况选择大小合适的图纸。

2. 固定图纸

图纸找正后用胶带纸固定在图板上。注意：使图纸下边与图板下边之间保留 1～2 个丁字尺尺身宽度的距离(参看图 2-14)。

3. 画图框及标题栏框

按表 2-1 及图 2-2～图 2-4 的要求画出图框及标题栏。

4. 布图及绘制底稿

按所设想好的布图方案先画出各图形的基准线(多为主回转体的轴线及主要基准平面投影成的线)，再画各图形的主要轮廓线，最后绘制细节，如小孔、槽和圆角等。

绘制底稿时用 2H 铅笔，铅芯磨成锥形(图 2-13(b))，圆规铅芯可用 H，画线要尽量细和轻淡以便于擦除和修改。绘制底稿时要尽量利用投影关系，几个图形同时绘制，以提高绘图速度。

绘制底稿时，点画线和虚线均可用极淡的细实线代替以提高绘图速度和描黑后的图线质量。

5. 检查、修改和清理

底稿完成后进行检查，将图形、尺寸等方面的错误擦除、改正。将绘制底稿时的作图线清理、擦除掉，将图面弹、扫干净。

6. 描黑

描黑指的是将粗实线描粗、描黑，将细实线、点画线和虚线等描黑、成型，也称"加深"或"描深"。

图线质量的最主要反映是粗实线，所描粗实线直线和曲线均应达到齐(线边界齐整清晰如刀裁)、匀(全图所有同类直线、曲线及每条线各部分的粗细、浓淡一致)、黑(线要浓黑)、光(线段连接处接头光滑)。

描黑时，先描粗实线。按以下顺序：

(1) 描黑所有圆、圆弧和曲线；

(2) 用丁字尺由上到下描黑所有水平线(包括图框线)；

(3) 用丁字尺配合三角板从左到右描黑所有的竖直线(包括图框线)；

(4) 描黑斜线。

描黑完所有粗实线后再描黑虚线，顺序同描黑粗实线相同。最后再描黑中心线，绘制剖面线。

7. 标尺寸

绘制尺寸界线、尺寸线及箭头，注写尺寸数字，书写其他文字、符号，填写标题栏。

8. 检查、修饰、整理

对描黑后的图样应再仔细检查，如有错误，用擦图片配合擦除并改正。对图线和图面要修饰接头不光滑之处和清洁不洁净之处。最后，将图纸裁成标准幅面。

2.2.3 徒手绘图

对于工程技术人员来说，除了要学会用尺规绘图之外，还必须具备徒手绘制草图的能力。

草图是指以目测估计图形与实物的比例，按一定画法要求徒手(或部分使用绘图仪器)绘制的图。

在设计开始阶段，由于技术方案是初步的，要经过反复分析、比较、修改才能最后定案。为了节省时间和精力，加快设计速度，常常在构思时绘制草图。另外，在仿制和修理机器时，经常要进行现场测绘，由于环境和条件限制，缺少完备的尺规、仪器和计算机，一般也是先画草图，再画正规图；在参观、学习、交流、讨论时也经常需要徒手画草图；在进行表达方案选择和确定布图方式时，往往将不同方案画成草图以进行具体比较。总之，草图是经常被使用的。

徒手绘图的基本要求是快、准、好，即画图速度要快，目测比例要准，图面质量要好。

徒手绘图所使用的铅笔，铅芯应磨成锥形，其中，画中心线和尺寸线的磨得较尖(图2-28(a))，画可见轮廓线的磨得较钝(图2-28(b))。

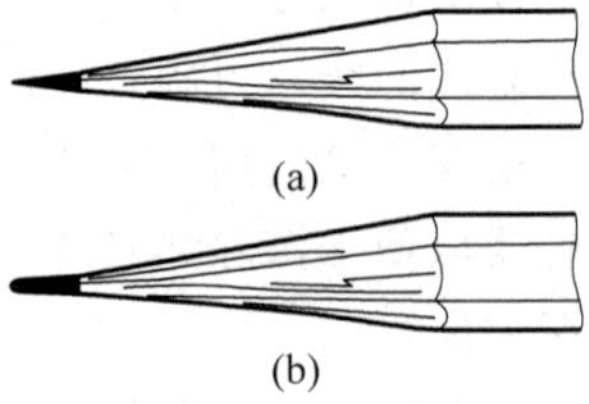

(a)

(b)

图2-28 绘草图用铅笔

一个物体的图形无论怎样复杂，总是由直线、圆、圆弧和曲线组成的。因此要画好草图，必须掌握徒手画各种线条的手法。

1. 直线的画法

徒手绘图时，手指应握在铅笔上离笔尖约35mm处，手腕和小手指对纸面的压力不要太大。在画直线时，手腕不要转动，使铅笔与所画的线始终保持约90°，眼睛看着画线的终点，轻轻移动手腕和手臂，使笔尖向着要画的方向作近似的直线运动，如图2-29所示。

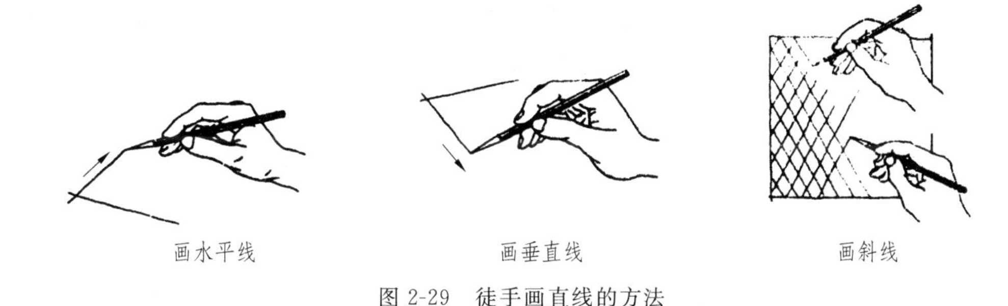

图2-29 徒手画直线的方法

画长斜线时，为了运笔方便，可以将图纸旋转一适当角度，使它转成水平线来画。

2. 圆及圆角的画法

用徒手画小圆时，应先定圆心及画中心线，再根据半径大小用目测在中心线上定出4点，然后过这4点画圆(图2-30(a))。当圆的直径较大时，可过圆心增画两条45°的斜线，在线上再定4个点，然后过这8点画圆(图2-30(b))。

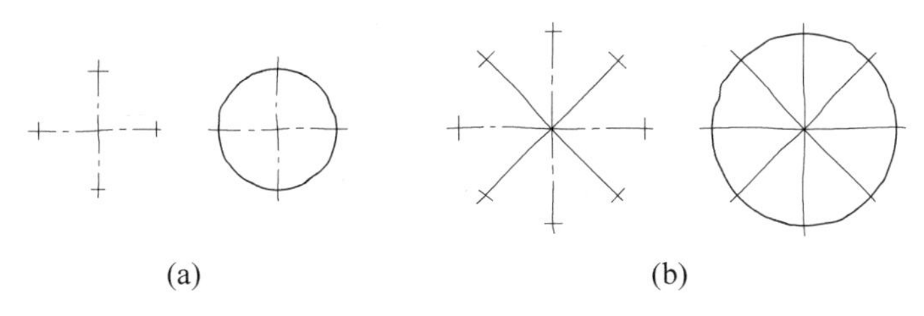

图2-30 徒手画圆的方法

当圆的直径很大时，可用图2-31(a)所示的方法，取一纸片标出半径长度，利用它从圆心出发定出许多圆周上的点，然后通过这些点画圆。或者如图2-31(b)所示，用手作圆规，以小手指的指尖或关节作圆心，使铅笔与它的距离等于所需的半径，用另一只手小心慢慢地转动图纸，即可得到所需的圆。

图2-32所示是画圆角的方法。先用目测在分角线上选取圆心位置，使它与角两边的距离等于圆角的半径大小。过圆心向两边引垂直线定出圆弧的起点和终点，并在分角线上也定出一圆周点，然后用徒手作圆弧把这3点连接起来。

3. 椭圆的画法

如图2-33所示，先画出椭圆的长短轴，并用目测定出其端点位置，过这4点画一矩形。然后徒手作椭圆与此矩形相切。

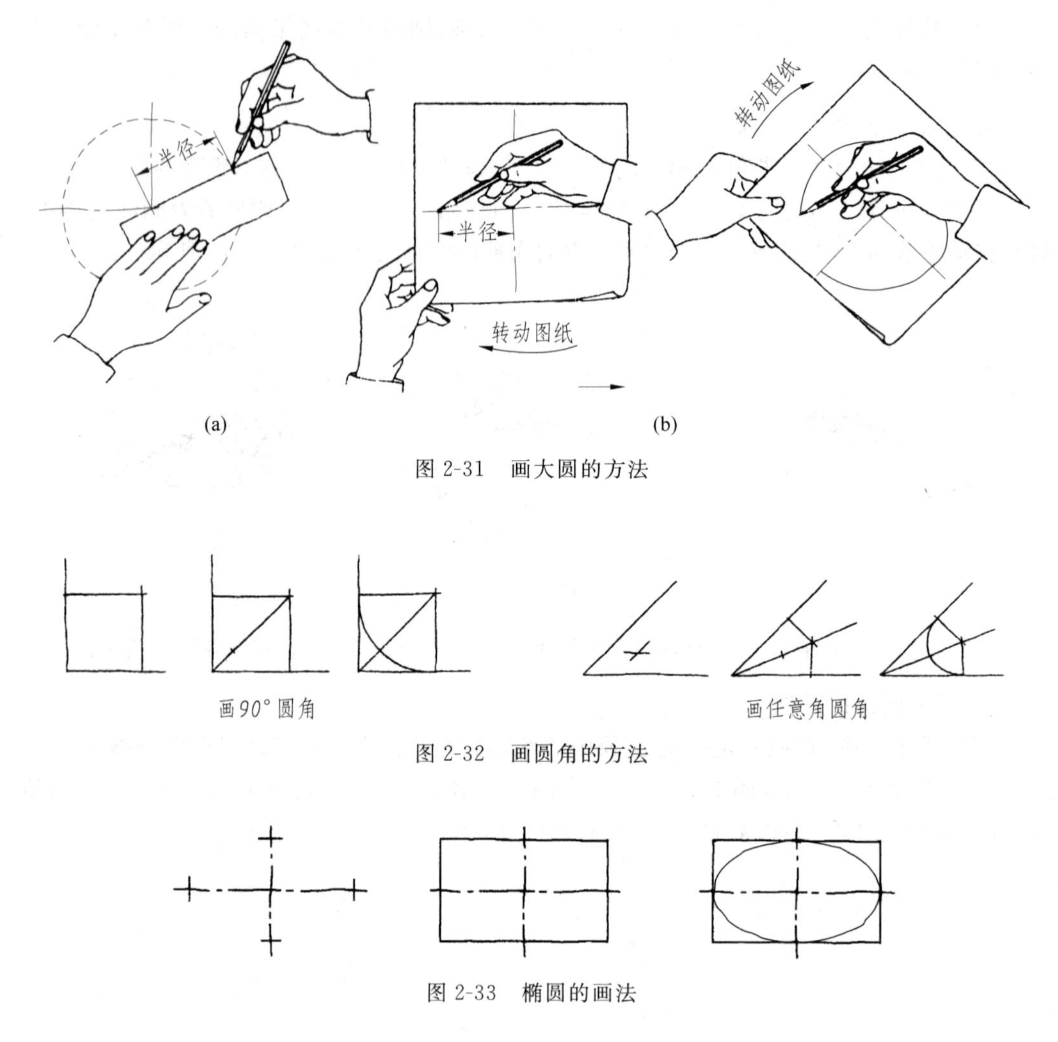

图 2-31 画大圆的方法

图 2-32 画圆角的方法

图 2-33 椭圆的画法

在图 2-34 中,先画出椭圆的外切四边形,然后分别用徒手方法作两钝角及两锐角的内切弧,即得所需椭圆。

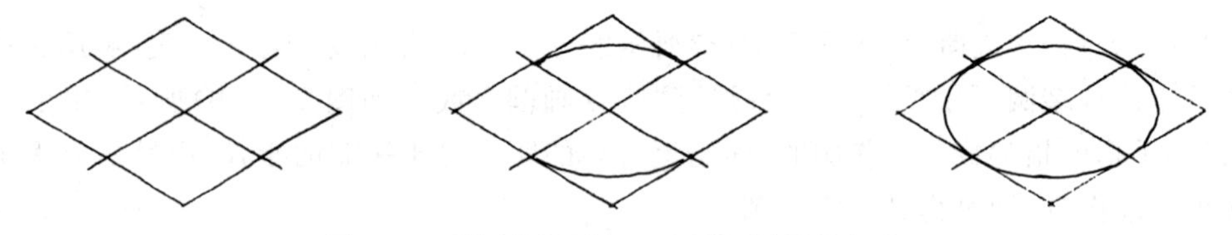

图 2-34 利用外切平行四边形画椭圆的方法

在徒手绘图时,重要的是要保持物体各部分的比例,如果比例(特别是大的总体比例)保持不好,不管线条画得多好,这张草图也是劣质的。在开始画图时,整个物体的长、宽、高的相对比例一定要仔细拟定。然后在画中间部分和细节部分时,要随时将新测定的线段与已拟定的线段进行比较。因此,掌握目测方法对画好草图十分重要。

在画草图时，可以用铅笔直接放在实物上测定物体各部分的大小，如图 2-35(a)所示。然后按这大小画出草图(图 2-35(b))。或者用这种方法估计出各部分的相对比例，然后按这相对比例画出放大或缩小的草图(图 2-35(c))。

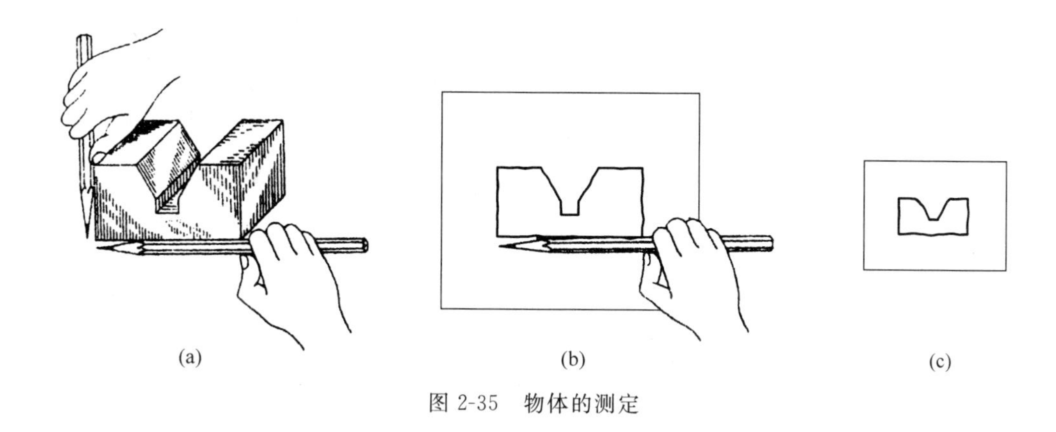

图 2-35 物体的测定

2.3 尺规基本几何作图

2.3.1 过点作已知直线的平行线

具体作图过程如图 2-36 所示。

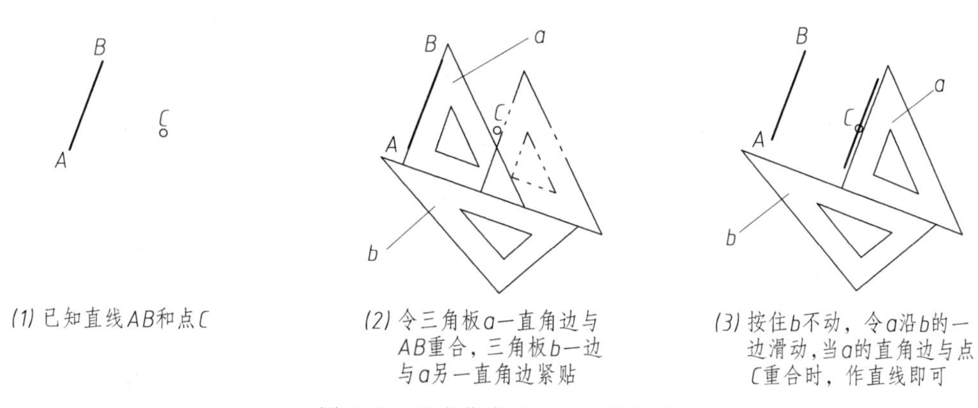

图 2-36 过点作直线与已知直线平行

2.3.2 分直线段为任意等分

具体步骤如图 2-37 所示。

2.3.3 画正多边形及等分圆周

1. 正六边形

在画正六边形时，若知道对角线的长度(即外接圆的直径)或对边的距离(即内切圆的直径)，即可用圆规、丁字尺和60°三角板画出，作图过程如图2-38所示。也可利用正六边形的边长等于外接圆半径的原理，用圆规直接找到正六边形的6个顶点，作图过程如图2-39所示。

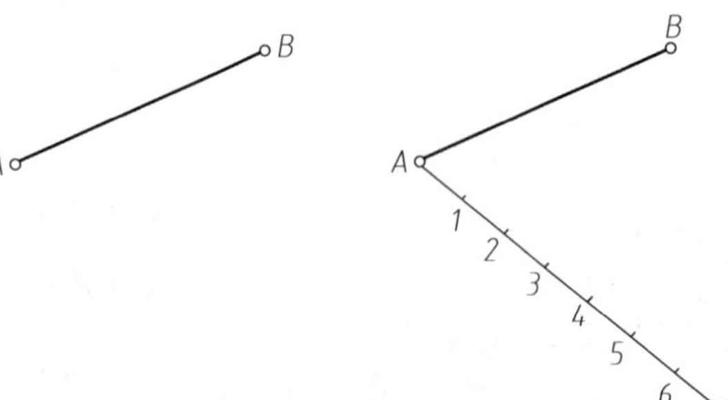

(1) 已知直线AB

(2) 过线段的端点A(或B)任作一直线如AC；自点A起在直线AC上，以任意长度为单位线X取6个等分点，得1, 2, 3, 4, 5, 6，将线段AB分为六等分

(3) 连B6，过AC上各等分点作B6的平行线与AB相交，得1′, 2′, 3′, 4′, 5′，交点即为所求等分点

图2-37 将线段AB分为六等分

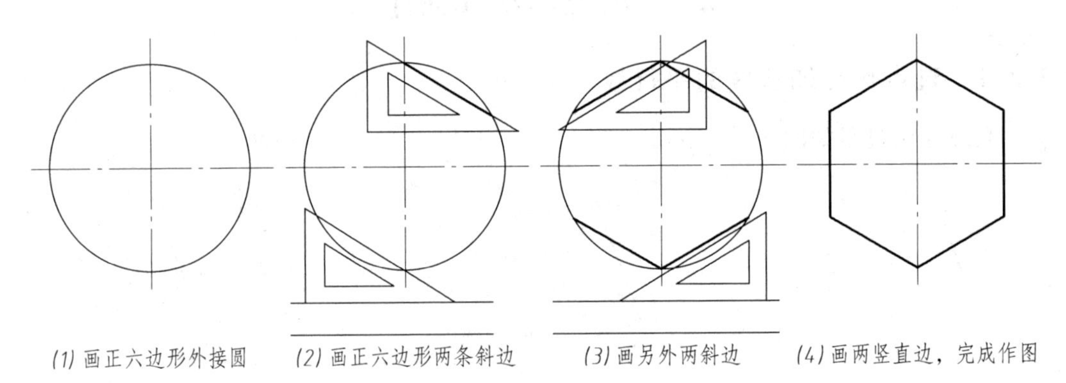

(1) 画正六边形外接圆　(2) 画正六边形两条斜边　(3) 画另外两斜边　(4) 画两竖直边，完成作图

图2-38 用丁字尺和三角板画正六边形

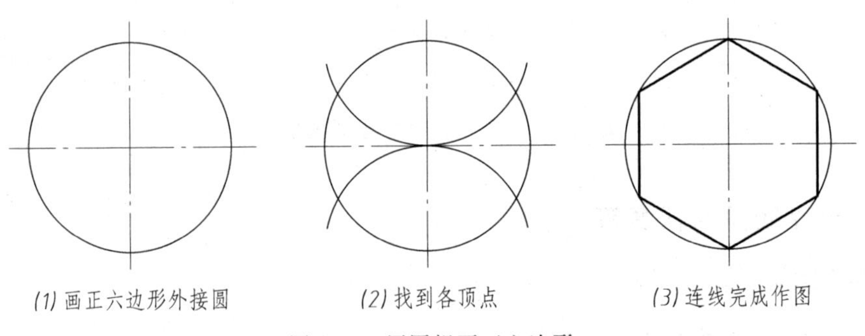

(1) 画正六边形外接圆　(2) 找到各顶点　(3) 连线完成作图

图2-39 用圆规画正六边形

2. 正五边形

已知外接圆直径求作正五边形，其作图步骤如图2-40所示。

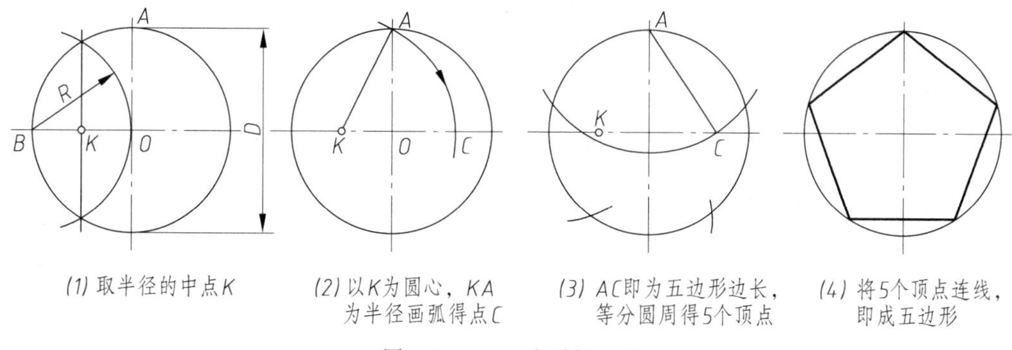

图 2-40 正五边形的画法

3. 利用查边长系数表作正多边形

当正多边形边数较多，或为奇数边使作图不方便时，可以利用边长系数表，查出边长系数，再计算出边长后直接作图。表 2-6 中数值是以外接圆半径为 1 计算的，使用时还要将表中查得的数值乘以外接圆半径，才能得到边长值。

表 2-6 正多边形的边长系数表(外接圆半径为 1)

边数	系数	边数	系数	边数	系数	边数	系数
3	1.732	8	0.765	13	0.479	18	0.347
4	1.414	9	0.684	14	0.445	19	0.329
5	1.176	10	0.618	15	0.416	20	0.313
6	1.000	11	0.563	16	0.390	21	0.298
7	0.868	12	0.518	17	0.368	22	0.285

圆周等分与作正多边形的作图差异仅仅在于最后不连边而已。

2.3.4 画斜度与锥度

1. 斜度

斜度是指直线或平面对另一直线或平面倾斜的程度，一般以直角三角形的两直角边的比值来表示，并把比例前项化为 1 而写成 1∶n 的形式。由图 2-41 中可看出：

$$斜度 = \tan\alpha = H:L = 1:\frac{L}{H}$$

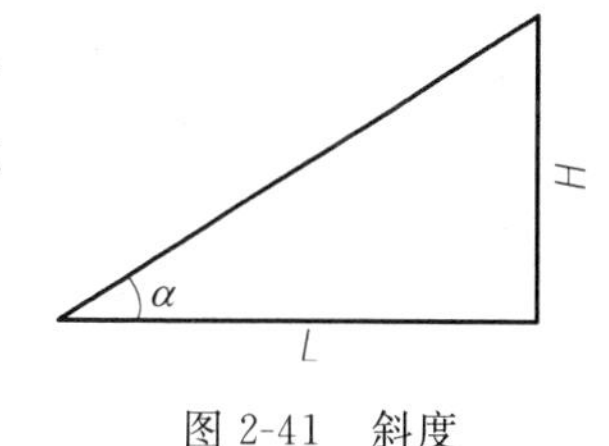

图 2-41 斜度

过已知点作斜度线的步骤如图 2-42 所示。

在图上标注斜度时，用斜度图形符号表示斜度。图形符号画法见图 2-43(a)。符号斜边的斜向应与斜度方向一致，如图 2-42(1)所示。

2. 锥度

锥度是指圆锥的底圆直径与高度之比。如果是锥台，则为底圆直径与顶圆直径之差与高度之比(图 2-44)，即

$$锥度 = \frac{D}{L} = \frac{D-d}{l} = 2\tan\alpha$$

通常,锥度也写成 1∶n 的形式。

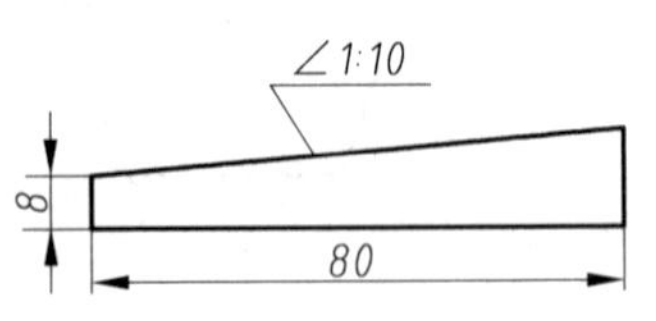

(1) 求作如图所示的斜楔

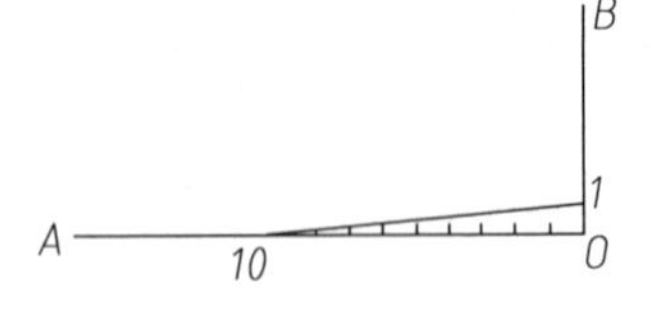

(2) 作OB⊥OA,在OA上任取10单位长度,在OB上取1单位长度,连接10和1点,即为1:10的斜度

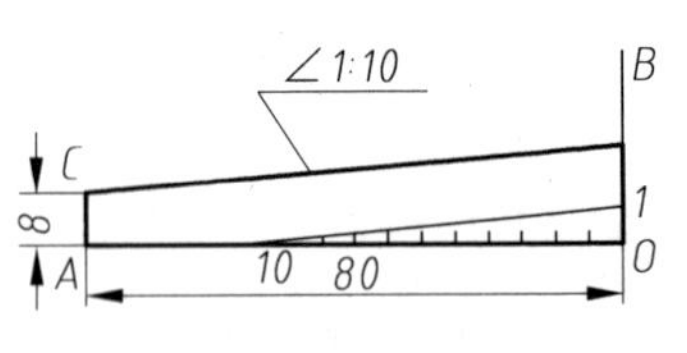

(3) 按尺寸定出点C,过点C作线10-1的平行线,即完成作图

图 2-42 斜楔的作图

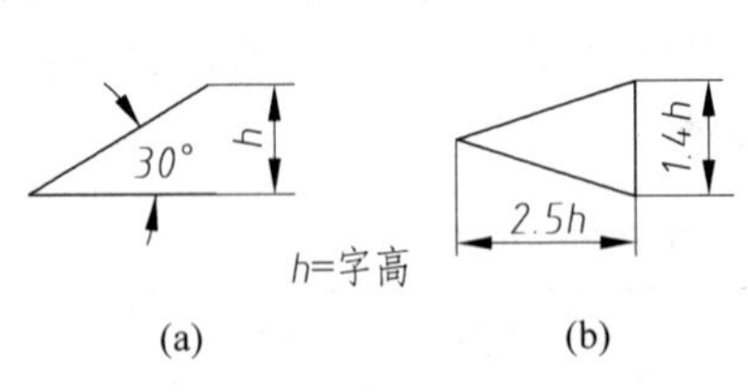

图 2-43 斜度符号及锥度图形符号的画法

(a) 斜度符号;(b) 锥度符号

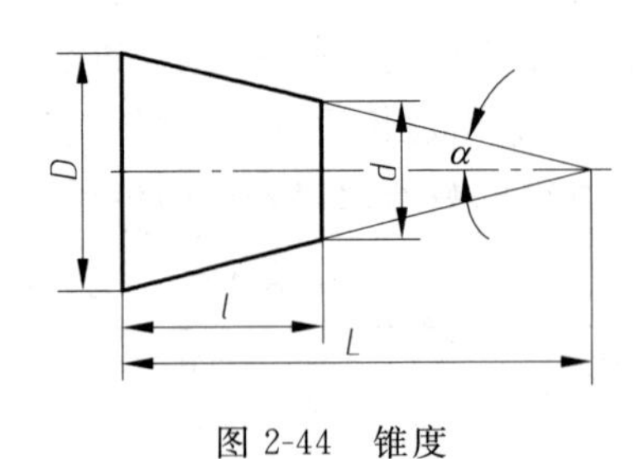

图 2-44 锥度

锥度的作图步骤如图 2-45 所示。在图上标注锥度时,用图形符号表示圆锥。图形符号画法见图 2-43(b)。图形符号应与圆锥方向相一致,基准线应与圆锥的轴线平行,如图 2-45(1)所示。

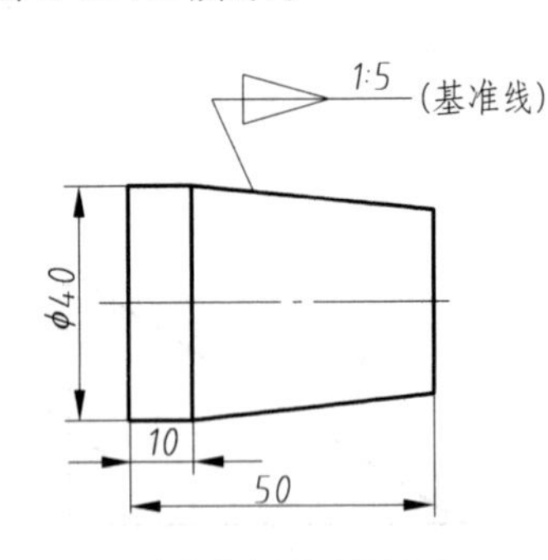

(1) 求作如图所示的图形

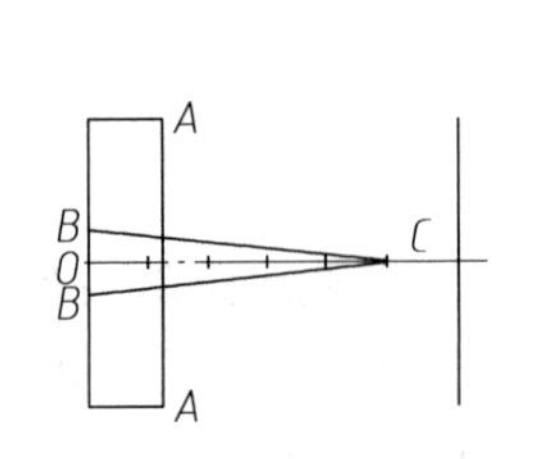

(2) 从点O开始任取5单位长度,得点C,在左端面上取直径为1单位长度,得点B,连BC,即得锥度为1:5的圆锥

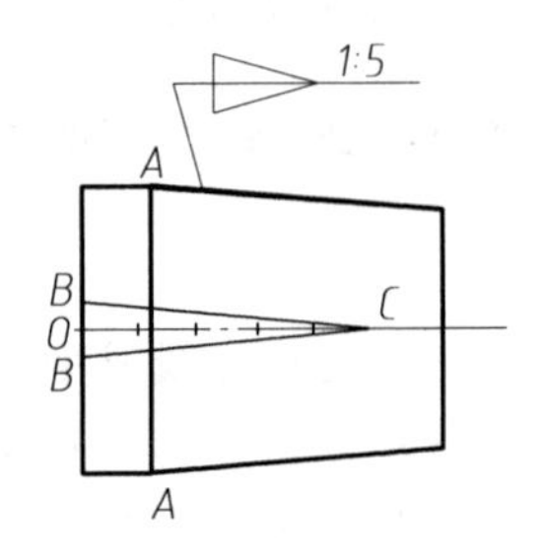

(3) 过点A作线BC的平行线,即完成作图

图 2-45 锥度的作图

2.3.5 画圆的切线

过圆外一点作圆的切线如图 2-46 所示;作两圆的外公切线如图 2-47 所示;作两圆的内公切线如图 2-48 所示。

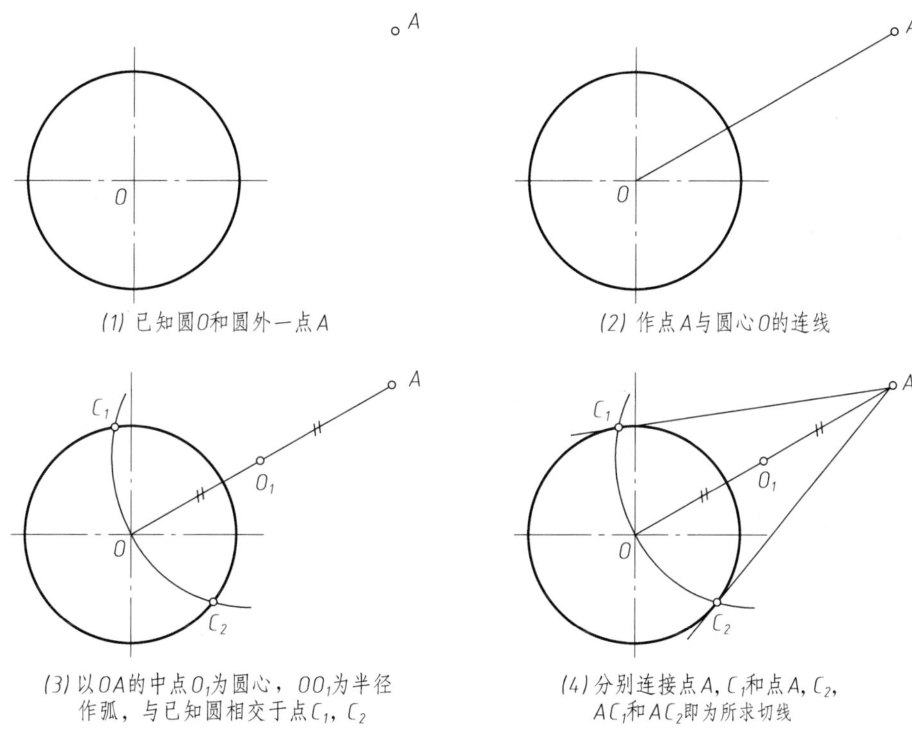

图 2-46　过圆外一点作圆的切线

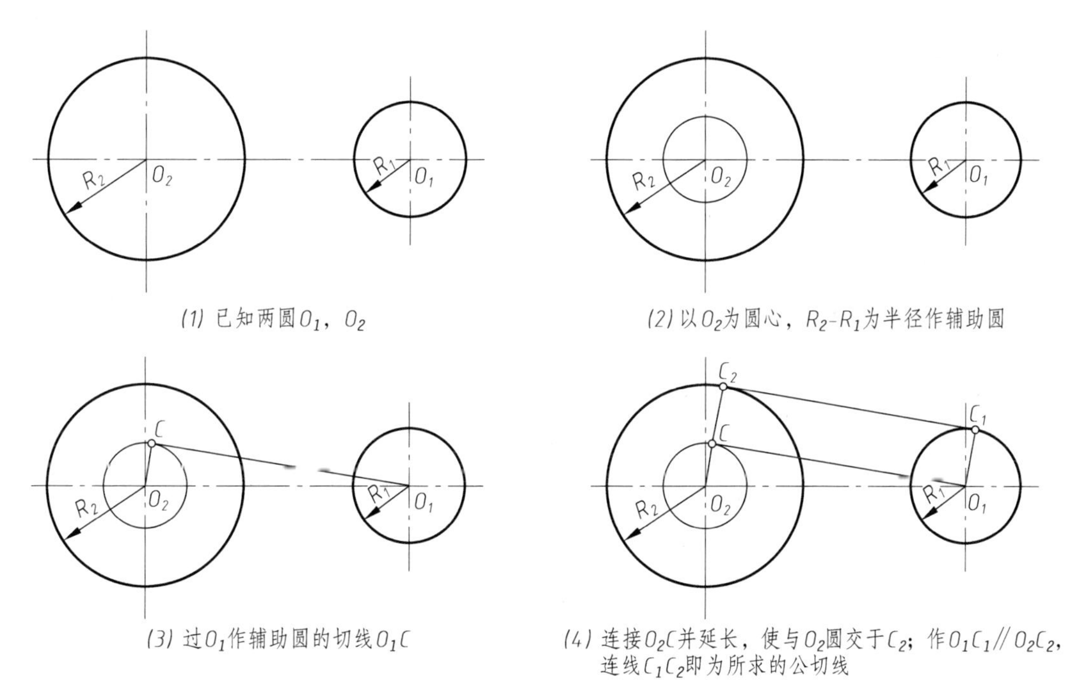

图 2-47　作两圆的外公切线

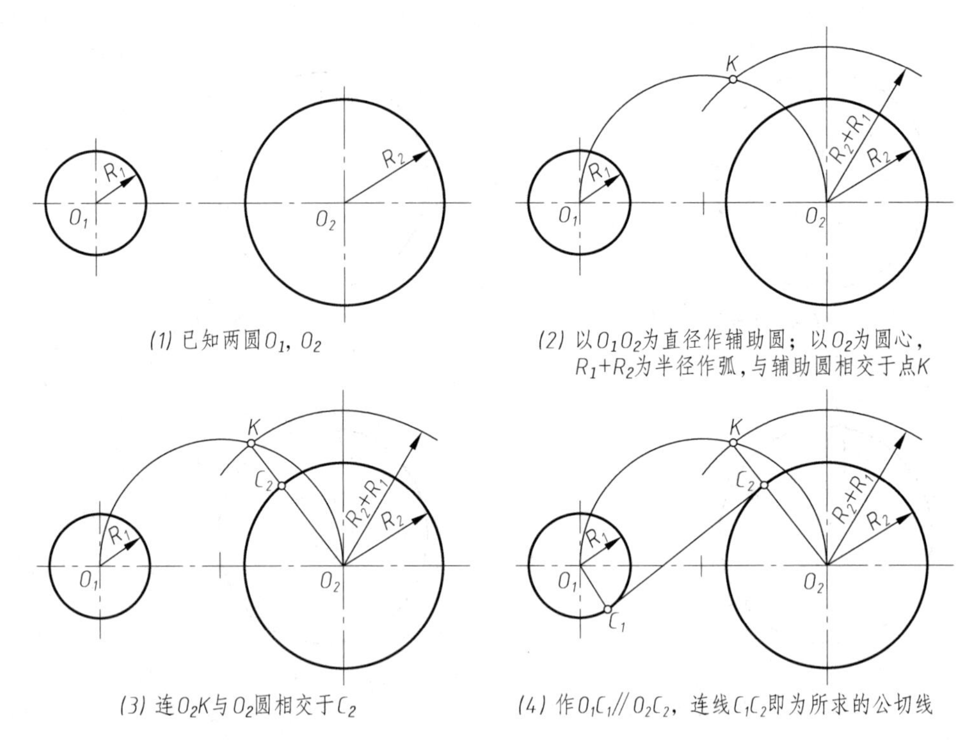

图 2-48 作两圆的内公切线

2.3.6 圆弧连接①

1. 圆弧连接的 3 种情况

(1) 用已知半径的圆弧连接两条已知直线(图 2-49)。

(2) 用已知半径的圆弧连接一已知圆弧和已知直线(图 2-50)。

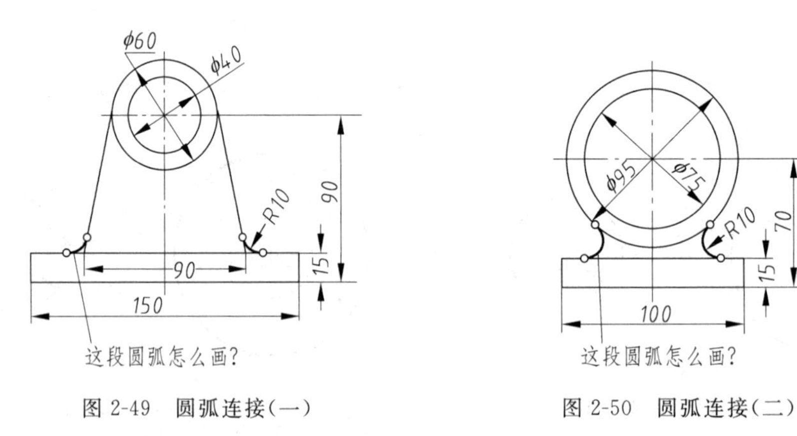

图 2-49 圆弧连接(一)　　图 2-50 圆弧连接(二)

---

① 在这里用到圆弧和圆的半径与直径的表示，R10 表示半径为 10mm，φ60 表示直径为 60mm。

(3) 用已知半径的圆弧连接两个已知圆弧(图 2-51)。

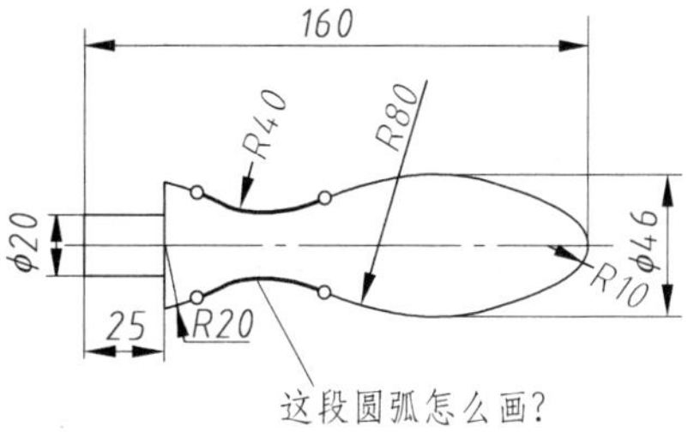

这里讲的连接,是指光滑连接,即圆弧与直线或圆弧与圆弧在连接处是相切的。因此,在作图时要解决两个问题:求出连接圆弧的圆心和定出切点的位置。

图 2-51 圆弧连接(三)

2. 连接圆弧的圆心轨迹和切点位置

(1) 当一个圆与直线 AB 相切时(图 2-52(a)),圆心 O 的轨迹是直线 AB 的平行线,其距离等于圆的半径 R。过圆心作线垂直于 AB,则其交点 K 为切点。

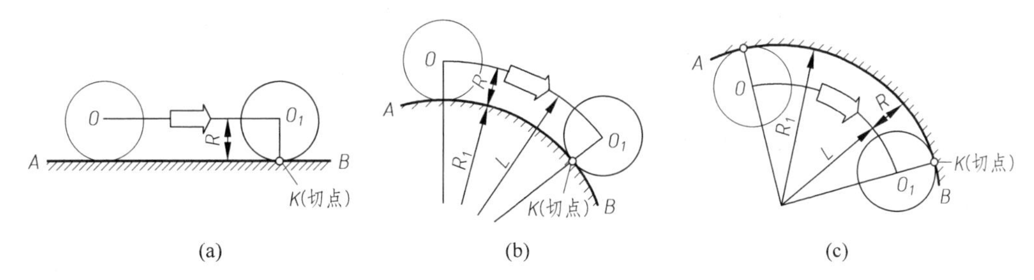

图 2-52 圆相切时的几何关系

(a) 圆与直线相切;(b) 圆与圆弧外切;(c) 圆与圆弧内切

(2) 当一个圆与圆弧 AB 相切时(图 2-52(b)和(c)),圆心 O 的轨迹是 AB 的同心弧。外切时,其半径 $L=R_1+R$,内切时,其半径 $L=R_1-R$。而切点 K 是圆 O 与圆弧 AB 的连心线与圆弧的交点。

圆弧连接的作图方法就是根据上述道理进行的。

3. 圆弧连接的作图举例

例 2-1 用圆弧连接两已知直线。

已知:直线 AC,BC 及连接圆弧的半径 R(图 2-53)。

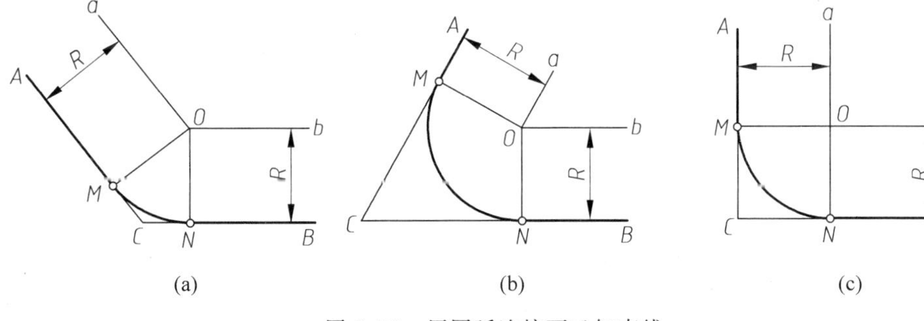

图 2-53 用圆弧连接两已知直线

作图:

(1) 根据上述原理,作两辅助直线分别与 AC 及 BC 平行,并使两平行线之间的距离都等于 R,两辅助直线的交点 O 就是所示连接圆弧的圆心。

(2) 从点 O 向两已知直线作垂线，得到的两个点 M,N 就是切点。

(3) 以点 O 为圆心，OM 或 ON 为半径作弧，与 AC 及 BC 切于 M,N 两点，即完成连接。

例 2-2 用圆弧连接两已知圆弧(图 2-54)。

已知：两圆 O_1,O_2 的半径 R_1,R_2 及连接圆弧的半径 $R_内$,$R_外$(图 2-54(a))。

求作：图 2-54(b)所示的连接图形。

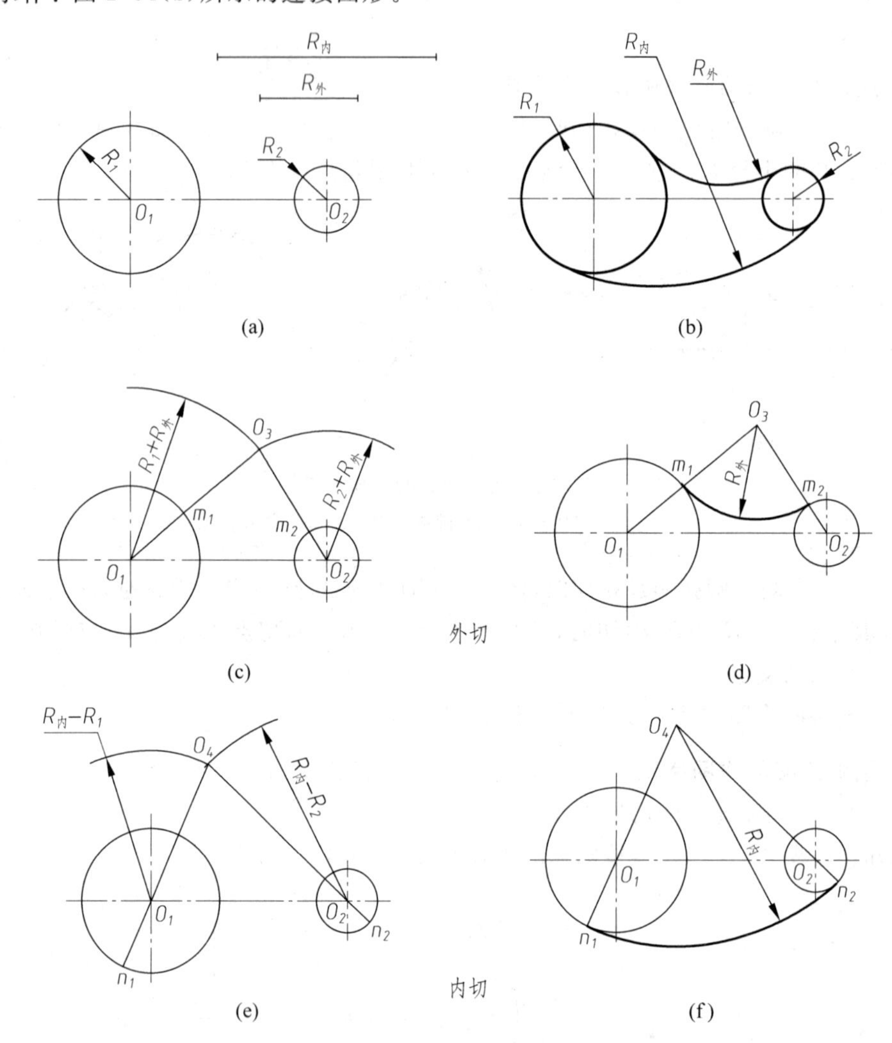

图 2-54 用圆弧连接两已知圆弧

作图：可分为两部分。

(1) 以 $R_外$ 为半径作弧与两已知圆外切。

① 以 O_1 为中心、$R_1+R_外$ 为半径画圆弧，与以 O_2 为中心、$R_2+R_外$ 为半径所得圆弧相交于 O_3,O_3 即为连接圆弧的圆心。连 O_3O_1 及 O_3O_2 得切点 m_1,m_2(图 2-54(c))。

② 以 O_3 为中心、$R_外$ 为半径所作圆弧 m_1m_2 即与两已知圆光滑外切(图 2-54(d))。

(2) 以 $R_内$ 为半径作弧与两已知圆内切。

① 以 O_1 为中心、$R_内-R_1$ 为半径画圆弧，与以 O_2 为中心、$R_内-R_2$ 为半径所作圆弧

相交于点 O_4，O_4 即为连接圆弧的圆心。连 O_4O_1 及 O_4O_2 得切点 n_1，n_2（图 2-54(e)）。

② 以 O_4 为圆心、$R_{内}$ 为半径所作圆弧 n_1n_2 即与两已知圆光滑内切（图 2-54(f)）。

例 2-3 用圆弧连接已知直线及圆弧。

根据上述两个例子，可以很容易地得出用半径为 R 的圆弧连接直线 BC 及圆弧 AC 的作图方法（图 2-55）。请读者自行分析。

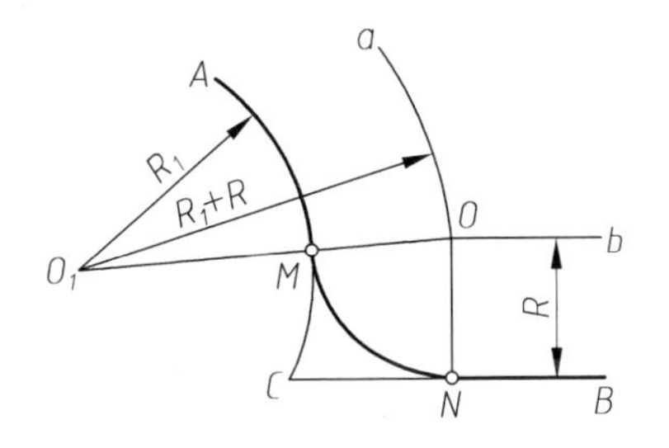

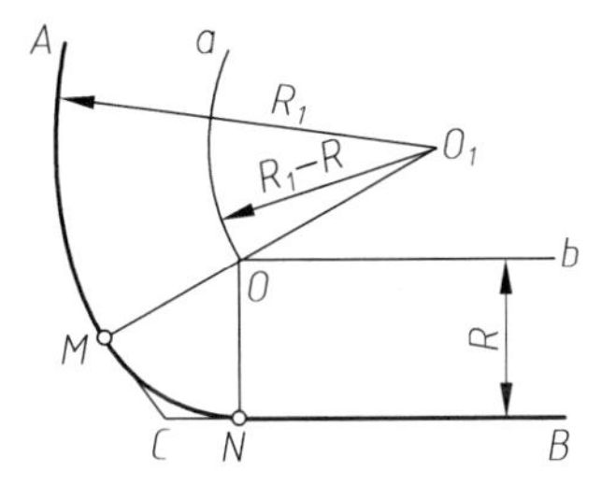

图 2-55 用圆弧连接已知直线及圆弧

归纳圆弧连接的作图方法，可以得出以下两点：

(1) 无论那种形式的连接，连接弧的中心都是利用动点运动轨迹相交的概念确定的。例如，距离直线等远的点的轨迹是平行的直线，与圆弧等距离的轨迹是同心圆弧，等等。

(2) 连接弧的圆心是由作图决定的，所以只注其半径 R，不必给出圆心位置尺寸。

4. 含有圆弧连接的平面图形的作图步骤

1) 平面图形的尺寸分析

以图 2-56 所示吊钩为例，可以看出，图中所注尺寸可以分成两大类：

(1) 定形尺寸。指确定平面图形上几何元素的大小尺寸，例如直线的长短、圆的大小等，如图 2-56 中的 ϕ15，ϕ20，20 和 R28，R40 等尺寸。

(2) 定位尺寸。指确定几何元素位置的尺寸，例如圆心的位置、直线的位置等，如图 2-56 中的 60，10 和 6 等尺寸。

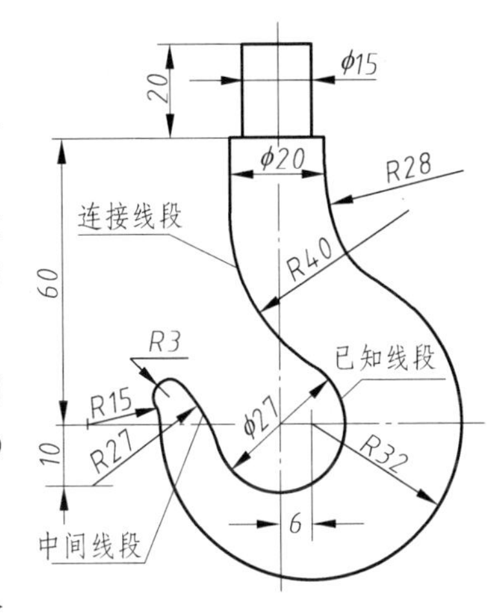

图 2-56 吊钩

2) 平面图形的线段分析

根据定形尺寸和定位尺寸的概念对吊钩进行分析。可以看出，图形中的线段可分为 3 种：

(1) 已知线段。指标注完全定形尺寸和定位尺寸的线段作图时，根据这些尺寸不依靠与其他线段的连接关系，即可画出该线段。对圆弧来说，就是指半径 R 和圆心的两个坐标尺寸都齐全的圆弧，如图 2-56 中的 ϕ27 及 R32。

(2) 中间线段。指标注尺寸不完全，需等与其一端相邻的线段作出后，依靠与该线段的连接关系才能确定画出的线段。对于圆弧来说，较常见的是给出半径和圆心的一个定位尺寸，如图 2-56 中 R15 及 R27 两个圆弧。

(3) 连接线段。指标注尺寸不完全,或不标尺寸,需等与其两端相邻的两段线段作出后,依靠两个连接关系才能画出的线段。对于圆弧来说,以仅给出一个半径为多见,如图2-56中$R3$,$R28$和$R40$等圆弧。

3) 平面图形的作图步骤

仍以图2-56所示吊钩为例,其作图步骤如图2-57所示。

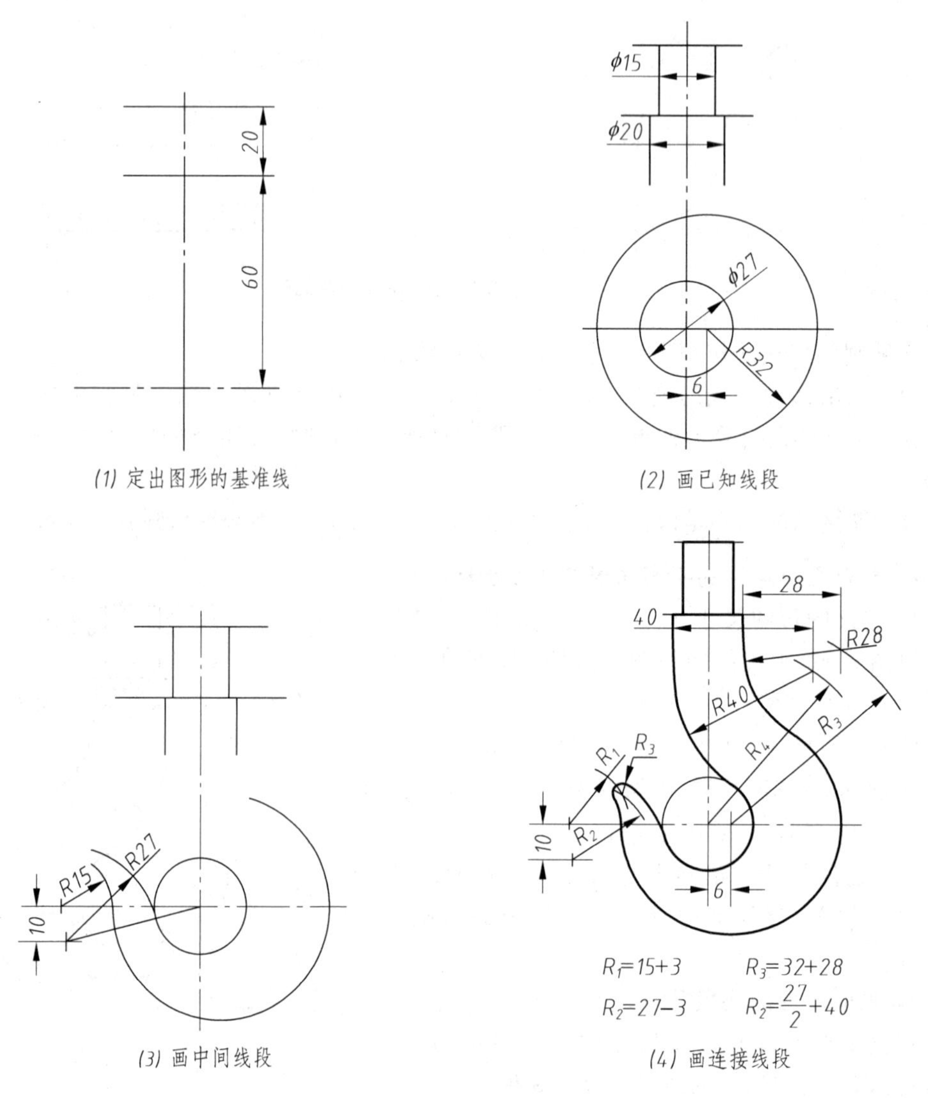

图2-57 吊钩的作图步骤

2.3.7 画椭圆

精确地绘制椭圆应用椭圆规或用计算机来完成。图2-58所示为常用的一种尺规近似画法。这种画法是用几段圆弧连接起来,代替椭圆曲线。

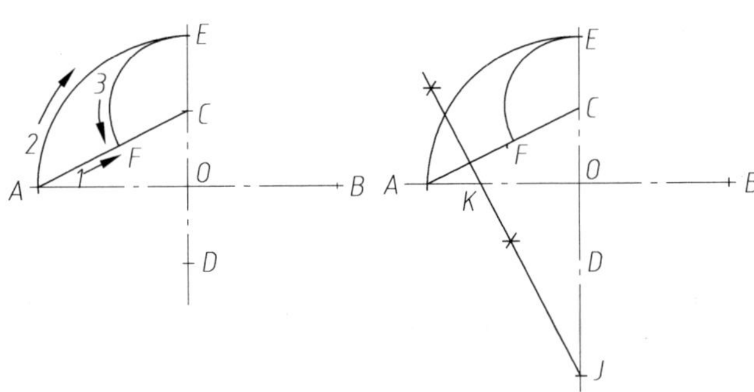

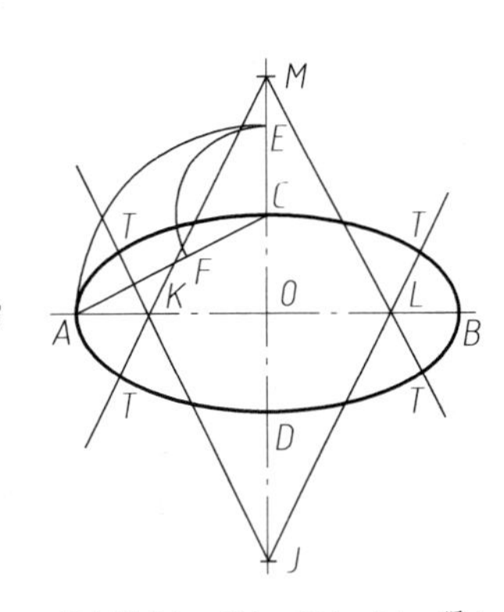

(1) 画出长轴AB和短轴CD，连AC。以O为圆心，OA为半径画$\widehat{AE}$，再以C为圆心，CE为半径画$\widehat{EF}$

(2) 作AF的垂直平分线，与AB交于K，与CD交于J

(3) 取OL=OK，OM=OJ，得L，M点，分别以J，M为圆心，JC为半径画大弧。再分别以K，L为圆心，KA为半径画小弧，切点T位于圆心连线上

图 2-58 椭圆的近似画法

3 计算机绘图及建模基础

3.1 概　　述

在机械设计领域，计算机辅助设计技术(computer aided design，CAD)正在发挥着越来越重要的作用，已经实现了对设计各环节的全面支持。计算机绘图是计算机辅助设计的重要组成部分，是指利用计算机图形系统绘制出符合要求的二维工程图样或建立起三维模型的方法和技术。

在详细设计阶段，利用计算机绘图技术可以进行图形绘制、尺寸标注、技术条件标注等全部绘图工作，绘制出完整的工程图样。在现代产品设计中，还常常利用计算机直接构建出零件或整个产品的三维模型，为实现计算机集成制造奠定基础。

计算机绘图系统是实现计算机绘图的支持环境，主要有输入、输出、存储、计算、人-机对话等功能，由硬件和软件两大部分组成。基本硬件包括计算机主机、图形输入设备、图形输出设备和图形存储设备等，例如，鼠标器、键盘、扫描仪、数字化仪就是常用的图形输入设备，绘图仪和打印机就是常用的图形输出设备。常用软件包括二维绘图系统和三维建模系统，例如 AutoCAD、SolidWorks、Pro/Engineer 等。

与手工绘图相比，计算机绘图绘制二维工程图不仅具有速度快、准确度高的特点，而且通过对大批量电子版图形进行有效的管理，可以方便快捷地对图形进行检索、修改和重用。因此，在生产实际中，计算机绘图应用十分广泛。目前，计算机三维建模系统的应用也非常普及，利用计算机系统构建零件或产品的三维模型，不仅可以直观地表达产品的设计，而且参数化的三维建模使设计的修改更加方便，在三维模型基础上的虚拟装配、仿真、工程计算、设计评价等辅助设计与制造手段更是大大提高了设计效率。因此，计算机绘制二维工程图和三维建模是本课程学习过程中应该掌握的表达方法和技能。

本章以典型的计算机二维绘图与三维建模软件 AutoCAD 2013 和 SolidWorks 2012 为例，简要介绍与本课程相关的计算机绘图与建模相关的基本概念和基本功能。通过阅读本章内容，读者可以了解计算机绘制二维工程图和三维建模的基本方式和思路。至于软件的具体操作方法，读者可结合软件的使用手册，在实际工作中不断实践，积累经验，逐步提高计算机绘图及造型的操作技能。

3.2 利用 AutoCAD 绘制二维工程图

利用计算机绘图软件,交互地绘制二维图形,是机械制图中经常用到的手段。有许多软件都可以实现这一功能,其中,AutoCAD 是一种典型的、功能强大的设计软件包,可以方便地绘制二维图形,被广泛地应用于机械、建筑、电子、航天、土木工程等领域。在使用 AutoCAD 绘制二维工程图时,常用的功能有:

(1) 二维图线的绘制功能,如绘制直线、圆、圆弧等;

(2) 其他图形对象的绘制功能,如尺寸标注、画剖面线、绘制文字等;

(3) 图形的修改功能,如移动、旋转、复制、擦除、修剪等;

(4) 辅助绘图功能,包括图层控制、对象捕捉等;

(5) 图形的显示控制功能,如平移、缩放、旋转等;

(6) 输入输出功能,包括图形的导入和输出、对象链接等。

3.2.1 AutoCAD2013 绘制二维图形的工作界面

与其他 Windows 程序一样,可用桌面快捷方式和“开始”菜单启动 AutoCAD。以 AutoCAD 2013 为例,快捷方式图标如图 3-1 所示,双击该图标可启动 AutoCAD。

图 3-1 AutoCAD 2013 快捷方式图标

启动后,AutoCAD 2013 的工作界面如图 3-2 所示。

图 3-2 AutoCAD 2013 工作界面

1. 标题栏和菜单栏

AutoCAD 2013 工作界面中的标题栏显示 AutoCAD 2013 的程序图标和当前打开的图形文件名。菜单栏提供操作 AutoCAD 2013 的命令,用鼠标左键点击(后简称单击)各个菜单项，弹出相应的下拉菜单。

2. 功能区

AutoCAD 2013 功能区提供包括创建或修改图形所需的所有工具，功能区中有“常用”、“插入”、“注释”、“布局”、“参数化”、“视图”、“管理”、“输出”、“插件”和“联机”等多个选项卡，每个选项卡集成了相关的操作工具面板，例如在“常用”选项卡中，排列了“绘图”、“修改”、“图层”、“注释”等多个最常使用的命令组面板。

3. 工具栏

工具栏用图标方式提供执行各种操作命令的快捷方式。当鼠标指向工具栏上的图标按钮时，出现相应的命令提示。单击按钮，可执行相应的命令。

AutoCAD 2013 中最为常用的工具栏包括：“标准”工具栏、“绘图”工具栏、“修改”工具栏、“对象特性”工具栏、“对象捕捉”工具栏和“标注”工具栏等。若要将某个工具栏显示在工作界面中，可在任何一个已经显示出来的工具栏上，点击鼠标右键(后简称右击)，在随后出现的工具栏列表中(见图 3-3)选择所需的工具栏，该工具栏就会出现在屏幕上。拖动该工具栏到屏幕上适当的位置。

对象捕捉
工作空间
布局
平滑网格
平滑网格图元
建模
插入
文字
曲面创建
曲面创建 II
曲面编辑
查找文字
查询
标准
标准注释
标注
标注约束
样式
测量工具
渲染
漫游和飞行
点云
特性
相机调整
组
✓ 绘图
绘图次序
绘图次序，注释前置
缩放
视口
视图
视觉样式
贴图
阵列工具栏
阵列编辑

图 3-3　工具栏列表

4. 绘图窗口

绘图窗口相当于手工绘图时的图纸，所有的绘图和修改操作都在这个窗口中进行。

5. 命令窗口

绘图及修改等操作都是通过输入 AutoCAD 命令并依据提示进一步交互操作而实现的。命令窗口用于通过键盘输入 AutoCAD 的命令或相关的数据。命令开始执行后，命令窗口将显示相应的提示，用户可根据提示进行下一步的操作。

AutoCAD 2013 中的命令窗口为浮动窗口，可根据绘图需要将其拖动到合适的位置。

6. 状态栏

状态栏的左端显示的是光标当前位置的坐标值，中间有一排按钮，用以控制辅助绘图工具的设置和状态，右侧的按钮为用于快速查看和注释缩放的工具。

7. 光标

在绘图窗口中可用光标拾取点或选择图形对象。移动鼠标，光标将随之移动。在默认状态下，光标的形式如图 3-4(a)所示。在绘图过程中，当需要输入一个点的时候，光标为图 3-4(b)所示的十字形状，其中十字线的交点即为光标的实际位置；当需要选择图形对象时，光标为图 3-4(c)所示的小方框。

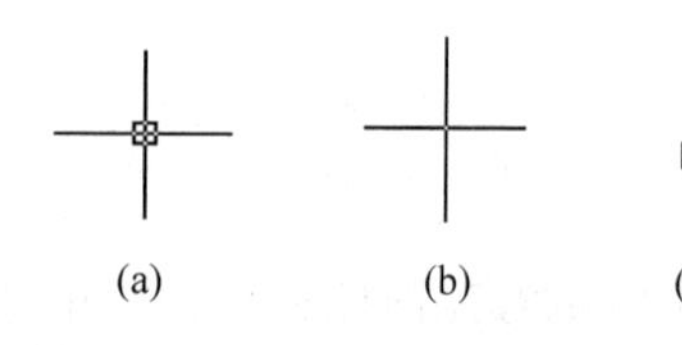

图 3-4　光标的不同形式

8. 坐标系图标

坐标系图标用来表示当前绘图所使用的坐标系的形式以及坐标方向。AutoCAD 提供世界坐标系(world coordinate system, WCS)和用户坐标系(user coordinate system, UCS)两种坐标系。默认坐标系为世界坐标系。

9. 视图方位显示

利用该工具可以方便地将视图按不同的方位进行显示。

10. 视图观察栏

利用其中的各种按钮,可以改变视图的缩放、更改观察角度等。

3.2.2 AutoCAD 命令的基本操作方式

1. 绘图命令的启动和执行

AutoCAD 的交互操作是以输入命令的方式实现的,常用通过以下 4 种方式启动 AutoCAD 命令:

(1) 直接通过键盘输入命令(如绘制直线的命令"Line"),此时所输入的命令同时显示在绘图区光标旁边及命令窗口中,然后回车。

(2) 单击菜单栏中相应的菜单项,如单击"绘图"菜单项下的"直线"项(见图 3-5),启动 Line 命令。

(3) 单击工具栏中相应的命令按钮,如单击"绘图"工具栏中的按钮(见图 3-6),启动 Line 命令。

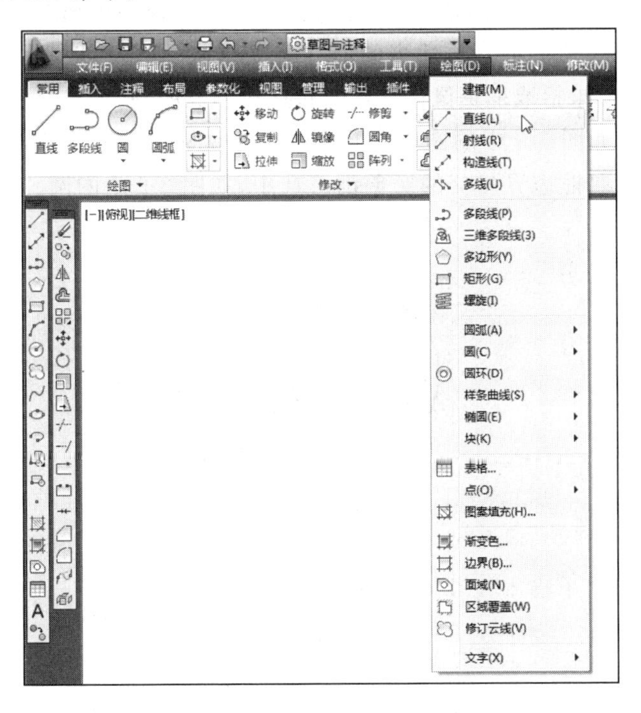

图 3-5 通过菜单启动"直线"命令

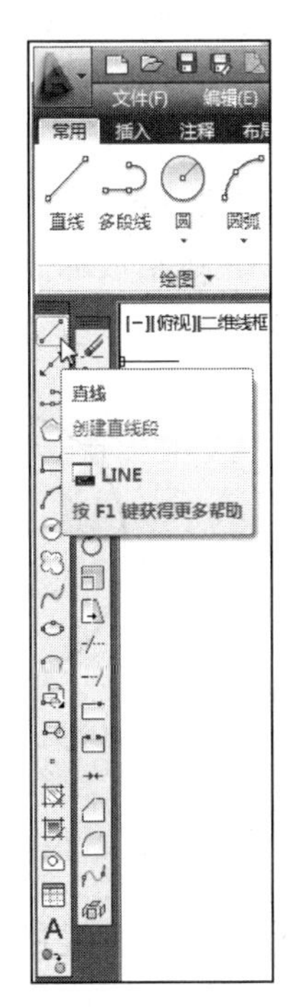

图 3-6 通过工具栏启动"直线"命令

(4) 单击功能区的相应选项卡中的命令按钮，如单击“常用”选项卡中“绘图”面板的“直线”按钮(见图 3-7)，启动 Line 命令。

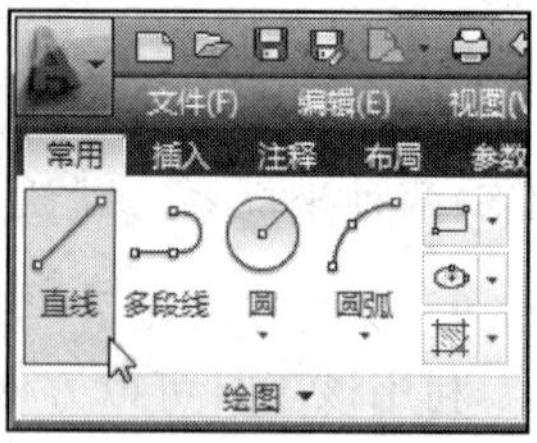

命令启动后，命令窗口中出现命令提示，根据提示进行下一步的操作。如启动 Line 命令后提示为：“指定第一点：”。

图 3-7　通过功能区启动“直线”命令

2. 绘图数据的输入

在绘图过程中，常常需要输入一个点的位置，如直线的起点、终点，圆的圆心等。点的常用输入方法包括：

(1) 用光标拾取。在绘图窗口中移动光标到适当位置，单击，系统自动将十字光标交点的坐标拾取出来。

(2) 通过键盘输入点的坐标，可以输入绝对坐标、相对坐标，或者是极坐标。

绘图时还常常需要输入一些数值，如圆的半径、距离等。可以通过键盘键入数值并回车，也可以在绘图窗口连续拾取两个点，则两点间的距离即作为输入的数值。

3. 图形对象的选择

在对已绘制的图形进行编辑修改时，常常要选择待修改的图形对象，此时命令窗口一般会出现提示“选择对象：”，同时，光标变成图 3-4(c)所示的一个小方框。可采用直接拾取、窗口方式，或者全部选择的方式进行。

在绘图窗口移动小方框光标，使之与要拾取的图形对象重合，此时单击即可选中该对象，如图 3-8 所示为直接选中圆。图形对象被选中后，将以短虚线的形式显示。

在绘图窗口移动小方框光标到没有图线的地方，单击，拖动鼠标，出现一个随鼠标拖动变化的带颜色的矩形，该矩形即为拾取框。在适当的地方再次单击，确定拾取框的范围，如图 3-9 中矩形阴影框所示。如果拾取框是鼠标从左向右拖动形成的，则只有全部位于拾取框之内的对象才能被选中，如图 3-9 中的圆；如果拾取框是鼠标从右向左拖动形成的，则位于拾取框之内以及与拾取框边界相交的对象都被选中，如图 3-9 中的圆、椭圆和矩形。

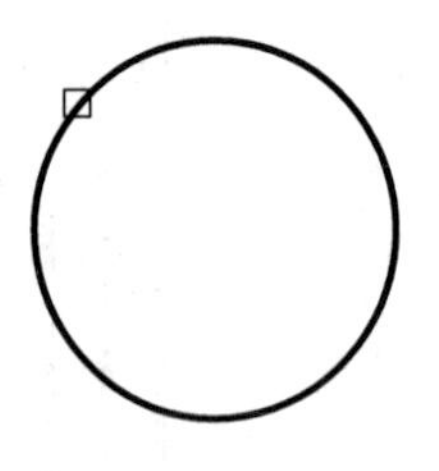

图 3-8　直接选取圆

图 3-9　窗口选取

若在命令窗口提示“选择对象：”下输入“All”，则选中所有的图形对象。

3.2.3　二维图线的绘制

利用 AutoCAD 提供的绘图命令，可以方便地绘制工程图中常见的直线、圆、圆弧、矩形、多边形、样条曲线等各种二维图线。主要的绘图命令集中在功能区“常用”选项卡下的

“绘图”面板中，如图 3-10 所示。将鼠标放置在命令图标上，将显示该命令的功能，如图 3-11 所示为“多边形”命令的功能。鼠标继续停留在命令图标上，将显示该命令的使用方法说明，如图 3-12 所示为“多边形”命令的使用方法。

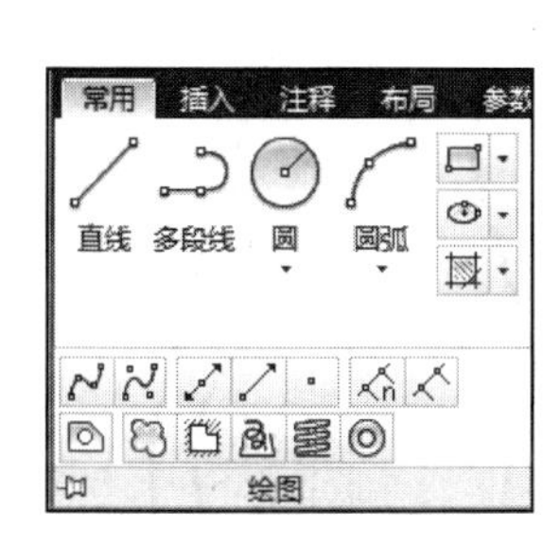

图 3-10 功能区“常用”选项卡下的“绘图”面板

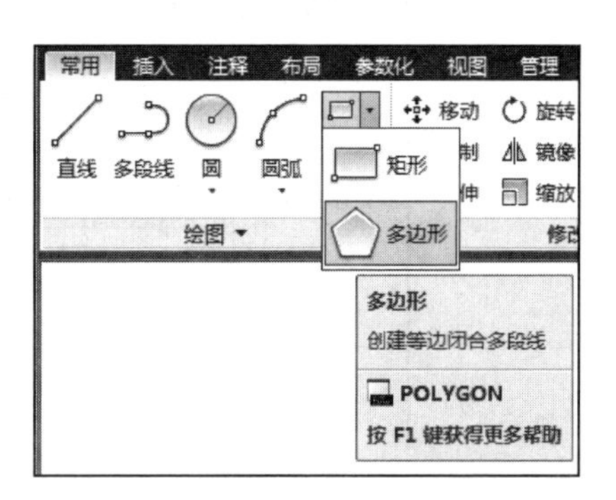

图 3-11 “多边形”命令的功能说明

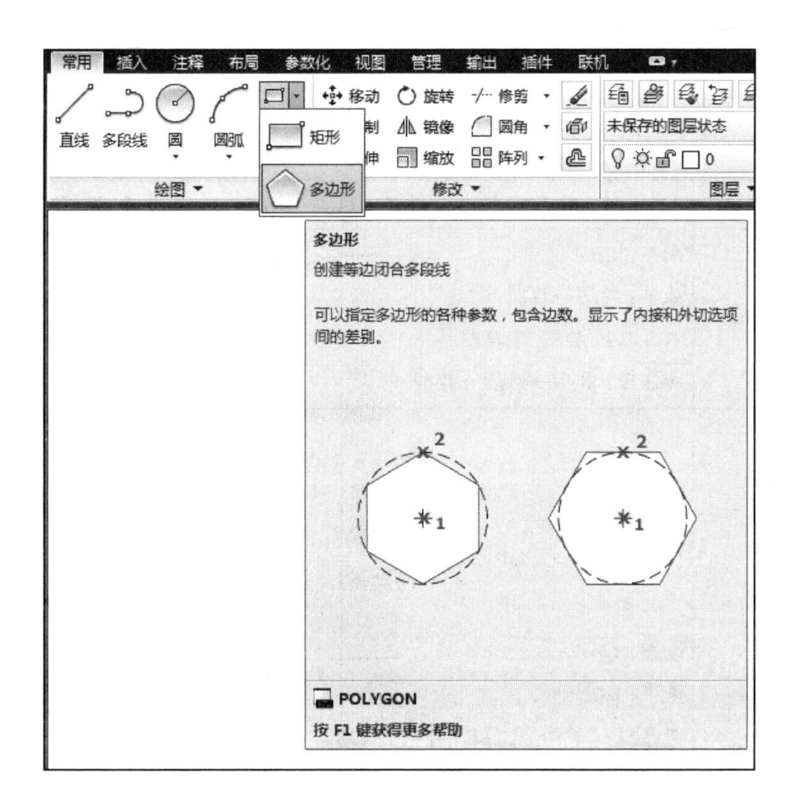

图 3-12 “多边形”命令的使用方法说明

有些图形可以通过多种方式进行绘制，例如单击“圆”命令图标下方的小箭头，将打开绘制圆的不同方式，如图 3-13 所示。

综合运用各种绘图命令，可以绘制各种图形。如图3-14所示为运用直线、圆、圆弧命令绘制的图形。表3-1中给出了AutoCAD 2013中常用二维图线的绘制方法说明。

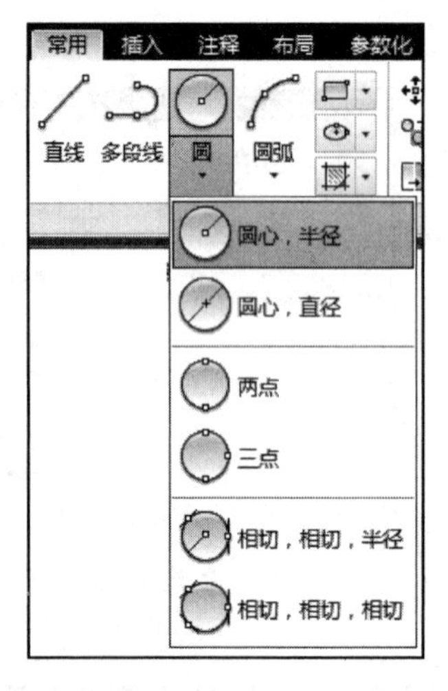

图3-13 多种方式绘制圆

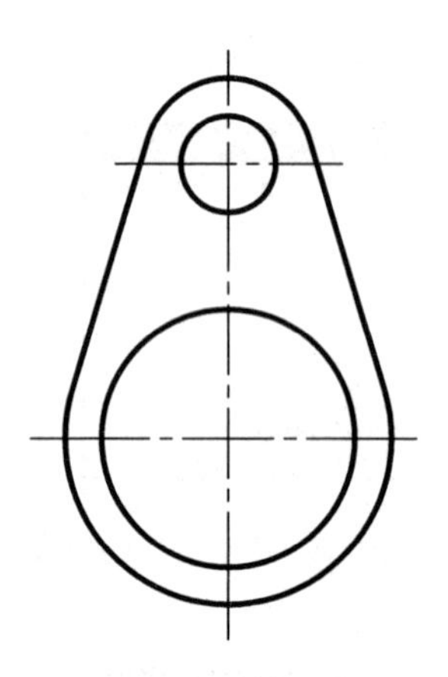

图3-14 绘图实例

表3-1 常用图线的绘制方法

常用图线	绘制命令	命令的启动	命令说明
直线	Line	命令：*Line* 菜单：*绘图→直线* 工具栏：*“绘图”工具栏* 功能区：*常用→绘图→直线*	用Line命令可以创建一系列连续的直线段，每条线段都是可以单独编辑的直线对象
圆	Circle	命令：*Circle* 菜单：*绘图→圆* 工具栏：*“绘图”工具栏* 功能区：*常用→绘图→圆*	可采用以下多种方式绘制圆： • 圆心、半径：输入圆心位置和半径创建圆 • 圆心、直径：输入圆心位置和直径创建圆 • 两点：输入两个点的位置，以这两个点的连线作为直径创建圆 • 三点：输入3个点的位置，所创建的圆将通过这3个点 • 相切、相切、半径：给定圆的半径，并指定另两个图形对象，所创建的圆将与这两个图形对象相切 • 相切、相切、相切：指定3个图形对象，所创建的圆将与这3个图形对象同时相切

续表

常用图线	绘制命令	命令的启动	命令说明
圆弧	Arc	命令：*Arc* 菜单：*绘图→圆弧* 工具栏：*"绘图"工具栏* 功能区：*常用→绘图→圆弧*	可采用多种方式绘制圆弧，以下为常用的几种方式： • 三点：输入3个点的位置，所创建的圆弧将通过这3个点，且以其中第1、3点为圆弧的起点和终点 • 起点、圆心、端点：依次输入3个点的位置，分别作为圆弧的起点、圆心和终点，并以起点和圆心的距离作为半径绘制圆弧 • 起点、圆心、角度：依次输入起点和圆心点的位置，并输入角度值，以起点和圆心的距离作为半径绘制圆弧，该圆弧的圆心角为输入的角度值 • 起点、圆心、长度：依次输入起点和圆心点的位置，并输入长度值，以起点和圆心的距离作为半径绘制圆弧，该圆弧的弦长为输入的长度值 • 起点、端点、角度：依次输入起点和终点的位置，并输入角度值，根据角度值自动确定圆弧的圆心和半径 • 连续：创建一个与上次绘制的直线或圆弧相切的圆弧
射线	Ray	命令：*Ray* 菜单：*绘图→射线* 功能区：*常用→绘图→射线*	创建从一点出发的单向无限长的直线，可用于绘制投影的投射线，或作为创建其他对象的参照
构造线	Xline	命令：*Xline* 菜单：*绘图→构造线* 工具栏：*"绘图"工具栏* 功能区：*常用→绘图→构造线*	创建一条两端都无限延长的直线，这种构造线常可用来作为保证各视图之间"三等"关系的投射线
多段线	Pline	命令：*Pline* 菜单：*绘图→多段线* 工具栏：*"绘图"工具栏* 功能区：*常用→绘图→多段线*	多段线由一系列直线或圆弧连续构成，各段均可有不同的宽度、不同的线型。用Pline命令一次绘制出来的多段线作为一个图形对象
样条曲线	Spline	命令：*Spline* 菜单：*绘图→样条曲线* 工具栏：*"绘图"工具栏* 功能区：*常用→绘图→样条曲线拟合(或样条曲线控制点)*	样条曲线是通过或者接近一组指定点的光滑曲线。可用来绘制非规则形状的曲线，如汽车设计的轮廓曲线，也可以用作制图中的波浪线

续表

常用图线	绘制命令	命令的启动	命令说明
矩形	Rectang	命令：*Rectang* 菜单：*绘图→矩形* 工具栏：*"绘图"工具栏* 功能区：*常用→绘图→矩形*	通过 Rectang 命令可以绘制矩形，并可以指定矩形的长度、宽度、旋转角度，以及矩形为直角、圆角或者倒角
正多边形	Polygon	命令：*Polygon* 菜单：*绘图→正多边形* 工具栏：*"绘图"工具栏* 功能区：*常用→绘图→多边形*	通过 Polygon 命令可以绘制正多边形，并指定多边形的边数，通过输入与正多边形内切或外接的圆的半径，确定正多边形的大小

3.2.4 二维图线的修改

在绘图过程中，常常需要对已经画好的图线进行修改。例如，删除某些不需要的图线，将图线剪短或加长，将尖角处改为圆角等。AutoCAD 2013 提供了许多方便实用的修改命令，既可以对二维图线进行修改，又可以提高绘图效率。主要的修改命令集中在功能区"常用"选项卡下的"修改"面板中，如图 3-15 所示。

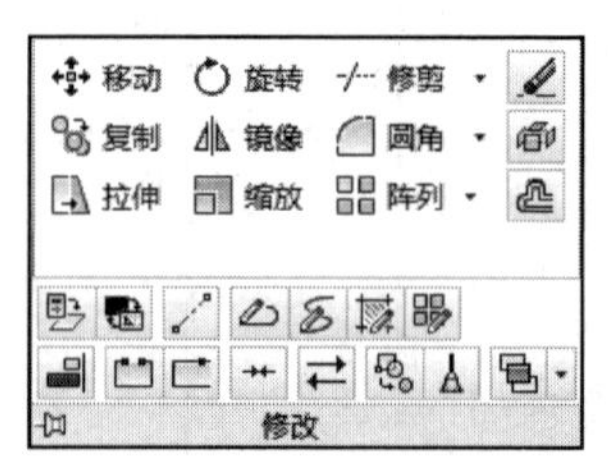

图 3-15 "常用"选项卡下的"修改"面板

常用的修改命令包括"移动"、"复制"、"镜像"、"修剪"、"拉伸"、"删除"等。表 3-2 中给出了 AutoCAD 2013 中常用二维图线的修改方法说明。综合运用各种修改命令，可以对图形进行修改。如图 3-16(a)所示，利用"镜像"命令将直线对称复制到轴线右侧，利用"打断"命令将点画线过长的部分擦掉。如图 3-16(b)所示，利用"修剪"命令剪掉圆弧多余的部分，最终完成如图 3-16(c)所示图形。

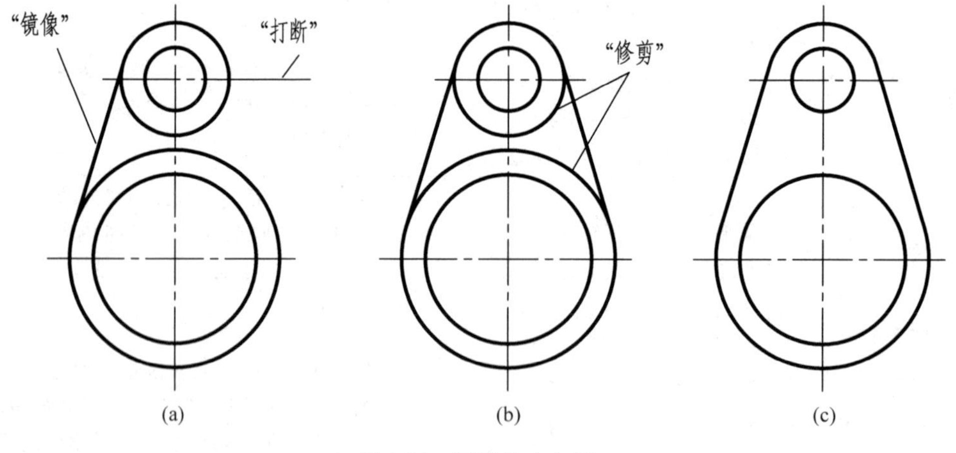

图 3-16 图形修改实例

再如图 3-17(a)所示，利用"偏移"命令创建同心圆，利用"圆角"命令将矩形的 4 个尖角修改为圆角。如图 3-17(b)所示，利用"阵列"命令快速复制 4 对同心圆，最终完成如图 3-17(c)

所示图形。

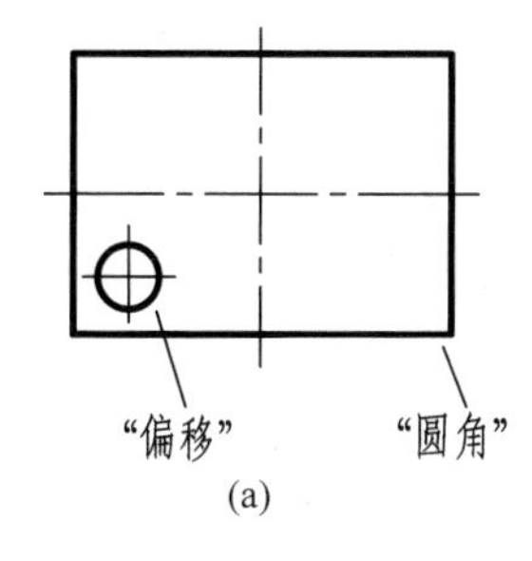

(a)

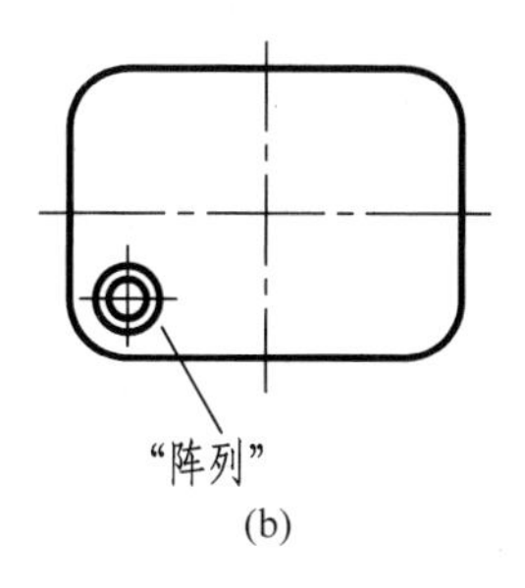

(b)

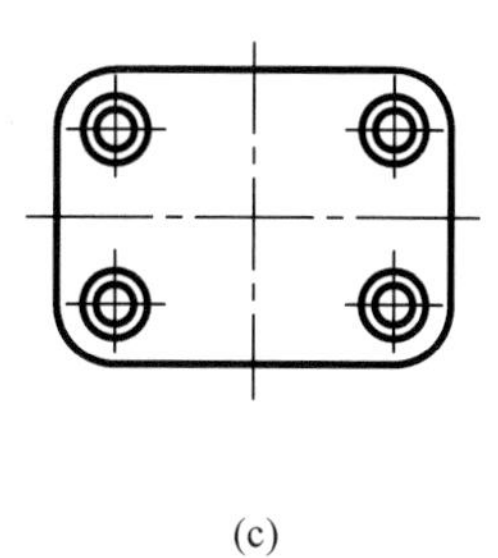
(c)

图 3-17 图形修改实例

表 3-2 常用的图线修改方法

修改方法	修改命令	执行方式	命令说明
删除	Erase	命令：*Erase* 菜单：*修改→删除* 工具栏：*“修改”工具栏* 功能区：*常用→修改→删除*	将选中的图形对象完整地删除掉
移动	Move	命令：*Move* 菜单：*修改→移动* 工具栏：*“修改”工具栏* 功能区：*常用→修改→移动*	将选中的图形对象沿着指定的方向，移动指定的距离
修剪	Trim	命令：*Trim* 菜单：*修改→修剪* 工具栏：*“修改”工具栏* 功能区：*常用→修改→修剪*	将某对象位于由其他对象所确定的修剪边界之外的部分剪切掉
延伸	Extend	命令：*Extend* 菜单：*修改→延伸* 工具栏：*“修改”工具栏* 功能区：*常用→修改→延伸*	将图线延长到其他某个对象的边界
旋转	Rotate	命令：*Rotate* 菜单：*修改→旋转* 工具栏：*“修改”工具栏* 功能区：*常用→修改→旋转*	将选中的图形对象围绕指定的基准点旋转指定的角度
复制	Copy	命令：*Copy* 菜单：*修改→复制* 工具栏：*“修改”工具栏* 功能区：*常用→修改→复制*	将选中的图形对象沿着指定的方向，复制到指定的距离处。复制过程为平移复制，即图形对象的方向不改变

续表

修改方法	修改命令	执 行 方 式	命 令 说 明
偏移	Offset	命令：*Offset* 菜单：*修改→偏移* 工具栏：*"修改"工具栏* 功能区：*常用→修改→偏移*	将选中的图形对象沿指定的方向偏移一段指定的距离，原对象可以保留，也可以删除。对直线类对象的偏移产生平行线，对圆和圆弧则是产生同心圆或同心圆弧
镜像	Mirror	命令：*Mirror* 菜单：*修改→镜像* 工具栏：*"修改"工具栏* 功能区：*常用→修改→镜像*	将选中的图形对象相对于某条轴线作反射，生成一个与原对象形状和大小相同，但相对于轴线对称的新对象。原对象可以保留，也可以删除
阵列	Array	命令：*Array* 菜单：*修改→阵列* 工具栏：*"修改"工具栏* 功能区：*常用→修改→阵列*	将选中的图形对象按矩形排列或环形排列的方式进行复制。矩形阵列是将选定的图形对象沿着互相垂直的行、列两个方向进行复制。环形阵列是将选定的图形对象沿着圆周做等距离复制
打断	Break	命令：*Break* 菜单：*修改→打断* 工具栏：*"修改"工具栏* 功能区：*常用→修改→打断*	将选中的图形对象在某两点之间的部分去除掉，或者将对象从某一点处剪断为两个对象
圆角	Fillet	命令：*Fillet* 菜单：*修改→圆角* 工具栏：*"修改"工具栏* 功能区：*常用→修改→圆角*	将图形的尖角处修改为给定半径的圆角
倒角	Chamfer	命令：*Chamfer* 菜单：*修改→倒角* 工具栏：*"修改"工具栏* 功能区：*常用→修改→倒角*	将图形的尖角处修改为给定距离的倒角

3.2.5 AutoCAD辅助绘图工具

1. 图层

根据制图国家标准规定，机械制图中不同类型的图线应采用不同的线型和宽度。用AutoCAD绘图时，可以为每一个图形对象设定颜色、线型、线宽等特征属性。在绘制较为复杂的图形时，为了使图形更加清晰，通常可以按照图形的不同类型，将其分布在不同的层上。如将粗实线图形、点画线图形、尺寸标注、文字等各自绘制在一个层上，这些不同的层就叫图层。可以把图层想象为没有厚度的透明纸，将不同类型的图形内容绘制在不同的透明纸上，然后将这些透明纸重叠在一起就得到完整的图形，如图3-18所示。每个图层都可以有自己的颜色、线型、线宽等特征，并且可以对图层进行打开、关闭、冻结、解冻

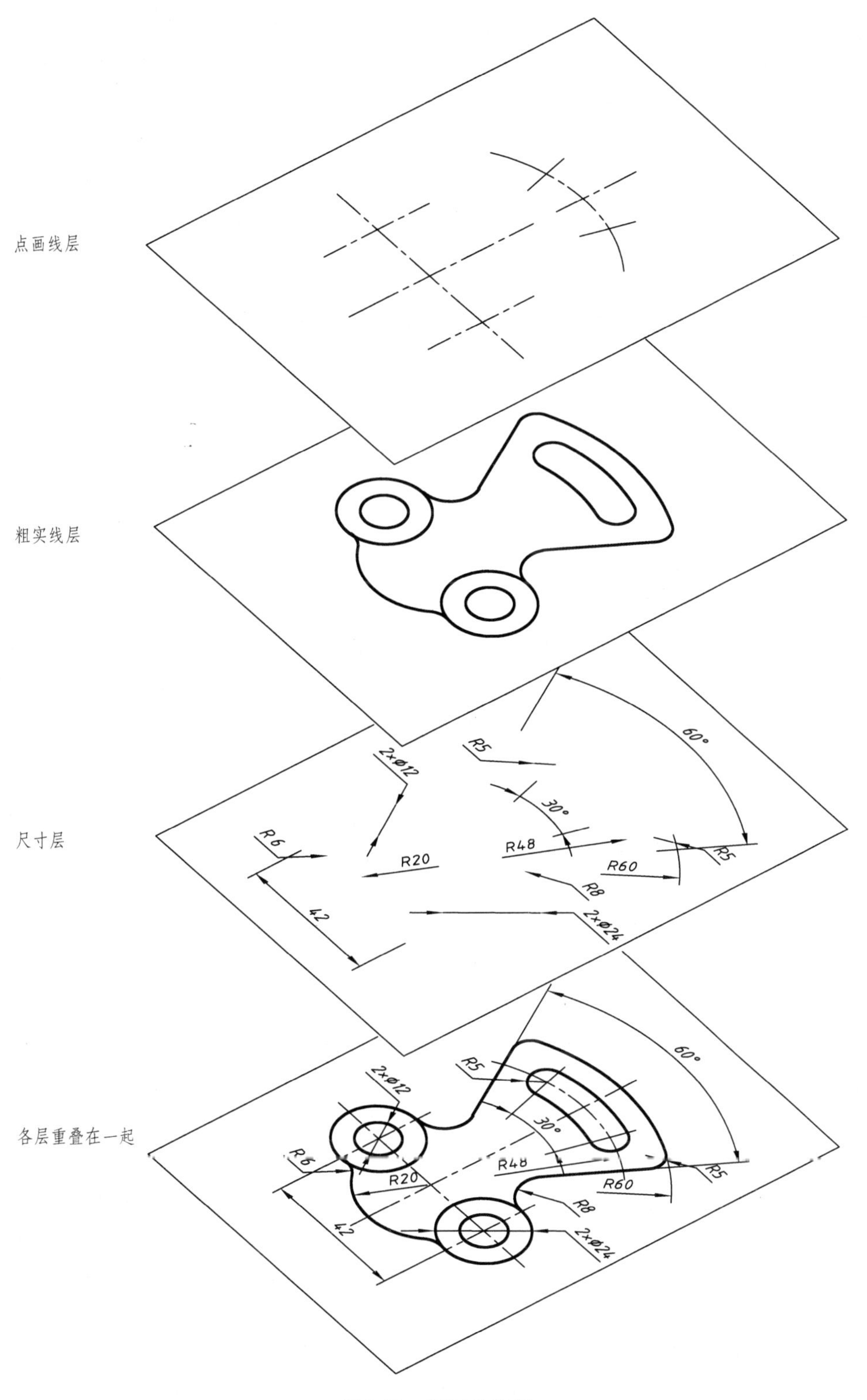

图 3-18 图层示意图

等操作。在"随层(Bylayer)"的情况下,在某一图层中生成的图形对象都具有这个图层定义的颜色、线型和线宽。如果对图层颜色、线型、线宽等进行修改,则该图层上具有"随层"特性的图形对象将按照图层中的新的设置,自动修改其颜色、线型和线宽。通过对图层进行有序的管理,可以提高绘图效率。

启动AutoCAD 2013后,系统自动建立一个名为"0"的图层。用Layer命令打开如图3-19所示的"图层特性管理器"对话框,可进行如下设置。

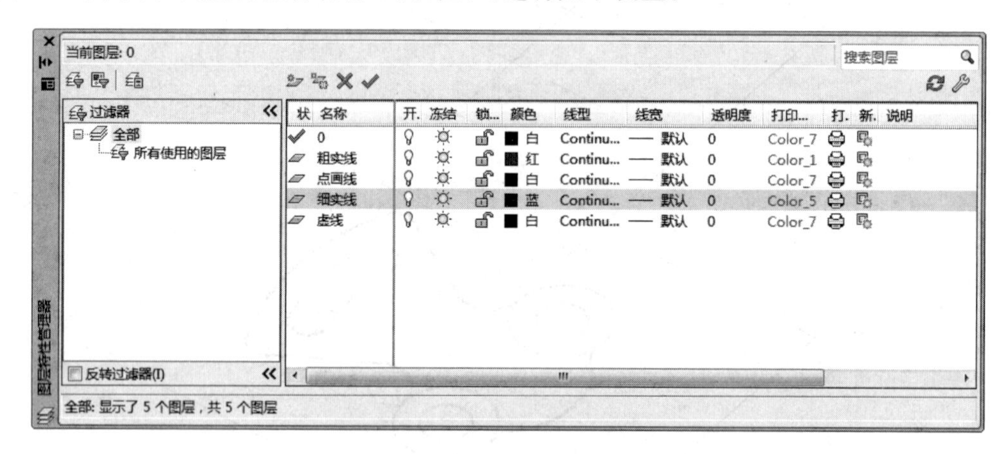

图3-19 "图层特性管理器"对话框

1) 创建新图层

单击图标,在图层列表中出现一个新图层,可单击该图层的名字进行修改。

2) 设置当前层

图形对象只能绘制在当前图层上。选中某一图层后,单击图标,将选中的图层置为当前图层。此时在对话框的左上角显示出当前图层的名称。

3) 删除图层

选中某一图层后,单击图标将其删除。注意,"0"层及已绘制了图形的图层不能删除。

4) 设置图层的颜色

图层的颜色,是指绘制在该图层上的图形对象的颜色。在"图层特性管理器"对话框中选中一个图层,单击该图层的"颜色"栏,在弹出的"选择颜色"对话框中设置图层的颜色。

5) 设置图层的线型

图层的线型是指绘制在该图层上的图形对象的线型。在"图层特性管理器"对话框中选中一个图层,单击该图层的"线型"栏,弹出"选择线型"对话框,如图3-20所示。在已加载的线型列表中显示出已经加载的各种线型。选择需要的线型,单击"确定"按钮即可。

如果在已加载的线型列表中没有需要的线型,单击"加载"按钮,则可弹出"加载或重载线型"对话框,选择需要的线型,单击"确定"按钮,即返回"选择线型"对话框,并将选中的线型添加到列表中。

图 3-20 设置图层的线型

6) 设置图层的线宽

线宽是指图线的粗细。在“图层特性管理器”对话框中选中一个图层，单击该图层的“线宽”栏，弹出“线宽”对话框，通过该对话框可以设置图层的线宽。

通过状态栏右侧的“线宽”按钮 +，可以控制是否在屏幕上以设定的线宽显示图形对象。

在功能区“常用”选项卡下的“特性”工具栏中有 3 个下拉框，从上至下分别控制图形对象的颜色、线型、线宽，如图 3-21 所示。如果将图形对象设置为“Bylayer”(随层)，则图形对象将与所在图层的设置保持一致。一般情况下，图形的线型、颜色和线宽尽可能与所在图层的设置保持一致，这样，当更改了图层的设置时，该层上所有随层的图形对象会自动更改其特性。

如果打开相应的下拉列表，也可单独设定图形对象的颜色、线型、线宽特性。

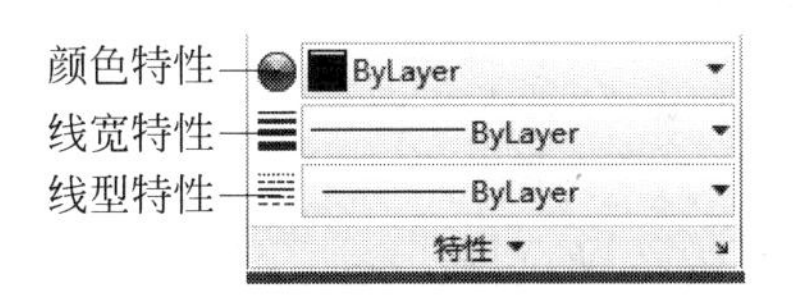

图 3-21 线型、颜色和线宽的设置

2. 特殊点的精确捕捉

当绘图命令提示要求确定一个点的位置时，常常需要精确地拾取到一些特殊位置的点，如直线的交点、圆的切点等。利用 AutoCAD 2013 提供的“对象捕捉”工具栏(见图 3-22)，可以精确地捕捉到所需的特殊点，以保证作图的准确性。绘图时，当需要精确捕捉某个特殊位置点时，单击“对象捕捉”工具栏中相应的按钮，然后将光标移向捕捉点的附近，捕捉框自动捕捉到该特殊点，并在该点上显示相应的符号，此时单击即可完成特殊点的拾取。

图 3-22 “对象捕捉”工具栏

“对象捕捉”工具栏各按钮功能如表3-3所示。

表3-3 “对象捕捉”工具栏各按钮功能

按钮	捕捉类型	功能说明
	临时追踪点	相对于指定点，沿水平或者垂直方向确定另外一点
	捕捉自	从某一点处开始捕捉
	捕捉端点	捕捉直线或圆弧上的最近端点
	捕捉中点	捕捉直线或圆弧的中点
	捕捉交点	捕捉图形对象的交点
	捕捉外观交点	外观交点：捕捉在三维空间中不相交但在屏幕上看起来相交的图形交点；延伸外观交点：捕捉两个图形对象沿图形延伸方向的虚拟交点
	捕捉到延长线	捕捉两个图形对象延长后的交点
	捕捉圆心	捕捉圆弧、圆或椭圆等图形对象的圆心
	捕捉象限点	捕捉圆弧、圆或椭圆上的象限点（即0°，90°，180°，270°的点）
	捕捉切点	捕捉与所画图形相切的点
	捕捉垂足	捕捉相对于某一点的垂足
	捕捉平行线	捕捉与某直线平行且通过前一点的线上的一点
	捕捉插入点	捕捉块、文字、属性定义等的插入点
	捕捉节点	捕捉用Point，Divide等命令生成的点对象
	捕捉最近点	捕捉图形对象上距离指定点最近的点
	无捕捉	关闭捕捉模式
	捕捉方式设置	激活“草图设置”对话框，设置捕捉方式

有些类型的点的捕捉频率较高，如端点、交点、圆心等。对这些点进行预先的设置，就可以在光标接近这些点时自动捕捉它们。单击按钮，或右击状态栏中的“对象捕捉”按钮，在弹出的菜单中单击“设置”。随后弹出“草图设置”对话框，在“对象捕捉”选项卡中（见图3-23）选中需要自动捕捉的特殊点类型。

3. 正交模式作图

在绘图时常常需要绘制水平线或垂直线。打开正交功能后，AutoCAD将限制绘图方向，只能绘制水平线或垂直线。单击状态栏中的“正交”按钮，或者按F8键，可以使正交功能在打开与关闭之间切换。

4. 图形的显示

在设计过程中，常常需要绘制很大或者很复杂的图形，而屏幕上的绘图区域有限，因此，AutoCAD 2013提供了多种显示控制功能，如视图的缩放、平移等。运用这些功能，能够方便、迅速地在屏幕上显示图形的不同部分。

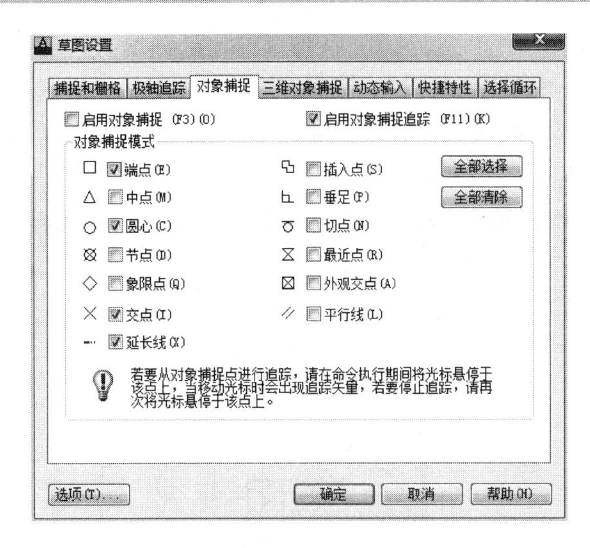

图 3-23 对象捕捉的设置

1）视图的缩放

利用 Zoom 命令，可以改变图形显示的比例，但并不改变图形本身的尺寸，就如同透过一个放大镜来观察图纸，虽然视觉效果显得图形变大了，但实际图形本身并没有改变。图形的缩放有多种方式，常用的包括以下几种。

(1) 范围缩放：将所有的图形对象以尽可能大的方式显示在绘图窗口中；

(2) 窗口缩放：利用鼠标在绘图区划定一个矩形窗口，将该窗口中图形以尽可能大的方式显示在绘图窗口中；

(3) 实时缩放：通过拖动鼠标左键，动态地将视图缩小或放大显示。

Zoom 命令是一个“透明”命令，可以在执行其他命令的过程中进行视图的缩放，而不中断原有命令。

2）视图的平移

视图的平移是指移动观察图形的不同部分，而不改变图形的显示比例。利用 Pan 命令，可以实现视图平移。此时光标变为手形，按下鼠标左键并拖动，对视图进行移动。右击，在弹出的菜单中单击“退出”，结束视图的平移。

Pan 命令也是一个“透明”命令。

更改视图的显示方式，如缩放、平移视图等操作还可以通过如图 3-24 所示的视图观察栏中的按钮实现。

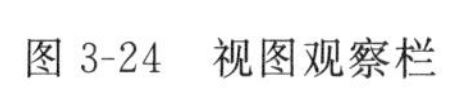

图 3-24 视图观察栏

3.2.6 机械图中常见图形的绘制方法

运用前面介绍的绘图和修改方法，可以进行图形的绘制。但在机械图中，有些常见图形可以采用 AutoCAD 提供的特殊功能非常方便地完成。

1. 剖面线的绘制

机械图中常用的剖面线无需逐条绘制，可以利用图案填充功能一次完成。在如图 3-25

所示的功能区“图案填充创建”选项卡中，选择剖面线的图案，设置图案的填充比例、旋转角度等内容，即可在选择填充区域后完成剖面线的自动绘制。绘制出来的剖面线作为一个对象，既提高了绘图效率，又便于修改。如图3-26所示，采用图案填充命令可以根据需要绘制不同图案、不同比例、不同旋转角度的剖面线。

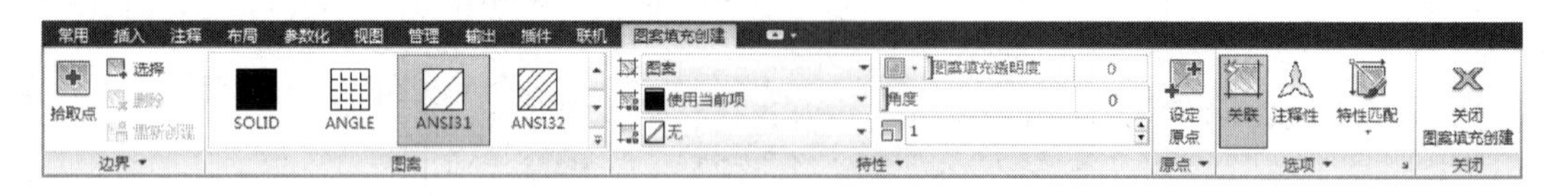

图3-25　“图案填充创建”选项卡

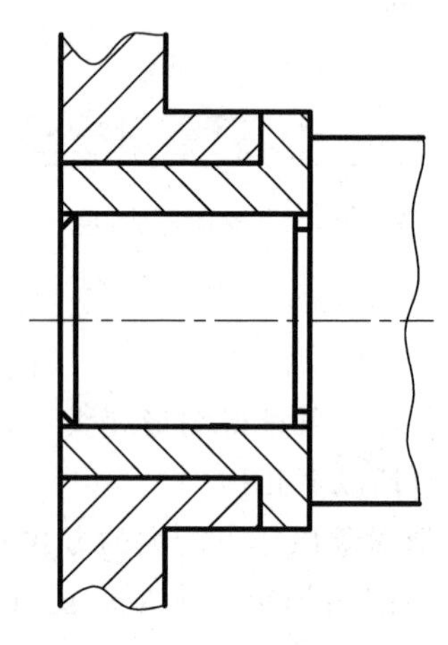

图3-26　绘制剖面线

2. 文字的书写

工程图纸上常需书写技术要求、标题栏内容等文字。可用Mtext命令书写文字。启动命令并在绘图区指定了文字的位置后，可在弹出的如图3-27所示的“文字编辑器”选项卡内对文字的字体、字高、对齐方式等各种样式进行设置，并可在绘图区内出现的文字内容窗口内输入所需文字或插入符号。

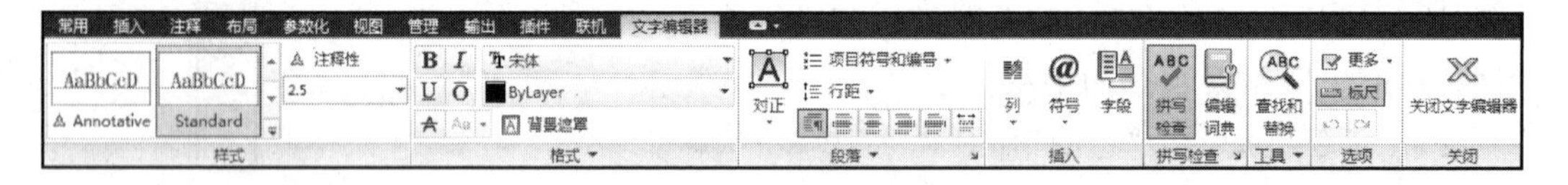

图3-27　设置文字格式

3. 图形的重复利用

表3-2中介绍了复制(Copy)、偏移(Offset)、镜像(Mirror)等不同的图形复制方法，通过这些命令可以对图形对象进行不同方式的复制，以提高绘图效率。此外，在绘图过程中经常有一些典型的图形结构会重复出现，如常用的螺钉、螺母、表面结构符号等。AutoCAD提供了“块”的功能，可将一组图形定义成一个整体——块，在需要的地方将块插入，从而避免大量重复的绘图工作，提高绘图效率，并节约存储空间，便于修改。块功能

的常用命令在功能区“插入”选项卡的“块”面板中，如图 3-28 所示。

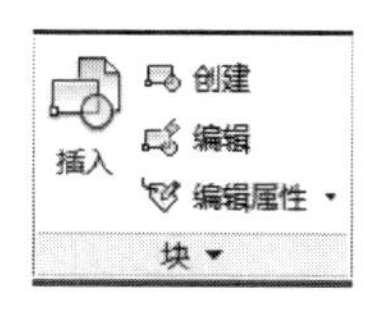

图 3-28 功能区“插入”选项卡的“块”面板

以表面结构符号的重复使用为例，如图 3-29(a)所示，先绘制好该符号，然后利用“创建”块命令 Block，选中该图形作为块对象所包含的内容。指定插入这个块时的基准位置点，通常选图形中的某些特征点作为基点，如图 3-29(a)中表面结构符号下端的尖点。

需要重复利用块的时候，用“插入”命令 Insert 将块插入到图中适当的位置，在插入过程中可以根据需要改变所插入块的比例和旋转角度。再利用文字输入命令书写表面结构参数数值，结果如图 3-29(b)所示。也可以直接利用块的属性注写出表面结构参数数值。

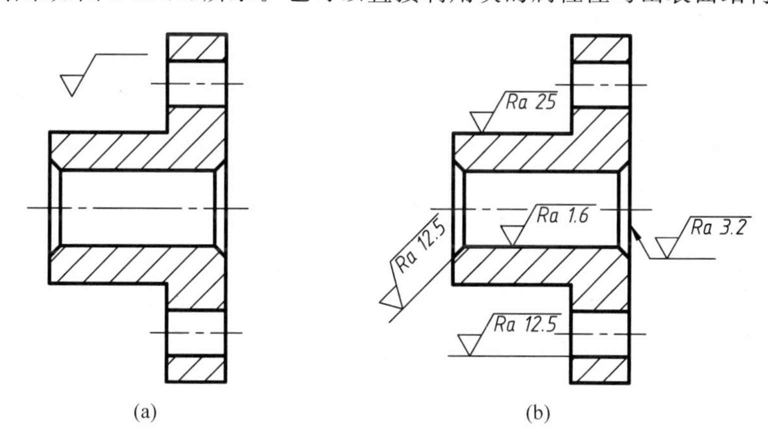

图 3-29 块的使用

(a) 创建块；(b) 插入块

4. 尺寸标注

尺寸标注是工程图中的重要内容，AutoCAD 2013 提供了丰富的尺寸标注功能。例如图 3-30 中的各种线性尺寸、对齐尺寸、直径、半径、角度等，都是利用 AutoCAD 的尺寸标注功能直接标注的。其中，线性尺寸是指水平方向或者垂直方向的长度尺寸，例如图 3-30 中的水平尺寸 40 和垂直尺寸 8；对齐尺寸是指尺寸线为倾斜方向的长度尺寸，例如图 3-30 中的尺寸 24。

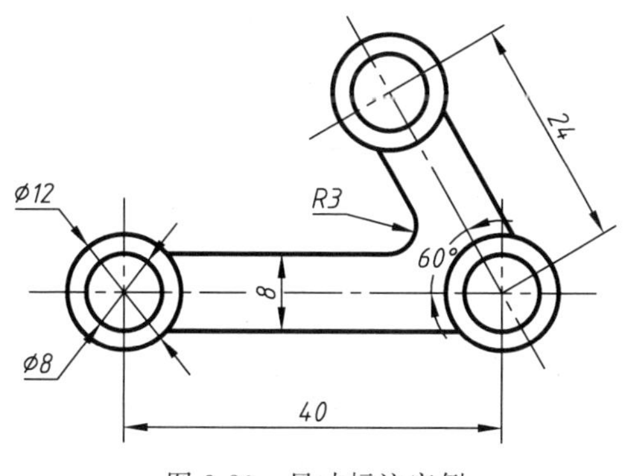

图 3-30 尺寸标注实例

可标注的角度尺寸有多种形式,包括两直线夹角(见图 3-31(a))、圆弧的圆心角(见图 3-31(b))、圆弧上指定两点之间的圆心角(如图 3-31(c)中圆上 PQ 弧间的圆心角),以及 3 个点所形成的夹角(如图 3-31(d)中 A、B、C 3 个点所成夹角$\angle ABC$)。

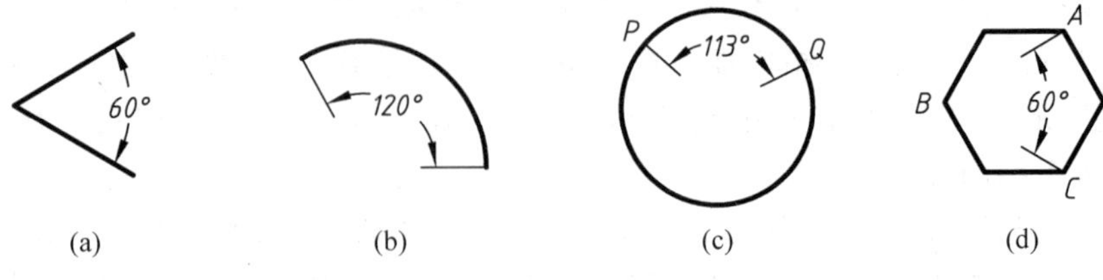

图 3-31 角度尺寸的标注

在机械设计中,常有多个尺寸从同一个尺寸基准开始标注的情况,这些尺寸可以通过基线尺寸标注命令 Dimbaseline 完成标注。如图 3-32(a)中,各个水平尺寸都是以轴的右侧端面为基准的,标注是以右端的线作为这些尺寸共同的基线;如图 3-32(b)中,两个角度都是以水平线为基准标注的。

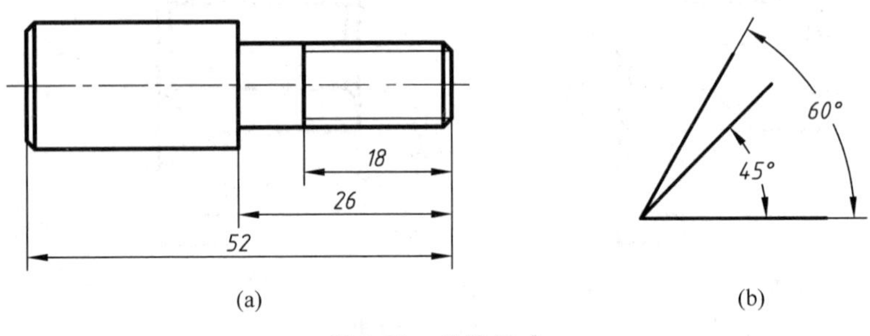

图 3-32 基线尺寸

机械设计中还常见一系列连续排列的尺寸,如图 3-33(a)中连续标注的长度尺寸和图 3-33(b)中的角度尺寸。在标注了第一个尺寸之后(如图 3-33(a)中的尺寸 10 和图 3-33(b)中的尺寸 40°),可使用连续尺寸标注命令 Dimcontinue 来继续标注其他几个尺寸,尺寸线将自动保持连续,并排列整齐。

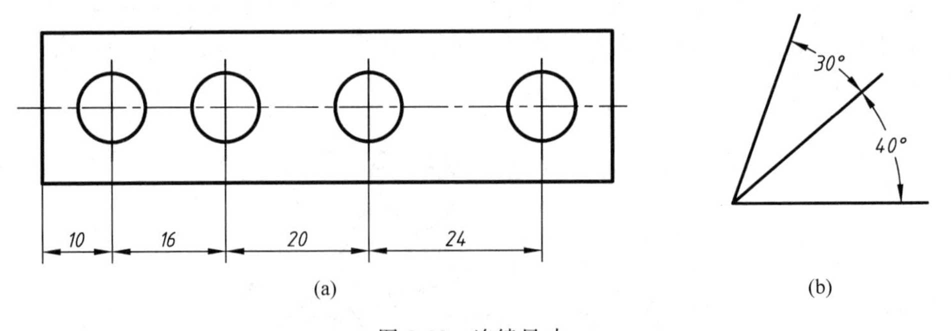

图 3-33 连续尺寸

在标注尺寸时,AutoCAD 可以自动测量尺寸数值并标注,如图 3-34 中的尺寸 $\phi30$;也可以根据需要交互地修改尺寸数值(文字),如图 3-34 中的尺寸文字 8×ϕ4 EQS。

在不同的工程应用中,所要求的尺寸标注样式各不相同。在如图 3-35 所示的"标注样式管理器”对话框中可进行创建新的尺寸标注样式、修改已有样式等操作。从对话框中的预览可以看出，初始的尺寸标注样式在文字字体选择、角度水平注写、小数点形式等方面均与国家标准的相关规定不符。因此，需在图 3-36 所示的对话框中对尺寸线、尺寸界线、尺寸文字、尺寸箭头等一系列内容的形式和大小进行设置，从而标注出符合要求的尺寸。如图 3-36 对话框中预览的是针对线型尺寸设置的样式，右侧小图是针对角度尺寸单独设置的样式，其中的文字为水平注写。

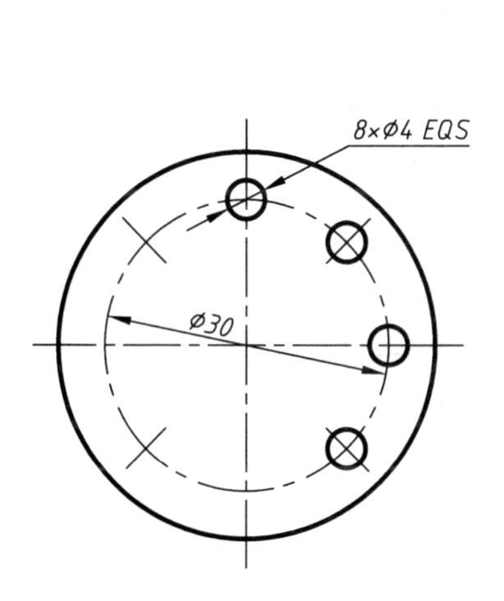

图 3-34 修改尺寸文字

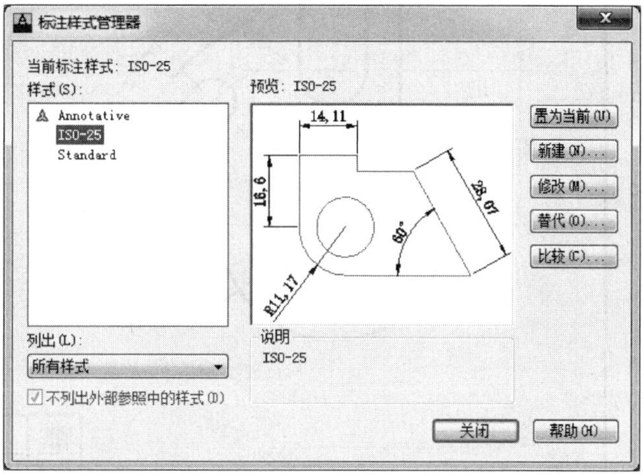

图 3-35 “标注样式管理器”对话框

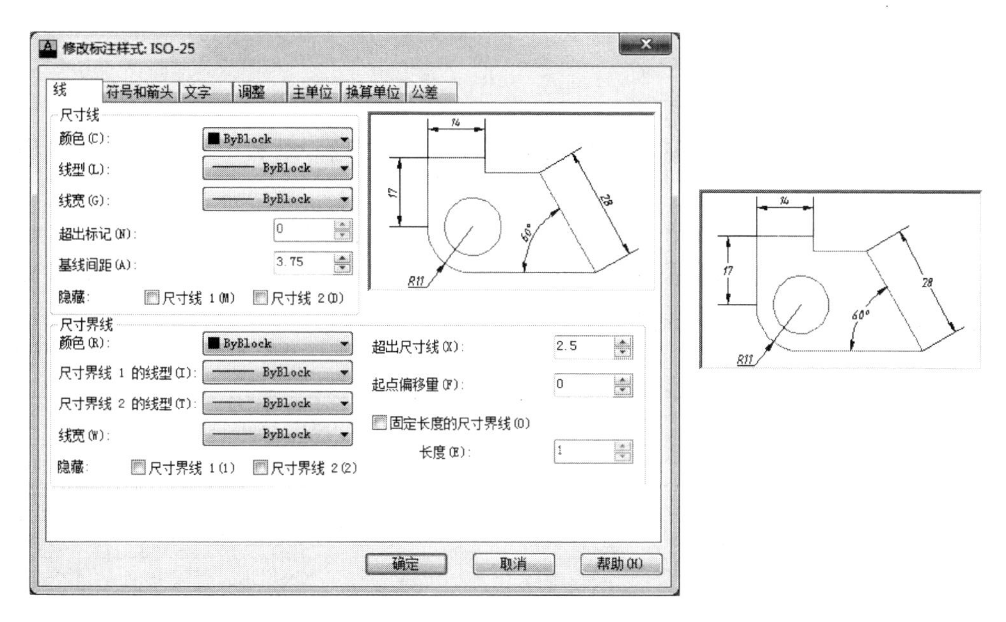

图 3-36 设置尺寸标注样式

3.2.7 工程图绘图示例

综合应用 AutoCAD 2013 的各种命令，可以交互地作出符合国家标准的工程图样，下面以图 3-37 所示零件图为例，说明绘图的基本过程。

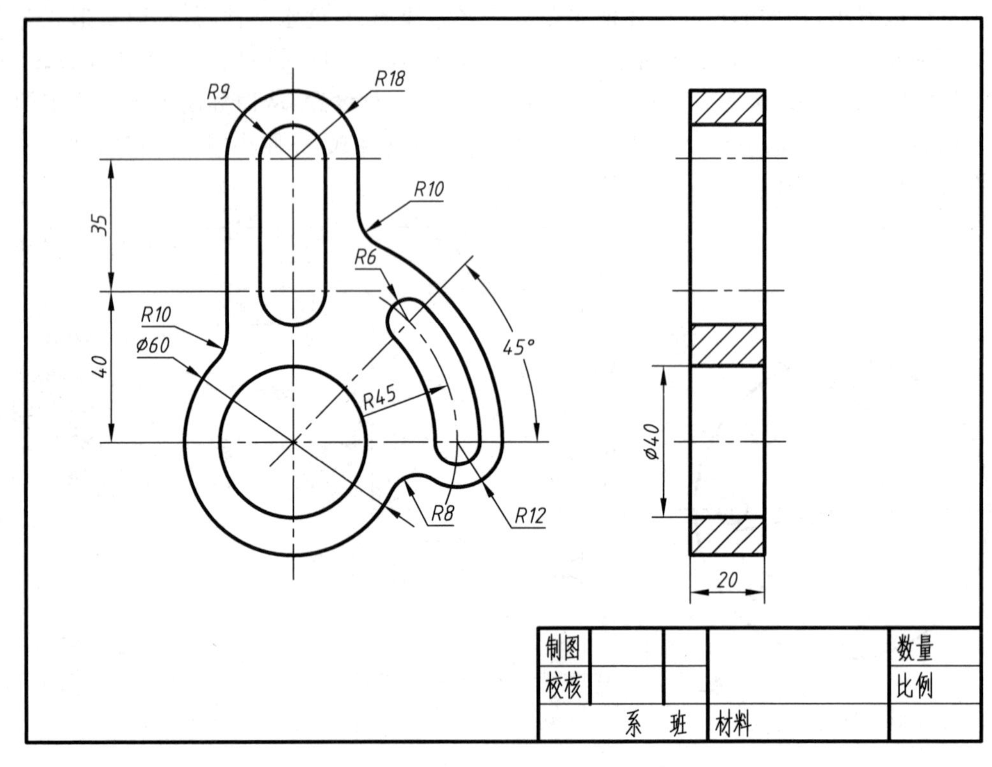

图 3-37 零件图实例

1. 设置图层

在正式绘制图形之前，应该先根据需要设置不同的图层，以利于图形的绘制和集中修改。

按照表 3-4 中所列，在图 3-38 所示的"图层特性管理器"对话框中，新建名为"粗实线"、"细实线"、"点画线"等各个图层，用来绘制不同类型的图形对象。每个图层各自设置相应的线型、线宽和颜色。再将"点画线"层设置为当前层。

表 3-4 图层设置

图层名称	颜色	绘图线型	AutoCAD 线型名称	线宽
粗实线	红色	粗实线	Continuous	0.5
细实线	白色	细实线	Continuous	0.25
虚线	红色	虚线	DASHED	0.25
点画线	黄色	点画线	CENTER	0.25
尺寸标注	白色	细实线	Continuous	0.25
剖面线	白色	细实线	Continuous	0.25
文字标注	白色	细实线	Continuous	0.25

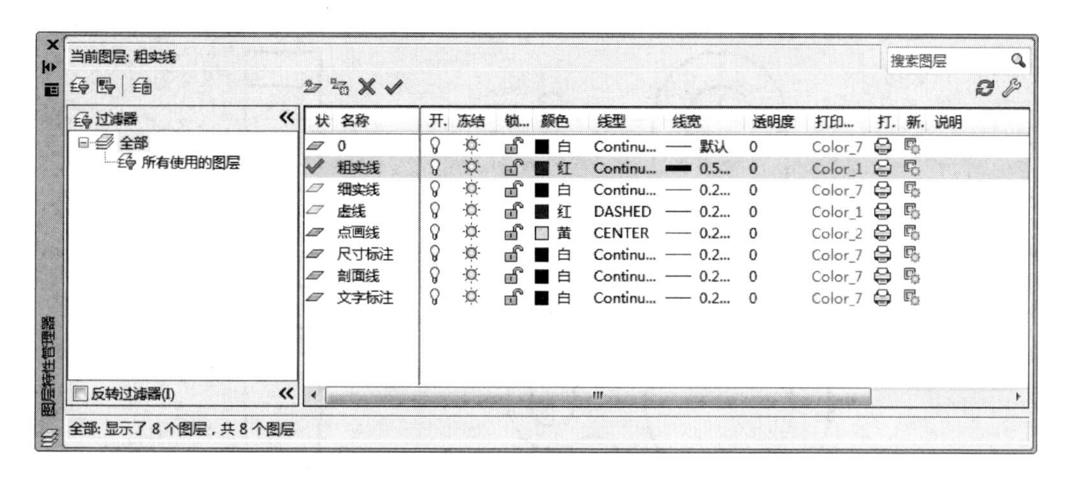

图 3-38 设置图层

2. 绘制视图中的点画线

用“直线”和“圆弧”命令在绘图区的合适位置绘制两个视图中的点画线，从而确定两个视图的位置。绘图结果如图 3-39 所示。在绘制点画线的过程中，还可以应用“复制”、“偏移”等命令提高作图效率。

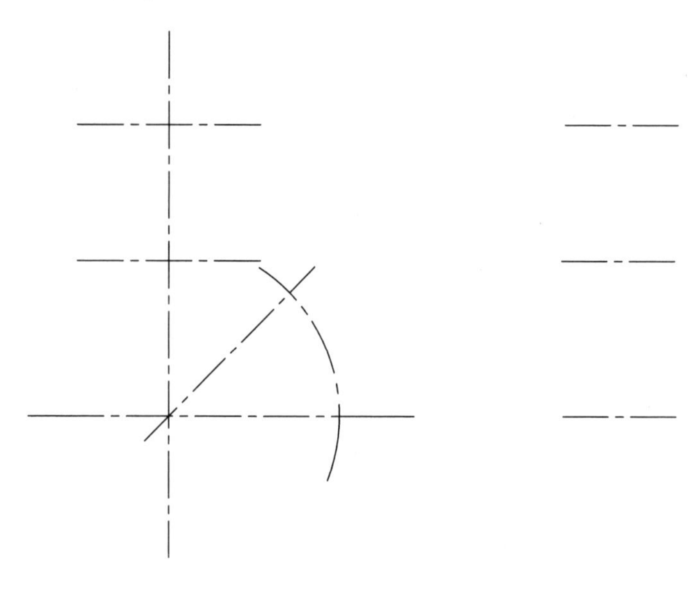

图 3-39 绘制点画线

3. 绘制粗实线

将“粗实线”层置为当前层。利用“直线”、“圆”、“圆弧”等命令绘制图 3-40 所示粗实线。在绘制过程中，可能会用到“修剪”、“镜像”、“复制”等修改命令，并注意利用对象捕捉、正交绘图等功能，以保证作图的准确性。

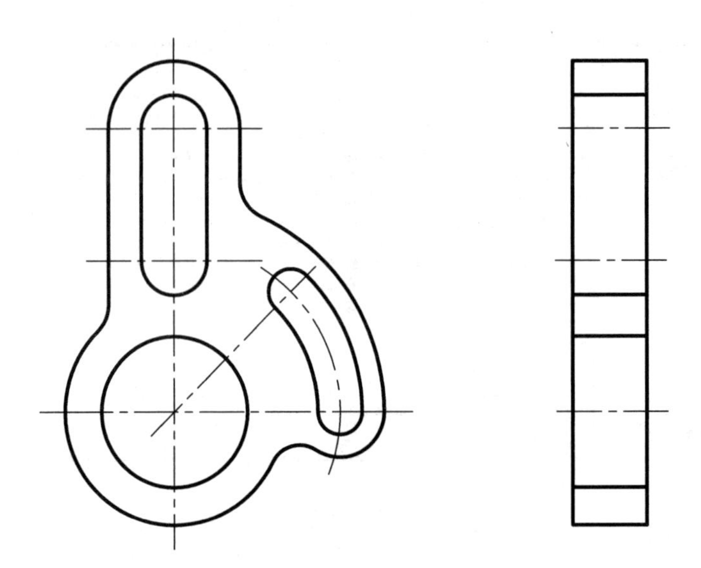

图 3-40　绘制粗画线

4. 绘制剖面线

在左视图中有 3 个区域需要绘制剖面线。用“图案填充”命令，选择 ANSI31 图案，以适当的比例填充该区域，结果如图 3-41 所示。

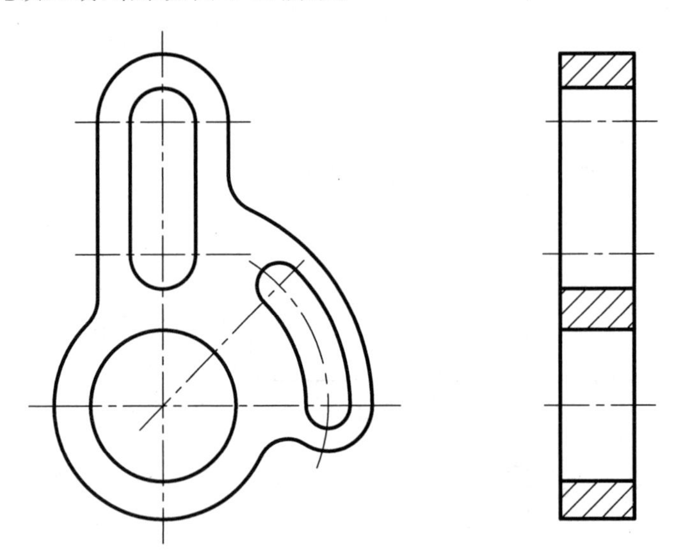

图 3-41　绘制剖面线

5. 标注尺寸

在标注尺寸之前，首先要对尺寸标注样式进行设置。可在如图 3-35 所示的“标注样式管理器”对话框中选中“ISO-25”，并单击“新建”按钮，从而创建以 ISO-25 为基础样式的新的标注样式。为了标注出符合机械制图国家标准规定的尺寸，常可在随后出现的“新建标注样式”对话框中做如下的尺寸样式设置和修改：

在“线”选项卡中，将“基线间距”设为 6，将“超出尺寸线”设为 2，将“起点偏移量”设为 0；在“符号和箭头”选项卡中将“箭头大小”设为 4；在“文字”选项卡中，“文字样式”选择“gbeitc”；将“从尺寸线偏移”设为 1；在“主单位”选项卡中，“小数分隔符”设为“.”(句号)。

将新建的标注样式置为当前样式，并依次标注图中的各个尺寸，结果如图 3-42 所示。

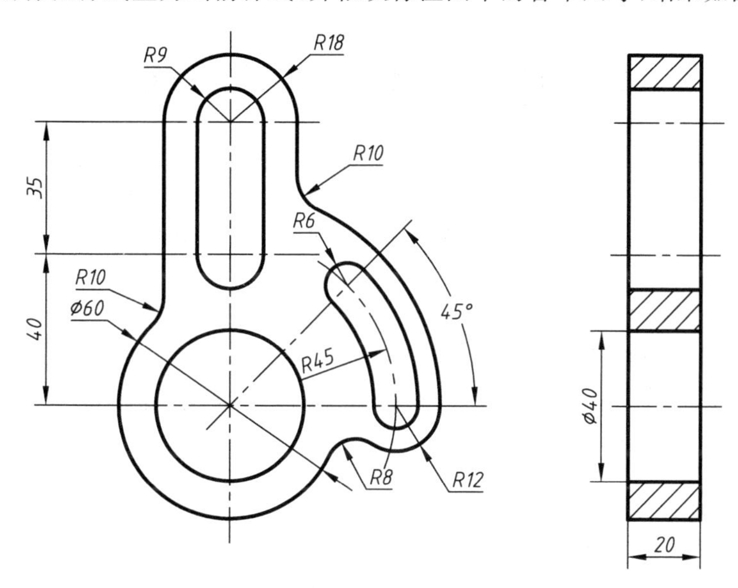

图 3-42 标注尺寸

6. 绘制图纸边框和标题栏

分别在“粗实线”和“细实线”层绘制直线，完成如图 3-37 所示的图纸边框和标题栏。

为了填写标题栏中的文字，需先设置文字的样式。从菜单“格式”→“文字格式”，可以打开如图 3-43 所示的“文字样式”对话框，从“字体”选项区中的下拉列表框中选择“gbeitc.shx”字体，选中“使用大字体”复选框，在“大字体(B)”下拉列表框中选择 gbcbig.shx，并设置字高。

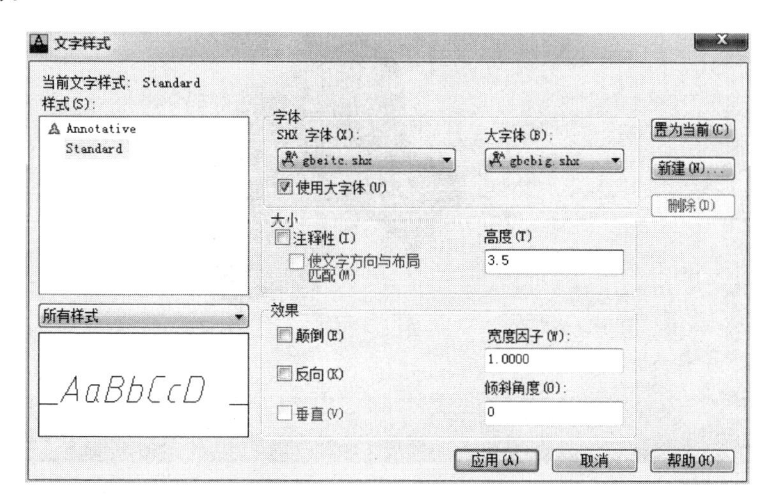

图 3-43 设置文字格式

在标题栏的适当位置书写文字，完成零件图的绘制，结果如图3-37所示。

AutoCAD绘图的方法和过程并不唯一，上例只是说明基本绘图方法和思路。读者可以通过更多的绘图实践，逐步掌握利用AutoCAD软件绘制工程图样的方法，提高作图技能和效率。

3.3 利用SolidWorks构建三维模型

SolidWorks软件是一种机械设计自动化应用程序，使用三维设计方法，设计师能够快速、精密地按照其设计思想绘制草图，运用各种特征与不同尺寸，生成零件的三维模型并制作详细的零件图。也可以生成由零件或子装配体组成的配合零部件，以生成三维装配体，并生成二维的装配图。

3.3.1 SolidWorks基础知识

可通过桌面快捷方式或“开始”菜单启动SolidWorks。以SolidWorks 2012为例，快捷方式图标如图3-44所示，双击该图标可启动SolidWorks 2012。

SolidWorks
2012

图3-44 SolidWorks 2012快捷方式图标

1. SolidWorks界面

启动SolidWorks 2012后，工作界面如图3-45所示。SolidWorks应用程序包括多种用户界面工具和功能，可以高效率地生成和编辑模型。其中包括Windows功能、SolidWorks文档窗口、功能选择和反馈。

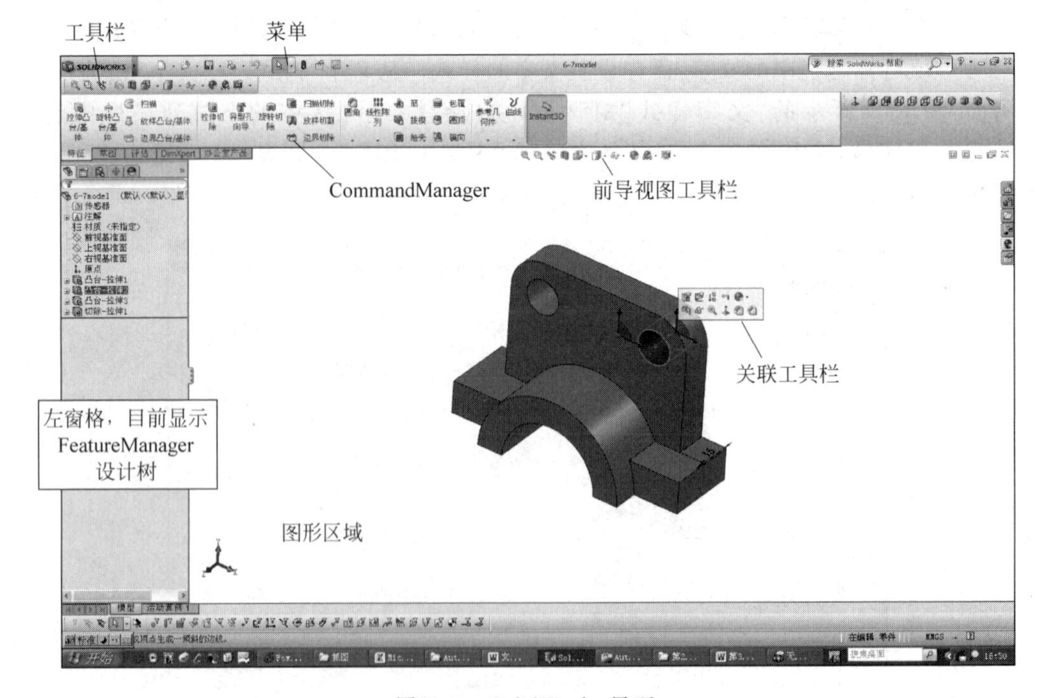

图3-45 SolidWorks界面

1) Windows 功能

SolidWorks 应用程序包括读者熟悉的 Windows 功能，例如拖动窗口和调整窗口大小。在 SolidWorks 应用程序当中，采用了许多相同的图标，例如打印、打开、保存、剪切和粘贴等。

2) SolidWorks 文档窗口

SolidWorks 文档窗口分为左、右两个窗格。

(1) 左窗格包括：

- FeatureManager 设计树：显示零件、装配体或工程图的结构。例如，从 FeatureManager 设计树中选择一个项目，可以进行编辑基础草图、编辑特征、压缩和解除压缩特征或零部件等操作。
- PropertyManager：为草图、圆角特征、装配体配合等诸多功能提供设置。
- ConfigurationManager：在文档中生成、选择和查看零件和装配体的多种配置。配置是单个文档内的零件或装配体的变体。例如，可以使用螺栓的配置指定不同的长度和直径。

(2) 右侧窗格为图形区域，此窗格用于生成和处理零件、装配体或工程图。

3) 功能选择和反馈

SolidWorks 应用程序允许使用不同方法执行任务。当执行某项任务时，例如绘制实体的草图或应用特征，SolidWorks 应用程序还会提供反馈。其中包括：

- 菜单：可以通过菜单访问所有 SolidWorks 2012 的命令。SolidWorks 菜单使用 Windows 惯例，包括子菜单、指示项目是否激活的复选标记等。还可以通过右击使用上下文相关快捷菜单。
- 工具栏：可以通过工具栏访问 SolidWorks 功能。工具栏按功能进行组织，例如草图工具栏或装配体工具栏。可以显示或隐藏工具栏，将它们停放在 SolidWorks 窗口的 4 个边界上，或者使它们浮动在屏幕的任意区域。将鼠标指针悬停在每个图标上方时会显示工具提示。
- CommandManager：是一个上下文相关工具栏，它可以根据处于激活状态的文件类型进行动态更新。单击位于 CommandManager 下面的选项卡时，它将更新以显示相关工具。对于每种文件类型，如零件、装配体或工程图，均为其任务定义了不同的选项卡。将鼠标指针停留在每个工具图标上方时会显示工具提示。
- 前导视图工具栏：提供操纵视图所需的普通工具，如视图的缩放、视图定向、显示方式等。
- 关联工具栏：在图形区域中或在 FeatureManager 设计树中选中项目时，关联工具栏出现。通过它们可以访问在这种情况下经常执行的操作。关联工具栏可用于零件、装配体及草图。

2. 设计和表达流程

SolidWorks 是一个围绕产品设计和制造的功能丰富的应用软件，本节仅仅结合与本课程相关的功能，介绍利用 SolidWorks 软件进行产品设计和表达的流程，意在使读者了解利用 SolidWorks 软件进行产品设计和表达过程中的思路，方便进一步的学习。

本课程主要涉及 SolidWorks 软件的零件建模、装配建模及工程图部分，其主要的设计和表达流程如图 3-46 所示。

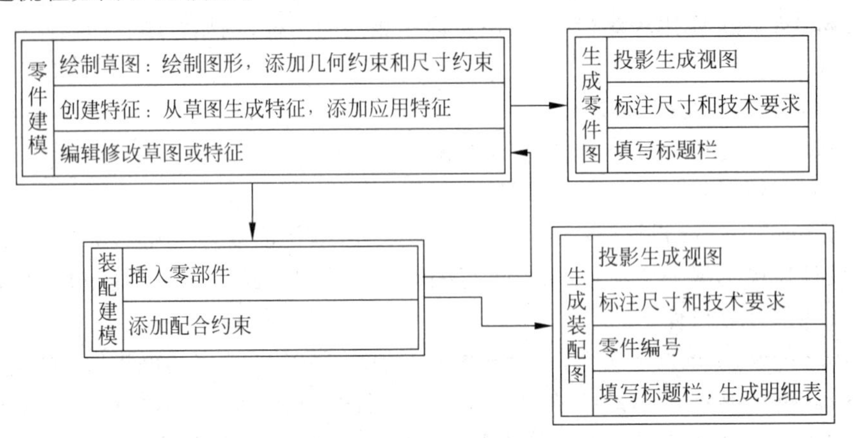

图 3-46 设计和表达流程

在零件建模部分，基本流程是首先绘制草图图形，并对图形添加几何约束和尺寸约束，然后通过拉伸、旋转等操作将草图形成三维特征，还可添加其他特征(如圆角、倒角等)。在零件建模的过程中，可以随时对草图或者特征进行编辑修改。

完成零件建模后，可以利用这些零件进行装配建模，也就是选择所需要的多个零件组合起来以生成装配体。应根据需要对零件施加配合约束，以限制零件相关的自由度，例如轴和孔的同心、相邻零件表面的贴合等。在装配过程中，如果发现零件结构设计不合理，也可以返回到零件建模中对零件进行修改，修改结果将自动反馈到装配建模中。

完成零件建模或装配建模后，还可以生成各自的工程图，即零件图和装配图。根据需要，选择不同的视图，并可对视图进行剖切，形成剖视图或断面图。完成尺寸、技术要求等标注，注写标题栏等内容，最终形成规范的工程图。

3.3.2 零件建模

零件是每个 SolidWorks 模型的基本组件，所生成的每个装配体和工程图均由零件制作而成。因此，零件建模是 SolidWorks 的基础。为了进行零件建模，新建文件时应在“新建 SolidWorks 文件”窗口中选择“零件”，如图 3-47 所示。文件保存时以.sldprt 为文件扩展名。

1. 绘制草图

SolidWorks 零件是基于各种特征的，而特征的创建，首先要绘制特征的草图。打开图 3-45 左上方 CommandManager 中的“草图”选项卡，该选项卡中列出了绘制草图时常用的各种命令，如图 3-48 所示。

下面以图 3-42 所示的零件为例，介绍零件建模中最常使用的功能，以使读者对零件建模的过程有比较直观的了解。

可以先画出主视图所示的草图图形。与 AutoCAD 绘制二维图不同的是，SolidWorks 三维造型更加符合零件设计时的思维规律，即先进行初步设计并绘制出草图的大致形式，然后再添加详细的几何约束和尺寸约束，并可在后期随时对草图进行修改。

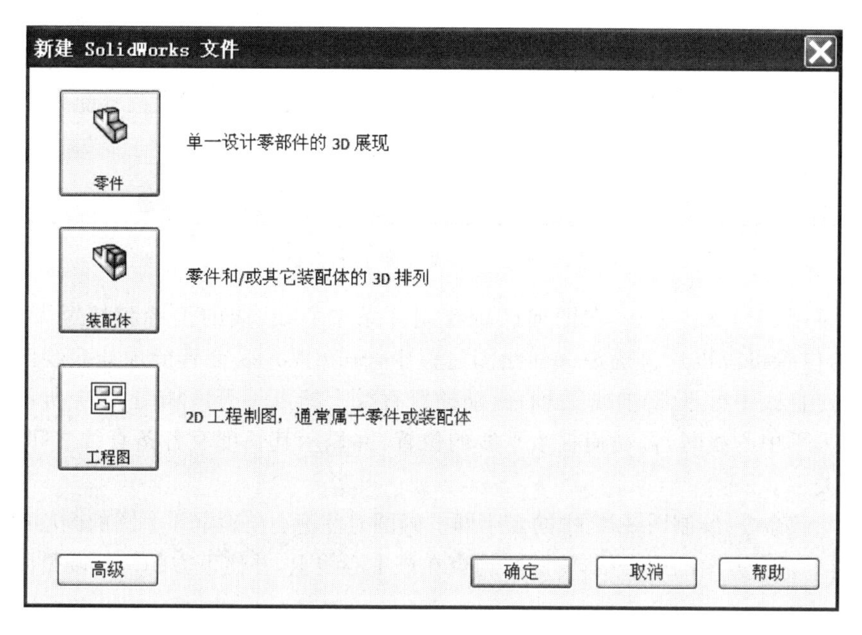

图 3-47 “新建 SolidWorks 文件”对话框

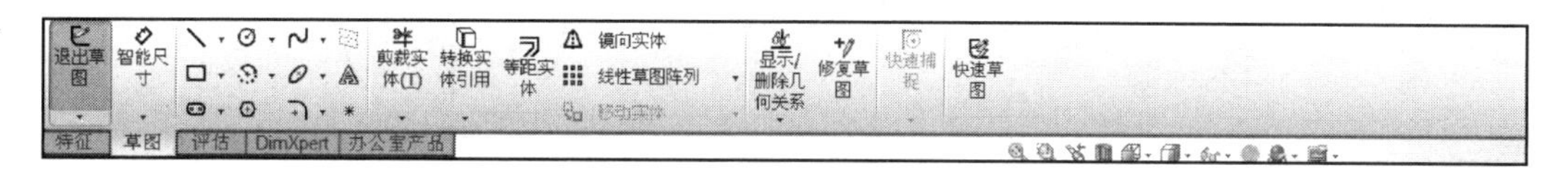

图 3-48 “草图”选项卡

单击“草图绘制”按钮，此时需要指定绘制草图的平面。SolidWorks 系统根据现有坐标系给定了 3 个坐标平面：前视基准面、上视基准面和右视基准面。如果是新建零件模型的第一个草图，一般选择其中的一个基准面作为草图平面，如本例选择前视基准面。如果零件模型中已经建立了一个或几个特征，也可以根据构形需要，选择已有特征的表面或者其他平面作为草图平面。

1）绘制图形并添加几何约束

SolidWorks 在草图选项卡中提供了与 AutoCAD 绘制二维图类似的各种绘图工具，如绘制直线、矩形、圆、样条曲线等。将鼠标停留在相应的绘图工具图标上，将显示该工具的名称和功能，如图 3-49 所示为绘制矩形的工具。单击该工具图标右侧的小三角形，将弹出绘制该图形的多种方式，如图 3-50 所示为绘制矩形的多种方法，选择其中一个即可绘图。

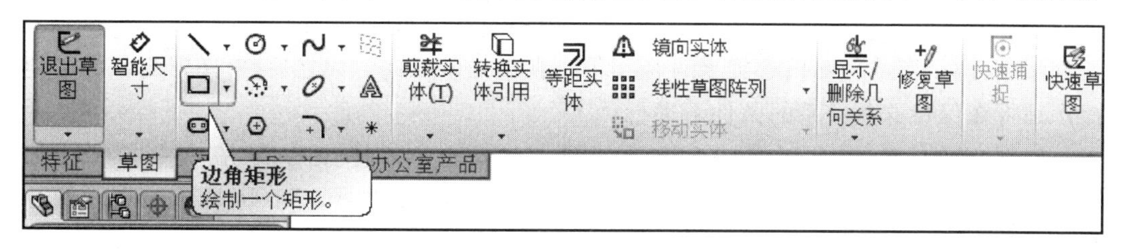

图 3-49 显示绘图命令和功能说明

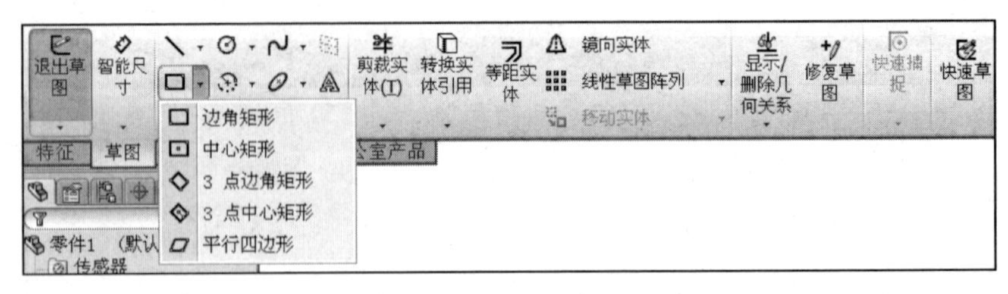

图 3-50　绘制矩形的多种方式

首先应用"中心线"命令，在图形区域绘制 3 条中心线，线的位置和长短大致合适即可，精确的位置可以以后再确定。在绘图过程中，SolidWorks 会智能地捕获绘图意图，例如自动确定直线平行于 X 轴或 Y 轴，自动捕获直线上的点等等。如图 3-51 所示，在绘制最上方的水平中心线时，自动捕捉水平线的位置，并显示其长度及各条直线之间已有的平行和垂直关系。

利用"圆"命令，绘制图 3-52 中的 3 个圆。画圆时注意：在确定 3 个圆的圆心时，移动鼠标，自动捕捉垂直方向的中心线，将圆心约束在该中心线上，并使下方的两个圆是同心圆。

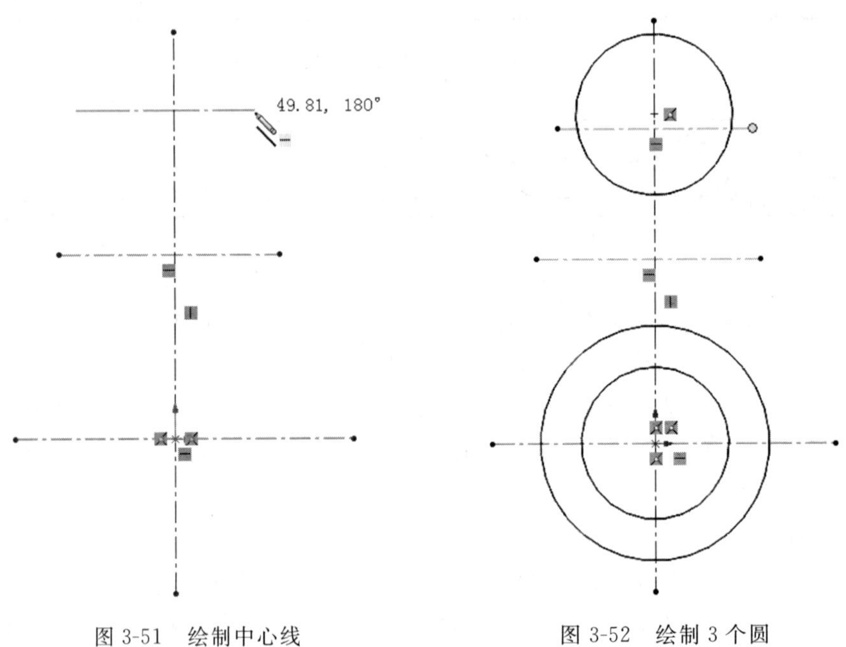

图 3-51　绘制中心线　　　　图 3-52　绘制 3 个圆

在绘制草图过程中，各个图形对象间的几何约束是非常重要的。几何约束指的是各个图形对象之间的相对关系，例如，可以定义两条直线之间的平行、垂直、共线、对称或者长度相等，两个圆或圆弧同心或者直径相等。在施加了几何约束之后，对图形对象的其他操作都将在保持这些关系的条件下进行。

按下"Shift"键，并同时选中上方圆的圆心和最上方水平中心线，在左侧窗格中如图 3-53(a)所示选中"重合"，令圆心通过水平中心线，结果如图 3-53(b)所示。在为圆心和水平中心线添加"重合"约束之后，无论移动圆还是水平中心线，两者将一起移动，确保圆心始终在水平中心线上。

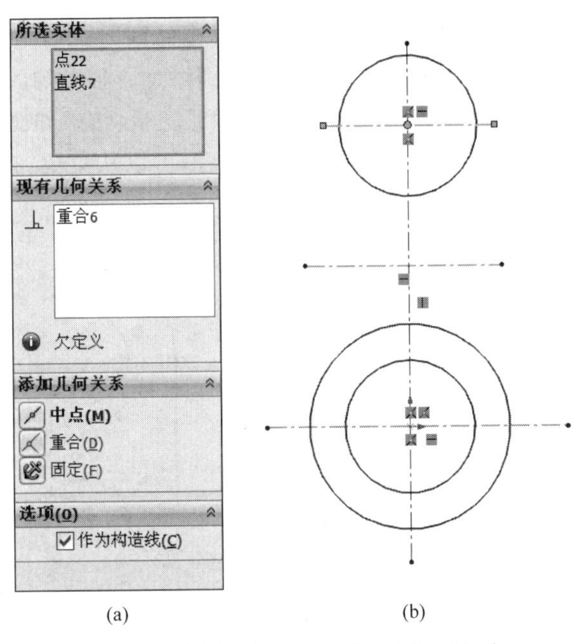

图 3-53 为圆心和中心线添加"重合"约束

如图 3-54 所示,绘制出两条过上方圆左右端点的铅垂线,再利用"圆心/起点/终点画弧"工具画出与下方圆同心的一段圆弧,圆弧尺寸并不重要,画出大致位置就可以了。画一个圆心在最下端中心线上的小圆。

同时选中右端的小圆和大圆弧,为它们添加"相切"约束。运用"剪裁实体"命令,将图中不需要的部分剪裁掉,结果如图 3-55 所示。

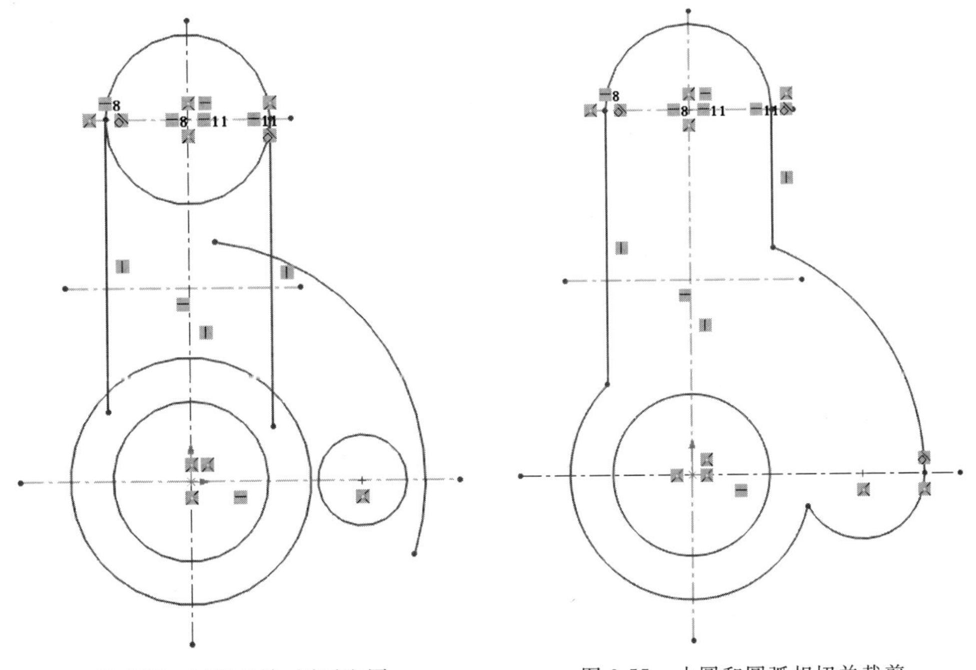

图 3-54 画铅垂线、圆弧和圆　　图 3-55 小圆和圆弧相切并裁剪

如图3-56所示，在中心线相应的位置上画3个圆。同时选中上方的两个圆，在左侧窗格中的“属性”对话框中选中“相等”，从而为两个圆添加直径相等的几何约束。运用“圆周草图阵列”工具，将右侧的小圆沿着逆时针方向45°复制，结果如图3-57所示。此时图中显示几何约束的标志较多，如果觉得影响图形查看，可以从菜单“视图”→“草图几何关系”将其显示关闭。

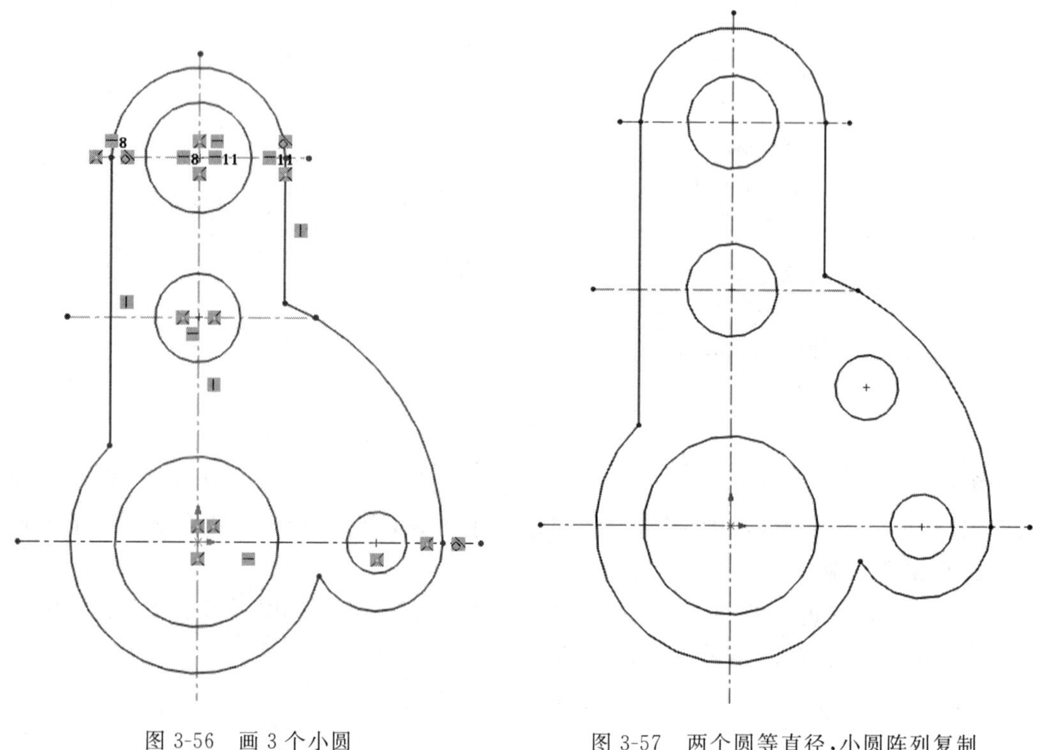

图3-56　画3个小圆　　　图3-57　两个圆等直径，小圆阵列复制

用“直线”工具画出与上部两个等径圆相切的两条铅垂线，用“圆心/起点/终点画弧”工具画出与右侧两个小圆相切的两段圆弧。用“剪裁实体”工具将多余的圆弧剪裁掉，完成两个槽结构的绘制。结果如图3-58所示。

利用“绘制圆角”工具，在图中绘制3处圆角，此时基本完成了图线的绘制，并施加了相应的几何关系，结果如图3-59所示。

2）添加尺寸约束

在设计零件的草图绘制过程中，最初可能并没有非常精确的尺寸，只是根据零件的功能要求先画出大致的结构，然后再逐步添加尺寸约束。在“草图”选项卡中，可以选择“智能尺寸”、“水平尺寸”、“垂直尺寸”、“尺寸链”等多种尺寸标注方式，其中“智能尺寸”是最为常用的。

选中“智能尺寸”工具，SolidWorks能根据随后所选择的图形类型和鼠标放置位置，自动地确定所标注尺寸的类型。例如选择圆弧时自动标注半径，选择圆时自动标注直径。如果选择一条直线，则随着鼠标在直线周围移动位置的变化，可以选择标注直线的水平尺寸、垂直尺寸或者对齐尺寸，分别如图3-60(a)，(b)，(c)所示。

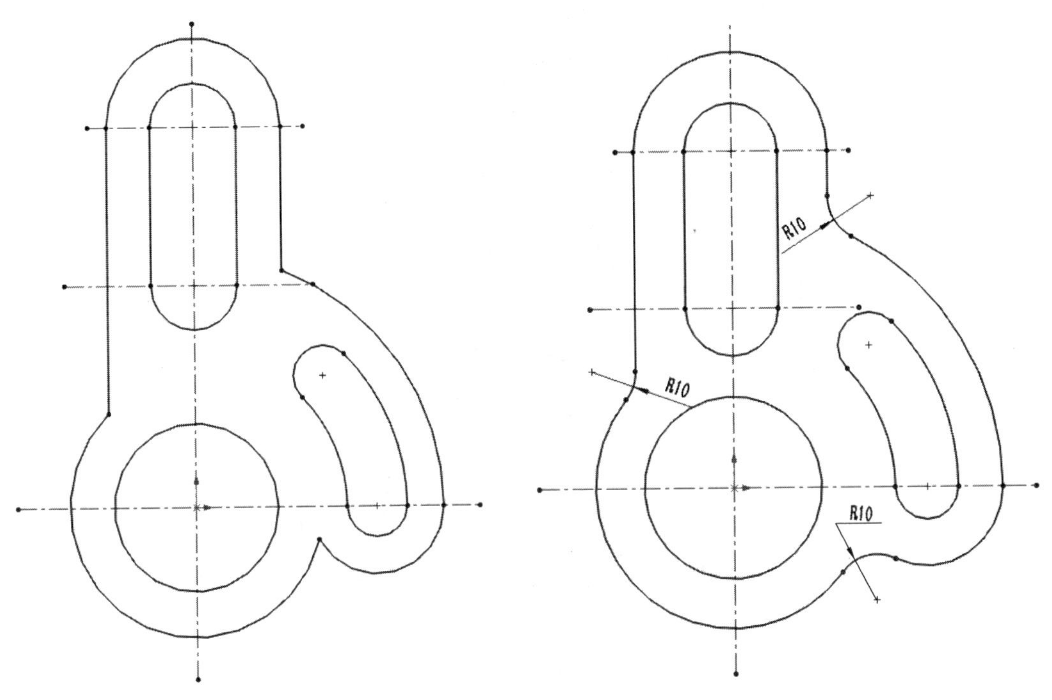

图 3-58 完成两个槽结构的绘制　　　图 3-59 添加圆角，完成图线绘制

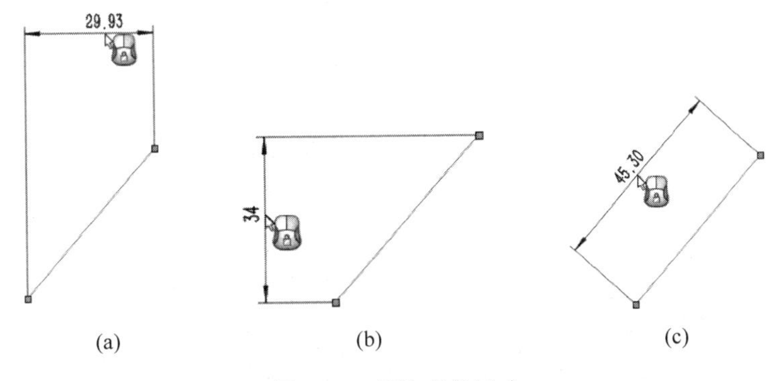

图 3-60 标注直线尺寸

标注尺寸时，SolidWorks 自动测量尺寸的数值，并显示在图 3-61 所示的对话框中，如果该尺寸不合适，可直接修改数值，然后单击 ✓ 按钮加以确认。此时图形将根据新的尺寸数值自动修改，但保持原来的几何约束不变。

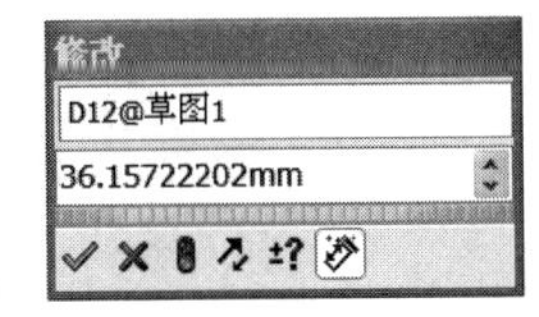

图 3-61 修改尺寸数值

参照图 3-42 中的尺寸，逐一添加各个尺寸约束，最终结果如图 3-62 所示。至此完成了草图的绘制。退出草图环境。此时从左窗格的 FeatureManager 设计树中可以看到新增了“草图 1”一项，如图 3-63 所示。右击该项，将弹出如图 3-64 所示的关联工具栏和菜单，单击左上角的“编辑草图”按钮，即可返回到草图绘制环境，对已经完成的草图进行修改。

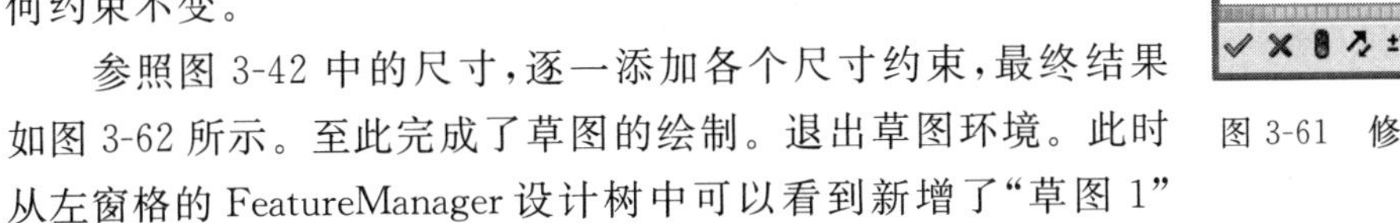

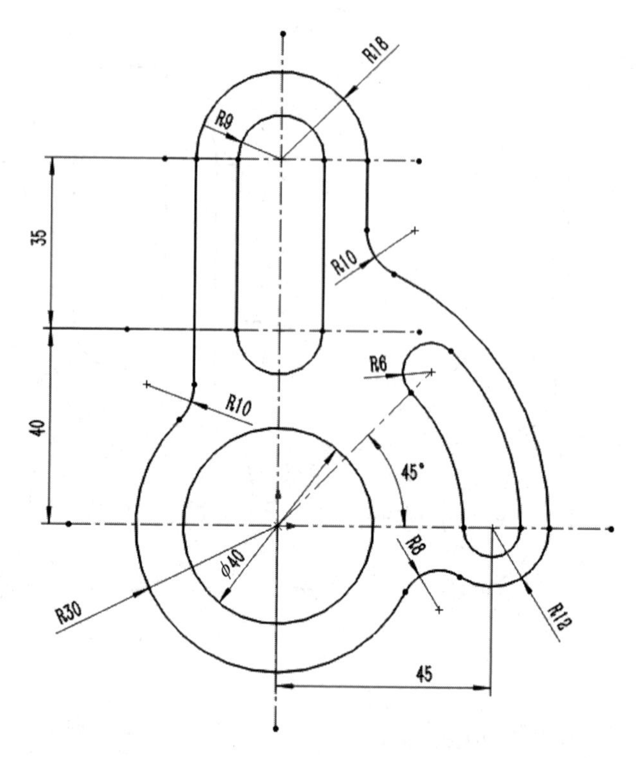

图 3-62 添加尺寸约束

图 3-63 设计树

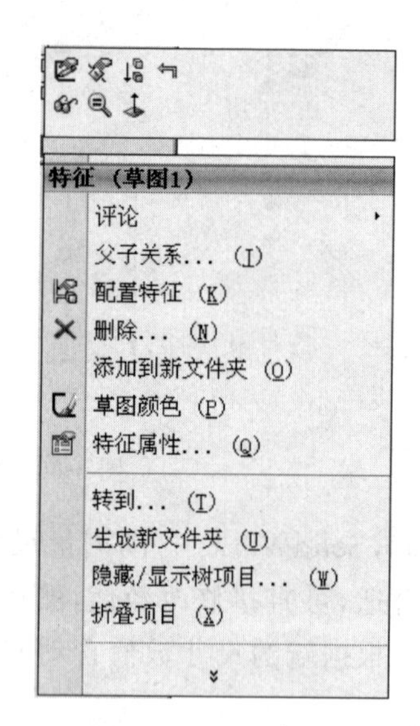

图 3-64 草图的关联工具栏和菜单

2. 从草图创建特征

每个零件模型都至少有一个特征,多数零件都是由许多个特征组合而来的。对绘制的草图进行特征操作,可以创建特征。

打开“特征”选项卡，选中其中的“拉伸凸台/基体”工具，对刚刚画好的草图进行拉伸，如图3-65所示，其中的控标箭头表示拉伸的方向，拖动该箭头，可以改变拉伸的深度或者拉伸方向。也可以在左窗格中输入拉伸深度或反向拉伸。完成拉伸后，FeatureManager设计树中新增“凸台-拉伸1”一项，单击其左侧的“＋”号，可以发现刚才绘制的“草图1”被作为父特征列在“凸台-拉伸1”下面。

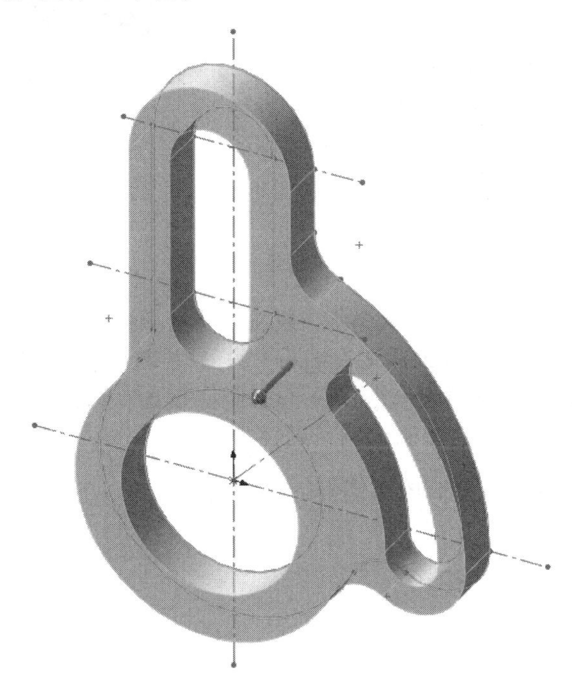

图3-65　从草图拉伸为特征

除了拉伸草图的特征操作之外，还有其他许多方式能够从草图生成三维实体特征，常用的有旋转、扫描、放样等。例如可对如图3-66(a)所示草图进行旋转操作，在“特征”选项卡中选中“旋转凸台/基体”工具后，选择该草图，指定该草图为旋转时的截面，并指定最下端的直线为旋转轴线，旋转360°即可创建旋转特征，如图3-66(b)所示。

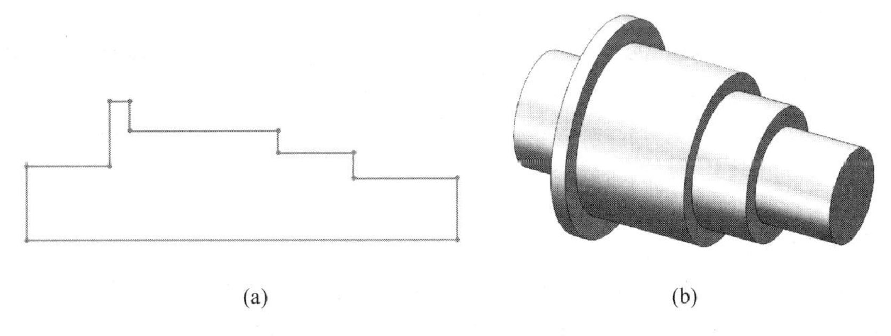

(a)　　(b)

图3-66　旋转草图创建特征

放样是通过在不同的草图轮廓之间进行过渡生成特征。例如在图3-67(a)中，在3个草图平面上分别绘制了圆、椭圆和矩形3个草图轮廓。在“特征”选项卡中选中“放样凸台/基体”工具后，依次选择这3个草图，即可生成如图3-67(b)所示的放样特征。放样特征特别适合于创建由几个特征截面控制的光滑过渡的表面。

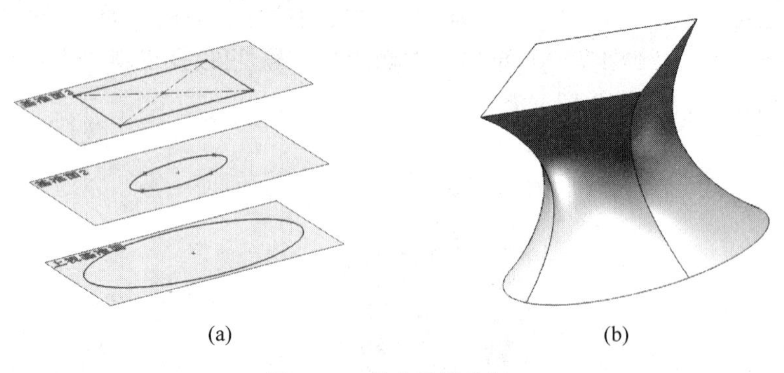

(a)　　(b)

图3-67　创建放样特征

扫描是通过沿着一条路径来移动轮廓(截面)，从而生成实体特征。例如在图3-68(a)中，分别在前视基准面和上视基准面上各绘制了一个草图(圆和样条曲线)。在“特征”选项卡中选中“扫描”工具后，选择圆草图作为扫描时的轮廓，选择样条曲线草图作为扫描时的路径，即可生成如图3-68(b)所示的扫描特征。扫描特征特别适合于创建管路类型的、由一个特征截面沿指定路径形成的实体特征。

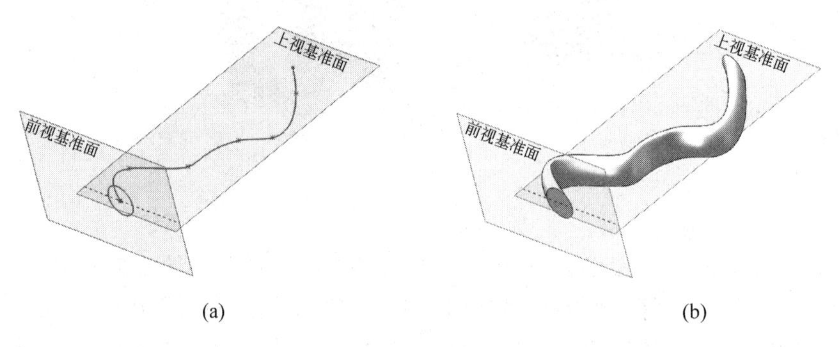

(a)　　(b)

图3-68　创建扫描特征

拉伸、旋转、放样、扫描等利用草图创建的特征，既可以创建增加实体的凸台特征，也可以创建消减实体的切除特征。例如在图3-69(a)中，以圆柱特征的顶面为草图平面，绘制了一个新的草图(一个圆)，既可以通过“特征”选项卡中的“拉伸凸台/基体”工具，将这个新草图圆拉伸生成图3-69(b)所示的另一段圆柱体凸台；也可以通过“特征”选项卡中的“拉伸切除”工具，向下拉伸切除出一个圆孔(见图3-69(c))。

3. 添加应用特征

还有一类特征是不需要草图的，称为应用特征，如圆角、倒角、抽壳等。之所以称它们为“应用特征”，是因为要使用尺寸和其他特性将它们应用于已有的实体特征上才能生成该特征。

例如，针对图3-66(b)所示实体，选中“特征”选项卡中的“倒角”工具，设置倒角距离和角度(如45°)，再选择需要进行倒角的左右两端的圆轮廓，即可生成如图3-70所示的轴

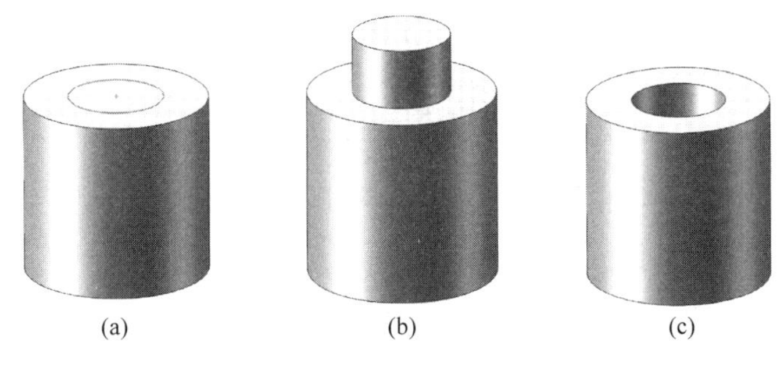

图 3-69 拉伸凸台和拉伸切除

两端的倒角。再如，针对图 3-69(c)所示实体，选中“特征”选项卡中的“抽壳”工具，设置抽壳厚度，并选择顶面作为需要移除的表面，即可对该实体进行抽壳操作，移除材料以生成如图 3-71 所示的薄壁特征。

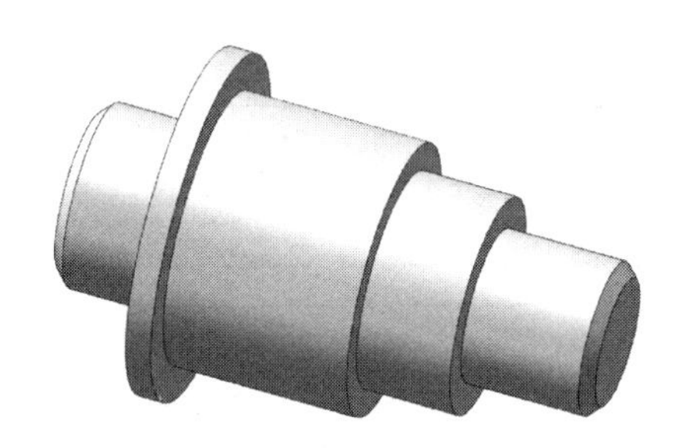

图 3-70 添加倒角特征

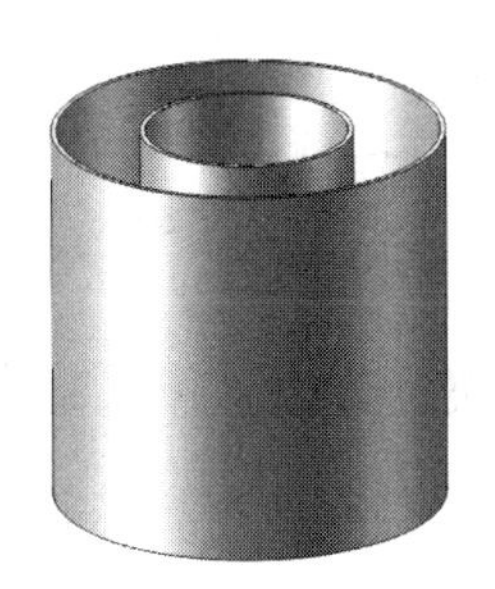

图 3-71 抽壳操作结果

4. 修改特征

创建了特征之后，可以非常方便地对特征或者特征所使用的草图进行修改，这大大方便了零件建模的设计。无论从 FeatureManager 设计树中选择需要修改的特征，还是在图形区域直接选中特征，都将弹出特征关联工具栏，如图 3-72 所示。单击其中的“编辑特征”按钮，返回到之前的创建特征环境，对创建特征过程中的设置进行修改，如拉伸草图的深度、方向等。单击其中的“编辑草图”按钮，则返回到绘制草图环境，对草图进行修改。完成修改后，特征模型将按照新的设置自动更新。

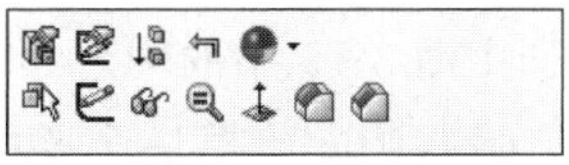

图 3-72 特征关联工具栏

3.3.3 装配建模

多数产品是由多个零件装配在一起构成的，这些零件中的一部分可能先装配在一起，形成有一定独立功能的子装配体(或称部件)，再由子装配体和其他零件一起装配形成完整的装配体。复杂产品的组成结构如图 3-73 所示。

在 SolidWorks 的装配过程中，零件或部件的大多数操作行为方式是相同的。添加零部件到装配体中，并在装配体和零部件之间形成关联。当 SolidWorks 打开装配体时，将查找零部件文件，并显示在装配体中。对零部件所做的更改将自动反映在装配体中。

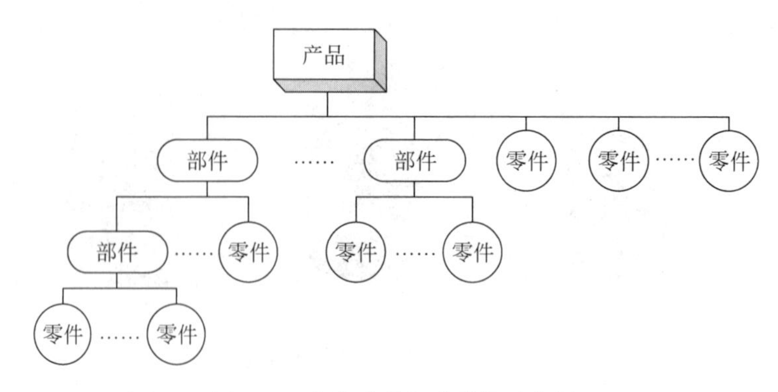

图3-73 复杂产品组成结构示意图

新建装配体模型时，在图3-47所示的“新建 SolidWorks 文件”对话框中选择“装配体”，文件保存时以.sldasm为文件扩展名。新建或打开一个装配体文件之后，SolidWorks界面的CommandManager部分将显示与装配相关的选项卡和工具栏，如图3-74所示。

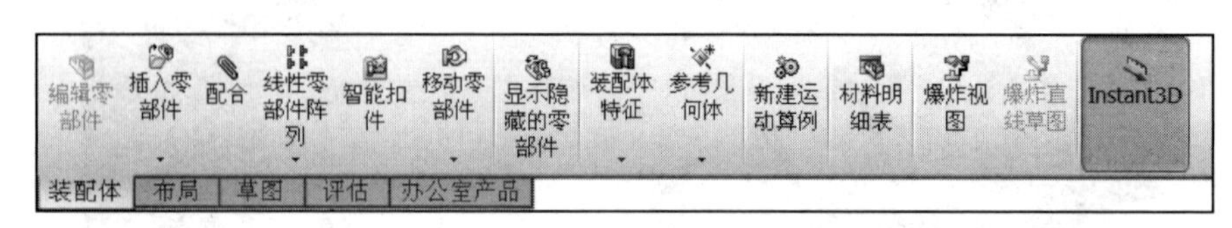

图3-74 装配环境下的CommandManager

首先要选择第一个参与装配的零部件。可在左窗格中的“打开文件”列表中选择目前打开的零部件，也可以单击“浏览”按钮，在文件夹中选择。例如选中图3-70所示的轴。由于轴是第一个零件，所以不可移动。接着继续为装配体选择要插入的零件。在“装配体”选项卡中选中“插入零部件”，例如选中图3-75中的轴套，并将其放置在轴的旁边。

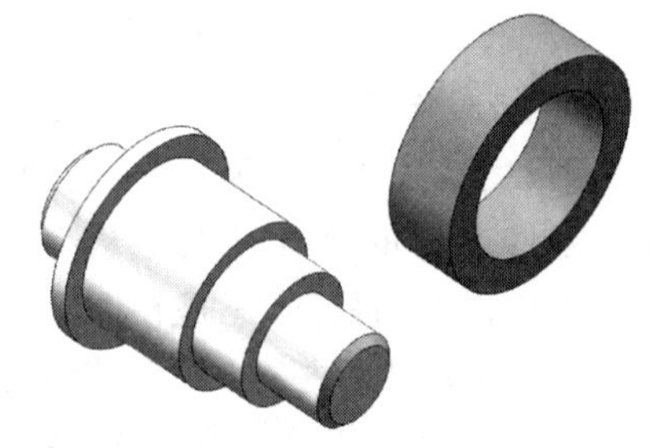

图3-75 插入新零件

进行装配建模最重要的操作是选择参与装配的零部件之后，根据装配体的功能要求，为这些零部件之间添加位置约束。可以通过“装配体”选项卡中的“配合”工具实现约束的添加。在随后出现在左窗格“配合”中列出了各种常用的几何关系类型，如图3-76所示。其中，除了容易理解的“平行”、“垂直”、“相切”约束之外，“重合”使两个平面变成共面或保持给定的距离，面可沿彼此移动，但不能分离开；“同轴心”迫使两个圆柱面变成同心，两个圆柱面可沿共同轴移动，但不能从此轴拖开。

在本例中，未添加任何位置约束时，用鼠标拖动轴套，轴套可以任意移动或者转动。现在要将轴套装在轴上，并使其端面靠紧在轴大端的端面上。先选中轴套的内孔表面和轴的外圆柱面，系统自动识别表面的轴、孔特性，并优先预选“同轴心”约束。该约束符合设计要求，故单击✓按钮接受。此时如图3-77所示，轴套被移动到与轴同轴线的位置上。鼠标拖动轴套，该零件的移动被限制在轴线方向。

选中轴的大端的右端面和轴套零件的左端面，系统优先预选“重合”约束。接受该约束，从而将轴套沿轴向贴在轴大端的端面上，完成轴向的定位，如图 3-78 所示。

在装配过程中，可以根据实际需要，随时对前期构造的零件进行修改。选中需要修改的零件，在弹出的如图 3-79 所示的关联工具栏中，单击“打开零件”按钮，即可返回该零件的零件建模环境，对零件进行修改。所做修改将自动在装配体中得到更新。

图 3-76　配合约束选项

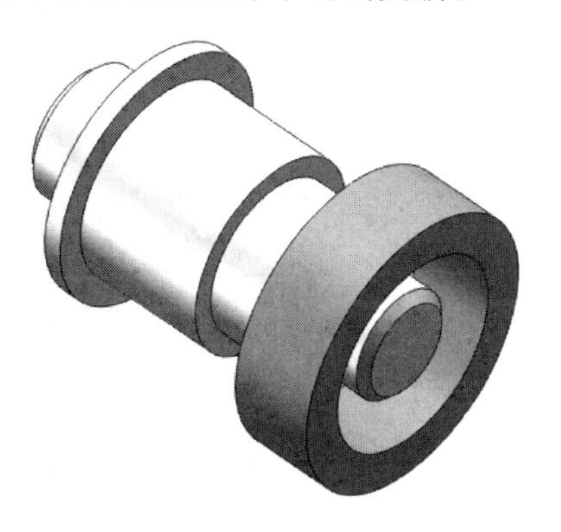

图 3-77　添加“同轴心”约束

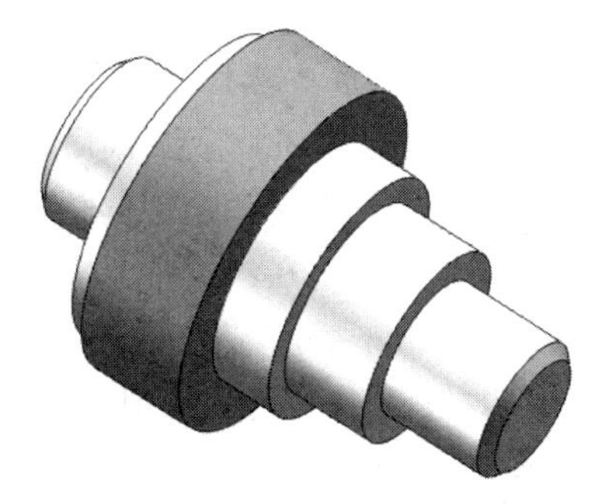

图 3-78　添加“重合”约束

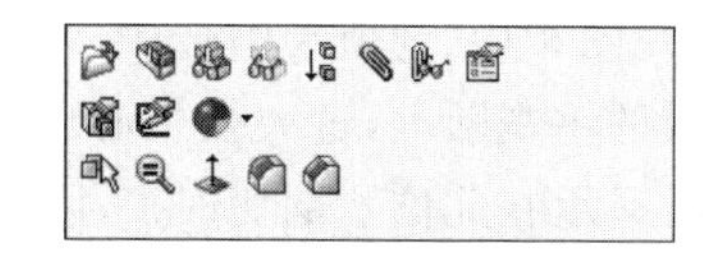

图 3-79　零件关联工具栏

3.3.4 生成工程图

在构造了三维零件模型或者装配体模型之后，可以生成二维的工程图，即符合制图标准的零件图和装配图。零件、装配体和工程图是互相关联的文件，对零件或装配体所做的任何修改都会导致工程图文件的相应变更。

新建工程图时，在图 3-47 所示的“新建 SolidWorks 文件”对话框中选择“工程图”，文件保存时以.slddrw 为文件扩展名。新建或打开一个工程图文件之后，SolidWorks 界面的 CommandManager 部分将显示与工程图相关的选项卡和工具栏，如图 3-80 所示。“视图布局"选项卡中集中了各种生成视图的工具。其中,"标准三视图"是以第三角投影法为基础的前视图、上视图和右视图,与我国制图国家标准中的三视图不完全吻合;"模型视图"是根据 SolidWorks 系统预先定义的投影方向生成的标准视图,它们也是基于第三角投影法的;"投影视图"是相对于某个已经生成的视图,从任何正交方向插入的视图,与12.1.2 节所述的向视图有类似之处;"辅助视图"相当于 12.1.4 节所述的斜视图;"剖面视图"可以生成剖视图。

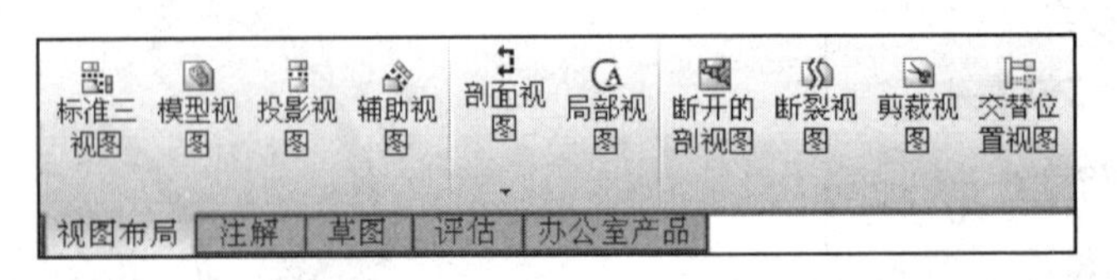

图 3-80　工程图环境下的 CommandManager

"注解"选项卡中集中了与工程图标注相关的各种命令,如尺寸标注、文字的注写、表面结构标注、零件编号等。"草图"选项卡可用于对视图、尺寸等进行修改。

1. 生成主视图

在"视图布局"选项卡中选中"模型视图",在左窗格的"模型视图" PropertyManager 中从"打开文件"列表中选择,或者浏览到一个零件或装配体模型文件,例如图 3-65 所示零件,并单击"下一步"按钮。在随后弹出的"工程图视图 1" PropertyManager 的"标准视图"下单击"前视"(相当于我国制图标准中的主视图)按钮,移动鼠标将视图放置在图纸适当的位置,即可生成如图 3-81 中的主视图。此时左窗格 PropertyManager 变化为"投影视图",如果需要,可以围绕刚刚生成的主视图,在其周围生成相应的其他标准视图。

2. 生成剖视图

在"视图布局"选项卡中选中"剖面视图",在刚刚生成的主视图上,过大孔中心画出剖切面位置。此时显示在此位置剖切时产生的剖视图,拖动该剖视图到左视图位置,将左视图绘制为全剖视图,结果如图 3-81 所示。利用"注释"选项卡中的"中心线"命令,或者利用"草图"选项卡中的"中心线"命令,补全视图中所缺少的中心线。

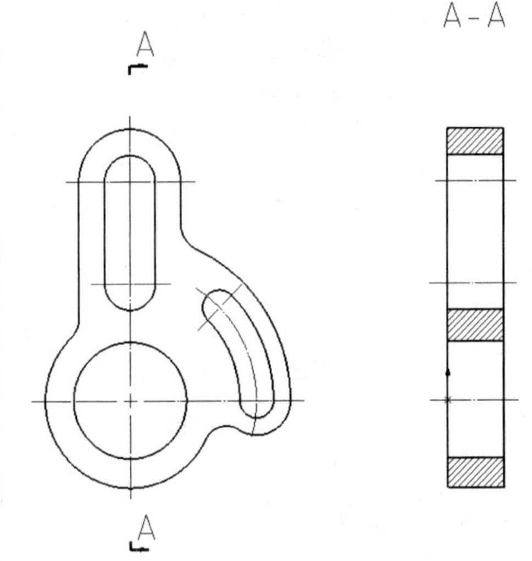

图 3-81　生成主视图和全剖左视图

除了生成全剖视图之外,如有必要,也可以生成半剖视图、局部剖视图等。

3. 标注尺寸

在工程图中的尺寸有以下几种常用的不同来源。

(1) 模型尺寸：在生成每个零件特征时即生成的尺寸,可以将这些尺寸插入到各个工程图视图中。这些尺寸是与模型相关联的,若在模型中改变这些模型尺寸,则工程图中随之更新；反之，若在工程图中改变它们，三维模型也将相应改变。

（2）为工程图标注：可以指定为工程图所标注的尺寸，自动插入到新的工程图视图中。

（3）参考尺寸：在工程图文件中添加的尺寸。但是这些尺寸是参考尺寸，并且是从动尺寸。不能通过编辑参考尺寸的数值来改变模型。然而，当模型的标注尺寸改变时，参考尺寸值也会改变。

标注尺寸之前，一般需要先对尺寸的标注样式进行设置。从菜单“工具”→“选项”打开“系统选项”对话框，在“文档属性”选项卡下选中“尺寸”，在如图 3-82 所示对话框中对尺寸标注样式进行设置，如尺寸文本样式（字体和大小）、箭头的样式和大小等。既可以对整个尺寸的标注样式进行统一设置，也可以针对角度、弧长、半径等各类尺寸进行独立设置。

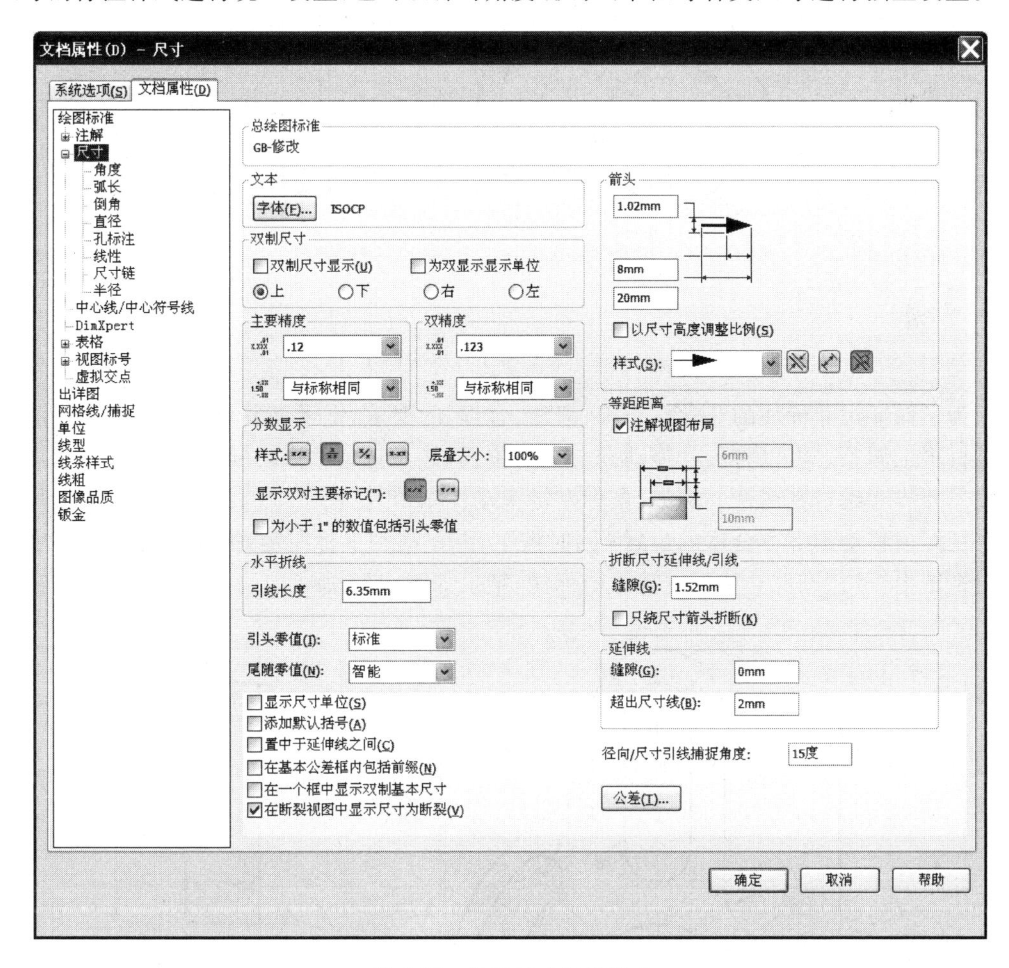

图 3-82　设置尺寸标注样式

接下来可以使用“注解”选项卡中的“模型项目”命令，将现有的模型尺寸插入工程图中。这是一种方便的尺寸标注方法，可以插入所选特征、装配体零部件、工程视图或所有视图的项目。如在本例中，在左窗格的“模型项目”中选择“来源”为“整个模型”，并选中“将项目输入到所有视图”复选框，则系统将模型构造过程中的尺寸自动标注在工程图的相关视图上，如图 3-83 所示。

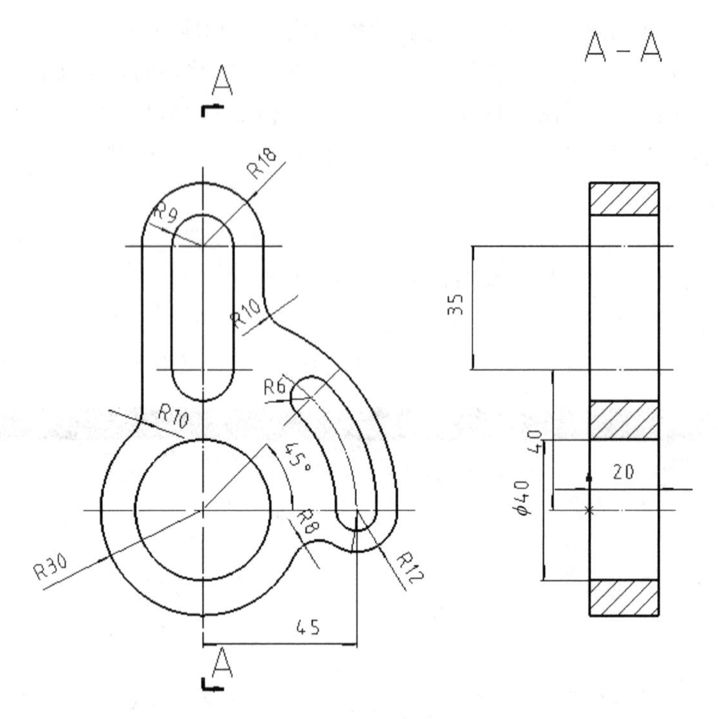

图 3-83　模型尺寸的自动标注

为了保证尺寸标注的“完全、正确、清晰、合理”的要求，常常需要对这些自动标注的尺寸进行手工调整。可以将尺寸拖动到合适的位置，甚至将尺寸拖动到其他视图中，也可以隐藏尺寸或者编辑其属性。例如，鼠标左键拖动图 3-83 左视图中的尺寸 20，可将该尺寸在本视图内移动到下方合适的位置；同时按下 Shift 键和鼠标左键，拖动左视图中尺寸 35 到主视图中，可将该尺寸移至主视图中标注，结果如图 3-84 所示。

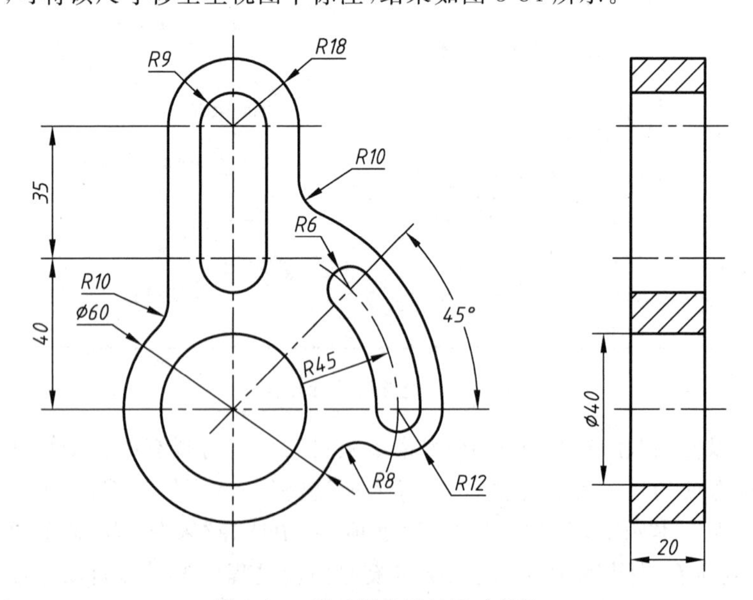

图 3-84　手工调整后的尺寸标注

图 3-83 所示主视图中水平尺寸 45 应该改为点画线圆弧的半径尺寸 *R*45，右击尺寸 45，从弹出的菜单中选中“隐藏”，不再显示尺寸 45，然后利用“注解”选项卡中的“智能尺寸”命令，标注点画线圆弧的半径 *R*45，结果如图 3-84 所示。注意：尺寸 *R*45 此时是一个参考尺寸，故尺寸数值不可直接更改。

图 3-83 主视图左下方的尺寸 *R*30 需改为直径表示，右击该尺寸，从弹出的菜单中选择“显示选项”→“显示成直径”命令即可。参照图 3-84，对其他需要调整的尺寸逐一进行手工调整。

4. 绘制边框、标题栏

在左窗格的 FeatureManager 设计树中右击“图纸 1”，在弹出的菜单中选择“属性”，进而设置图纸的大小。利用“草图”选项卡下的绘图工具，可以绘制工程图的边框和标题栏。利用“注解”选项卡中的“注释”工具，可以填写标题栏中的内容。

在填写文字之前，应先对文字样式进行设置。从菜单“工具”→“选项”打开“系统选项”对话框，在“文档属性”选项卡下选中“注释”，进而对文字的字体、大小等进行设置。最终完成如图 3-37 所示的零件图。

图纸大小的选择、边框的绘制样式，包括文字的注写样式、尺寸标注样式等内容，都有与之相关的国家标准规定。因此也可以先将这些内容进行设置，并绘制好边框和标题栏等，然后将它们保存为工程图模板，扩展名为.drwdot。以后再新建工程图时，可以调出保存的模板，在此基础上生成工程图，以提高效率。

装配图的生成思路与零件图类似，但在新建工程图时应选择装配体模型，并在视图及尺寸完成之后，通过“注解”选项卡中的“零件序号”工具，完成装配图中的零件编号。然后注写标题栏和明细栏。

本章仅以 AutoCAD 2013 和 SolidWorks 2012 软件为例，介绍了计算机绘制工程图和三维建模的基本思路和方法。软件的具体使用方法和技巧，还需要读者结合软件使用手册，在实际的绘图与建模练习中不断熟悉，以提高操作技能。这两个软件都是功能非常丰富的辅助设计与绘图软件，除了上面介绍的与本课程关系较为紧密的功能之外，还有许多其他与设计及表达相关的功能，例如生成装配体的爆炸视图以更清晰地表达装配体构成、使用动画功能模拟装配体的运动、使用完整的运动学建模来计算零部件运动等等。这些功能在机械设计后续课程或设计实践中可能会用到。其他类似软件，如常用的 Pro/Engineer，Catia，SolidEdge 等，其基本思路和方法与这两个软件有类似之处，需要时读者可自行学习其使用方法。

第2单元

几何元素的投影

本单元研究点、直线、平面等几何元素的投影规律及其相对位置关系，为进一步研究体的投影打好基础。同时，研究投影变换的方法，进一步提高图解能力，为今后学习空间结构的设计及分析打好基础。

4 点、直线和平面的投影

4.1 点的投影

4.1.1 点在两投影面体系中的投影

一个点的空间位置确定后，它在某一投影面上的投影是唯一确定的；然而，根据一个点在某一个投影面上的投影，无法唯一确定出该点的空间位置。

为了能够根据点的正投影确定点在空间的位置，引入两个互相垂直的投影平面：V 面和 H 面，如图 4-1 所示。V 面称为**正立投影面**，简称**正面**；H 面称为**水平投影面**，简称**水平面**。V 面和 H 面的交线 OX 称为**投影轴**。整个空间被划分为 4 个区域，每一个区域称为一个**分角**，依次为第一分角、第二分角、第三分角和第四分角。

将物体置于第一分角内，使其处于观察者和投影面之间而得到的正投影，称为**第一角投影**。我国国家标准规定，绘制技术图样时，应按正投影法绘制，并采用第一角画法。除特别指明外，本书均采用第一角投影。

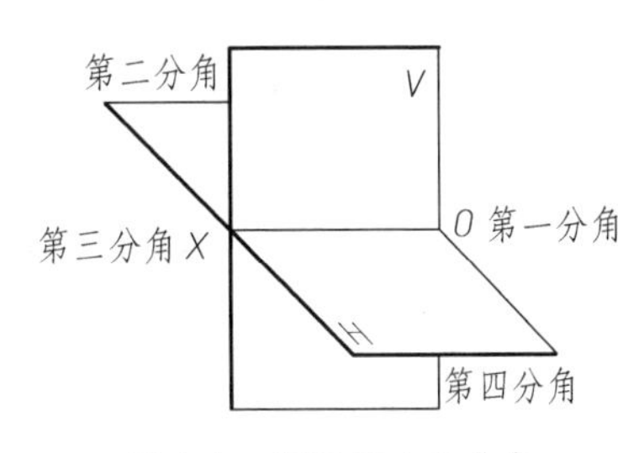

图 4-1　空间的 4 个分角

图 4-2 表示位于第一分角的空间点 A 在由 V 面和 H 面组成的**两投影面体系**$\left(\text{也称}\ \frac{V}{H}\text{两投影面体系}\right)$中的投影。在图 4-2(a)中，空间点用大写字母 A 表示，经过 A 点分别向 V 面和 H 面引垂线，与 V 面和 H 面的交点为 a' 和 a，a' 称为 A 点的**正面投影**，a 称为 A 点的**水平投影**，a_X 是 OX 轴与 Aa' 和 Aa 所确定的平面的交点。本书后续章节均采用与此类似的命名规则。

按图 4-2(a)中箭头所指方向，使 H 面绕 OX 轴向下旋转，并与 V 面重合，即得 A 点的正投影图，如图 4-2(b)所示。在实际作图中，通常采用图 4-2(c)所示的简化表达方式。

参照图 4-2，根据正投影的原理，平面 Aaa_Xa' 垂直于 V 面、H 面和 OX 轴，因此，可以得出点在两投影面体系中的投影规律：

(1) 点的正面投影 a' 与水平投影 a 的连线垂直于 OX 轴，即 $a'a \perp OX$ 轴。

(2) 点的正面投影到 OX 轴的距离，反映该点到 H 面的距离；点的水平投影到 OX

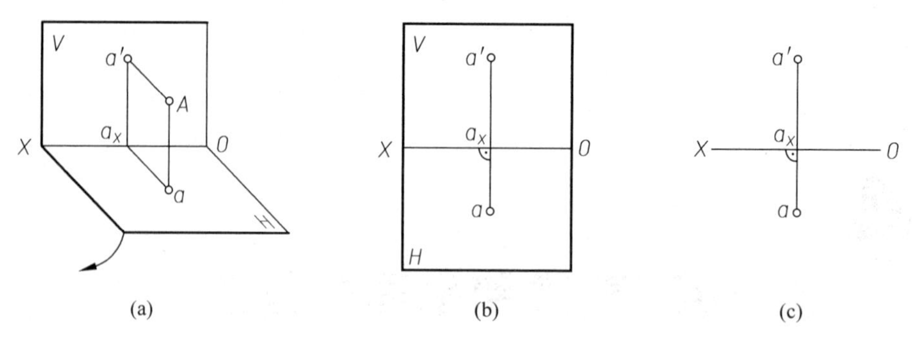

(a) (b) (c)

图 4-2 点在两投影面体系中的投影

轴的距离，反映该点到 V 面的距离。即 $a'a_X=Aa$，$aa_X=Aa'$。

上述规律不仅适用于点在第一分角的投影，也同样适用于点在其他分角的投影。

图 4-3 表示了点在第一、二、三、四分角内的投影情况，从图中可得出以下规律：

(1) 点的正面投影在 OX 轴上方(或下方)时，表示空间该点在 H 面的上方(或下方)；

(2) 点的水平投影在 OX 轴下方(或上方)时，表示空间该点在 V 面的前方(或后方)。

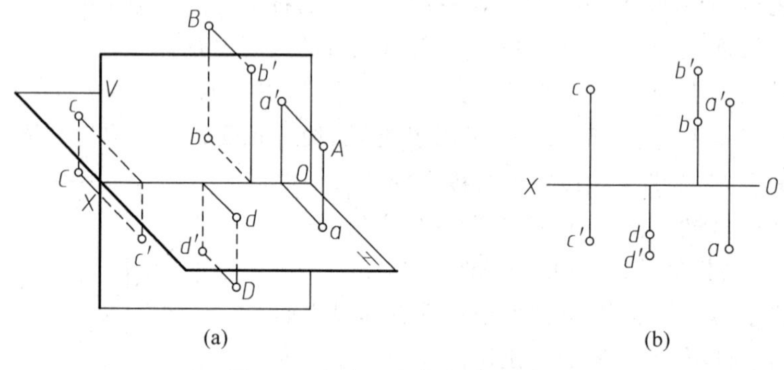

(a) (b)

图 4-3 点在 4 个分角中的投影

在应用图解法解决问题时，虽然常把物体放在第一分角，但有时需要把线或面等几何元素延长，此时，会出现其他分角投影的情况，而且，美国等国家采用第三角投影，因此，在重点掌握第一角投影的同时，对第三角投影也应有所了解。

图 4-4 表示了点在投影面内的投影情况，其投影特点如下：

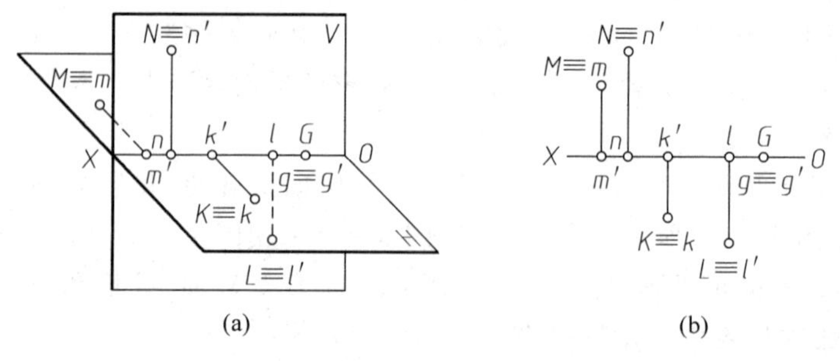

(a) (b)

图 4-4 点在投影面内的投影

(1) 点的一个投影落在 OX 轴上；

(2) 点的另一个投影与其本身重合（符号“≡”表示重合）。

点的投影特性和规律是研究各种几何元素投影规律的基础，必须牢固掌握，熟悉并掌握根据点的投影图判断出点的空间位置的思维方法。

4.1.2 点在三投影面体系中的投影

在$\frac{V}{H}$两投影面体系的基础上，再加一个与 OX 轴垂直的**侧立投影面** W（简称**侧面**），就构成了**三投影面体系**，如图 4-5(a)所示。3 个投影面相互垂直相交，形成了 3 个投影轴，V 面和 H 面的交线称为 OX 轴，H 面和 W 面的交线称为 OY 轴，V 面和 W 面的交线称为 OZ 轴。3 个投影轴垂直相交于一点 O，O 点称为原点。空间点 A 在 V,H,W 3 个投影面上的投影分别用 a',a,a''表示。

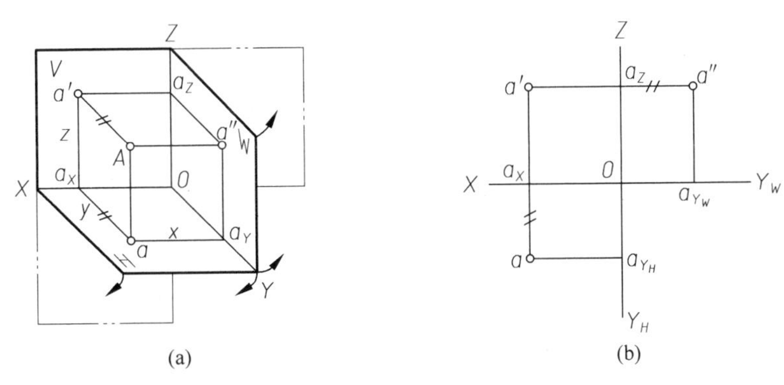

(a) (b)

图 4-5 点在三投影面体系中的投影

在三投影面体系中，规定 V 面不动，使 H 面绕 OX 轴向下旋转，与 V 面重合，使 W 面绕 OZ 轴向右旋转，与 V 面重合。旋转后的 V,H,W 共面，形成了 A 点的**三面投影图**，如图 4-5(b)所示。

可以证明，点在三投影面体系中的投影规律如下：

(1) $a'a$ 连线垂直于 OX 轴，即 $a'a$ 是一条铅垂线；

(2) $a'a''$连线垂直于 OZ 轴，即 $a'a''$是一条水平线；

(3) a''到 OZ 轴的距离等于 a 到 OX 轴的距离，即 $a''a_Z=aa_X$。

如果把 V,H,W 3 个投影面作为直角坐标平面，投影轴就成为坐标轴，O 点为原点。设定空间点 A 的坐标为 $A(x,y,z)$，则 A 点的投影与其空间坐标之间有以下关系：

(1) 点 A 到 H 面的距离$=a'a_X=a''a_{Y_W}=z$ 坐标；

(2) 点 A 到 V 面的距离$=aa_X=a''a_Z=y$ 坐标；

(3) A 点到 W 面的距离$=aa_{Y_H}=a'a_Z=x$ 坐标。

因此，已知点的坐标 $A(x,y,z)$，就可以作出其投影图；根据点的投影图，也可以得到其空间坐标值。

4.1.3 问题研讨

1. 如何根据点的两个投影求出第三个投影

若已知一点的两个投影，则该点在空间的位置就确定了，因此它的第三投影也唯一确定，根据点在三投影面体系中的投影规律可以作出它的第三个投影。

如图 4-6(a)所示，设已知 A 点的正面投影 a' 和水平投影 a，求侧面投影 a'' 的方法如下：

利用 $a''a_Z=aa_X$ 的规律，过 a' 作一水平线交 OZ 轴于 a_Z 点，再在该水平线上量取一段距离 a_Za''，使它等于 aa_X，即得 a'' 点。

为作图方便，可以过原点 O 作直角 Y_HOY_W 的角平分线，从 a 点引一水平线与该角平分线相交，再过交点作铅垂线与过 a' 点的水平线相交，该交点为 a'' 点。

图 4-6(b)表示了已知 B 点的正面投影 b' 和侧面投影 b''，求水平投影 b 的作图方法。

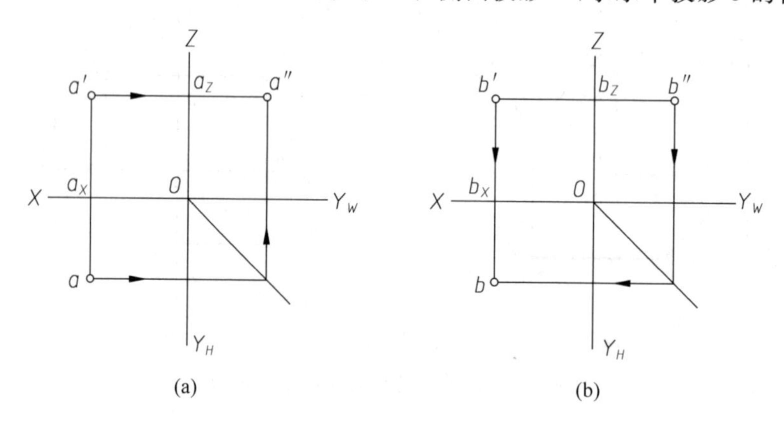

图 4-6 根据点的两个投影求第三投影

(a) 已知 a' 和 a，求 a''；(b) 已知 b' 和 b''，求 b

2. 如何根据点的空间坐标作出其投影图

如果已知 A 点的空间坐标为(50,30,40)，如何求作它的三面投影？作图方法如图 4-7(a)所示。在投影图上，令 $Oa_X=50$，$aa_X=30$，$a'a_X=40$，得出 a 和 a'，然后再根据 a，a' 求出 a''。

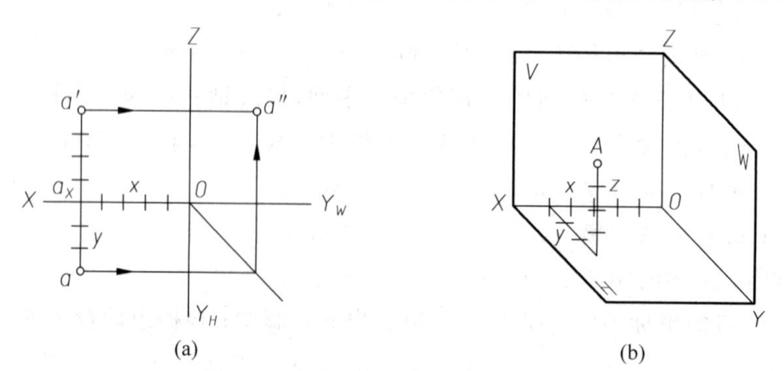

图 4-7 点的空间坐标与投影的关系

(a) 根据点的空间坐标作出投影图；(b) 根据点的投影图确定空间位置

若已知 A 点的投影图为图 4-7(a)，如何确定 A 点的空间位置？方法如图 4-7(b)所示。

4.1.4　两点的相对位置关系

空间两点的相对位置关系，是指它们之间的上下、左右、前后关系。图 4-8 是 A，B 两点的投影图，如何根据投影图判断出该两点在空间的相对位置关系？

根据投影规律不难发现：A，B 两点的上下位置关系可以从正面投影(或侧面投影)的上下关系直接判定，也可以由该两点 z 坐标的大小判定，在图 4-8 中，因 a' 在 b' 的上方，即 $z_a > z_b$，可知 A 点在 B 点的上方。A，B 两点的前后位置关系可以从水平投影(或侧面投影)判断，在图 4-8 中，因 a 在 b 的前方，即 $y_a > y_b$，所以 A 点在 B 点的前方；A，B 两点的左右位置关系可以从正面投影(或水平投影)判断，在图 4-8 中，因 a 在 b 的左方，即 $x_a > x_b$，所以 A 点在 B 点的左方。因此，如果以 B 点为基点，A 点在 B 点的左前上方。

综上所述，由已知两点各自的三面投影判断它们在空间的相对位置时，可以根据正面投影或侧面投影判断两个点的上下位置关系，根据正面投影或水平投影判断两个点的左右位置关系，根据水平投影或侧面投影判断两个点的前后位置关系。

4.1.5　重影点及其投影的可见性

定义：当空间两点处在对某投影面的同一条投影线上时，它们在该投影面上的投影重合，这两点称为对该投影面的**重影点**。

在图 4-9 中，可以看出，A，B 是对 V 面的重影点，C，D 是对 H 面的重影点，E，F 是对 W 面的重影点。

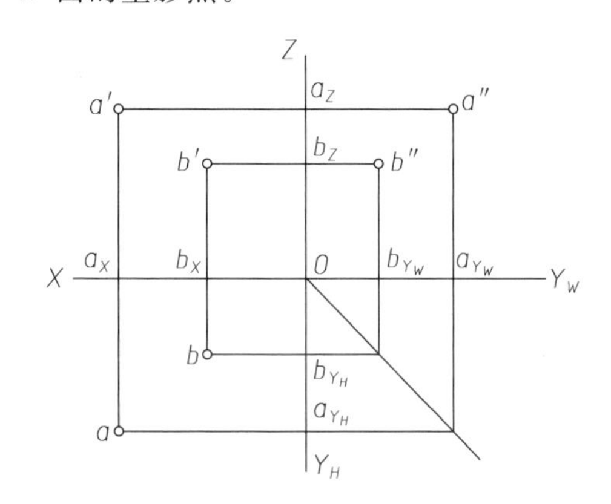

图 4-8　A，B 两点的相对位置关系

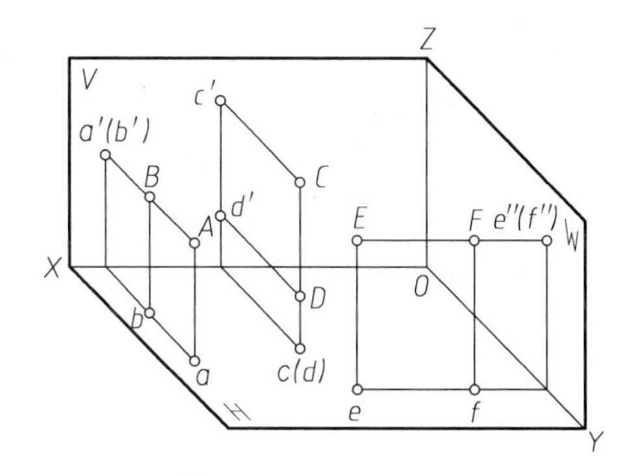

图 4-9　重影点的概念

两个点的投影重合，必然有一个点的投影会“遮挡”另一个点的投影，被“遮挡”的投影称为“不可见”。利用投影图分析重影点投影的可见性，有助于理解两重影点的空间位置关系。

判断重影点投影可见性的方法：对 V 面的重影点，要从前向后观察，前面的点可见，后面的点不可见。如图 4-10(a)中，根据 H 面上的投影 a 在 b 的前方，可知 A 点在前，B 点在后，所以 a' 可见，b' 不可见。规定将不可见的点的投影用加圆括号的方式表示，如(b')。

同理，对 H 面的重影点，要从上向下观察，上面的点可见，下面的点不可见。如图 4-10(b)中，c 可见，d 不可见。

对 W 面的重影点，要从左向右观察，左边的点可见，右边的点不可见。如图 4-10(c)中，e''可见，f''不可见。

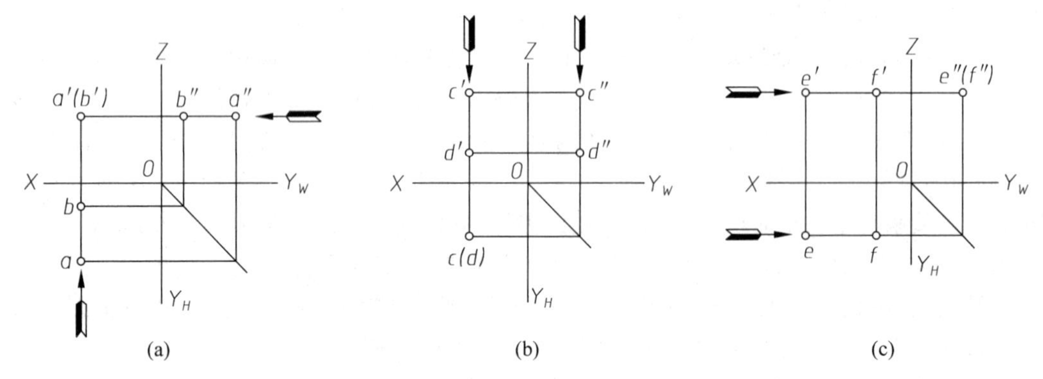

图 4-10 重影点投影可见性的判断

(a) a'可见，b'不可见；(b) c 可见，d 不可见；(c) e''可见，f''不可见

4.2 直线的投影

4.2.1 直线对一个投影面的投影特性

直线 AB 与一个投影面的相对位置有 3 种情况：平行，垂直，倾斜。

1) AB 平行于投影面

如图 4-11(a)所示，投影 ab **反映实长**，即该直线的投影长度等于空间长度($ab=AB$)。

2) AB 垂直于投影面

如图 4-11(b)所示，投影 ab 重合于一点，直线上任一点 M 的投影 m，也重合在这一点上，即 $a\equiv b\equiv m$，这种性质叫做**积聚性**。

3) AB 倾斜于投影面

如图 4-11(c)所示，直线对投影面的倾角为 α，投影长度 ab 小于实长 AB，即 $ab=AB\cos\alpha$。

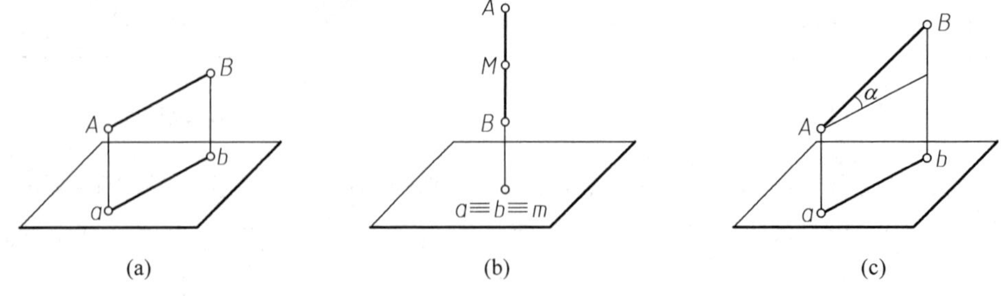

图 4-11 直线对一个投影面的投影

(a) 直线平行于投影面；(b) 直线垂直于投影面；(c) 直线倾斜于投影面

4.2.2　直线在三投影面体系中的投影特性

直线在三投影面体系中的相对位置可以分为3种：一般位置直线，投影面平行线，投影面垂直线。

1. 一般位置直线

与3个投影面都处于倾斜位置的直线，称为一般位置直线。图4-12是一般位置直线AB的立体图(图4-12(a))和投影图(图4-12(b))，AB与H，V，W 3个投影面所成的夹角分别为α，β，γ，则有$ab=AB\cos\alpha$，$a'b'=AB\cos\beta$，$a''b''=AB\cos\gamma$。因为α，β，γ都不等于零，所以一般位置直线的3个投影都小于实长，而且都不平行于投影轴。

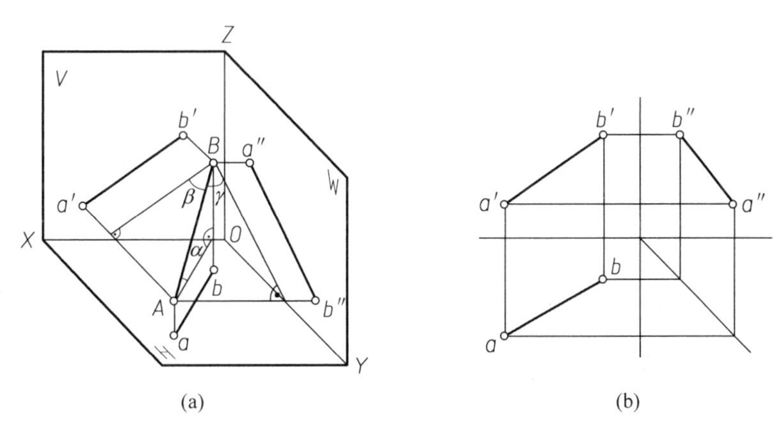

图4-12　一般位置直线

2. 投影面平行线

平行于一个投影面，而与另外两个投影面都呈倾斜位置的直线称为投影面平行线。投影面平行线分为3种：水平线——平行于H面；正平线——平行于V面；侧平线——平行于W面。见表4-1。

表4-1　投影面平行线

类别	立　体　图	投　影　图	特点及投影特性
水平线			平行于水平面，倾斜于其他两个投影面 水平投影反映实长，β，γ角为实际大小，其他两个投影均平行于相应的投影轴

续表

类别	立 体 图	投 影 图	特点及投影特性
正平线	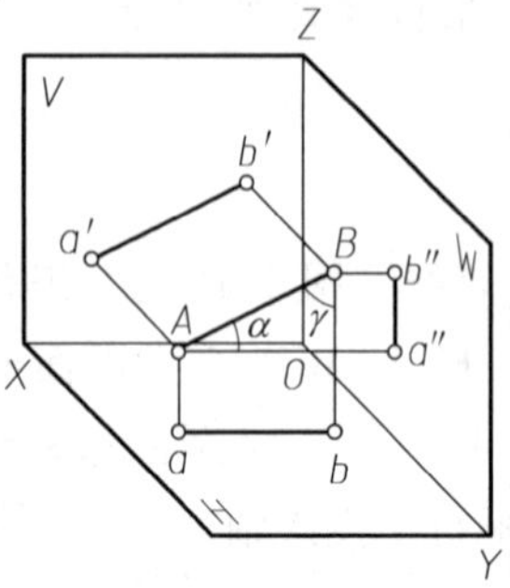	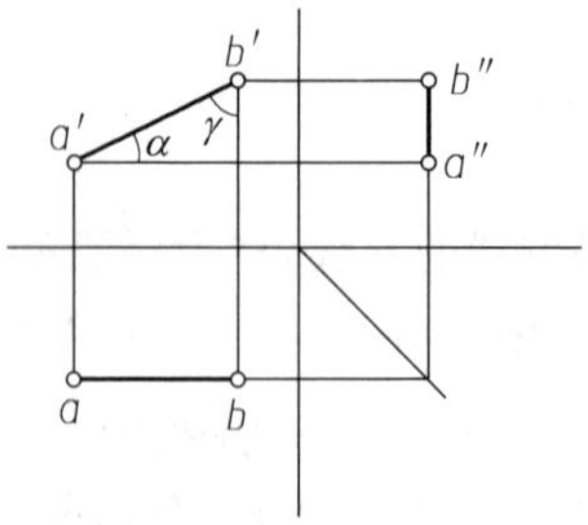	平行于正面，倾斜于其他两个投影面 正面投影反映实长，α，γ角为实际大小，其他两个投影均平行于相应的投影轴
侧平线	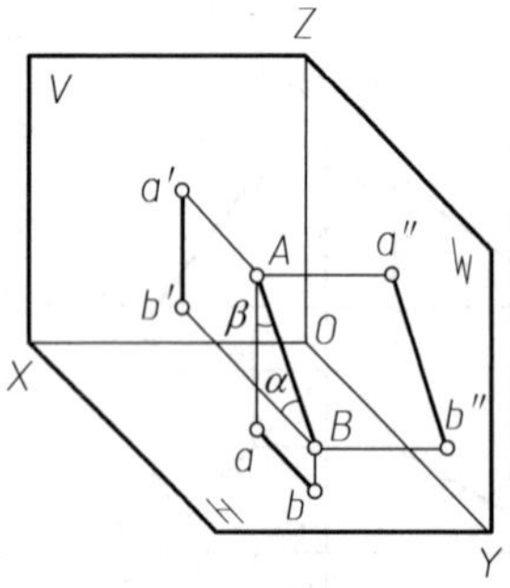	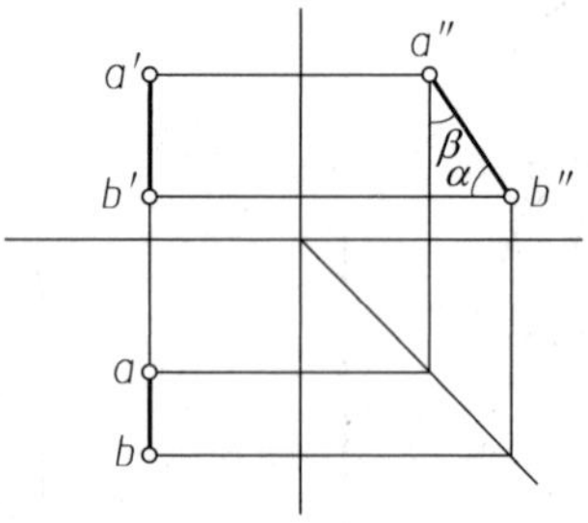	平行于侧面，倾斜于其他两个投影面 侧面投影反映实长，α，β角为实际大小，其他两个投影均平行于相应的投影轴

3. 投影面垂直线

垂直于一个投影面，而与另外两个投影面平行的直线称为投影面垂直线。投影面垂直线分为3种：正垂线——垂直于V面；铅垂线——垂直于H面；侧垂线——垂直于W面。见表4-2。

表4-2 投影面垂直线

类别	立 体 图	投 影 图	特点及投影特性
正垂线	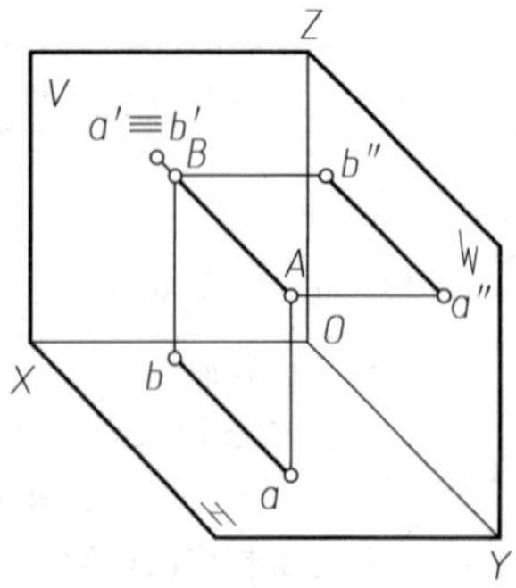	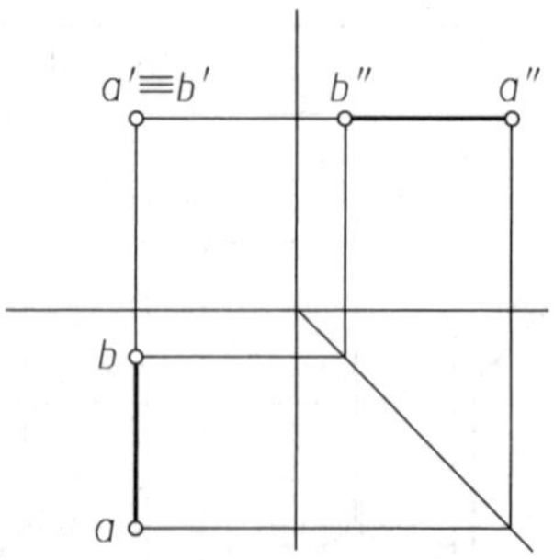	垂直于正面，平行于其他两个投影面 正面投影积聚成一点，其他两个投影反映实长，并分别垂直于相应的投影轴

续表

类别	立体图	投影图	特点及投影特性
铅垂线			垂直于水平面，平行于其他两个投影面 水平投影积聚成一点，其他两个投影反映实长，并分别垂直于相应的投影轴
侧垂线			垂直于侧面，平行于其他两个投影面 侧面投影积聚成一点，其他两个投影反映实长，并分别垂直于相应的投影轴

4.2.3 问题研讨：如何求一般位置线段的实长及其与投影面的夹角

一般位置线段的投影不直接反映它的实长和与投影面夹角的真实大小，在工程实际中，常需要根据投影图确定它的实际长度以及空间位置。如何解决这个问题呢？

1. 求一般位置线段的实长及其与 H 面所成的夹角 α

图 4-13(a)所示为一般位置直线 AB 的立体图。过 A 点作 AC 平行 ab，得到直角三角形 ABC。在直角三角形 ABC 中，AB 是斜边，$\angle BAC$ 等于 AB 与 H 面的夹角 α，一个直角边 $AC=ab$，另一个直角边 BC 等于线段两个端点 B 和 A 的 z 坐标差(高度差)，即 $BC=z_b-z_a=\Delta z$。因此，在投影图上作出该直角三角形，即可求出线段的实长及其与 H 面的夹角。这种求线段实长和与投影面夹角的方法，称为**直角三角形法**。

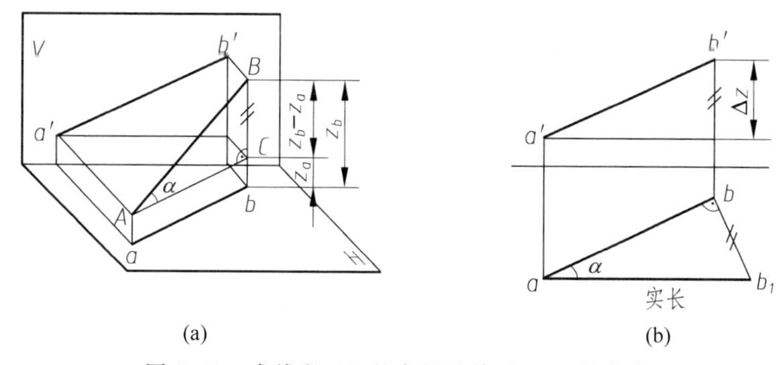

(a) (b)

图 4-13 求线段 AB 的实长及其对 H 面的夹角

具体作图方法见图 4-13(b)。以水平投影 ab 为一个直角边,过 b 点作直线垂直于 ab,并且在此垂线上量取一点 b_1,使 $bb_1=z_b-z_a=\Delta z$,连接 a 和 b_1,得到直角三角形 abb_1,直角三角形 abb_1 与空间直角三角形 ABC 全等,ab_1 就是线段 AB 的实长,ab_1 与 ab 的夹角就是线段 AB 与 H 面的夹角 α 的实际大小。

2. 求一般位置线段的实长及其与 V 面所成的夹角 β

用同样原理,以正面投影 $a'b'$ 为一个直角边,以线段两端点 A,B 的 y 坐标差($\Delta y=y_a-y_b$)为另一个直角边,构成直角三角形 $a'b'a_1$,可以求出线段 AB 的实长和对 V 面的夹角 β。具体作法如图 4-14 所示。

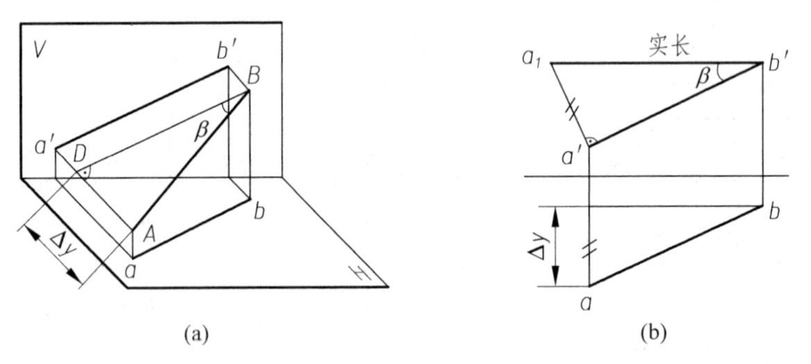

(a)　(b)

图 4-14　求线段 AB 的实长及其对 V 面的夹角

读者可以自己研究求一般位置线段的实长及其与 W 面所成的夹角 γ 的作图方法。

4.2.4　点与直线的相对位置

点与直线的相对位置有两种:点在直线上,点在直线外。

定理:如果点在直线上,则该点的各个投影必在该直线的同名投影上,并将直线的各个投影分割成和空间相同的比例(同名投影指不同几何元素在同一投影面上的投影)。

在图 4-15 中,可以判断 C 点在直线 AB 上,因为 c' 在 $a'b'$ 上,c 在 ab 上,c' 和 c 是一个点的两个投影,而且有 $\frac{AC}{CB}=\frac{a'c'}{c'b'}=\frac{ac}{cb}$。利用上述定理可以判断,$D$ 点不在直线 AB 上。

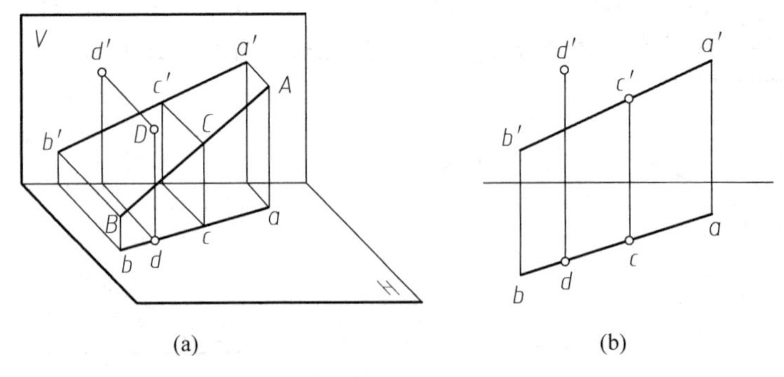

(a)　(b)

图 4-15　点与直线的相对位置

例 4-1 已知直线 AB 和点 K 的正面投影和水平投影，如图 4-16(a)所示，判断点 K 是否在直线 AB 上。

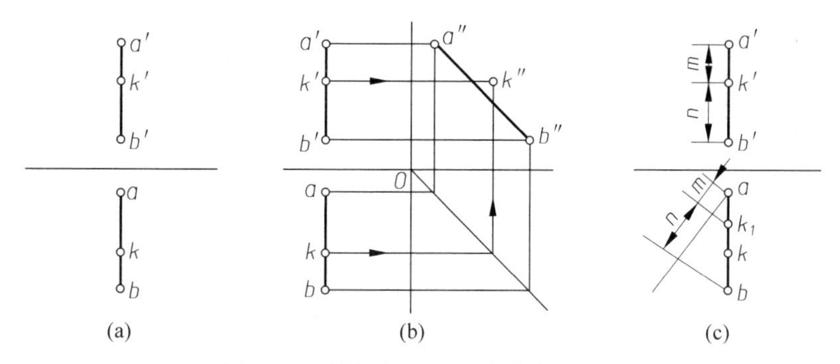

图 4-16 判断点 K 是否在直线 AB 上

解法 1：判断点的各个投影是否在该直线的同名投影上。

因为 AB 是侧平线，需要画出侧面投影，如图 4-16(b)所示，因为 k''不在 $a''b''$上，所以，可以判断点 K 不在直线 AB 上。

说明：如果 AB 是一般位置直线，则不需要画出侧面投影。

解法 2：判断点是否将直线的各个投影分割成相同的比例。

如图 4-16(c)所示，用 k_1 将直线 AB 的水平投影 ab 分成 ak_1 和 k_1b 两段，使 $\frac{ak_1}{k_1b}=\frac{a'k'}{k'b'}$，因为 k_1 与 k 不重合，所以可以判断点 K 不在直线 AB 上。

4.2.5 两直线的相对位置

空间两直线的相对位置有 3 种：两直线平行，两直线相交，两直线交叉。

1. 两直线平行

根据平行投影的基本特性，可以证明如下定理。

定理：若空间两直线相互平行，则它们的同名投影必然相互平行。反之，如果两直线的各个同名投影相互平行，那么，这两直线在空间也一定相互平行(图 4-17(a)，(b))。

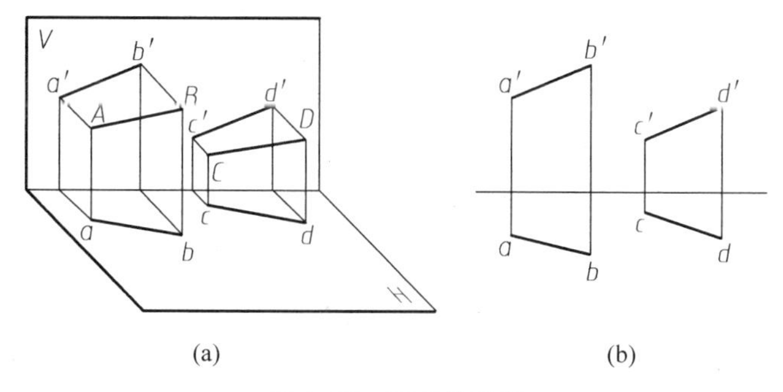

图 4-17 两直线平行

如果两直线是一般位置直线，只要其任意两对同名投影相互平行，就能判定这两条直线在空间相互平行。但如果两直线是投影面平行线，则需要作出第三个投影。如图 4-18 所示，虽然，两条侧平线 EF 和 GH 的正面投影和水平投影相互平行，即 $e'f' /\!/ g'h'$，$ef /\!/ hg$，但是，通过作出侧面投影得知，$e''f''$ 与 $g''h''$ 不平行，所以，直线 EF 和 GH 的空间位置不平行。

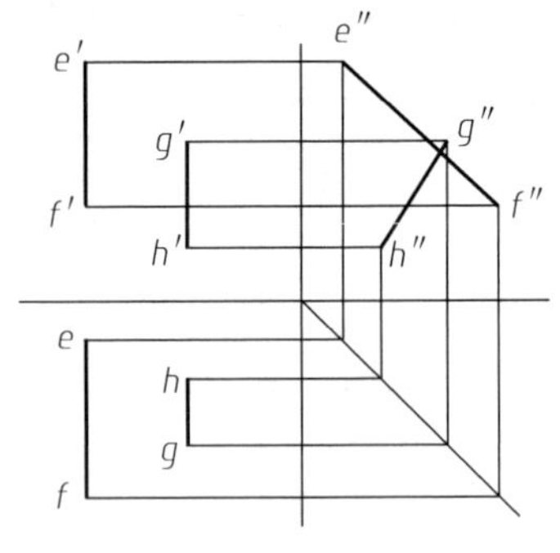

图 4-18　两直线不平行

2. 两直线相交

定理：如果两直线相交，它们的同名投影也一定相交，并且交点符合空间一点的投影规律。反之亦然。

如图 4-19 所示，空间直线 AB 与 CD 相交于 K 点，则它们的同名投影 $a'b'$ 与 $c'd'$、ab 与 cd 也必然相交，并且交点 k' 与 k 的连线必然垂直于 OX 轴，即 k' 与 k 是同一个空间点的两个投影。

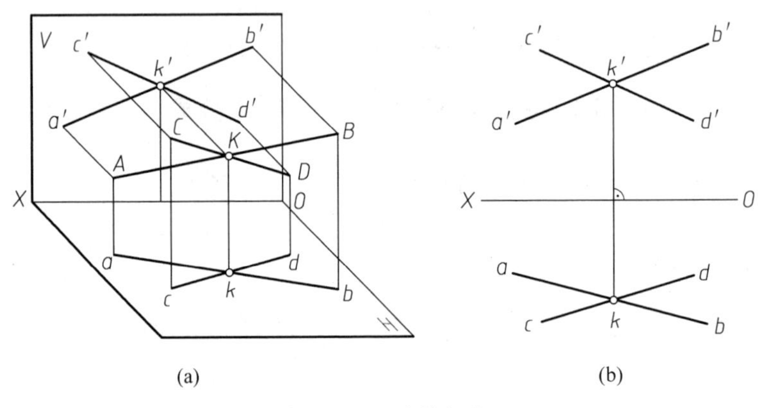

图 4-19　两直线相交

3. 两直线交叉

空间两直线既不平行也不相交时，称为交叉。虽然两交叉直线在空间没有交点，它们的同名投影却可能相交，但各个投影的交点不符合点的投影规律。图 4-20 表示了两交叉直线的投影特性。

问题研讨：如何判别两直线在空间的相对位置？

两交叉直线同名投影的交点是空间两重影点的投影，应用重影点可以判别两直线在空间的相对位置。从图 4-20(b)可以判断，重影点Ⅰ，Ⅱ的正面投影 1′在 2′上方，所以，在空间该处，直线 AB 在 CD 的上方；重影点Ⅲ，Ⅳ的水平投影 3 比 4 离观察者近，所以，在空间该处，直线 CD 在 AB 的前方。综合分析，可以判断两直线 AB 和 CD 的相对位置如图 4-20(a)所示。

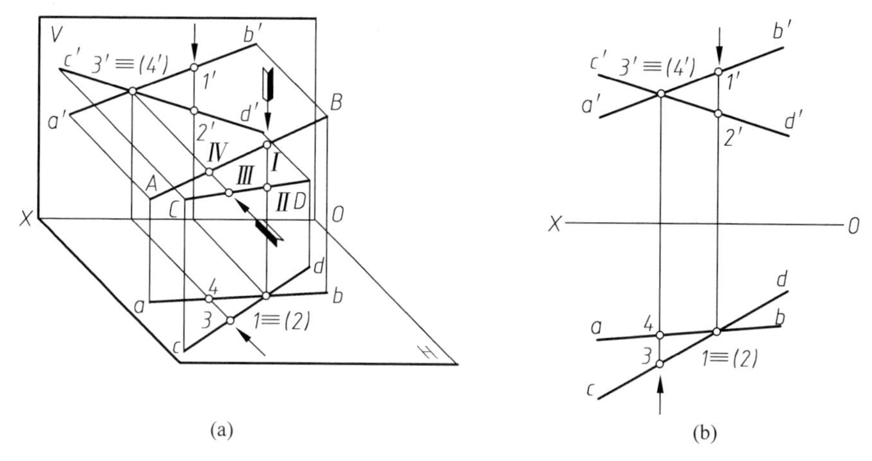

图 4-20 两直线交叉

*4.2.6 直线的迹点

直线与投影面的交点称为该直线的**迹点**。在三投影面体系中，一般位置直线有 3 个迹点。直线与 H 面的交点称为**水平迹点**，以 M 表示；直线与 V 面的交点称为**正面迹点**，以 N 表示；直线与 W 面的交点称为**侧面迹点**，以 S 表示。

迹点既是直线上的点，又是投影面上的点。应用该特性，可以在投影图上确定出直线各个迹点的投影。

1. 确定直线 *AB* 的水平迹点 *M*

如图 4-21 所示，由于水平迹点 M 是 H 面上的点，所以其正面投影 m' 必在 OX 轴上；同时由于 M 也是直线 AB 上的点，所以 m' 一定在 $a'b'$ 上，而其水平投影 m 在 ab 上。因此，延长 $a'b'$ 与 OX 轴相交，即得点 m'；从 m' 引 OX 轴的垂线与 ab 的延长线相交，即得点 $m \equiv M$。

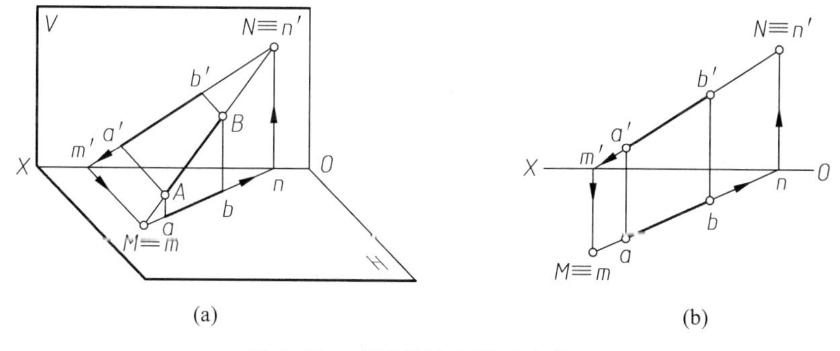

图 4-21 直线的迹点及确定方法

2. 确定直线 *AB* 的正面迹点 *N*

同理，如图 4-21 所示，ab 与 OX 轴相交，即得点 n；从 n 引 OX 轴的垂线与 $a'b'$ 的延长线相交，即得点 $n' \equiv N$。

4.3 平面的投影

4.3.1 平面的表示方法

1. 用几何元素表示平面

因为平面可以由一组几何元素确定，所以，可以用确定该平面的几何元素的投影来表示平面，图4-22列举了几种表示平面的常见方式。

(1) 不在同一直线上的三点(图4-22(a))；

(2) 一直线与直线外一点(图4-22(b))；

(3) 两平行直线(图4-22(c))；

(4) 两相交直线(图4-22(d))；

(5) 任意平面图形(如三角形、圆以及其他平面图形)(图4-22(e))。

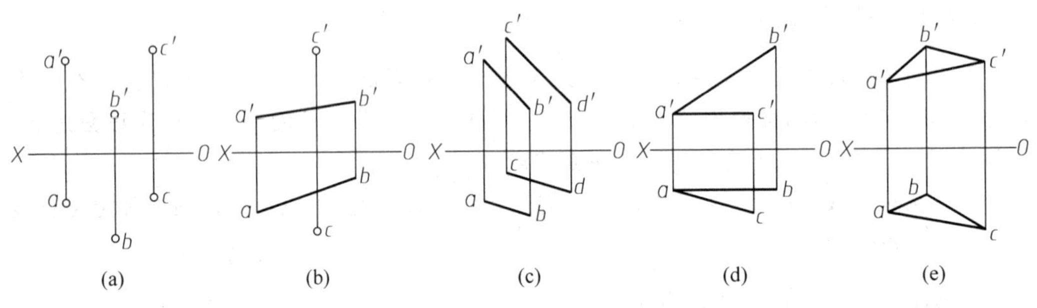

图4-22 用几何元素表示平面

上面几种表示方式是可以互相转换的，对同一平面图形而言，无论采取什么表示方式，其空间位置是不变的。

2. 用迹线表示平面

平面与投影面的交线称为平面的**迹线**。平面与 H 面、V 面、W 面的交线分别称为**水平面迹线**、**正面迹线**、**侧面迹线**。

图4-23(a)给出了平面 P 的3条迹线，标注方法为：P_H 表示水平迹线，P_V 表示正面迹线，P_W 表示侧面迹线。P_X 是 P_V，P_H 的交点，P_X 一定在 OX 轴上，而且，P_X 是 P，V，H 三面的共有点。类似地，P_Y 和 P_Z 的含义如图4-23所示。

由于迹线是投影面上的直线，因此它的一个投影与本身重合，另外两个投影与相应的投影轴重合。例如，如图4-23所示，P_H 是水平迹线，它的水平投影与本身重合，正面投影和侧面投影分别与 OX 轴和 OY 轴重合。在用投影图表示迹线时，只需画出与迹线自身重合的投影，用粗实线表示，并标注上相应的符号(P_H，P_V 或 P_W)即可，如图4-23(b)所示。

*3. 迹线的求法

由图4-23(b)可知，用平面迹线可以表示平面。在投影图上，通过作图可以求解出已知平面的迹线，从而将用几何元素表示的平面转换成用迹线表示的平面。

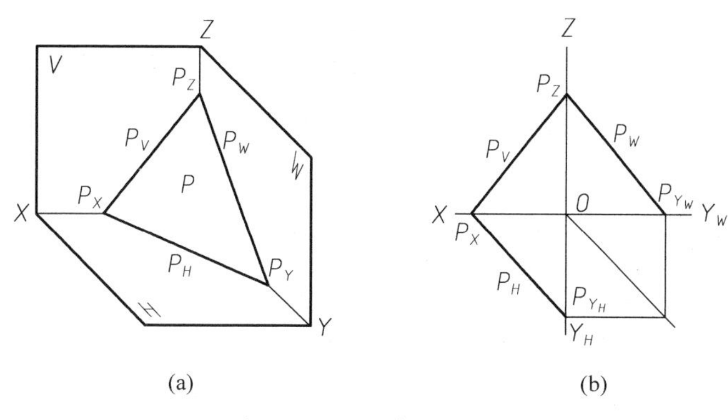

图 4-23 用迹线表示平面

分析图 4-24(a)可知，**平面上任何直线的迹点，都在该平面的同名迹线上**。直线 AB 和 CD 的正面迹点 N 和 N_1 在 P 面的正面迹线 P_V 上；直线 AB 和 CD 的水平迹点 M 和 M_1 在 P 面的水平迹线 P_H 上。因此，求平面的迹线问题可以归结为求平面上任何两直线的迹点问题。

如图 4-24(b)所示，求出两直线 AB,CD 的正面迹点 $N(n',n)$,$N_1(n'_1,n_1)$，连 n',n'_1 即得 P 面的正面迹线 P_V；求出 AB,CD 的水平迹点 $M(m',m)$,$M_1(m'_1,m_1)$，连 mm_1 即得 P 面的水平迹线 P_H。

应该指出，若将 P_V 与 P_H 延长必交于 X 轴上同一点(参见图 4-23(b)中的 P_X 点)。

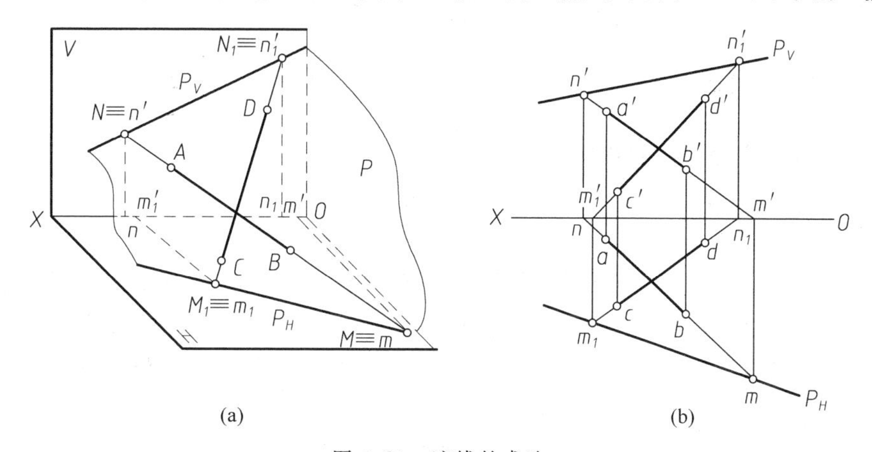

图 4-24 迹线的求法

4. 无轴投影图的画法

在投影图上，投影与投影轴之间的距离，反映了在三维空间中物体与投影面之间的距离。由于在平行投影的条件下，物体与投影面距离的远近并不影响它在该投影面上的投影形状和大小。所以，实际画投影图时，在不需要确定物体与投影面距离的情况下，常常把投影轴取消，这种不画投影轴的投影图称为无轴投影图。

图 4-25(a)是三角形 ABC 的无轴投影图。在无轴投影的情况下，如何根据两个投影，求出它的第三投影呢？

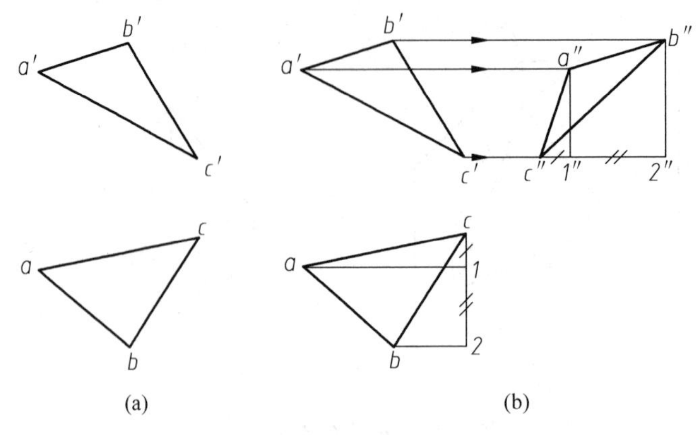

(a)　　(b)

图 4-25 无轴投影图及画法

如图 4-25(b)所示，先画出 A 点的侧面投影。过 a' 点向右方作一水平线，考虑三角形 ABC 侧面投影图的实际情况，在该水平线上选取一合适的位置，确定为点 a''。过 a'' 作一铅垂线与过 c' 向右所作的水平线交于 $1''$ 点，然后在这条水平线上从 $1''$ 向左量取 $1''c''$ 等于 $1c$(在水平投影上定出的 A,C 两点的前后距离之差)，即得 c'' 点。再在这条水平线上从 $1''$ 向右量取 $1''2''$ 等于 12(在水平投影上定出的 A,B 两点的前后距离之差)，从 $2''$ 作垂直线与过 b' 点向右所作的水平线交于 b'' 点。将 a'',b'',c'' 连接起来，即得三角形 ABC 的侧面投影 $a''b''c''$。在作图时，要注意各点水平投影与侧面投影的前、后对应关系，并注意与三维空间中各点的相互位置关系相联系，保证无轴投影的正确性。

4.3.2 平面的投影特性

1. 平面对一个投影面的投影特性

平面对一个投影面的投影，有以下 3 种情况。

1) 平面垂直于投影面

如图 4-26(a)所示，当立方体的侧平面($ABCD$)垂直于投影面时，由于该平面与投射方向平行，它在投影面上的投影变成一条直线，平面上的任意点和线(如点 M 和直线 EF)的投影都重合在这条直线上。即平面与投影面垂直时，它的投影具有**积聚性**(投影积聚成一条直线)。

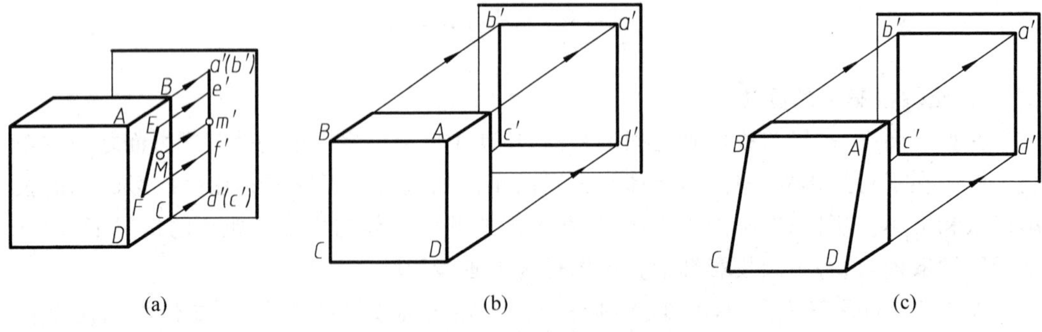

(a)　　(b)　　(c)

图 4-26 平面对一个投影面的各种位置

2）平面平行于投影面

如图 4-26(b)所示，当立方体的前面平行于投影面时，它在投影面上的投影是一个封闭线框，并反映该平面的真实形状和大小。即平面与投影面平行时，它的投影具有**实形性**(投影的形状和大小与空间平面的形状和大小一致)。

3）平面倾斜于投影面

如图 4-26(c)所示，当楔形块的前面倾斜于投影面时，它在投影面上的投影是一个和原平面类似的封闭线框，但不反映实形，而是一个缩小了的类似形，若原平面为四边形，其投影仍为四边形，而不会变成三边形或五边形。即平面与投影面倾斜时，它的投影具有**类似性**(投影的形状与空间平面的形状类似)。

2. 平面在三投影面体系中的投影

研究平面在三投影面体系中的投影，就是要分别确定出该平面在 3 个投影面上的投影，并画出相应的投影图。首先要分析清楚该平面与 3 个投影面分别处于何种空间相对位置，再根据前面介绍的平面对一个投影面的投影特性，就可以分别确定出它在每一个投影面上的投影。

平面在三投影面体系中的位置可以分为 3 类。

1）投影面垂直面

只垂直于一个投影面，而与其他两个投影面都处于倾斜位置的平面称为**投影面垂直面**。投影面垂直面有 3 种：垂直于 V 面，同时与 H 面和 W 面处于倾斜位置的平面，称为**正垂面**；垂直于 H 面，同时与 V 面和 W 面处于倾斜位置的平面，称为**铅垂面**；垂直于 W 面，同时与 H 面和 V 面处于倾斜位置的平面，称为**侧垂面**。

图 4-27 中的 P 面是铅垂面，由于它垂直于 H 面，同时与 V 面和 W 面处于倾斜位置，所以它的水平投影是一段倾斜直线，具有积聚性，其他两投影是比实形小的四边形线框，与 P 面的空间形状有类似性。

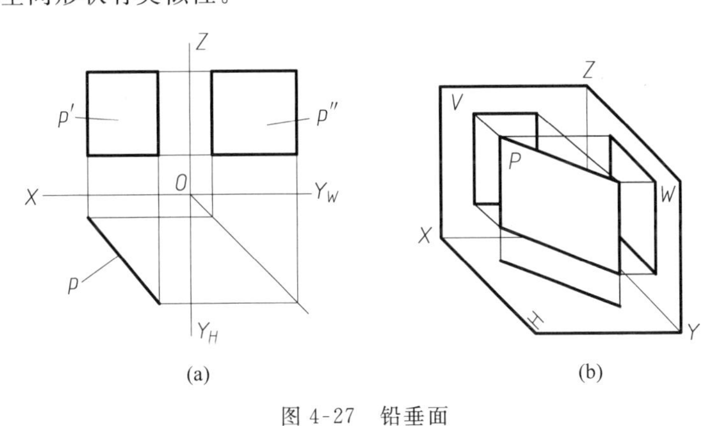

图 4-27 铅垂面

因此，当从投影图判断平面的空间位置时，若三投影中有一个是倾斜直线，该平面一定是该投影面的垂直面。

如果将 P 平面扩大，与 3 个投影面相交，所得的交线就是 P 平面的迹线。图 4-28 是用迹线表示的 P 平面的投影图。在工程实际问题的图示与图解中，常用迹线表示投影面垂直面和投影面平行面，此时，可根据实际需要，只画出投影有积聚性的一条迹线，而不画出其他迹线。第 3 单元中的一些图解问题，就是采用这种省略的表示方法。

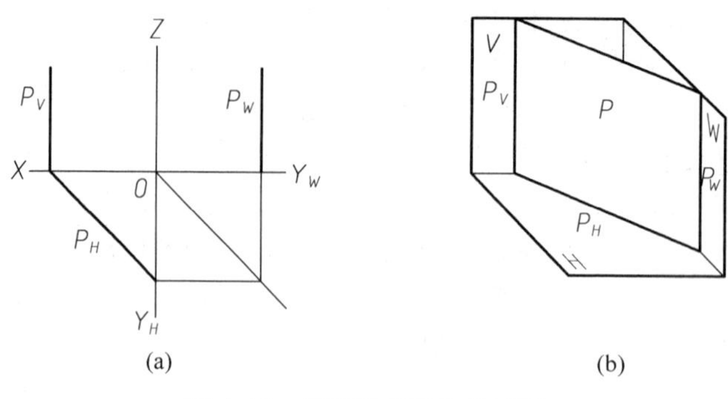

图 4-28 用迹线表示的铅垂面

读者可以尝试一下，自行分析正垂面和侧垂面的投影图的画法，并与表 4-3 所示的 3 种投影面垂直面的立体图及投影图进行比较。

表 4-3 投影面垂直面

立体图	正垂面：与正面垂直，与其他两个投影面处于倾斜位置	铅垂面：与水平面垂直，与其他两个投影面处于倾斜位置	侧垂面：与侧面垂直，与其他两个投影面处于倾斜位置
投影图	正面投影积聚成直线，其余两个投影具有类似性	水平投影积聚成直线，其余两个投影具有类似性	侧面投影积聚成直线，其余两个投影具有类似性

2）投影面平行面

平行于某一投影面的平面称为**投影面平行面**。投影面平行面有 3 种：平行于 V 面的，称为**正平面**；平行于 H 面的，称为**水平面**；平行于 W 面的，称为**侧平面**。

因为 3 个投影面彼此互相垂直，所以和一个投影面平行的平面，必然垂直于另外两个投影面。根据平面的投影特性，可知它的一个投影反映实形，其他两个投影都积聚成直线，如表 4-4 所示。

表 4-4 投影面平行面

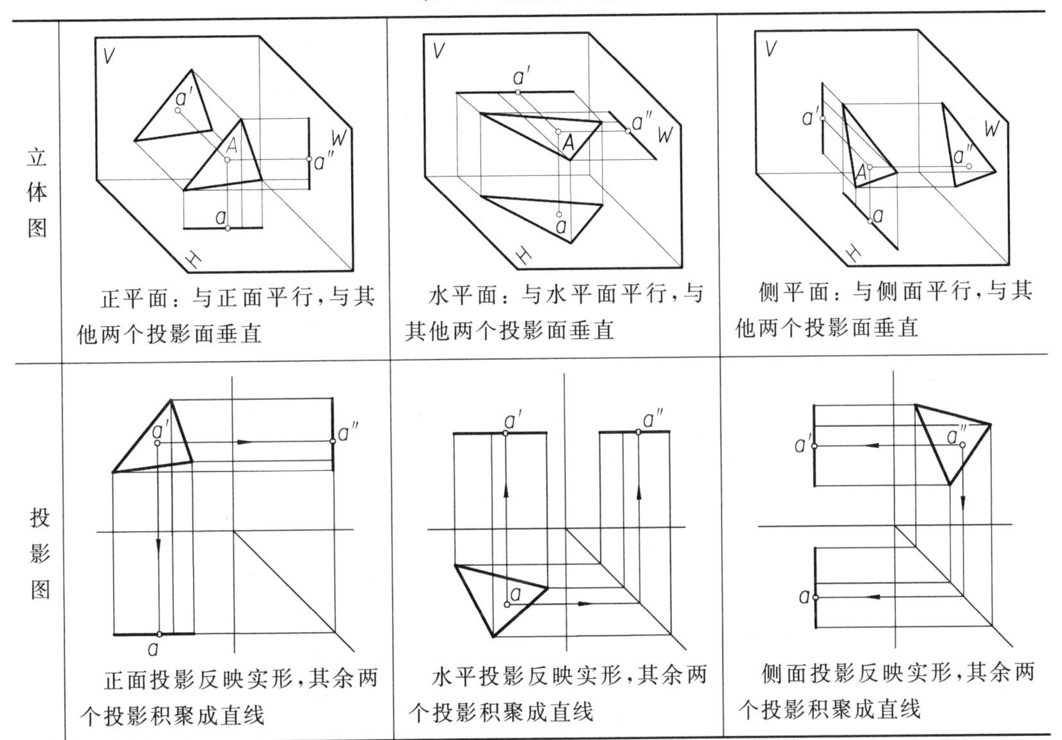

立体图	正平面：与正面平行，与其他两个投影面垂直	水平面：与水平面平行，与其他两个投影面垂直	侧平面：与侧面平行，与其他两个投影面垂直
投影图	正面投影反映实形，其余两个投影积聚成直线	水平投影反映实形，其余两个投影积聚成直线	侧面投影反映实形，其余两个投影积聚成直线

在图 4-29 中，Q 是正平面，它平行于 V 面，同时垂直于 H 面和 W 面，因此它的正面投影反映实形，而其余两个投影都积聚成直线，一个与 X 轴平行，另一个与 X 轴垂直(与 Z 轴平行)。

因此，当从投影图判断平面的空间位置时，若 3 个投影中有一个积聚成直线且与 X 轴平行或垂直，则该平面一定是某个投影面的平行面。

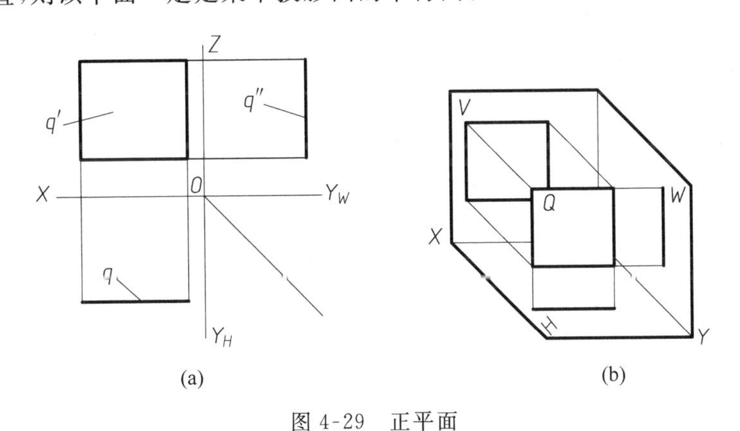

图 4-29 正平面

如果将 Q 平面扩大，与 H 面和 W 面相交，所得交线就是 Q 平面的迹线。由于 Q 平面平行于 V 面，因此没有正面迹线。图 4-30 是用迹线表示的 Q 平面的投影图。

读者也同样可以尝试一下，自行分析水平面和侧平面的投影图的画法，并与表 4-4 所

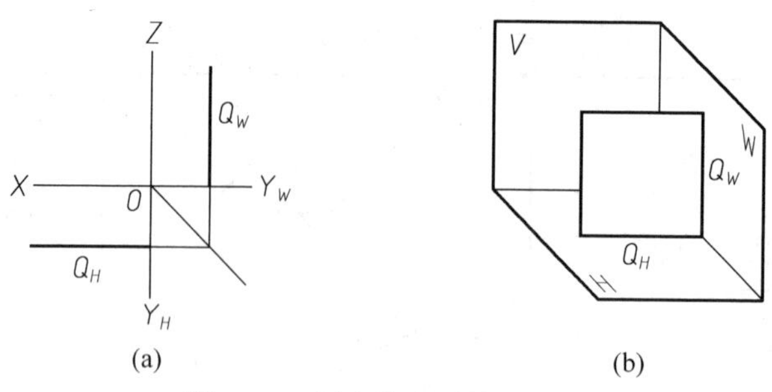

(a) (b)

图 4-30 用迹线表示的正平面

示的 3 种投影面平行面的立体图及投影图进行比较。

3）一般位置平面

相对于 3 个投影面都处于倾斜位置的平面称为**一般位置平面**。它的 3 个投影都是封闭线框，并且具有形状类似性，但都不反映实形，如图 4-31 所示。

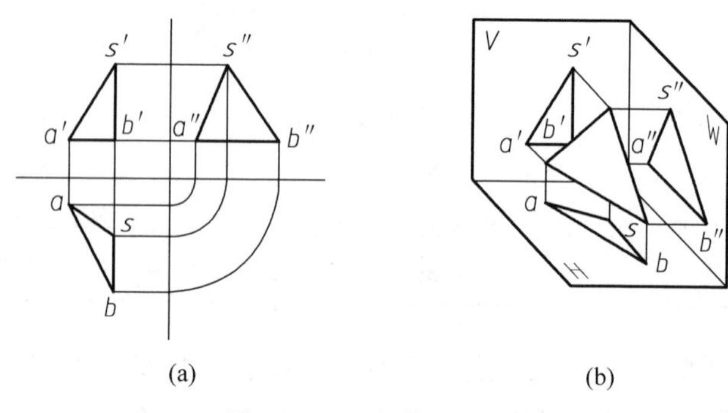

(a) (b)

图 4-31 一般位置平面

对平面的投影规律，要深入体会其内涵和作用，在此，特别提示以下两点：

（1）积聚性、实形性和类似性反映了投影图与平面图形空间形状之间的联系，也反映了平面与投影面的相对位置关系。深入理解这些特性，在读投影图时，能够帮助我们确定平面上点的投影，构想出平面的形状和空间位置；在画投影图时，能够帮助我们预见平面投影的形状，检查所作出的投影图的正确性。

（2）在平面图形的 3 个投影中，至少有一个投影是封闭线框。反之，投影图上的一个封闭线框，在一般情况下，表示的是空间一个面的投影。

4.3.3 平面上的直线和点

1. 在平面上作直线

在平面上作直线是以两个几何学定理为依据的，如图 4-32 所示。

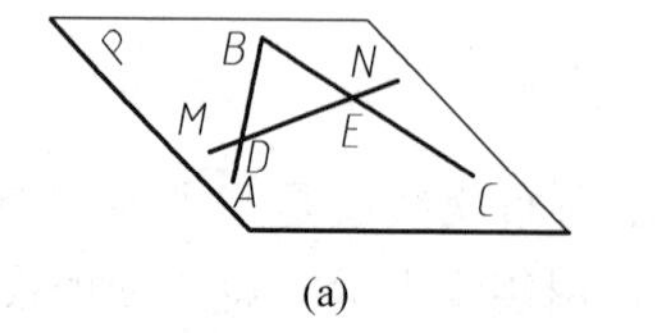

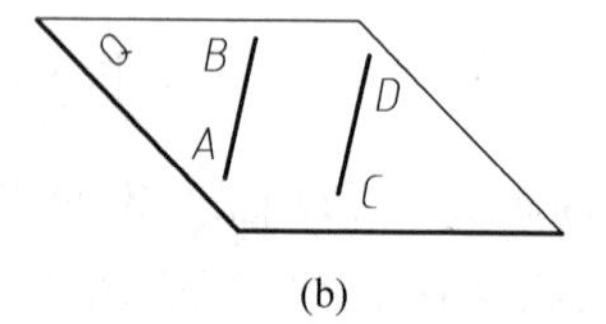

(a) (b)

图 4-32 直线在平面上的条件

定理一：若一条直线通过平面上的两点，则这条直线必在该平面上。

在图4-32(a)中，平面P由两相交直线AB和BC给定。在AB和BC上各取点D和E，则过D,E两点的直线MN一定在平面P上。

定理二：若一条直线通过平面上一点，并且平行于该平面上的另一条直线，则这条直线必在该平面上。

在图4-32(b)中，平面Q由直线AB和该直线外一点C给定，过C点作直线CD平行于AB，则CD一定在平面Q上。

例4-2 已知平面由两相交直线AB,AC给定，如图4-33(a)所示，试在平面上任意作出一条直线。

解法1：如图4-33(b)所示，在AB上任取一点$M(m,m')$，在AC上任取一点$N(n,n')$，连接点M和N的同名投影，即得到了所求直线MN的两个投影。

解法2：如图4-33(c)所示，过C点引一直线CD平行于直线AB。根据平行投影的特性，两平行直线的投影仍平行。作$c'd' /\!/ a'b'$，$cd /\!/ ab$，则$CD(c'd',cd)$即为所求直线。

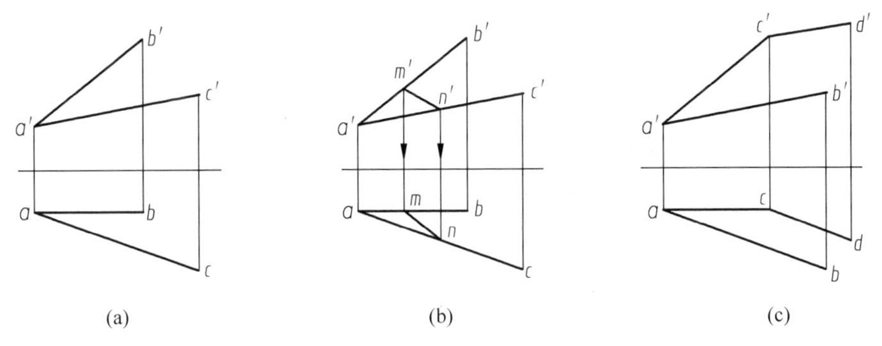

(a) (b) (c)

图4-33 在平面上作直线的方法

2. 在平面上作点

在平面上作点，必须先在平面上作出一条直线，然后在此直线上取点。由于该直线在平面上，则直线上的各点必然也在平面上。

例4-3 已知三角形ABC上一点K的水平投影k，如图4-34(a)所示，求作它的正面投影k'。

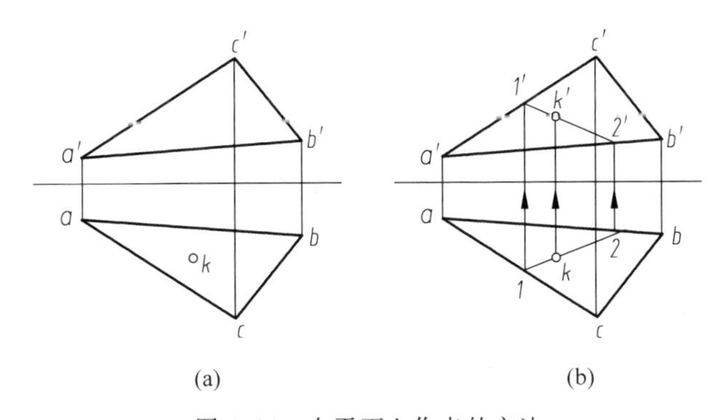

(a) (b)

图4-34 在平面上作点的方法

解：如图4-34(b)所示，过K点的水平投影k引平面上任意辅助直线的水平投影，并使它与ab，ac相交于2，1两点。找出相应的正面投影$2'$和$1'$，并把它们连接起来，即可在$2'1'$上找出K点的正面投影k'。

3. 平面上的投影面平行线

在平面上作投影面平行线，第一，要保证该直线在平面上，第二，要保证所作的直线是投影面平行线，即符合投影面平行线的投影特性。

例4-4 在三角形ABC(如图4-35(a)所示)上作一条正平线。

解：作图过程见图4-35(b)，因为正平线的水平投影平行于X轴，因此先作它的水平投影mn，然后再根据mn求出它的正面投影$m'n'$，则$MN(m'n',mn)$即为所求直线。

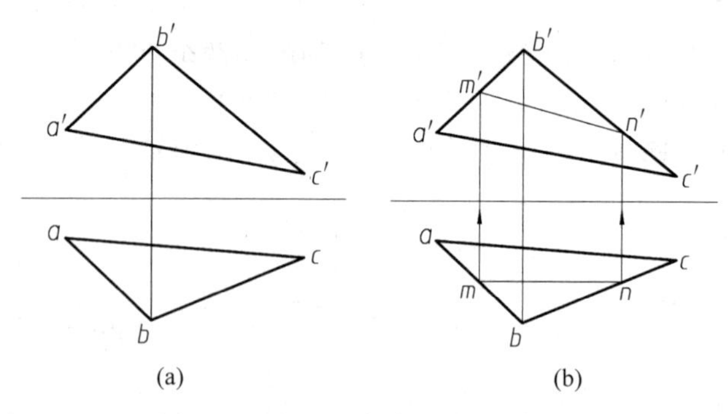

图4-35 在平面上作正平线的方法

在平面上作线、作点的方法是图解法的基础作图法，在本书后续的学习过程中会经常使用，应该熟练掌握。

5 几何元素间的相对位置关系

第 4 章介绍了图示法和图解法的基础知识，即点、直线、平面等几何元素的投影规律和作图方法。在此基础上，本章将进一步研究直线、平面等几何元素之间平行、相交及垂直(是相交的特例)等相对位置关系，为进一步学习和运用图示与图解法打下基础，也为今后研究空间机构的相对位置关系打下基础。同时，本章内容也是培养空间想象能力的重要载体。

5.1 平行问题

5.1.1 直线与平面相互平行

判断直线与平面平行的几何学原理：如果平面外一条直线平行于平面上的某一条直线，则该平面外直线与该平面相互平行。

如图 5-1 所示，因为直线 AB 平行于平面 P 上的直线 CD，所以 $AB /\!/ P$ 面。

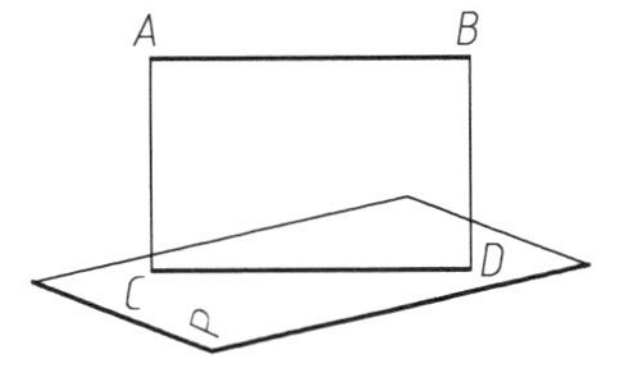

图 5-1 直线与平面平行

例 5-1 试过 K 点作水平线 KM，使之与△ABC 表示的平面平行(如图 5-2 所示)。

解：过空间一点 K 可以作无数条直线与△ABC 平行，其中，只有与△ABC 上水平线平行的那一条才是本题所求的解答。具体作图方法如下：在△ABC 上作一条水平线 CD；过 K 点作直线 KM 与 CD 平行($km /\!/ cd$，$k'm' /\!/ c'd'$)。则 KM 为水平线，且与△ABC 表示的平面平行。反之亦然。

推论：若一条直线与某一投影面垂直面平行，则该平面有积聚性的投影与该直线的同名投影平行。

如图 5-3 所示，直线 AB 的水平投影 ab 平行于铅垂面 P 的水平迹线 P_H，所以直线 AB 和铅垂面 P 在空间相互平行。换一个角度思考，在 P 平面上一定可以作出一条直线 CD，使 $CD /\!/ AB$。

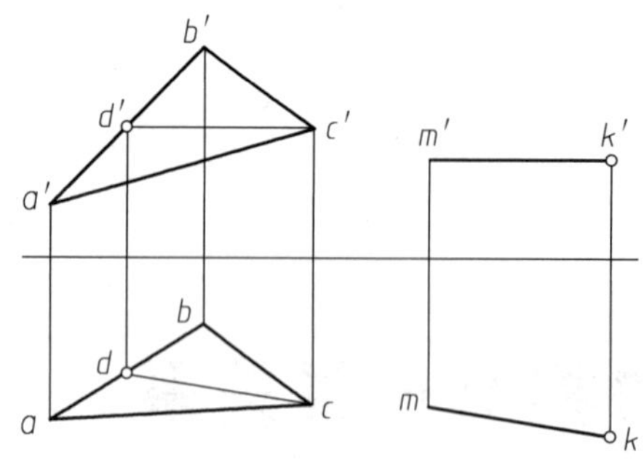

图 5-2　求作与平面平行的直线

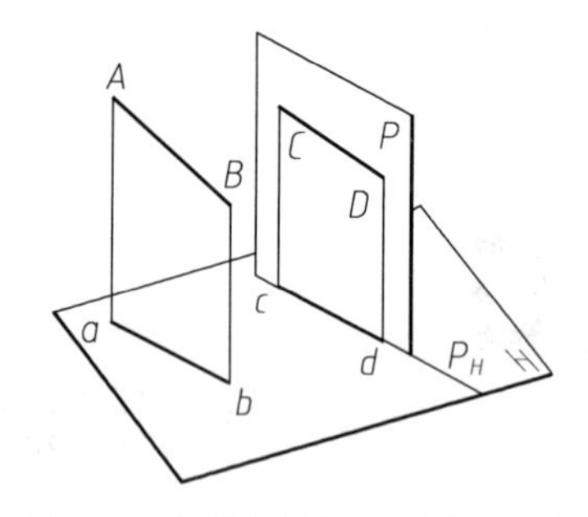

图 5-3　直线与投影面垂直面平行

5.1.2　平面与平面相互平行

判断平面与平面平行的几何学原理：若一平面上的两相交直线对应地平行于另一平面上的两相交直线，则这两个平面相互平行。

如图 5-4 所示，平面 P 上的两相交直线 AB 和 BC 分别平行于平面 Q 上的两相交直线 A_1B_1 和 B_1C_1，则平面 P 和平面 Q 平行。

例 5-2　已知平面 P（由两相交直线 AB 和 AC 确定）和平面外一点 K，如图 5-5(a)所示，要求过 K 点作一平面 Q（由两相交直线 KM 和 KN 确定）与 P 平面平行。

解：过 K 点作直线 AB 的平行线 KM，作直线 AC 的平行线 KN，则两相交直线 KM 和 KN 所决定的平面 Q 即为所求，如图 5-5(b)所示。

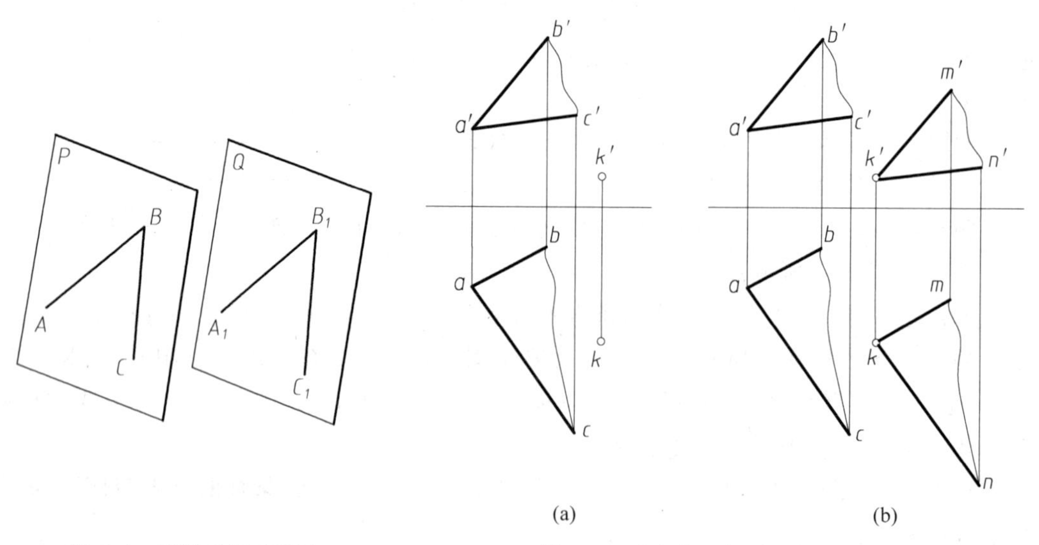

图 5-4　两平面相互平行

图 5-5　过点作已知平面的平行平面

推论：如果两投影面垂直面相互平行，那么它们具有积聚性的那组投影必然相互平行。

如图 5-6 所示，两个铅垂面 P 和 Q 相互平行，它们的水平投影积聚成两条相互平行的直线。

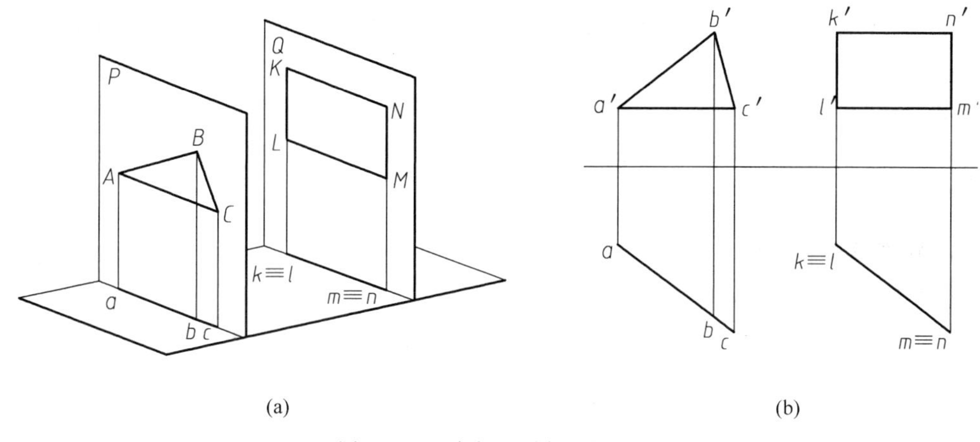

(a) (b)

图 5-6 两个相互平行的铅垂面

5.2 相交问题

5.2.1 平面与平面相交

两个平面的相互位置关系有平行和相交两种，上一节研究了平行问题，本节研究相交问题。由于两平面的交线是两平面的公有线，并且是一条直线，所以，只要设法求出两平面的两个公有点或一个公有点和交线的方向，就可以确定出交线。下面讨论求两平面交线的两种常用方法。

1. 利用积聚性

当两平面中有一个是投影面平行面或垂直面时，就可以利用积聚性直接求出它们的交线。

例 5-3 求正垂面 DEF 与一般位置平面 ABC 的交线(见图 5-7(a))。

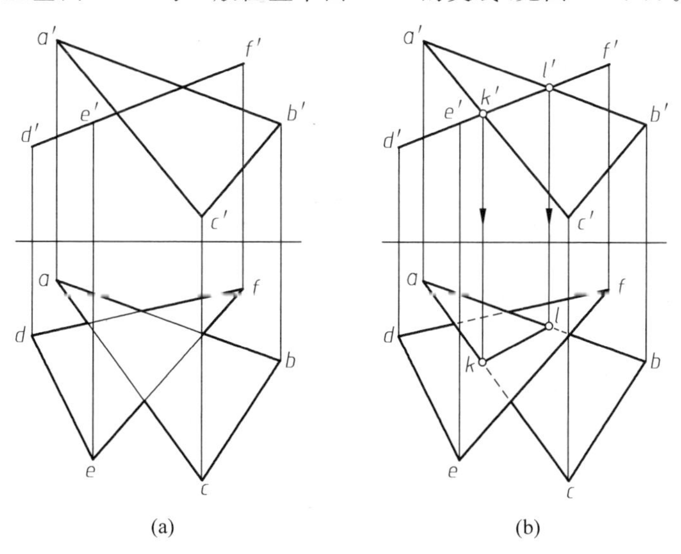

(a) (b)

图 5-7 一般位置平面与特殊位置平面相交

解：交线既在三角形 DEF 平面上，又在三角形 ABC 平面上。因为三角形 DEF 的正面投影具有积聚性，所以，交线的正面投影也积聚在同一条直线上。由图 5-7(b)可以判断，k' 和 l' 是两个平面的公有点，找出它们的水平投影 k 和 l，并用直线连接起来，则直线 KL 即为所求的交线，它的正面投影是 $k'l'$，水平投影是 kl。图中虚线段表示不可见部分，关于可见性的判断方法将在例 5-5 中讲解。

2. 利用辅助平面法

当两平面都是一般位置平面时，它们的公有点不能直接确定，此时，可以利用辅助平面法求解。辅助平面法的原理如图 5-8 所示。为了求出两个一般位置平面 P 和 Q 的交线，可作一个辅助平面 R 与 P 和 Q 都相交，辅助平面 R 与 P 和 Q 的交线分别为 AK 和 BK。因为 AK 在平面 P 上，BK 在平面 Q 上，所以 AK 和 BK 的交点 K 就是 P,Q 两平面的一个公有点。用同样的方法，再作一个辅助面平面 S，可以求出第二个公有点 L。直线 KL 就是所求的 P,Q 两平面的交线。

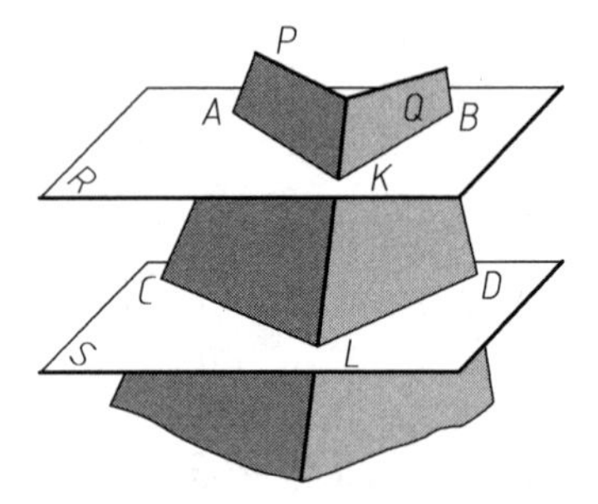

图 5-8 辅助平面法的原理

需要说明的是，在实际作图中，应选择投影面平行面或投影面垂直面作为辅助平面，这样，才能利用积聚性简便快捷地求出交线。

例 5-4 平面 P 由△ABC 确定，平面 Q 由两条平行线 DE 和 FG 确定，如图 5-9 所示，求作 P,Q 两平面的交线 KL。

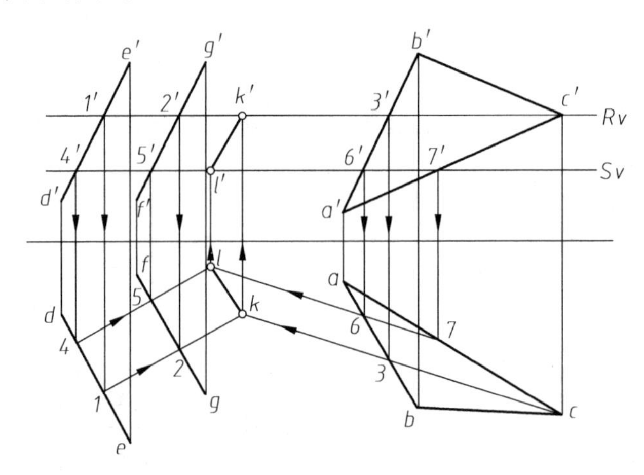

图 5-9 两个一般位置平面相交

解：只要找出 P,Q 两平面的两个公有点，即可以得到它们交线。由于 P,Q 均为一般位置平面，所以，本题宜采用辅助平面法。首先，选择水平面 R 作为辅助平面，其正面迹线为 R_V，利用例 5-3 的方法，求出 R 与平面 Q 的交线ⅠⅡ(12,$1'2'$)和 R 与平面 P 的交线 CⅢ($c3$,$c'3'$)，作图过程已在图中用箭头标示，这两条交线的交点 K(k,k')即为平面 P,Q 的一个公有点。

选择水平面 S 作为第二个辅助平面，用同样的方法，可以求出平面 P,Q 的另一个公

有点 $L(l,l')$。连接点 K 和点 L 的同名投影，即得到 P,Q 两平面交线的正面投影 $k'l'$ 和水平投影是 kl。

求两平面交线的问题，本质上是求出两平面的两个公有点或一个公有点及交线方向，只要掌握这一原则，就可以用多种方法求出交线。当两个平面由封闭的几何图形表示时，求出交线后，从工程应用意义考虑，还应判断出两平面的遮挡情况，即在投影图中表示出平面投影的可见性，具体做法见例 5-6。

5.2.2 直线与平面相交

当直线与平面不平行时，必然相交于一点，该交点是直线与平面的公有点。求直线与平面的交点时，首先要判断直线与平面的相对位置，针对不同的相对位置关系，采用不同的解决方案。

1. 平面或直线处于特殊位置

当平面是投影面平行面或垂直面时，可以利用平面的积聚性，直接从投影图上确定出交点的位置。例如，在图 5-7 中，K 点和 L 点就是直线 AC,AB 与正垂面 DEF 的交点。

当直线是投影面的垂直线时，可以利用直线的积聚性，简便地求出交点的投影。例如，在图 5-10 中，直线 EF 是铅垂线，其水平投影积聚性成一点 $e \equiv f$。因此，直线 EF 与三角形 ABC 的交点 K 的水平投影 k 必然与该点重合，即 $e \equiv f \equiv k$。K 点的正面投影 k' 可以利用面上找点的方法求出。设 AD 是平面 ABC 上经过 K 点的一条直线，过 K 点的水平投影 k 作一辅助线 ad，找出直线 AD 的正面投影 $a'd'$，$a'd'$ 与 $e'f'$ 的交点即为交点 K 的正面投影 k'。

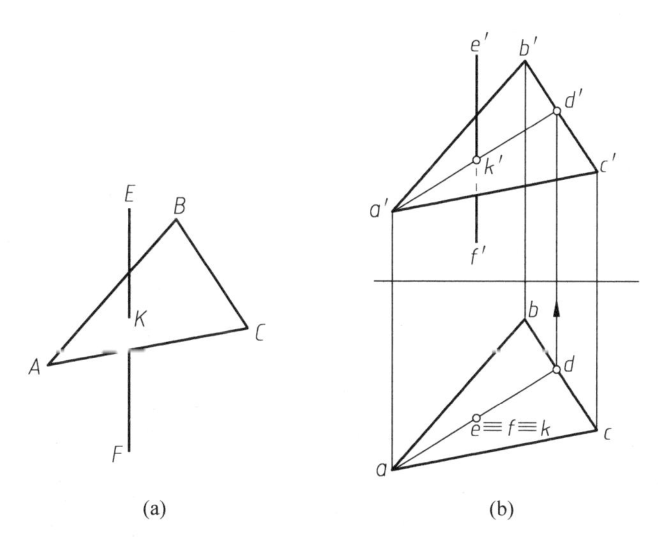

图 5-10 投影面垂直线与一般位置平面相交

2. 平面和直线都处于一般位置

当平面和直线都处于一般位置时，需要用辅助平面法求交点，其原理如图5-11所示。EF为一般位置直线，ABC为一般位置平面，包含直线EF作一辅助平面R，则R平面与平面ABC必有一条交线MN，MN是平面R与平面ABC的公有线，因此，EF与MN的交点K就是EF与平面ABC的公有点，即点K为直线EF和平面ABC的交点。

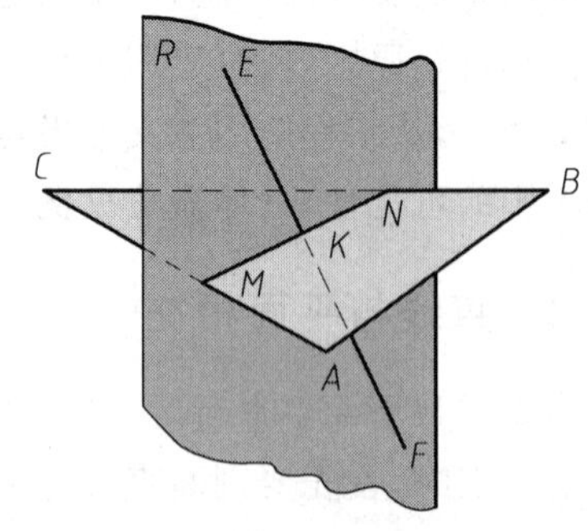

图5-11　辅助平面法求直线与平面交点的原理

综上所述，可以归纳出求一般位置直线与一般位置平面交点的作图步骤：

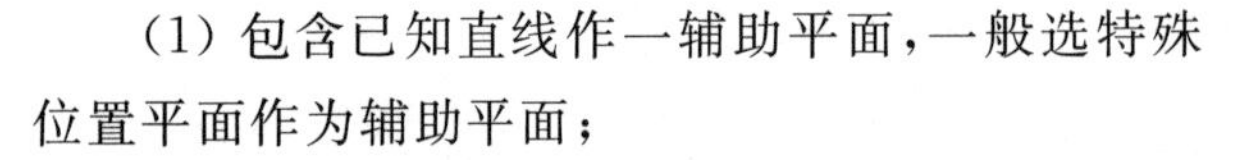

(1) 包含已知直线作一辅助平面，一般选特殊位置平面作为辅助平面；

(2) 利用辅助平面的积聚性，求出它与已知平面的交线；

(3) 求出此交线与已知直线的交点，该点即为已知直线与平面的交点。

例5-5　已知EF为一般位置直线，ABC为三角形表示的一般位置平面，如图5-12(a)所示。求直线EF与$\triangle ABC$的交点K，并判断可见性。

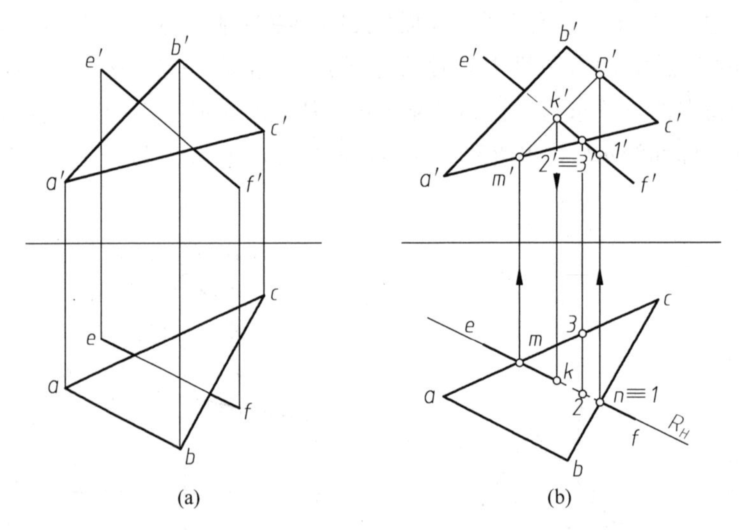

图5-12　求一般位置直线与一般位置平面的交点

解：如图5-12(b)所示，采用辅助平面法求解，作图过程如下：

(1) 包含已知直线EF作辅助平面R，R为铅垂面，其水平迹线为R_H，R_H与ef重合。

(2) 求铅垂面R与三角形ABC的交线MN。交线MN的水平投影mn与R_H重合，其端点m，n是R与直线AC，BC交点的水平投影，由此可求出交线MN的正面投影$m'n'$。

(3) 求交线MN与直线EF的交点K。该交点的正面投影为k'，根据投影关系，可直接在ef上求出水平投影k。

(4) 利用“重影点”判断直线 EF 的可见性。先判断水平投影的可见性。只有线段 ef 与三角形 abc 相互重叠的部分才存在可见性的问题，交点 k 是可见与不可见的分界点。选取直线 BC 和 EF 在水平投影面上的重影点 $n\equiv1$ 来判断，其中，N 点在 BC 上，Ⅰ点在 EF 上，$n\equiv1$ 是点 N 和点Ⅰ的水平投影，找出它们的正面投影 n' 和 $1'$，可以看出点 N 在点Ⅰ的上方，即在水平投影 $n\equiv1$ 处，平面上的直线 BC 位于直线 EF 上方，所以，ef 在交点 k 的右边部分 $k1$ 段是不可见的，在作图时用虚线表示，也可以不画出来，点 k 的左边部分是可见的，用实线表示。

用同样的方法，在正面投影上，利用重影点 $2'\equiv3'$，可以判断出直线 EF 正面投影的可见性，如图 5-12(b)所示。

在求解两个一般位置平面的交线时，除辅助平面法之外，也可利用上述方法，求出一个平面内任意直线与另一个平面的交点(可以形象地称之为穿点)，该交点就是原来两个平面的公有点，用同样的方法求出两个公有点(即两个穿点)，并将其连接即得所求交线，这种方法也叫穿点法。

在实际解题时，可以求一个平面上的两条直线与另一平面的两个穿点，也可以在两个平面上各选取一条直线，分别求出它们与另外平面的穿点。

例 5-6 如图 5-13(a)所示，$\triangle ABC$ 和 $\triangle DEF$ 是两个一般位置平面，求它们的交线，并判断可见性。

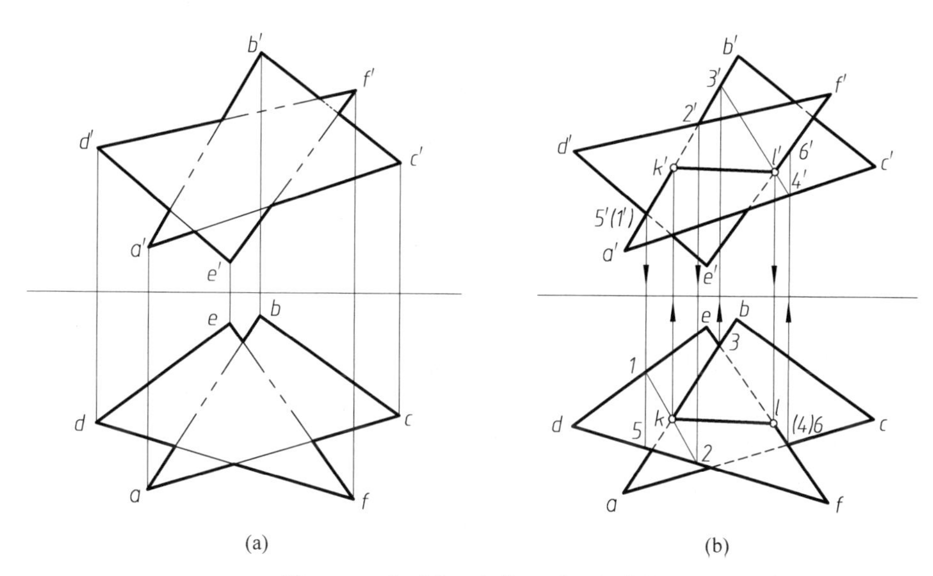

图 5-13 求两个一般位置平面的交点

解：本题利用穿点法求解，如图 5-13(b)所示，简要作图过程如下：

(1) 求出$\triangle ABC$ 上的直线 AB 与$\triangle DEF$ 的穿点 K。

(2) 求出$\triangle DEF$ 上的直线 EF 与$\triangle ABC$ 的穿点 L。

(3) 连接 KL，KL 即为交线。

(4) 判断可见性。读者可以参考例 5-5 的方法尝试自行求解，并将判断的结果与图 5-13(b)中的答案对比。

5.3 垂直问题

5.3.1 两直线所成角度的投影

讨论两直线所成角度的投影问题，重点是为了研究直角的投影在什么条件下仍为直角。

1. 任意角的投影特性

当任意角（锐角、钝角或直角）的两边都平行于某一投影面时，它在该投影面上的投影反映该角的真实大小；当一任意角的两边都不平行于某一投影面时，一般情况下它的投影不反映该角的真实大小。此时，需要用几何作图的方法确定出该角的真实大小。

2. 直角的投影特性

如果直角中有一边平行于某一投影面，则它在该投影面上的投影仍为直角（图5-14(a)）；反之，如果直角的投影仍是直角，则被投影的角至少有一边平行于该投影面（图5-14(b)）。证明从略。

由于图5-14(b)中的 BC 和图5-14(c)中的 DE 都是投影面平行线，利用上述结论可以判断，$\angle ABC$ 和 $\angle DEF$ 都是直角。

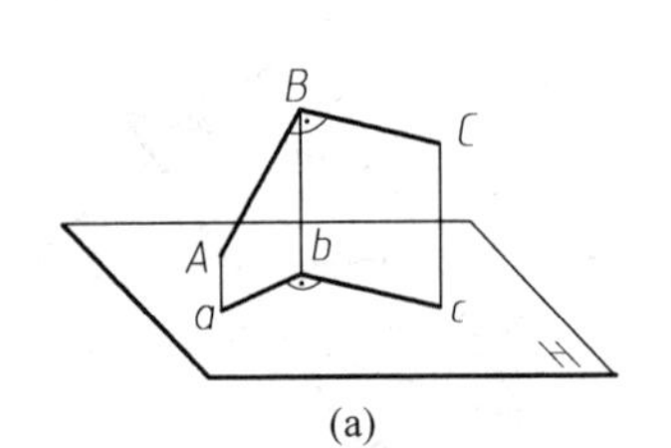

(a)

(b)

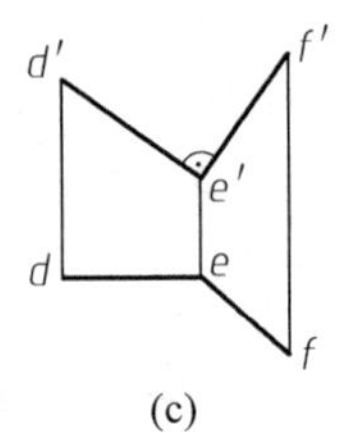

(c)

图5-14　直角的投影特性

因为两条交叉直线的夹角等于过空间任意一点所引这两条交叉直线的平行线所成的夹角，所以，上述投影特性对两条交叉直线也适用。在图5-15中，直线 CD 是水平线，水平投影 ab 垂直于 cd，所以，直线 AB 和直线 CD 垂直交叉。

综上所述，在相互垂直的两条直线（相交的或交叉的）中，至少有一条平行于投影面时，这两条直线在该投影面上的投影才相互垂直。

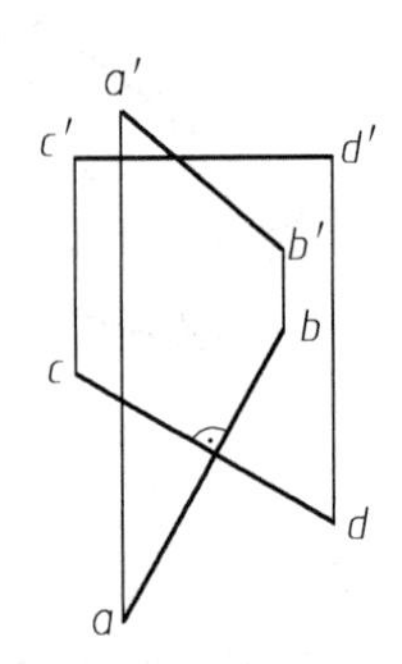

图5-15　两条垂直交叉的直线的投影

5.3.2 直线与平面相互垂直

研究直线与平面垂直问题的几何学原理为：如果一条直线垂直于平面上的两条相交直线，则一定垂直于该平面；如果一条直线垂直于一个平面，它必定垂直于平面上的所有直线，其中包括平面上的投影面平行线。

将上述原理应用到投影图上，同时，利用直角的投影特性，不难证明如下定理。

定理：若一条直线垂直于某一平面，则该直线的水平投影一定垂直于该平面上水平线的水平投影，该直线的正面投影一定垂直于该平面上正平线的正面投影；反之，如果一条直线的水平投影垂直于某一平面上水平线的水平投影，同时，它的正面投影垂直于该平面上正平线的正面投影，则该直线必定垂直于该平面。

由于平面的迹线 P_H，P_V 和 P_W 是平面上的水平线、正平线和侧平线，所以根据上述定理可以得出以下推论。

推论：若一条直线垂直于某一平面，则该直线在各投影面上的投影必定垂直于该平面的同名迹线。

根据上述定理和推论，可以在投影图上解决有关直线与平面垂直的作图问题。

例 5-7 过点 M 作直线垂直于△ABC 所确定的平面，如图 5-16 所示。

解：设所求的直线为 MN，直接应用前面的定理，MN 的正面投影一定垂直于△ABC 上正平线的正面投影，MN 的水平投影一定垂直于△ABC 上水平线的水平投影，据此可以确定出 MN 的方向。作图步骤如下：

(1) 在已知△ABC 平面上任意作一条正平线 AD 和一条水平线 CE；

(2) 在正投影面上，过 m' 作 $m'n' \perp a'd'$；

(3) 在水平投影面上，过 m 作 $mn \perp ce$。

直线 $MN(mn, m'n')$ 即为所求的与△ABC 垂直的直线。

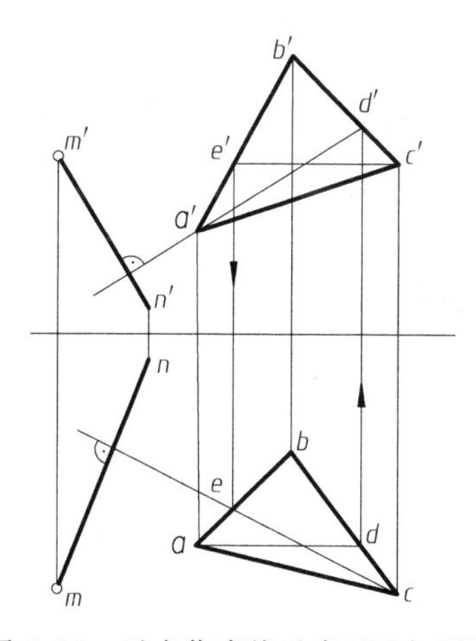

图 5-16 过点作直线垂直于已知平面

应该注意：辅助直线 AD 和 CE 是在平面上任意作出的正平线和水平线，在一般情况下，它们与所作的垂线 MN 是不相交的。如果要求垂线 MN 与平面 ABC 的交点(即垂足)，还必须用 5.2 节中的方法，通过作图求出。

例 5-8 过 N 点作直线 NK 垂直于平面 P，K 为垂足；过 M 点作直线 ML 垂直于平面 Q，L 为垂足。如图 5-17 所示。

解：平面 P 和平面 Q 均为迹线表示的平面，根据推论可知，垂线的正面投影必须垂直于平面的正面迹线，垂线 NK 的水平投影必然垂直于平面 P 的水平迹线。由于 P 和 Q 都是投影面的垂直面，所以垂线的垂足 K 和 L 也很容易求出，如图 5-17 所示。

例 5-9 如图 5-18 所示，过点 A 作一平面垂直于已知直线 MN。

解：由于两条相交直线就可以确定一个平面，所以只要过 A 点作出两条直线与 MN 垂直，则这两条直线所确定的平面即为所求。作图步骤如下：

(1) 过 A 点作正平线 AB，使 $a'b' \perp m'n'$；

(2) 过 A 点作水平线 AC，使 $ac \perp mn$。

则 AB 和 AC 两相交直线所确定的平面即为所求。

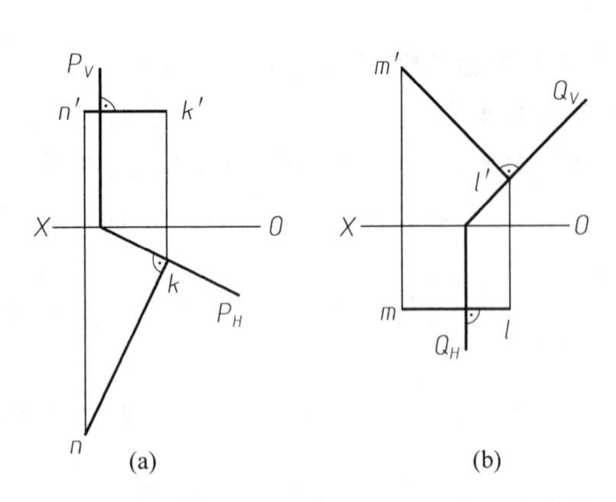

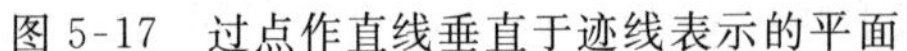

图 5-17 过点作直线垂直于迹线表示的平面

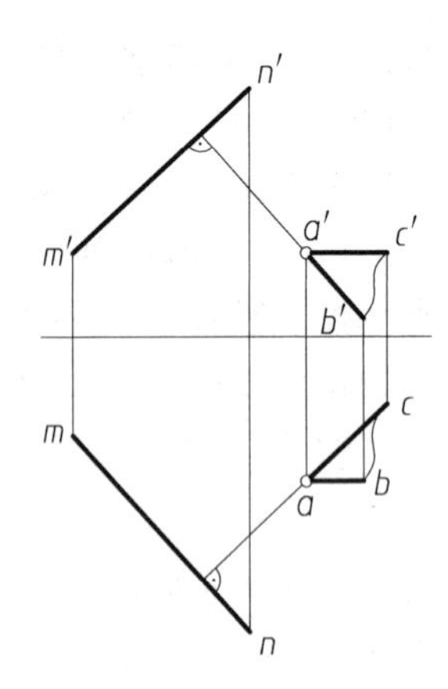

图 5-18 过点作平面垂直于已知直线

5.3.3 直线与直线相互垂直

对于两条相互垂直的直线，当其中一条直线平行于某一投影面时，它的投影特性问题已经在前面进行了讨论，在这里主要讨论两个一般位置直线的相互垂直问题，所依据的**几何学原理**是：如果一条直线垂直于某一平面，则它垂直于该平面上的所有直线。

例 5-10 已知 A 为任意一点，BC 为一般位置直线，如图 5-19(a)所示。要求通过 A 点作一直线与 BC 垂直，并求出垂足 K。

解：首先进行空间分析。所求直线一定位于过 A 点且垂直于直线 BC 的平面 Q 上，垂足 K 就是直线 BC 与平面 Q 的交点，如图 5-19(b)所示。作图步骤如下(见图 5-19(c))：

(1) 过 A 点作一平面 Q，使 Q 面垂直于直线 BC(Q 由相交直线 AD 和 AE 确定)。AD 为正平线，AE 为水平线，在作图时使 $a'd' \perp b'c'$ 及 $ae \perp bc$ 即可。

(2) 求出直线 BC 与平面 Q 的交点 K。过直线 BC 作辅助正垂面 R 可以求出交点 K，具体作图方法如图 5-19(c)所示。

(3) 连接 K 点和 A 点，AK 即为所求垂线，K 为垂足。

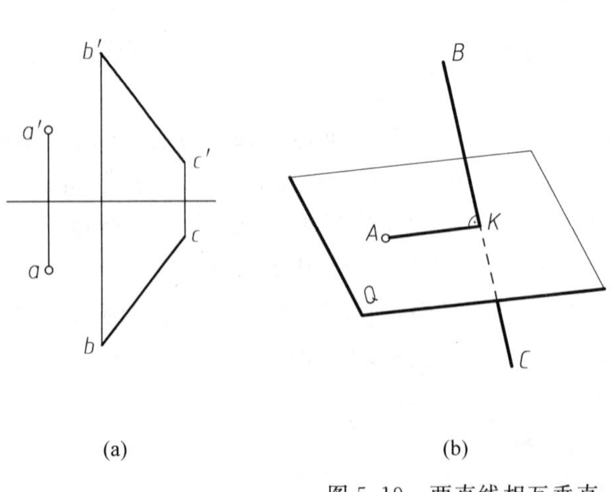

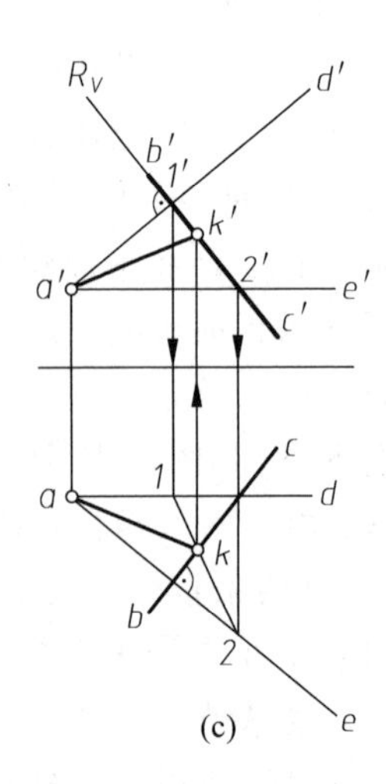

图 5-19 两直线相互垂直

5.3.4 平面与平面相互垂直

研究平面与平面相互垂直问题的几何学原理为：若一个平面通过另一平面的垂线，则这两个平面相互垂直。由此可以得出作与已知平面 P 垂直的平面 Q 的两种方法：

(1) 使平面 Q 经过垂直于平面 P 的一条直线，则平面 Q 垂直于平面 P。

(2) 使平面 Q 垂直于平面 P 上的一条直线，则平面 Q 垂直于平面 P。

下面讨论两个典型例题。

例 5-11 如图 5-20 所示，经过直线 MN 作一平面，使它垂直于三角形 ABC 所确定的平面。

解：首先进行空间分析。根据上述第一种方法，过直线 MN 上任一点 M 作一直线 MK，使 MK 垂直于$\triangle ABC$，则相交直线 MN 和 MK 所决定的平面即为所求。具体作图方法如下：

先在$\triangle ABC$ 上任作一水平线 A Ⅰ 和正平线 A Ⅱ，然后再过 M 点引 $mk \perp a1$ 和 $m'k' \perp a'2'$，则 $MK(mk, m'k')$ 必垂直于$\triangle ABC$。所以，MK 与 MN 所决定的平面即为所求。

例 5-12 如图 5-21 所示，过已知点 M，作一正垂面 Q，使它垂直于$\triangle ABC$ 所确定的一般位置平面。

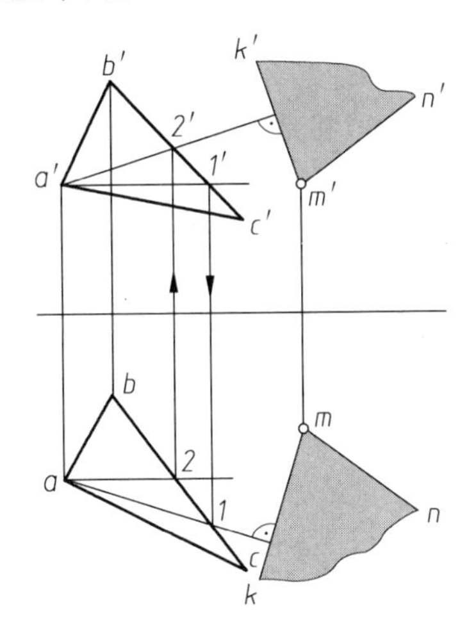

图 5-20 过一直线作已知平面的垂面

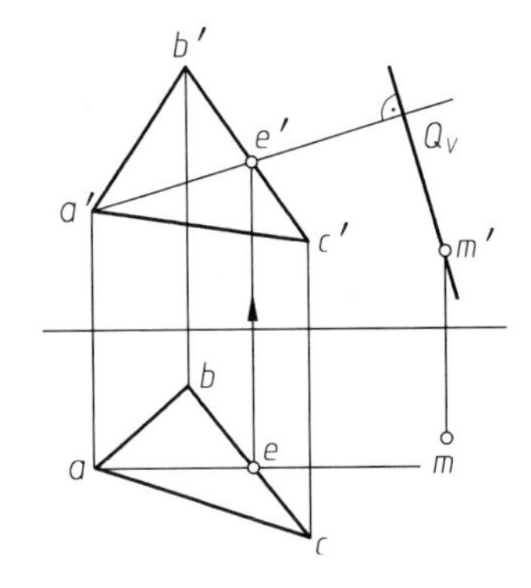

图 5-21 过一点作已知平面的垂面

解：首先进行空间分析，应用上述第二种方法。由于 Q 为正垂面，所以 Q 必定垂直于$\triangle ABC$ 上的某一条正平线。具体作图方法如下：

先在$\triangle ABC$ 上作一正平线 AE，再过 M 点作 $Q_V \perp a'e'$，则 Q_V 即为所求正垂面的正面迹线。

本题采用迹线 Q_V 表示所求的正垂面，使解题过程得到了简化。用何种方式表示一个平面，可以根据解题的具体需要来确定。对于本题，读者也可以尝试用两条相交于 M 点的直线表示所求的平面，先在$\triangle ABC$ 上作一正平线 AE，然后参考例 5-9 的方法即可完成求解。

5.4　平面上的最大斜度线

5.4.1　概念

平面对 H 投影面(或 V 投影面,或 W 投影面)的最大斜度线是平面上所有直线中与 H 面(或 V 面,或 W 面)成最大角度的直线。

平面上最大斜度线的物理意义是:若投影面为水平面(与地面平行),那么位于倾斜平面上的球或水珠沿着该斜面滚动下落时,所走过的最短直线轨迹就是该平面相对于水平面(H 面)的最大斜度线。相对于 V 面或 W 面的最大斜度线的物理意义与此类似。

5.4.2　投影特性

平面上的最大斜度线垂直于该平面上的投影面平行线。

如图5-22所示,平面 P 与水平面成倾斜位置。过 P 面上一点 A 引直线 AB 垂直于平面 P 上的水平线 MN,显然直线 AB 也垂直于平面 P 的水平迹线 P_H。设 AC 是平面 P 上的任意直线,不难证明,直线 AB 对 H 面的夹角比直线 AC 对面的夹角大,即 $\alpha > \alpha_1$。所以,平面 P 上垂直于该平面的水平线的所有直线,都是对水平投影面的最大斜度线。

以此类推,平面上垂直于该平面的正平线的所有直线,都是对正面投影面的最大斜度线。

此外,从图5-22中不难看出,P 平面上对 H 面的最大斜度线 AB 与 H 面所成角度 α,就是 P 平面与 H 面所成二面角的大小。因此,利用最大斜度线可以测定平面对各投影面的夹角大小。

例5-13　在图5-23中,平面由△ABC 确定,试过 B 点在此平面上作对 H 面的最大斜度线。

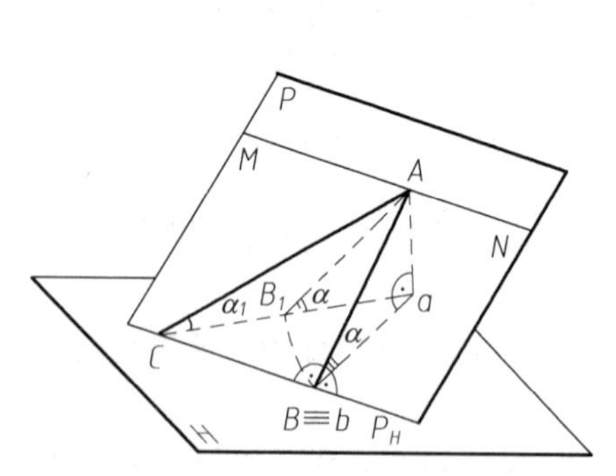

图5-22　平面上对 H 面的最大斜度线

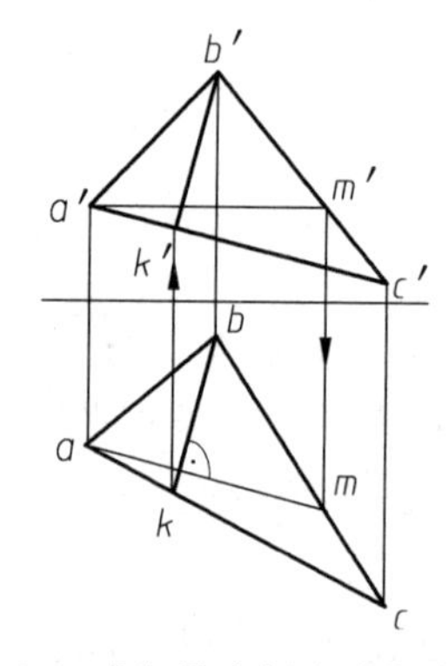

图5-23　求解最大斜度线作图方法

解:因为一个平面上对 H 面的最大斜度线垂直于该平面上的水平线,所以先在平面 ABC 上任作一水平线 AM,根据直角投影特性,过 b 点作直线 $bk \perp am$,即得所求最大斜度线 BK 的水平投影 bk,利用投影作图,可以作出 BK 的正面投影 $b'k'$。

如果要确定△ABC 对 H 面夹角的真实大小，只要求出最大斜度线 BK 对 H 面的夹角 α 的实大即可（读者可以参考 4.2 节的相关内容自行求解）。

5.5 综合问题解题方法分析

点、线、面等几何元素的投影及其相对位置关系的投影等问题具有很强的工程应用背景。在学习这部分知识时，要注意与工程实际相结合，逐步培养从复杂实际问题中抽取出有效的几何模型的能力。

工程实际问题一般都较为复杂，综合性强，常常需要抽象为几何元素，以利于求解它们相互间的空间几何关系问题，如距离、角度、轨迹、实际形状及尺寸等。解决这类综合性问题需要有良好的空间分析能力和创新思维能力，首先从空间分析入手，把复杂的综合实际问题抽取成简洁的几何表示，然后确定出空间问题的解决方案和步骤，最后，利用所学到的投影方法，在投影图上逐步做出解答。

这类综合性问题常常有多个约束条件，直接构思出解决方法有一定的困难。**轨迹法**是一种有效的方法，即将所有约束条件分解，分别确定出满足这些约束条件的解决方法和步骤，满足每一种约束条件的解答的集合构成一个轨迹，这些轨迹的交集即为所求的结果。

下面分析两个典型的综合性例题。

例 5-14 如图 5-24(a)所示，过 K 点作直线 KL 与△ABC 平行，并与直线 EF 相交。

解：首先进行空间分析。本题有两个约束条件：第一个是“过 K 点作直线 KL 与△ABC 平行”，满足该条件的直线有无数条，其集合构成一个平行于△ABC 的平面 P；第二个约束条件是“过 K 点作直线 KL 与直线 EF 相交”，满足该条件的直线也有无数条，其集合是 K 点与直线 EF 所确定的平面。所求直线 KL 是上述两个集合的交集，即 KL 既与 EF 相交又在 P 平面上。设点 L 是直线 EF 与平面 P 的交点，那么，直线 KL 即为所求。作图方法如下：

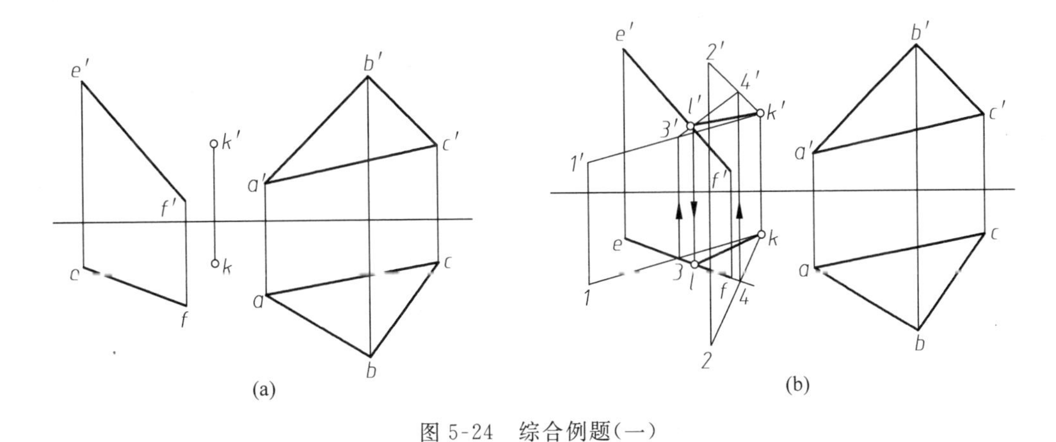

图 5-24 综合例题（一）

(1) 如图 5-24(b)所示，过 K 点作一平行于△ABC 的平面（KⅠ×KⅡ）。

(2) 求出直线 EF 与所作平面（KⅠ×KⅡ）的交点 L（详细过程见图 5-24(b)）。

(3) 连 KL,直线 KL 即为所求。

例 5-15 如图 5-25(a)所示,直线 AB 与 CD 是两条交叉直线,求它们之间的最短距离。

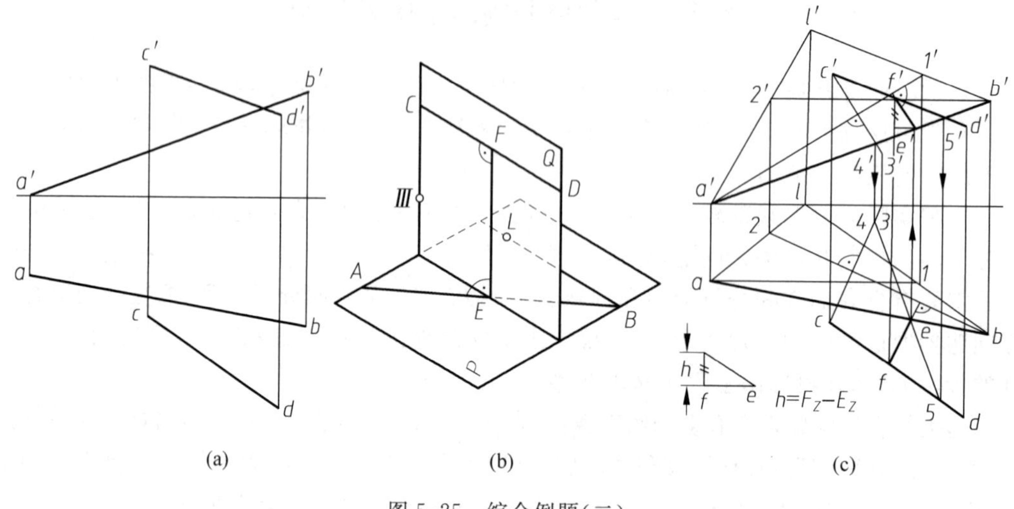

(a) (b) (c)

图 5-25 综合例题(二)

解:本题只给出空间分析过程,具体作图过程由图 5-25(c)表示,在此不再详细叙述。

(1) 两交叉直线间的最短距离是它们的公垂线的实长,如图 5-25(b)所示,EF 是公垂线,即 $EF \perp AB$,$EF \perp CD$。

(2) 包含直线 AB 作与另一直线 CD 平行的平面 P,在图 5-25(c)中平面 P 以 $\triangle ABL$ 表示。那么,垂直于平面 P 的直线必定同时垂直于 AB 及 CD。

(3) 垂直于平面 P 的直线有无数条,但所求直线必须同时与 CD 相交,所以,包含直线 CD 作平面 Q 垂直于平面 P。在图 5-25(c)中平面 Q 以两相交线($CD \times C$Ⅲ)表示。求出平面 Q 与直线 AB 的交点 E。

(4) 过点 E 作直线 EF 垂直于平面 P 必与 CD 交于点 F,即公垂线。

(5) 用直角三角形法求出 EF 的实长,该实长就是两条交叉直线 AB 与 CD 之间的最短距离。

投影变换

6.1 概　　述

在工程实践中，有大量求解"实形"的问题，比如，求物体上某斜面的真实形状，求两斜面之间夹角的实际大小，求两平行斜管之间的实际距离，求空间力系的合力与分力，确定空间机构的极限位置和实际尺寸等。解决此类问题时，常常将实际物体抽象为点、线、面等几何元素的组合，然后，应用图解法求出所需结果。

由几何元素的投影特性可知，当它们对于投影面处于一般位置时，不能从投影上直接得到它们的真实形状、距离和角度。因此，常常需要将空间几何元素由一般位置变换成特殊位置，使它们的投影具有实形性和积聚性，使问题容易解决。

投影变换正是解决上述问题的有效方法，可以用投影变换的方法建立起新的投影体系，达到改变空间几何元素与投影面相对位置的目的，使空间几何问题的求解更为简捷便利。换面法和旋转法就是两种常用的投影变换方法。

6.2 换　面　法

换面法是一种常用的投影变换方法，其特点是：几何元素本身在空间的位置不动，用某一辅助投影面代替原有投影面，使几何元素对辅助投影面处于解题所需要的有利位置。

选择辅助投影面，应当遵循以下两个原则：

(1) 辅助投影面必须使空间物体处于最有利于解题的位置。

(2) 为了应用正投影原理，辅助投影面必须垂直于某一个原有的投影面，以构成一个相互垂直的两投影面新体系。

6.2.1 点的投影变换规律

点是最基本的几何元素，掌握点的变换规律是学习换面法的基础。

1. 点的一次变换

首先建立新投影面体系。如图 6-1(a)所示，相互垂直的两平面 V 与 H 构成了原投影面体系（标记为$\frac{V}{H}$），OX投影轴简记为X轴，A是空间一个点，其水平投影为a，正面投影为a'。

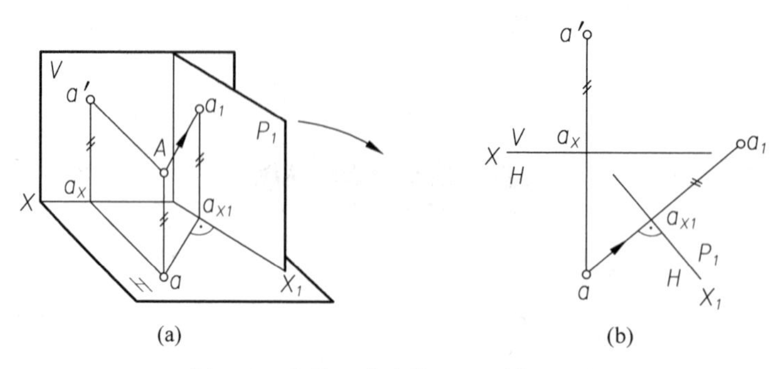

图6-1　点的一次变换——更换V面

在此讨论更换V面的方法。采用一个垂直于H面的辅助投影面P_1来代替V面，并使原有的H面保持不变，形成的新投影面体系为$\frac{P_1}{H}$，平面P_1与H面的交线X_1即为新的投影轴。过A点向平面P_1引垂线，定出A点的新投影a_1。这样就得到了在$\frac{P_1}{H}$新投影面体系中点A的两个投影a和a_1，它们代替了$\frac{V}{H}$体系中的投影a和a'。

下面讨论新旧投影之间的关系。当平面P_1按图6-1中箭头所示的方向绕X_1轴旋转到与H面重合时，A点的投影连线aa_1必定垂直于X_1轴。这与$aa' \perp X$轴的性质是一样的。由于新、旧两投影面体系具有同一个水平面H，所以A点到H面的距离保持不变，即$a_1a_{X_1}=a'a_X$。因此，可归纳成一般规律如下：

(1) 点的新投影和被保留的原投影的连线，必垂直于新投影轴。

(2) 点的新投影到新投影轴的距离等于被代替的投影到原投影轴的距离。

点的一次变换的作图方法如下：

(1) 如图6-1(b)所示，首先确定新投影轴X_1。

(2) 过a点向新投影轴X_1作垂线，并在垂线上量取$a_1a_{X1}=a'a_X$，所得的a_1点即为A点在$\frac{P_1}{H}$体系中的新投影。

如果用一个垂直于V面的平面P_1来代替H面，也可得到类似的结论(如图6-2所示)。这时，辅助投影面P_1与原有的V面构成一个新体系$\frac{V}{P_1}$，它们的交线X_1是新的投影轴。因为V面保持不变，所以A点到V面的距离也不改变，因此$b_1b_{X1}=bb_X$。在作图时，为了求出B点在P_1面上的新投影b_1，只要由b'向X_1轴作垂线，并在垂线上量取$b_1b_{X1}=bb_X$即可得到。

综上所述，在绘制点的新投影时，总是由该点的被保留的投影向新投影轴作垂线，并在垂线上确定新投影的位置，确定的依据是使“新投影到新投影轴的距离等于被代替的投影到原投影轴的距离”。

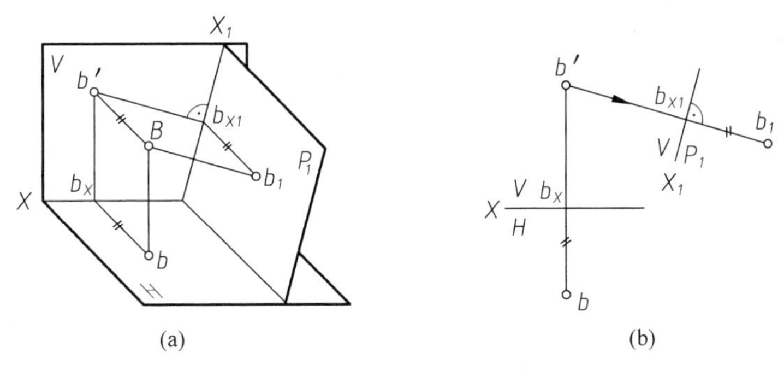

(a) (b)

图 6-2 点的一次变换——更换 H 面

2. 点的二次变换

在实际应用中，有时更换一次投影面还不能解决问题，必须连续两次更换投影面，甚至多次更换投影面。图 6-3 表示了两次更换投影面的情形。先把平面 V 换为平面 P_1（$P_1 \perp H$）得到一个中间体系$\dfrac{P_1}{H}$；然后再将平面 H 换为平面 P_2（$P_2 \perp P_1$），得到一个新体系$\dfrac{P_1}{P_2}$，它代替了原体系$\dfrac{V}{H}$。

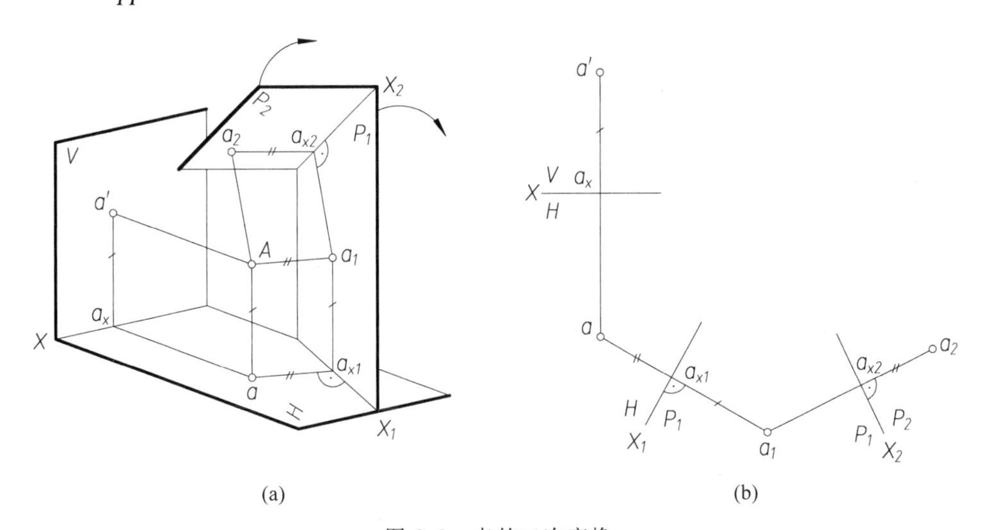

(a) (b)

图 6-3 点的二次变换

两次或多次换面时，作图方法与一次换面完全相同。但是要特别注意：在更换投影面时，因为辅助投影面对于不变的那个投影面必须保持垂直关系，所以只能按照顺序依次先更换一个投影面，然后再更换另一个，而不能一次同时更换两个投影面。当解题需要时，可以连续多次更换投影面。

6.2.2 换面法的 4 个基本问题

下面讨论换面法的 4 个基本问题，它们是运用换面法解决空间几何问题的基础，读者应该熟练掌握。

1. 把一般位置直线变成投影面平行线

问题：把一般位置直线 AB 变成投影面平行线。

首先进行空间分析。如图6-4(a)所示，取平面 P_1 代替 V 面，使 P_1 既平行于直线 AB，又垂直于 H 面，到 AB 在新体系$\dfrac{P_1}{H}$中就成为投影面平行线($AB /\!/ P_1$)。如果用正垂面来代替 H 面也同样可以解决这个问题。

投影作图步骤如下：

(1) 确定投影面 P_1 的水平投影，即新投影轴 X_1 的位置。

(2) 求出直线 AB 两端点的新投影 a_1 及 b_1。

(3) 连接 a_1b_1，即为所求直线的新投影。

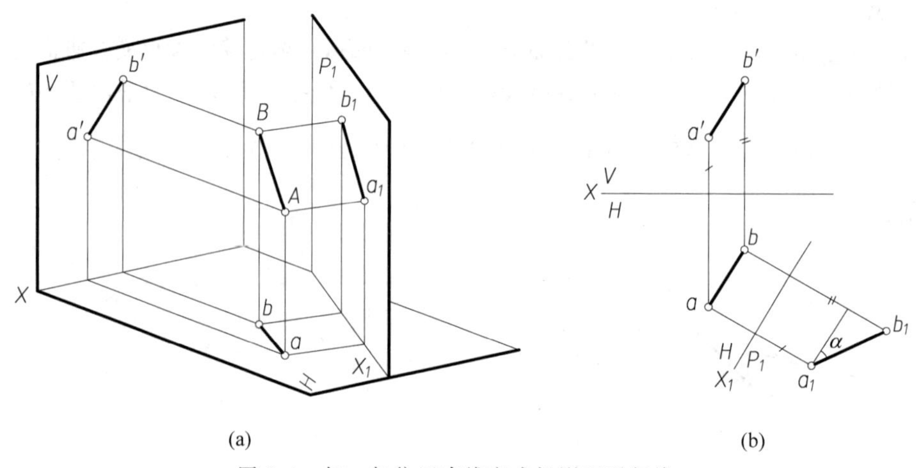

(a) (b)

图6-4 把一般位置直线变成投影面平行线

变换后得到以下结果：

(1) 直线 $AB(ab, a_1b_1)$变成辅助平面 P_1 的平行线。

(2) 投影 a_1b_1 反映直线 AB 的实长。

(3) a_1b_1 与 X_1 轴的夹角 α 等于直线 AB 与 H 面夹角的实际大小。

2. 把一般位置直线变成投影面垂直线

问题：把一般位置直线 AB 变成投影面垂直线。

首先进行空间分析。从图6-5(a)中可以看出，要把一般位置直线 AB 变成投影面垂直线，只更换一次投影面是不可能的。因为假如直接取一平面垂直于一般位置直线 AB，那么这个平面一定是一般位置平面，它与 V 面或 H 面都不垂直，不能与原有投影面中的任何一个构成相互垂直的新投影面体系。因此，必须更换两次投影面：首先把该直线变成投影面平行线，然后再把它变成投影面垂直线。

图6-5(a)表明了更换投影面的空间过程，先把 V 面换为 P_1 面($P_1 \perp H$，且 $P_1 /\!/ AB$)，使直线 AB 在$\dfrac{P_1}{H}$体系中成为投影面平行线；然后再把 H 面换为 P_2 面($P_2 \perp P_1$，且 $P_2 \perp AB$)，使直线 AB 在$\dfrac{P_1}{P_2}$体系中变成投影面垂直线。

投影作图步骤如下：

(1) 如图 6-5(b)所示，先参照前面所述的方法把一般位置直线 AB 变成投影面平行线，作出直线 AB 在平面 P_1 上的投影 a_1b_1，此时新轴 $X_1 /\!/ ab$。

(2) 确定新轴 X_2，使 $X_2 \perp a_1b_1$，作出直线 AB 在平面 P_2 上的投影 $a_2 \equiv b_2$。

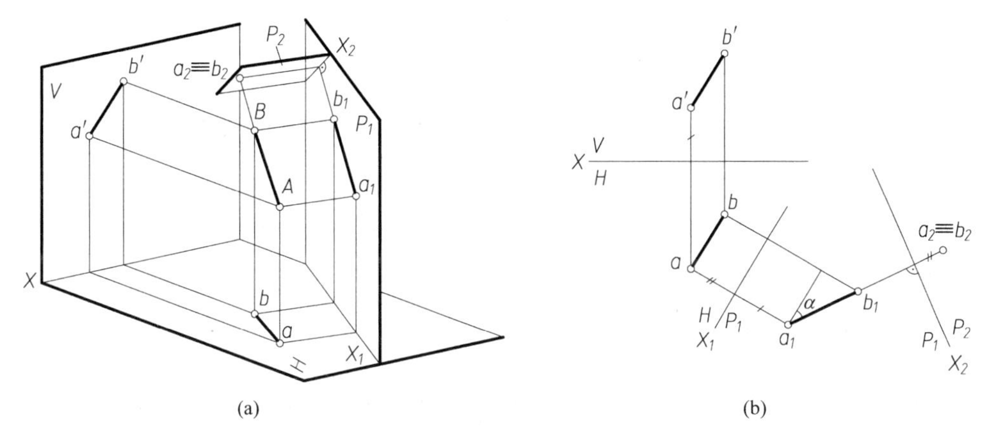

图 6-5 把一般位置直线变成投影面垂直线

变换后得到以下结果：

(1) 直线 $AB(a_1b_1, a_2b_2)$ 在新体系 $\dfrac{P_1}{P_2}$ 中变成辅助平面 P_2 的垂直线。

(2) 直线上的所有点在辅助平面 P_2 上的投影积聚成为一点 $a_2 \equiv b_2$。

3. 把一般位置平面变成投影面垂直面

问题：把 $\triangle ABC$ 表示的一般位置平面变成投影面垂直面。

首先进行空间分析。如图 6-6 所示，要将 $\triangle ABC$ 变成投影面垂直面，必须作一辅助投影面与它垂直。根据两平面相互垂直的关系可知，辅助投影面必须垂直于 $\triangle ABC$ 内的某一条直线。因为要把一般位置直线在新体系中变成投影面垂直线必须变换两次，而把投影面平行线变为投影面垂直线只需变换一次。所以为了简化作图，可先在 $\triangle ABC$ 内任取一投影面平行线，例如水平线 AD，然后再作平面 P_1 垂直于这条水平线，则 P_1 面也一定垂直于 H 面。

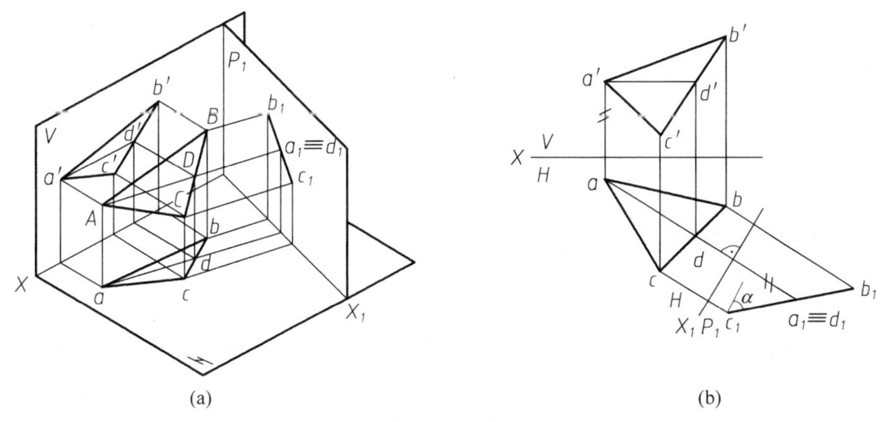

图 6-6 把一般位置平面变成投影面垂直面

投影作图步骤如下：

(1) 在△ABC内作一水平线$AD(ad,a'd')$。

(2) 作$X_1 \perp ad$，确定轴X_1的位置。

(3) 找出A,B,C各点在P_1面上的投影a_1,b_1,c_1，连接$a_1b_1c_1$即可得到△ABC具有积聚性的新投影。

变换后得到以下结果：

(1) △$ABC(abc,a_1b_1c_1)$在新体系$\dfrac{P_1}{H}$中变成辅助平面P_1的垂直面。

(2) 新投影$a_1b_1c_1$与X_1轴的夹角α，反映该平面与H面夹角的真实大小。

本题如果选取△ABC内的正平线作辅助线，并将其变成投影面垂直线，也可以达到把△ABC变成投影面垂直面的目的。

4. 把一般位置平面变成投影面平行面

问题：把△ABC表示的一般位置平面变成投影面平行面。

首先进行空间分析。要把一般位置平面在新体系中变成投影面平行面，直接取一个辅助投影面与它平行是不可行的。需要经过两次换面：第一次换面是把一般位置平面变换成辅助投影面P_1的垂直面，在此基础上，再选取一个辅助投影面P_2，使它既垂直于投影面P_1又平行于△ABC。这样，△ABC在新体系$\dfrac{P_1}{P_2}$中就成为投影面P_2的平行面了。

投影作图步骤如下：

(1) 在图6-7中，第一次换面，先用前面的方法把△ABC表示的一般位置平面变成$\dfrac{P_1}{H}$体系中的投影面垂直面，△ABC在P_1面上的投影为$a_1b_1c_1$。

(2) 作X_2平行于$a_1b_1c_1$，确定第二次换面的投影轴X_2。

(3) 作出△ABC在P_2面上的投影$a_2b_2c_2$，即完成作图。

变换后得到以下结果：

(1) △$ABC(a_1b_1c_1,a_2b_2c_2)$变成了投影面P_2的平行面。

(2) △$a_2b_2c_2$反映△ABC的真实形状。

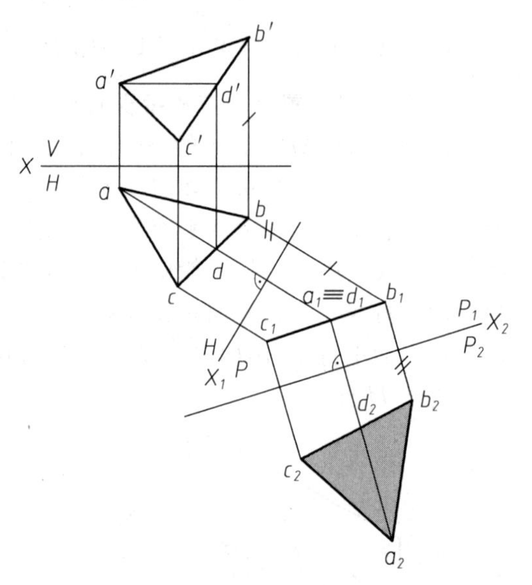

图6-7 把一般位置平面变成投影面平行面

6.2.3 换面法应用举例

例6-1 如图6-8所示，过M点作一直线与已知的一般位置直线AB垂直相交。

解：首先进行空间分析。根据直角的投影特性，当两相互垂直的直线中有一条平行于某一投影面时，它们在该投影面上的投影仍为直角。因此，可用确定本题的投影变换目

标是把直线 AB 变成新投影面体系$\frac{P_1}{H}$中的平行线，在该新投影体系中，可以由 M 点直接向直线 AB 作垂线，得到解答。

本题目应用了上述第一个基本问题的变换方法。在图 6-8 以 P_1 面代替 V 面，使 P_1 面既平行于直线 AB，又垂直于 H 面，作图过程如图 6-8 所示。

注意：必须将新投影体系中求出的垂足 k_1 点返回到原投影体系$\frac{V}{H}$中，求出 k 和 k'，并连接 mk 和 $m'k'$，求出垂线 MK 和垂足 K 在原投影体系$\frac{V}{H}$中的全部投影。

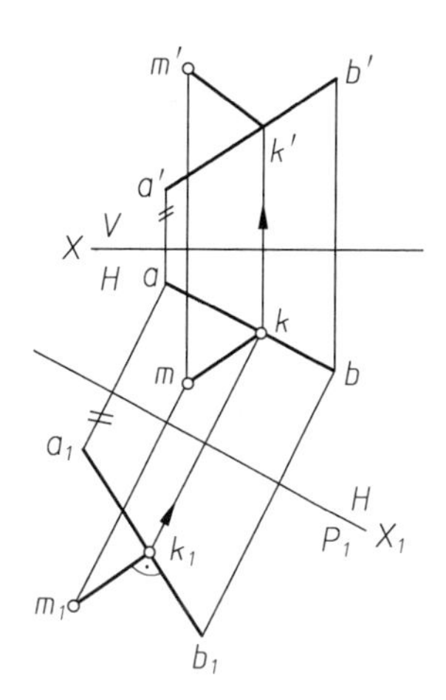

图 6-8 过 M 点作直线与 AB 垂直相交

本题也可以通过更换 H 面的方法得到解答，读者可以自己试作。

例 6-2 在图 6-9 中，AB 和 CD 是空间位置交叉的两根管子，试确定连接这两根管子所需要的最短管子的长度及其连接位置。

解：首先进行空间分析。管子 AB 和 CD 可以抽象为两条交叉直线，它们的公垂线就是最短连接管子。从图 6-12(b)中可见，如果平面 P_2 垂直于两交叉直线中的某一直线(例如 AB)，那么公垂线 KL 和 CD 之间的夹角在 P_2 面上的投影为直角，即 $k_2l_2 \perp c_2d_2$，并且经过点 $a_2 \equiv b_2$。

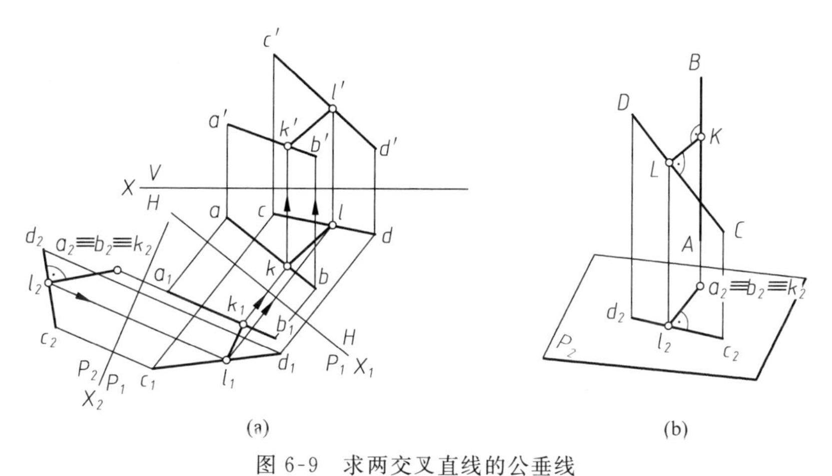

图 6-9 求两交叉直线的公垂线

作图方法如下：

(1) 第一次换面使直线 AB 在$\frac{P_1}{H}$体系中变成投影面 P_1 的平行线，第二次换面使直线 AB 在$\frac{P_1}{P_2}$体系中变成投影面 P_2 的垂直线，这时该直线在 P_2 面上的投影积聚成一点 $a_2 \equiv b_2$。

注意：在两次换面中，直线 CD 也必须与 AB 同步变换。

(2) 在 P_2 面上，过点 $a_2 \equiv b_2$ 作 $k_2l_2 \perp c_2d_2$，k_2l_2 即为所求公垂线的新投影，并且反映

实长(因为 KL 是 P_2 的投影面平行线)。

(3) 在$\dfrac{P_1}{P_2}$体系中,根据点 l_2 的投影,可以在 c_1d_1 上确定点 l_1。由于 KL 是 P_2 的投影面平行线,所以,k_1l_1 与 X_2 轴平行,过 l_1 作平行于 X_2 轴的直线,该直线与 a_1b_1 的交点即为公垂线另一个端点 K 在 P_1 投影面上的投影 k_1。

(4) 根据点 l_1 和 k_1 可直接确定出点 K 和点 L 在原投影体系$\dfrac{V}{H}$中的投影 k,l 及 k',l',分别连接点 K 和点 L 在各投影面上的投影,即为所求。

例 6-3 图 6-10 所示为一用钢板焊接成的加料斗,其下部由 4 个斜面组成。为了增强料斗接缝处的强度,在接缝(如 MN)外面用角铁包住后再进行焊接。求角铁需要弯成的角度 θ 大小。

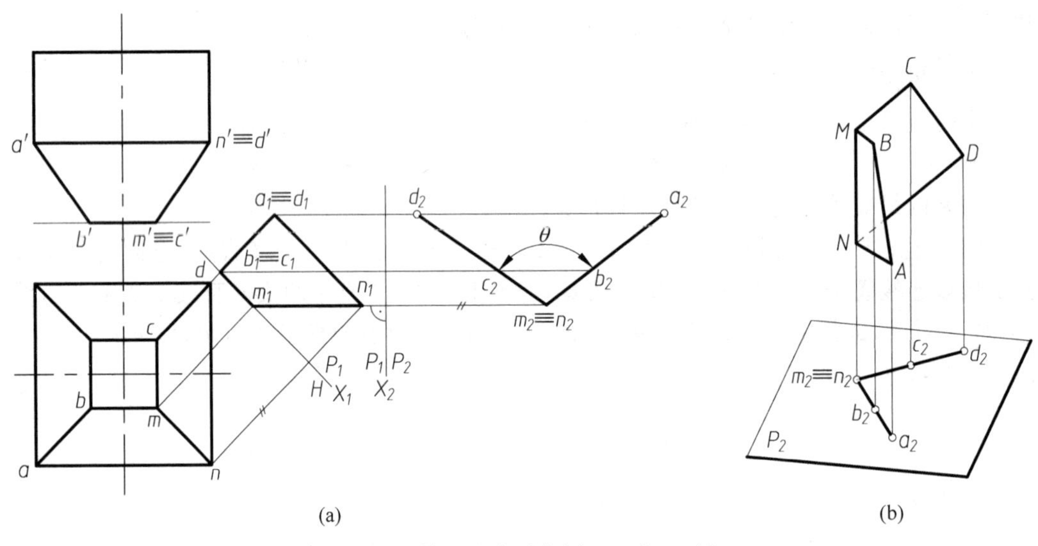

(a) (b)

图 6-10 换面法应用实例——求二面角

解:首先进行空间分析。本题的核心问题是求两个平面之间的夹角(即二面角)。

如图 6-10(b)所示,当两平面的交线 MN 垂直于某一平面 P_2 时,它们在该平面上的投影积聚成两条直线,这两条直线之间的夹角就等于所求两平面之间夹角的大小。

在本题中,因为斜面 $ABMN$ 及 $MNDC$ 的交线 MN 是一般位置直线,所以需要经过两次换面,使交线 MN 变成新投影面的垂直线。

作图方法如下:

先在$\dfrac{P_1}{H}$体系中将交线 MN 变为投影面平行线,再在$\dfrac{P_1}{P_2}$体系中将它变换成投影面垂直线,平面 $ABMN$ 及 $MNDC$ 也与交线同步变换。这时交线 MN 在 P_2 上的投影积聚成一点 $m_2 \equiv n_2$,而斜面 $ABMN$ 和斜面 $MNDC$ 积聚成两条直线,$\angle a_2n_2d_2$ 即为所求夹角 θ 的真实大小。

例 6-4 如图 6-11 所示,已知在正垂面 $EFGH$ 上有一圆,其圆心为 $O(o,o')$,直径为 d_0,求作圆 O 的水平投影。

解:首先进行空间分析。圆 O 的正面投影具有积聚性,利用已知直径的长度可以直接确定出来。圆 O 的水平投影是一个椭圆，首先根据已经作出的正面投影及已知直径的长度，可以直接确定出该椭圆长、短轴端点 A,B,C,D 的投影 a,b,c,d 点。然后利用更换一次投影面的方法，先在$\dfrac{P_1}{V}$体系中画出圆的实形，再把圆上的任意点 m_1,n_1 返回到$\dfrac{V}{H}$体系中去。重复同样的步骤，可以找多个中间点的水平投影，最后用光滑曲线连接起来，就可得到所求的椭圆了。在实际作图时，可以根据需要的作图精度，确定所作中间点数量的多少。

本题作图过程见图 6-11，在此不详细论述。

如果需要绘制一般位置平面上圆的投影(在 V 面和 H 面上都是椭圆)，可以进行两次换面：第一次先变换成投影面垂直面，然后利用例 6-4 的方法进行第二次换面，分别求出V 面和 H 面上的椭圆。

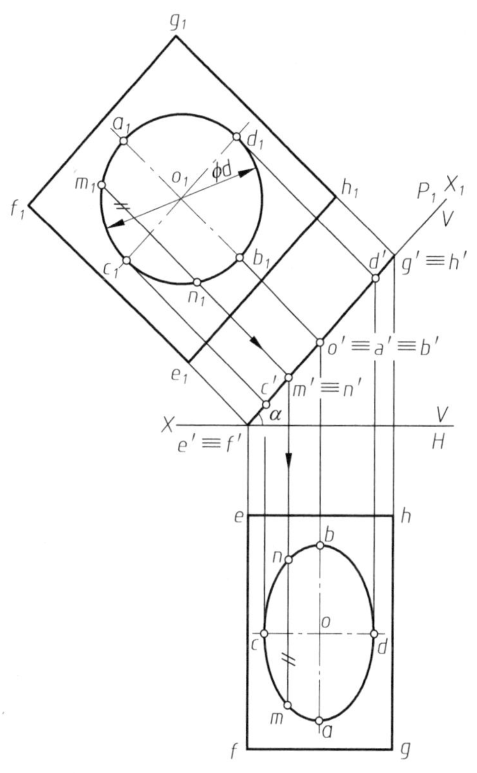

图 6-11 换面法应用实例——绘制圆的投影

利用换面法解决空间问题，常常可以将复杂问题的求解过程变得清晰。读者在学习过程中，要有意识地多运用换面法解决问题，可以在以前做过的关于点、线、面、几何元素间相对位置的习题中选取一些难度较大的题目，用换面法再解一遍，以体会与以前不同的思维方式。

学好用好换面法的关键有两点：第一，具有一定的空间思维能力，能够抓住问题的核心，确定出正确合理的换面目标，并确定出切实可行的解题方案和操作步骤；第二，有比较扎实的投影作图基础和能力，能够熟练地将空间解题步骤落实到投影图上，在投影图上正确地实现作图过程。

*6.3 旋 转 法

旋转法是另一种投影变换方法，其特点是：投影面保持不动，使物体绕某一轴线旋转到对投影面处于有利于解题的位置。

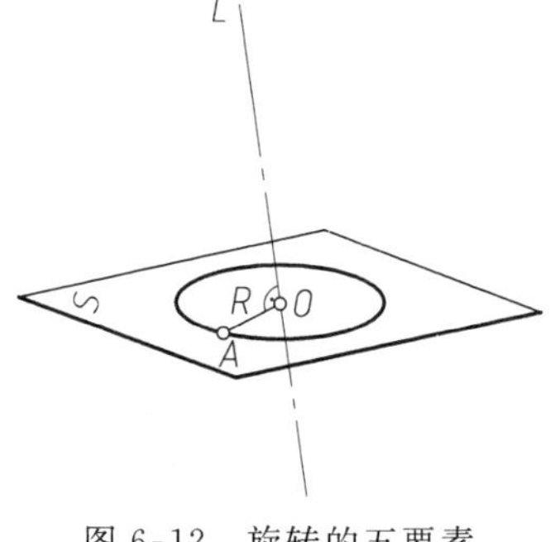

图 6-12 旋转的五要素

图 6-12 表示了旋转法的基本概念。当物体绕某一固定轴(旋转轴 L)旋转时，组成物体的各点(旋转点 A)，都各在一垂直于旋转轴的平面(旋转平面 S)内运动，每一点的运动轨迹都是圆。该圆的圆心就是旋转轴与旋转平面的交点(旋转中心 O)，而其半径等于旋转点到旋转中心的距离(旋转半径 R)。旋转点、旋转轴、旋转平面、旋转中心和旋转半径叫做旋转的五要素。在投影图上作图时，必须将它们分析清楚，才能保证作图的正确性。

根据旋转轴 L 相对于投影面位置的不同，可以将旋转法分为两种：

(1) 绕垂直轴旋转法(简称旋转法)——旋转轴 L 垂直于某一投影面。

(2) 绕水平轴旋转法——旋转轴 L 平行于某一投影面。

本书只讨论绕垂直轴旋转法，以下简称为旋转法。

在应用旋转法时，也常常将物体抽象为简单的点、线、面等几何元素的组合。因此，本节主要讨论点、线、面的旋转规律。

6.3.1 旋转法的基本规律

1. 点的旋转规律

图 6-13(a)表示 A 点绕垂直于 H 面的轴 L 旋转时，点的投影的变化规律。当 A 点绕轴 L 旋转时，其轨迹是以 O 为中心的圆，该圆所在的旋转平面 S 垂直于旋转轴 L。由于轴线 L 垂直于 H 面，所以平面 S 是一个水平面。因此，A 点的轨迹在 V 面上的投影为一条水平线，在 H 面上的投影反映实形，是一个以 o 为圆心、以 oa 为半径(等于旋转半径 OA)的圆。

如果 A 点转动 θ 角到 A_1 的位置，则在水平投影上将显示出 θ 角的真实大小，A 点的水平投影由 a 点转到 a_1 点位置。而其正面投影沿水平线移动，由 a' 移至 a'_1 的位置，如图 6-13(b)所示。

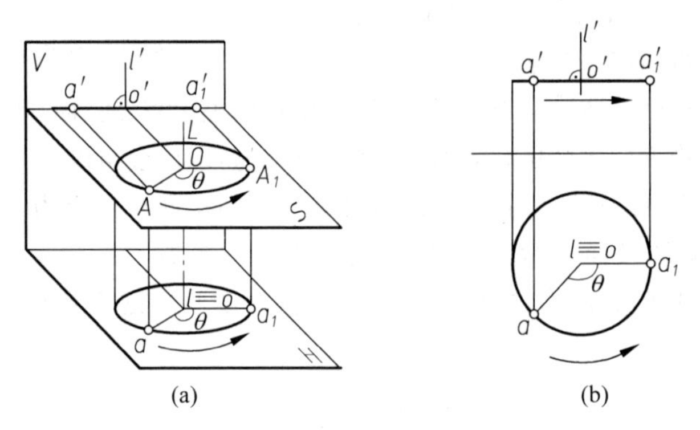

图 6-13 点绕垂直于 H 面的轴旋转

图 6-14 表示 A 点绕垂直于 V 面的轴 L 旋转的情形。由于 A 点的旋转平面 S 平行于 V 面，所以它的轨迹在 V 面上的投影反映实形，是一个圆；而在 H 面上的投影是一条与轴线垂直的直线。

综上所述，当一点绕垂直于某一投影面的轴旋转时，它的运动轨迹在该投影面上的投影为一圆，在另一投影面上的投影为一条垂直于旋转轴的直线。

2. 直线的旋转规律

由于两点确定一条直线，因此，在作图时只需将直线 AB 的两个端点 A 和 B 都绕同一轴线、按同一方向、旋转同一角度，就可得出该直线在旋转后的新投影(a_1b_1, $a'_1b'_1$)。图 6-15 表示了一般位置直线 AB(ab, $a'b'$)绕垂直于 H 面的轴 L 旋转 θ 角的情形。

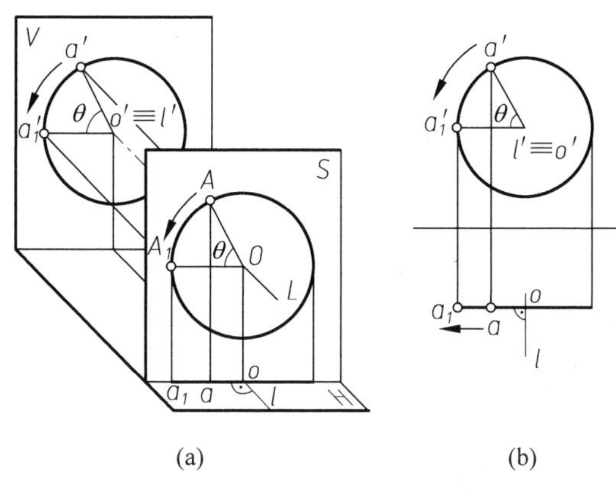

图 6-14 点绕垂直于 V 面的轴旋转

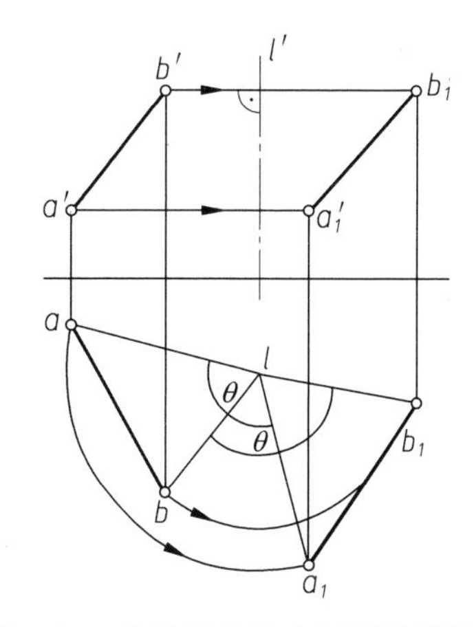

图 6-15 直线绕垂直于 H 面的轴旋转

分析图 6-15 的水平投影可知，在$\triangle abl$和$\triangle a_1b_1l$中，因为$al=a_1l$，$bl=b_1l$，$\angle alb=\angle a_1lb_1$，所以这两个三角形全等，即$ab=a_1b_1$。因此，当一线段绕垂直于 H 面的轴旋转时，其水平投影的长度不变。

同时，因为线段的水平投影长度和线段对 H 面的夹角α的关系为$ab=AB\cdot\cos\alpha$，而在旋转过程中 ab 的长度保持不变，所以$\cos\alpha$也保持不变。即当一线段绕垂直于 H 面的轴旋转时，它对 H 面的夹角α也保持不变。

读者可以自行分析当直线绕垂直于 V 面的轴 L 旋转时的情形。

综上所述，可以得到直线的旋转规律如下：

(1) 当一直线段绕垂直于 H 面的轴旋转时，其水平投影的长度和对 H 面的夹角α均保持不变。

(2) 当一直线段绕垂直于 V 面的轴旋转时，其正面投影的长度和对 V 面的夹角β均保持不变。

3. 平面图形的旋转规律

图 6-16 为一个$\triangle ABC(abc, a'b'c')$表示的平面图形绕垂直于 H 面的轴旋转θ角的情形。在作图时，只需将确定平面的 3 个点都绕同一轴、按同一方向、旋转同一角度θ，就可得出三角形在旋转后的新投影$(a_1b_1c_1, a_1'b_1'c_1')$。

分析图 6-16 的水平投影，根据直线的旋转性质得知，$\triangle abc$与$\triangle a_1b_1c_1$的对应边彼此相等，所以这两个三角形全等。

因此，平面图形的旋转规律为：当一平面图形绕垂直于某一投影面的轴旋转时，它在该投影面上的投影形状和大小不变。

将这个规律进行推广，也适用于任何物体的旋转情况，因此，可以得到几何形体的旋转规律：当一几何形体绕垂直于某一投影面的轴旋转时，它在该投影面上的投影形状和大小保持不变。

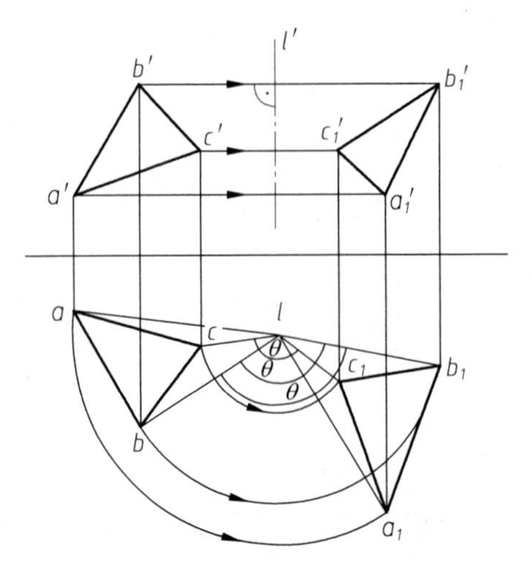

图 6-16 平面绕垂直于 H 面的轴旋转

6.3.2 旋转法的 4 个基本问题

下面讨论旋转法的 4 个基本问题，它们是运用旋转法解决空间几何问题的基础，读者应该熟练掌握。

1. 把一般位置直线旋转成投影面平行线

图 6-17 所示为将一般位置直线 $AB(ab,a'b')$旋转成正平线的情形。这时旋转轴 L 应当垂直于 H 面。因为如前所述，当一直线绕垂直于 V 面的轴旋转时，它和 V 面的夹角保持不变。而要使一般位置直线变成正面平行线，就必须改变它和 V 面的夹角，因此旋转轴 L 不能垂直于 V 面，而必须垂直于 H 面。

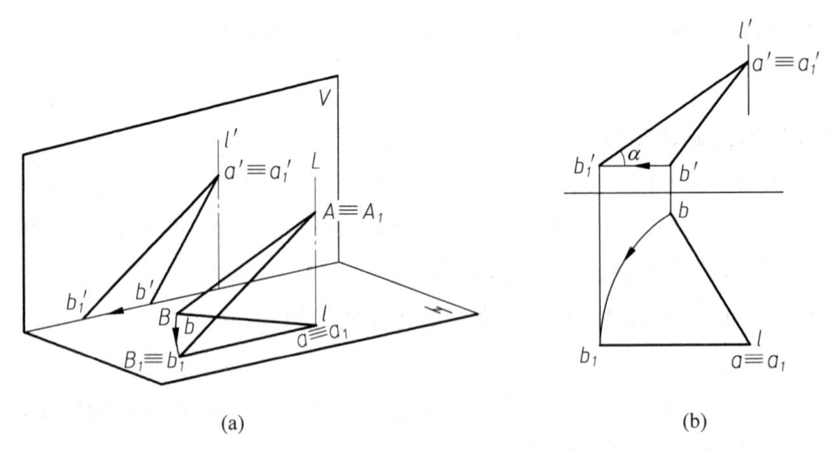

(a) (b)

图 6-17 把一般位置直线旋转成投影面平行线

为了使作图简化，选定旋转轴 L 通过 A 点。这样，A 点的位置保持不变，在作图时只需旋转 B 点就可以了。

当线段 AB 平行于正面时，它的水平投影应当是一水平位置的直线，据此可以确定 B 点的旋转角度。以点 $a\equiv l$ 为圆心，将 b 点转至 b_1 处，使 a_1b_1 成一水平线段，即为新的水平投影。再由 b_1 作垂直线，与过 b' 的水平线相交得到 b_1'。连接 $a_1'b_1'$ 即为所求新的正面投影。这时 $a_1'b_1'$ 等于直线 AB 的实长，$a_1'b_1'$ 与水平线所成的角度 α 等于直线 AB 与水平面夹角的真实大小。改变旋转方向，可以得到另一个答案，在图 6-17(b)中只给出了一个答案。

参照上述方法，可以将一般位置直线旋转成水平线或侧平线，读者可以自己分析。

2. 把一般位置直线旋转成投影面垂直线

要使一般位置直线变为投影面垂直线，必须改变它对两个投影面的夹角，因此，必须使该直线先后绕两条垂直于不同投影面的轴作两次旋转才能实现。

图 6-18 所示是将一般位置直线 $AB(ab,a'b')$ 旋转成铅垂线的情形。先将线段 AB 绕经过 A 点且垂直于 H 面的轴 L_1 旋转，将它转成正平线 A_1B_1；然后再使 A_1B_1 绕经过 B_1 点且垂直于 V 面的轴 L_2 作第二次旋转，将它转成铅垂线 A_2B_2。这时它的正面投影 $a_2'b_2'$ 成垂直位置，而它的水平投影 a_2b_2 重合为一点。作图过程见图 6-18。

参照上述方法，可以将一般位置直线旋转成正垂线或侧垂线，读者可以自己分析。

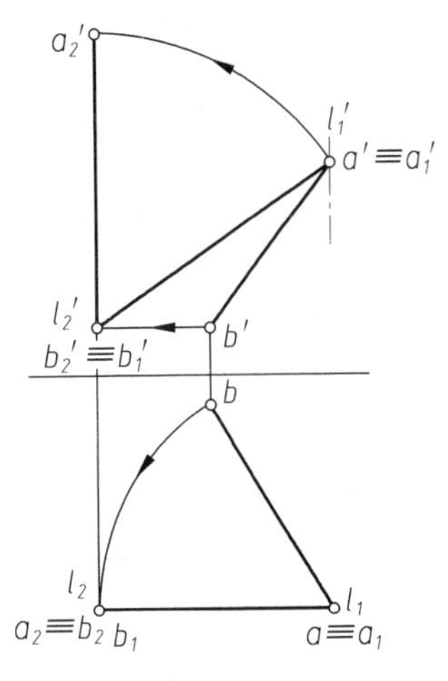

图 6-18 把一般位置直线旋转成投影面垂直线

3. 把一般位置平面旋转成投影面垂直面

当平面内有一条直线垂直于某投影面时，该平面必然垂直于这个投影面。但是，要使该平面上一般位置直线转成投影面垂直线，必须旋转两次。可是要将投影面平行线旋转成投影面垂直线，只要旋转一次就行了。因此，可以选取平面上的投影面平行线作为辅助线，只要旋转一次，就可使所作的辅助线变成投影面垂直线，这时平面也随之变成了投影面垂直面。

因此，把一般位置平面旋转成投影面垂直面的方法是：在平面上确定一条投影面平行线，经过一次旋转将其变成投影面垂直线，则该平面随之变成投影面垂直面。

图 6-19 表示了将一般位置的平面图形 $\triangle ABC(abc,a'b'c')$ 旋转成铅垂面的过程。

先在 $\triangle ABC$ 上引一正平线 $CK(ck,c'k')$，并使它绕通过 C 点且垂直于正面的轴旋转，将 $c'k'$ 旋转成铅垂位置；然后再按同一 θ 角，按同一方向旋转 A 点和 B 点，即得 $\triangle ABC$ 旋转后的新投影。

在旋转前后，三角形的正面投影的形状和大小是不变的，在作图时可以利用这一规律。按照对应边相等关系，先作出 $\triangle b_1'c_1'k_1'$ 全等于 $\triangle b'c'k'$；然后再取 $b_1'a_1'=b'a'$，即得三角形的新投影 $a_1'b_1'c_1'$。其相应的水平投影 $a_1b_1c_1$ 为一直线段。

参照上述方法，将一般位置平面旋转成正垂面或侧垂面时，应当选择什么样的辅助线？绕什么样的轴线旋转？读者可以自己分析。

4. 把一般位置平面旋转成投影面平行面

因为一般位置平面绕一个垂直于投影面的轴旋转一次不能同时改变平面对两个投影面的倾角。因此，要把一般位置平面旋转成投影面平行面，必须使它依次绕两条垂直于不同投影面的轴分别旋转两次。

图 6-20 所示是将一般位置平面图形△ABC(abc,$a'b'c'$)旋转成正平面的情形。

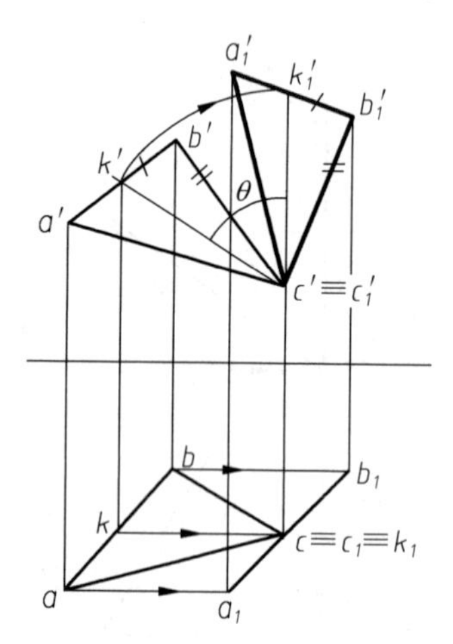

图 6-19 把一般位置平面旋转成投影面垂直面

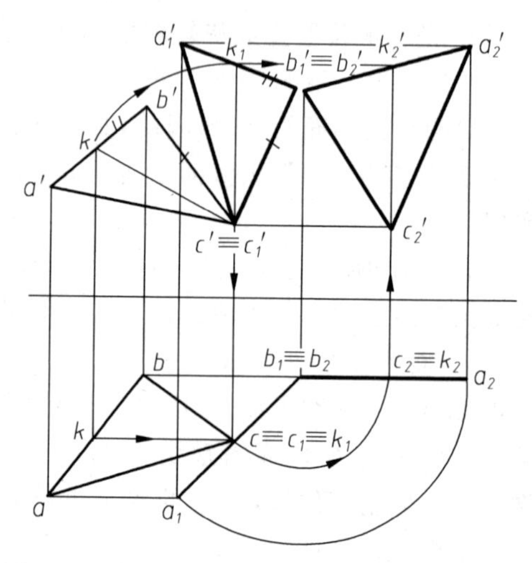

图 6-20 把一般位置平面旋转成投影面平行面

在图 6-20 中，先使△ABC 绕垂直于 V 面的轴旋转，旋转成铅垂面 $A_1B_1C_1$；然后再使它绕垂直于 H 面的轴旋转，旋转成正平面 $A_2B_2C_2$。

第一次旋转的作图方法同前。第二次旋转作图时，只需把铅垂面的水平投影 $a_1b_1c_1$ 旋转到水平位置 $a_2b_2c_2$，再据此找出相应的正面投影 $a_2'b_2'c_2'$ 即可。显然，这时△$a_2'b_2'c_2'$就是△ABC 的实形。

与此类似，将一般位置平面旋转成水平面和侧平面时，也需要使该平面依次绕两条垂直于不同投影面的轴线旋转两次：先将该平面转成投影面垂直面，再将它转成投影面平行面。读者可以自己分析。

6.3.3 不指明轴旋转法

当一个几何图形或物体绕垂直于投影面的轴旋转时，它在该投影面上的投影只改变位置，不改变形状和大小；而在另一个投影面上，所有各点的投影都沿着垂直于投影连续的直线运动。因此，在作图时可以不指明旋转轴的具体位置，而将某一图形旋转到任一预定位置。这种旋转方法的优点是能够避免图形重叠，图面比较清楚。

图 6-21 所示是用不指明轴旋转法求△ABC 的实形的作图过程。第一次旋转是将△$a'b'c'$转移到△$a_1'b_1'c_1'$的位置，使 $c_1'k_1'$ 成铅垂位置；第二次旋转是将线段 $a_1c_1b_1$ 转移到 $a_2b_2c_2$，使它成水平位置，所得结果与图 6-20 相同。

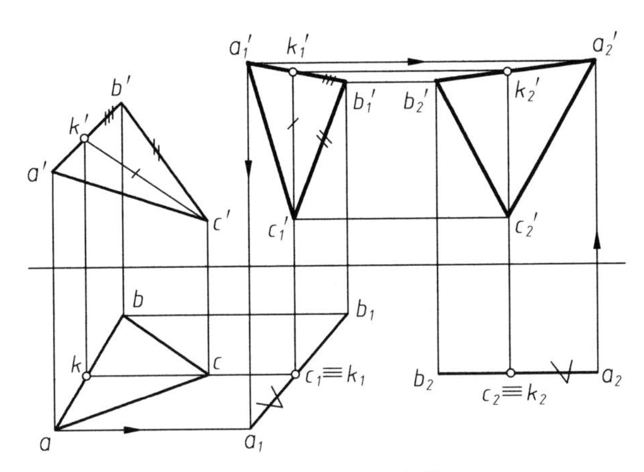

图 6-21 不指明轴旋转法

旋转法是一种很有特色的投影变换方法，在解决一些特殊问题时具有独特作用。在工程实践中，应该根据解决问题的需要，灵活选择合适的投影变换方法。面对复杂问题，将各种变换方法综合起来运用，常常可以达到更好的效果。

第 3 单元

体的构成及投影

在几何元素投影的基础上，本单元研究体的构成以及用投影表达空间形体的方法。从简单体入手，通过平面与体、体与体之间的相交、叠加、切割等多种方式，构成复杂的形体，并进一步讲解复杂形体的投影规律及三视图表达方法，培养学生的空间想象能力和形象思维能力，为学习后续课程打好投影基础。同时，本单元还讲解了轴测图和透视图的特点、用途及画法。

基本体的投影

在机械设计、加工和装配过程中，要大量地涉及三维形体。三维形体的正确表达，是绘制机械零部件工程图样的基础。几何形体的形态各异，但如果按照形体的复杂程度来划分，可以分为基本体和组合体。其中，基本体的形状比较简单，多为单一的几何形体，如棱柱、棱锥、圆柱体、圆锥体、球体、圆环等，许多三维造型软件都将常用的几种基本体作为系统预先定义的形体。组合体则可视为由若干基本体按照一定的方式组合而成的、比较复杂的形体。

如果按照形体表面的特点来划分，则可将基本体划分为平面体和曲面体。其中，平面体是指所有表面均为平面的形体，而曲面体则是指全部或部分表面为曲面的形体。如果曲面为回转面，又可称为回转体。

本章主要介绍三维形体的构成方式，以及基本平面体和基本回转体的投影作图方法。

7.1 三维形体的构成方式

常见的三维形体构成方式有拉伸、旋转、切割和布尔运算。

1. 拉伸

如果将二维图形沿着指定的路径拉伸一定的距离，就可以形成三维形体。路径可以是直线，也可以是曲线。在拉伸过程中，二维图形还可以按一定的比例收缩或放大。

图 7-1 为沿直线路径拉伸的情况，图 7-1(a)为待拉伸的圆和直线路径，图 7-1(b)为拉伸后形成的圆柱体，图 7-1(c)为圆按比例收缩拉伸形成的圆台。图 7-2 为沿曲线路径拉伸的情况，图 7-2(a)为待拉伸的圆和曲线路径，图 7-2(b)为沿曲线路径拉伸后形成的三维形体。有些三维造型软件也将这种沿曲线路径的拉伸称为扫掠。

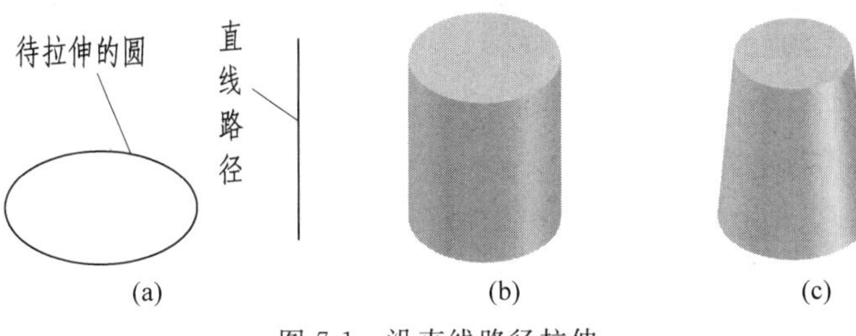

图 7-1　沿直线路径拉伸

2. 旋转

如果令二维图形绕着一根轴旋转一定的角度，也能够形成三维形体。例如，图7-3(b)为图7-3(a)中二维梯形绕轴线旋转360°后形成的带孔圆台。

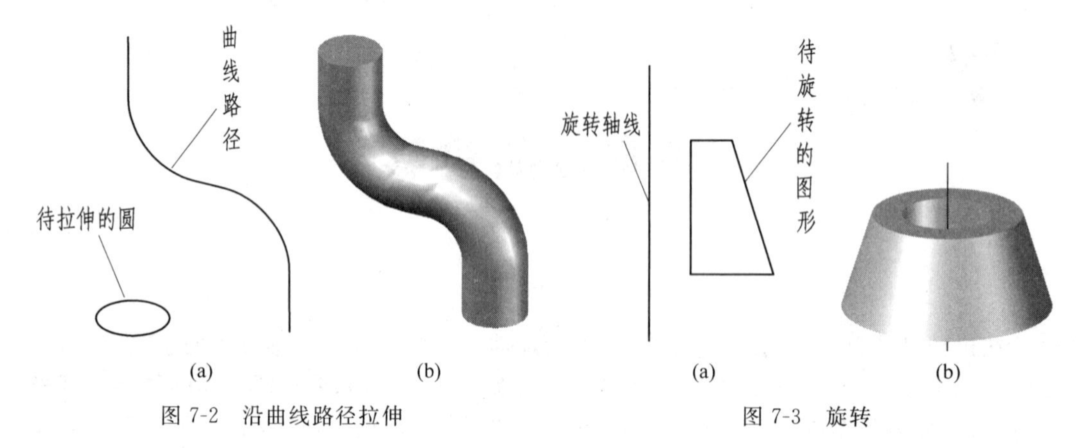

图7-2 沿曲线路径拉伸

图7-3 旋转

3. 切割

如果用一个或几个平面对已有的三维形体进行切割，就可以形成新的形体。图7-4为用平面将立方体的一角切割后形成的形体。

图7-4 切割

4. 布尔运算

所谓形体的布尔运算，是指对已有的若干个三维形体进行集合运算，包括“并”、“差”和“交”。可以通过布尔运算的方法构造出各种复杂的形体。

“并”运算指的是将两个或多个形体的所有部分合并在一起，从而形成一个新的形体。“差”运算是从一个形体中去掉另一些形体，从而创建新的形体。“交”运算则是取若干个形体的共同部分。图7-5(a)为进行布尔运算前互相穿插的立方体和圆柱体，图7-5(b)，(c)，(d)分别为进行并、交、差运算之后的形体。

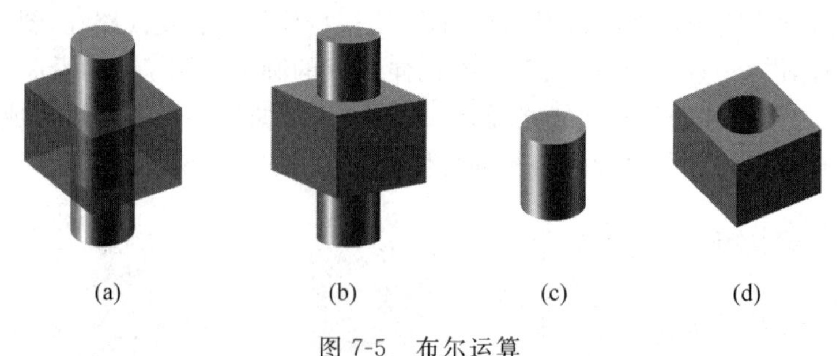

图7-5 布尔运算

(a) 运算前；(b) “并”运算；(c) “交”运算；(d) “差”运算

7.2 体的三面投影——三视图

7.2.1 三视图的形成

由于所有三维形体都是由表面包围而成的，所以，体的投影实际上就是该形体的所有表面投影的总和。

在第4章中介绍了点、直线、平面等几何元素在三投影面体系中的三面投影。国家标准《技术制图》规定，用正投影法所绘制的物体的图形称为视图。如图7-6(a)所示，物体各表面在3个基本投影面上得到的3个视图分别为：

主视图——由前向后投射到 V 面得到，即物体的正面投影；

俯视图——由上向下投射到 H 面得到，即物体的水平投影；

左视图——由左向右投射到 W 面得到，即物体的侧面投影。

按照国家标准规定，在视图中，物体的可见轮廓用粗实线画，不可见轮廓用虚线画，或者不画。

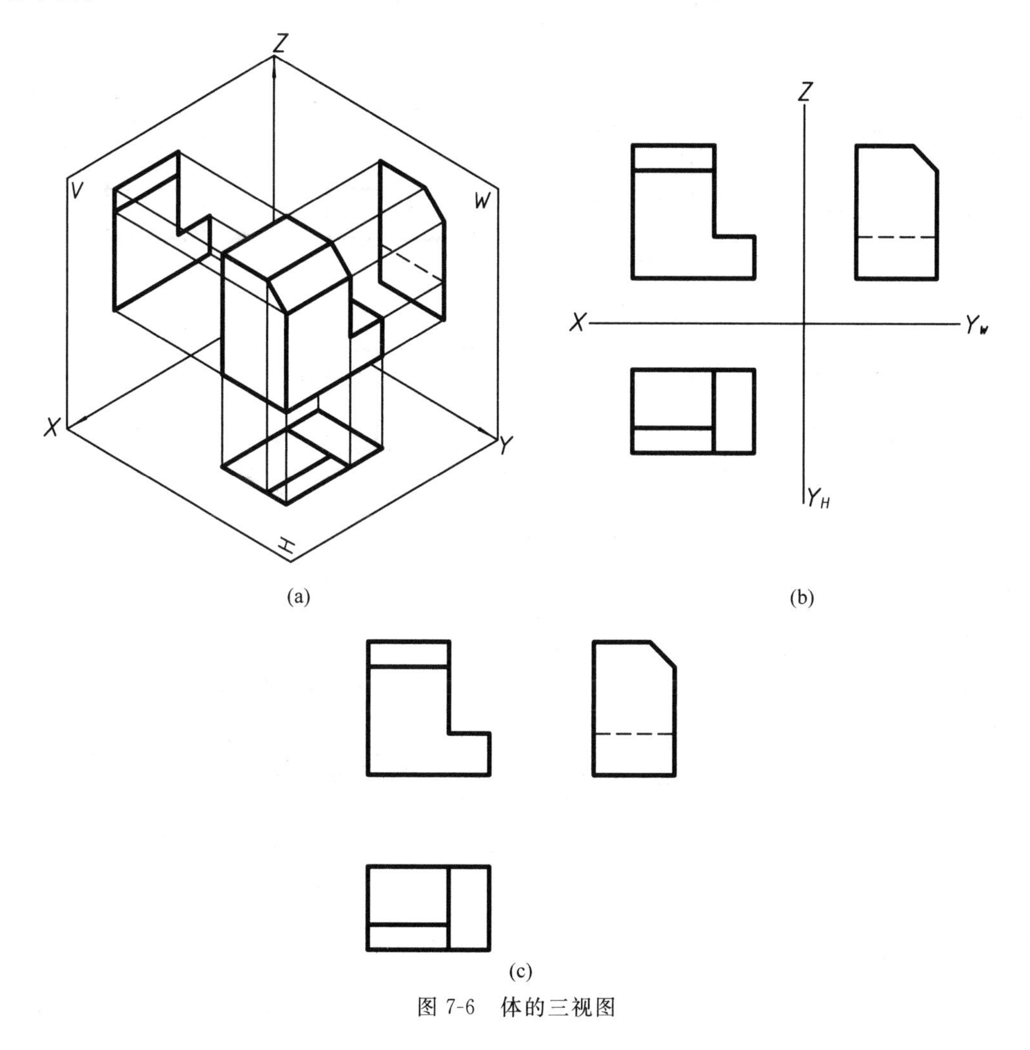

(a) (b)

(c)

图7-6 体的三视图

将3个投影面展开之后，物体的三视图如图7-6(b)所示。从图7-6(a)可以看出，物体与各个投影面之间的距离并不影响其投影特性，因此，可在视图中省略投影轴，如图7-6(c)所示。但3个视图的配置关系不能改变，即俯视图画在主视图的正下方，左视图画在主视图的正右方。

7.2.2 三视图之间的关系

由于3个视图是同一个形体在不同投影面上的投影，所以，3个视图之间在度量和方位上存在着一定的关系。

1. 度量关系

如图7-7(a)所示，根据投影规律，三视图之间存在着下列度量关系：

(1) 主视图与俯视图沿 X 轴方向长度相等，且左右对正；

(2) 主视图与左视图沿 Z 轴方向高度相等，且上下对齐；

(3) 俯视图与左视图沿 Y 轴方向宽度相等。

上述"三等"关系可以用"长对正，高平齐，宽相等"来概括。

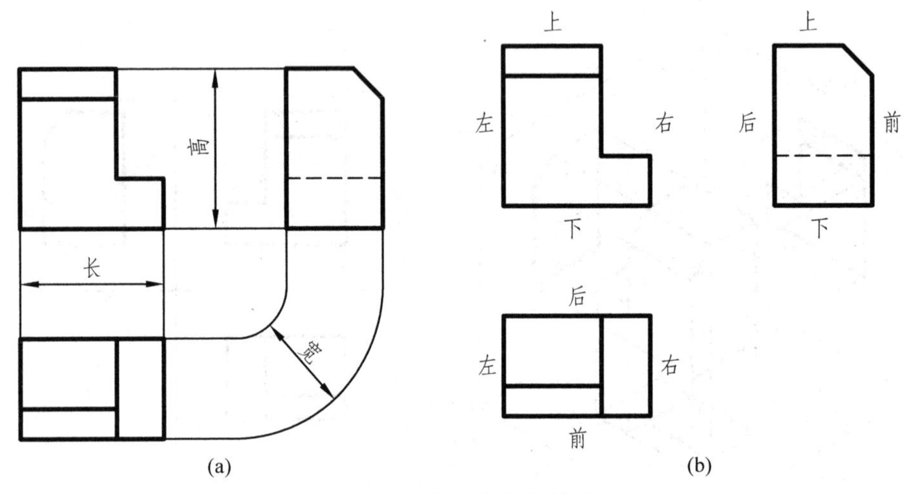

图7-7 三视图之间的关系

(a) 度量关系；(b) 方位关系

2. 方位关系

如图7-7(b)所示，三视图反映了形体在空间的上、下、左、右、前、后的6个方位。

7.3 基本平面体的三视图表达

本节介绍棱柱、棱锥等基本平面体的三视图表达，以及如何做出平面体表面上点的投影。

7.3.1 棱柱

棱柱由彼此平行的两个底面和若干个侧面组成。相邻侧面的交线称为棱线，各条棱线相互平行且长度相等。棱线与底面垂直的棱柱称为直棱柱(图 7-8(a)),否则为斜棱柱(图 7-8(b))。

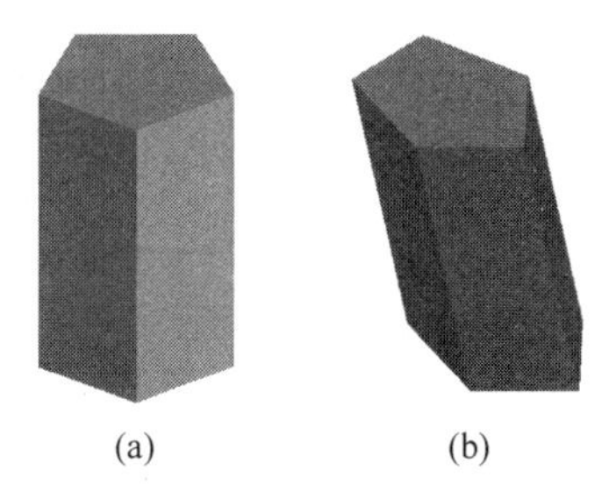

(a) (b)

图 7-8 直五棱柱和斜五棱柱

1. 棱柱的三视图表达

以图 7-9 所示直六棱柱为例,为了方便绘图,在放置六棱柱时令其底面与 H 面平行,并令前后两个侧面与 V 面平行,其余侧面均与水平投影面垂直,如图 7-9(a)所示。此时,俯视图反映了底面的实形,各侧面的投影均在俯视图中积聚为直线;前、后侧面在主视图中反映出实形,在左视图中积聚为直线,如图 7-9(b)所示。在绘图过程中,由于该棱柱是对称形体,因此先用点画线画出对称中心线,然后画出反映底面实形的俯视图,再利用“三等”关系绘制其他两个视图。

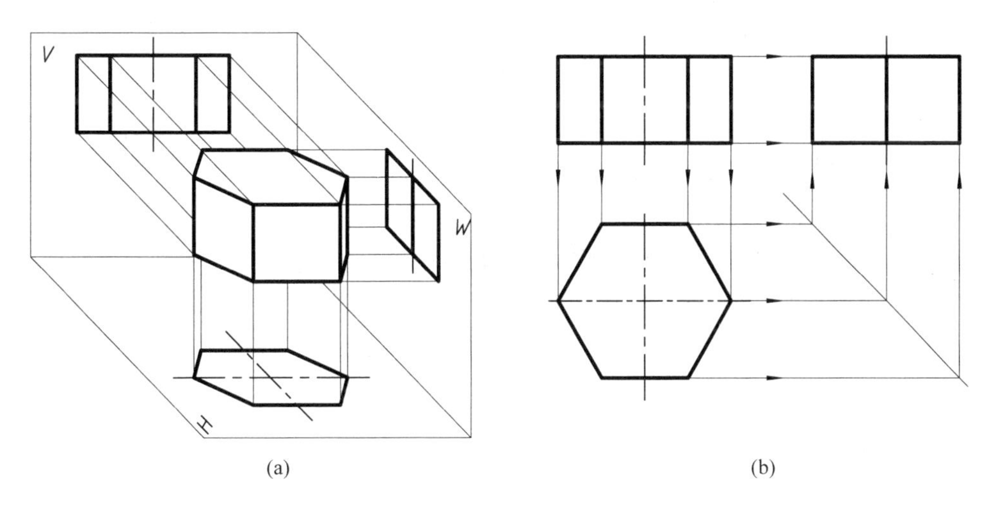

(a) (b)

图 7-9 正六棱柱及其三视图

在主视图中,棱柱的正前面及左前、右前侧面为可见;在左视图中,棱柱的左前侧面和左后侧面为可见。

2. 棱柱表面上点的投影

要想确定棱柱表面上点的投影,首先要确定点在棱柱的哪个表面上,然后再利用第 4 章中介绍的在平面上找点的方法,找到该点的投影。

例 7-1 在图 7-10 所示六棱柱表面有 A,B 两点。已知其正面投影 a' 和 b',求作其他投影。

解:(1) 求作 a 和 a'',并判断其可见性

从 a' 的位置可以看出,A 点在六棱柱的左前侧面 P 上。侧面 P 的水平投影积聚为直线 p,故从 a' 向下作投影连线,与 p 相交即可找到 a。再利用点的投影关系,即可在 p'' 上找到 a''。

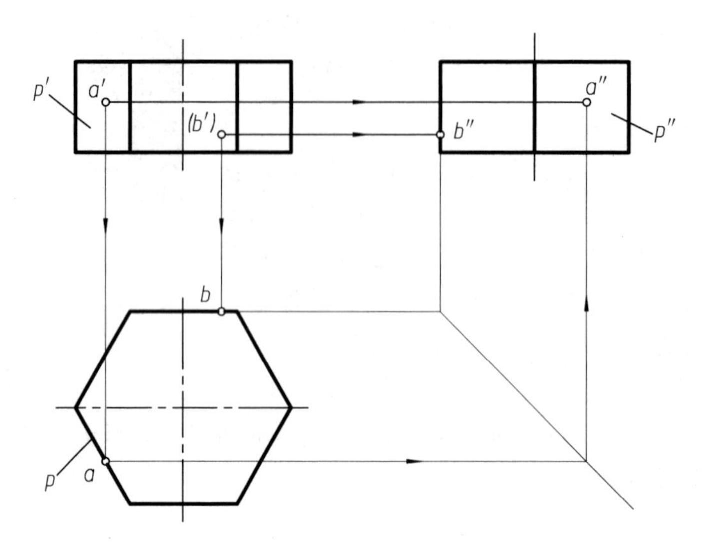

图7-10 棱柱表面上点的投影

画法规定：若点所在的平面投影可见，则点的投影可见，故 a'' 可见。同时规定：若一个平面的投影积聚成线，则点的投影也可见，因此 a 也可见。

(2) 求作 b 和 b''，并判断其可见性

画法规定：若点所在的平面投影不可见，则点的投影也不可见，并在点的投影标注外面加括号。由此可知，(b')表示 b' 为不可见。从 b' 的位置可以看出，B 点在六棱柱的后侧面上。后侧面的水平投影和侧投影均积聚为直线，故可利用面的积聚性直接作出 b 和 b''，b 和 b'' 均可见。

7.3.2 棱锥

如图7-11(a)所示，棱锥由一个多边形底面和若干个三角形侧面组成。与棱柱的不同之处在于，棱锥的各条棱线均交于一点——锥顶 S。

1. 棱锥的三视图表达

为了绘图方便，在放置棱锥时可将底面与 H 面平行，并令底面多边形中的一条边(如 AB)与 W 面垂直，从而使侧面 SAB 成为侧垂面。

如图7-11(b)所示，绘图时先画出底面的水平投影(实形)及底面在 V 面和 W 面中的积聚性投影($a'b'$，$a''b''$)。确定锥顶 S 的三面投影后，分别连接各条棱线，即可完成棱锥的三视图。

2. 棱锥表面上点的投影

棱锥的表面可能是特殊位置平面，也可能是一般位置平面。在作棱锥表面上点的投影时，首先要注意判断表面的位置，如果是特殊位置平面，则可以利用平面的积聚性投影；如果是一般位置平面，则可利用辅助直线法求出。

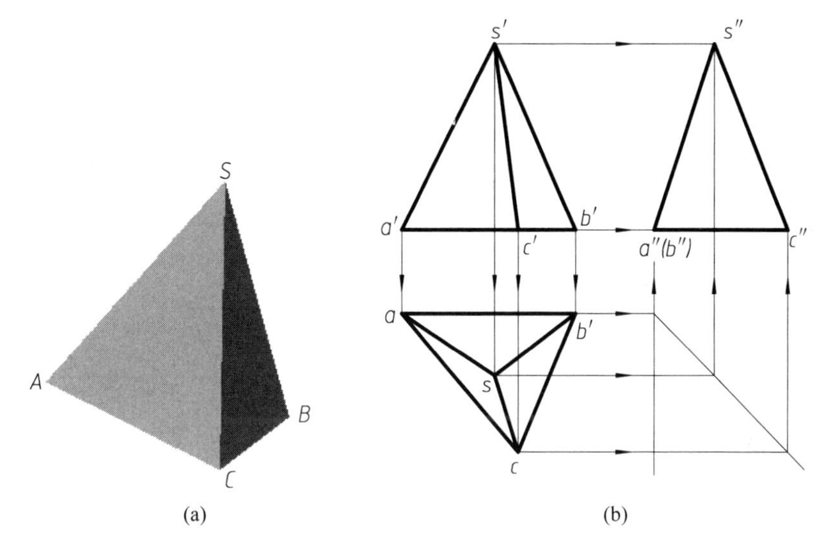

图 7-11 三棱锥及其三视图

例 7-2 如图 7-12 所示，已知三棱锥表面上点 M 的水平投影 m，求作 m'' 和 m'。

解：从水平投影 m 可知，点 M 在棱锥的侧面 SAB 上。由于 SAB 为侧垂面，可以直接利用其积聚性找到侧投影 m''，再利用点的投影关系，找到正投影 m'。从图中可以看出，侧面 SAB 的正投影不可见，所以 m' 也不可见，应当用括号把 m' 括起来。

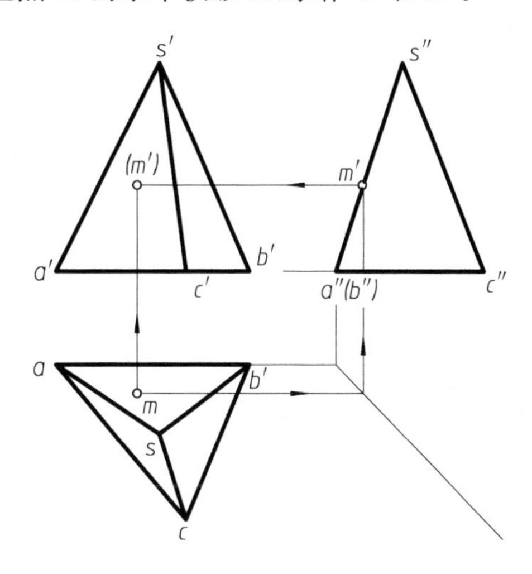

图 7-12 三棱锥表面上点的投影

例 7-3 如图 7-13 所示，已知三棱锥表面上点 N 的正面投影 n'，求作 n 和 n''。

解：从 n' 可以判断出，点 N 在棱锥左前侧面 SAC 上。SAC 为一般位置平面，因此，要借助辅助线才能找到 n 和 n''。有两种方法作辅助线。

方法一：如图 7-13(a)所示，通过 N 点及 SAC 面内另一点做一条辅助直线，如 SN，该直线与底边交于 K 点。连接 $s'n'$ 并延长，与 $a'c'$ 交于 k'，继而作出点 K 的水平投影 k。连接 sk，在 sk 上找到点 N 的水平投影 n，再利用点的投影规律作出 n''。

方法二：如图 7-13(b)所示，过 N 点作 SAC 平面上某已知直线的平行线，例如作 AC 的平行线 PQ。利用 $p'q' /\!/ a'c'$ 作出 $p'q'$，继而作出水平投影 pq。在 pq 上找到 n，即可作出 n''。

由于侧面 SAC 在主视图及左视图中均可见，故 n，n'' 均可见。

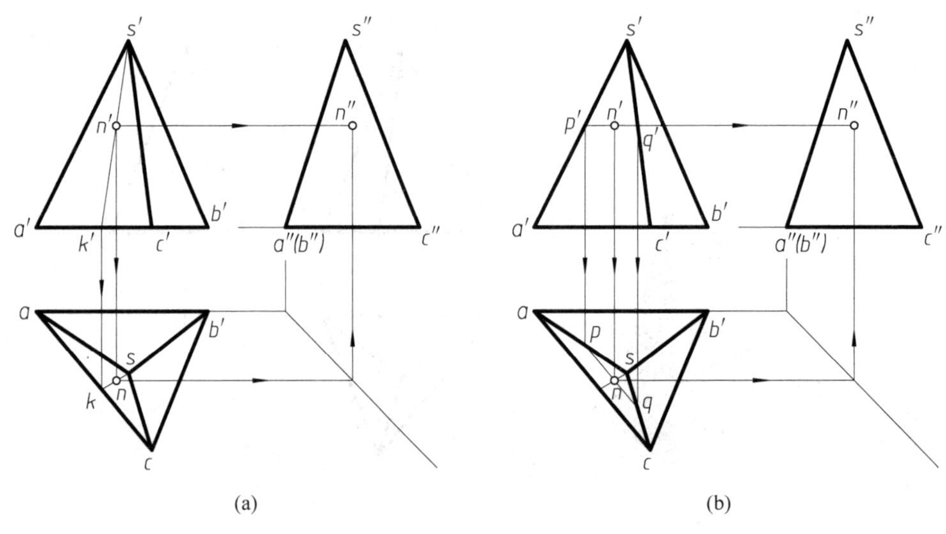

图 7-13 三棱锥表面上点的投影

7.4 基本回转体的三视图表达

基本回转体包括圆柱体、圆锥体、球体和圆环体等。它们的曲面都可以看做是由一条母线(直线或曲线)绕一条轴线旋转而成的。母线在曲面的任意位置时称为素线。

7.4.1 圆柱体

如图 7-14(a)所示,圆柱体由上、下两个圆形底面和一个圆柱表面组成。圆柱表面的母线(AA_1)为一条与轴线(OO_1)平行的直线。

1. 圆柱体的三视图表达

为了便于绘图,令轴线 OO_1 垂直于 H 面,如图 7-14(b)所示,此时,圆柱体上下两个底面均为水平面,其水平投影为反映实形的圆,正、侧两投影均积聚为直线。圆柱表面的水平投影积聚为圆,在其主视图上画出圆柱表面上最左、最右的两条轮廓素线 AA_1 和 BB_1 的投影 $a'a_1'$ 和 $b'b_1'$ 作为圆柱体的左右边界,在左视图上画出最前和最后的两条轮廓素线 DD_1 和 CC_1 的投影 $d''d_1''$ 和 $c''c_1''$ 作为圆柱体的前后边界。

由于圆柱体的 3 个视图均对称,故作图时应先用点画线画出俯视图的中心线、主视图和左视图中的轴线,如图 7-14(c)所示。然后画出俯视图中的圆,再依次画出主视图和左视图中的矩形。AA_1 和 BB_1 的侧面投影 $a''a_1''$ 和 $b''b_1''$ 位于左视图中轴线的位置,在左视图中它们已不是圆柱体的轮廓线,因此 $a''a_1''$ 和 $b''b_1''$ 不应画出。同样,$c'c_1'$ 和 $d'd_1'$ 位于主视图中轴线的位置,但也不应画出。

前半个圆柱表面在主视图中可见,后半个圆柱表面在主视图中不可见;左半个圆柱表面在左视图中可见,右半个圆柱表面在左视图中不可见。从图 7-14 中可以看出,轮廓线是圆柱表面最外侧的素线的投影,同时也是圆柱表面在该视图上可见与不可见部分的分界线。

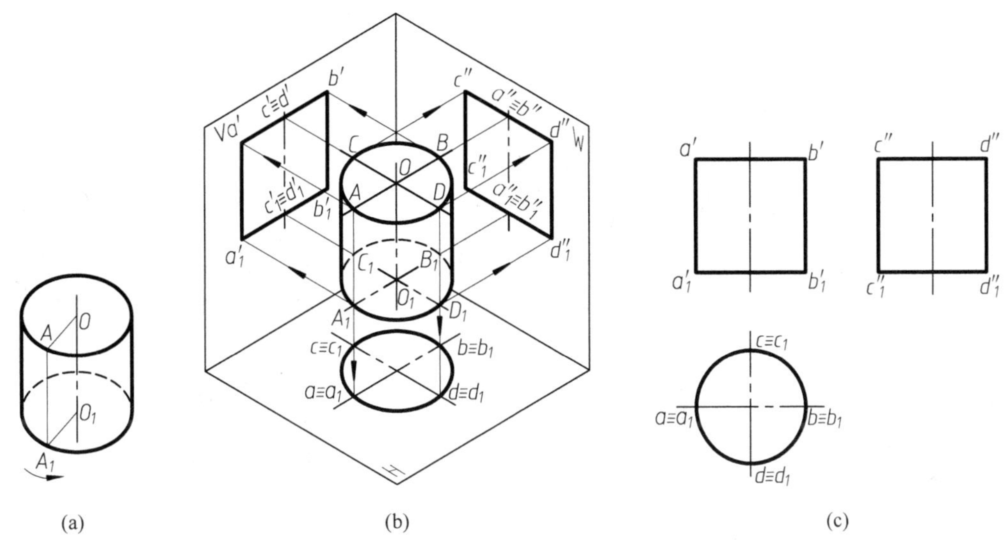

(a) (b) (c)

图 7-14 圆柱体及其三视图

2. 圆柱体表面上点的投影

圆柱体表面上取点时要充分利用视图的积聚性，并注意判断点的可见性。

例 7-4 如图 7-15 所示，已知圆柱面上点 M 和点 N 的正投影 m' 和 n'，求作它们的水平投影和侧面投影。

解：已知的正投影 m' 可见，n' 不可见，因此可以判断出，点 M 和点 N 分别位于圆柱体的左前弧面和右后弧面上。利用圆柱表面水平投影的积聚性，找到 m 和 n。再利用“三等”关系找到 m'' 和 n''。注意判断 m'' 和 n'' 的可见性。

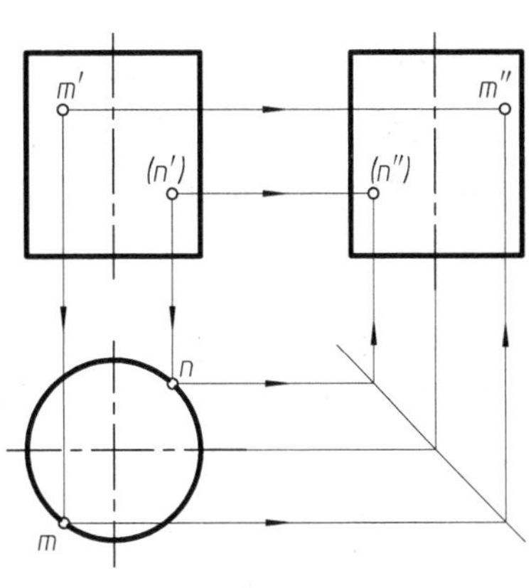

图 7-15 圆柱表面上点的投影

7.4.2 圆锥体

如图 7-16(a)所示，圆锥体由一个圆形底面和一个圆锥表面组成。圆锥表面的母线(SA)是一条与轴线(OO_1)相交的直线，圆锥表面过锥顶 S 的直线均为圆锥面的素线。

1. 圆锥体的三视图表达

为了便于绘图，令轴线 OO_1 垂直于 H 面，如图 7-16(b)所示，此时，圆锥体的底面为水平面，其水平投影为反映实形的圆，正、侧两投影均积聚为水平直线。圆锥表面的 3 个投影都没有积聚性，其水平投影为底面的圆及圆内的部分，其主、左视图均以轮廓素线的投影表示，与底面积聚的直线组成等腰三角形，如图 7-16(c)所示。与圆柱体类似，主视图上的轮廓线 SA，SB 的侧面投影 $s''a''$，$s''b''$ 位于左视图中轴线的位置，故 $s''a''$ 和 $s''b''$ 不应画出；同样，$s'c'$ 和 $s'd'$ 也不应画出。

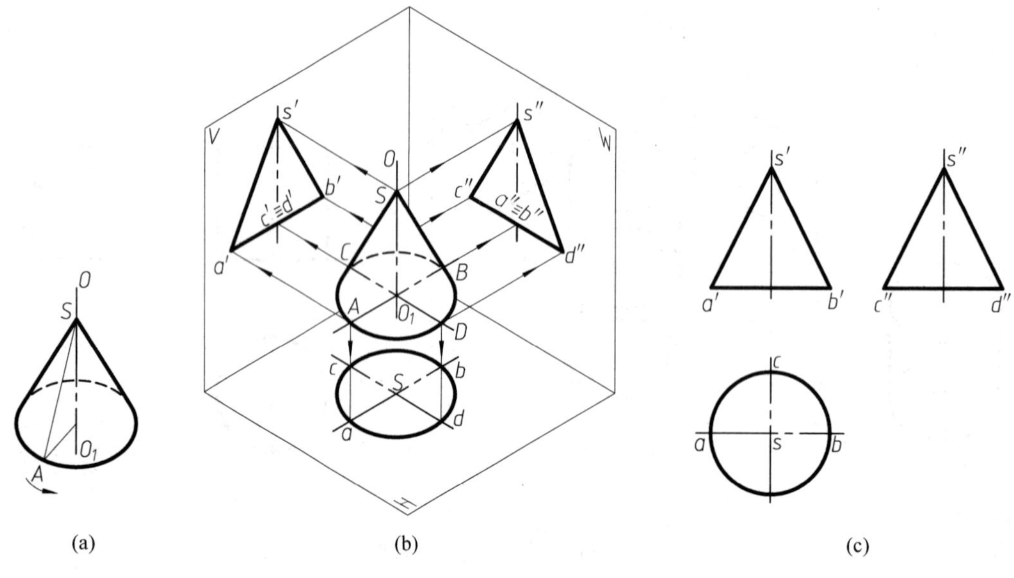

(a) (b) (c)

图 7-16 圆锥体及其三视图

画圆锥时，首先要用点画线画出俯视图中的中心线和主、左视图中的轴线，然后画出俯视图中的圆，再根据锥顶 S 的高度画出主、左视图中的等腰三角形。

前半个圆锥表面在主视图中可见，后半个圆锥表面在主视图中不可见；左半个圆锥表面在左视图中可见，右半个圆锥表面在左视图中不可见；整个圆锥表面在俯视图中均可见。

2. 圆锥体表面上点的投影

圆锥面的投影没有积聚性，因此，需利用辅助线在圆锥面上取点，同时注意判断点的可见性。

例 7-5 已知圆锥面上点 K 的正面投影 k'，求作 k 和 k''。

解：由 k' 的位置可知，K 点位于圆锥的左前表面上。

方法一：辅助直线法。如图 7-17(a)所示，辅助直线为过点 K 和锥顶 S 的圆锥素线 SP。连接 $s'k'$ 并延长，与圆锥体底面的积聚性投影交于 p'。作出圆锥素线 SP 的水平投影 sp，在 sp 上找到 k，继而找到 k''。

方法二：辅助圆法。如图 7-17(b)所示，过点 K 在圆锥面上作一个垂直于圆锥轴线的圆，该圆的正、侧投影均积聚为直线（$m'n'$ 和 $p''q''$），水平投影则是以 s 为圆心、sm 为半径的圆，k 即在该圆上。

k 和 k'' 均可见。

7.4.3 圆球体

如图 7-18(a)所示，圆球由一条圆母线绕通过其直径的轴线 OO_1 旋转而成。

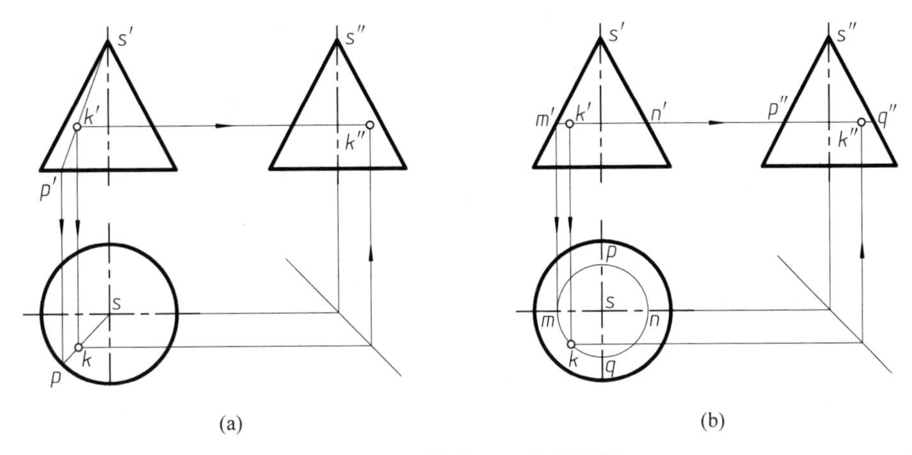

图 7-17 圆锥表面上点的投影

1. 圆球体的三视图表达

圆球在 3 个投影面上的投影均为圆，且直径相等，等于球的直径。如图 7-18(b)所示，圆 A 是球体正面的轮廓线，是前后两个半球的分界线。圆 A 的正投影为圆 a'，水平投影 a 和侧投影 a''均位于中心线的位置，不用画出，如图 7-18(c)所示。圆 B 和圆 C 的投影请读者自行分析。

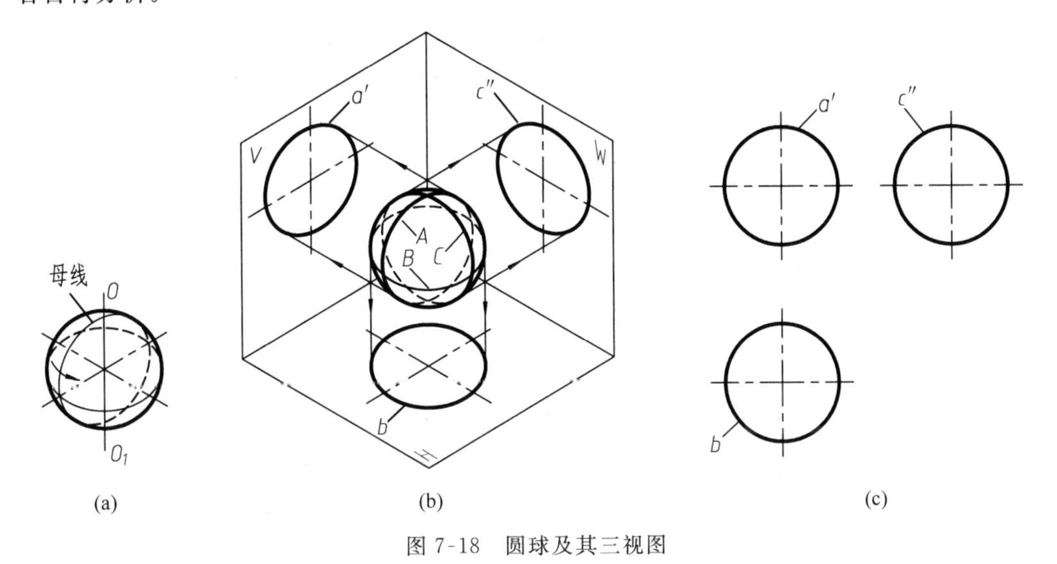

图 7-18 圆球及其三视图

作图时，先用点画线画出各个视图中的中心线，然后画圆。

前半个球面在主视图中可见，左半个球面在左视图中可见，上半个球面在俯视图中可见。

2. 圆球表面上点的投影

由于圆球表面的 3 个投影都没有积聚性，因此只能利用辅助圆法求出圆球表面上点的投影。

例 7-6 如图 7-19 所示，已知球面上点 M 的正面投影 m'，求作 m 和 m''。

解：辅助圆应该通过 M 点，而且辅助圆的投影应该简单易画。因此，可以过 M 点在球面上作一个水平圆，该圆的水平投影为圆，其余两个投影均积聚为直线。如图 7-18 所示，分别求出辅助圆的 3 个投影，分析 m' 的位置可知，M 点位于球面的右上部，在辅助圆上找到 m 和 m''。注意 m'' 为不可见。

除了过 M 点作水平圆之外，请读者思考还可以用什么圆作为辅助圆。

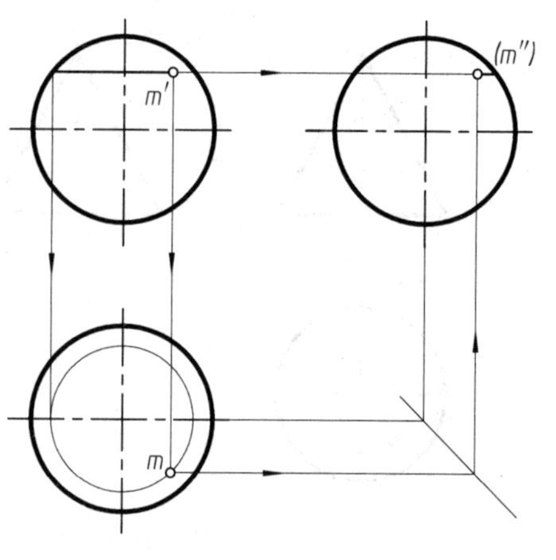

图 7-19 圆球表面上点的投影

7.4.4 圆环体

如果以一个圆为母线，绕与该圆共面但不通过圆心的轴线 OO_1 旋转，即可形成圆环，如图 7-20(a)所示。由弧 ABC 形成的一侧表面称为外环面，由弧 ADC 形成的一侧表面称为内环面。

1. 圆环体的三视图表达

如图 7-20(b)所示，在主视图中，画出圆环最左和最右两个素线圆的正投影 p' 和 q'，由于内环面在主视图中不可见，故 p' 和 q' 内侧的半圆都画成虚线。与 p' 和 q' 上、下相切的两条直线分别是母线圆上点 A 和点 C 绕轴线旋转轨迹的正面投影 a' 和 c'，它们是圆环上、下的轮廓线。圆环的前半个外环面在主视图上可见，后半个外环面和整个内环面均不可见。

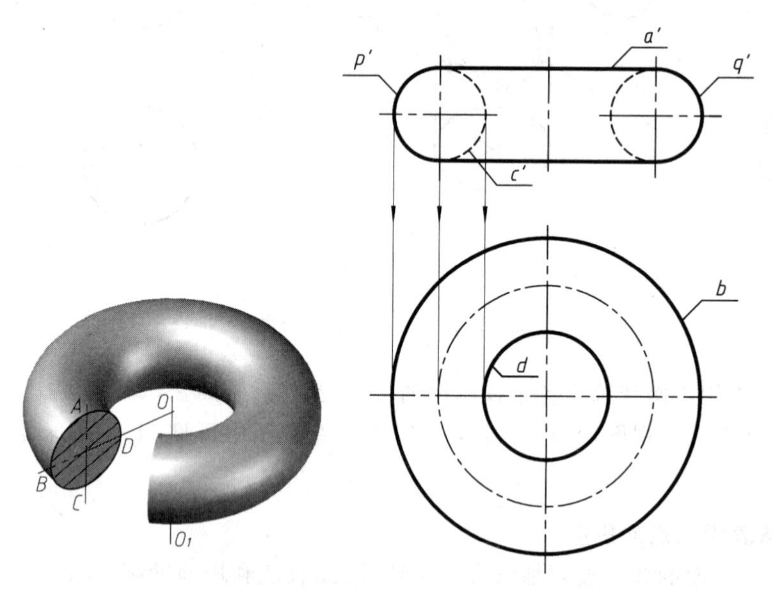

图 7-20 圆环及其主视图和俯视图

在俯视图中，圆 b 和圆 d 分别是母线圆上点 B 和点 D 绕轴线旋转轨迹的水平投影，是圆环俯视方向的轮廓线。点画线圆是母线圆圆心运动轨迹的水平投影。上半个环面在俯视图上可见，下半个环面不可见。

作图时，先画出主、俯两视图中点画线的圆和中心线，再画出各个轮廓线投影。读者可参照主视图绘制左视图。

2. 圆环表面上点的投影

由于圆环面的投影不具有积聚性，因此，要利用辅助圆法求出其上点的投影。

例 7-7 如图 7-21 所示，已知圆环面上一点 M 的正面投影 m'，求作水平投影 m。

解：m'为可见，且位于主视图的下半部，由此可知，点 M 位于前半个外环面的下部。在外环面上过 M 点作一个水平圆，该圆的正面投影积聚为直线 p'，水平投影为圆 p。在 p 上即可找到 m。由于 M 点在下部，故 m 不可见。

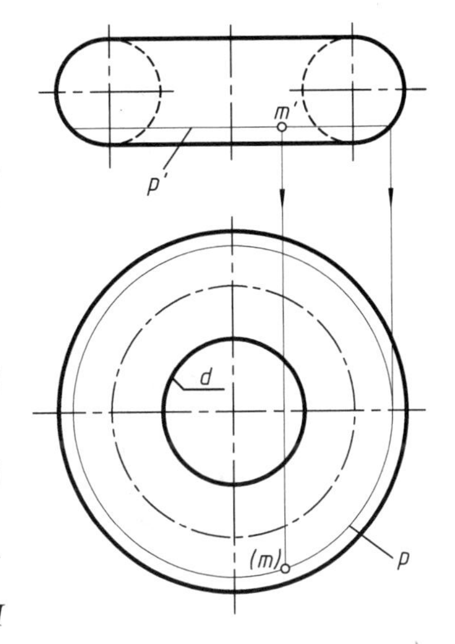

图 7-21 圆环表面上点的投影

*7.4.5 轴线倾斜的圆柱体和圆锥体

当圆柱体和圆锥体的轴线不与投影面垂直时，与轴线垂直的圆柱体或圆锥体底面的投影就不是反映实形的圆。因此，当轴线倾斜时，作图的关键是如何画出与轴线垂直的圆的投影。

如果圆柱体或圆锥体的轴线为某投影面的平行线，那么与轴线垂直的平面就是该投影面的垂直面。本节主要介绍在投影面垂直面上的圆的投影画法，以及轴线为投影面平行线的圆柱和圆台的画法。

1. 投影面垂直面上的圆的投影画法

当圆位于投影面垂直面上的时候，圆在该投影面上的投影必然积聚为一条直线，而圆在其他两个投影面上的投影则是椭圆。如图 7-22(a)所示，位于正垂面上的圆的正面投影积聚为直线 $c'd'$，水平投影为椭圆。椭圆的作法如下：

(1) 确定椭圆长轴 ab：椭圆长轴垂直于正投影面，其正面投影积聚在圆心 o'上。椭圆长轴的长度等于圆的直径 D。因此从圆心正面投影 o'向下作投影连线，在连线上量取 $oa=ob=D/2$。

(2) 确定椭圆短轴 cd：从 c'、d'向下作投影连线，与过 o 且垂直于长轴 ab 的直线相交得到 c 和 d。

(3) 画出椭圆：利用已经作出的椭圆的长、短轴，可以通过以下两种方法作出椭圆。

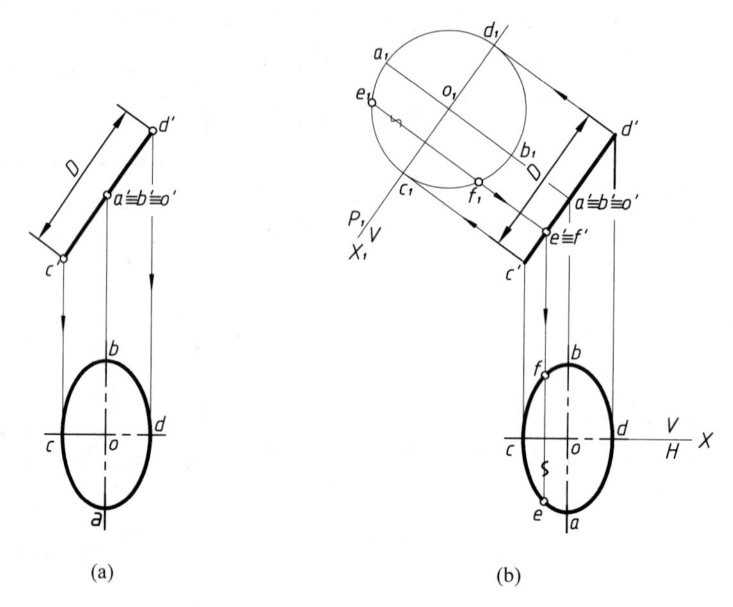

图 7-22 投影面垂直面上的圆的投影

方法一：根据椭圆长、短轴端点的投影 a,b,c,d，用近似作法(参见图 2-58)作出椭圆。

方法二：采用描点法作椭圆。所谓描点法，就是准确地找到椭圆上一系列点的投影，然后顺序地将它们连接起来，绘制出椭圆。为了准确找到椭圆上点的投影，可采用换面法，先作出反映实形的圆。如图 7-22(b)所示，用一个与圆所在平面平行的正垂面 P 替换水平投影面，圆在新投影面上的投影即为反映实形的圆。任意选择圆上某个点的投影，如 e_1,f_1，找到 e',f'，继而利用换面法的投影规律准确找到这两个点的水平投影 e,f。继续利用换面法准确作出圆上一系列点的水平投影，然后把它们依次光滑地连接起来，即可完成椭圆的绘制。

2. 轴线为投影面平行线的圆柱体的画法

图 7-23 所示为轴线是正平线的圆柱体的主视图和俯视图。此时圆柱体的底面位于正垂面上，故其正面投影积聚为直线，水平投影为椭圆。画图时可先画主视图，再画俯视图。画俯视图时先用点画线画出圆柱的轴线及椭圆的中心线，然后画出底面的投影椭圆，最后作出两个椭圆的公切线(即圆柱的轮廓线)。由于圆柱体右侧底面在俯视图中不可见，所以将右侧底面的水平投影中左半个椭圆画为虚线。

3. 轴线为投影面平行线的圆台的画法

图 7-24 所示为轴线是正平线的圆台的主视图和俯视图。画图时也可先画主视图，再画俯视图。画俯视图时仍然先用点画线画出圆台的轴线及椭圆的中心线，然后画出两个底面的投影椭圆，最后作出两个椭圆的公切线，该公切线即为圆台俯视图中的轮廓线。与圆柱不同的是，圆台俯视图轮廓线 ab 的正面投影并不位于主视图轴线的位置，而应从切

点的水平投影 a,b 向上作投影连线得到 $a'b'$。$a'b'$下方部分的圆台表面在俯视图中不可见,所以小椭圆上切点 b 左侧的部分也应画为虚线。

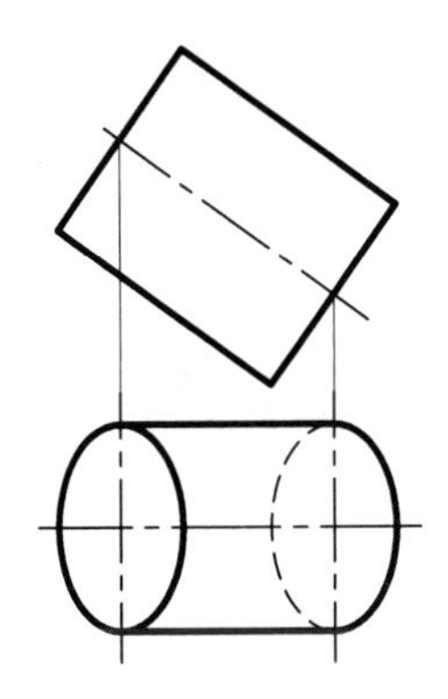

图 7-23 轴线为正平线的圆柱

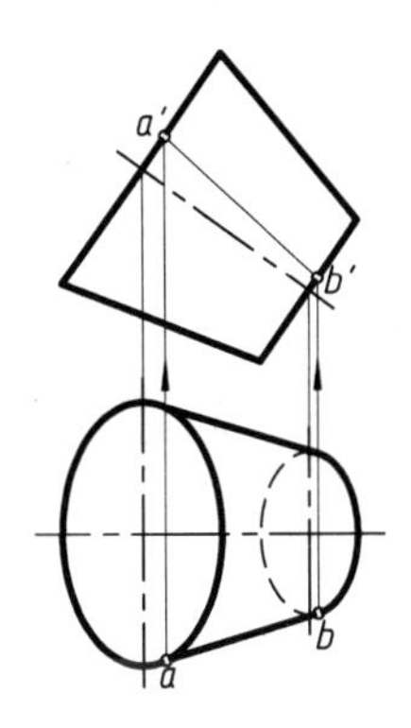

图 7-24 轴线为正平线的圆台

8 平面及直线与立体相交

在工程上常会遇到平面与立体相交的情况。例如，图 8-1(a)所示车刀刀头模型是用多个平面切割四棱柱得到的，图 8-1(b)所示铣床尾架顶尖模型则是由两个圆锥体被平面切割而成的。当平面与立体相交时，会在立体表面产生交线。为了清楚地表达物体的形状，画图时应将这些交线的投影画出。

与立体相交的平面称为截平面，截平面与立体相交产生的交线称为截交线。

本章主要介绍如何画出截交线，以及如何作出直线与立体相交的交点。

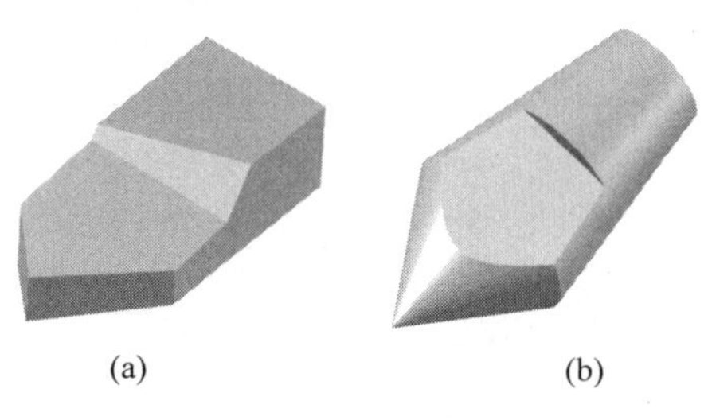

(a) (b)

图 8-1 平面与立体相交

8.1 平面与平面体相交

1. 截交线的性质

平面与平面体相交产生的截交线具有如下特性：

(1) 截交线是截平面与立体表面的共有线，也就是说，截交线上的点都是截平面与立体表面上的共有点。

(2) 截交线是若干条首尾相连的直线，它们围成封闭的平面多边形。多边形的顶点是截平面与立体各棱线的交点。多边形的形状取决于立体的形状以及截平面与立体的相对位置。例如图 8-2 中，用不同位置的平面截切最左侧的立方体时，截交线可以是三角形、四边形、五边形或六边形。

2. 截交线的投影

只要找到截平面与平面立体各棱线交点的投影，将它们依次连接起来，即可完成截交线的投影。

例 8-1 如图 8-3(a)所示，正四棱锥被正垂面 P 截切，作出截切后的三视图。

解：(1) 空间及投影分析

截平面 P 与正四棱锥的 4 条棱线都相交，截交线必为四边形。P 为正垂面，故其主视图具有积聚性，俯视图和左视图具有类似性。

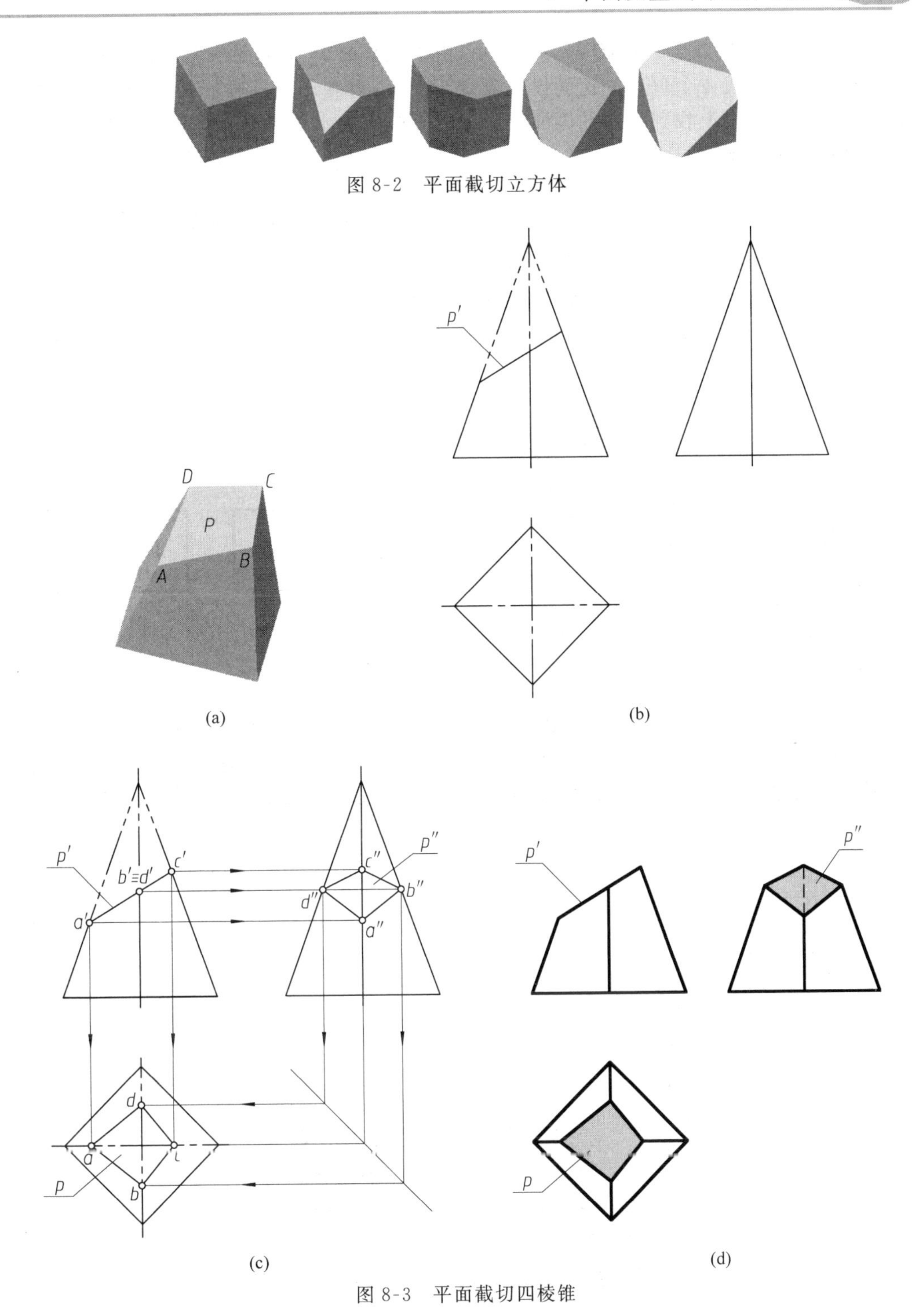

图 8-2 平面截切立方体

(a) (b) (c) (d)

图 8-3 平面截切四棱锥

(2) 作图

① 先作出完整四棱锥的三视图。由于截平面具有积聚性,所以可以直接完成截切后的主视图,如图 8-3(b)所示。

② 作截交线的投影。如图8-3(c)所示,由于截平面P在主视图上有积聚性,所以可以直接找到截交线4个顶点的正面投影a',b',c',d',再利用点的投影特性依次在左视图和俯视图的侧棱线上找到它们的侧面投影a'',b'',c'',d''和水平投影a,b,c,d。将4个顶点的同名投影依次连接起来。

③ 检查。首先检查截平面的形状,左视图与俯视图中截平面的投影为类似的四边形,符合投影分析。其次检查棱线,由于4条棱线在截平面以上的部分已被切去,故不应再画出。左视图中$a''c''$段是右侧棱线的投影,因其不可见,故画成虚线。结果如图8-3(d)所示。最后,将可见的棱线和底面的投影描为粗线。

例8-2　如图8-4(a)所示,正八棱柱被平面P截切。已知截切后的主视图和左视图(图8-4(b)),求作俯视图。

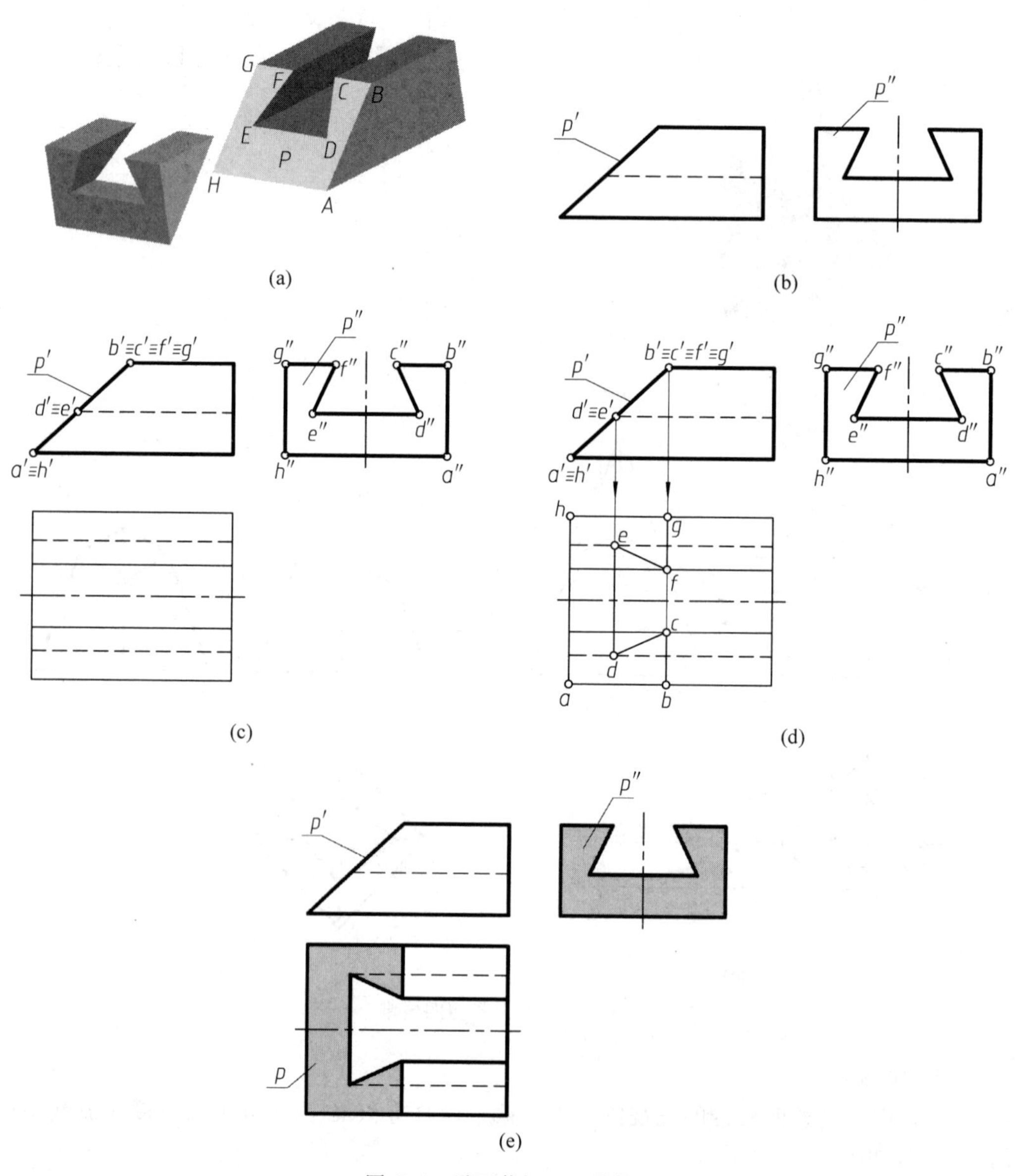

图8-4　平面截切正八棱柱

解：(1) 空间及投影分析

截平面 P 与正八棱柱的 8 条棱线都相交，截交线必为平面八边形。P 为正垂面，故其主视图具有积聚性，截交线的正面投影为已知，积聚在 p' 上。八棱柱的各个侧棱面均与侧投影面垂直，在左视图上具有积聚性，因此截交线的侧面投影 p'' 也已知，为左视图中的八边形。截交线的水平投影应是与侧面投影类似的八边形。

(2) 作图

① 如图 8-4(c)所示，先作出截切之前的完整八棱柱的俯视图，并在左视图上找到截平面与棱柱各棱线交点的侧面投影 a''，b''，c''，…，h''，在主视图上找到对应点的正面投影 a'，b'，c'，…，h'。

② 根据点的投影规律，在俯视图上找到截交线各顶点的水平投影 a，b，c，…，h，并顺序连接成八边形，如图 8-4(d)所示。

③ 检查。首先检查截平面的形状，俯视图与左视图中截平面的投影为类似的八边形，符合投影分析。其次检查棱线，由于已被截平面 P 切去的部分棱柱不应再画出，故将俯视图八边形中多余的棱线擦去。最后，将可见的棱线和底面的投影描为粗线，结果如图 8-4(e)所示。

例 8-3 如图 8-5(a)所示，三棱锥被两个平面 P，Q 截切，图 8-5(b)为已知的主视图和部分俯视图，试完成俯视图，并作出左视图。

解：本题有两个难点：一是三棱锥同时被多个平面截切，所以要逐个截平面进行分析和绘制其截交线。二是截平面 P 和 Q 都只与三棱锥的一部分相交，故可运用"完整表面相交法"进行分析和绘图。所谓完整表面相交法是指：假想将截平面扩大，使其与整个形体相交，分析出由此产生的完整的截交线，再取其实际存在的部分。

(1) 空间及投影分析

假想将平面 P 扩大到与整个形体相交，P 将与棱锥的 3 个侧面都相交，产生的截交线为三角形 DEF。平面 P，Q 彼此相交，交线为 JK，因此，三角形 DEF 位于交线 JK 右侧的部分实际上并不存在。所以，平面 P 截切三棱锥真正产生的截交线为四边形 $DEKJ$，平面 Q 截切三棱锥真正产生的截交线为四边形 $GHKJ$。

平面 P 为水平面，故其截交线的正面投影积聚在 p' 上，如图 8-5(c)所示，水平投影反映实形，其中 de，ef，df 分别与 ac，cb，ab 平行(请思考为什么)。

平面 Q 为正垂面，故其截交线的正面投影积聚在 q' 上。

水平面 P 与正垂面 Q 的交线 JK 必为正垂线，其正面投影积聚为一个点。

(2) 作图(图 8-5(c))

① 作出完整三棱锥的左视图。

② 假想扩大平面 P 与整个三棱锥相交，作出完整的截交线 $d'e'f'$，def 和 $d''e''f''$，注意 de，df，ef 分别与 ac，ab，cb 平行。

③ 平面 P，Q 的交线 JK 的正面投影积聚($j' \equiv k'$)，找到 j，k 和 j''，k''。四边形 $dekj$ 为平面 P 截切三棱锥产生的实际截交线的水平投影。

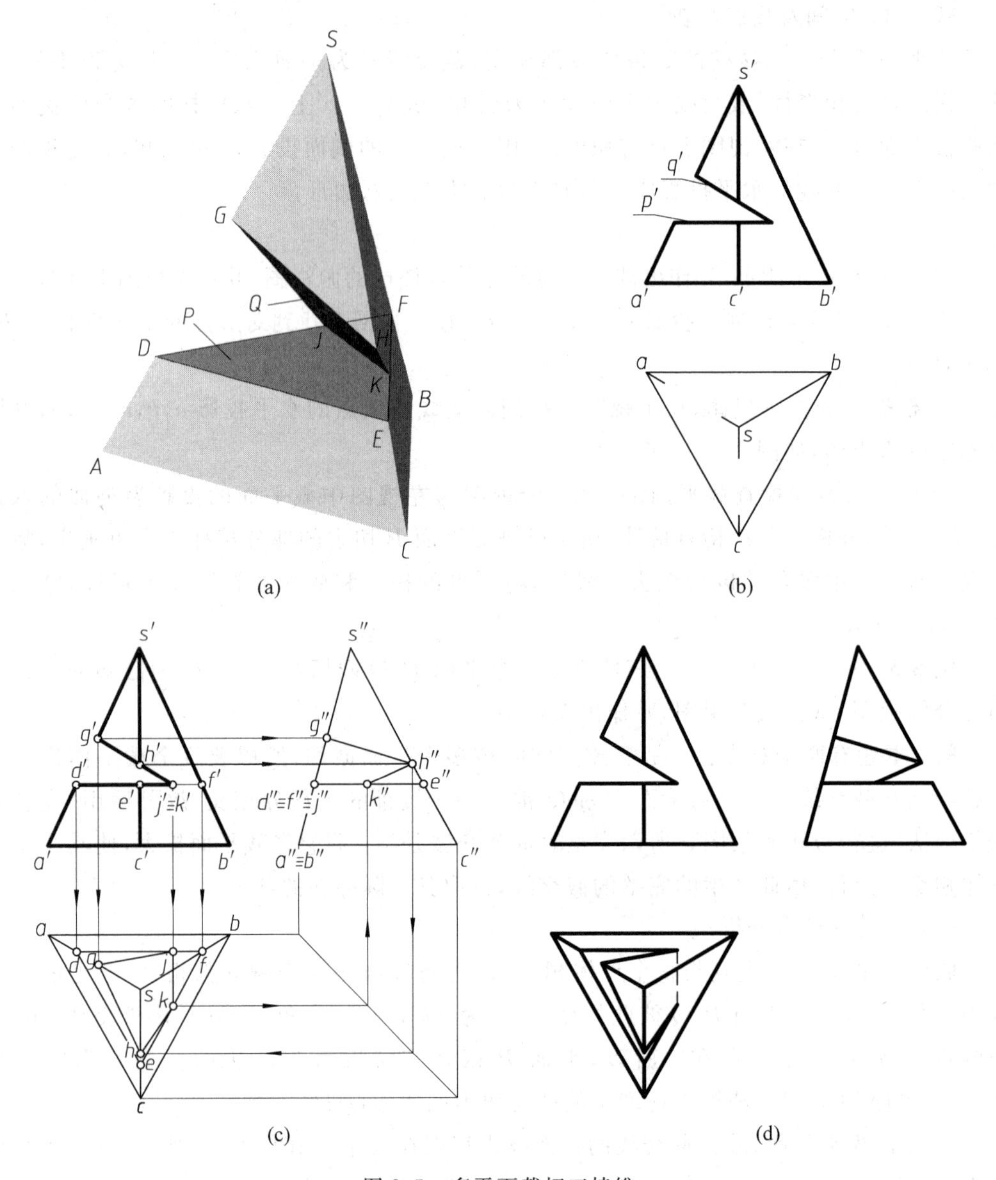

图 8-5　多平面截切三棱锥

④ 作出平面 Q 的截交线，由主视图中的 g' 可得 g 和 g''，由 h' 可得 h''，再找到 h。$ghkj$ 围成的四边形即为 Q 截切三棱锥产生的实际截交线的水平投影。

⑤ 检查。首先检查截平面的形状，正垂面 Q 在俯视图和左视图中的投影为类似的四边形，符合投影分析。其次检查棱线，从主视图可见，棱线 SA，SC 已被截断，故俯视图中 dg，eh 两段不应有线，左视图中 $e''h''$ 也不应有线，$d''g''$ 段的棱线虽不存在，但由于棱面 SAB 为侧垂面，其侧面投影积聚在 $s''a''$ 上，故 $d''g''$ 间应有线。再检查可见性，在俯视图中 jk 段交线被遮挡，应画为虚线。最后，将可见的棱线和底面的投影描为粗线。结果如图 8-5(d)所示。

8.2 平面与回转体相交

平面与回转体相交产生的交线是截平面与回转体表面的共有线,因此它一定是平面图形。根据截平面与回转体相对位置的不同,交线的形状也有所不同。当平面与回转体上的平面(端面)相交时,交线是直线;当平面与回转面相交时,交线可能是曲线,也可能是直线。因此,回转体表面的截交线是首尾相连的直线和(或)曲线,它们围成封闭的平面图形。

如果截交线是非圆曲线,一般采用逐点法绘制,即:先找出截交线上的特殊点,再在相邻特殊点之间找出若干个中间点,然后将这些特殊点和中间点按顺序光滑地连接起来。所谓特殊点,是指截交线上确定交线范围和形状的特殊位置点,如交线上最前、最后、最左、最右、最上、最下等极限位置点,虚实分界点,椭圆的长、短轴端点等。

8.2.1 平面与圆柱体相交

截平面与圆柱体轴线的夹角不同时,截平面与圆柱表面产生的截交线的形状也不同,可以产生 3 种截交线:直线、圆、椭圆,如表 8-1 所示。

表 8-1 平面与圆柱表面的截交线

截平面与圆柱体轴线的关系	平行	垂直	倾斜
立体图	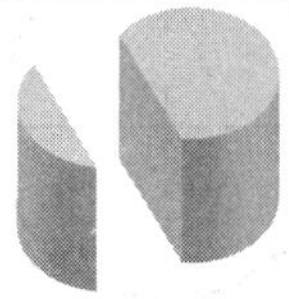		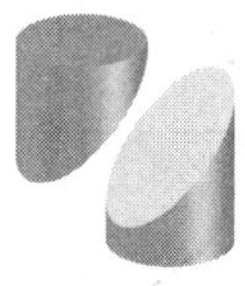
截交线形状	与轴线平行的两条直线	圆	椭圆
三视图	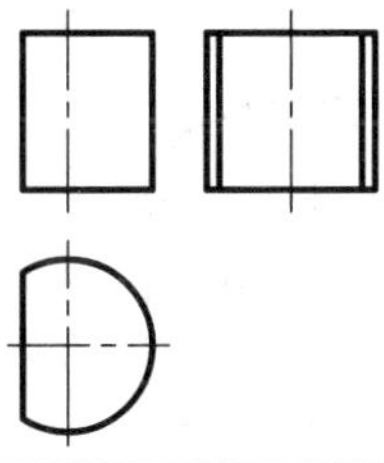	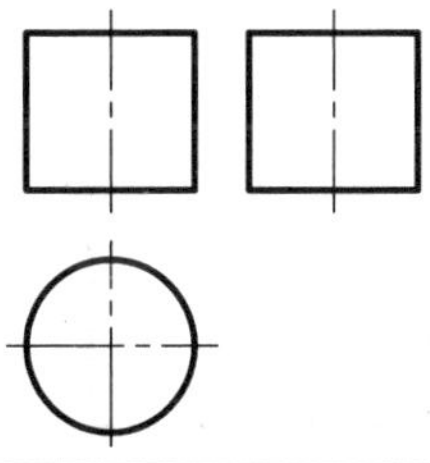	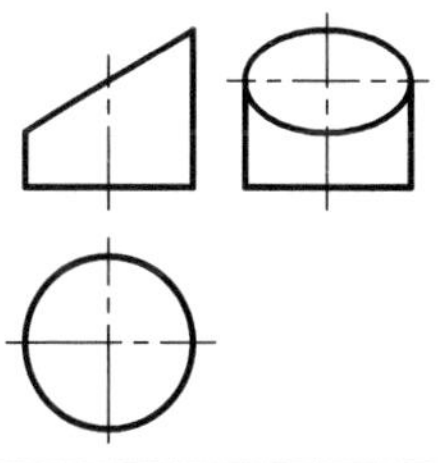

例 8-4 圆柱体被正垂面 P 截切,已知主视图和俯视图(图 8-6(a)),试作出左视图。

解:(1) 空间及投影分析

截平面与圆柱体斜交,故截交线为椭圆。截平面为正垂面,其正面投影积聚为直线,截交线的正面投影也积聚在该直线上。截交线的水平投影积聚在圆柱体的水平投影圆上,侧面投影一般仍为椭圆,但不反映截交线的实形。

(2) 作图

① 作出圆柱体完整的左视图。

② 采用逐点法作左视图中的椭圆(图8-6(b))。首先确定特殊点。从立体图可知，点A,B,C,D是特殊点。它们既是极限位置点，又是椭圆长、短轴的端点。点A,B位于圆柱体正面投影的轮廓线上，点C,D位于圆柱体正面投影的轴线位置上，依此可以找到a',b',c',d'和a,b,c,d。根据点的投影关系找到a'',b'',c'',d''，其中c''和d''在左视图的轮廓线上，a''和b''在左视图的轴线上。然后确定中间点。在两个相邻的特殊点之间确定一个中间点，如E点。在已知的正面投影上确定e'，再在水平投影的圆上确定e，最后根据e',e确定e''。同理可以确定其他的中间点。将左视图上各点光滑地依次连接起来形成椭圆。

③ 检查。首先检查截平面的形状，截平面P在俯视图和左视图中为类似的曲线形状。其次检查轮廓线。从主视图可知，圆柱体的侧面投影轮廓线在c'',d''以上的部分已被切去，故轮廓线画到c'',d''为止，并在c'',d''处与椭圆相切。最后，将椭圆、轮廓线、底面投影加深。结果如图8-6(c)所示。

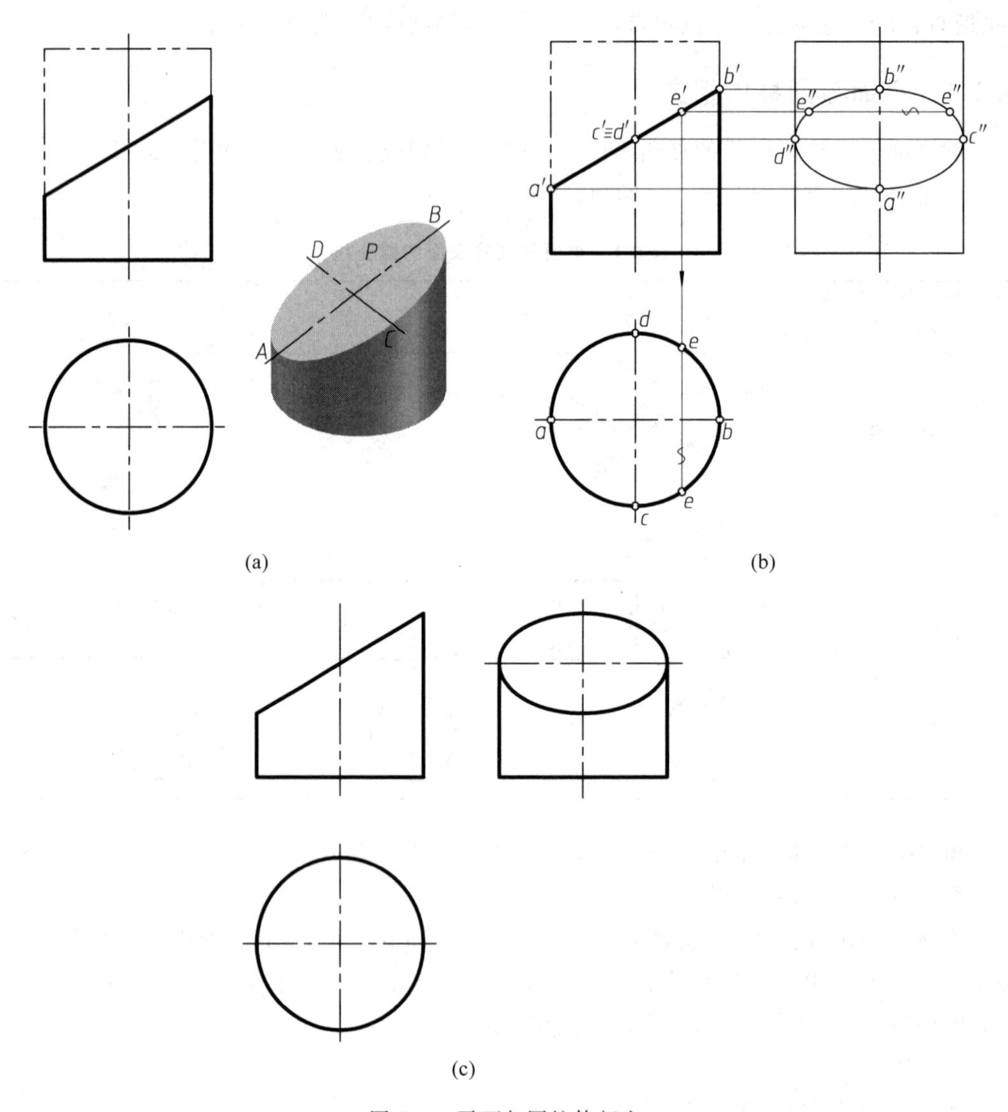

图8-6　平面与圆柱体相交

如图 8-7 所示，截平面与圆柱体轴线的夹角变化时，截交线侧面投影的椭圆的长、短轴也随之变化。当夹角为 45°时，投影为一个圆。

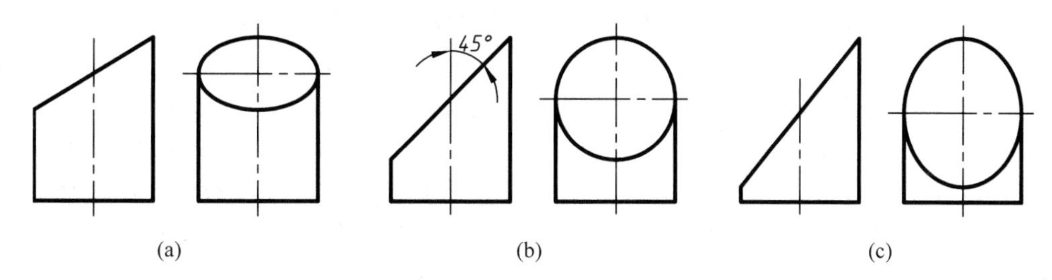

图 8-7 截平面与圆柱体轴线的夹角不同时椭圆长、短轴的变化

例 8-5 图 8-8(a)所示为圆柱体左端被开一方槽后的主视图和左视图，图 8-7(b)为立体图，试作出俯视图。

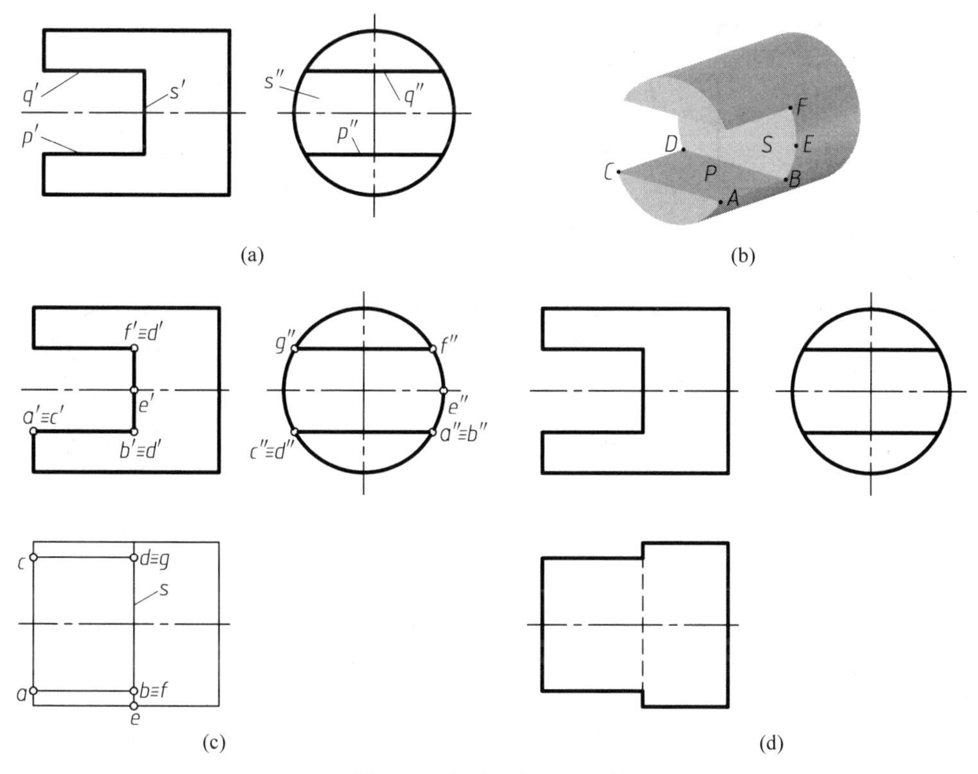

图 8-8 多平面截切圆柱体

解：(1) 空间及投影分析

方槽由两个水平面 P、Q 及侧平面 S 切出。多个面与回转体相交时，依然要逐个截平面进行分析。

平面 P 和 Q 情况相似，所以只分析平面 P。水平面 P 与圆柱体轴线平行，故它与圆柱面的交线为两条直线 AB、CD，均为侧垂线。平面 P 的正投影积聚为直线 p'，$a'b'$ 和 $c'd'$ 也积聚在 p' 上。圆柱面的侧面投影积聚为圆，$a''b''$ 和 $c''d''$ 积聚在圆的两点上。

利用完整表面相交法将侧平面 S 扩大，与圆柱面的交线为一个圆。该圆的正面投影积聚在 s' 的位置，侧面投影与左视图上圆柱表面的积聚性圆投影重合，水平投影也积聚为直线。由于平面 P、Q 的存在，实际有效的交线为两段圆弧 BF 和 GD。

(2) 作图

① 作出完整圆柱体的俯视图，然后根据投影关系作出截交线的水平投影(图 8-8(c))。具体做法为：先作出平面 P 与圆柱体的两条交线 ab 和 cd，再作出平面 S 的水平投影 s。

② 检查。首先检查轮廓线的投影。从主视图可知，圆柱体的水平投影轮廓线在点 E 左边的部分已被切去，故俯视图轮廓线画到 e 为止。其次检查可见性。俯视图中，平面 S 的水平投影在 b 和 d 之间的部分不可见，应画为虚线。但 b-e-f 之间的部分可见，应画为粗实线。最后将可见的线加粗，结果如图 8-8(d)所示。

例 8-6 图 8-9(a)所示为圆筒左端被开一方槽后的主视图、左视图和立体图，试作出俯视图。

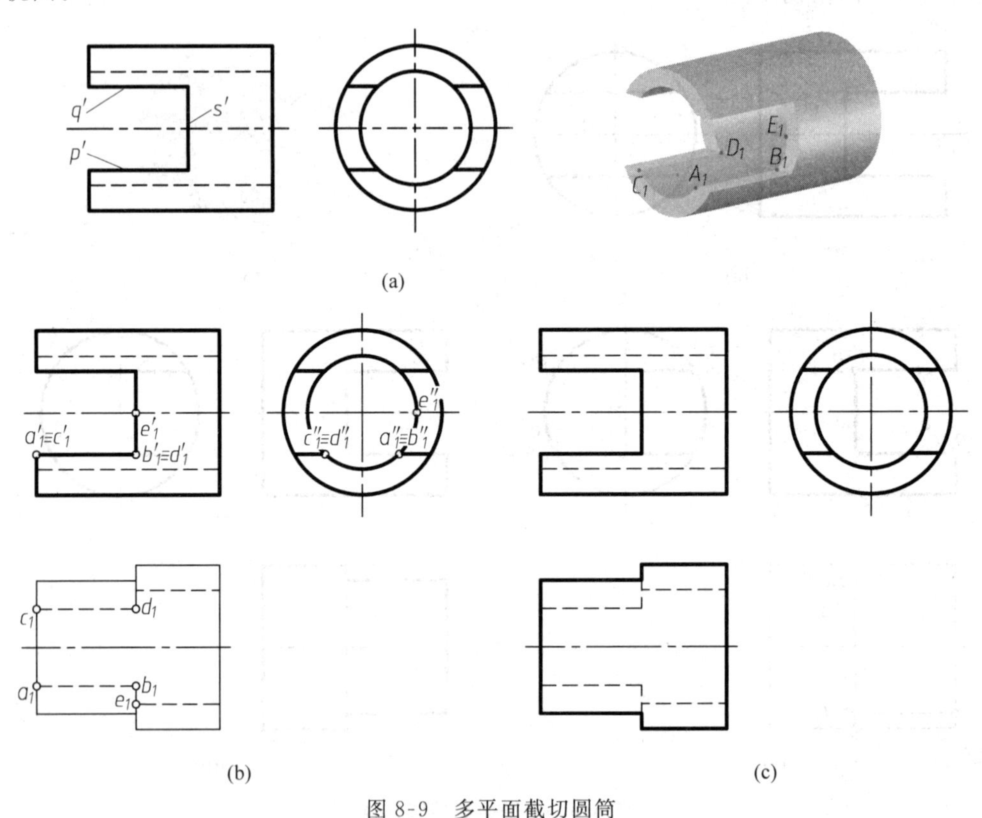

图 8-9 多平面截切圆筒

解：(1) 空间及投影分析

本例与例 8-7 类似，但在圆柱体内部增加了一个圆柱形孔。因此，水平面 P、Q 及侧平面 S 既要与圆柱外表面相交，同时又与圆柱孔内表面相交。故应分别求交线。

(2) 作图

① 参照例 8-7，先分别画出平面 P、Q、S 与外表面的交线，结果可参见图 8-8(d)。

② 分别画出平面 P、Q、S 与内表面的交线(图 8-9(b))。

③ 检查。首先检查轮廓线。从主视图可知,圆柱孔的水平投影轮廓线在 E_1 左边的部分已被切去,故轮廓线画到 e_1 为止。其次检查可见性。圆柱孔上轮廓线和截交线的水平投影均不可见,应画为虚线。

注意:由于圆柱孔的存在,平面 S 被分为前、后两部分,故在俯视图的 b_1,d_1 之间不应有线。结果如图 8-9(c)所示。

例 8-7 图 8-10(a)所示圆柱体被水平面 P、正垂面 Q、正平面 S 截切。求作其三视图。

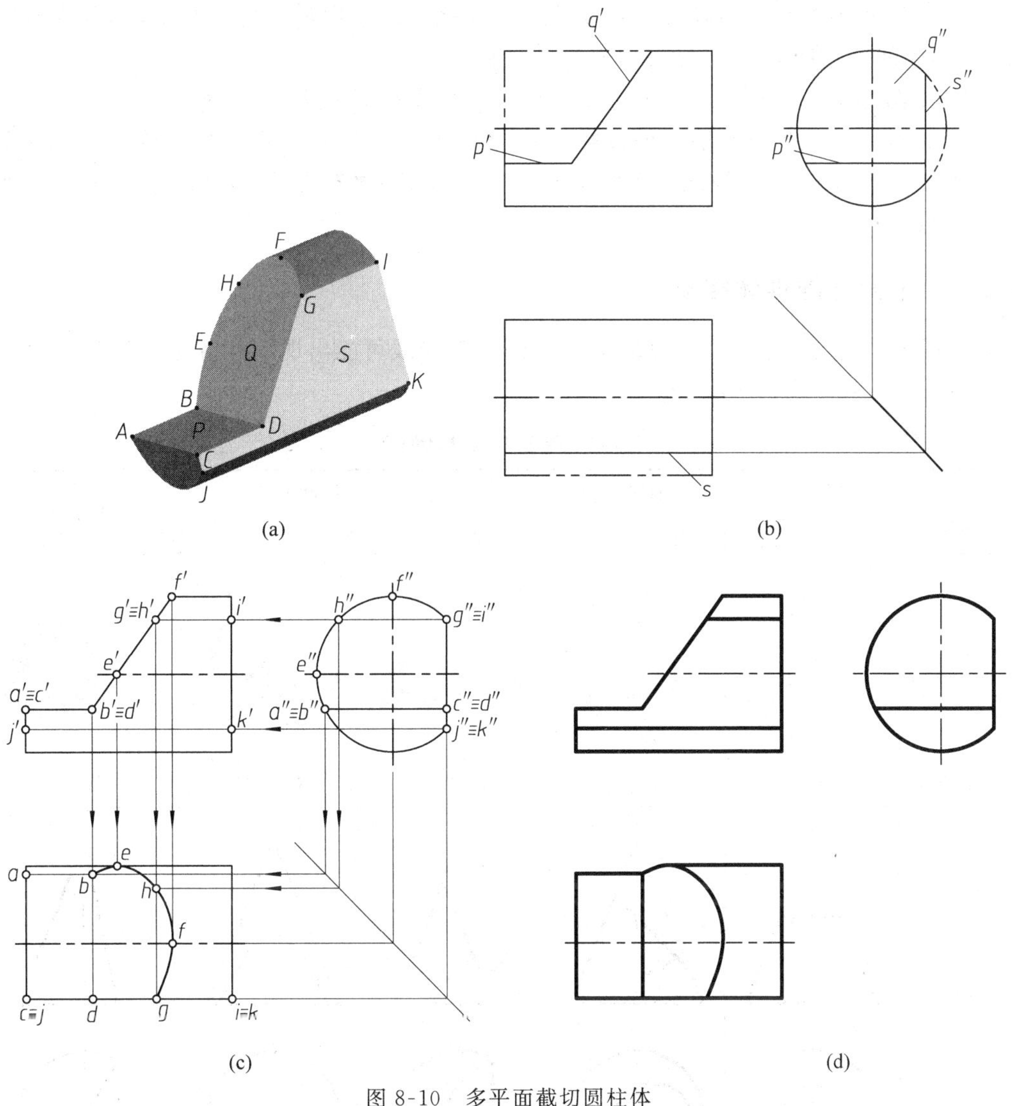

图 8-10 多平面截切圆柱体

解:(1) 空间及投影分析

当多个平面截切主体时,应逐个截平面进行分析。水平面 P 的投影在主视图和左视图上都具有积聚性,它与圆柱表面的交线为直线,也积聚在 p',p'' 上。正垂面 Q 与圆柱轴线倾斜,产生的截交线为椭圆,在主视图上积聚于直线 q',在俯视图上应为椭圆弧,在左视图上积聚于圆上($BEFG$ 段)。正平面 S 的投影在俯视图和左视图上都具有积聚性,它与圆柱体的交线为直线，积聚在 s，s''上。

(2) 作图

① 先画出完整圆柱体的三视图，再画出平面 P，Q，S 的积聚性投影 p'，p''，q'，s，s''，如图 8-10(b)所示。

② 如图 8-10(c)所示，作出平面 P 与圆柱表面交线的侧面投影 $a''b''$，并画出水平投影 ab。P 与 S 相交于 CD，四边形 $abdc$ 是平面 P 的水平投影面形。BD 是平面 P 与 Q 的交线。

③ 如图 8-10(c)所示，画出平面 Q 所产生交线的水平投影。其中 B，E，F，G 为特殊点，H 为中间点，将 b，e，h，f，g 光滑地连接起来。

④ 如图 8-10(c)所示，补全平面 T 与圆柱体交线的正面投影 $g'i'$和 $j'k'$。

⑤ 检查。首先检查轮廓线的投影。从主视图可知，圆柱的水平投影轮廓线在 e 左边的部分已被切去，故俯视图轮廓线画到 e 为止。最后将轮廓线、截交线等加深，结果如图 8-10(d)所示。

8.2.2 平面与圆锥体相交

根据截平面与圆锥体轴线的相对位置不同，截交线可能出现 5 种情况，即：圆、椭圆、直线、抛物线、双曲线，见表 8-2。

表 8-2 平面与圆锥体相交

截平面的位置	与轴线垂直 $\theta=90°$	与轴线倾斜 $\alpha<\theta<90°$	与一条素线平行 $\theta=\alpha$	与轴线平行 $\theta=0°$，或倾斜且 $0°<\theta<\alpha$	过锥顶
立体图	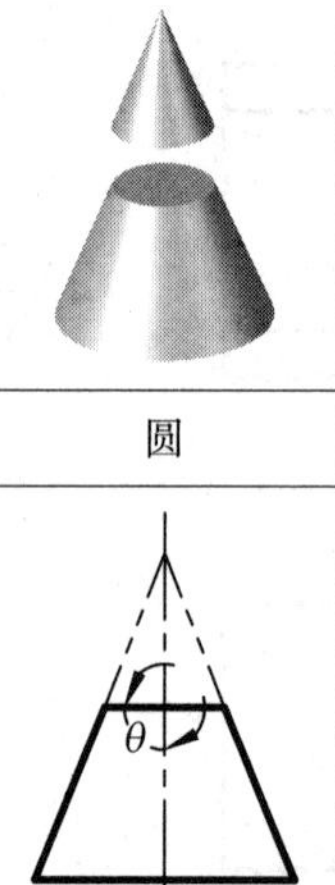	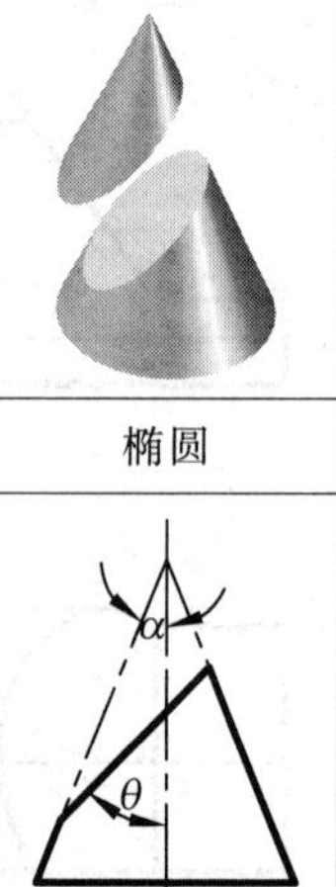	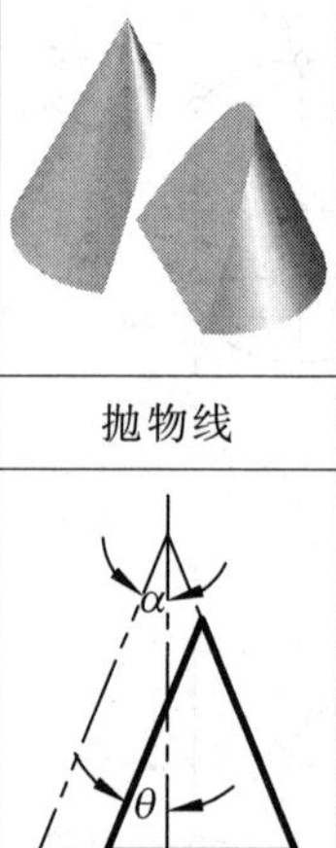	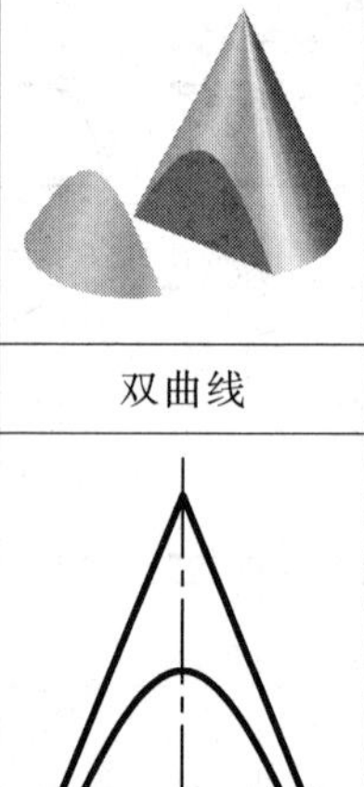	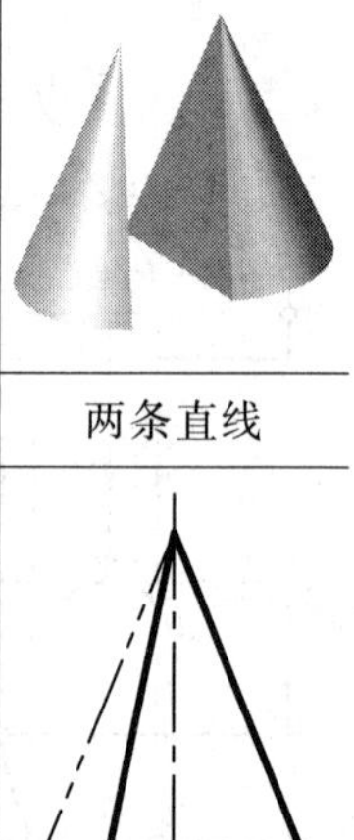
截交线形状	圆	椭圆	抛物线	双曲线	两条直线
主视图和俯视图	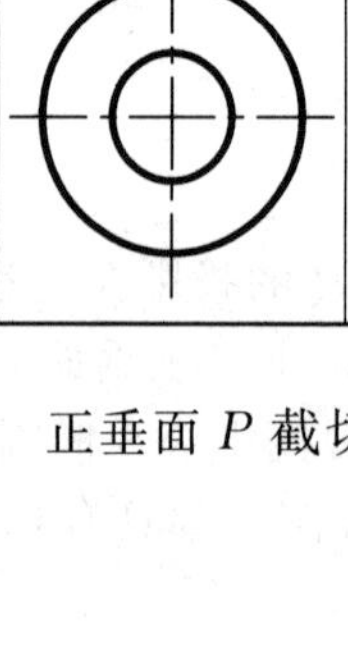 θ	 α θ	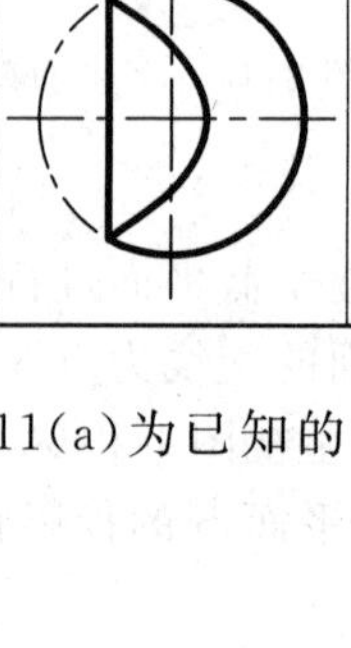 α θ	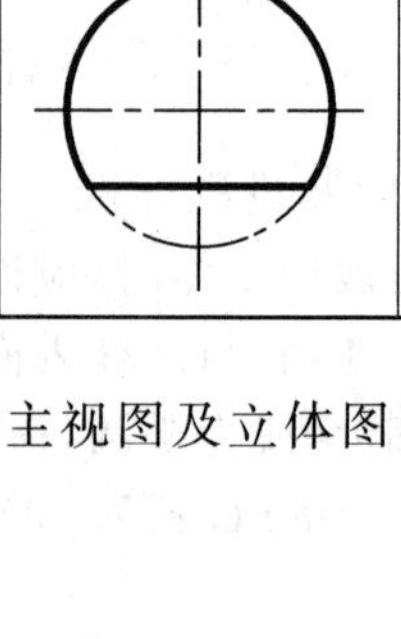	

例 8-8 正垂面 P 截切圆锥体，图 8-11(a)为已知的主视图及立体图，求作俯视图和左视图。

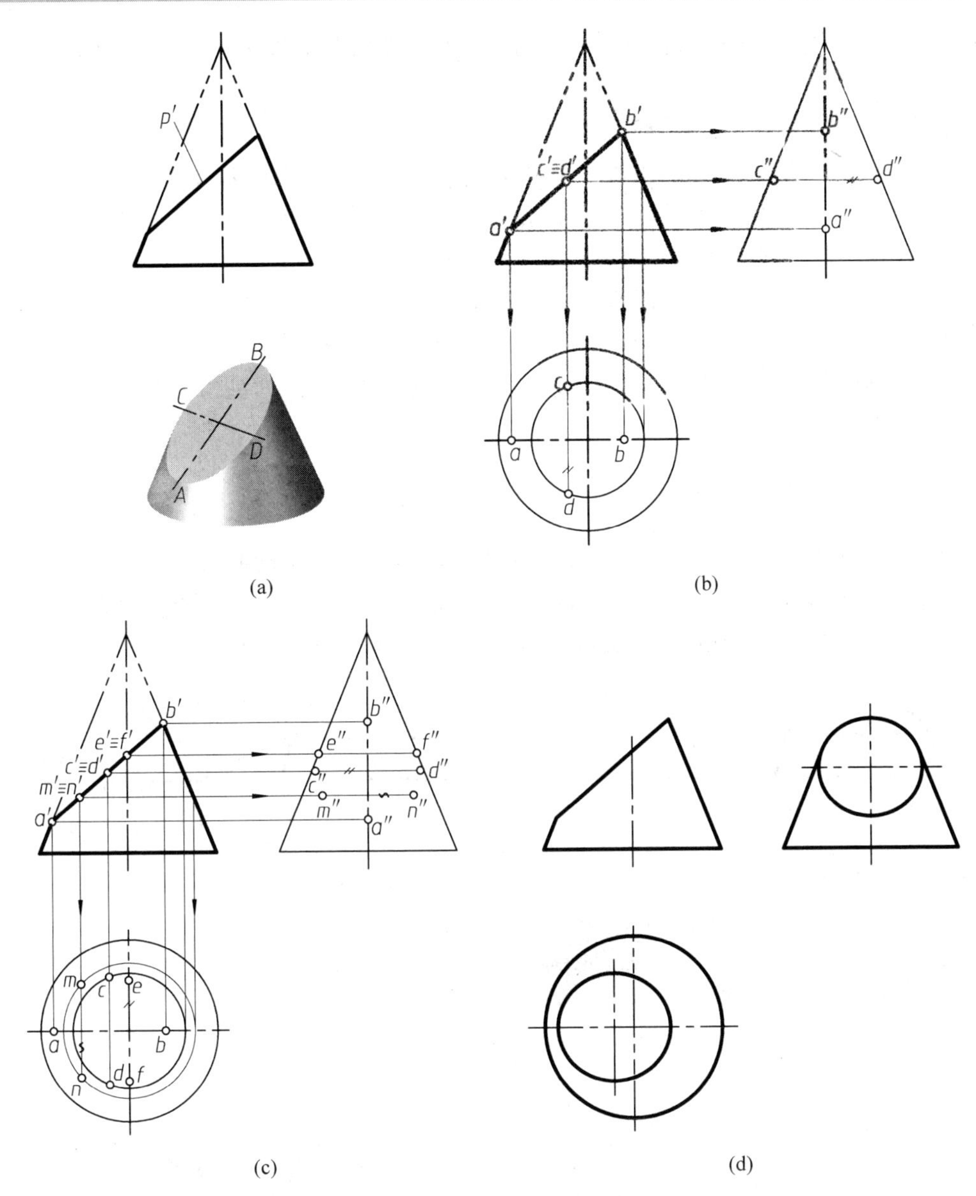

图 8-11　平面斜切圆锥体

解：(1) 空间及投影分析

截平面 P 与圆锥体轴线倾斜相交，截交线应为椭圆。P 为正垂面，截交线的正面投影积聚在 p' 上，其水平投影和侧面投影则为椭圆。截交线上的特殊点包括：椭圆长、短轴的端点 A，B，C，D，以及圆锥轮廓线上的点。

(2) 作图

① 先画出完整圆锥的俯视图和左视图。

② 求椭圆长、短轴端点的投影。从立体图可知，椭圆长轴端点 A，B 应在圆锥主视图轮廓线上，短轴 CD 与 AB 垂直平分。如图 8-10(b)所示，找到主视图上 p' 与轮廓线的交点 a'，b'，并据此找到俯视图和左视图轴线上的 a，b 和 a''，b''。作出直线 $a'b'$ 的中点，该点

为点 C,D 的正面投影重影点 $c' \equiv d'$。利用辅助圆法作出圆锥表面上 C、D 两点的投影 c,d 和 c'',d''。

注意:c'',d''并不在左视图轮廓线上。

③ 求圆锥轮廓线上的点。主视图上截交线与轮廓线的交点就是 a',b',已作出。左视图上截交线与轮廓线的交点 E,F 的正面投影 e',f' 重叠在主视图轴线上。如图 8-11(c)所示,在左视图轮廓线上作出 e'',f'',继而在俯视图上作出 e,f。

④ 作中间点。如图 8-11(c)所示,利用辅助圆法作出中间点 M,N 的投影。

⑤ 连线并检查。将各点依次光滑连接,完成截交线。检查轮廓线投影:左视图中圆锥轮廓线画到 e'',f''为止,其上部分已被切去,而且轮廓线在 e'',f''处与椭圆相切。最后将轮廓线、截交线等加深,结果如图 8-11(d)所示。

8.2.3 平面与圆球相交

平面截切圆球时,无论截平面与圆球的相对位置如何,产生的截交线均为圆。但是当截平面相对于投影面处于不同位置时,截交线的投影可以是圆、椭圆或积聚为直线。

例 8-9 图 8-12(a)所示半个圆球被截切,完成俯视图和左视图。

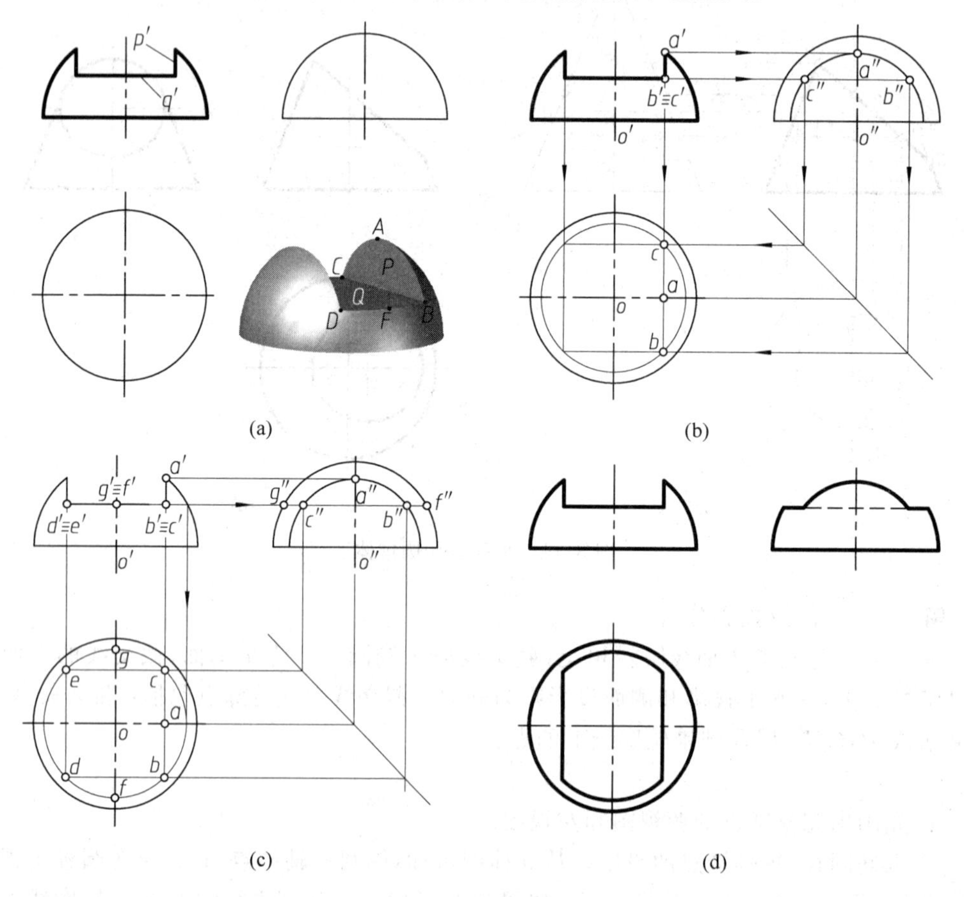

图 8-12 平面截切圆球

解：(1) 空间及投影分析

半个圆球上方被一个水平面 Q 和两个侧平面 P 截切开槽，类似形体可见于螺钉的头部结构。3 个平面与球相交，交线均为圆弧。水平面 Q 截切出的截交线在俯视图中为反映实形的圆，侧平面 P 截切出的截交线在左视图中为反映实形的圆，截交线其余的投影均积聚为直线。

(2) 作图

① 求侧平面 P 与球的截交线。如图 8-12(b)所示，在左视图中以球心 o''为圆心，$o''a''$为半径，画出侧平面 P 截切出来的圆弧。由于平面 P 与平面 Q 相交于 BC，因此 $b''a''c''$为圆弧的有效部分。画出 P 的水平投影，bc 段直线为有效部分。

② 求水平面 Q 与球的截交线。如图 8-12(c)所示，在俯视图中画出水平面 Q 截切得到的圆弧。其中，bfd 和 egc 段为圆弧的有效部分。水平面 Q 在左视图中积聚为直线 $f''g''$。

③ 检查并加深。首先检查轮廓线。左视图中，球体的轮廓线位于 g''、f''以上部分已被切去，故不应画出。其次检查可见性。左视图中 Q 平面投影的 $b''c''$段因受遮挡而不可见，故应画为虚线。但应注意，$b''f''$和 $c''g''$仍可见。最后将可见部分加深，结果如图 8-12(d)所示。

8.2.4 平面与圆环相交

截平面在不同位置截切圆环，产生的截交线形状不同，可以是一条或两条。

例 8-10 如图 8-13(a)所示，水平面 P 截切半个圆环，试完成俯视图。

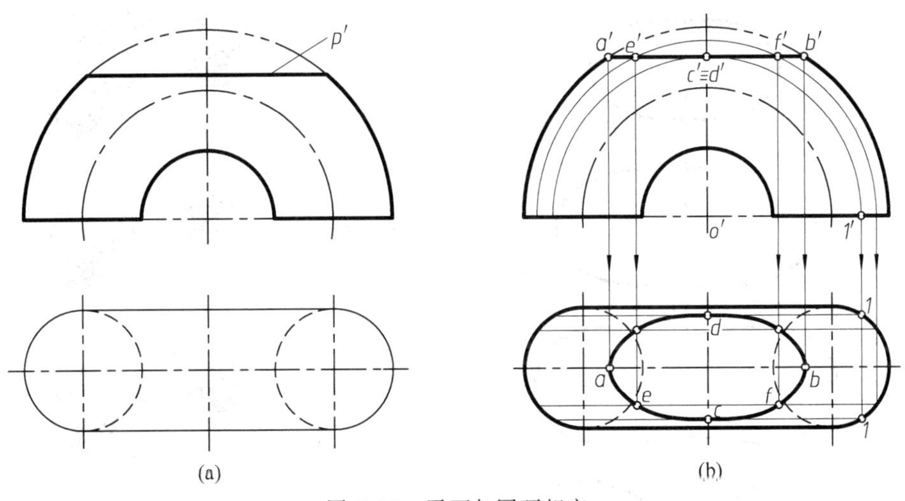

图 8-13 平面与圆环相交

解：(1) 空间及投影分析

从已知的主视图可以看出，圆环上部被水平面 P 截切，截交线应为一条封闭的平面曲线。由于 P 为水平面，因此，截交线的正面投影积聚在 p'上，其水平投影应反映曲线的实形。

(2) 作图

首先作出圆环被截切之前的俯视图，如图 8-13(a)所示。

① 求截交线上的特殊点。特殊点包括曲线的最左点 A、最右点 B、最前点 C 和最后

点 D。A,B 点位于主视图外环面的轮廓线上,可以直接找到其正面投影 a',b',并据此在俯视图的轴线位置上作出 a 和 b。C,D 点的正面投影 c',d' 位于 $a'b'$ 的中点。利用辅助圆法,通过环面上找点,可以作出水平投影 c 和 d。如图 8-13(b)所示。具体作法为:过 C 点或 D 点,在圆环面上作一个与圆环轴线垂直的圆。该圆的正面投影为反映实形的圆,圆心为 o',半径为 $o'c'$。该圆的水平投影积聚为平行于 X 轴,且通过点 1 的直线,从而可以在直线上确定 c,d 的位置。

② 求截交线上的中间点。参照点 C 和点 D,利用辅助圆法,作出中间点 E,F 的水平投影。

③ 将各点依次连接起来,并将截交线和其他可见轮廓线加深,结果如图 8-13(b)所示。

(3) 讨论

改变截平面的位置,截交线的形状将发生相应的变化。如图 8-14 所示,水平面 P,P_1,P_2 与圆环相交的截交线为封闭的一条曲线,称为波修斯(Perseus)曲线;水平面 P_3 与内环面轮廓的圆相切,截交线为伯努利(Bernoulli)曲线;水平面 P_4 生成的截交线为左右两条,称为卡西尼(Cassini)卵形线。

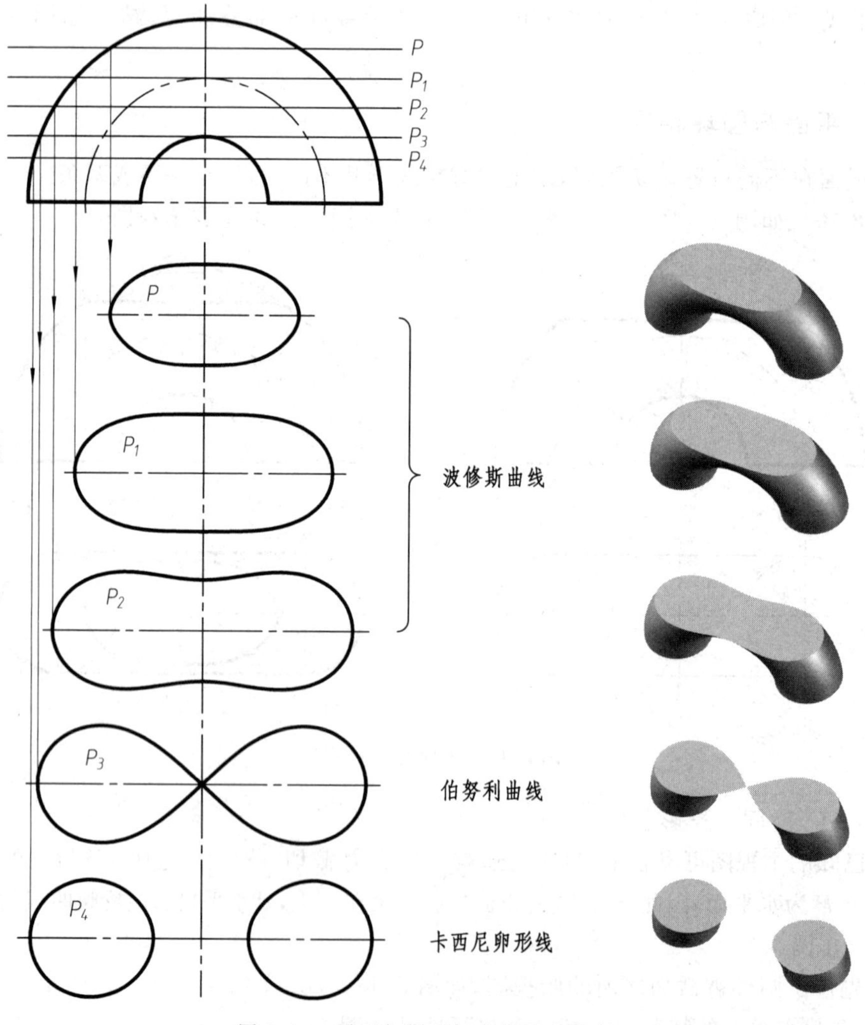

图 8-14 平面与圆环相交的几种情况

8.3　直线与立体相交

直线与立体相交时，需求出交点。

8.3.1　直线与平面体相交

求直线与平面体相交的交点，其实质就是求出直线与平面的交点。解决这类问题的根本方法，实际上已经在第5章中介绍过了。在具体应用时，有以下两种情况。

1. 直线与某投影面垂直，或者立体上与直线相交的平面垂直于某投影面

此时，可以利用积聚性投影直接找到交点的一个投影。

例 8-11　如图 8-15 所示，直线 AB 与三棱柱相交，求作交点。

解：三棱柱的侧棱面垂直于水平面，其水平投影积聚为直线。交点 M，N 的水平投影可以直接在积聚的直线上求出。从 m，n 向上作投影连线与 $a'b'$ 相交，即可求出 m'，n'。直线 AB 在 M，N 之间的部分已经伸入三棱柱内部，因此 m，n 之间及 m'，n' 之间不画线。

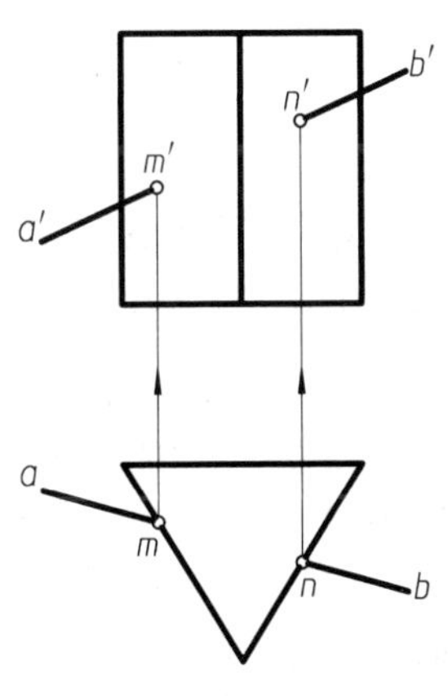

图 8-15　直线与三棱柱相交

2. 直线及立体上与直线相交的表面均处于空间一般位置

此时必须利用辅助平面才能求出直线与立体的交点。包含直线作辅助平面，先求出辅助平面与立体表面的截交线，这些截交线与原直线的交点即为直线与立体的交点。

例 8-12　如图 8-16 所示，求直线 EF 与三棱锥相交的交点。

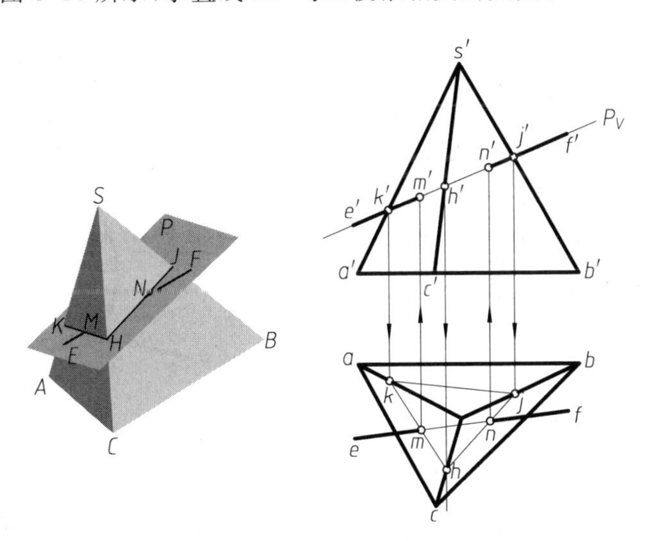

图 8-16　直线与三棱锥相交

解：(1) 选择适当的辅助平面

辅助平面的选择应遵循两个原则：其一，辅助平面应包含直线 EF，从而保证辅助平面与立体的截交线能够与原直线相交；其二，应当能够方便地作出辅助平面与立体的截交线。因此，可选择包含直线 EF 的正垂面 P 为辅助平面。

(2) 求出辅助面与三棱锥各侧面的交线

辅助平面 P 的正面投影 p' 应积聚在 $e'f'$ 上，利用 p' 的积聚性，找到 P 与棱锥3条棱线交点的正面投影 k'，j' 和 h'，进而作出水平投影 k，j 和 h。k，j，h 围成的三角形就是辅助面 P 与三棱锥的截交线的水平投影。

(3) 确定交点

截交线与原直线 EF 的交点，即为直线 EF 与三棱锥的交点。在俯视图中，作出截交线 kh，jh 与直线 ef 的交点 m，n，进而确定主视图中的 m' 和 n'。M，N 即为所求。

8.3.2 直线与回转体相交

与求直线与平面体的交点类似，如果能够利用直线或者回转体表面的积聚性投影，就可以直接求出直线与回转体的交点。但是，如果无法直接利用积聚性投影，一般则要通过作辅助面的方法，才能作出交点。

例 8-13 如图 8-17 所示，求直线 AB 与圆锥的交点。

解：AB 为一般位置直线，圆锥的投影也不具备积聚性，所以要利用辅助面进行作图。辅助面应包含直线 AB，而且与圆锥的交线的投影应当简单易画，因此如图 8-17(a)所示，选取直线 AB 上任意两点 E，F 及圆锥顶点 S，过这3点作辅助平面。该辅助面与圆锥相交得到两条相交直线 SC，SD。为了找到 C，D 点，可先将 SE，SF 延长后与圆锥底面(扩大后)交于点 M，N，直线 MN 与圆锥底圆的交点即为点 C，D。

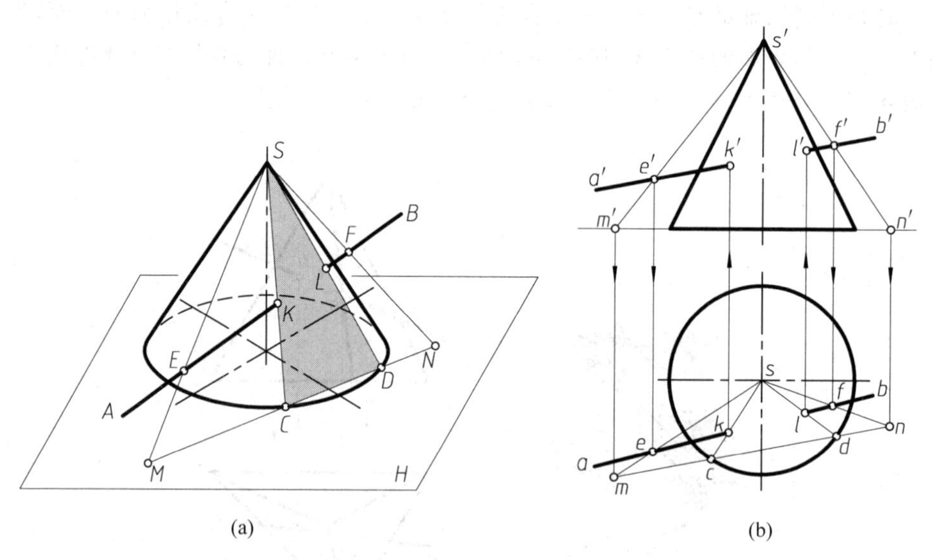

图 8-17 直线与圆锥相交

直线 SC，SD 与 AB 的交点 K，L 即为直线 AB 与圆锥的交点，作图过程详见图 8-17(b)。线段 KL 在圆锥内部，故 k' 与 l'、k 与 l 之间不画线。

立体与立体相交

机械零件中常常出现立体与立体相交的结构。为了清晰地表达零件的形状，应该把立体表面交线的投影绘制出来。

通常将立体与立体相交称为相贯，将立体相贯时表面产生的交线称为相贯线。相贯线具有以下特性：

(1) 表面性。相贯线必位于相交立体的表面上。

(2) 共有性。相贯线是相交立体表面上共有的线，线上的点都是相交立体表面上共有的点。

(3) 封闭性。相贯线一般由封闭的空间曲线或折线组成。

本章主要介绍由各类常见立体相交时所产生的相贯线的画法。

9.1 平面体与回转体相交

平面体与回转体相交时，平面体的各表面与回转体表面相交产生截交线(直线或平面曲线)，因此，相贯线是由若干段直线或平面曲线围成的封闭的空间折线。求出平面体各表面与回转体表面的截交线，就得到了相贯线。

例 9-1 已知三棱柱与圆柱体相交的俯视图和左视图(图 9-1(a))，求作主视图。

解：(1) 空间及投影分析

三棱柱的 3 个侧面均与圆柱表面相交，产生 3 条截交线，因此相贯线由这 3 条截交线组成。通过分析三棱柱各侧面与圆柱的相对位置关系易知：后侧面与圆柱面的交线为直线，其余两个侧面与圆柱面的交线为椭圆弧。

由相贯线的共有性可知，其侧面投影积聚在左视图的圆弧上，水平投影积聚在俯视图的三角形上，因此，相贯线的侧面投影和水平投影均为已知。

(2) 作图

① 如图 9-1(b)所示，作出两相交立体的轮廓草图，三棱柱的后侧面与圆柱面的交线为侧垂线，其侧面投影积聚在 $1''\equiv2''$，由此作出其正面投影 $1'2'$。

② 如图 9-1(c)所示，三棱柱左侧面与圆柱面交线的水平投影和侧投影分别积聚在俯视图中直线 143 上和左视图中 $1''4''3''$椭圆弧上，据此作出其正投影 $1'$、$4'$、$3'$，其中 $4'$为圆

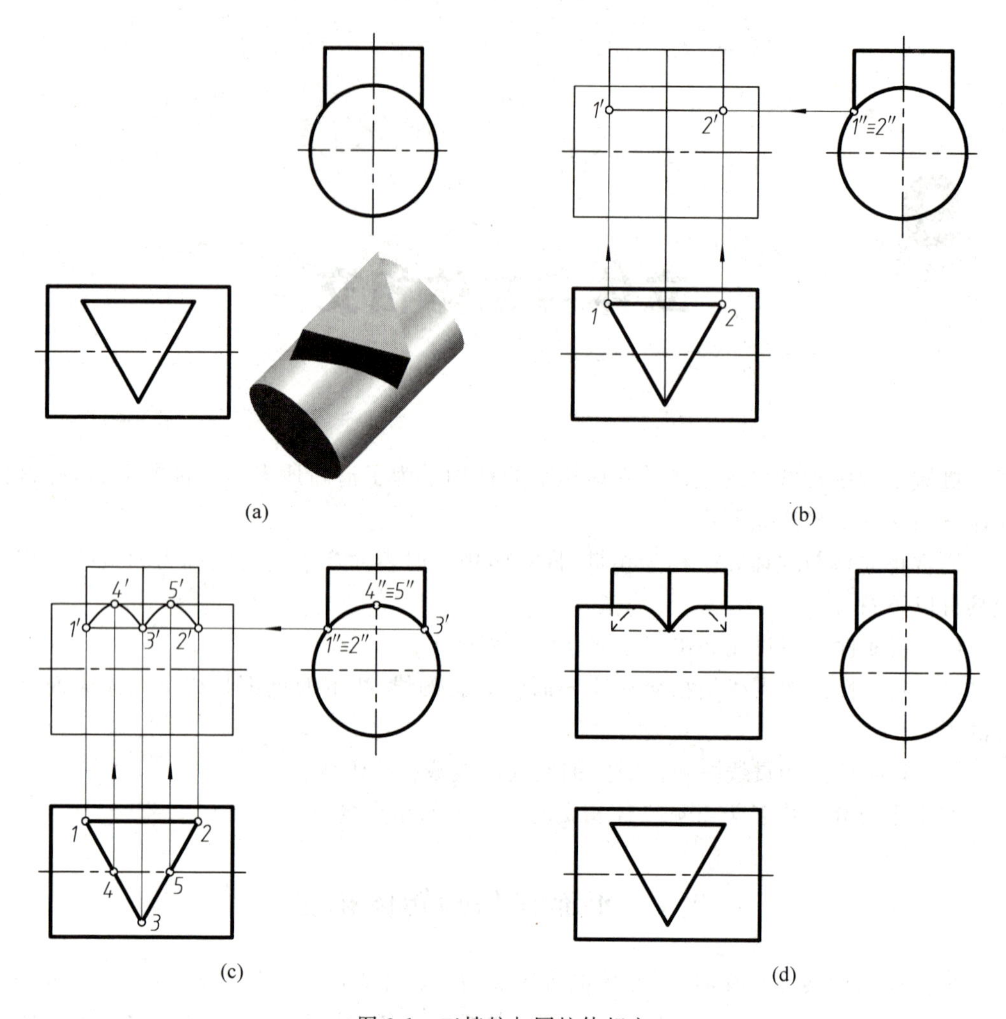

(a)　(b)　(c)　(d)

图 9-1 三棱柱与圆柱体相交

柱体主视图轮廓线上的点,也是椭圆弧 1′4′3′的最高点。光滑连接 1′4′3′椭圆弧。

同样,可以作出三棱柱右侧面与圆柱面交线的正面投影 2′5′3′。

③ 检查。首先检查圆柱体轮廓线的投影及其可见性。从俯视图中可以看出,圆柱体的正面投影轮廓线位于点Ⅳ,Ⅴ之间的部分已经融入整个形体的内部,因此在主视图中4′,5′之间的轮廓线不应画出。其他部分的轮廓线保留并可见。其次检查三棱柱棱线的投影及其可见性。三棱柱的左、右、中 3 条棱线分别到点Ⅰ、Ⅱ、Ⅲ处截止,故主视图中三棱柱的 3 条棱线分别画至 1′、2′、3′。但左、右两条线位于圆柱体主视图轮廓线以下的部分被遮挡,故应画为虚线。最后检查相贯线的可见性。交线ⅠⅡ位于圆柱体的后半个圆柱面上,因此主视图中交线 1′2′不可见,应画为虚线。从俯视图可以看出,椭圆ⅠⅣ和ⅡⅤ段均位于圆柱体的后部,因此在主视图中 1′4′和 2′5′应画为虚线。其他部分的相贯线均可见。最后将各个可见部分加粗,结果如图 9-1(d)所示。

9.2　回转体与回转体相交

回转体与回转体表面相交时，相贯线一般是封闭而光滑的空间曲线。曲线上的每一个交点都是两个回转体表面上的共有点。在这些共有点中，有些点的位置比较特殊，如曲线的极限位置点、回转体表面轮廓线上的点、相贯线上可见与不可见部分的分界点等。这些点被称为相贯线上的特殊点。作出这些特殊点的投影，并在相邻特殊点之间适当地补充一些中间点，将这些共有点顺序、光滑地连接起来，就得到了相贯线的投影。

求共有点的方法一般有两种：表面取点法和辅助面法。

9.2.1　表面取点法求相贯线

表面取点法就是先确定出共有点的某个已知投影，然后直接利用回转体表面上取点的方法，求出共有点的未知投影，从而画出两个回转体相交的相贯线。在这一过程中，常常要利用回转表面的积聚性投影。

例 9-2　图 9-2(a)所示为两圆柱体垂直相交，求作相贯线的正面投影。

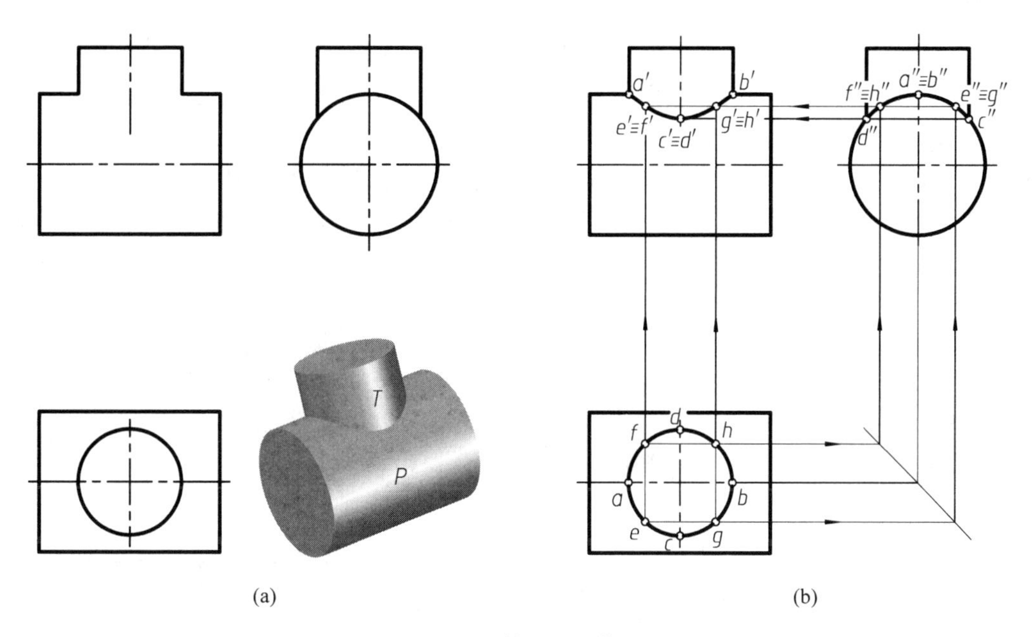

图 9-2　圆柱体与圆柱体正交

解：(1) 空间及投影分析

从图 9-2(a)可知，两圆柱体的轴线垂直且相交，此时称为两圆柱体正交，相贯线是前后及左右分别对称的封闭空间曲线。圆柱体 P 的轴线垂直于 W 面，故该圆柱面的侧面投影积聚在左视图中的大圆上；圆柱体 T 的轴线垂直于 H 面，故该圆柱面的水平投影积聚在俯视图中的小圆上。根据相贯线的共有性可知，相贯线的水平投影和侧面投影均已知，即水平投影积聚在俯视图的小圆上，侧面投影积聚在左视图中大圆上方与圆柱 T 共有的一段圆弧上。

(2) 作图(见图 9-2(b))

① 作出特殊点的投影。特殊点包括主视图中圆柱体 P 轮廓线与圆柱体 T 轮廓线的交点 A,B,左视图中圆柱体 T 轮廓线上的点 C,D。其中,点 A,B 的三面投影均为已知,点 C,D 的侧面投影 c'',d''已知,据此很容易在主视图轴线的位置上作出其正面投影 $c'\equiv d'$。

② 补充中间点的投影。利用相贯线已知的水平投影和侧面投影,可以方便地在每两个相邻的特殊点之间补充一个中间点 E,F,G,H。例如,先在俯视图的小圆上选一点 e,利用圆柱面上找点的方法,在左视图中圆柱体 P 的积聚性投影大圆上确定 e''的位置,然后利用点的投影关系即可在主视图上作出其正面投影 e'。

③ 在主视图中将各点的投影依次光滑地连接起来并加深,完成相贯线的投影。

④ 检查。主视图中大圆柱 P 的轮廓线 $a'b'$段,由于已进入圆柱 T 的内部,已不是形体的轮廓,故不应再画出。

讨论:

(1) 立体的布尔运算与相贯线

在 7.1 节中曾经提到用布尔运算的方式构成立体。两个立体的相贯,实际上就是在进行立体的布尔运算。

图 9-3 表示了两个圆柱体进行不同的布尔运算时相贯线的情况。其中,图 9-3(a)为并运算($A\cup B$),此时 A,B 作为外表面相交;图 9-3(b)为差运算($A-B$),此时圆柱 B 作为内表面与圆柱 A 外表面相交;图 9-3(c)为立方体 C 同时与 A,B 进行差运算($C-A-B$),此时圆柱 A,B 都作为内表面相交。为了显示得更清楚,已将差运算之后的形体从中剖开。从图中可以看出,圆柱体 A,B 无论以内表面还是外表面出现,其相贯线的形状都是相同的,其分析方法和作图方法完全一样。但由于布尔运算的方式不同,所以轮廓线各不相同。

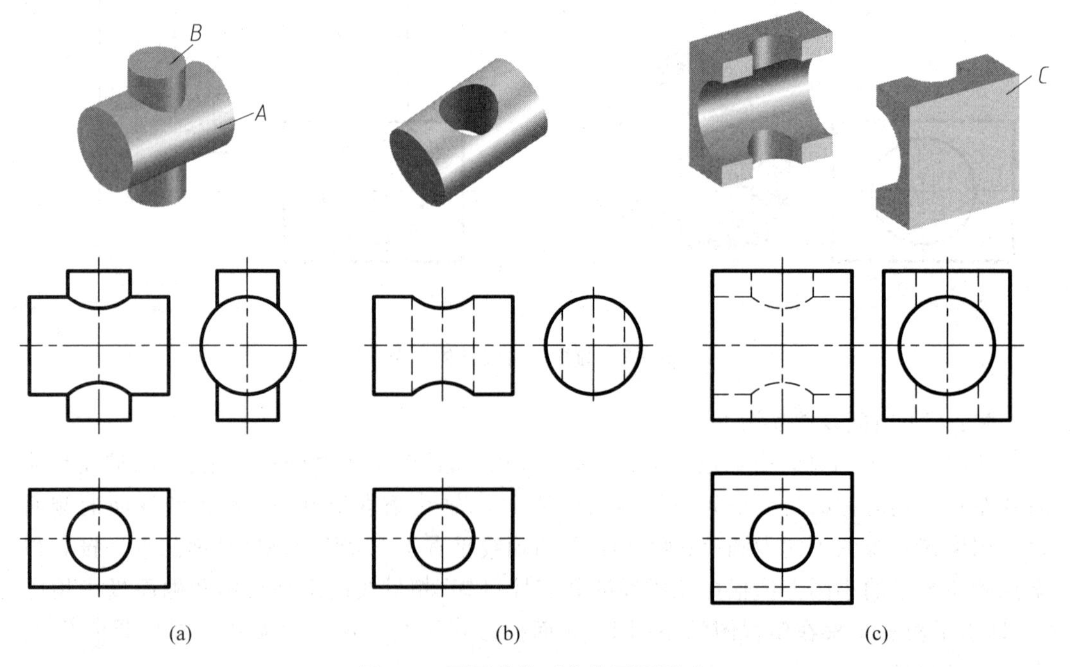

图 9-3 两圆柱体正交的不同形式

(2) 相贯线与圆柱体直径的关系

两个相交圆柱体的直径发生变化时，相贯线的形状也随之改变，如图 9-4 所示。在相贯线的非圆投影(图中主视图)上，相贯线总是向着直径较大的圆柱体的轴线弯曲(图 9-4(a)和(c))。当两个圆柱体直径相等时，相贯线变为两条平面曲线(椭圆)，其投影为两条相交直线(图 9-4(b))。

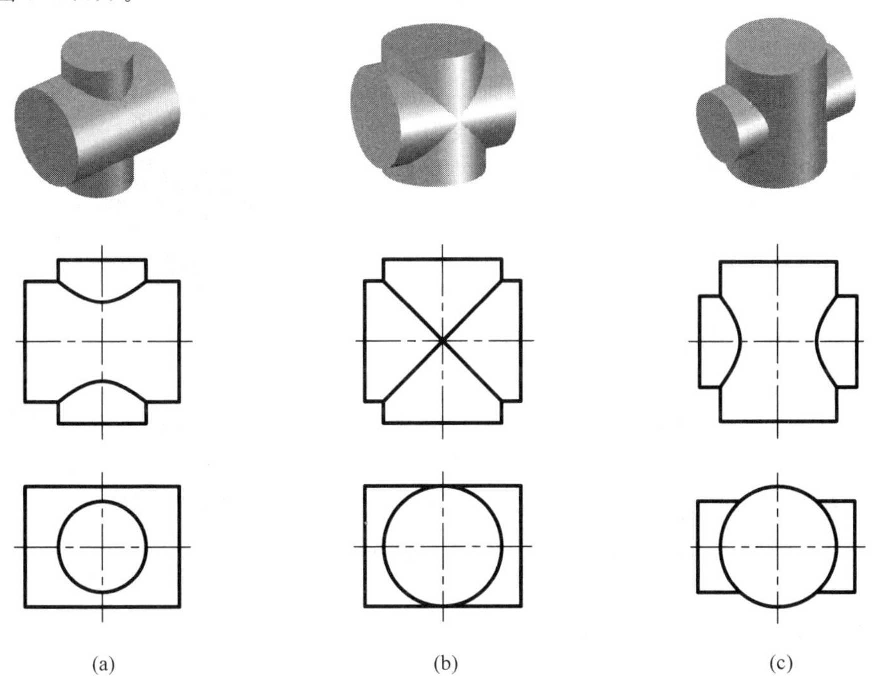

图 9-4 圆柱体直径与相贯线的关系

9.2.2 辅助面法求相贯线

辅助面法的思路是：借助辅助面，利用“三面共点”的原理，求出辅助面及两个相交回转体表面上的共有点，进而作出相贯线。

辅助面可以选择平面或者球面。例如，对于图 9-5(a)所示圆锥与圆柱相交，图 9-5(b)采用辅助平面法，图 9-5(c)采用辅助球面法。选择辅助面的原则是保证辅助面与回转体表面的交线的投影简单易画。

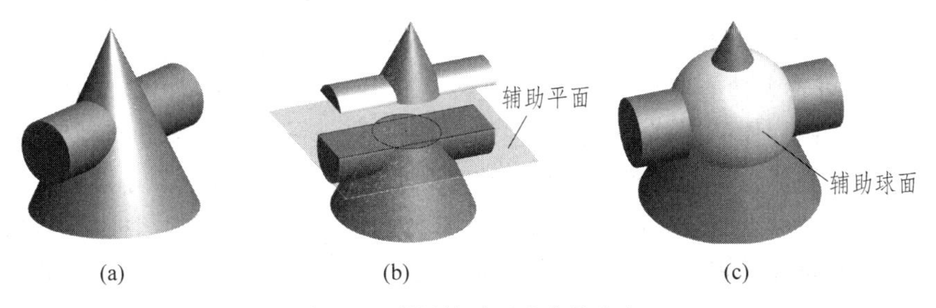

图 9-5 利用辅助面法求共有点

利用辅助面法求共有点的基本步骤为：

(1) 选择适当的辅助面，使之与两个回转体都相交，且交线的投影均简单易画。

(2) 分别作出辅助面与两个回转体的交线。

(3) 求出交线的交点，这个交点既位于辅助面上，还同时位于两个回转体表面上，即“三面共点”，因此该交点是两个回转体表面的共有点。

1. 辅助平面法

如图 9-6 所示，选择水平面 P 作为辅助平面同时截切圆柱和圆锥。平面 P 与圆锥的交线为一个圆，与圆柱的交线为两条直线。直线与圆的交点即为圆柱与圆锥的共有点。改变平面 P 的位置，可以作出一系列共有点。

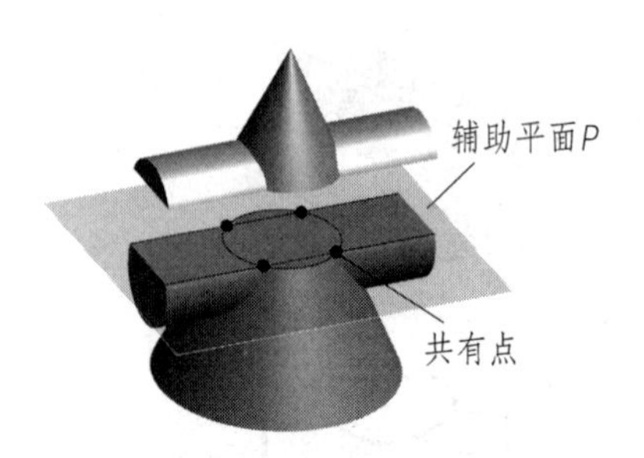

图 9-6　辅助平面法

例 9-3　如图 9-7(a)所示，两圆柱体相交，已知俯视图和左视图，请作出主视图上相贯线的投影。

解：(1) 空间及投影分析

从图 9-7(a)可知，小圆柱体穿过大圆柱体，两个圆柱体的轴线彼此垂直，但不相交，此时称为两圆柱体偏交，相贯线是上、下两条光滑、封闭的空间曲线。大圆柱体的侧面投影和小圆柱体的水平投影分别积聚为圆，因此，相贯线的侧面投影和水平投影均为已知，分别积聚在左视图大圆的部分圆弧和俯视图的小圆上。

(2) 作图

因两条相贯线上下对称，因此只分析上面一条。

① 利用表面取点法作出特殊点的投影(图 9-7(b))。相贯线上共有 6 个特殊点：大圆柱正面投影轮廓线上的点Ⅰ，Ⅱ，小圆柱正面投影轮廓线上的点Ⅲ，Ⅳ，小圆柱侧面投影轮廓线上的点Ⅴ，Ⅵ。如图 9-7(b)所示，可直接在俯视图上找到这 6 个点的水平投影 1，2，…，6。再利用圆柱体表面取点的方法，在左视图中作出 $1''$，$2''$，…，$6''$，进而作出这 6 个点的正面投影 $1'$，$2'$，…，$6'$。

② 利用辅助平面法作出中间点的投影(图 9-7(c))。一般在特殊点之间要确定出若干个中间点的投影，以保证相贯线更接近实际情况。可选择一个适当位置的正平面 P 作为辅助平面，P_H，P_W 分别是 P 的水平迹线和侧面迹线。正平面 P 与小圆柱交于两条铅垂线，与大圆柱交于两条侧垂线，分别作出这 4 条交线，它们的交点Ⅶ，Ⅷ，Ⅸ，Ⅹ即为求出的中间点。其中，点Ⅶ，Ⅷ位于上方的相贯线上，点Ⅸ，Ⅹ位于下方的相贯线上。

③ 将各个点依次光滑地连接起来，形成上、下两条相贯线。

④ 检查。可首先检查相贯线的可见性。从俯视图可以看出，相贯线Ⅲ—Ⅰ—Ⅵ—Ⅱ—Ⅳ段位于小圆柱体的后部，因此，主视图中 $3'$—$1'$—$6'$—$2'$—$4'$部分不可见，应画成虚线。其次检查圆柱体轮廓线的投影。轮廓线必须画到其上的特殊点。小圆柱在主视图上的轮廓线应画到特殊点 $3'$，$4'$，而点 $3'$，$4'$以下部分的小圆柱已进入大圆柱内部，故轮廓线不复存在。大圆柱在主视图上的轮廓线应画到特殊点 $1'$，$2'$，点 $1'$，$2'$之间部分的大圆柱已进入小圆柱内部，故轮廓线已不存在。

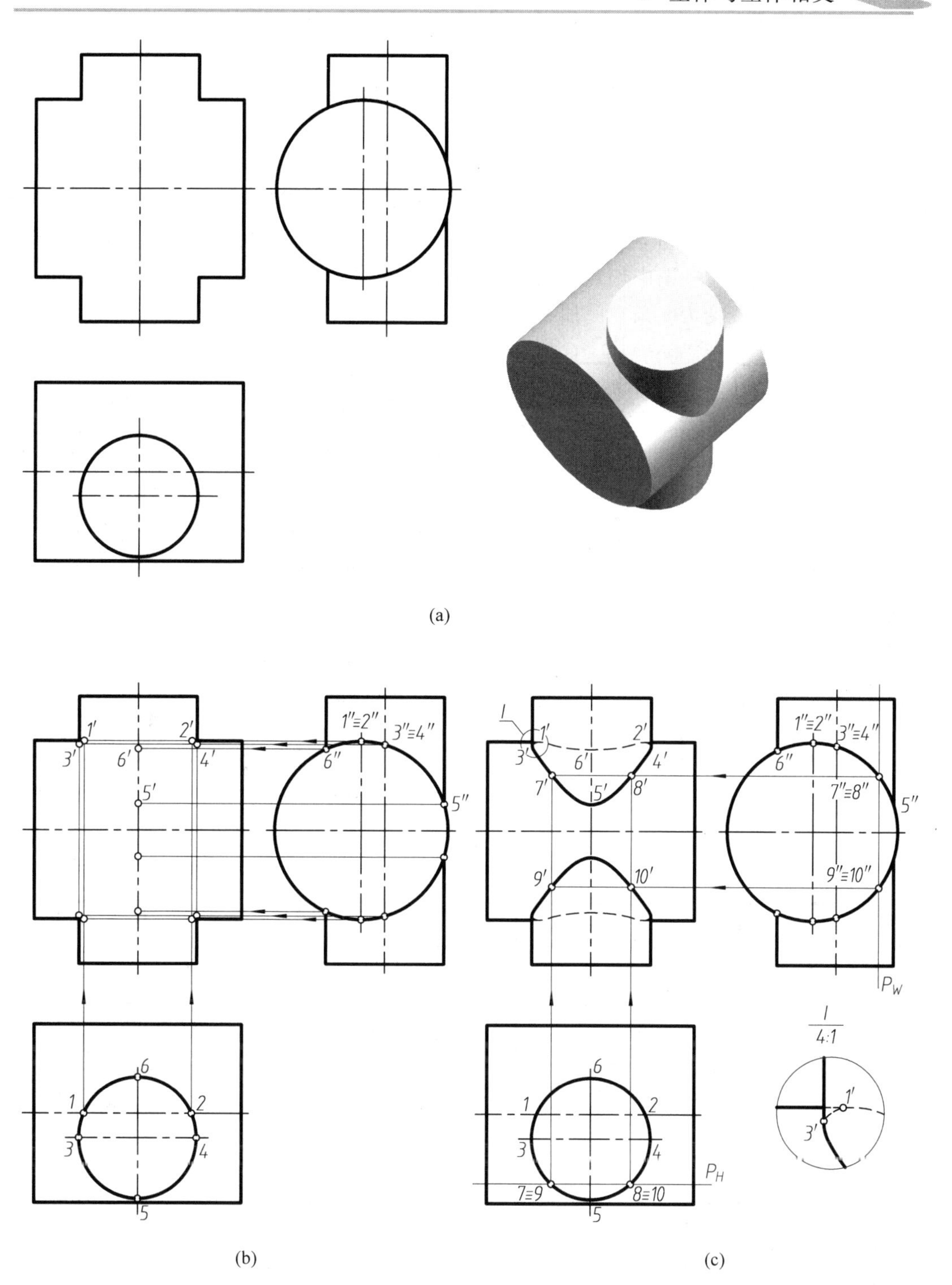
(a)
1'
2'
3'
6'
4'
5'
1''≡2''
3''≡4''
6''
5''
6
1
2
3
4
5
(b)
I
1'
2'
3'
6'
4'
7'
5'
8'
9'
10'
1''≡2''
3''≡4''
6''
7''≡8''
5''
9''≡10''
P_W
I
4:1
1'
3'
6
1
2
3
4
P_H
7≡9
8≡10
5
(c)

图 9-7 两圆柱体偏交

注意：由于大圆柱正面投影的轮廓线有一部分位于小圆柱正面轮廓线的后面，因此这部分为不可见，应画为虚线(详见右下方放大图)。最后将可见轮廓加粗，如图9-7(c)所示。

讨论：当两个回转体的相对位置发生变化时，相贯线的形状也将随之变化。如图9-8所示，图9-8(a)中两圆柱轴线相交，相贯线前后对称，且为上、下两条；图9-8(b)中小圆柱前移，相贯线前后不再对称，但仍为上、下两条；图9-8(c)中两圆柱在俯视图的前方轮廓线处相切，相贯线在主视图中切点处出现尖点；图9-8(d)中小圆柱的一部分移出，形成两个圆柱互贯，相贯线变为一条空间曲线。

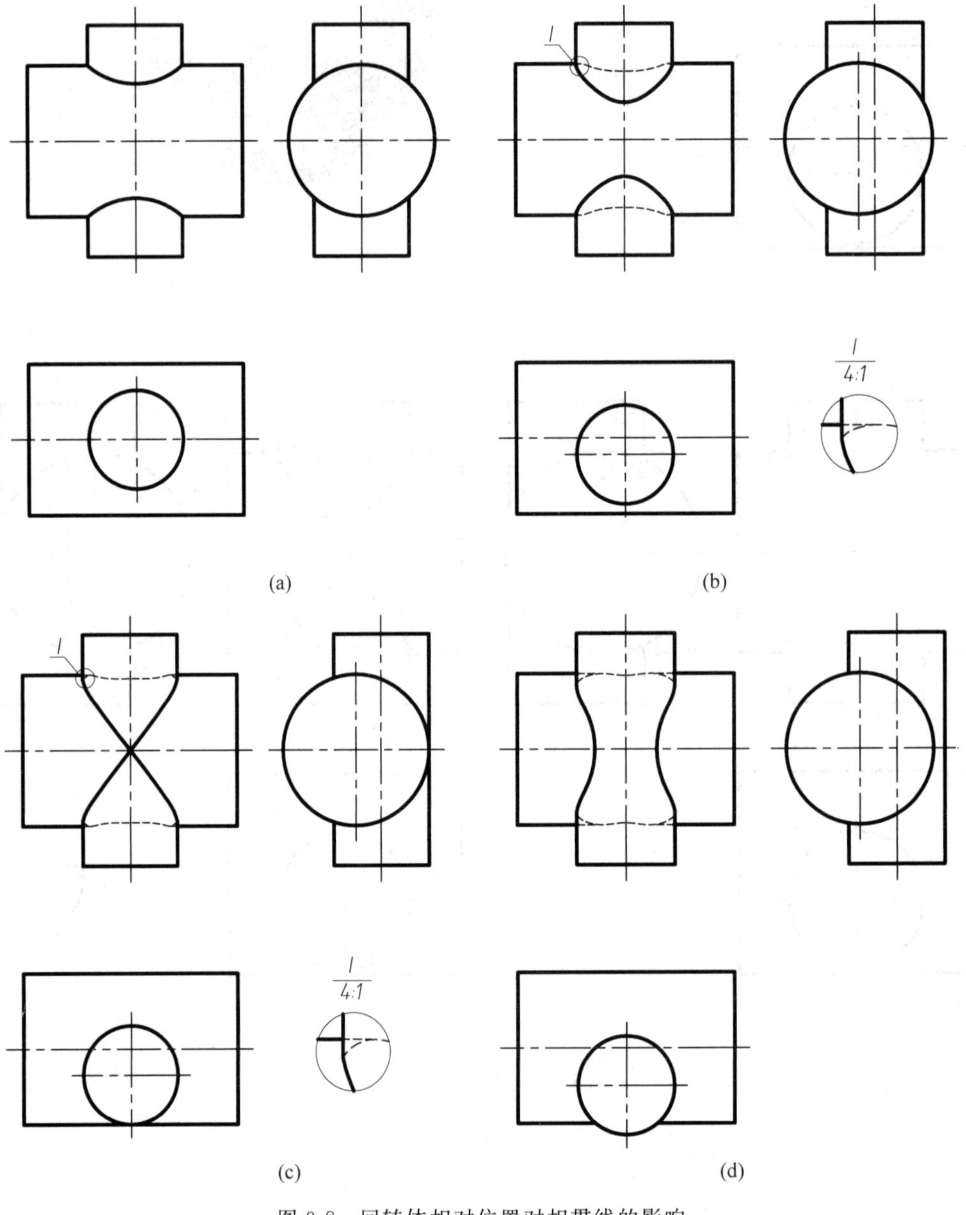

(a) (b) (c) (d)

图9-8 回转体相对位置对相贯线的影响

2. 辅助球面法

在求作相贯线的过程中，在一定条件下，也可以选择球面作为辅助面。

如图 9-5(c)所示，当辅助球的球心落在圆柱、圆锥等回转体的轴线上时，辅助球面与回转体表面的交线是垂直于回转体轴线的圆。

根据使用条件不同，辅助球面法可分为同心球面法和异心球面法。

1）同心球面法

同心球面法的思路是：当相交的两个曲面体都是回转体，且它们的轴线相交时，以轴线的交点为球心作辅助球。辅助球面分别与这两个回转体表面相交，产生交线圆。两个交线圆的交点即为“三面共点”的位置，即交点既在辅助球的球面上，又同时位于两个回转体的表面上，因此是两回转体表面的共有点。保持球心位置不变，适当改变辅助球的半径，可以得到两个回转体相贯线上不同的点。

例 9-4 图 9-9(a)所示圆柱体与圆锥体正交，试作出相贯线的投影。

解：(1) 空间及投影分析

圆柱体与圆锥体正交，相贯线为两条左右对称的封闭光滑曲线。由于圆柱表面的侧面投影积聚为圆，因此相贯线的侧面投影为已知，也积聚在该圆上。

(2) 作图

① 利用表面取点的方法找到相贯线上最高、最低点的投影(图 9-9(b))。从左视图中可以看出，相贯线上最高、最低点为Ⅰ，Ⅱ，它们在主视图中位于圆锥轮廓线上，1″，2″为已知，因此可以直接找到 1′，2′和 1，2。

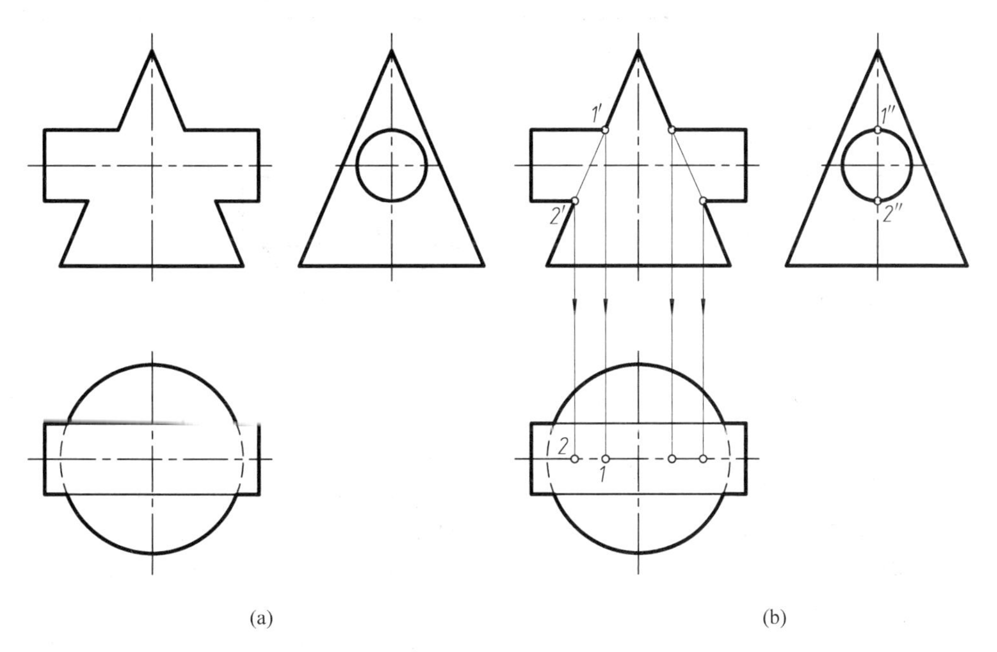

图 9-9 圆柱与圆锥正交

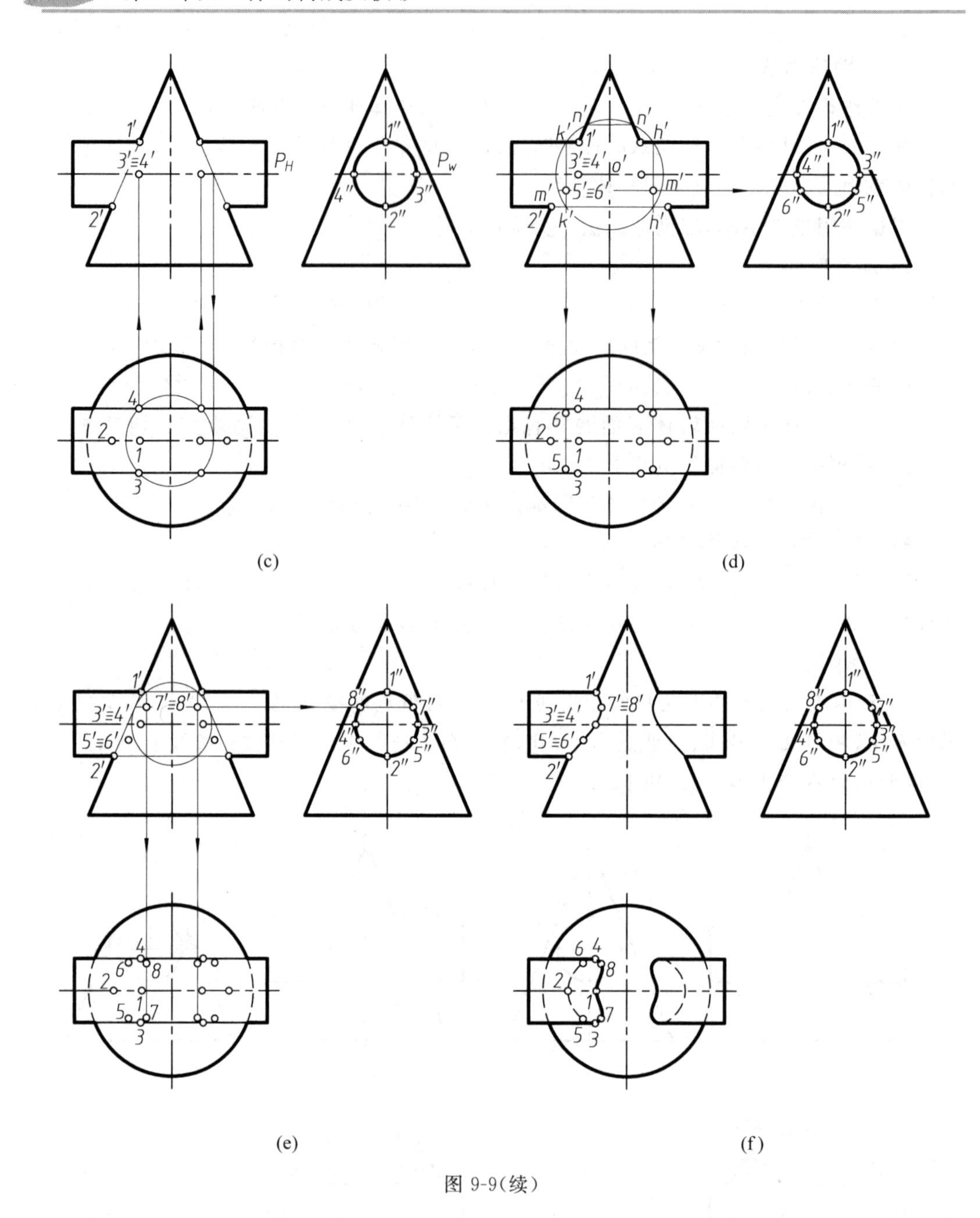

图 9-9(续)

② 利用辅助平面法作出相贯线上最前、最后点的投影(图 9-9(c))。相贯线上最前、最后点Ⅲ,Ⅳ的侧面投影已知(3″,4″),以通过这两点的水平面 P 为辅助平面。在俯视图中作出平面 P 截切圆锥得到的圆,平面 P 与圆柱相交的交线就是俯视图中圆柱的轮廓线,圆与轮廓线的交点即为 3,4。

③ 利用辅助球面法找中间点(图 9-9(d))。利用辅助平面法也可以找到中间点的投影,读者可以自行尝试。在此,介绍利用辅助球面法找两相交回转体的共有点的作法。在主视图中以圆柱与圆锥体轴线的交点 o' 为圆心,以适当的半径作一个辅助球。辅助球面

与圆锥表面的交线为两个水平圆，其正面投影分别积聚在直线 $m'm'$ 和 $n'n'$ 上。辅助球面与圆柱表面的交线也是两个圆，其正面投影分别积聚在直线 $k'k'$ 和 $h'h'$ 上。$m'm'$ 和 $k'k'$ 的交点 $5'\equiv6'$ 即为共有点。通过圆柱面上找点，作出 $5''$，$6''$ 和 5，6。

④ 利用辅助球面法作出相贯线上最靠近圆锥轴线的点（图 9-9(e)）。辅助球面必须与两个回转体表面同时相交。保持辅助球的球心位置不变，改变辅助球的半径，可以作出圆柱与圆锥表面上不同位置的共有点。从图 9-9(d)可以看出，最大的辅助球为通过点Ⅱ的球。当辅助球的半径逐渐缩小时，共有点逐渐靠向圆锥轴线方向。当辅助球的半径足够小，使之与一个回转体表面相切，同时与另一个回转体表面相交时，以此球得到的共有点最靠近圆锥轴线。此时的辅助球称为最小内切球。显然，最小内切球应该是两个回转体的内切球中较大的一个。在主视图中作出最小内切球（与圆锥相切），并依此作出离圆锥轴线最近的点 $7'\equiv8'$。

⑤ 连线与检查。依次将各个特殊点、中间点光滑连接起来。首先检查相贯线的可见性。从左视图可知，Ⅲ-Ⅴ-Ⅱ-Ⅵ-Ⅳ部分的相贯线位于圆柱体下方，因此其水平投影不可见，故俯视图中 3-5-2-6-4 段画为虚线。其次检查轮廓线投影。主视图中圆锥和圆柱均有部分轮廓线被截断，俯视图中圆柱也有部分轮廓线被截断，都不应画出，俯视图圆柱轮廓线应画出特殊点 3，4 即终止。加深可见部分，得到的最终结果如图 9-9(f)所示。

蒙日定理：若两个二次曲面同时相切于第三个二次曲面，则这两个二次曲面的交线为两条平面曲线。

一般情况下，两个回转体相交的相贯线为空间曲线。但是在如图 9-10 所示的几种回转体相交的情况中，两个回转体具有共同的内切球，均符合蒙日定理的条件。那么它们的两条相贯线就变化为两条平面曲线——椭圆，其正面投影积聚为两条相交直线，直线的端点为两个回转体的轮廓线交点 a'，b' 和 c'，d'。

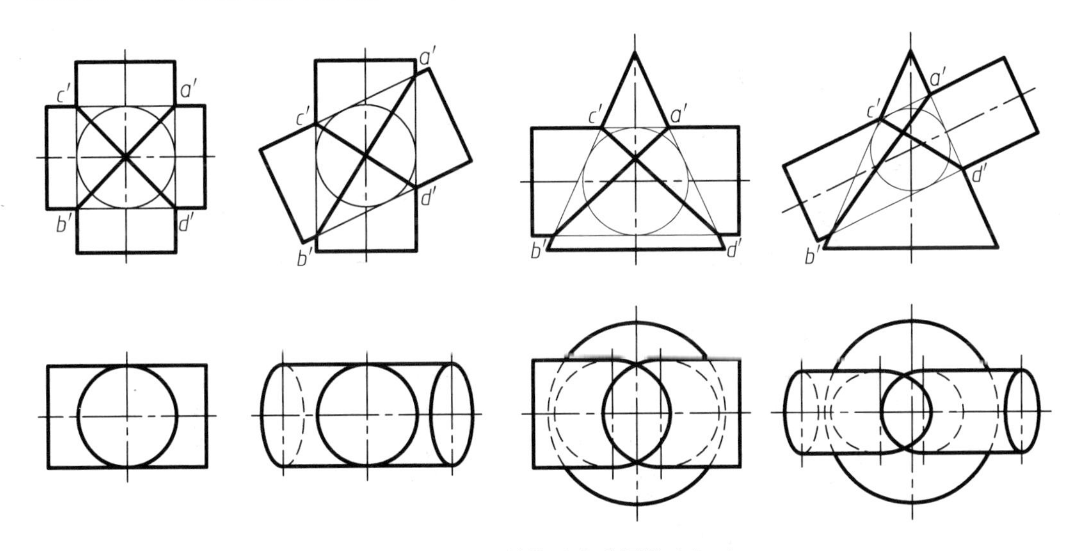

图 9-10　两回转体具有共同的内切球

例 9-5 求作圆柱与圆锥倾斜相交的相贯线(图 9-11)。

解:(1) 空间及投影分析

从图 9-11(a)可以看出,圆柱体倾斜放置。在给定的主视图和俯视图中,均没有相贯线的已知投影。在这样的情况下,如果用辅助平面法,只能选用通过锥顶的正平面,其他平面均不适用。由于圆柱与圆锥轴线相交,因此适用辅助球面法中的同心球面法。

(2) 作图

① 直接作出特殊点的投影。两回转体轴线相交,正面投影的轮廓线彼此相交,因此图 9-11(a)中 1′,2′为特殊点的投影。

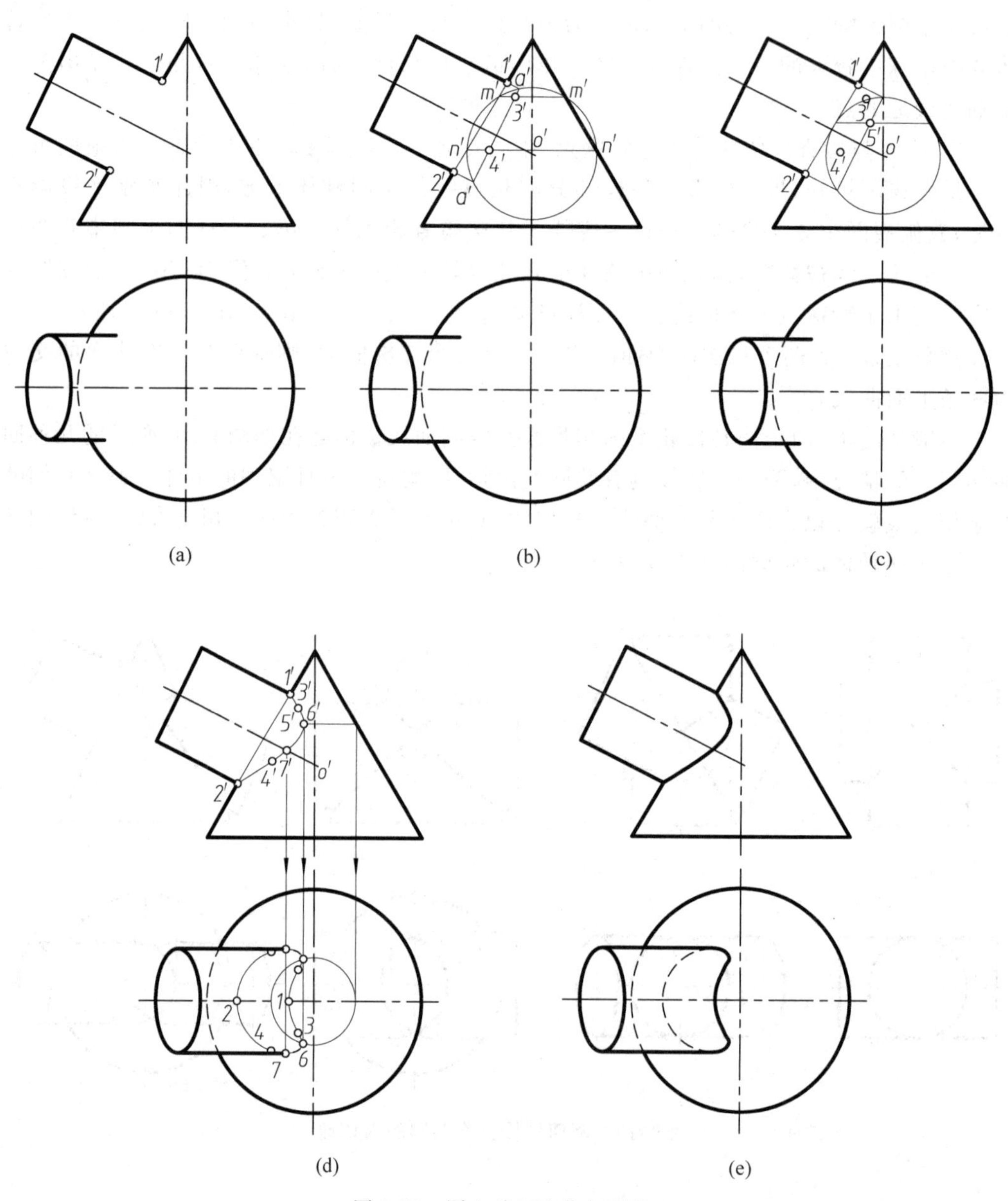

图 9-11 同心球面法作相贯线

② 用辅助球面法作出中间点的投影。如图 9-11(b)所示，以轴线交点 o' 为圆心，以适当半径作辅助球。辅助球与圆锥的交线为两个水平圆，其正面投影积聚在直线 $m'm'$ 和 $n'n'$。因圆柱轴线为正平线，故辅助球与圆柱的交线为一个正垂面上的圆，其正面投影积聚在直线 $a'a'$。$a'a'$ 与 $m'm'$ 和 $n'n'$ 的交点 $3'$，$4'$ 即为通过这个辅助球作出的相贯线上中间点的正面投影。保持球心位置不变，改变球的半径，可以作出相贯线上一系列的共有点。当球的半径逐渐缩小时，共有点逐渐向球心方向移动。如图 9-11(c)所示，作出最小内切球(与圆锥相切)，找到 $5'$。将 $1'$，$3'$，$5'$，$4'$，$2'$ 顺序光滑地连接起来。

注意：如图 9-11(d)所示，主视图中相贯线上最右点 $6'$ 无法直接利用辅助面法准确作出，只能在连线后确定。同时，圆柱俯视图轮廓线上的点Ⅶ的正面投影 $7'$ 也不易准确作出，可在连线后通过曲线与主视图上圆柱轴线的交点来确定。

从上述作图过程可以发现，利用辅助球面法时，只需要一个视图就可以作出相贯线。

③ 作出相贯线的水平投影。如图 9-11(d)所示，从 $7'$ 作投射线与俯视图中圆柱轮廓线相交，找到 7。再利用圆锥面上找点的方法作出其余各点的水平投影，例如如图 9-11(d)中给出了点 6 的作法。将水平投影上各点光滑地连接成曲线。

注意，虽然在主视图中 $6'$，$7'$ 均非准确作出，但在俯视图中，投影 6，7 须分别与 $6'$，$7'$ 符合点的投影规律。

④ 检查及加深。首先检查及加深可见轮廓线。俯视图圆柱轮廓线应画到点 7。其次判断可见性。俯视图中点 7 左侧的相贯线部分因位于圆柱体的下半部，不可见，因此画为虚线。结果如图 9-11(e)所示。

2) 异心球面法

所谓异心球面法，是指在利用辅助球面时，将球心置于不同位置，从而作出相贯线上的不同点。

如果参与相交的两个曲面中，一个是回转面，另一个是母线为圆的圆纹曲面(如圆环面)，当回转面的轴线与圆纹曲面的曲导线共面时，就适用异心球面法。

例 9-6 作圆环和圆锥相交的相贯线(图 9-12)。

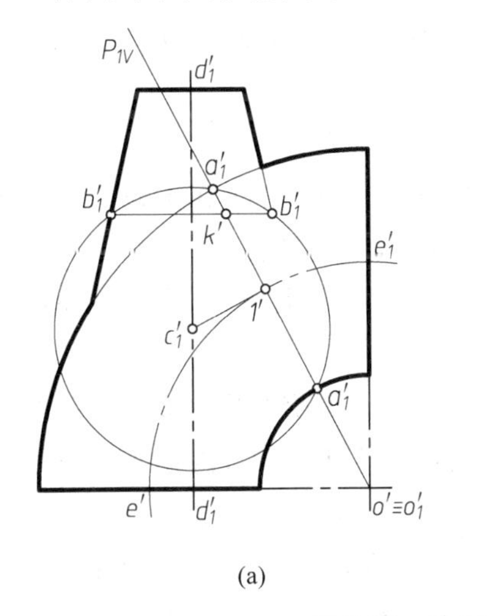

(a)

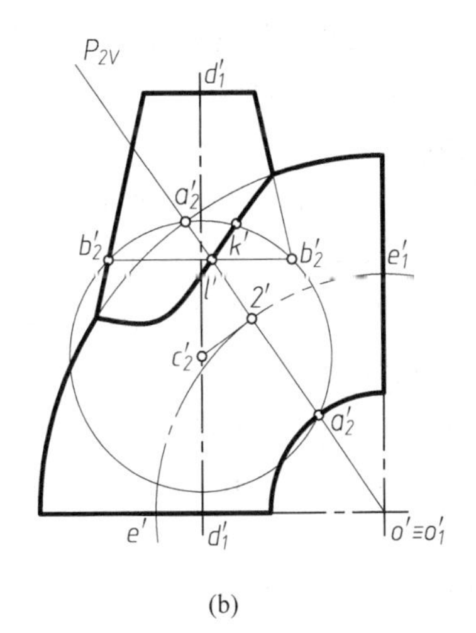

(b)

图 9-12 异心球面法作相贯线

解：圆锥的轴线 DD_1 与圆环的回转轴线 OO_1 不相交，因此无法采用同心球面法。但从图中可以看出，圆环母线圆心的运动轨迹（即曲导线）为圆弧 EE_1，而 EE_1 与 DD_1 共面，因此适用异心球面法。

作图的核心是如何确定辅助球的球心位置及球的半径，从而使辅助球面与圆锥和圆环的交线的投影都是简单易画的直线或圆。为此，如图 9-12(a)所示，包含 OO_1 作一个正垂面 P_1。P_1 截切圆环的交线是一个圆，且该圆的正面投影积聚在迹线 P_{1V} 上，即直线 $a_1'a_1'$ 上，圆心在 $a_1'a_1'$ 的中点 $1'$，$1'$ 位于圆弧 $e'e_1'$ 上。过 $1'$ 作 $a_1'a_1'$ 的垂直平分线，与圆锥轴线 $d'd_1'$ 交于 c_1'。以 c_1' 为球心，以 $c_1'a_1'$ 为半径作辅助球，该球与圆环的交线为圆，就是 $a_1'a_1'$。球与圆锥的交线也是圆，其正面投影积聚成直线 $b_1'b_1'$。$a_1'a_1'$ 与 $b_1'b_1'$ 的交点 k' 即为圆环和圆锥的一个共有点。

同样地，如图 9-12(b)所示，作正垂面 P_2，找到另一个辅助球的球心 c_2'，以 $a_2'c_2'$ 为半径再作一个辅助球，就可以作出相贯线上的另一个点 l'。在作出若干个点之后，将它们及特殊点 m'，n' 光滑地连接起来，完成相贯线的绘制。

9.3 多形体相交

在零件设计中常常会遇到多个形体相交的情况。在求相贯线时，要分别分析有哪两个形体彼此相交，其相贯线的形状如何，然后依次求出这些相贯线。此时，还要特别注意相贯线之间的交点，即三面共点的投影。

例 9-7 图 9-13(a)所示 3 个圆柱体相交，试完成其三视图。

解：(1) 空间及投影分析

从图 9-13(a)可以看出，3 个圆柱体中 A 与 C、B 与 C 的回转表面相交产生相贯线，同时，圆柱体 B 的左侧端面与圆柱体 C 的回转表面相交产生截交线。圆柱 C 表面的水平投影具有积聚性，因此相贯线的水平投影积聚在其上。圆柱 A 和圆柱 B 的侧面投影有积聚性，因此 A 与 C 的相贯线的侧面投影积聚在 A 的侧面投影圆弧上，B 与 C 的相贯线的侧面投影积聚在 B 的侧面投影圆弧上。

(2) 作图

① 作出 A 与 C 的相贯线（图 9-13(b)），其中点Ⅰ为圆柱 A 在主视图轮廓线上的点，Ⅱ，Ⅲ为圆柱 C 在左视图轮廓线上的点，Ⅳ，Ⅴ为相贯线上最右点。

② 作出 B 与 C 的相贯线（图 9-13(c)），其中，点Ⅵ为圆柱 C 在主视图轮廓线上的点，点Ⅶ，Ⅷ为相贯线上最左点。

③ 作出圆柱体 B 左侧端面与圆柱 C 的截交线。该截交线应为 2 条铅垂线，在俯视图中积聚在 $4\equiv7$ 和 $5\equiv8$，作出截交线的侧面投影 $4''7''$ 和 $5''8''$，进而作出正面投影 $4'7'$($5'8'$)。

④ 检查。多形体相交时要特别注意检查相交的 3 个表面是否交于一点（如Ⅳ，Ⅴ点），并要检查相贯线是否封闭。$4''7''$ 和 $5''8''$ 位于圆柱 C 右半部，故不可见，应画虚线。

圆柱 B 的左端面在俯视图中也积聚为直线，端面下部不可见，应在俯视图中补上虚线。

注意：圆柱 B 的左端面在主视图中积聚为直线，该端面与圆柱 C 的交线ⅣⅦ和ⅤⅧ不应遗漏，即 4′7′应有线，否则相贯线无法封闭，结果如图 9-13(d)所示。

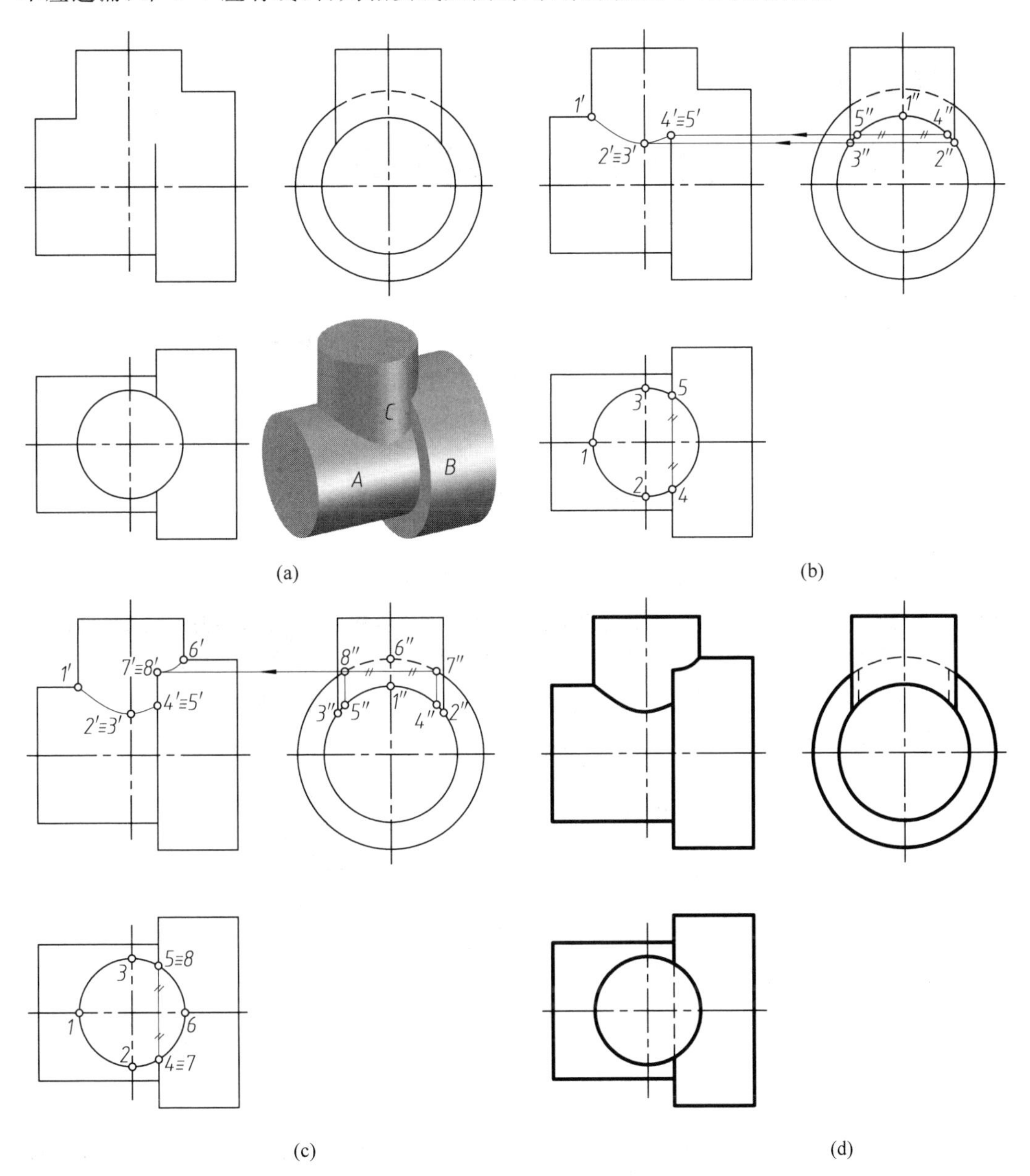

图 9-13 多形体相交

10 组合体的三视图表达

对于形状复杂的几何形体，可以将其分解为由简单的平面体和曲面体经过一定的布尔运算组合而成，我们将这样的复杂几何形体称为组合体。

本章将重点介绍组合体的三视图表达。

10.1 组合体的组合方式和表面关系

在第7章中介绍了若干形体经过并、交、差的布尔运算可以形成新的、更复杂的形体，亦即组合体。为了更加方便地对组合体进行分析和作图，根据组合过程中参与组合的形体的增料和减料特性，可将组合体的组合方式简单地划分为叠加式和切割式。

图10-1(a)所示的组合体是由图10-1(b)中的3个简单形体叠加而来的；图10-2(a)所示的组合体是用图10-2(b)中的形体2,3,4对形体1进行切割而成的。

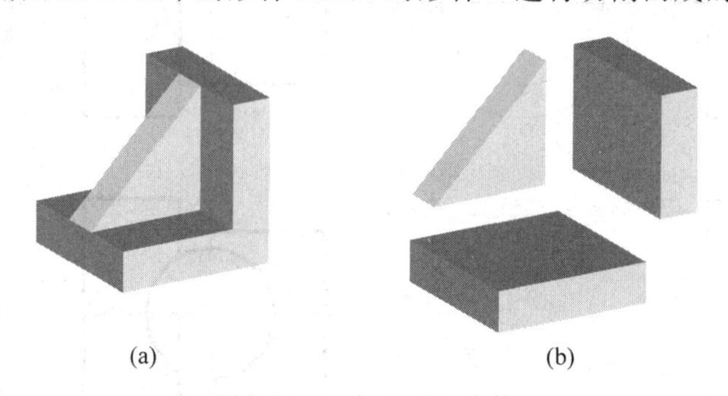

(a) (b)

图10-1 叠加形成组合体

当两个形体的表面相互贴合在一起时，其共有的部分已不再是组合体的表面，新的表面应该是两个表面中没有贴合的部分。图10-3(a)中的两个立体，当它们按照如图10-3(b)所示方式叠加在一起时，上方立体的下表面 Q 与大立方体的上表面 P 贴合，新的表面 T 为平面 P 中减掉 Q 的部分。如果两个立体按照如图10-3(c)所示方式叠加，侧平面 P 被分割为左右两个平面 S、R，平面 Q 也被分割为两部分。

除了表面的贴合关系之外，组合体的各个组成形体之间相关的表面还有以下几种形式的过渡关系。

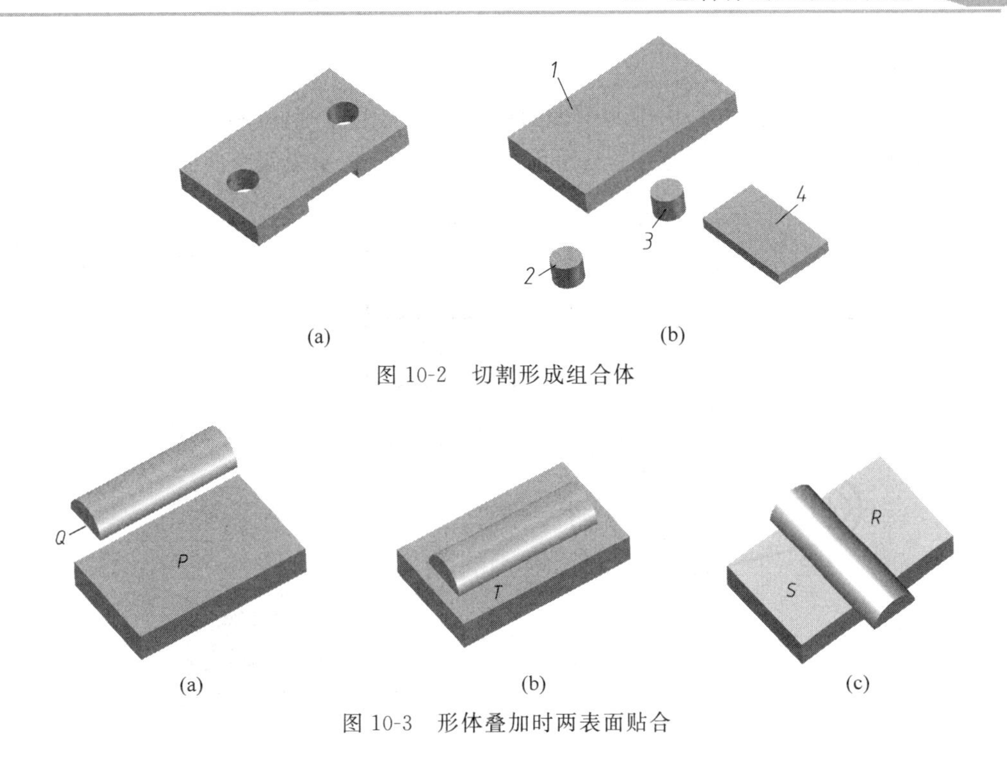

(a) (b)

图 10-2 切割形成组合体

(a) (b) (c)

图 10-3 形体叠加时两表面贴合

1. 共面

当两个形体相接触的表面处于共面状态时，其表面边界的共有部分已不再是形体的轮廓，所以不应再画出。图 10-4(a)中两形体前、后端面均共面，主视图中无分界线；图 10-4(b)中两形体前端面共面，应无线，但两个后端面不共面，故主视图中有虚线；图 10-4(c)，(d)中两形体前端面不共面，故主视图中有粗实线。

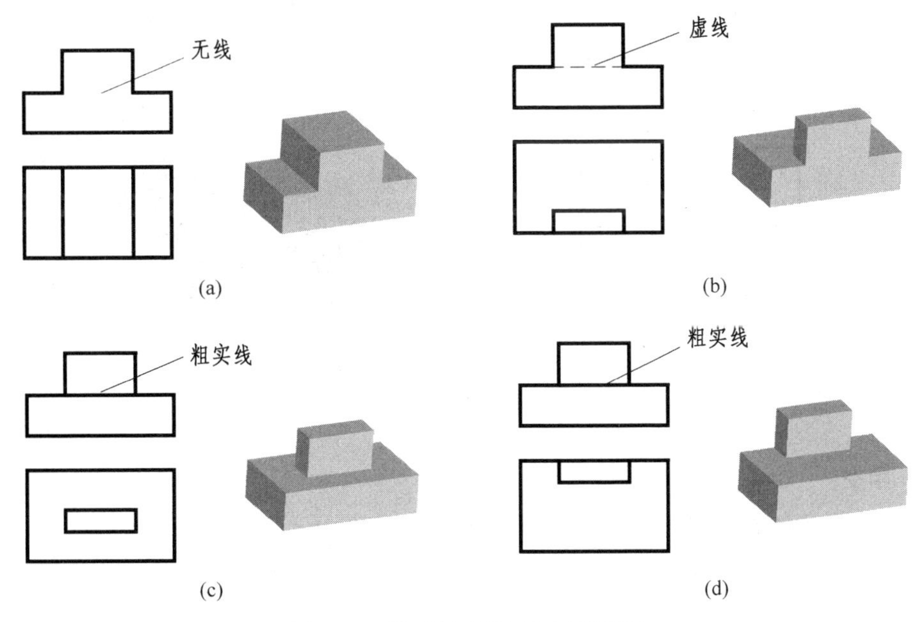

(a) (b)

(c) (d)

图 10-4 端面是否共面的不同情况

2. 相切

当两个形体表面相切时，由于两个表面在相切处光滑过渡，故不存在轮廓线，因此不应将切线画出。图 10-5 所示为曲面与平面相切，图 10-6 所示为两个曲面相切。

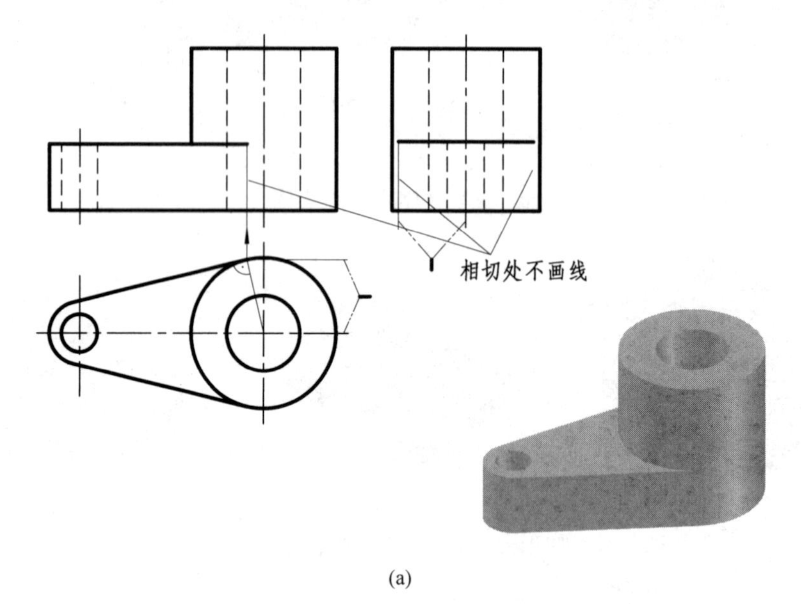

(a)

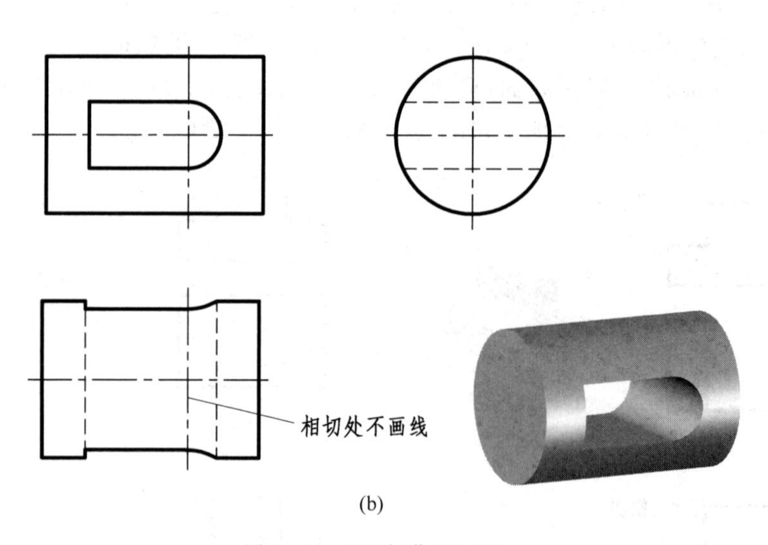

(b)

图 10-5 平面与曲面相切

3. 相交

当两个形体的表面相交时，应画出它们的交线，如图 10-7 所示。

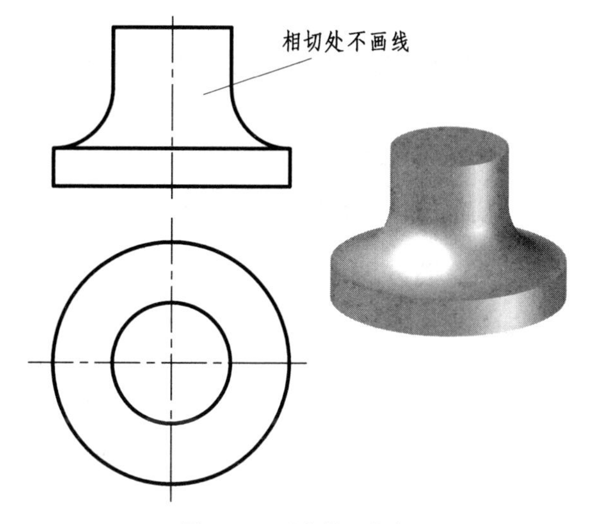

图 10-6 两个曲面相切

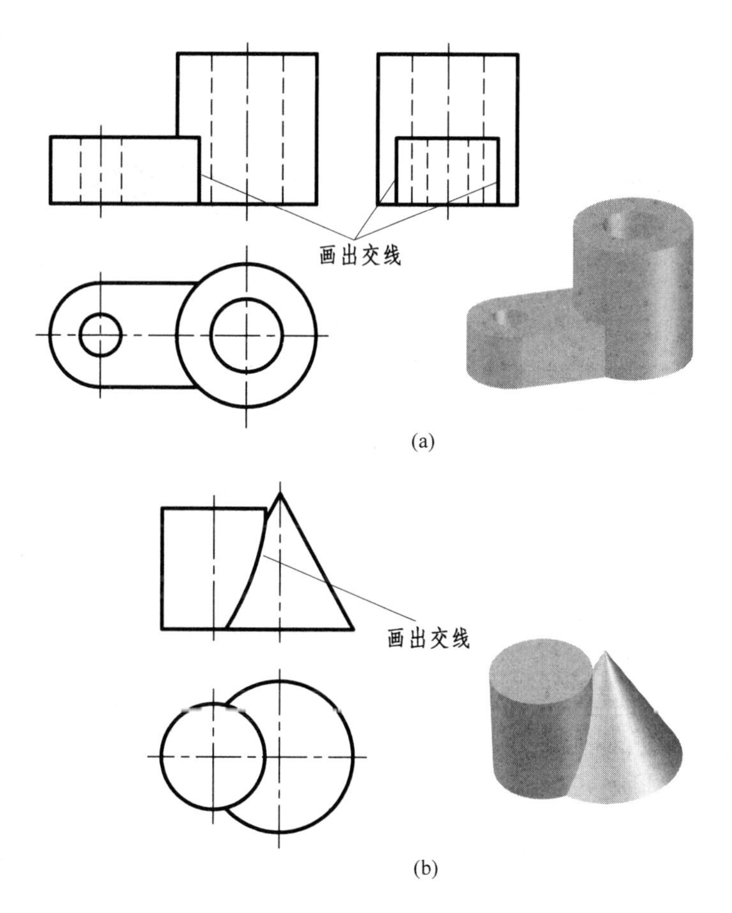

图 10-7 表面相交

10.2 组合体的绘图方法

组合体的绘图和读图常常采用形体分析法。所谓形体分析法，就是将组合体分解为若干个简单的形体，分析出这些简单形体各自的形状、组合方式和彼此之间的相对位置，并分析出表面的过渡关系，从而正确表达或理解组合体的结构。

10.2.1 叠加式组合体的绘图方法

叠加式组合体的绘图包括形体分析、布置视图、画底稿、检查和加深等几个步骤。

例 10-1 图 10-8(a)所示为一轴承座，试按图中的放置方式，以箭头方向为主视图投影方向，绘制该轴承座的三视图。

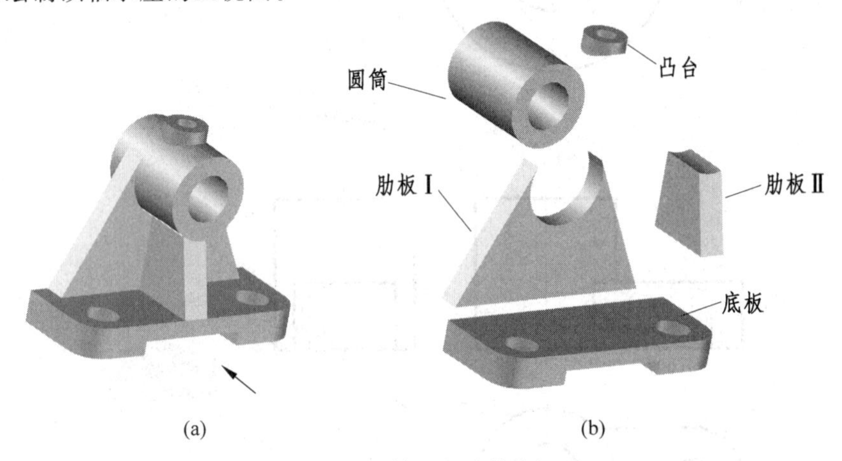

图 10-8 轴承座及其分解

解：(1) 形体分析

应用形体分析法，可以将轴承座分解为5个基本形体，即圆筒、底板、肋板Ⅰ、肋板Ⅱ、凸台，如图 10-8(b)所示。轴承座的作用是为轴提供支撑，使用时，圆筒是轴承座工作时的主要部分，其中的孔与被支撑的轴相配合，底板用于安装固定轴承座，肋板Ⅰ和肋板Ⅱ起连接和支撑作用，用来支撑圆筒，凸台上的孔用来注入润滑油。

底板、肋板Ⅰ、肋板Ⅱ 3个部分左右对称地叠加在一起，肋板Ⅰ与底板的后端面共面，肋板Ⅰ两个侧面与圆筒表面相切，肋板Ⅱ与圆筒表面相交。

(2) 布置视图

首先根据各视图的最大轮廓尺寸，在图纸上合理地布置各个视图。为此，先在图纸上画出各视图的基准线、对称线以及基本形体的轴线和中心线，以确定各视图在图纸中的位置，如图 10-9 步骤(1)所示。

(3) 画底稿

用细线逐个画出各基本形体的三视图，如图 10-9 步骤(2)～(6)所示。画图过程中应当注意以下几个问题：

① 先画出比较主要的基本形体，且每个基本形体的绘制应该从具有形状特性的视图开始。一般的过程为先画主要部分，后画次要部分；先确定基本形体的位置，再绘制其形状；先画整体形状，后画局部细节。

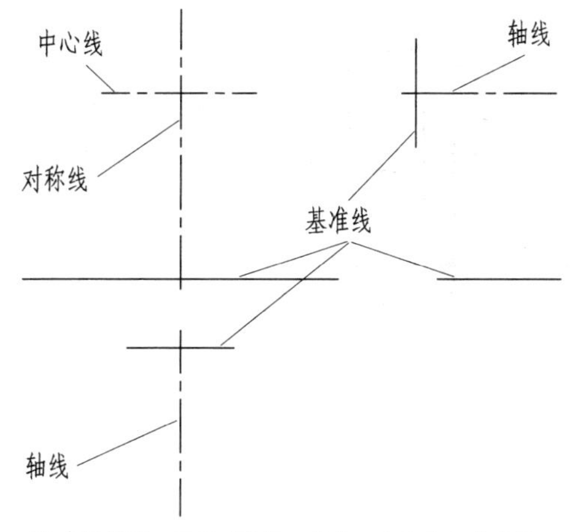

(1) 布置视图：画出对称线、轴线、中心线和基准线

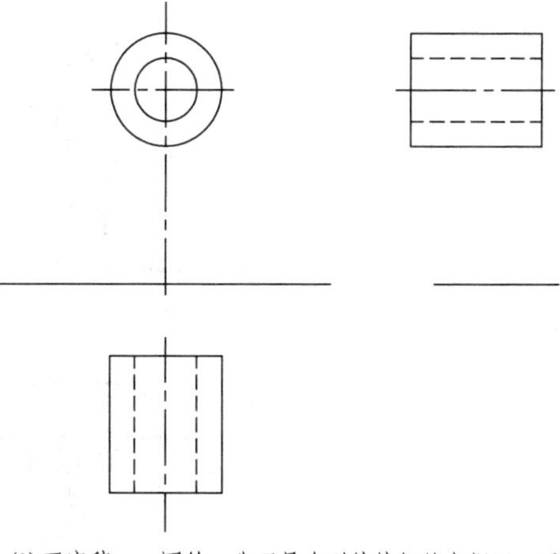

(2) 画底稿——圆筒：先画具有形状特征的主视图，再画其他两个视图

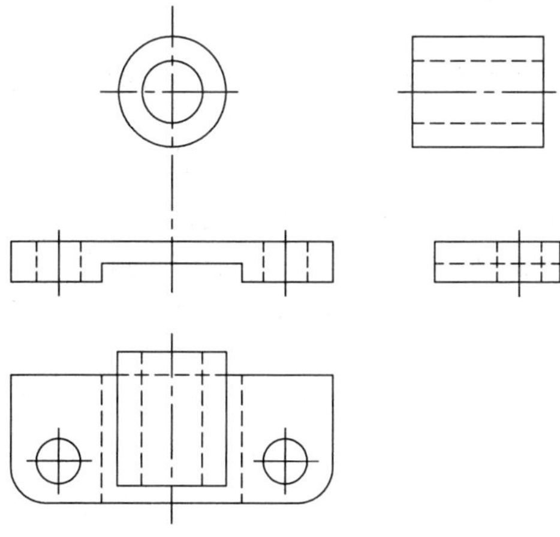

(3) 画底稿——底板：先画俯视图，注意底板与圆筒的前后位置关系

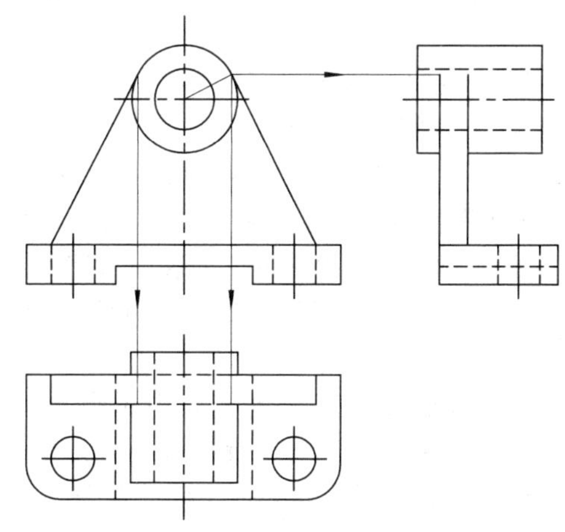

(4) 画底稿——肋板I：先画主视图，注意肋板I与圆筒相切处无线

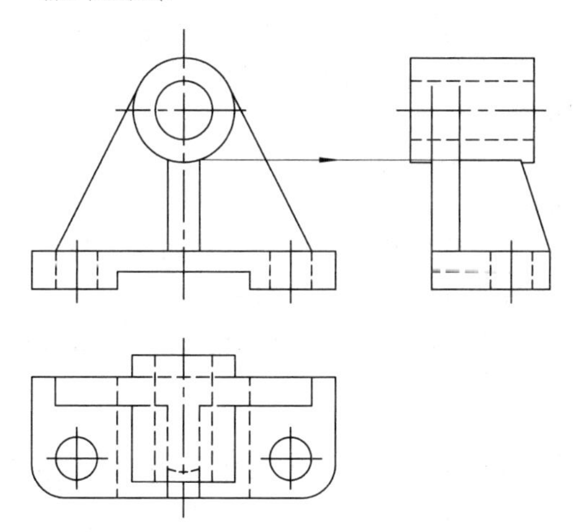

(5) 画底稿——肋板II：注意左视图和俯视图中肋板II与圆筒间的相贯线

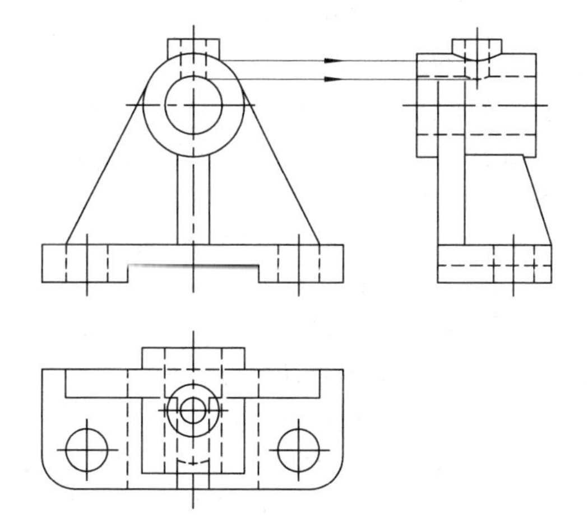

(6) 画底稿——凸台：注意左视图中凸台与圆筒的内、外相贯线

图 10-9　轴承座三视图的绘图过程

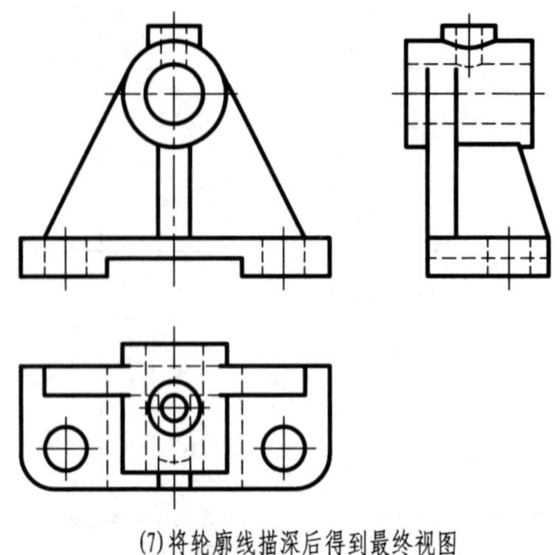

(7)将轮廓线描深后得到最终视图

图 10-9(续)

② 画图时常常不是画完一个视图再画另一个视图,而是要利用投影之间的对应关系,将几个视图配合起来画。

③ 要注意各个形体之间的相对位置关系。例如,在图 10-9 步骤(3)中要注意圆筒与底板的前后位置关系,在图 10-9 步骤(4)中保证肋板Ⅰ与底板的后端面共面。

④ 注意正确画出各形体的表面过渡关系。例如,图 10-9 步骤(4)中肋板Ⅰ与圆筒表面相切处无线,图 10-9 步骤(5)和(6)中则应分别画出肋板Ⅱ及凸台与圆筒表面的相贯线。

(4) 检查和加深

画完底稿后,应认真检查是否正确无误。要逐个检查各个形体是否都画完全了,各形体间的相对位置和表面过渡关系是否正确。如果有多余的线,应当擦去。最后按照规定的线型和线宽进行加深,如图 10-9 步骤(7)所示。

10.2.2 切割式组合体的绘图方法

为了分析和绘图方便,可以将切割式组合体的切割方式分为两类:一类是利用平面对初始的形体进行截切,这一部分内容已在第 8 章中介绍,在此不再赘述;另一类是将一些简单的形体从初始的形体中切割下来,请见下例。

例 10-2 图 10-10(a)所示为导向块模型。试按照图示的放置方式,并以箭头所示方向为主视图投影方向,绘制该导向块模型的三视图。

解:根据形体分析可以发现,如图 10-10(b)所示,导向块可以看作是从初始的长方体 A 中依次切去形体 B,C,D 和 E 形成的,因此,画图时也可以按照切割的顺序依次画出切去每个部分之后的视图。具体的绘图过程如图 10-11 所示。这一过程与叠加式组合体的画图过程类似,只不过此时要将形体切割下去,而不是叠加上去。

画图时应注意以下问题:

(1) 被切去的形体应先画出反映其形状特征的视图,例如,切去形体 B 时,应先画主视图;切去形体 C 和 D 时,应先画俯视图。

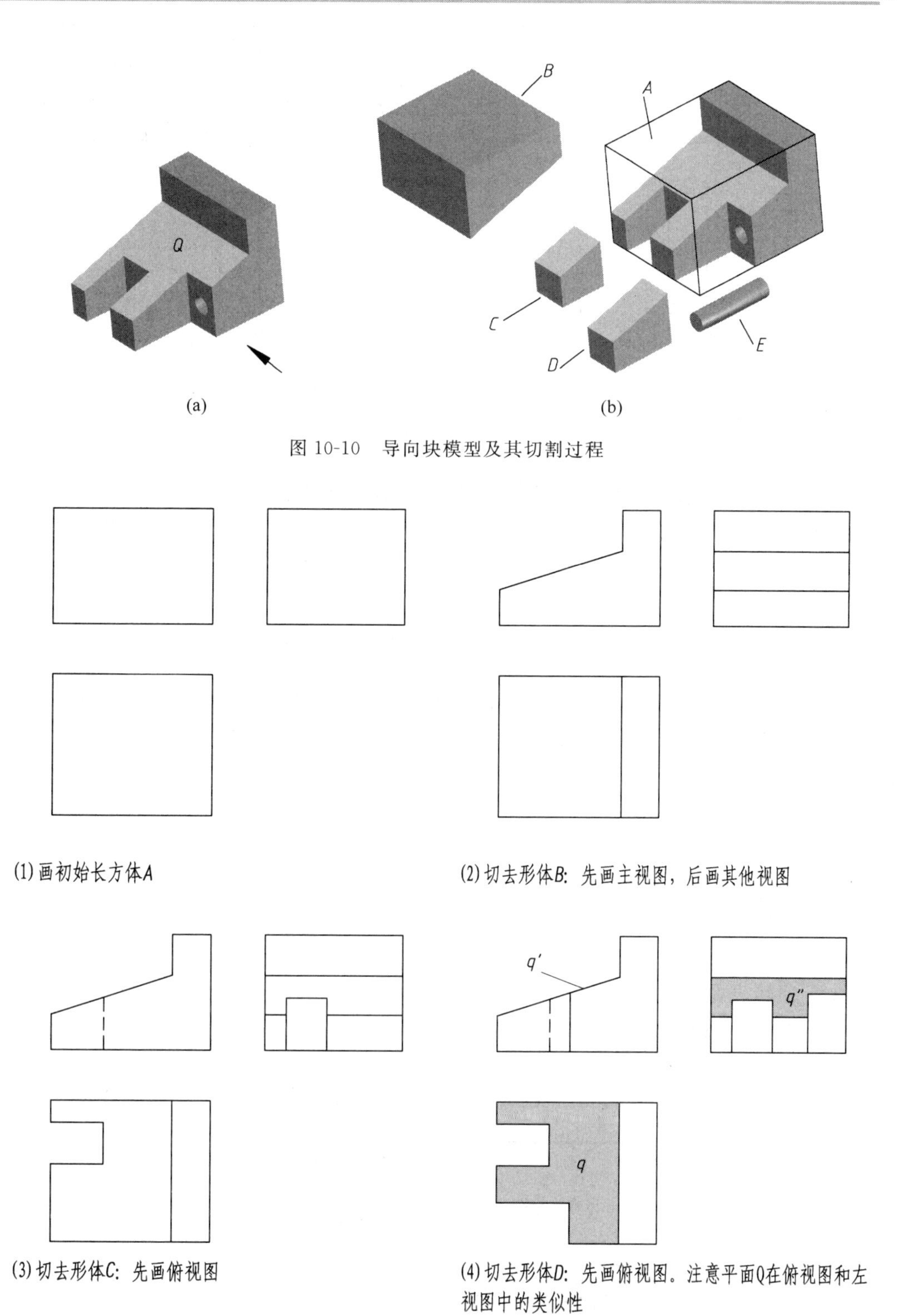

图 10-10 导向块模型及其切割过程

图 10-11 导向块模型三视图的绘图过程

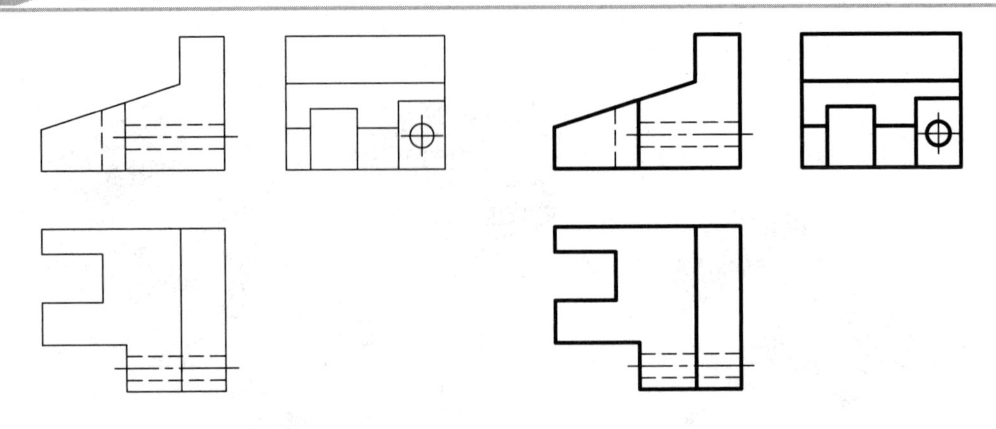

图 10-11(续)

(2) 画图过程中以及检查时，应注意对形体表面的投影特性进行分析和判断，尤其要注意平面投影的积聚性和类似性。例如图 10-11 步骤(4)中平面 Q 在主视图中积聚为一条线，它在俯视图和左视图中的投影具有类似性。

10.3 组合体的读图方法

组合体的读图，是指根据组合体已给的视图，分析和想象出组合体的空间形状。

10.3.1 读图时要注意的问题

1. 分清视图中图线的含义

组成视图的不同图线的含义是不同的，如图 10-12 所示，中心线、轴线、对称线一般用点画线表示，而粗实线和虚线的含义则有 3 种可能：

(1) 形体表面的积聚性投影；

(2) 形体表面棱线的投影；

(3) 回转表面轮廓线的投影。

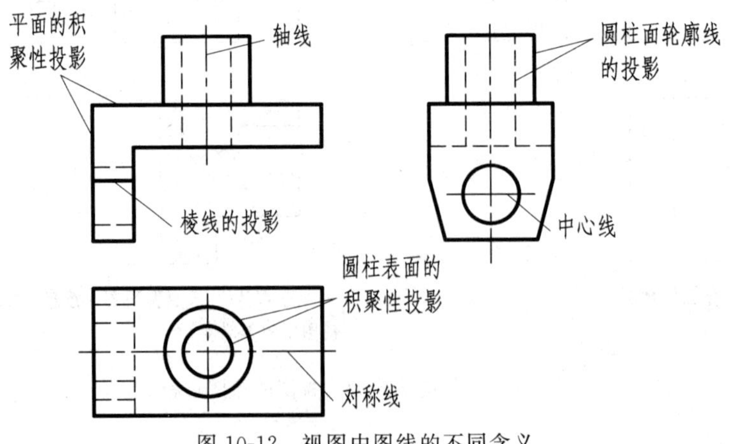

图 10-12 视图中图线的不同含义

2. 利用封闭线框，判断形体表面的相对位置关系

一般而言，视图中的一个封闭线框表示一个面的投影。这个面既可以是平面，也可以是曲面，或者是光滑过渡的平面和曲面的组合。如果在视图中出现线框套线框的情况，通常说明几个面凹凸不平或者有通孔，如图 10-13 所示。

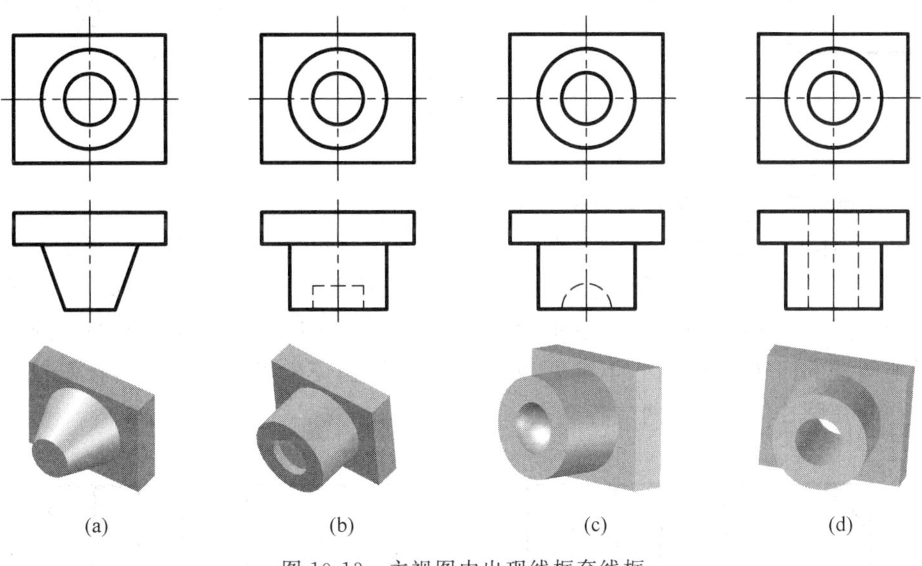

图 10-13 主视图中出现线框套线框

如果视图中有两个相邻的线框，则说明两个面高低不平或相交，如图 10-14 所示。

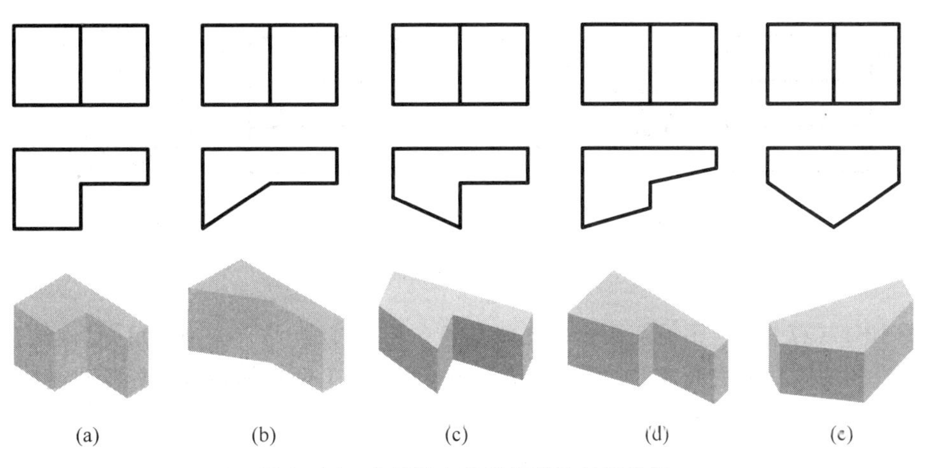

图 10-14 主视图中出现相邻的封闭线框

3. 把几个视图结合起来进行分析，并找出特征视图

在组合体读图时，如果只看一个或者两个视图，有可能无法确定形体的形状。如图 10-15(a)所示的主视图和俯视图，如果只看这两个视图，就无法确定物体的形状，但如果分别配合图 10-15(b)，(c)，(d)，(e)所示的左视图，则能够将形体明确地确定下来。

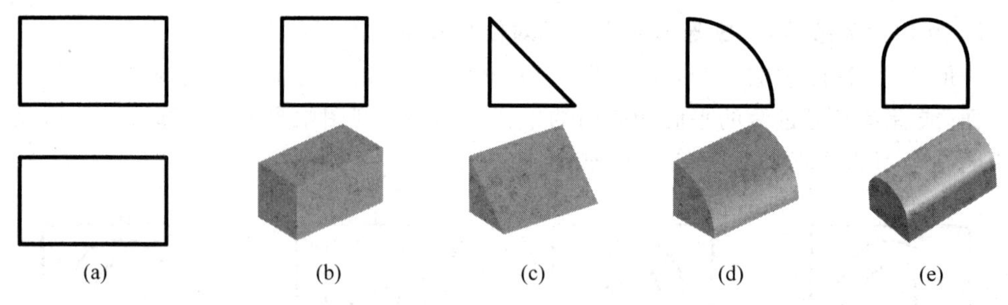

图 10-15 结合特征视图判断形体

4. 注意分析反映形体之间连接关系的关键图线

各个形体表面之间的连接关系不同,视图中的图线也会因此而不同。图 10-16(a)中主视图上部的圆弧是实线,说明方板的前表面 A 与圆柱的前表面 B 不共面,且表面 B 在前,表面 A 在后。因此,方板位于圆柱体的中间;图 10-16(b)中主视图上部的圆弧是虚线,说明圆柱的回转面被遮挡,不可见,而方板的前端面完整可见,因此,结合俯视图和左视图可知,在圆柱体的前后两端各立有一块方板。

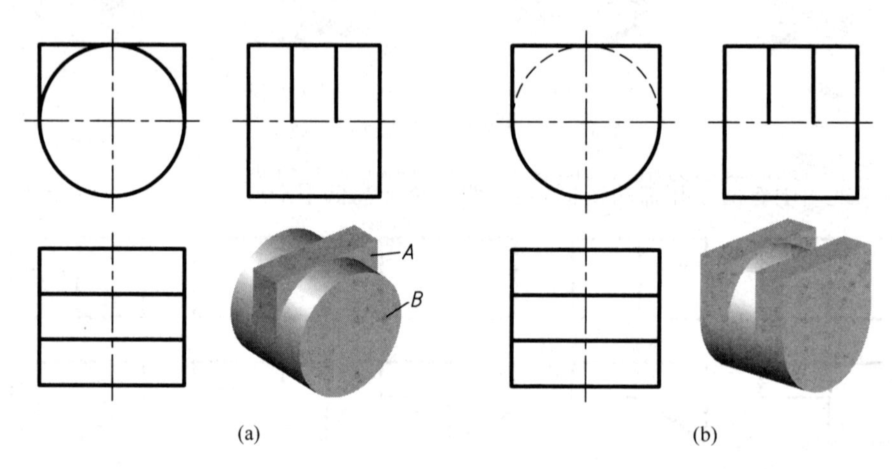

图 10-16 分析关键图线

图 10-17(a)中主视图上两形体的交线是两条相交直线,结合俯视图可知,该组合体为两个等直径的圆柱相贯而成的;图 10-17(b)中,主视图上两形体在过渡处没有交线,因此可知是四棱柱和圆柱表面相切。

10.3.2 组合体读图的方法和步骤

在组合体读图的过程中,要将视图分析与空间想象紧密地结合起来。首先根据视图构想形体的空间形态,再将构想的形体与已知视图相对照,验证及修正自己的构想,直到构想的形体与已知视图完全吻合。

组合体读图的一般规律是:先确定整体,后补充细节;先分析主要结构,后确定次要结构;先看清容易的部分,后解决困难的部分。

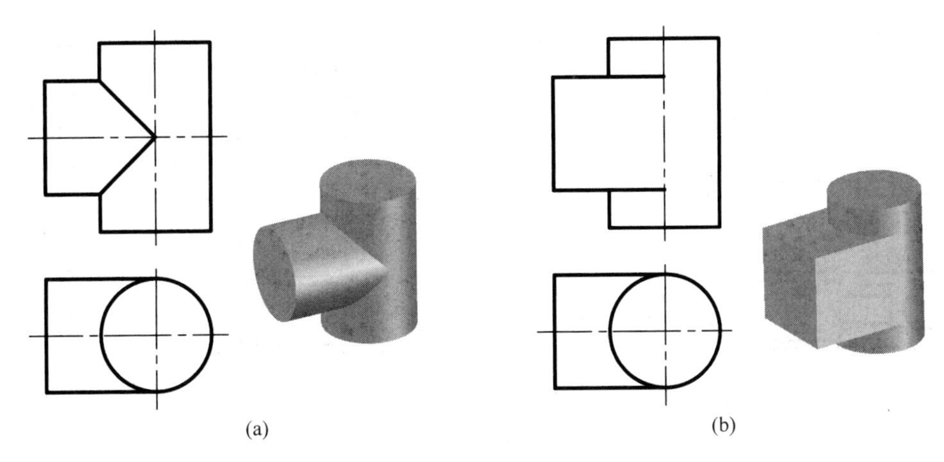

图 10-17 相交与相切的判断

1. 认识视图抓特征，了解大致的形体结构

当用多个视图表达一个形体时，首先要分清各个视图之间的关系，找出哪个是主视图，哪个是俯视图等。

以主视图为核心，配合其他视图，判断出该组合体是以叠加方式为主的，还是以切割方式为主的。找出反映各组成形体的形状和位置的特征视图，如果是以叠加方式为主的组合体，则将组合体分解为几个组成部分，从而快速地对整个形体产生一个大致的了解。

如图 10-18(a)所示为用三视图表示的轴承座，它是以叠加方式为主的组合体，其主视图中反映了较多的形状特征。根据主视图，可以将轴承座分解为 3 个组成部分：支承座 A、肋板 B 和底板 C。其中，支承座 A、肋板 B 及底板 C 下部的槽的形状特征主要反映在主视图上，底板 C 两侧的长圆槽的形状特征则反映在俯视图中。

2. 对照投影，分析形体构成

根据投影的“三等”关系，划分出每一个组成部分的 3 个投影，并分析出它们的形状。

以图 10-18 所示轴承座为例，根据“三等”关系，划分出支承座 A 的 3 个投影，如图 10-18(b)中粗线部分所示。可以看出，它的上部是半个圆柱，下部是立方体，中间还挖了一个通透的圆孔。划分出的肋板 B 的 3 个投影如图 10-18(c)中粗线部分所示，主视图反映了它的特征形状为三角形。划分出的底板 C 的 3 个投影如图 10-18(d)中粗线部分所示。

经过投影分析，可以判断出组成该轴承座的各个部分如图 10-19(a)所示。

3. 综合各个视图，构想整个形体

确定了每个组成部分的形状之后，再根据各个视图，分析出各组成部分之间的相对位置关系，从而构想出整个形体。

从主视图和俯视图上可以看出，支承座 A 和肋板 B 的底面均与底板 C 的上表面贴合，同时，支承座 A 和肋板 B 均相对于底板 C 在前后及左右方向上对称，但 3 个形体的前、后表面均不共面。

综合起来构想整个形体如图 10-19(b)所示。

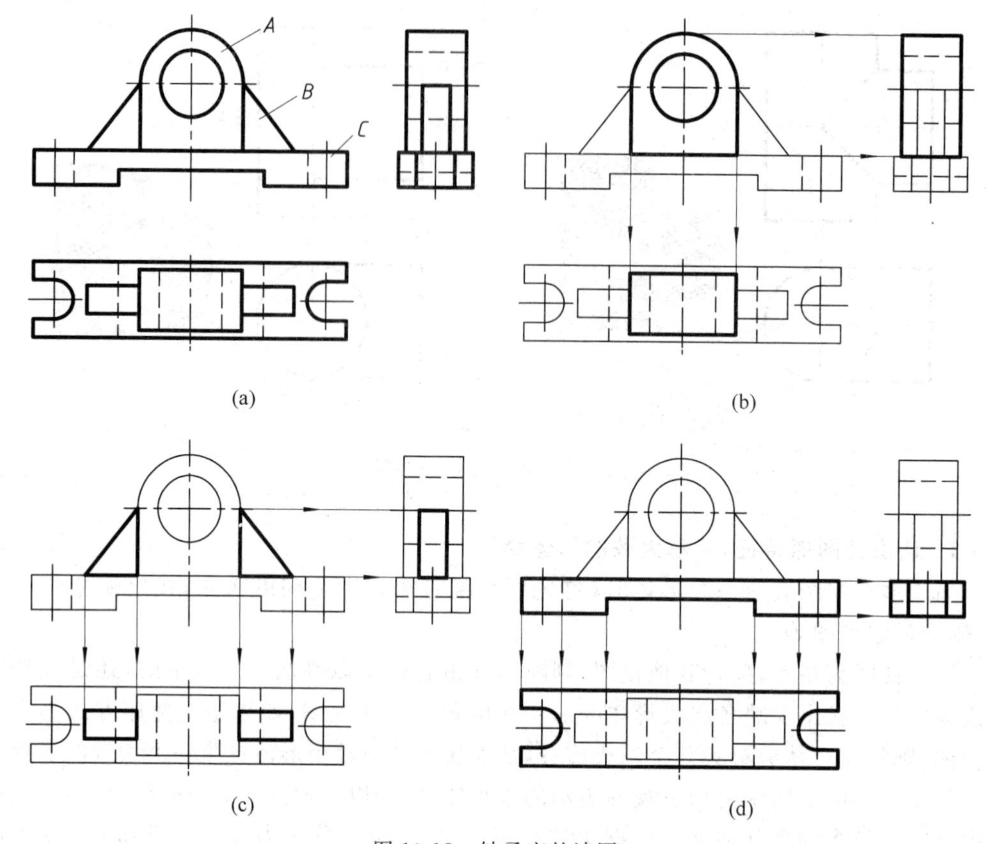

图 10-18 轴承座的读图

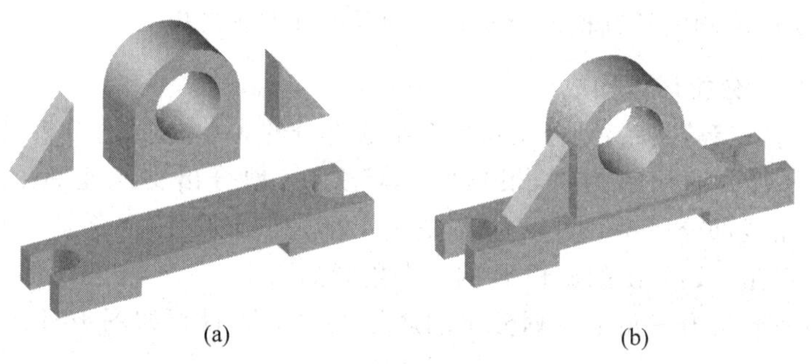

图 10-19 构想轴承座形态

4. 利用面形分析，解决难点问题

对于某些复杂形式的组合体，尤其是包含切割方式的组合体，仅仅依靠上述的形体分析法还不足以解决问题，还需要利用面形分析法来分析解决视图中的难点。

我们已经知道，一般而言，视图中的一个封闭线框表示一个面的投影。这个面可以是平面、曲面，或者是光滑过渡的平面和曲面的组合。同一个表面的3个投影，要么积聚，要么彼此之间具有类似性。所谓面形分析法，就是利用上述的面的投影规律，并结合“三等”关系，通过划分线框、对照投影的方法，分析形体表面的形状和位置，从而构想出整个形体的形状。

例 10-3 读懂图 10-20(a)所示形体。

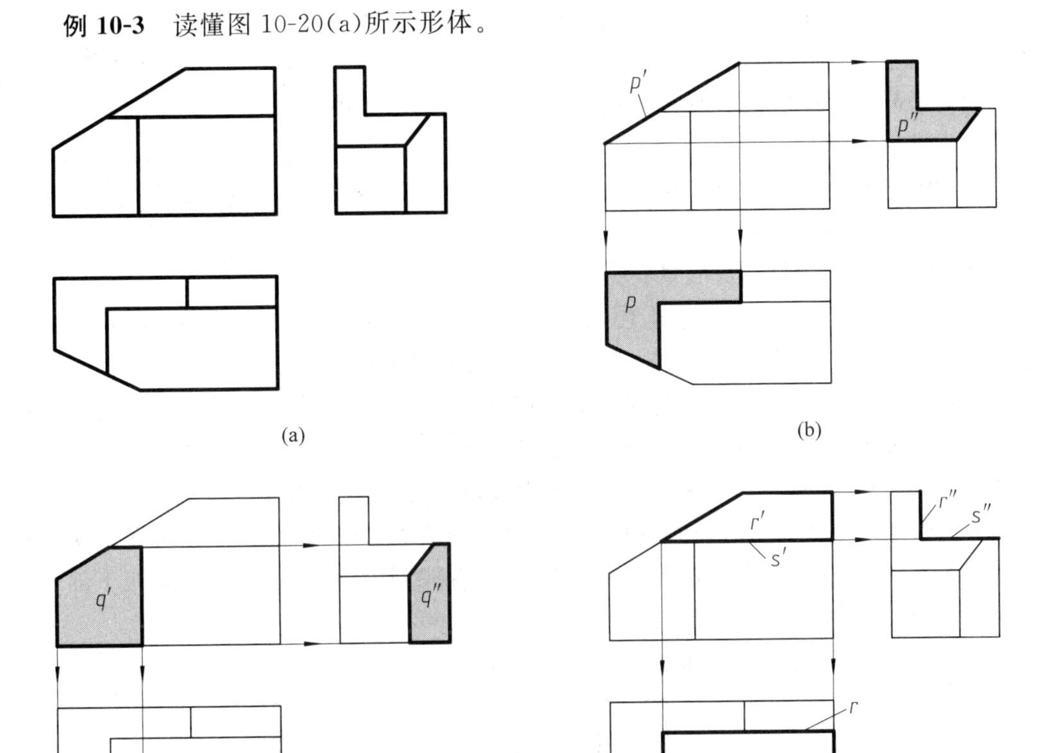

图 10-20 利用面形分析法读图

解：分析图 10-20(a)中的三视图可知，该组合体基本上是以切割的方式形成的。由于 3 个视图的大致轮廓都接近长方形，因此可以在整体上初步设定切割前的基本形状为长方体。再进一步分析，主视图左上方缺一角，说明长方体左上方被切去一个角。同理可以从俯视图看出，长方体左前方被切去一角，从左视图可看出，长方体上前方被切去一块。

在以上形体分析的基础上，可以运用面形分析法准确地确定各个表面的形状和位置。

如图 10-20(b)所示的俯视图中粗线表示的封闭线框 p 应为一个平面的投影，该线框所示的平面利用"长相等"无法在主视图中找到类似的线框，所以该平面的正垂面投影只能积聚在直线 p' 上。由此可知，正垂面 P 切去了长方体的左上角。利用"三等"关系，找到该平面的侧面投影 p''，p'' 与 p 具有类似性，这也进一步印证了对正垂面 P 的分析。

图 10-20(c)的主视图中粗线表示的封闭线框 q'，利用"长相等"在俯视图中找到平面 Q 积聚的水平投影 q。由此可知，铅垂面 Q 切去了长方体的左前角。利用"三等"关系，找到该平面的侧面投影 q''，q'' 与 q 具有类似性。

如图 10-20(d)所示，利用"三等"关系找到水平面 S 和正平面 R 的 3 个投影。

通过上述的形体分析和面形分析，可以想象出该形体如图10-21所示。

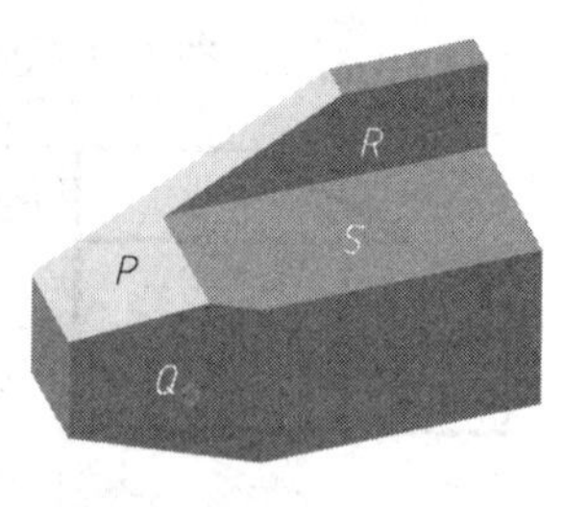

图10-21 构想出的形体

为了提高组合体读图和画图的能力，常常将读图和画图结合起来进行训练。

例10-4 根据图10-22(a)中给定的主视图和俯视图，构想出形体，并作出其左视图。

解：(1) 读懂已知视图，构想形体

根据形体分析，可以初步将图10-22(a)中形体分解为图10-22(b)所示的两个部分：立柱A和底板B。对照投影可知立柱A为半个带孔的圆柱。

结合图10-22(c)，进一步分析底板B，两个视图对照来看，底板的基本形状为一个长方体。从俯视图右侧的缺口可以看出，立柱A中的半个圆孔一直到底。俯视图左侧有一个圆，按照"长相等"对应到主视图中的两条虚线，说明在底板上开了一个圆孔。主视图阴影部分的封闭线框所表示的表面在俯视图中没有它的类似形，因此只能积聚在俯视图左边圆弧线上，说明这是一个圆弧表面。俯视图和主视图中的水平虚线，表明底板下部开了一个横向的长方槽。

综合上述分析可知，该形体如图10-22(d)所示。

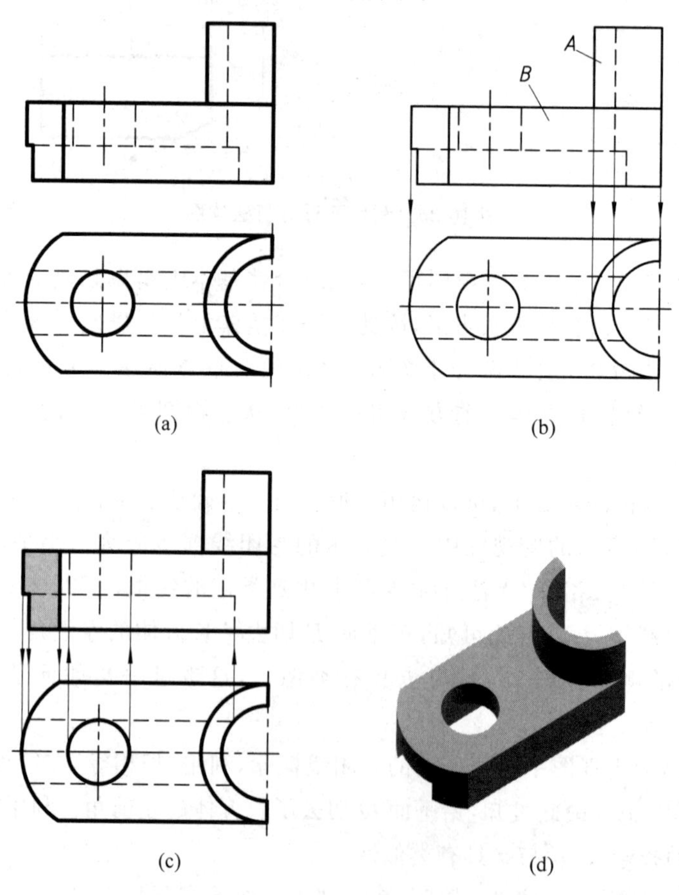

图10-22 读组合体

(2) 画出左视图

画图时,先画出形体的主要形状,如图 10-23(a)所示,先画出立柱(含半个通孔)和底板的长方体。然后再补充详细结构,如图 10-23(b)所示,补全底板上孔和槽的侧面投影,并去掉多余的线。

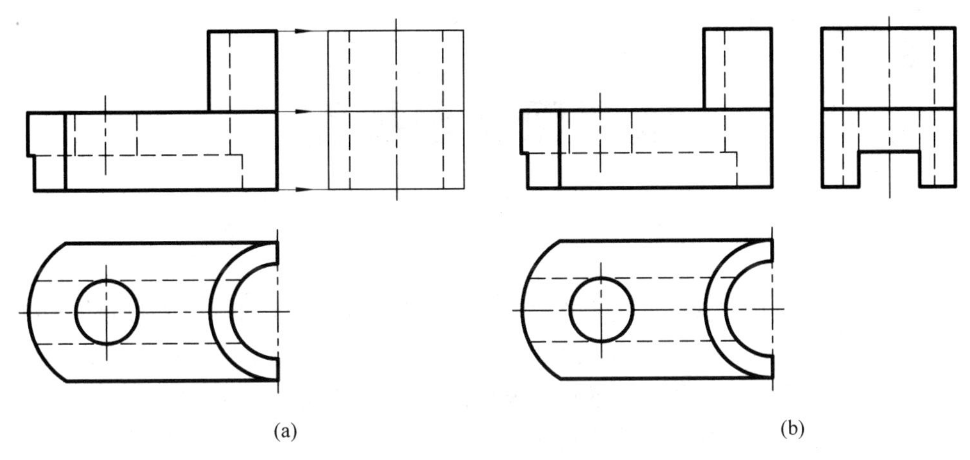

图 10-23 画组合体

11 轴测图和透视图

用正投影法绘制的三视图虽然能够准确地表达物体的形状并便于直接度量，但其直观性较差，读图者需经过一定训练才能看懂。因此，在工程上常常用轴测图和透视图来辅助形体的表达。轴测图和透视图的立体感和直观性较好，便于读懂，但其度量性较差，绘制比较麻烦。随着计算机三维建模技术的发展，透视图成为在计算机上显示三维物体的重要手段。

11.1 轴测图基础

11.1.1 轴测图的形成和相关术语

在物体上固定一个直角坐标系，利用平行投影法，沿着不平行于坐标平面的投射方向 S，将物体及该坐标系一起投射到一个投影面 P 上，所得到的具有立体感的图形就是轴测图。这个单一的投影面 P 称为轴测投影面。若投射方向 S 垂直于轴测投影面 P，即用正投影法形成的轴测图，称为正轴测图，如图 11-1(a)所示；若投射方向 S 倾斜于轴测投影面 P，即用斜投影法形成的轴测图，称为斜轴测图，如图 11-1(b)所示。

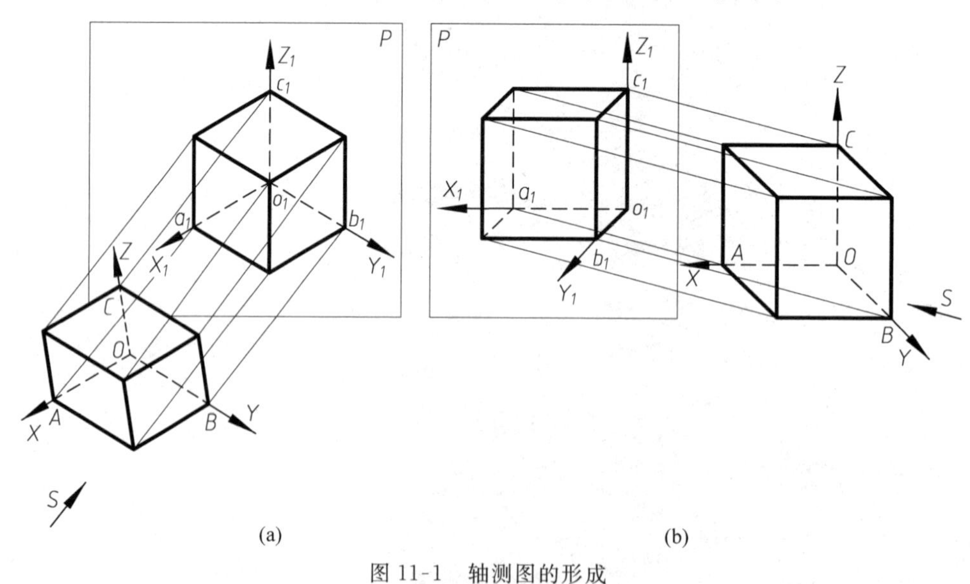

图 11-1　轴测图的形成

建立在物体上的直角坐标系中的坐标轴 OX,OY,OZ,在轴测投影面 P 上的投影称为轴测投影轴(简称轴测轴),用 o_1x_1,o_1y_1,o_1z_1 表示。轴测轴之间的夹角 $\angle x_1o_1y_1$,$\angle x_1o_1z_1$,$\angle y_1o_1z_1$ 称为轴间角。

空间直角坐标系的坐标轴上的一段直线投影到对应的轴测轴上时,长度可能会发生改变。轴测轴上的投影长度与空间直角坐标系轴上的原长之比,称为轴向伸缩系数。如图 11-1 所示,空间 OX 轴上的直线 OA,在轴测轴 o_1x_1 上的投影为 o_1a_1,则 OX 轴的轴向伸缩系数 $p=o_1a_1/OA$。同理,OY 轴的轴向伸缩系数 $q=o_1b_1/OB$,OZ 轴的轴向伸缩系数 $r=o_1c_1/OC$。

11.1.2 轴测图的投影特性

轴测图是利用平行投影法形成的,因此,轴测图具备平行投影的一般特性。例如:

(1) 空间两条平行直线的轴测投影仍保持平行。

(2) 空间两条平行线段,其轴测投影的长度之比等于原长之比。

从以上两点可以推断出,物体上凡是与坐标轴平行的线段,其轴测投影的长度应该等于空间实长乘以相应轴的轴向伸缩系数。直接沿轴测轴的方向量取轴测投影的长度,以此来作出该线段的轴测投影。因此,“轴测”就是“沿着轴测轴方向直接测量作图”的意思。

应该特别注意的是,如果物体上的线段不与坐标轴平行,其轴测投影长度与原长之比并不等于轴向伸缩系数,因而不能直接测量和绘图。

11.1.3 轴测图的分类

如 11.1.1 节所述,根据投射方向 S 与轴测投影面 P 夹角的不同,轴测图可分为正轴测图和斜轴测图。

改变建立在物体上的直角坐标系的坐标轴与轴测投影面 P 的夹角,轴向伸缩系数也会发生变化。根据轴向伸缩系数的不同,又可以将正轴测图和斜轴测图进一步划分为:

(1) 正轴测图(S 垂直于 P)

$p=q=r$ 时:正等轴测图(简称正等测)

$p=r\neq q$ 时:正二等轴测图(简称正二测)

$p\neq q\neq r$ 时:正三轴测图(简称正三测)

(2) 斜轴测图(S 倾斜于 P)

$p=q=r$ 时:斜等轴测图

$p=r\neq q$ 时:斜二等轴测图(简称斜二测)

$p\neq q\neq r$ 时:斜三轴测图

为了便于作图,工程中常用正等轴测图和斜二等轴测图。

11.2 正等轴测图

11.2.1 正等轴测图的特点

为了形成正等轴测图,应保证 3 个轴向伸缩系数相等。经计算可知,此时直角坐标系的 3 个坐标轴与轴测投影面 P 的夹角都是 $35°16'$,3 个轴间角都是 $120°$,如图 11-2 所示。

于是,3个轴向伸缩系数 $p=q=r=\cos 35°16' \approx 0.82$。为了在作图中便于测量,将 p,q,r 均简化为1,这样画出的正等轴测图比物体原有尺寸沿坐标轴放大了1.22倍。

11.2.2 正等轴测图的基本画法

根据物体形状的复杂程度,绘制正等轴测图常采用坐标法、切割法和叠加法。

1. 坐标法

为了作出空间一点的正等轴测投影,可以根据点的坐标值,沿轴测轴方向进行测量,如图11-3为点 $A(15,25,30)$ 的正等轴测投影。

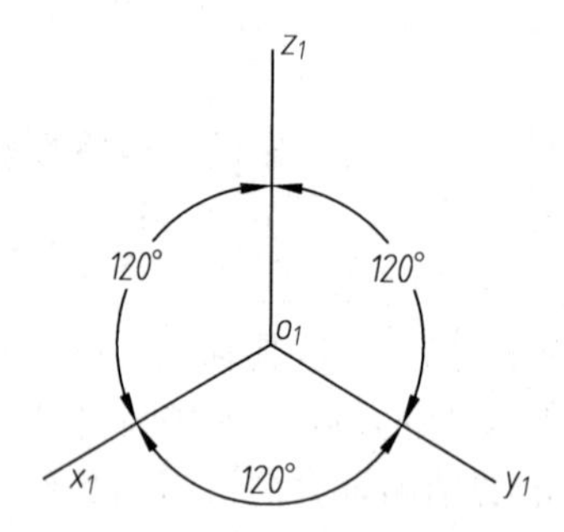

图11-2 正等轴测图的轴间角

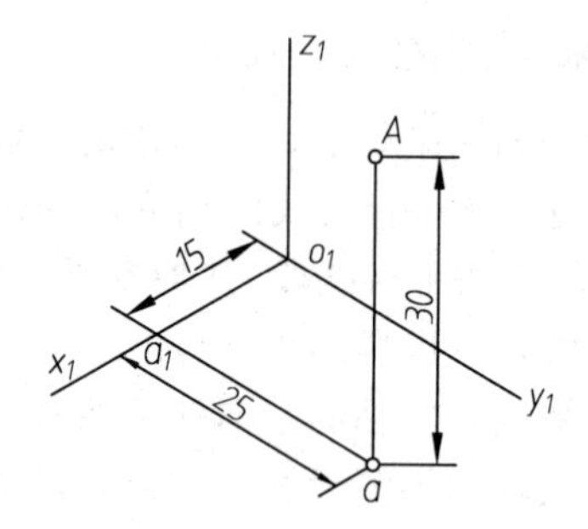

图11-3 点的正等轴测投影

坐标法绘制物体的正等轴测图,就是根据物体的形状特点,确定物体上关键点(如棱线的顶点,对称轴线上的点)的轴测投影,然后将必要的点的轴测投影连接起来形成轴测图。

例11-1 根据图11-4(a)所示的三视图,画出长方体的正等轴测图。

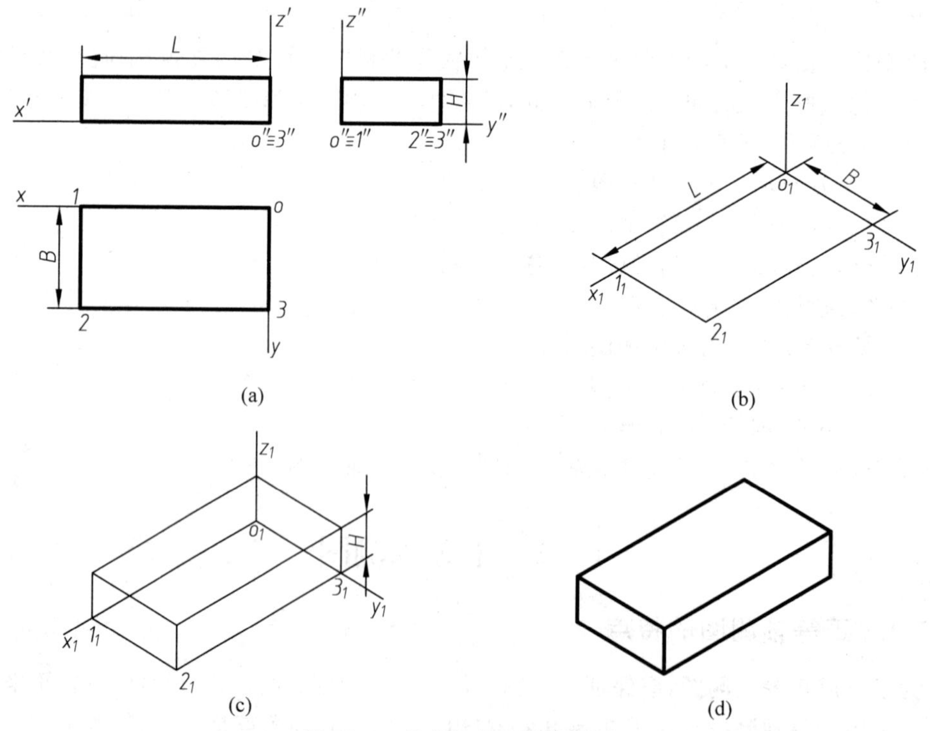

(a) (b) (c) (d)

图11-4 长方体的正等轴测图

解：(1) 在物体上固结直角坐标系。如图 11-4(a)所示，选择长方体底面的右后角点为原点 O，长方体的 3 条棱线为 OX，OY，OZ 轴。

(2) 如图 11-4(b)所示，画出彼此夹角为 120°的轴测轴 o_1x_1，o_1y_1，o_1z_1，并沿 o_1x_1 轴量取长度 L 以确定长方体底面上点 1_1，沿 o_1y_1 轴量取宽度 B 以确定点 3_1，从点 1_1 出发沿平行于 o_1y_1 轴的方向量取宽度 B，从而确定点 2_1。

(3) 如图 11-4(c)所示，从长方体底面各端点分别沿 o_1z_1 轴方向量取高度 H，确定长方体顶面 4 个端点的位置。

(4) 将长方体可见的各条棱线加深，不可见的线一般不画，最终完成长方体的正等轴测图，如图 11-4(d)所示。

例 11-2 根据图 11-5(a)所示三视图，画出四棱台的正等轴测图。

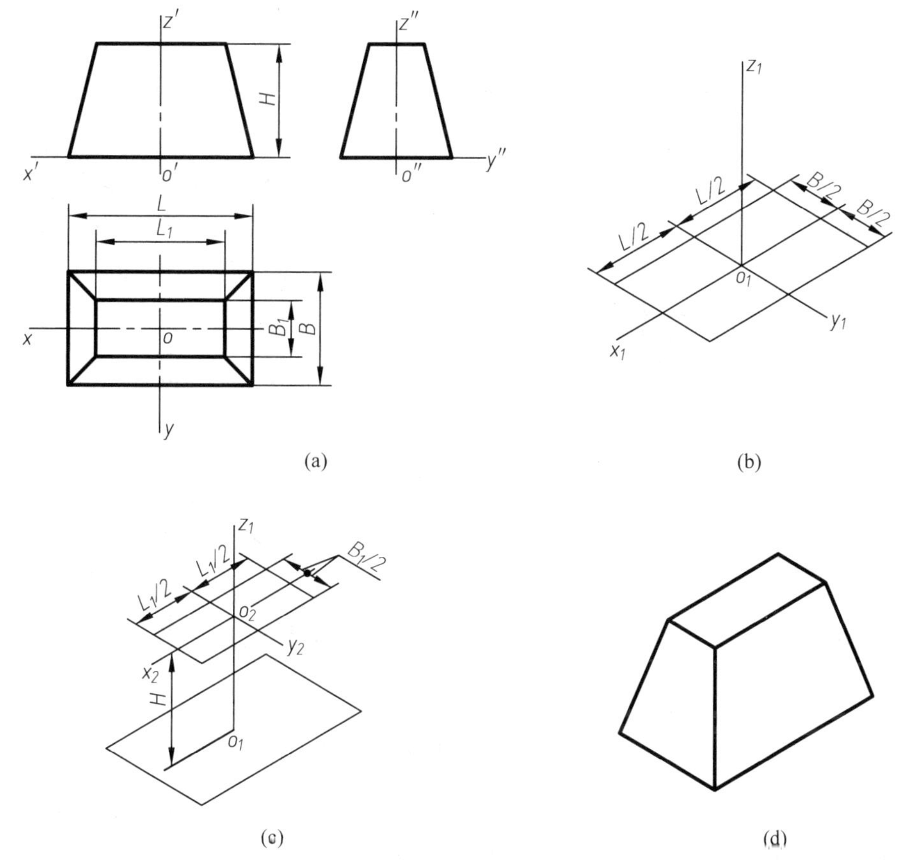

图 11-5 四棱台的正等轴测图

解：(1) 在物体上固结直角坐标系。由于四棱台在前后和左右方向均对称，因此选择长方体底面的中间点为原点，底面棱线方向为 OX，OY 轴，高度方向为 OZ 轴，如图 11-5(a)所示。

(2) 如图 11-5(b)所示，画出轴测轴，从原点出发沿 o_1x_1 轴正、反方向均量取 $L/2$，沿 o_1y_1 轴正、反方向均量取 $B/2$，过 o_1x_1 和 o_1y_1 轴上的这 4 个点分别作 o_1x_1 和 o_1y_1 轴的平行线，相交得到四棱台底面的投影。

(3) 四棱台的各条侧棱不与坐标轴平行,不能直接经测量画出,因此,需先画出四棱台的顶面。如图 11-5(c)所示,从 o_1 出发沿 o_1z_1 轴方向量取高度 H,得到顶面中点 o_2。以 o_2 为原点作出轴测轴 o_2x_2,o_2y_2,参照步骤(1)作出四棱台的顶面。

(4) 将顶面和底面对应的顶点连接起来画出各条棱线,将可见的各条棱线加深,不可见的线不画,最终完成四棱台的正等轴测图,如图 11-5(d)所示。

2. 切割法

对于将基本体做局部的切割而形成的形体,可采用切割法绘制轴测图。

例 11-3 根据图 11-6(a)所示三视图,画出物体的正等轴测图。

解:(1) 该物体可视为例 11-1 中长方体切去一角而成,因此可以先参照例 11-1 画出长方体的轴测图,如图 11-6(b)所示。

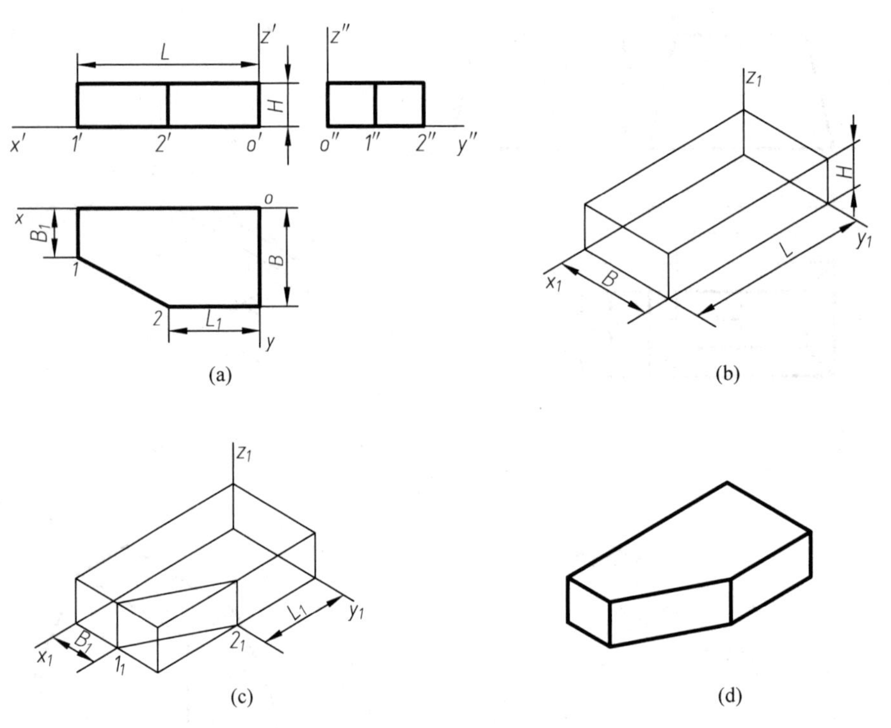

图 11-6 切割法作正等轴测图

(2) 斜线ⅠⅡ不能直接画出,应从底面通过沿 o_1y_1 和 o_1x_1 方向分别量取 B_1 和 L_1 确定点Ⅰ和Ⅱ的位置 1_1、2_1,继而切去一角,如图 11-6(c)所示。

(3) 将可见的各条棱线加深,完成后的正等轴测图如图 11-6(d)所示。

3. 叠加法

对于用叠加法形成的组合体,可利用形体分析的方法,将形体分解为几个简单的组成部分,再采用叠加的方式绘制其轴测图。

例 11-4 在例 11-3 中的底板上叠加一块侧板,如图 11-7(a)所示。绘制其正等轴测图。

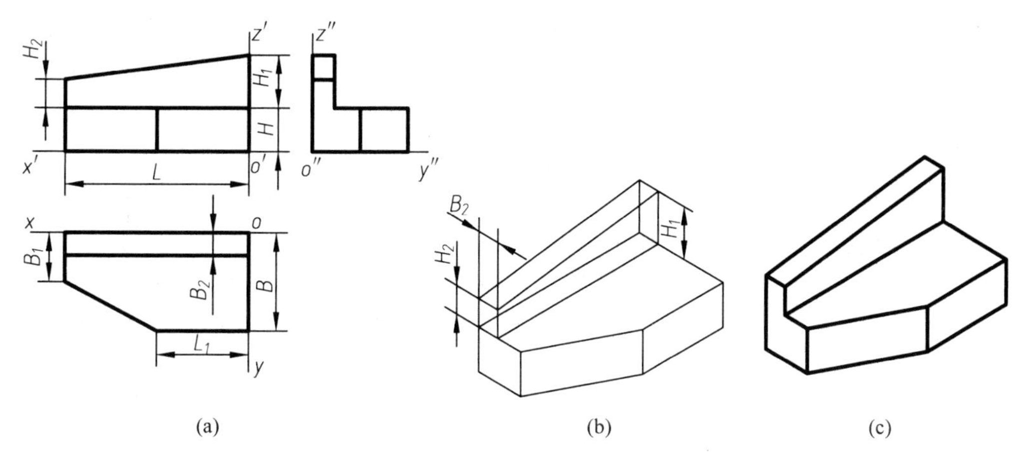

(a) (b) (c)

图 11-7 叠加法作正等轴测图

解：(1) 先画出底板的轴测图，如图 11-6(d)所示。

(2) 如图 11-7(b)所示，在底板上绘制侧板。注意侧板与底板的相对位置关系，侧板的 3 个尺寸 H_1，H_2 和 B_2 均应从底板的上表面量取。

(3) 将可见的各条棱线加深，擦掉多余的线，完成后的正等轴测图如图 11-7(c)所示。

11.2.3 圆的正等轴测图画法

平行于各个坐标平面的圆，其正等轴测投影均为椭圆。可以证明，椭圆长轴方向垂直于与圆所在坐标平面相垂直的坐标轴的轴测投影，短轴方向平行于该坐标轴的轴测投影。即如图 11-8 所示：

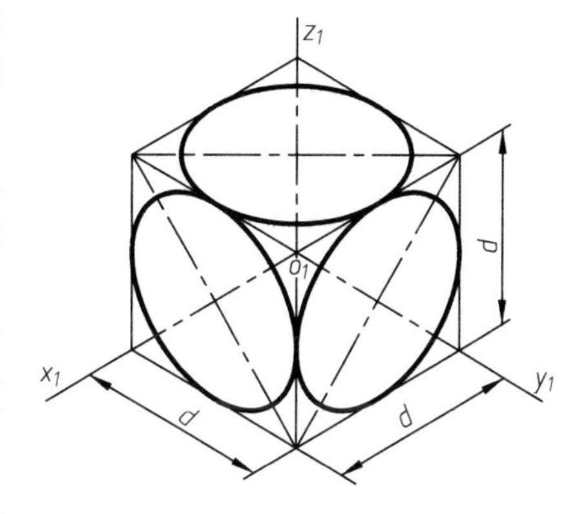

图 11-8 平行于坐标平面的圆的正等轴测图

平行于 XOY 平面的圆(图中立方体顶面上的圆)，其轴测投影椭圆的长轴 $\perp o_1z_1$ 轴，短轴 $/\!/ o_1z_1$ 轴；

平行于 XOZ 平面的圆(图中立方体右前面上的圆)，其轴测投影椭圆的长轴 $\perp o_1y_1$ 轴，短轴 $/\!/ o_1y_1$ 轴；

平行于 YOZ 平面的圆(图中立方体左前面上的圆)，其轴测投影椭圆的长轴 $\perp o_1x_1$ 轴，短轴 $/\!/ o_1x_1$ 轴。

经计算可知，椭圆长轴长度等于圆的直径 d，椭圆短轴长度为 $0.58d$。当正等轴测图的轴向变形系数取简化值 1 时，椭圆长轴约为 $1.22d$，短轴约为 $0.7d$。

1. 椭圆的近似画法

绘制轴测图的目的只是直观地反映物体的形态，因此无需精确地绘制椭圆曲线，可以采用“四心法”近似地画出椭圆。“四心法”是以 4 段圆弧来近似一个椭圆。以平行于 XOY 坐标平面的圆为例，“四心法”画椭圆的步骤如下：

（1）将坐标系原点设在圆心，作出圆的外切正方形，并保证正方形的各条边与坐标轴平行，如图 11-9(a)所示，点 1,2,3,4 分别为圆与外切正方形的切点，并位于相应的坐标轴上。

（2）如图 11-9(b)所示，作出轴测轴，从原点 o_1 出发沿 o_1x_1 和 o_1y_1 轴的正、反方向分别量取 $d/2$，从而在轴测轴上分别得到点 1_1，2_1，3_1 和 4_1，继而作出椭圆的外切平行四边形，四边形的边分别平行于 o_1x_1 轴或 o_1y_1 轴。

（3）如图 11-9(c)所示，分别连接点 a_1 和 1_1、点 b_1 和 4_1，两直线交于 c_1；再分别连接点 a_1 和 2_1、点 b_1 和 3_1，两直线交于 d_1。点 a_1，b_1，c_1 和 d_1 即为"四心法"所指的 4 个圆心。

（4）分别以 a_1 和 b_1 为圆心、a_11_1 为半径画两段大弧，再以 c_1 和 d_1 为圆心、c_14_1 为半径画两段小弧。4 段圆弧在接点处相切，围成一个近似的椭圆，如图 11-9(d)所示。

请读者参考上述方法，自行绘制与 *XOZ* 平面或 *YOZ* 平面平行的圆的正等轴测椭圆，并注意椭圆的方向。

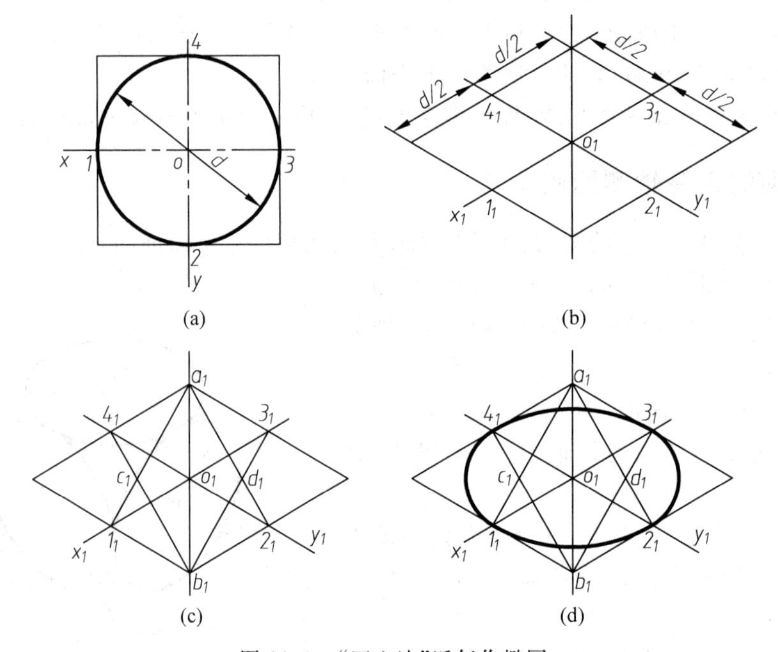

图 11-9 "四心法"近似作椭圆

例 11-5 绘制图 11-10(a)所示的圆柱体的正等轴测图。

解：（1）按图 11-10(a)所示，将坐标系原点定在圆柱体顶面圆心处，并确定和坐标轴的位置。

（2）如图 11-10(b)所示，画出轴测轴，并在 o_1 下方 H 高度处定出底面中心 o_2，并作出 o_2x_2 和 o_2y_2 轴。

（3）如图 11-10(c)，(d)所示，利用 o_1x_1 轴和 o_1y_1 轴，用"四心法"画出圆柱体顶面的椭圆投影。

（4）如图 11-10(e)所示，利用 o_2x_2 和 o_2y_2 轴画出圆柱体底面的椭圆投影。

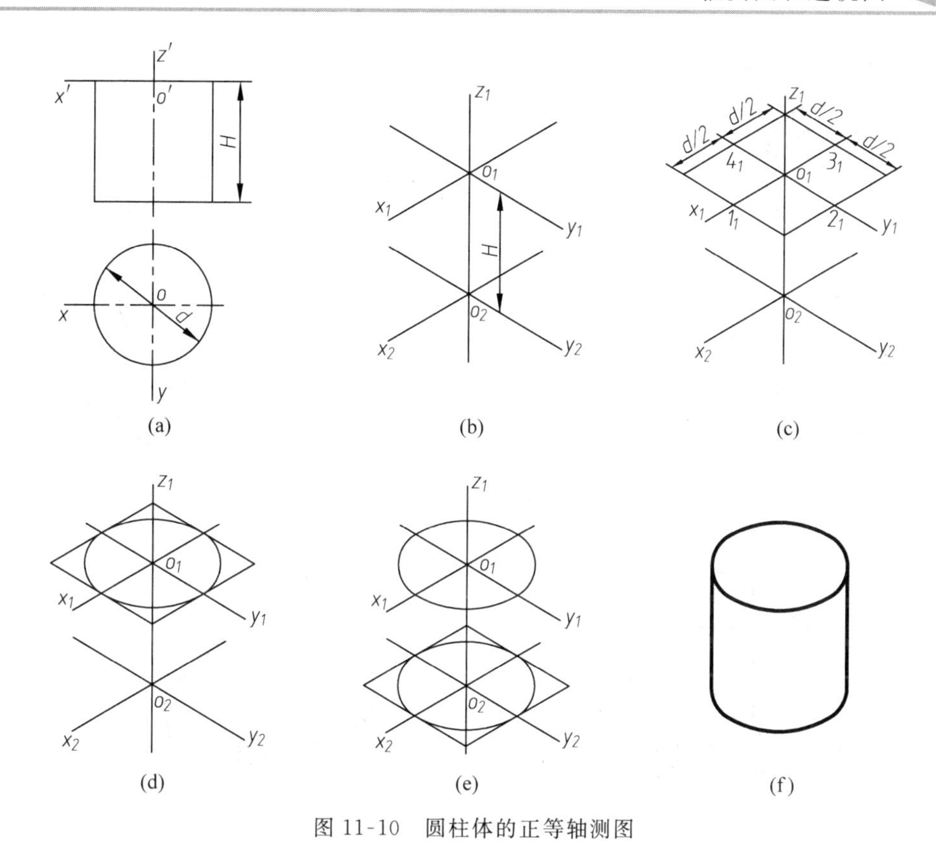

图 11-10　圆柱体的正等轴测图

(5) 如图 11-10(f)所示，画出两个椭圆的两条公切线作为圆柱表面的轮廓线，擦去底面椭圆不可见的部分，并将可见的线加深，完成圆柱体正等轴测图的绘制。

例 11-6　根据图 11-11(a)，绘制圆台的正等轴测图。

解：(1) 按图 11-11(a)将坐标系原点设定在圆台前端小端面中心，并设定坐标轴。

(2) 如图 11-11(b)所示，画出轴测轴，并从 o_1 出发沿 o_1y_1 轴反方向量取 H 长，定出圆台大端面中心 o_2，并作出 o_2x_2 和 o_2z_2 轴。

(3) 如图 11-11(c)所示，利用 o_1x_1 和 o_1z_1 轴，用“四心法”画出圆台小端面的轴测椭圆，其中 p_1，q_1，r_1，s_1 点为 4 个圆心。注意椭圆的方向。

(4) 如图 11-11(d)所示，利用 o_2x_2 和 o_2z_2 轴画出圆台大端面的轴测椭圆。

(5) 如图 11-11(e)所示，画出两个椭圆的两条公切线作为圆台表面的轮廓线，注意此时切点并不在椭圆的长轴端点处。擦去不可见的线，并将可见的线加深。

2. 圆角的正等轴测图简化画法

机件上常见由 1/4 圆弧构成的圆角结构，如图 11-12(a)所示。水平投影中圆弧与直线相切于 a，b，c，d 4 个点。其轴测图应为 1/4 椭圆弧。圆角常采用简化画法，具体画法如下：

(1) 如图 11-12(b)所示，作出直角平板的轴测图，量取半径 R，找到切点 a_1，b_1，c_1，d_1。

(2) 如图 11-12(c)所示，过上述切点分别作所在边的垂线，相交得到点 p_1 和 q_1。分别以 p_1 和 q_1 为圆心，到切点的距离为半径，在顶面上作两段圆弧。

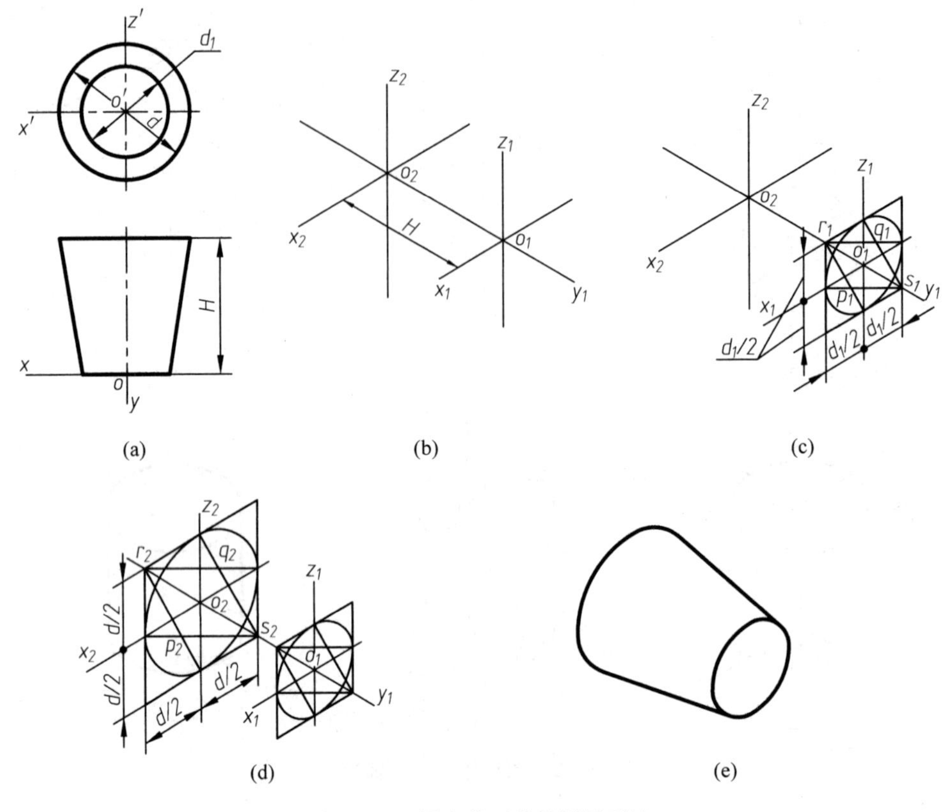

图 11-11 圆台的正等轴测图画法

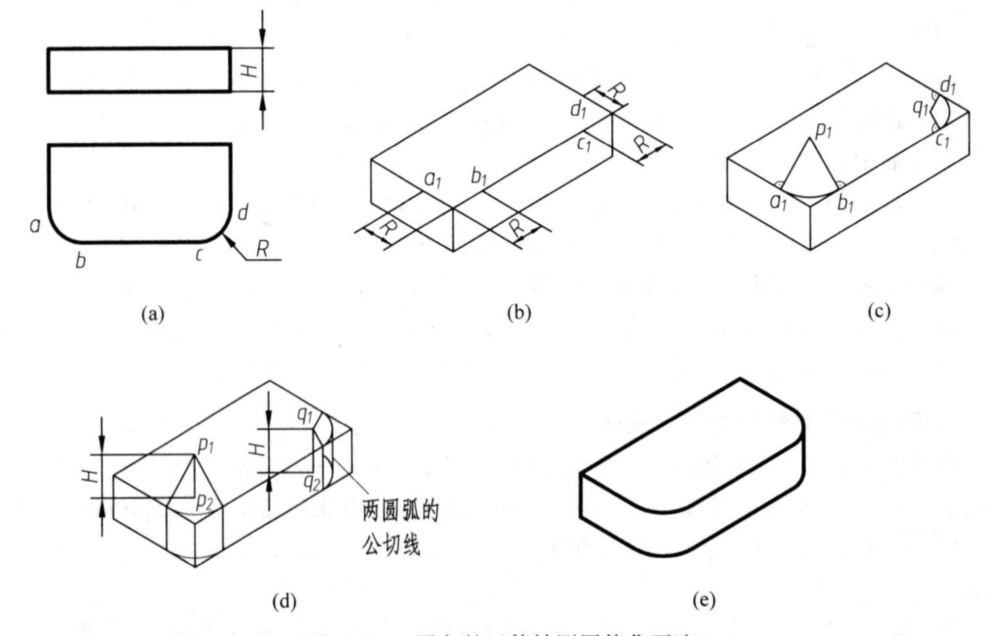

图 11-12 圆角的正等轴测图简化画法

(3) 如图 11-12(d)所示，从 p_1 和 q_1 向下量取 H，找到底面圆弧的圆心 p_2 和 q_2，同样作两段圆弧。作出右侧上下两段小圆弧的公切线作为圆弧表面的轮廓线。

(4) 擦去多余的线，将可见轮廓加深，结果如图 11-12(e)所示。

11.3 斜二等轴测图

正等轴测图虽然便于度量，但与坐标平面平行的圆的轴测投影均为椭圆，绘制时较为不便。工程上也常应用斜二等轴测图。

11.3.1 斜二等轴测图的特点

为了绘制斜二等轴测图，令固结在物体上的坐标系的 XOZ 平面与轴测投影面 P 平行，于是，不论投射线 S 的方向如何，o_1x_1 轴和 o_1z_1 轴的轴向伸缩系数总有 $p=r=1$，轴间角$\angle x_1o_1z_1=90°$。因此，与 XOZ 平面平行的平面，其上的图形在轴测图中反映实形，便于作图。

投射方向 S 发生变化时，o_1y_1 轴的轴向伸缩系数 q 及轴间角$\angle x_1o_1y_1$，$\angle y_1o_1z_1$ 也会随之变化。为了便于作图，一般取 $q=0.5$，轴间角取$\angle x_1o_1y_1=135°$或者$\angle y_1o_1z_1=45°$(图 11-13)。

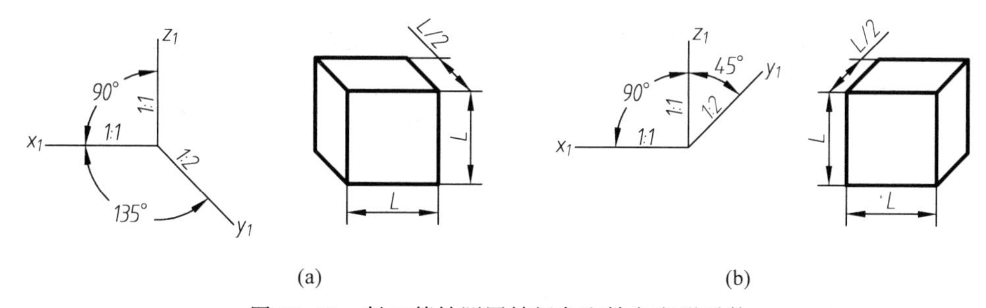

(a) (b)

图 11-13 斜二等轴测图轴间角和轴向变形系数

11.3.2 平行于坐标平面的圆的斜二等轴测图

按照图 11-13 设定轴间角和轴向伸缩系数时，平行于 XOZ 面的圆的轴测投影反映实形，平行于 XOY 和 YOZ 面的圆的轴测投影则为椭圆(图 11-14)。平行于 XOY 面的椭圆长轴相对于 o_1x_1 轴偏转 7°，平行于 YOZ 面的椭圆长轴相对于 o_1z_1 轴偏转 7°，两个椭圆的长轴均约等于 $1.06d$，短轴约为 $0.33d$。

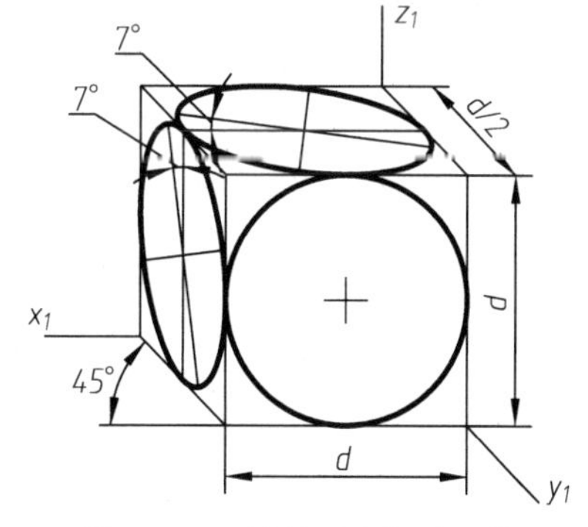

图 11-14 平行于坐标平面的圆的斜二等轴测图

由于椭圆画起来比较繁琐，因此，当平行于 XOY 或 YOZ 的平面上有圆时，一般不选用斜二等轴测图。相反，如果物体只有一个坐标面上有圆，则可令该坐标面平行于轴测投影面 P，此时其轴测投影仍为圆，采用斜二等轴测图作图最为简便。

11.3.3 斜二等轴测图画法示例

例 11-7 求作图 11-15(a)所示形体的轴测图。

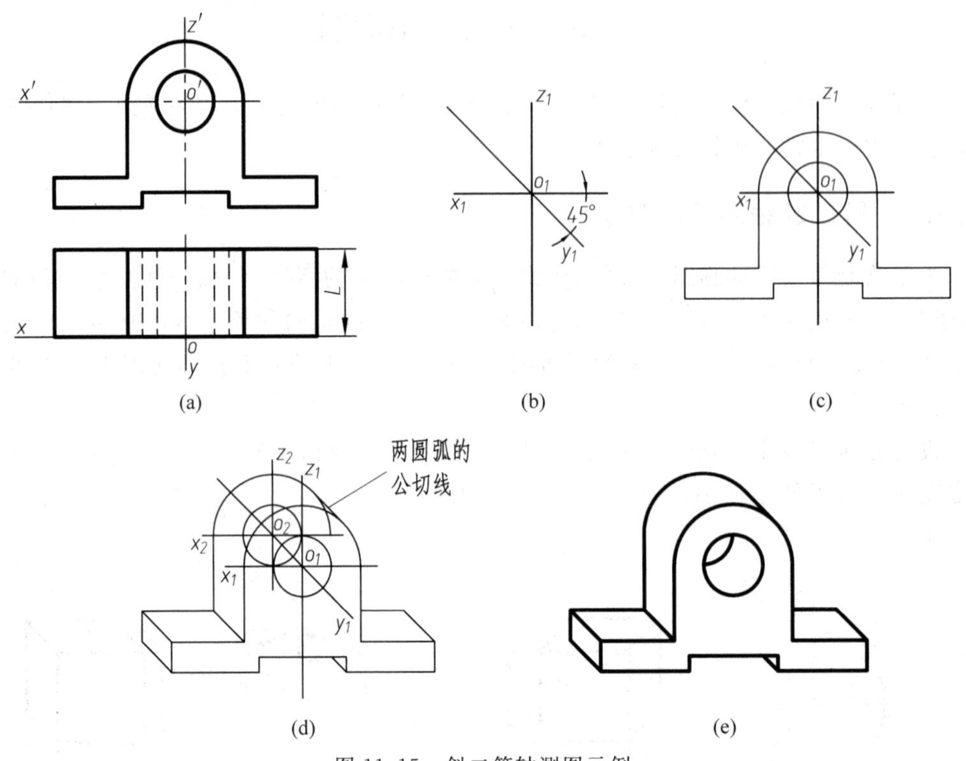

图 11-15 斜二等轴测图示例

解：从图 11-15(a)所示视图可知，该形体上部为带孔的圆柱表面，仅在前、后端面有圆，因此适宜采用斜二等轴测图。作图步骤如下：

(1) 如图 11-15(a)所示，将坐标原点设在前端面圆的中心。

(2) 如图 11-15(b)所示，作出轴测轴。

(3) 形体的前端面与 XOZ 平面平行，因此前端面的轴测投影反映实形。如图 11-15(c)所示，以 o_1 为圆心、o_1z_1 轴为对称轴，画出前端面的投影，该投影与主视图完全相同。

(4) 如图 11-15(d)所示，从 o_1 沿 o_1y_1 轴向后量取 $L/2$，找到后端面圆心 o_2，画出形体后端面，并画出形体上部前、后两个半圆右侧的公切线作为圆柱轮廓线。再画出 o_1y_1 轴方向的其他棱线。

(5) 擦去多余线，并将可见轮廓线加深，完成的斜二等轴测图如图 11-15(e)所示。

*11.4 透 视 图

透视图是采用中心投影法形成的具有立体感的视图，它能够真实地反映出物体的三维形象。但是，手工绘制透视图比较烦琐，因此在机械工业中较少使用，而多用于建筑、艺术设计等领域，尤其是利用色彩渲染后的透视图表现艺术效果。随着计算机辅助设计与绘图技术的迅速发展，许多商品化软件都可以根据物体的三维几何模型，通过计算，在屏幕上显示物体的透视图，而且还能够方便地旋转物体或改变视点，动态地显示物体不同方向的透视图。因此本章并不详细讲解透视图的具体画法，而是通过介绍透视图的形成和基本概念，使读者对透视图有基本的了解。

11.4.1 透视图的形成

人们观察周围的景物时，如观看楼房、树木等，常常会发现一种明显的现象，即相同大小的物体，位于近处的显得比较大，而远处的则显得较小。这种“近大远小”的现象就是透视现象，如图 11-16 所示。

用中心投影法将物体向单一投影面投射，所得到的具有立体感的图形就是透视图，又称透视投影，或简称透视。如图 11-17 所示，假设在空间直线 AB 与投射中心 S（相当于人的一只眼睛）之间放置一个投影面 P，从 S 向 A，B 点发出投射线 SA，SB，这些投射线与投影面 P 相交于 A_1，B_1 点，A_1、B_1 即是点 A，B 在 P 面上的透视。相连 A_1、B_1，就得到了直线 AB 在 P 面上的透视图。

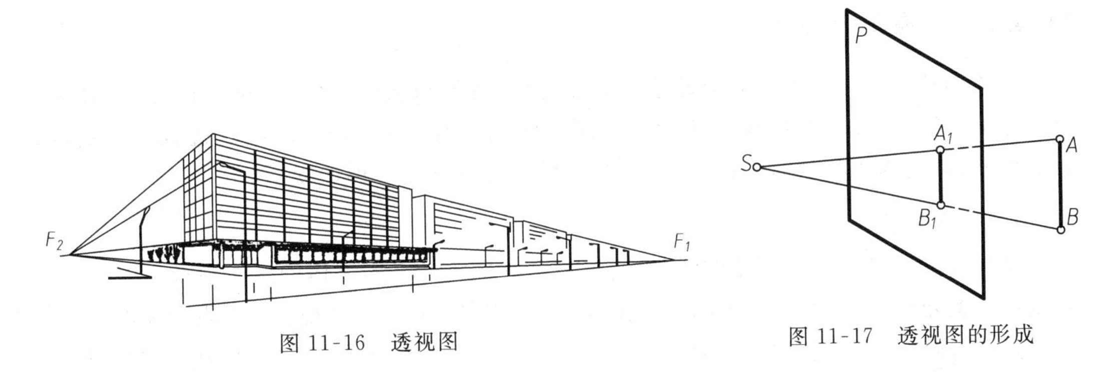

图 11-16 透视图

图 11-17 透视图的形成

11.4.2 透视图的常用术语

图 11-18 中，直线 AB 的透视为 A_1B_1。图中反映的透视图术语如下：

画面(P)——绘制透视图所在的投影平面。

基面(H)——物体所在的水平面。

视点(S)——观察者眼睛所在的位置，即投射中心。

站点(s)——视点在基面上的正投影。

基线(x—x)——画面与基面的交线。

视平面——视点所在的水平面。

视平线(h—h)——视平面与画面的交线。

主视线——通过视点 S 且与画面垂直的投射线。

主点(s')——视点在画面上的正投影，即：主视线与画面的交点。

视距(Ss')—— 视点到画面的距离。

视高(Ss)——视点到基面的距离。

灭点——物体上一组平行线在透视图中不再平行，而是越远越靠拢，并最终相交于一点，称为灭点，亦即直线上无穷远处点的透视。

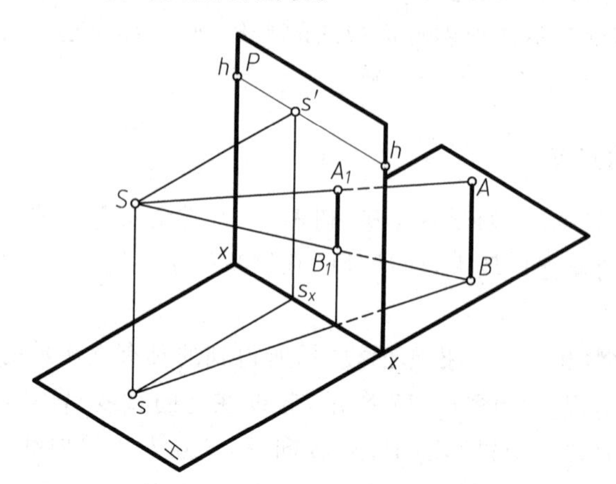

图 11-18 透视图中的常用术语

11.4.3 透视图的种类

物体的长、宽、高3个方向彼此垂直的轮廓线，有的与画面平行，有的不平行。与画面不平行的一组平行线，其透视交于灭点；而与画面平行的一组平行线，其透视则没有灭点。因此，改变物体与画面的相对位置关系，可以得到下面3种透视图。

1. 一点透视

令物体的主要面或主要轮廓线与画面平行，如图11-19中物体的正面平行于画面，且长度(x)、高度(z)方向均平行于画面，此时，x和z方向平行线的透视没有灭点。宽度(y)方向垂直于画面，所以y方向的平行线有灭点(F_1)，而且灭点就是主点，它一定在视平线$h—h$上。这种透视就是一点透视，又称平行透视。

一点透视突出地反映了物体的正面，比较容易绘制正面的结构。

2. 两点透视

如图11-20所示，令物体高度(z)方向的轮廓线平行于画面，同时长度(x)、宽度(y)方向的轮廓线均不平行于画面，此时，z方向平行线的透视没有灭点，而x和y方向的平行线各有一个灭点(F_1,F_2)，且均位于视平线$h—h$上。这种透视就是两点透视，又称成角透视。

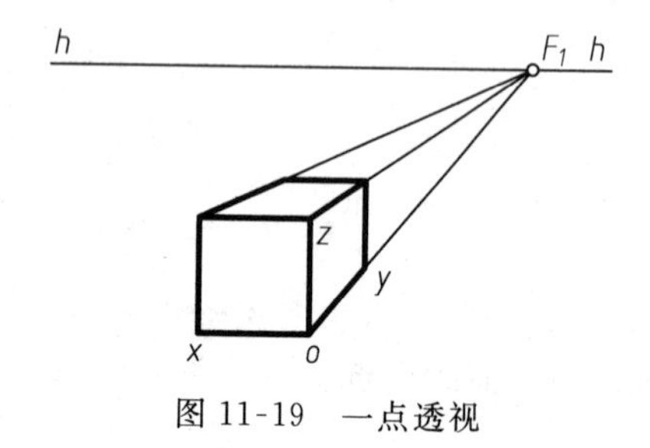

图 11-19 一点透视

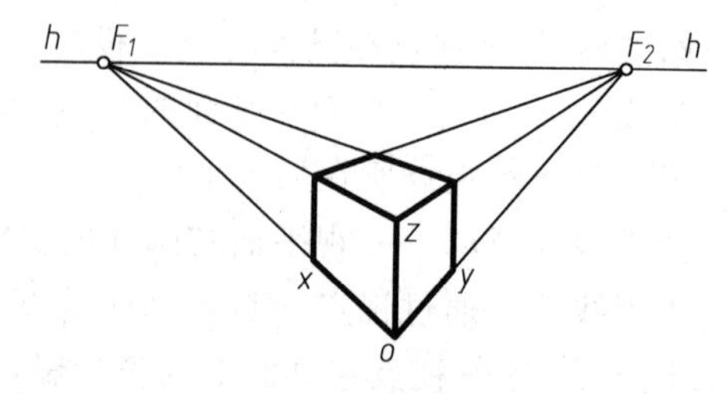

图 11-20 两点透视

两点透视能同时反映左右两个侧面的情况，使用较为广泛。

3. 三点透视

如图 11-21 所示，如果令物体 3 个方向的轮廓线均不平行于画面，则在透视图上产生 3 个灭点，这种透视图称为三点透视，又称斜透视。

三点透视主要用于表达大型物体。

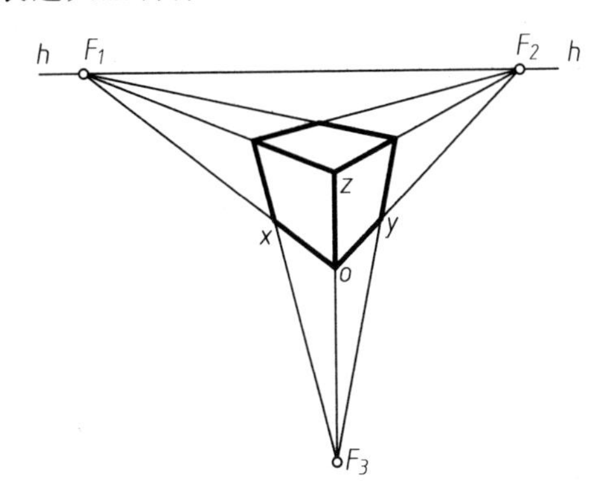

图 11-21 三点透视

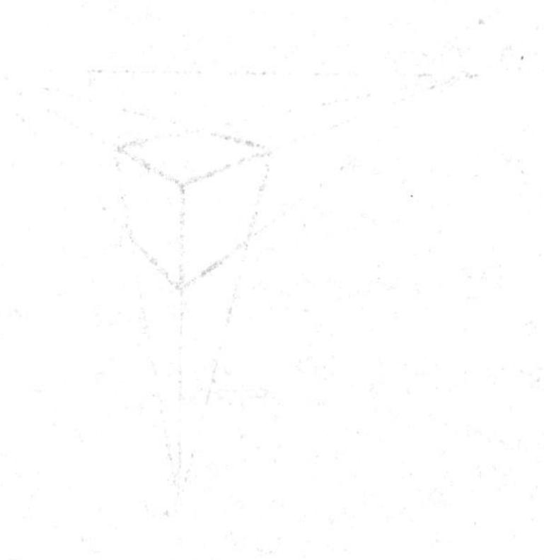

第4单元

形体的表达方法

在体的三视图表达的基础上，本单元研究表达复杂形体的多种方法，包括多视图、剖视图、断面图以及尺寸标注方法等，着重培养运用所学的投影理论及多种表达方法表达复杂形体的能力。所选用的例题更加接近工程实际，为进一步学习零件图和装配图打下基础。

12 机件的表达方法

12.1 视　　图

根据有关标准和规定，用正投影法所绘制出物体的图形称为视图。视图是表达机件形状的基本方法之一。视图通常有基本视图、向视图、局部视图和斜视图。

12.1.1 基本视图

基本视图是机件向基本投影面投影所得的视图。

如图 12-1 所示，将机件置于第一分角内，利用正投影的方法，通过 6 个方向向各投影面投射，从而可以得到机件的 6 个基本视图。6 个基本视图的配置如图 12-2 所示。

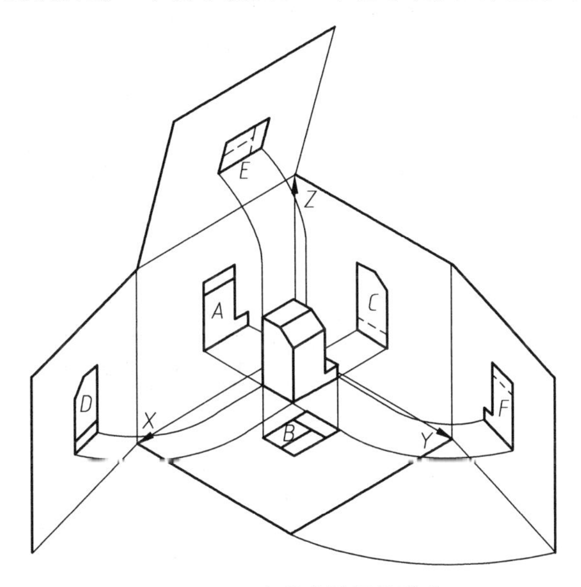

图 12-1　6 个基本视图的形成

6 个基本视图的名称及形成方法如下：

主视图——由前向后投射所得的视图如图 12-2 中视图 A；

俯视图——由上向下投射所得的视图如图 12-2 中视图 B；

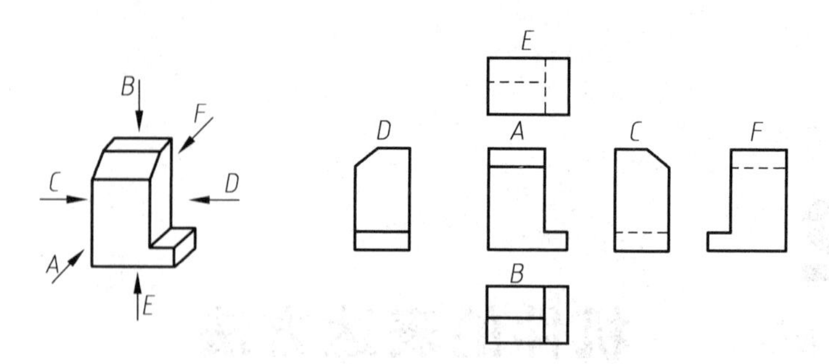

图 12-2 6个基本视图的配置

左视图——由左向右投射所得的视图如图 12-2 中视图 C；

右视图——由右向左投射所得的视图如图 12-2 中视图 D；

仰视图——由下向上投射所得的视图如图 12-2 中视图 E；

后视图——由后向前投射所得的视图如图 12-2 中视图 F。

基本视图间的方位关系和度量关系如下：

(1) 方位关系。除后视图外，左视图、右视图、俯视图和仰视图4个视图靠近主视图的一侧为后面，远离主视图的一侧为前面。

(2) 度量关系。仍符合“三等关系”，即

主视图、左视图、右视图、后视图的高度相等；

主视图、俯视图、仰视图、后视图的长度相等；

左视图、俯视图、右视图、仰视图的宽度相等。

12.1.2 向视图

向视图是可以自由配置的视图。

当基本视图按照图 12-2 所示的标准位置配置时，不必标注视图名称；需要时也可按图 12-3 的方式配置视图。

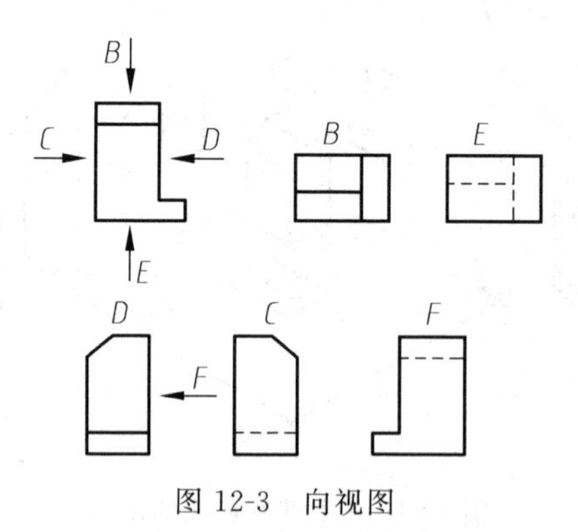

图 12-3 向视图

为了表明各视图间的关系，需用箭头指出投射方向，并在箭头旁边及相应的视图上方标注相同的名称(大写拉丁字母)进行识别。

12.1.3 局部视图

局部视图是将机件的某一部分向基本投影面投射所得的视图。

局部视图可按基本视图的配制形式配置，如图 12-4 所示的俯视图；也可按向视图的配置形式配置并标注投射方向(箭头)和名称(大写拉丁字母)，如图 12-5 所示。

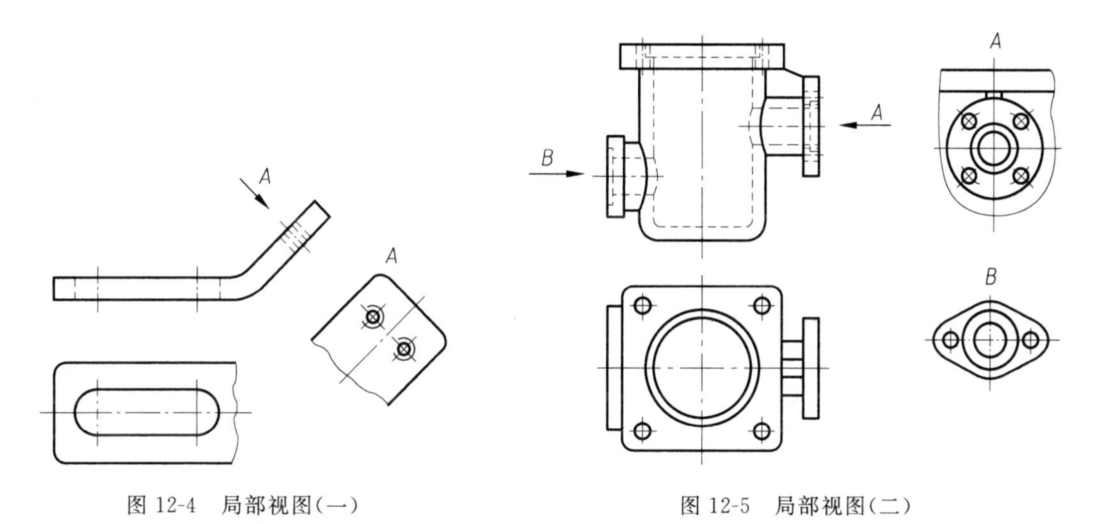

图 12-4 局部视图(一)　　图 12-5 局部视图(二)

局部视图的断裂边界线可以是波浪线(图 12-4、图 12-5 中的 *A* 图)，也可以是双折线(图 12-6)。当所表示的局部结构是完整的且外轮廓线又成封闭时，波浪线可以省略不画(图 12-5 中的 *B* 图)。

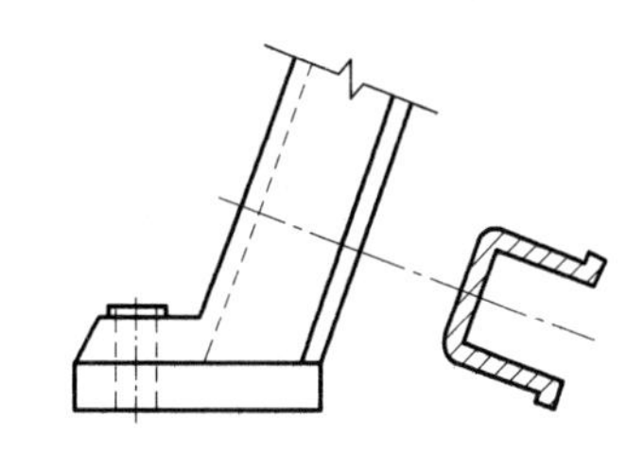

图 12-6 局部视图(三)

12.1.4 斜视图

斜视图是机件向不平行于任何基本投影面的平面投射所得的视图。

斜视图通常按向视图的配置形式配置并标注(图 12-7)。必要时，允许将斜视图旋转配置。表示该视图名称的大写拉丁字母应靠近旋转符号的箭头端(图 12-8)，也允许将旋转角度标注在字母之后(图 12-9)。旋转符号的画法和比例如图 12-10 所示。

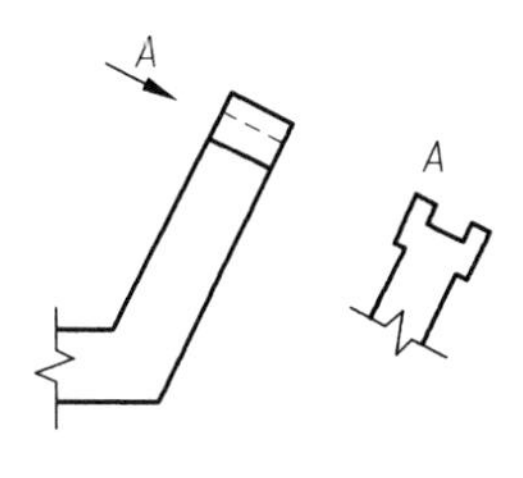

图 12-7 斜视图(一)

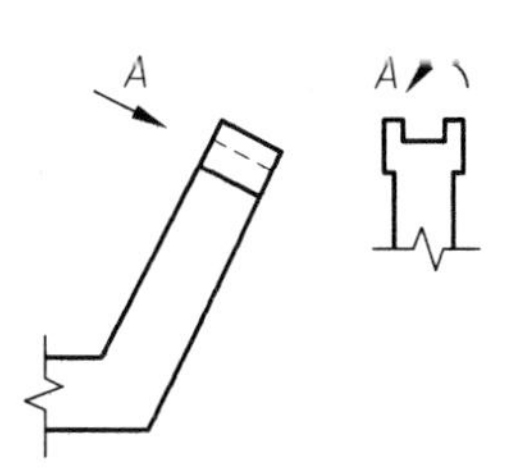

图 12-8 斜视图(二)

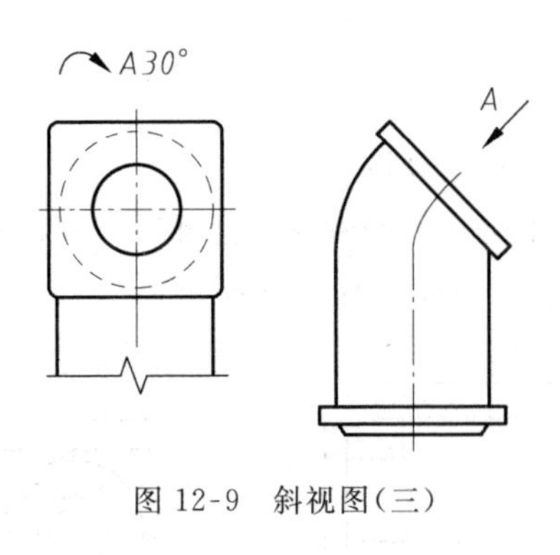

图 12-9 斜视图(三)

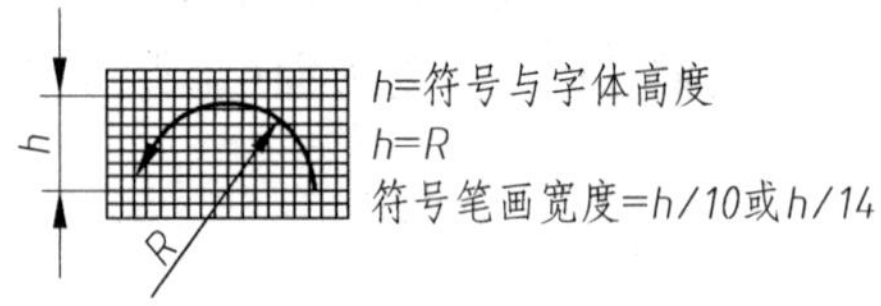

h=符号与字体高度
h=R
符号笔画宽度=h/10或h/14

图 12-10 旋转符号画法和比例

12.2 剖 视 图

根据以前学过的知识,在视图中,机件的内部形状是用虚线表示的(图 12-11)。如果图中虚线过多,将会给绘图、读图过程带来诸多不便。剖视图可清楚、明了、全面、确切地表达机件的内、外部形状。

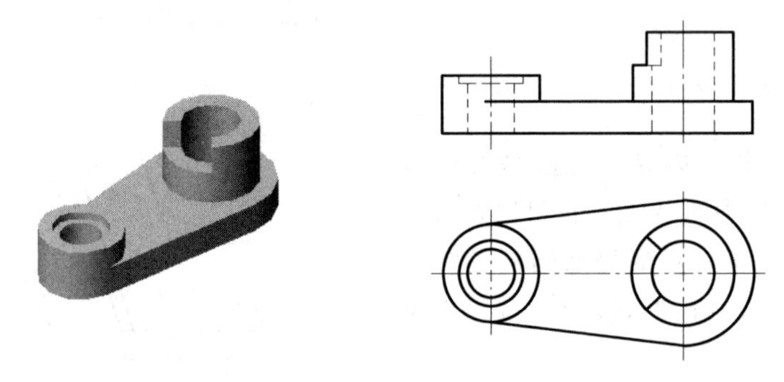

图 12-11 用虚线表示机件的内部形状

剖视图的基本要求和表示方法与视图相同。

12.2.1 基本概念

1. 剖视图的定义

剖视图是假想用剖切平面剖开机件,将处在观察者与剖切平面之间的部分移去,而将其余部分向投影面投射所得的图形,如图 12-12 所示。剖视图可简称为剖视。

剖切平面应平行于某一投影面,也可是投影面垂直面。

2. 选择剖视的原因

(1) 清楚地表达机件的内部形状;

(2) 避免虚线(重影)造成的层次不清;

(3) 不能在虚线上标注尺寸。

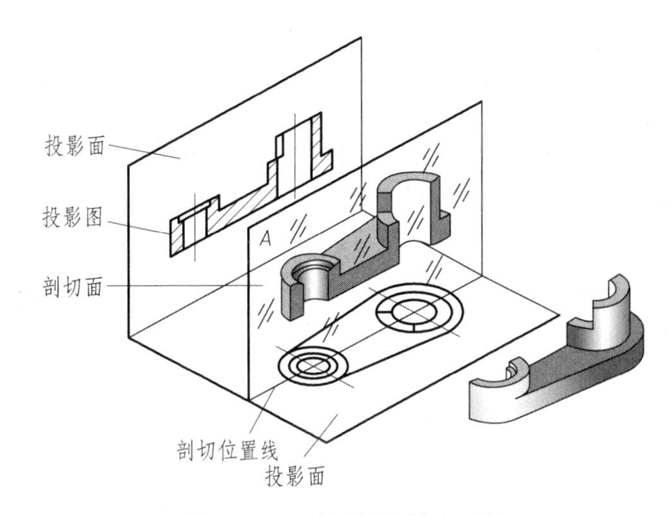

图 12-12 剖视图的画法立面图

3. 剖切面的位置

剖切被表达机件的假想平面或曲面被称为剖切面(图 12-12 中的正平面 A)。剖切平面应通过回转面的轴线或机件的对称面,避免产生不完整的结构要素。

4. 剖视图的标注内容及规定

剖视图的标注如图 12-13 所示。

(1) 剖切符号:指示剖切面起、迄和转折位置(用粗短画表示),及投射方向(用箭头表示)的符号。

(2) 剖切线:指示剖切面位置的线(点画线)。

剖切符号、剖切线和字母的组合标注如图 12-14 所示。剖切线也可省略不画,如图 12-15 所示。

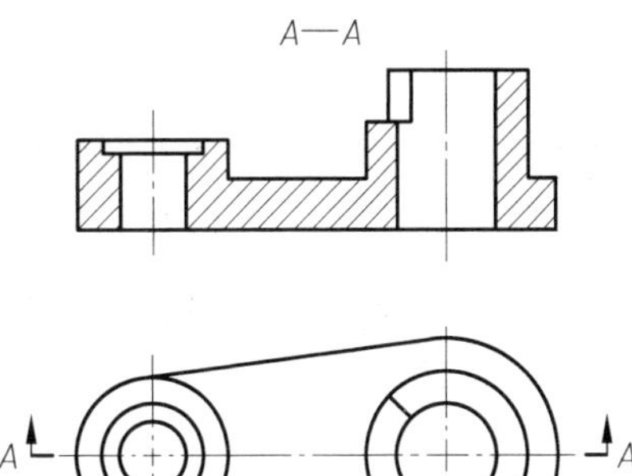

图 12-13 剖视图的画法

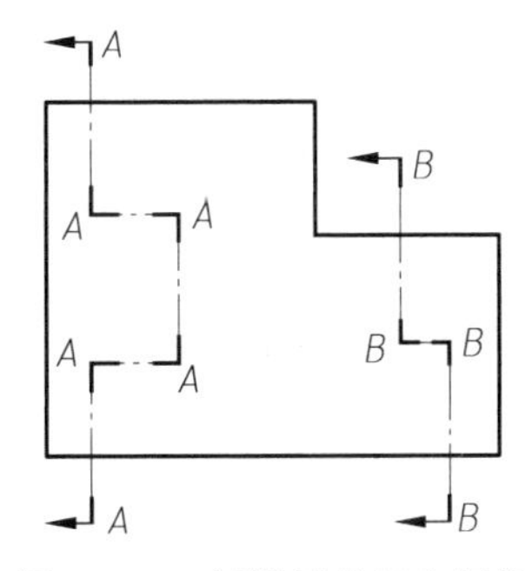

图 12-14 剖视图的组合标注

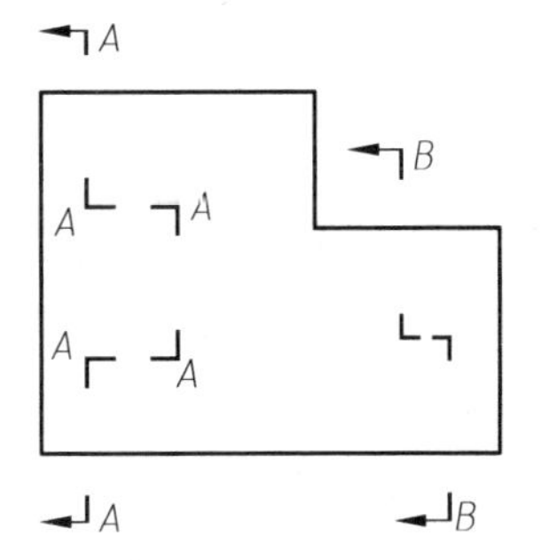

图 12-15 剖视图省略剖切线的标注

(3) 名称：一般应在剖视图的上方用从 A 开始的大写拉丁字母标出剖视图的名称"×—×"。在相应视图上表示剖切位置的剖切符号旁标注相同的字母"×"，如图 12-13 所示。

(4) 剖面符号：假想用剖切面剖开机件时，剖切面与机件的接触部分称作剖面区域。在剖视图中的剖面区域内要绘制剖面符号(图 12-13 主视图)。常采用的几种特定的剖面符号示例如图 12-16 所示。

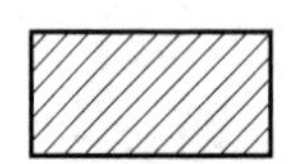

金属材料/普通砖

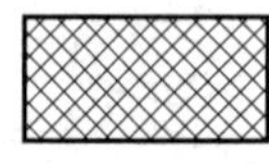

非金属材料(除普通砖外)

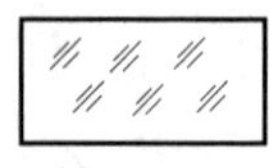

玻璃等供观察用的透明材料

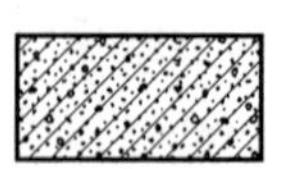

钢筋混凝土

图 12-16 几种特定的剖面符号

金属材料的剖面线，应画成间隔相等、方向相同且与水平成 45°的平行线(图 12-17)。当图形中的主要轮廓线与水平成 45°时，该图形的剖面线应与水平成 30°或 60°的平行线，其倾斜的方向仍与其他图形的剖面线一致(图 12-18)。

同一机件在各剖视图的各个剖面区域，其剖面线画法应一致(图 12-17)。

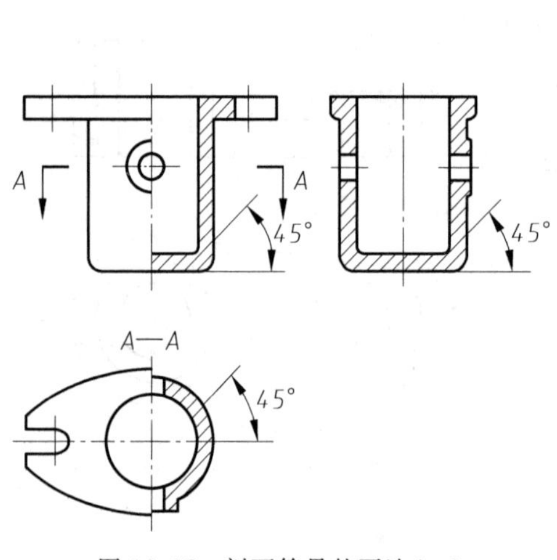

图 12-17 剖面符号的画法(一)

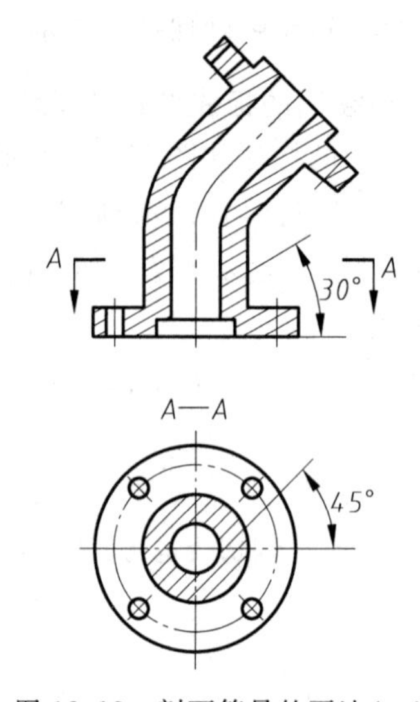

图 12-18 剖面符号的画法(二)

12.2.2 剖视图的种类及画法

在绘制剖视图时，根据机件的结构特点，可选择以下剖切面剖开机件：

(1) 单一剖切面；

(2) 几个平行的剖切平面；

(3) 几个相交的剖切面(交线垂直于某一投影面)。

剖视图一般分为全剖视图、半剖视图和局部剖视图。

1. 全剖视图

全剖视图是用剖切平面完全地剖开机件所得的剖视图。

1）单一剖切面

一般用平面剖切机件(图 12-13、图 12-17 中的侧视图、图 12-18～图 12-21)，也可用柱面剖切机件。采用柱面剖切机件时，剖视图应按展开绘制(图 12-22 中的 *B*—*B*)。

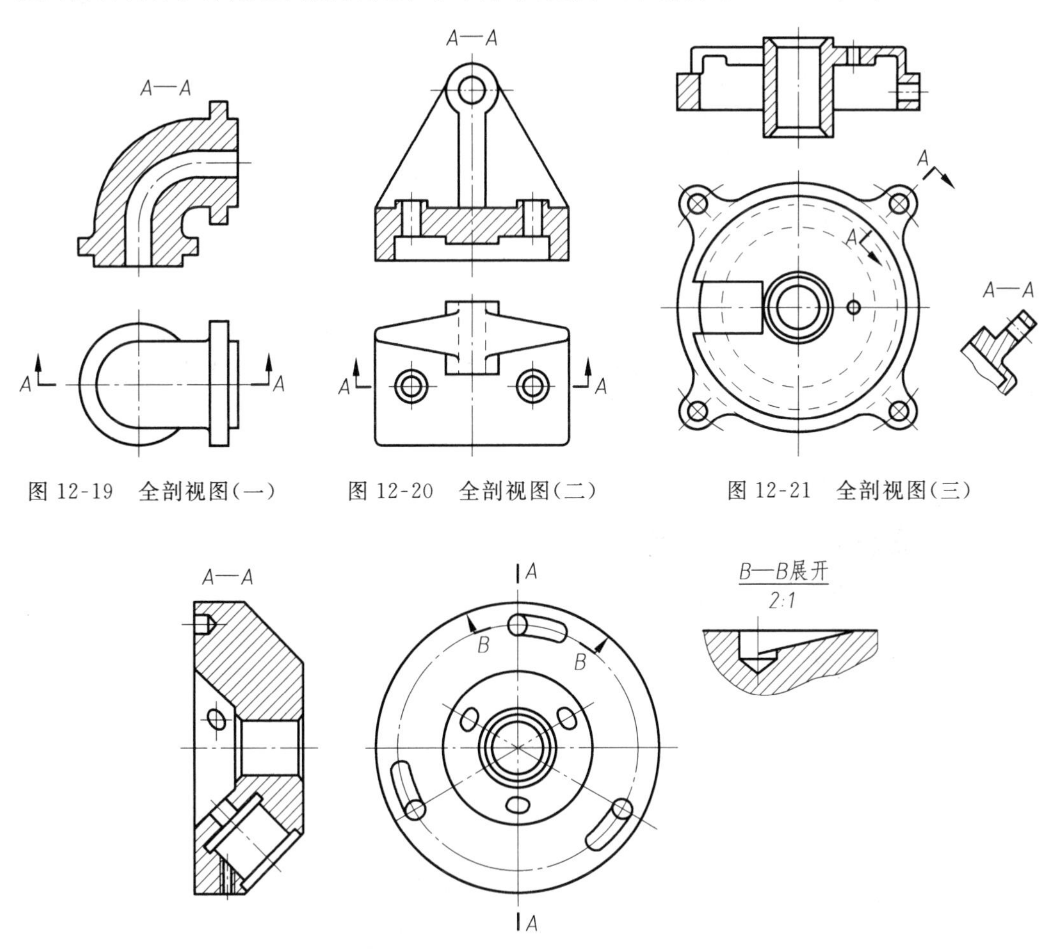

图 12-19 全剖视图(一)　图 12-20 全剖视图(二)　图 12-21 全剖视图(三)

图 12-22 用柱面剖切机件的全剖视图

此外，还可以用不平行于任何基本投影面的剖切平面剖开机件(此方法称为斜剖视)，如图 12-23 中的 *B*—*B*。采用这种方法画剖视图，在不致引起误解时，允许将图形旋转并标注(图 12-24 中的 *A*—*A*)。

2）几个平行的剖切平面

用几个平行的剖切平面剖开机件的方法称为阶梯剖(图 12-25)。

图 12-25 中采用了两个相互平行的剖切平面 *A* 将机件剖切开，投射时要把两个相互平行的剖面区域合为一个平面。

在绘制阶梯剖视图时要避免产生下列错误(如图 12-26 所示的①，②，③)：

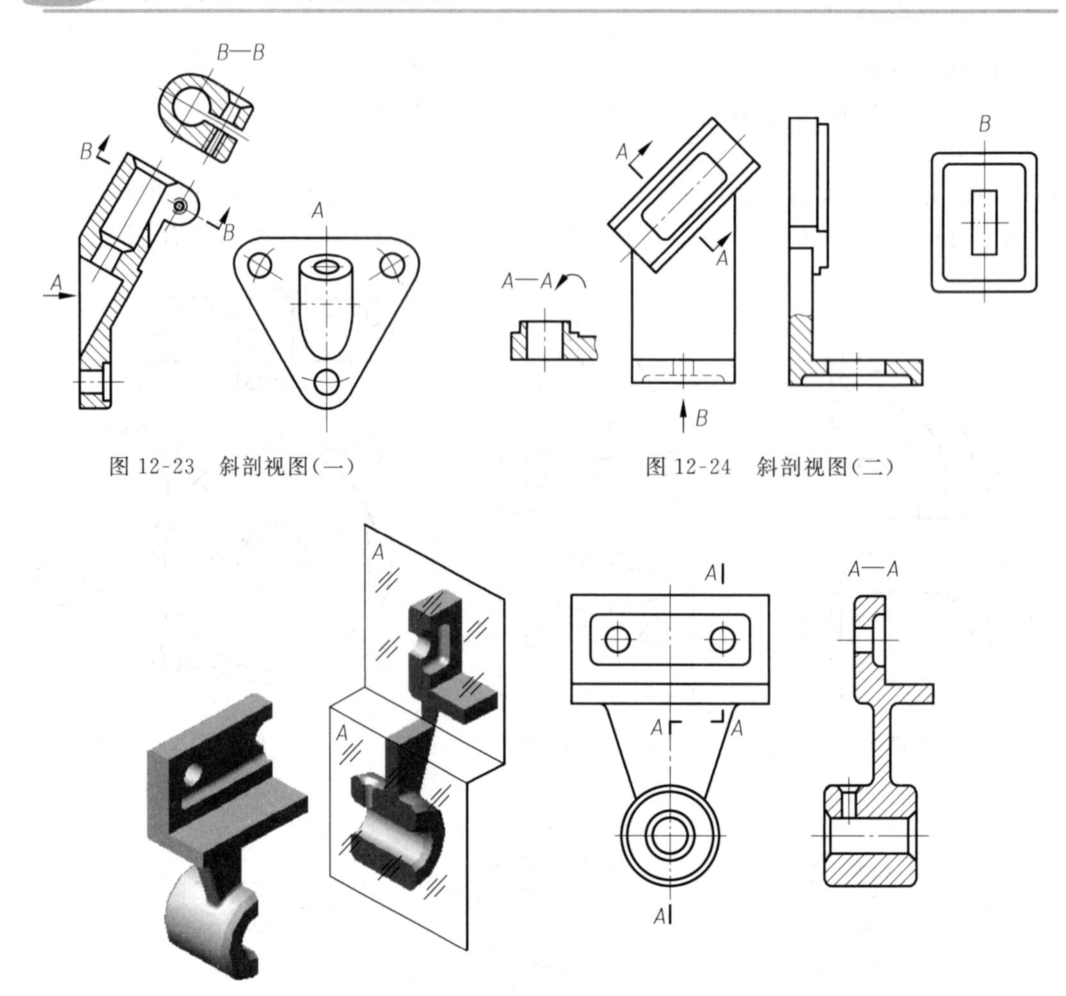

图 12-23 斜剖视图(一)

图 12-24 斜剖视图(二)

图 12-25 阶梯剖视图

(1) ①处不应有线,因两个剖面区域已合为一个平面;

(2) 两剖切平面转折处不应与轮廓线重合,如图 12-26 中②所示;

(3) 两剖切平面在形体外部转折,会产生不完整结构,如图 12-26 中③所示。

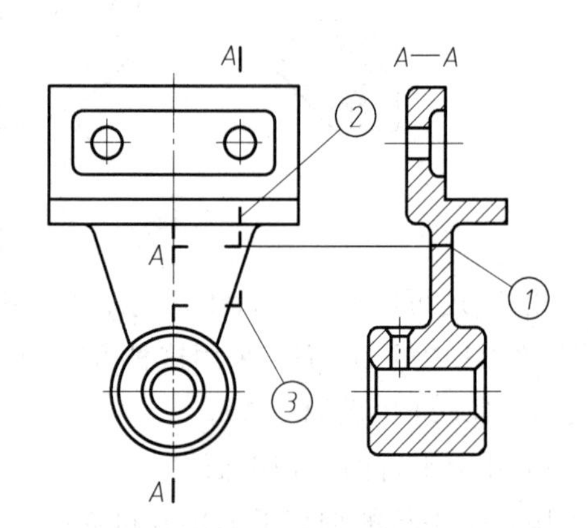

图 12-26 阶梯剖视图中常见的错误画法

当剖切平面转折处地位有限又不致引起误解时,允许省略标注字母(图 12-27、图 12-28)。

采用阶梯剖时,在图形内不应出现不完整的要素,仅当两个要素在图形上具有公共对称中心线或轴线时,才可以各画一半,此时应以对称中心线或轴线为界(图 12-27、图 12-28)。

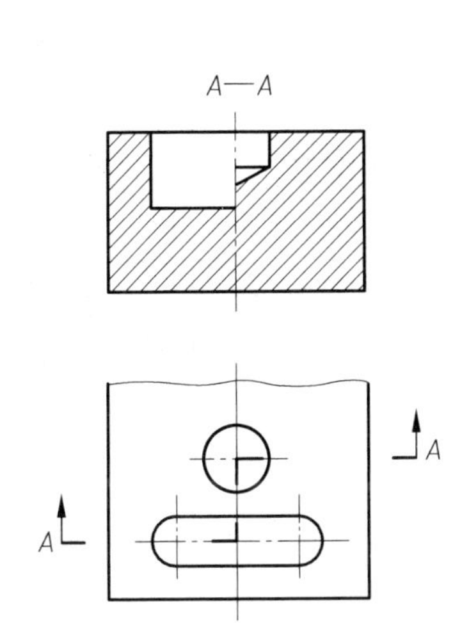

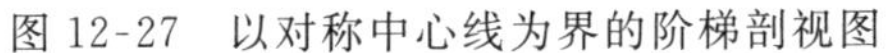
图 12-27 以对称中心线为界的阶梯剖视图

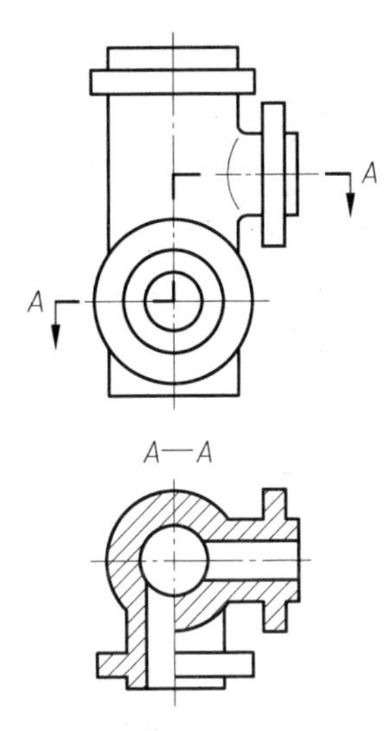

图 12-28 以轴线为界的阶梯剖视图

3）几个相交的剖切面

用两个相交的剖切平面（交线垂直于某一基本投影面）剖开机件的方法称为旋转剖（图 12-29、图 12-30）。此方法适用于具有回转中心的机件。

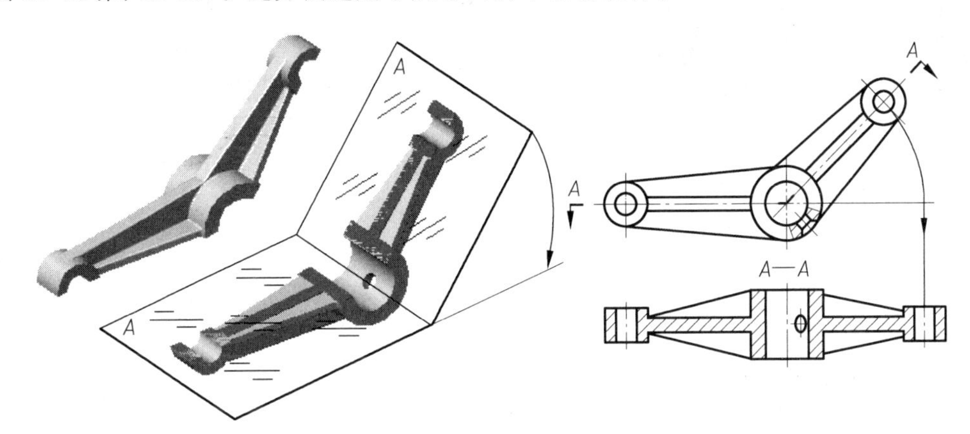

图 12-29 旋转剖视图（一）

采用旋转剖画剖视图时，先假想按剖切位置剖开机件，然后将被剖切平面剖开的结构及其有关部分（图 12-29 中的右半部分、图 12-30 中的凸台及小孔部分）旋转到与选定的投影面平行再进行投射。在剖切平面后面的其他结构（图 12-29 中的倾斜孔、图 12-30 中上部的肋板）仍按原来位置投射。

两剖切平面相交处的投影仍为点画线，此处画成粗实线是错误的（图 12-31）。

当剖切平面转折处地方有限又不致引起误解时，允许省略标注字母（图 12-29、图 12-30）。两组或两组以上相交的剖切平面，其剖切符号相交处用大写字母 O 标注（图 12-32）。

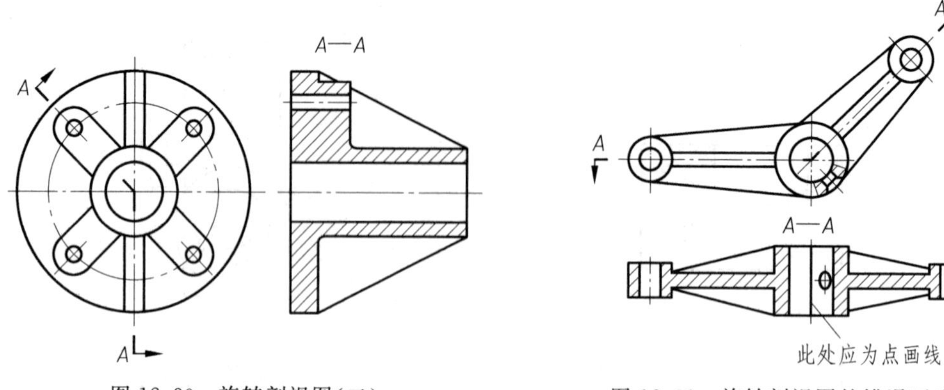

图 12-30 旋转剖视图(二)

图 12-31 旋转剖视图的错误画法

当剖切后产生不完整要素时,应将此部分按不剖绘制,如图 12-33 中的无孔实臂。

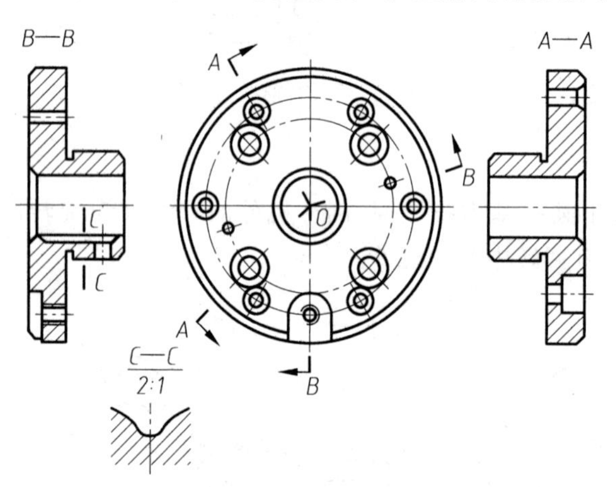

图 12-32 具有共同转折点的旋转剖视图的画法及标注画法

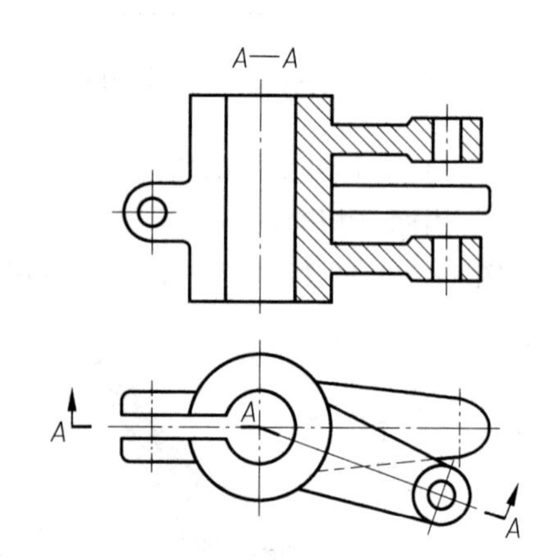

图 12-33 避免产生不完整的结构要素

4) 组合的剖切平面

除旋转剖、阶梯剖以外,用组合的剖切平面剖开机件的方法称为复合剖(图 12-34)。

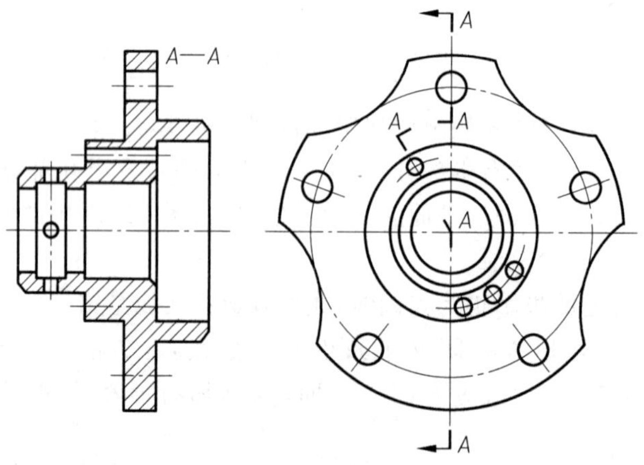

图 12-34 复合剖(一)

采用这种方法画剖视图时,可采用展开画法,此时应标注"×—×展开"(图 12-35)。

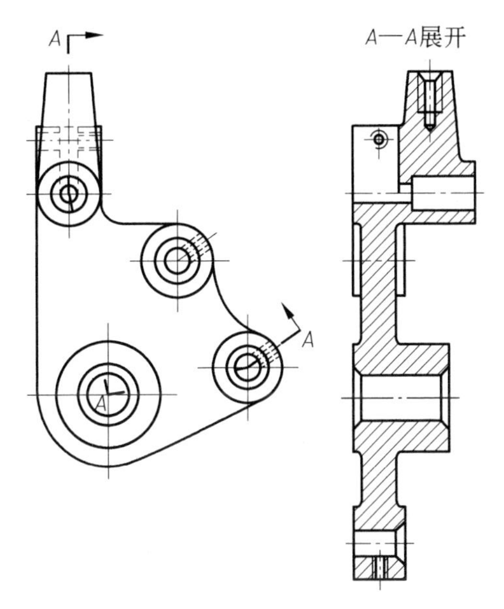

图 12-35 复合剖(二)

2. 半剖视图

半剖视图是当机件具有对称平面时,在垂直于对称面的投影面上投射所得的图形,以对称中心线为界,一半画成剖视,另一半画成视图(图 12-36)。

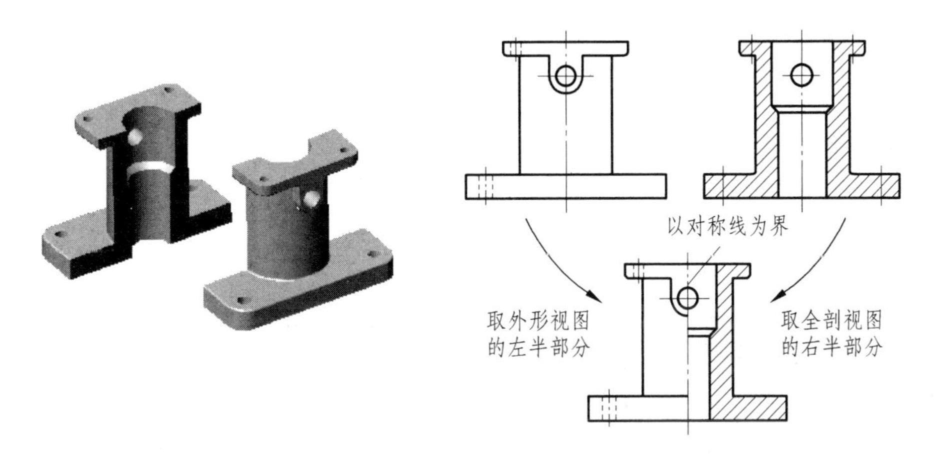

图 12-36 半剖视图的形成

图 12-37、图 12-39 为半剖视示例。

图 12-38 显示的是一种典型的错误画法,图中将半剖视图的点画线分界线画成了粗实线。

依据技术制图有关标准规定,当机件的形状接近于对称,且不对称部分已另有图形表达清楚时,也可以画成半剖视(图 12-40)。

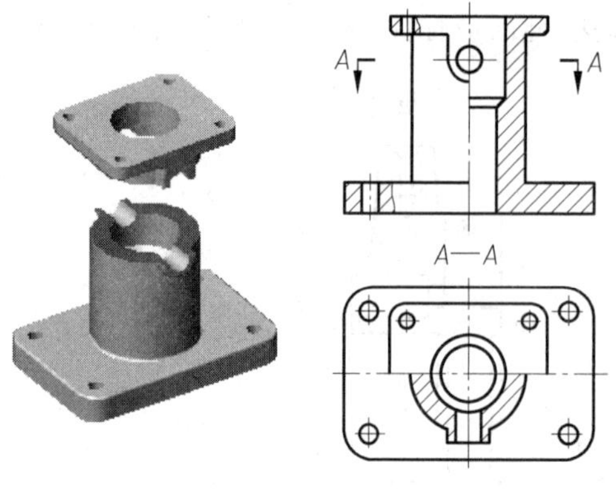

图 12-37　半剖视图(一)

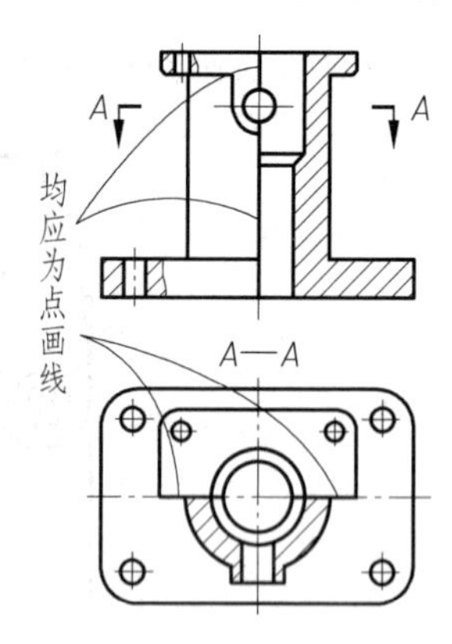

图 12-38　半剖视图的错误画法

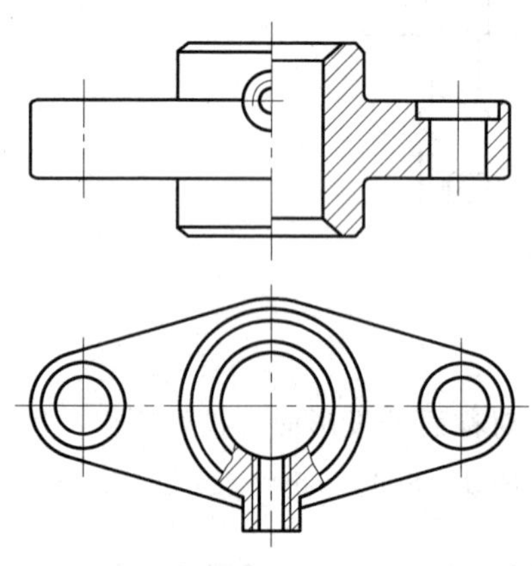

图 12-39　半剖视图(二)

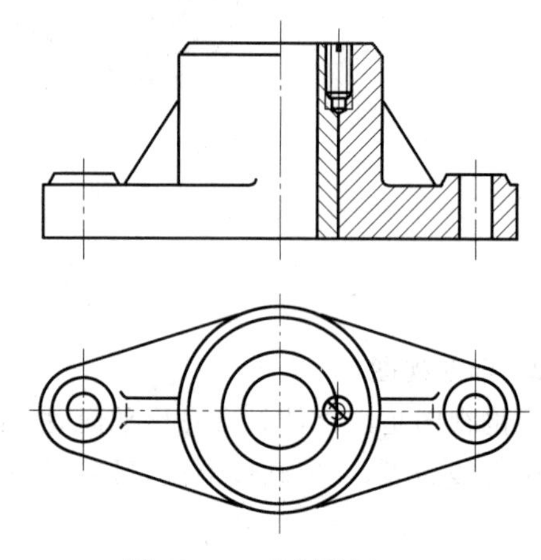

图 12-40　半剖视图(三)

3. 局部剖视图

局部剖视图是用剖切平面局部地剖开机件所得的剖视图(图 12-41)。

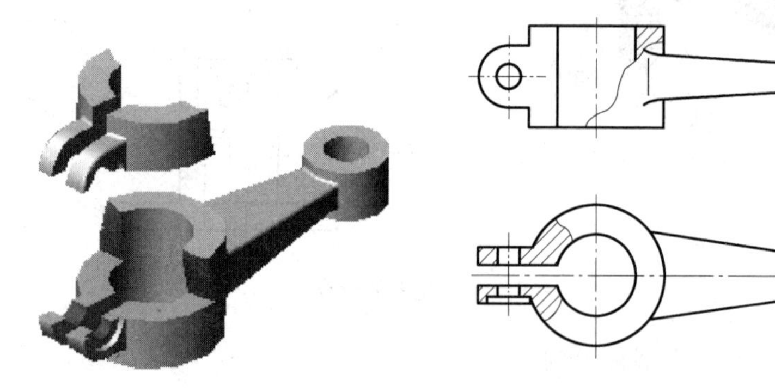

图 12-41　局部剖视图

局部剖视图是用波浪线分界,波浪线不应与图样上其他图线重合。

图 12-42 显示了局部剖视图中常见的错误画法,其错误是:

(1) 波浪线超出了机件的轮廓线(见图 12-42 中的①所示);

(2) 波浪线画在了孔洞的中空处(见图 12-42 中的②所示)。

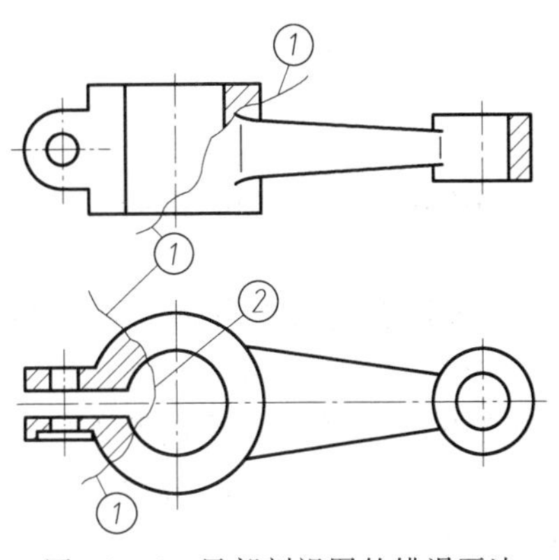

图 12-42　局部剖视图的错误画法

4. 剖视图的标注

剖切位置与剖视图的标注规定如下：

(1) 一般应在剖视图的上方用大写字母标出剖视图的名称“×—×”。在相应的视图上用剖切符号表示剖切位置,用箭头表示投射方向,并注上同样的字母,如图 12-15 所示。

(2) 当剖视图按投影关系配置,中间又没有其他图形隔开时,可省略箭头,如图 12-22 中 A—A、图 12-25 所示。

(3) 当单一剖切平面通过机件的对称面或基本对称的平面,且剖视图按投影关系配置,中间又没有其他图形隔开时,可省略标注,如图 12-37、图 12-41 所示。

(4) 当单一剖切平面的剖切位置明显时,局部剖视图的标注可省略,如图 12-41 所示。

(5) 用一个公共剖切平面剖开机件,按不同方向投射得到的两个剖视图,应按图 12-43 所示的形式标注。

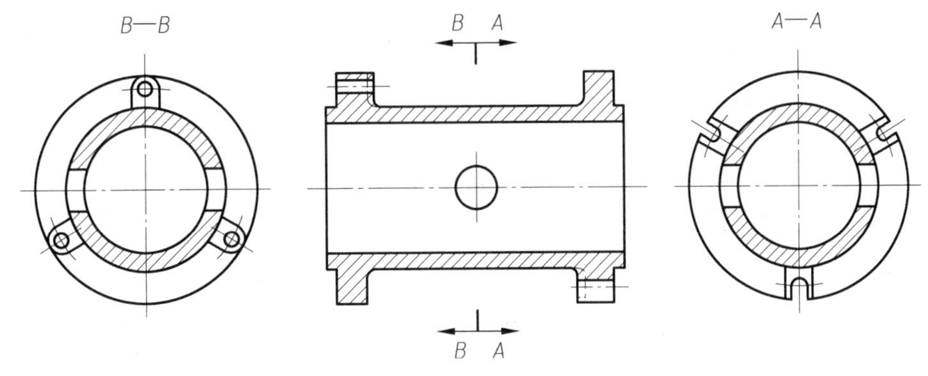

图 12-43　具有公共剖切平面的剖视图

(6) 可将投射方向一致的几个对称图形各取一半(或 1/4)合并成一个图形。此时应在剖视图附近标出相应的剖视图名称(图 12-44)。

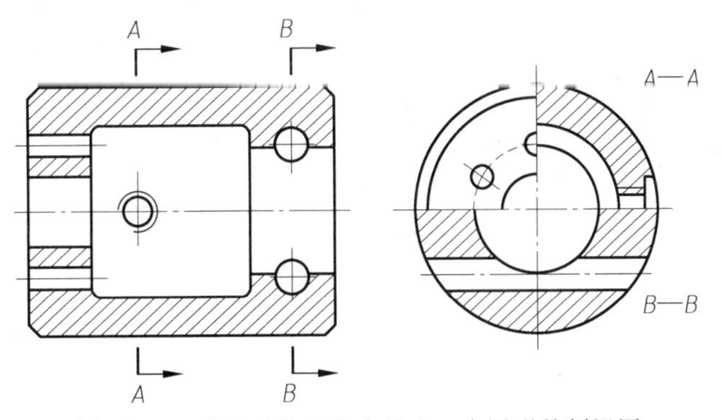

图 12-44　几个对称图形合并成一个图形的剖视图

12.3 断 面 图

假想用剖切面将机件的某处切断，仅画出该剖面与机件接触的图形，称为断面图。断面图可简称为断面。

断面图分为移出断面图和重合断面图。移出断面图的图形应画在视图之外，轮廓线用粗实线绘制，配置在剖切线的延长线上或其他适当的位置。重合断面图的图形应画在视图之内，机械类制图中的断面轮廓线用细实线（建筑类制图用粗实线）绘出。当视图中的轮廓线与重合断面图的图形重叠时，视图中的轮廓线仍应连续画出，不可间断。断面图的画法见表 12-1。

表 12-1 断面图的画法

图　　例	说　　明
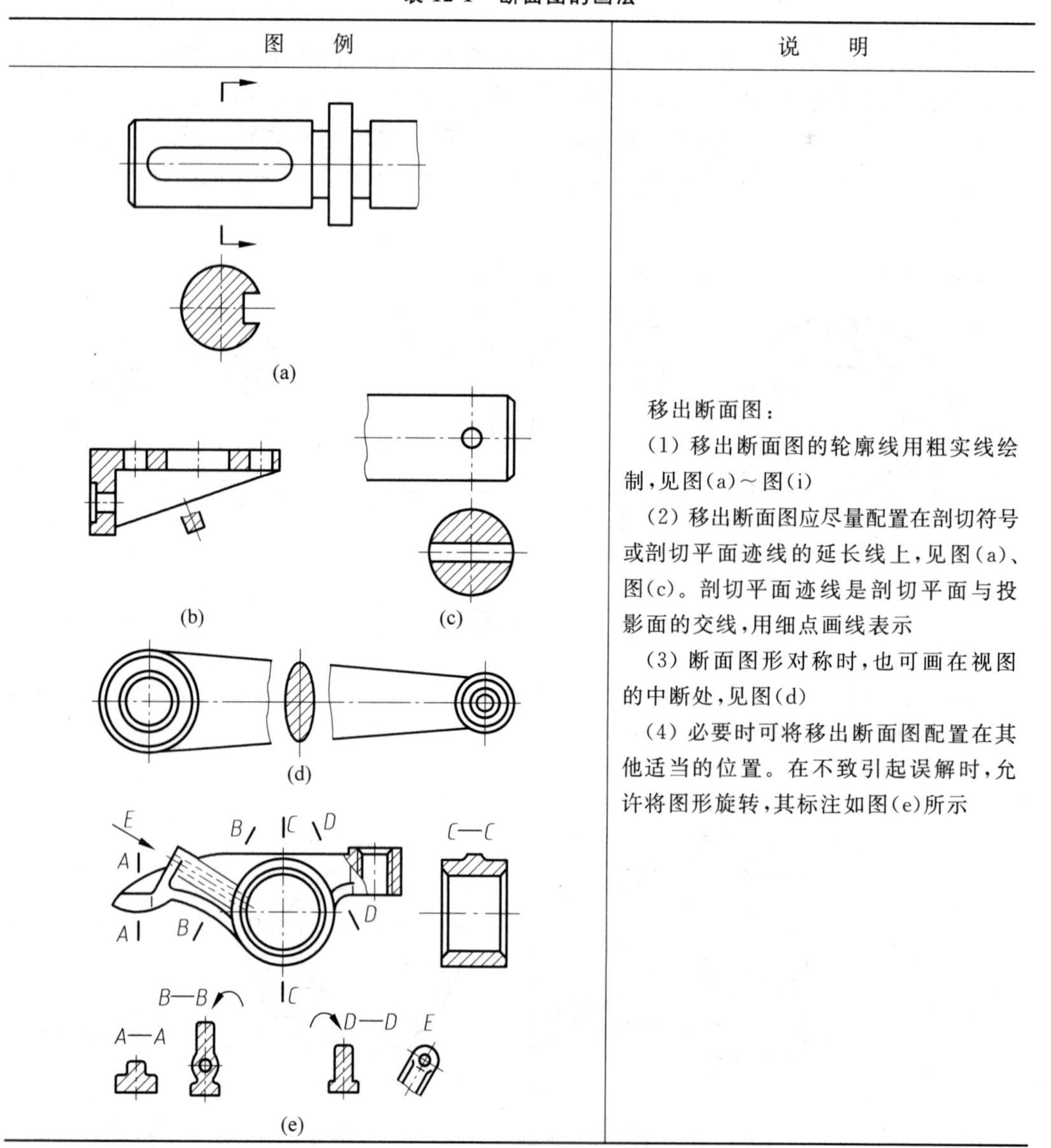 (a) (b) (c) (d) (e)	移出断面图： （1）移出断面图的轮廓线用粗实线绘制，见图(a)～图(i) （2）移出断面图应尽量配置在剖切符号或剖切平面迹线的延长线上，见图(a)、图(c)。剖切平面迹线是剖切平面与投影面的交线，用细点画线表示 （3）断面图形对称时，也可画在视图的中断处，见图(d) （4）必要时可将移出断面图配置在其他适当的位置。在不致引起误解时，允许将图形旋转，其标注如图(e)所示

续表

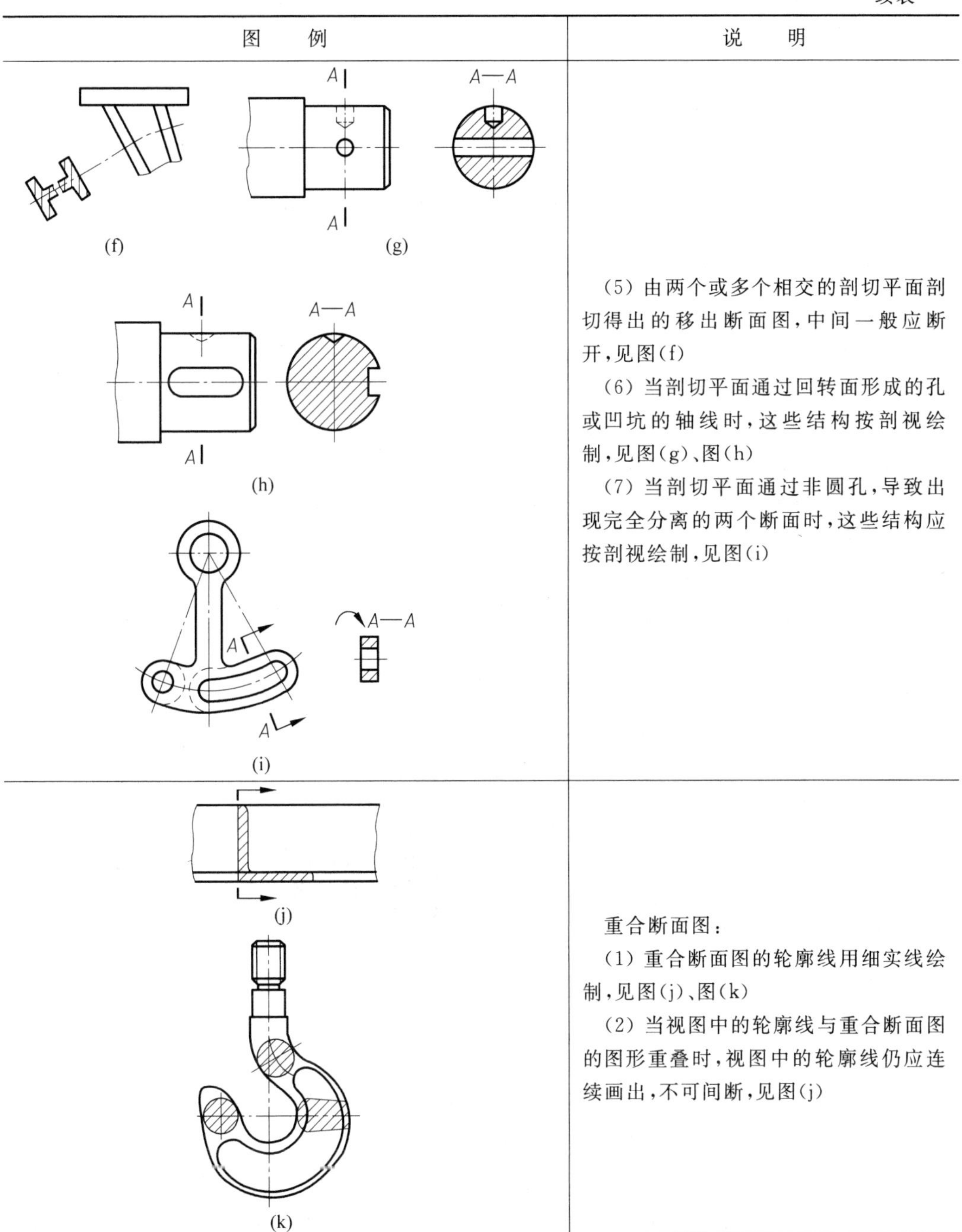

图　例	说　明
(f)　(g) (h) (i)	(5) 由两个或多个相交的剖切平面剖切得出的移出断面图,中间一般应断开,见图(f) (6) 当剖切平面通过回转面形成的孔或凹坑的轴线时,这些结构按剖视绘制,见图(g)、图(h) (7) 当剖切平面通过非圆孔,导致出现完全分离的两个断面时,这些结构应按剖视绘制,见图(i)
(j) (k)	重合断面图: (1) 重合断面图的轮廓线用细实线绘制,见图(j)、图(k) (2) 当视图中的轮廓线与重合断面图的图形重叠时,视图中的轮廓线仍应连续画出,不可间断,见图(j)

剖切位置与断面图的标注:

(1) 移出断面图一般应用剖切符号表示剖切位置,用箭头表示投射方向,并注上字母,在断面图的上方应用同样的字母标出相应的名称,如“×—×”。

(2) 配置在剖切符号延长线上的不对称移出断面图,可省略字母。配置在剖切符号上的不对称重合断面图,不必标注字母。

(3) 不配置在剖切符号延长线上的对称移出断面图,以及按投影关系配置的不对称移出断面图,均可省略箭头。

(4) 对称的重合断面图、配置在剖切平面迹线延长线上的对称移出断面图,以及配置在视图中断处的对称移出断面图均不必标注。

12.4 简化画法与规定画法

简化画法与规定画法都是技术制图国家标准中的重要规定。正确掌握和使用这些画法,可不同程度地提高绘图效率和图面清晰度。

简化原则如下:

(1) 简化必须保证不致引起误解和不会产生理解的多意性,在此前提下,应力求制图方便。

(2) 便于识图和绘图,注重简化的综合效果。

(3) 在考虑便于手工制图和计算机制图的同时,还要考虑缩微制图的要求。

简化画法与规定画法介绍如下:

(1) 对于机件的肋、轮辐及薄壁等,如按纵向剖切,这些结构都不画剖面符号,而用粗实线将它与其邻接部分分开(图 12-45~图 12-47)。

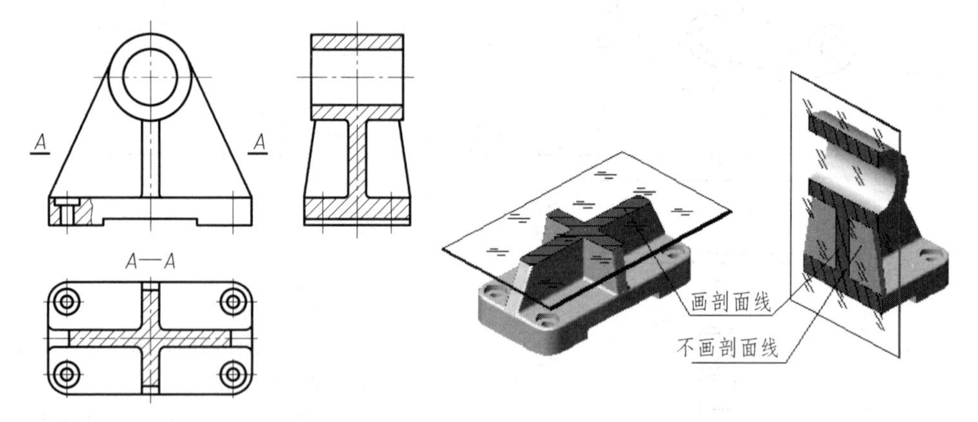

图 12-45 肋板的剖切画法

(2) 当零件回转体上均匀分布的肋、轮辐、孔等结构不处于剖切平面上时,可将这些结构旋转到剖切平面上画出(图 12-46、图 12-47)。

(3) 当机件具有若干相同结构(齿、槽等),并按一定规律分布时,只需画出几个完整的结构,其余用细实线连接(图 12-48、图 12-49),在零件图中则必须注明该结构的总数。在剖视图中,类似牙嵌式离合器的齿等相同结构可按图 12-50 表示。

(4) 若干直径相同且规律分布的孔(圆孔、螺孔、沉孔等),可以仅画出 1 个或几个,其余只需用点画线(图 12-51、图 12-52)或"+"表示其中心位置(图 12-53)。

(5) 较长的机件(轴、杆、连杆、型材)沿长度方向的形状一致或按一定规律变化时,可断开后缩短绘制(图 12-54、图 12-55)。

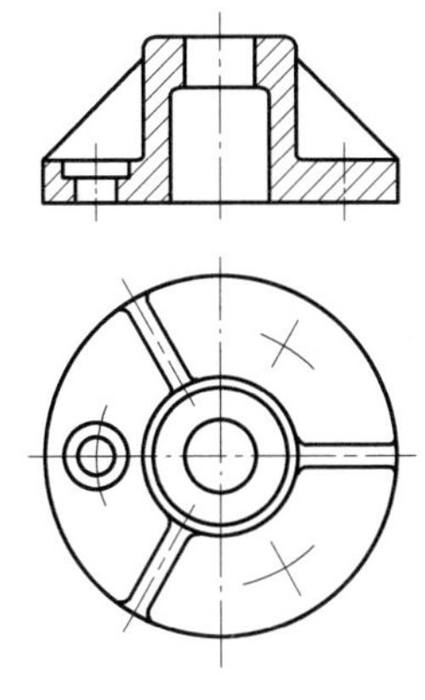

图 12-46 均匀分布的肋的画法

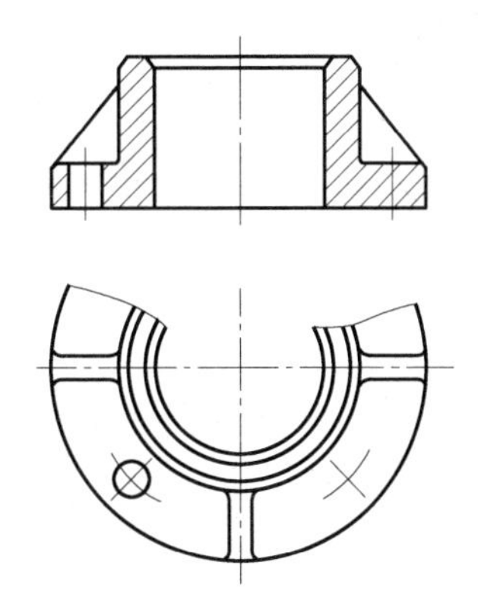

图 12-47 均匀分布的孔的画法

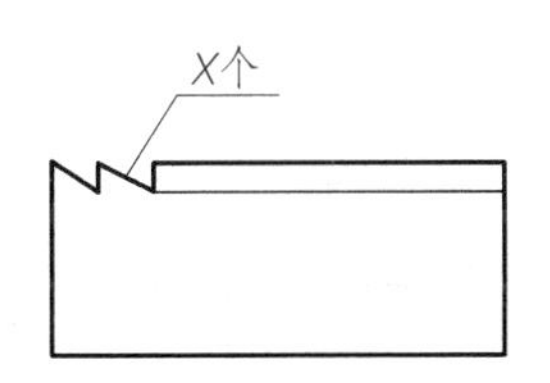

图 12-48 规律分布的齿的画法

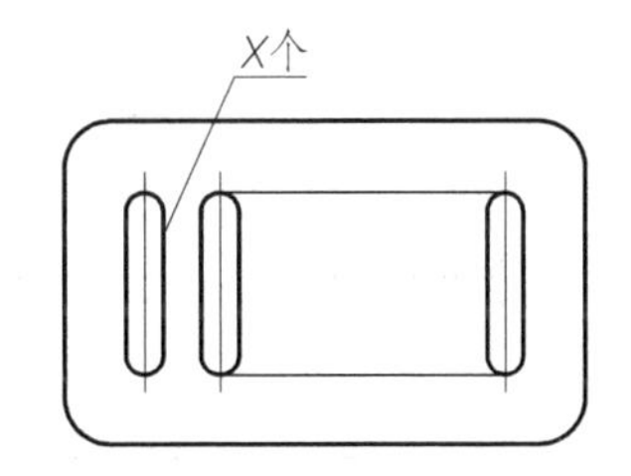

图 12-49 规律分布的槽的画法

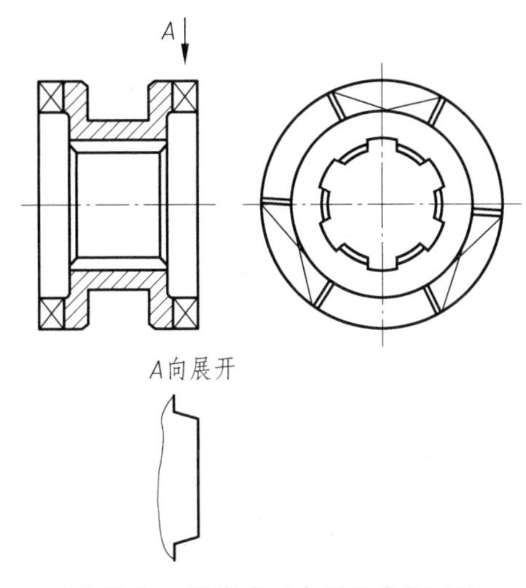

图 12-50 牙嵌式离合器的齿的画法

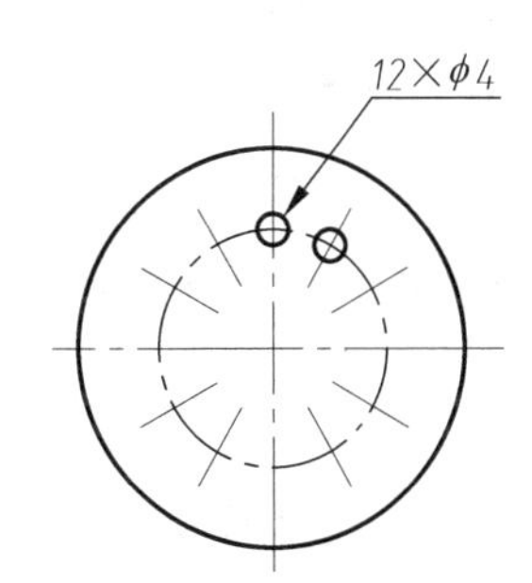

图 12-51 规律分布的孔的画法(一)

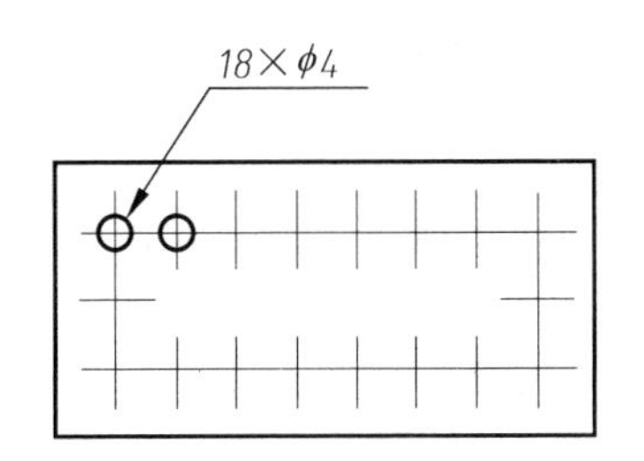

图 12-52 规律分布的孔的画法(二)

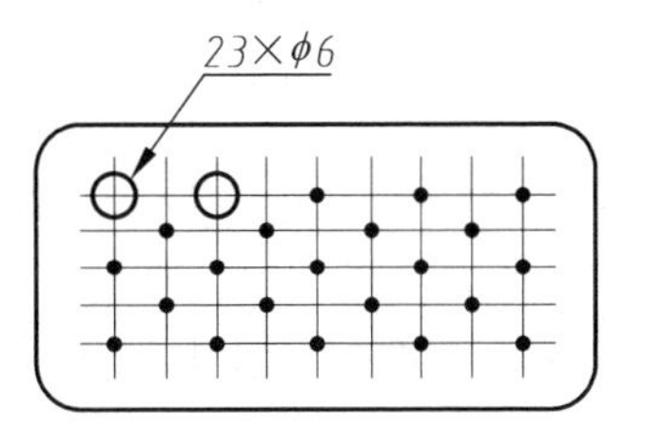

12-53 规律分布的孔的画法(三)

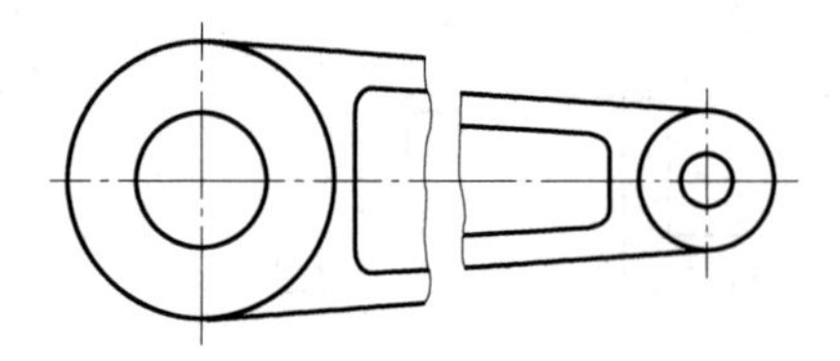

图 12-54 较长的机件的断开画法(一)

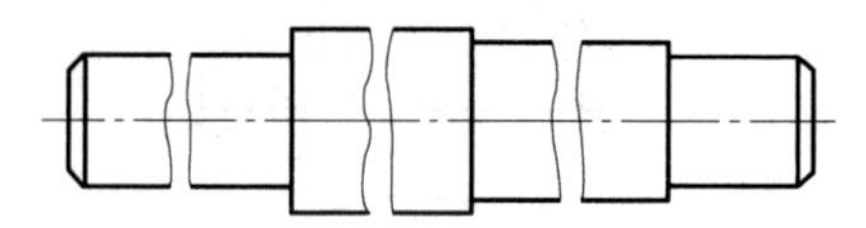

图 12-55 较长的机件的断开画法(二)

(6) 圆柱形法兰或类似零件上均匀分布的孔,可按图 12-56 所示方法表示(由机件外向该法兰端面方向投射)。

(7) 在圆柱上因钻小孔、铣键槽或铣方头等出现的交线允许用轮廓线代替,如图 12-57 所示。

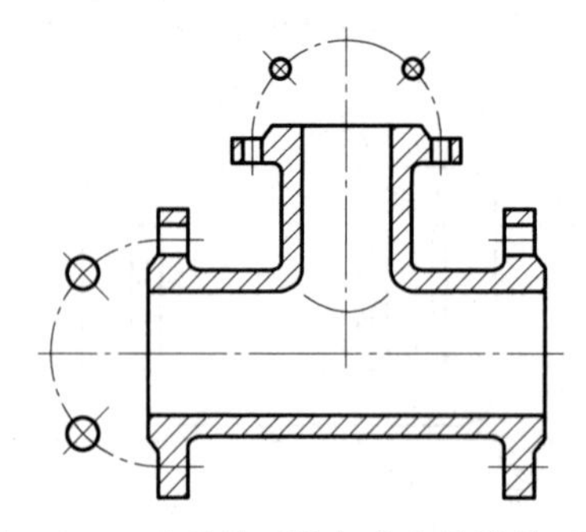

图 12-56 法兰端面均匀分布的孔的画法

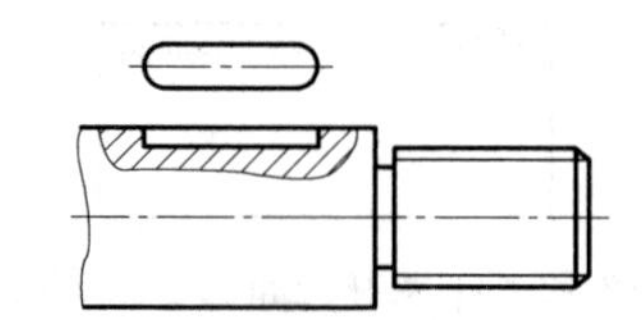

图 12-57 交线用轮廓线代替

(8) 当回转体零件上的平面在图形中不能充分表达时,可用两条相交的细实线表示这些平面(图 12-58、图 12-59)。

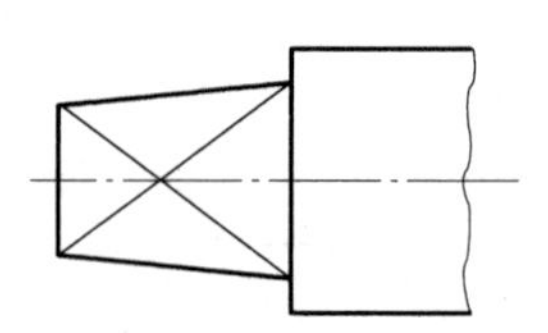

图 12-58 回转体零件上的平面的表示法(一)

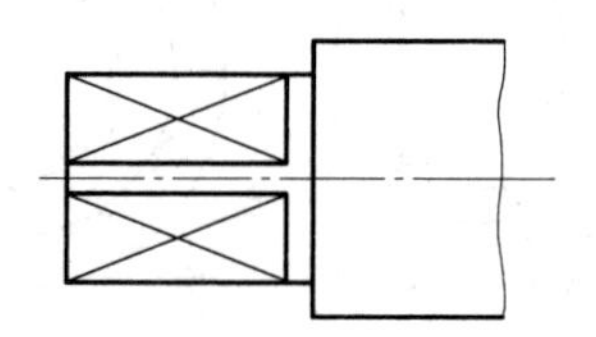

图 12-59 回转体零件上的平面的表示法(二)

(9) 滚花一般采用在轮廓线附近用粗实线表示,也可省略不画(图 12-60、图 12-61)。

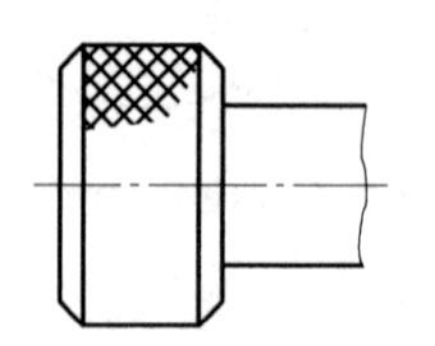

图 12-60 零件上滚花的表示法(一)

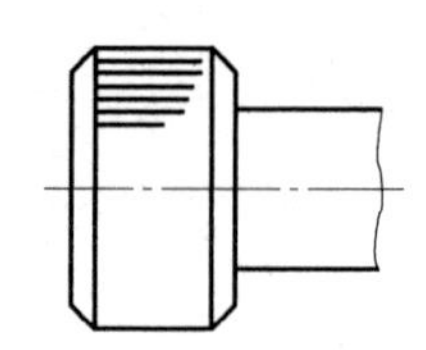

图 12-61 零件上滚花的表示法(二)

(10) 局部放大图是将机件的部分结构,用大于原图形所采用的比例画出的图形。局部放大图可画成视图、剖视、断面。具体介绍如下:

① 局部放大图与被放大部分的表达方式无关,局部放大图应尽量配置在被放大部分的附近(图 12-62)。

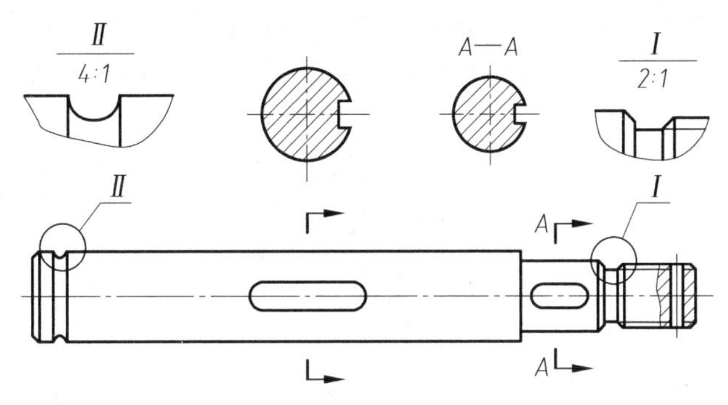

图 12-62　局部放大图(一)

② 绘制局部放大图时,应用细实线圈出被放大的部位(图 12-62、图 12-63)。

③ 当同一机件上有几个被放大的部分时,必须用罗马数字依次标明被放大的部位,并在局部放大图的上方标注出相应的罗马数字和所采用的比例(图 12-62)。

④ 当机件上被放大的部分仅一个时,在局部放大图的上方只需注明所采用的比例(图 12-63)。

⑤ 同一机件上不同部位的局部放大图,当图形相同或对称时,只需画出一个(图 12-64)。

⑥ 必要时,可用几个图形来表达同一个被放大的结构(图 12-65)。

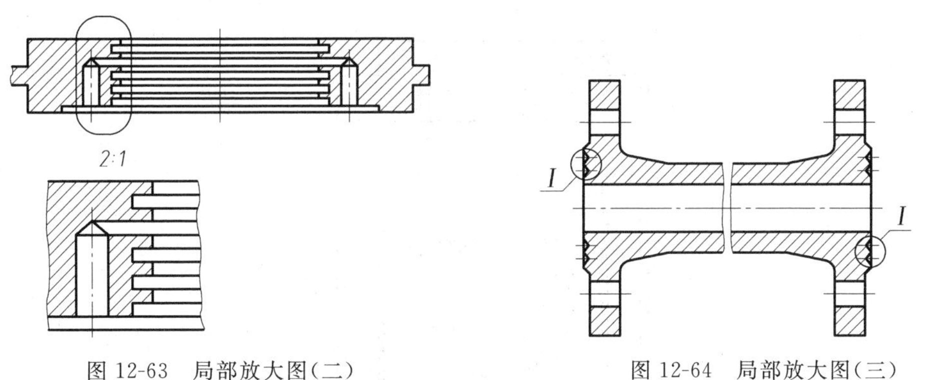

图 12-63　局部放大图(二)

图 12-64　局部放大图(三)

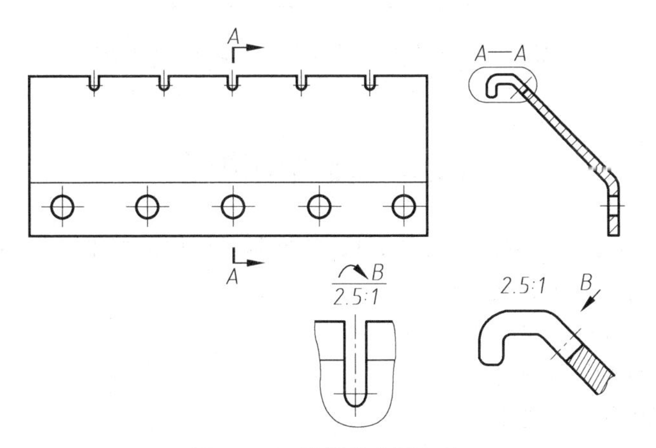

图 12-65　局部放大图(四)

(11) 在不致引起误解时,对于对称构件或零件的视图可只画一半(图 12-66、图 12-67)或 1/4(图 12-68),并在对称中心线的两端画出两条与其垂直的平行细实线。

图 12-66 1/2 视图(一)　　图 12-67 1/2 视图(二)　　图 12-68 1/4 视图

(12) 在需要表示位于剖切平面前的结构时,这些结构按假想投影的轮廓线绘制,以双点画线表示(图 12-69)。

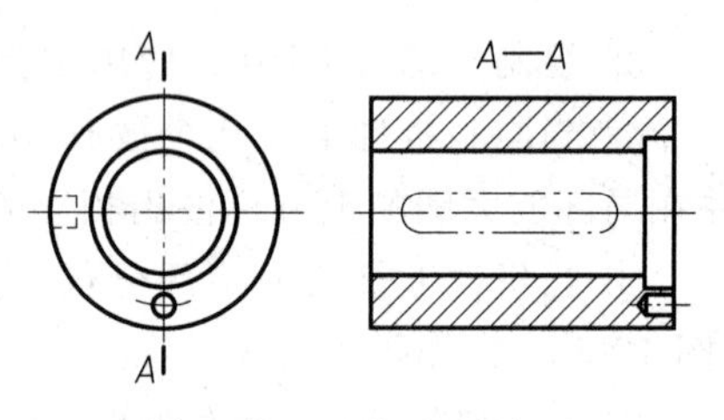

图 12-69 用假想线表示

(13) 在剖视图的剖面中可再作一次局部剖视,采用这种表达方法时,两个剖面的剖面线应同方向、同间隔,但要互相错开,并用引出线标注其名称(图 12-70)。当剖切位置明显时,也可省略标注。

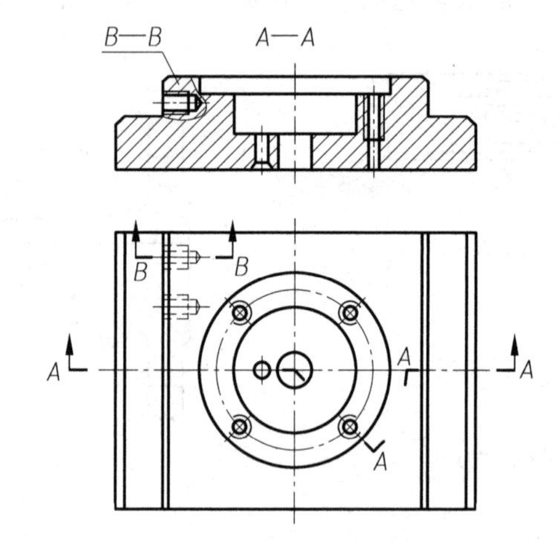

图 12-70 在剖视图的剖面中局部剖视的画法

12.5 轴测剖视图

在轴测图中,为了表示零件的内部形状,也可假想地用剖切平面将零件的一部分剖去(图 12-71),我们将其称为轴测剖视图。

轴测图中剖面线的规定画法见表 12-2。

轴测剖视图的绘制有两种方法。

方法一:先画外形,再取剖视。

以图 12-72(a)所示支座为例,其主要绘制过程如下:

(1) 按照第 11 章介绍的有关轴测图的绘制方法,完成支座的轴测图(图 12-72(b));

(2) 根据零件的具体形状确定剖切位置,绘制出剖切断面的轴测投影(图 12-72(c));

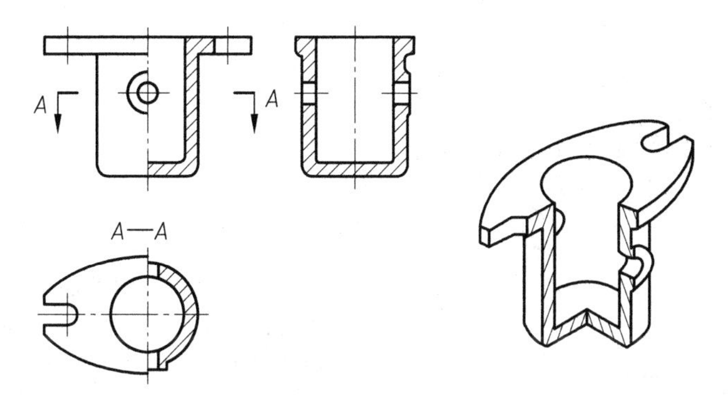

图 12-71 壳体的正等轴测剖视图的画法

表 12-2 轴测剖视图中剖面线的画法

图 例	说 明
(a)	正等轴测剖视图中剖面线的画法如图(a)所示
(b)	斜二等轴测剖视图中剖面线的画法如图(b)所示

续表

图例	说明
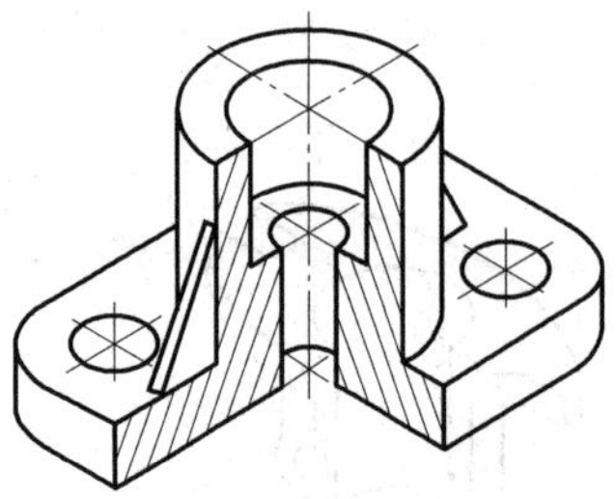 (c) 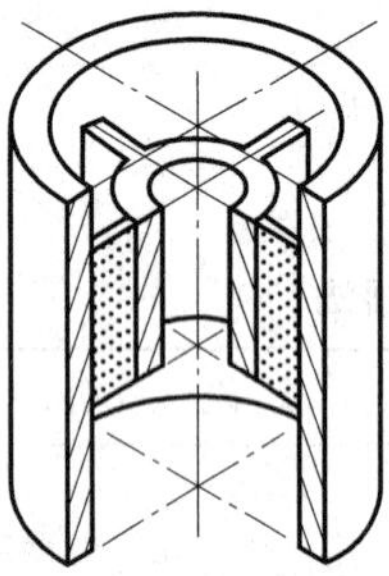 (d)	剖切平面通过零件的肋或薄壁等结构的纵向对称面时，这些结构都不画剖面符号，而用粗实线将它与邻接部分分开(图(c)) 在图中表现不够清晰时，也允许在肋或薄壁部分用细点表示被剖切部分(图(d))
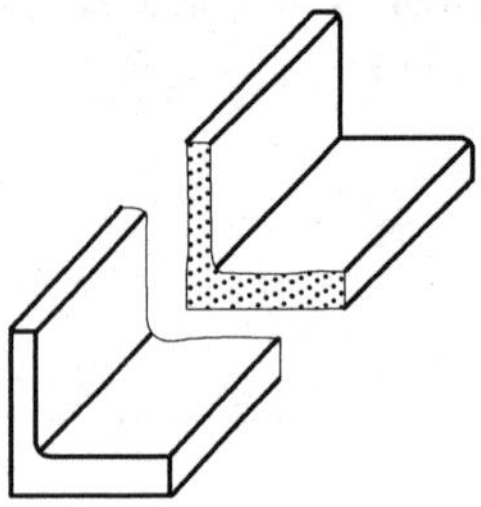 (e) 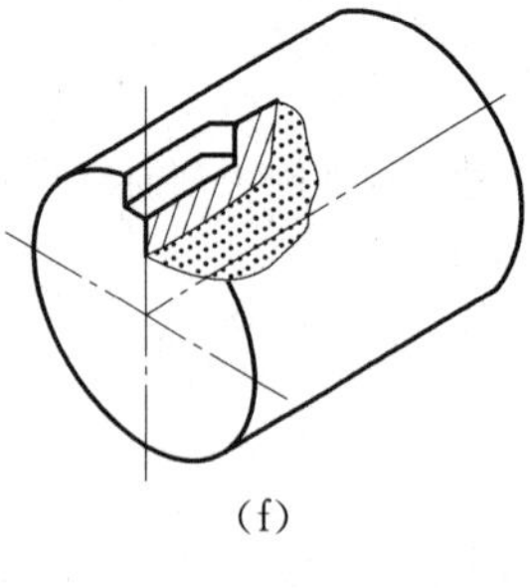 (f)	表示零件中间折断或局部断裂时，断裂处的边界应画波浪线，并在可见断裂面内加画细点以代替剖面线(图(e)、图(f))

续表

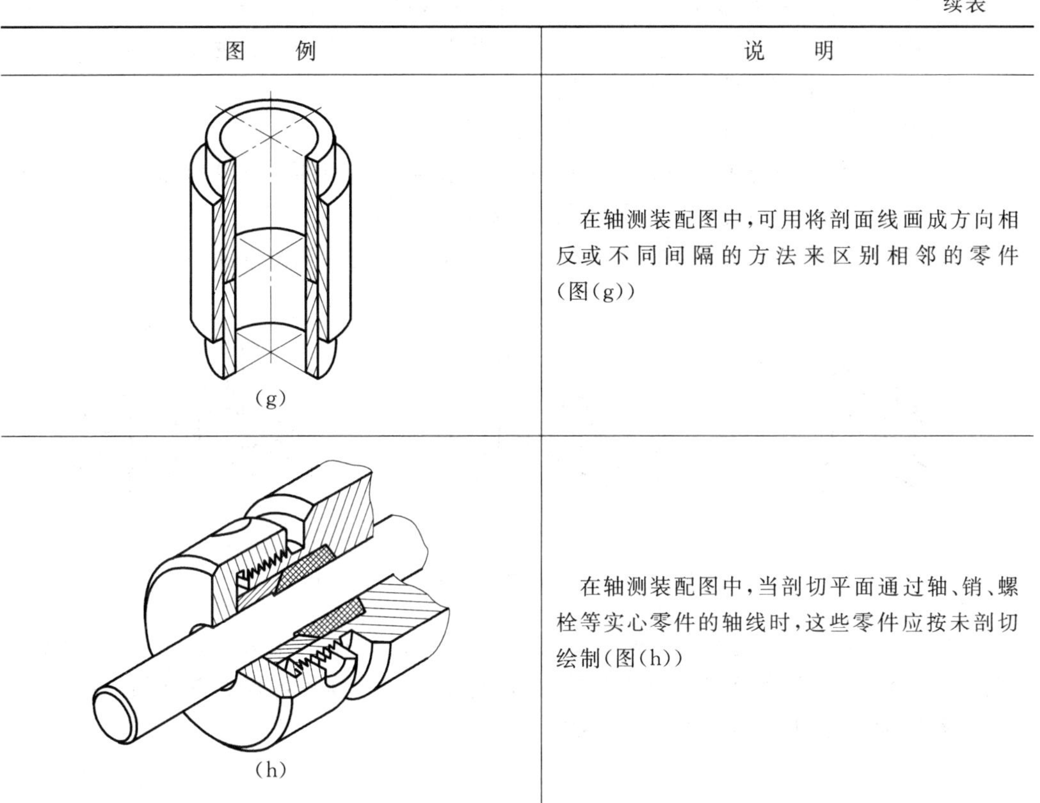

图　　例	说　　明
(g)	在轴测装配图中，可用将剖面线画成方向相反或不同间隔的方法来区别相邻的零件(图(g))
(h)	在轴测装配图中，当剖切平面通过轴、销、螺栓等实心零件的轴线时，这些零件应按未剖切绘制(图(h))

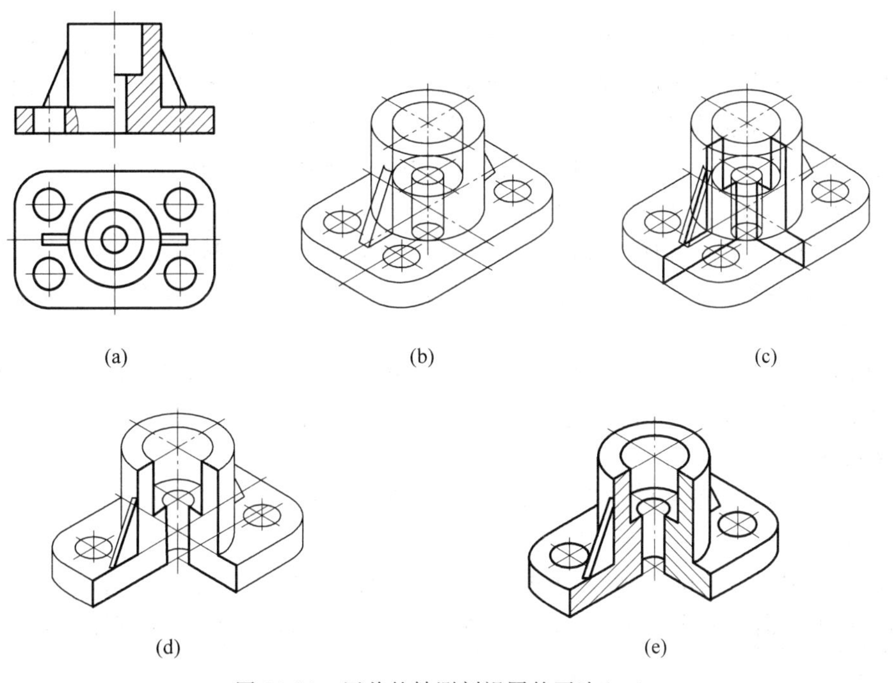

(a)　(b)　(c)

(d)　(e)

图 12-72　压盖的轴测剖视图的画法(一)

(3) 擦除零件被剖去部分及不可见部分的投影线(图 12-72(d));

(4) 按照表 12-2(a)的规定绘制剖面线,描粗结果线,完成轴测剖视图(图 12-72(e))。

方法二: 先画剖面形状,再画余下部分。

仍以图 12-72(a)所示的支座为例,其主要绘制过程如下:

(1) 根据零件的具体形状确定剖切位置,绘制出剖切断面的轴测投影(图 12-73(a));

(2) 绘制零件余下可见部分的轴测投影(图 12-73(b));

(3) 按照表 12-2(a)的规定绘制剖面线,描粗结果线,完成轴测剖视图(图 12-73(c))。

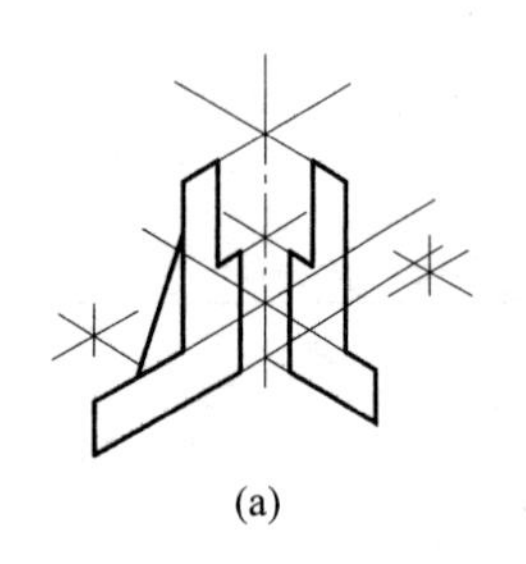

(a)

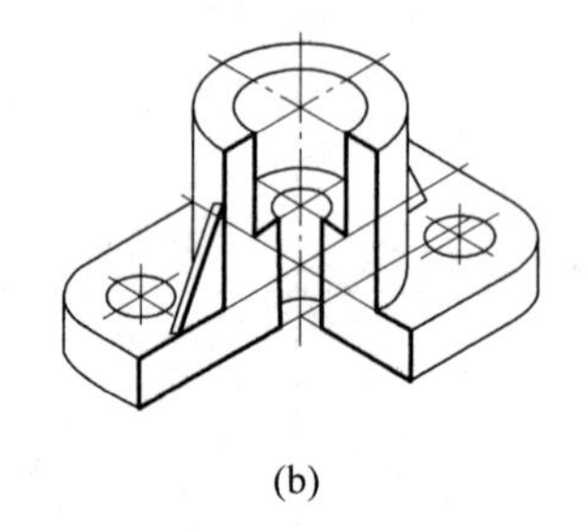

(b)

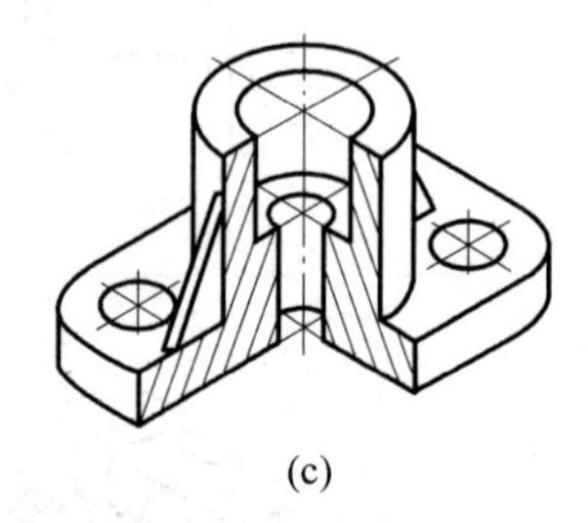

(c)

图 12-73　压盖的轴测剖视图的画法(二)

通过上面的例子,经过对比,很容易看出,第一种方法的优点是步骤清楚,绘制过程中不易出错,第二种方法的优点是过程简单,出图速度较快。读者可根据零件的形状特点,选择一种较为适合的方法绘制轴测剖视图。

12.6　机件表达实例

表达机件的方法较多,如基本视图、向视图、局部视图、各种剖视图、断面图以及一些规定画法等; 形式也较灵活,零件的复杂程度不同,结构特点各异,即使同一个零件,各人选择的视图组合也会有所不同。确定一组适合的视图表达方案,对于初学者来讲并不容易。在学习过程中需不断练习、比较、总结,从中找到规律性的东西来。

视图方案的确定首先应对零件的功用、工作位置、结构类型、形状特点、复杂程度等有较详细的了解; 然后从选择主要视图入手,辅以其他视图,充分利用学习过的各种表达方式、方法,确定多种表达方案; 经过对几种方案的仔细对比、调整、选优,最后确定一种最佳表达方案。

视图表达方式、方法使用是否正确,零件结构形状表达是否完全、确切,布图是否合理、清晰,是否便于他人读图等,是衡量表达方案优劣的重要标准。

例 12-1　摇臂(图 12-74(a))。

图 12-74(a)显示的是以工作位置摆放的摇臂的立体模型。下面列举 3 种视图组合进行比较。

方案一(图 12-74(b))是以三视图的形式表达的。图中①,②,③所指示的孔均未取剖视,这对于读图和标注尺寸等都是不方便的。另外,支撑板、肋板、压脚等细部结构也未表达清楚。

方案二(图 12-74(c))是以视图、剖视、断面相结合的形式表达的。主视图中对位于左侧的斜孔①、右侧的螺纹通孔③，采用了局部剖视，侧视图以全剖视图 *C—C* 表示中部的通孔②；舍去俯视图；支撑板、肋板、压脚等细部结构采用移出断面图 *A—A*，*B—B*，*D—D* 及局部向视图 *E* 表示。与方案一比较，方案二灵活地运用了剖视、断面及向视图，全部表达了摇臂的内、外形结构。

方案三(图 12-74(d))属于方案二的改进形式。*C—C* 改为断面图；主视图中左侧的斜孔①用虚线表示，图中仅有的两条虚线并未影响视图的清晰度，保留该处外部的轮廓线和交线更有利读图，斜孔的孔径可在移出断面图 *B—B* 或局部向视图 *E* 中标注；将移出断面图 *B—B*，*D—D* 旋转直立可使图面显得整齐，当然也可将局部向视图 *E* 旋转直立。

对以上 3 种方案进行比较，不难看出，方案三为最佳选择。

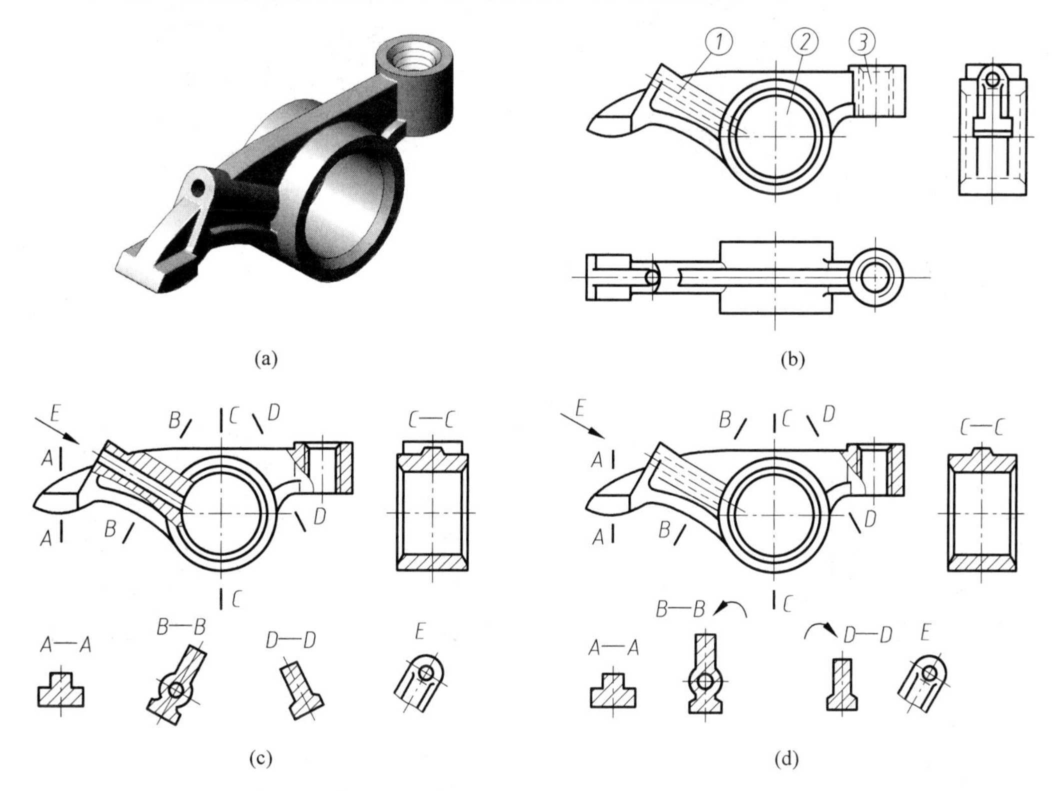

图 12-74　摇臂的视图表达

(a) 摇臂；(b) 方案一；(c) 方案二；(d) 方案三

例 12-2　箱体(图 12-75(a))。

由图 12-75(a)可以看出，此箱体由底板、四壁、四壁上的凸台与轴孔、装配及安装用的通孔及螺纹孔等结构组成。四壁上的凸台的形状、高度不尽相同，箱体内部也有凸台。图 12-74(a)所示为工作位置。此零件的长、宽、高相差不大，主要轴孔均需剖视，所以将箭头 *A* 或箭头 *B* 所指方向作为主视图投射方向区别不大。

方案一(图 12-75(b))：将箭头 *A* 所指方向作为主视图投射方向。

主视图采用全剖视，主要表示处于同一轴线的左壁板上方的轴孔和右壁板上的轴孔。

左视图表示左壁板外侧"8"字形凸台及螺纹孔的分布。右视图采用全剖视，表示处于同一轴线的前、后两壁板上的轴孔，同时将位于左壁板内侧的凸台形状显示出来。俯视图显示了箱体底板的外形、顶面的形状及螺纹孔的分布。位于左壁板下方的较大轴孔由剖视 E—E 表示。剖视 F—F 表达的是位于右壁板下方的两个螺纹孔及沉孔的形状。底板的形状及其下面的4个凸台选用 D 向视图表示。

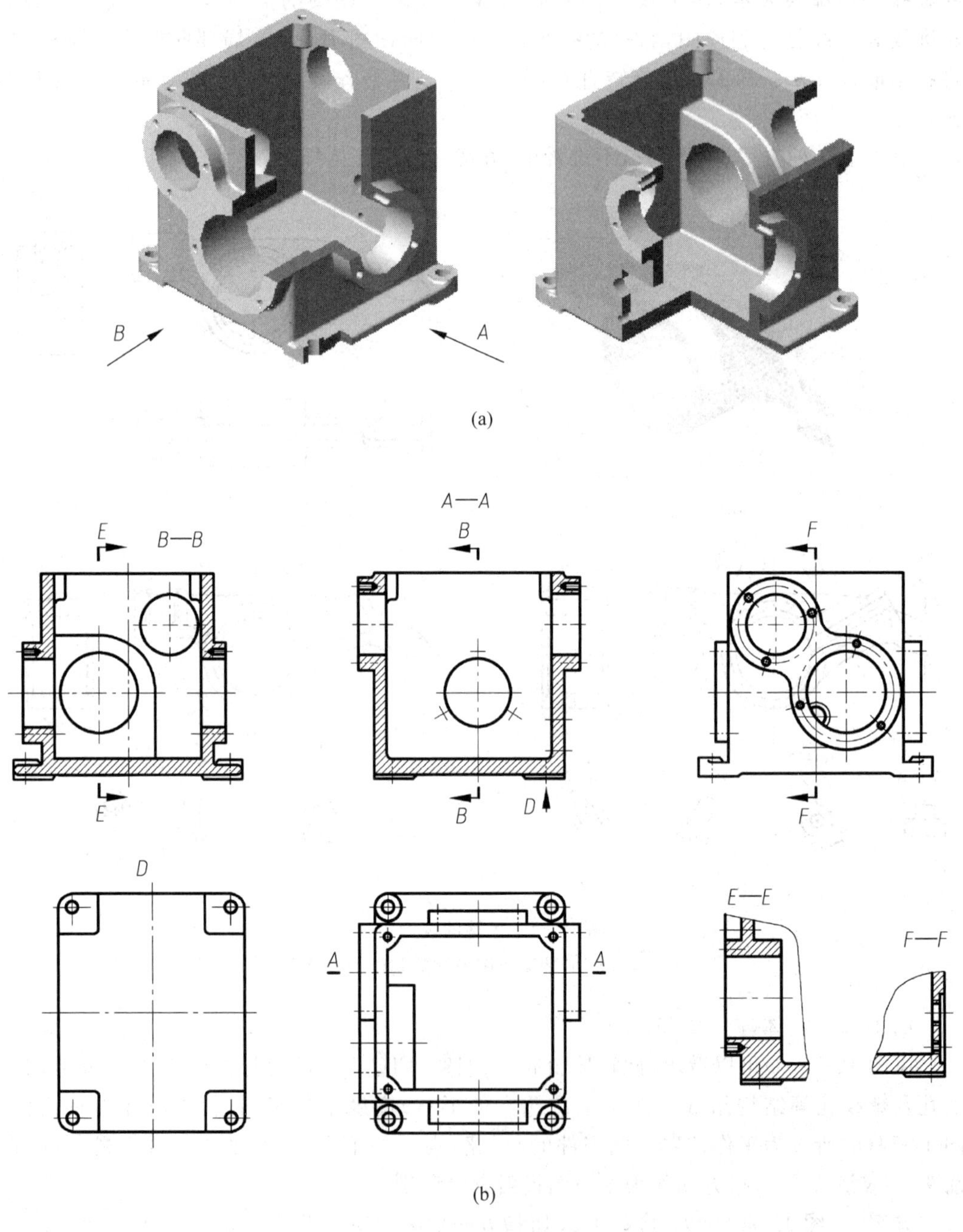

图 12-75 箱体的视图表达

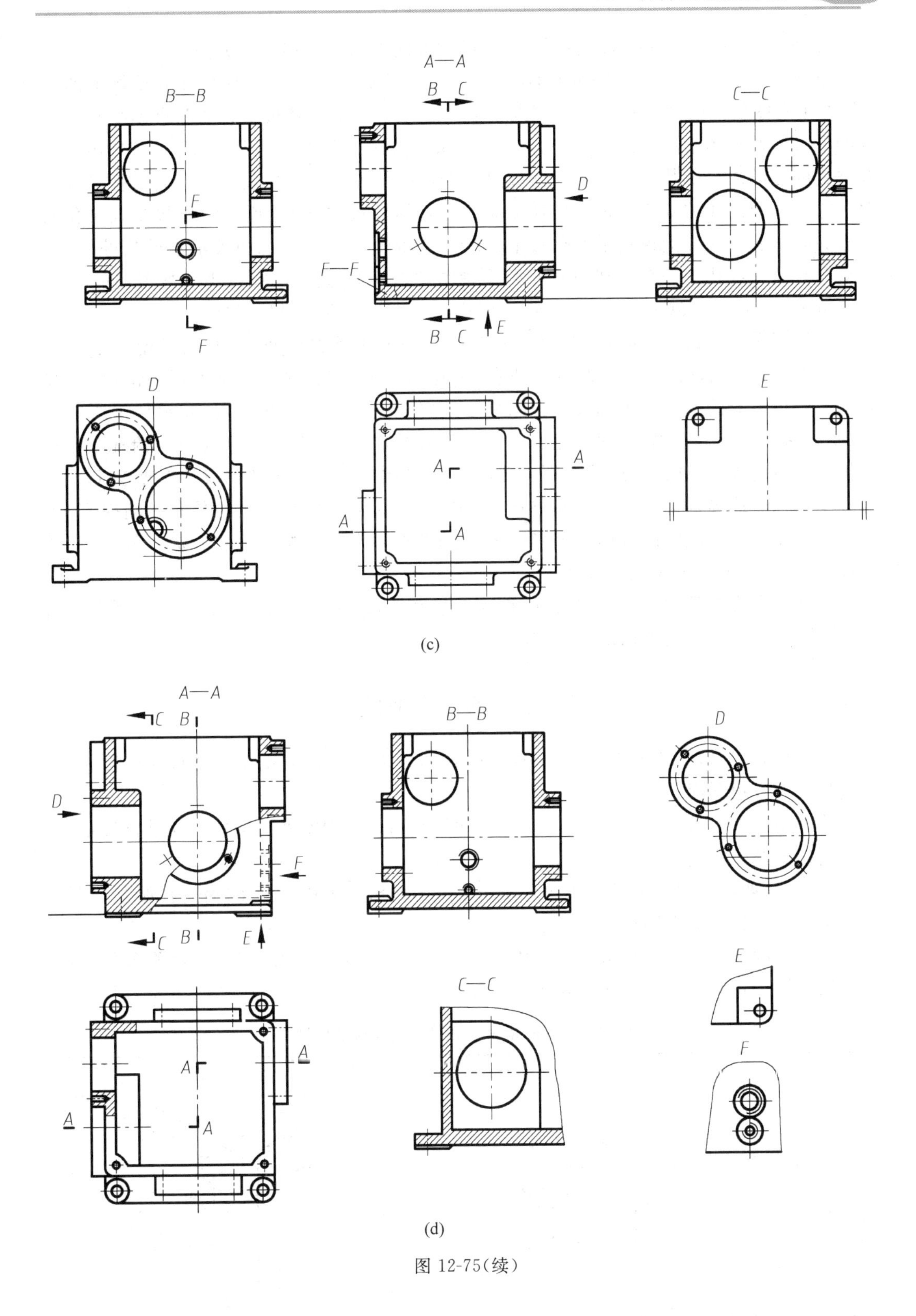

图 12-75(续)

方案二(图 12-75(c))：以与箭头 A 相反的方向作为主视图投射方向。

主视图采用一组平行的剖切平面剖切，表示左壁板下方的较大轴孔和右壁板上的轴孔；在主视图的剖面中再作一次局部剖视 F—F，表达位于右壁板下方的两个螺纹孔及沉孔的形状。左视图采用全剖视，表示处于同一轴线的前、后两壁板上的轴孔，同时将位于左壁板内侧的凸台形状显示出来。同样采用全剖视的右视图主要表示位于右壁板下方的两个螺纹孔及沉孔的确切位置。俯视图显示了箱体底板的外形、顶面的形状及螺纹孔的分布，其中，利用局部剖视表示左壁板上方的另一个轴孔。D 向视图表示左壁板外侧“8”字形凸台及螺纹孔的分布。利用底板 E 向视图的形状的对称性，仅以 1/2 视图表示。

方案三(图 12-75(d))：仍以箭头 A 所指方向作为主视图投射方向。

主视图采用一组平行的剖切平面剖切，表示左壁板下方的较大轴孔、右壁板上的轴孔；采用局部剖视，表示前、后壁板上凸台、轴孔的位置关系，保留局部外形视图，用虚线表示右壁板下方的两个螺纹孔及沉孔的高度位置。左视图采用全剖视，表示处于同一轴线的前、后两壁板上的轴孔，同时显示位于右壁板下方的两个螺纹孔的位置。俯视图显示了箱体底板的外形、顶面的形状及螺纹孔的分布，其中，利用局部剖视表示左壁板上方的另一个轴孔。D 向局部视图表示左壁板外侧“8”字形凸台及螺纹孔的分布。剖视 C—C 显示位于左壁板内侧的凸台形状。采用 E 向局部视图表示底板一角的形状。最后，为便于标注尺寸，还需要 F 向局部视图。

上述 3 个方案都做到了完整、清晰地表示机件形状。相比较而言，方案三显得更加简洁、灵活。当然，读者也可做出自己的判断。

*12.7 第三角画法

第一角画法时，物体置于第一分角内，即物体处于观察者与投影面之间进行投射，然后按规定展开投影面。

第三角画法是将物体置于第三分角内，即投影面处于观察者与物体之间进行投射，然后按规定展开投影面。

必要时(如按合同规定等)，才允许使用第三角画法。采用第三角画法时，必须在图样中画出第三角投影的识别符号。

第三角画法与第一角画法同样采用正投影法，其度量关系仍符合“三等关系”。第三角画法与第一角画法的区别详见表 12-3。

表 12-3 第一角画法和第三角画法的区别

区　别	第一角画法	第三角画法
视线、物体及投影平面之间的相对位置不同	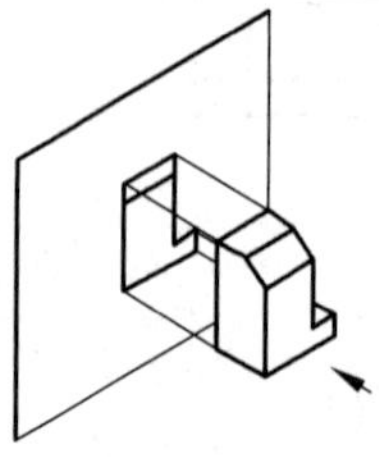 (a1)	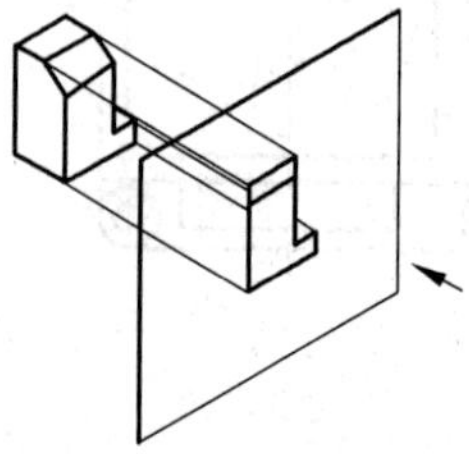 (a2)

续表

区 别	第一角画法	第三角画法
6个基本投影面的展开方法不同	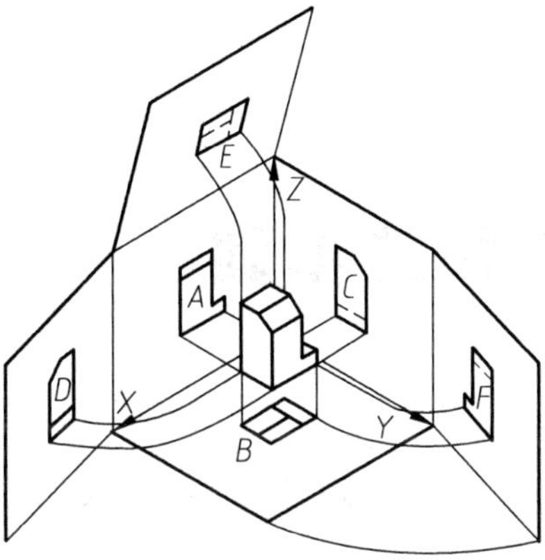 (b1)	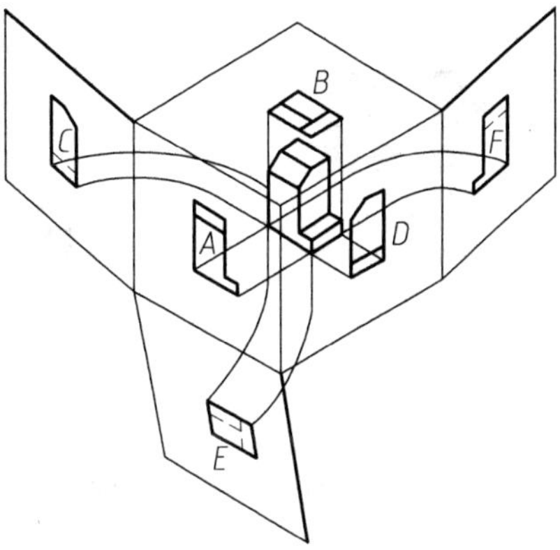 (b2)
6个基本视图的配置不同(在同一张图纸内按图(c1)、图(c2)配置时一律不标注视图名称)	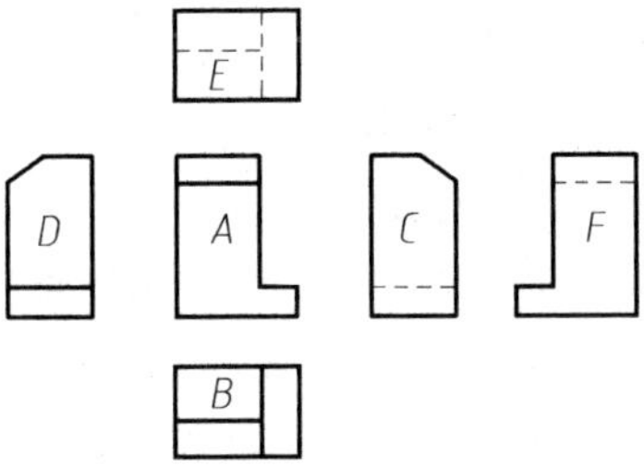 (c1)	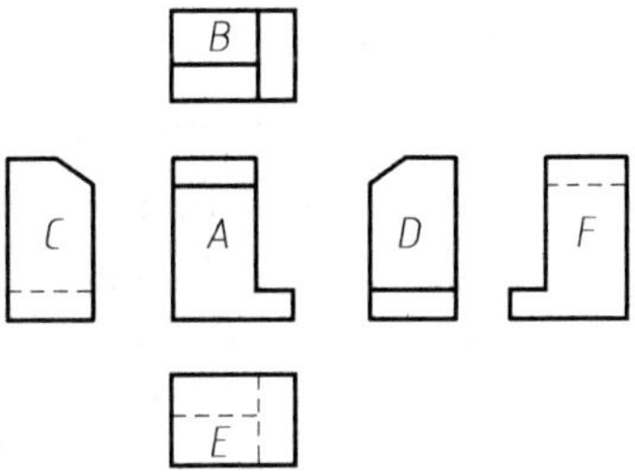 (c2)
图样上的识别符号不同	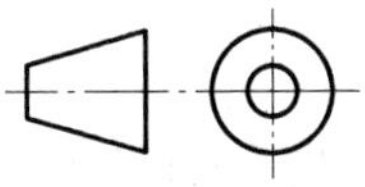 (d1)	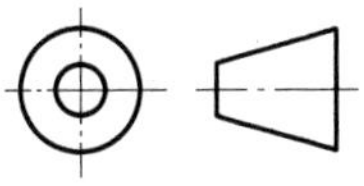 (d2)

13 尺寸标注基础

图样中的视图只能表示物体的形状，物体各部分的真实大小及准确相对位置则要靠标注尺寸来确定。

尺寸也可以配合图形来说明物体的形状，简化图形。

图样上尺寸标注的基本要求如下：

(1) 正确——尺寸注法要符合国家标准的规定。

(2) 完全——尺寸必须注写齐全，不遗漏、不重复。

(3) 清晰——尺寸的布局要整齐清晰，便于阅读、查找。

(4) 合理——所注尺寸既能保证设计要求，又使加工、装配、测量方便。

本章主要介绍有关尺寸标注的基本规定，定形尺寸、定位尺寸的概念和组合体尺寸标注的基本方法。掌握这些知识，可以基本做到标注尺寸的正确、完全和清晰，为标注零件的尺寸打下基础。至于尺寸标注的合理性，由于它与零件的功能及加工、测量和装配等紧密配合，需要在后边的有关内容中和后续课题中逐步学习掌握。

13.1 尺寸标注的基本规定

13.1.1 基本规则

图样上的尺寸注法，有关国家标准有详细的规定。表13-1所列的规定在画图时必须遵守，以保证尺寸标注的正确性。

13.1.2 不需标注的尺寸

1. 图示尺寸

由图形已表明的一些按理想状态及常规理解的几何关系，如表面的相互垂直和平行、轮廓的相切、几个圆柱的共轴线以及形状和位置的对称、相同要素的均匀分布等，若无特殊要求，均按图示常规理解的几何关系处理，不必标注。例如，图13-1所示半圆头板中底边与两侧边的垂直、两侧边的平行、$\phi15$孔与$R15$圆弧的同心、两个$\phi6$小孔关于中轴线的对称以及下部方形的两侧边与上部圆弧相切、下部板宽自然应为30mm等均不必标注。

表 13-1 标注尺寸的基本规定

项目	说 明	图 例
尺寸的组成	完整的尺寸，由下列内容组成： (1) 尺寸数字 (2) 尺寸线(细实线) (3) 尺寸界线(细实线) 注：(1) 尺寸数字前有时附加规定的符号，如 $\phi10$ (2) 尺寸线有终端，可以用箭头和斜线两种方式，形状如右图①和图②所示。机械制图多用箭头方式。当终端采用斜线形式时，尺寸线与尺寸界线必须相互垂直	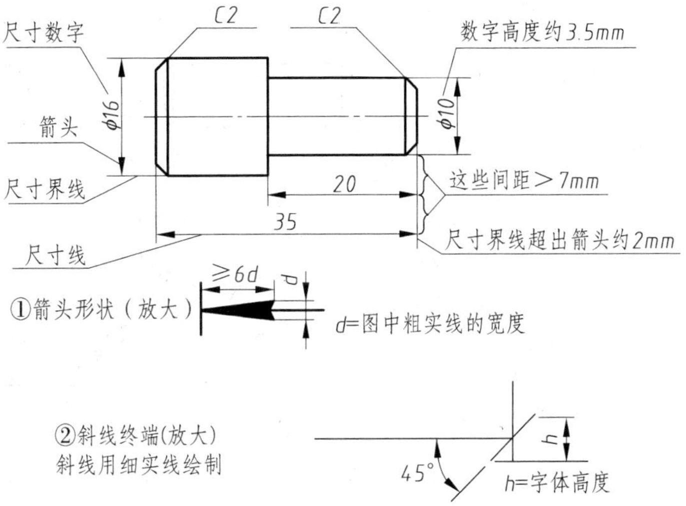
基本规则	(1) 应以图上所注尺寸数值为依据，与图形的大小及绘图的准确度无关 (2) 图样中所标注的尺寸，为该图样所示机件的最后完工尺寸，否则应另加说明 (3) 机件的每一尺寸，一般只标注一次，并应标注在反映该结构最清晰的图形上	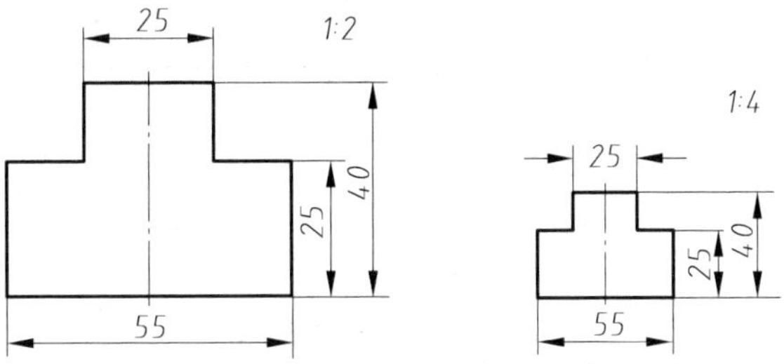
	(4) 图样中(包括技术要求和其他说明)的尺寸，以 mm 为单位时，不需标注计量单位的代号或名称，如采用其他单位，则必须注明相应的计算单位的代号或名称	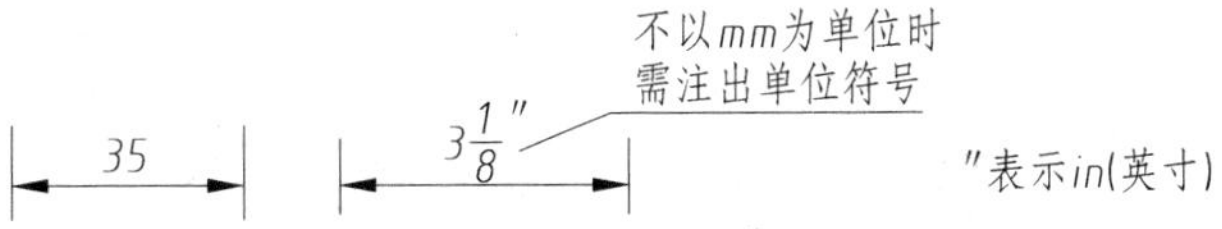

续表

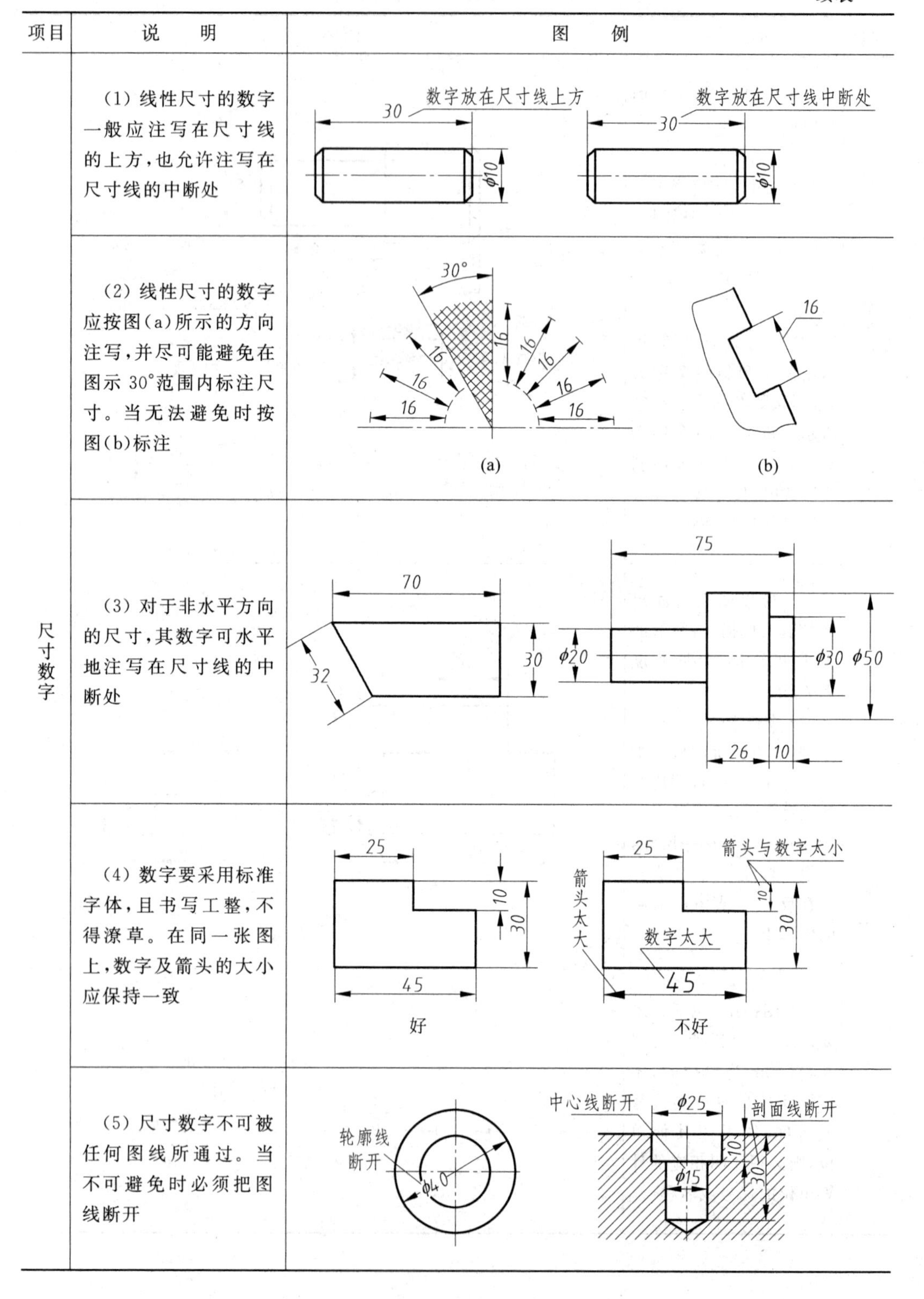

项目	说　明	图　例
尺寸数字	(1) 线性尺寸的数字一般应注写在尺寸线的上方,也允许注写在尺寸线的中断处	
	(2) 线性尺寸的数字应按图(a)所示的方向注写,并尽可能避免在图示30°范围内标注尺寸。当无法避免时按图(b)标注	
	(3) 对于非水平方向的尺寸,其数字可水平地注写在尺寸线的中断处	
	(4) 数字要采用标准字体,且书写工整,不得潦草。在同一张图上,数字及箭头的大小应保持一致	
	(5) 尺寸数字不可被任何图线所通过。当不可避免时必须把图线断开	

续表

项目	说　　明	图　　例
尺寸数字	(6) 标注直径尺寸时应在尺寸数字前加注符号“ϕ”，标注半径尺寸时加注符号“R”	
	(7) 标注球面的直径或半径时，应在“ϕ”或“R”前面再加注“S”字(图(a)，(b))。对于铆钉的头部、轴及手柄的端部，允许省略“S”字(图(c))	(a)　(b)　(c)
尺寸线	(1) 尺寸线不能用其他图线代替，一般也不得与其他图线重合或画在其延长线上 (2) 标注线性尺寸时，尺寸线必须与所标注的线段平行	正确　错误
	(3) 圆的直径和圆弧半径的尺寸线的终端应画成箭头，并按图示的方法标注	

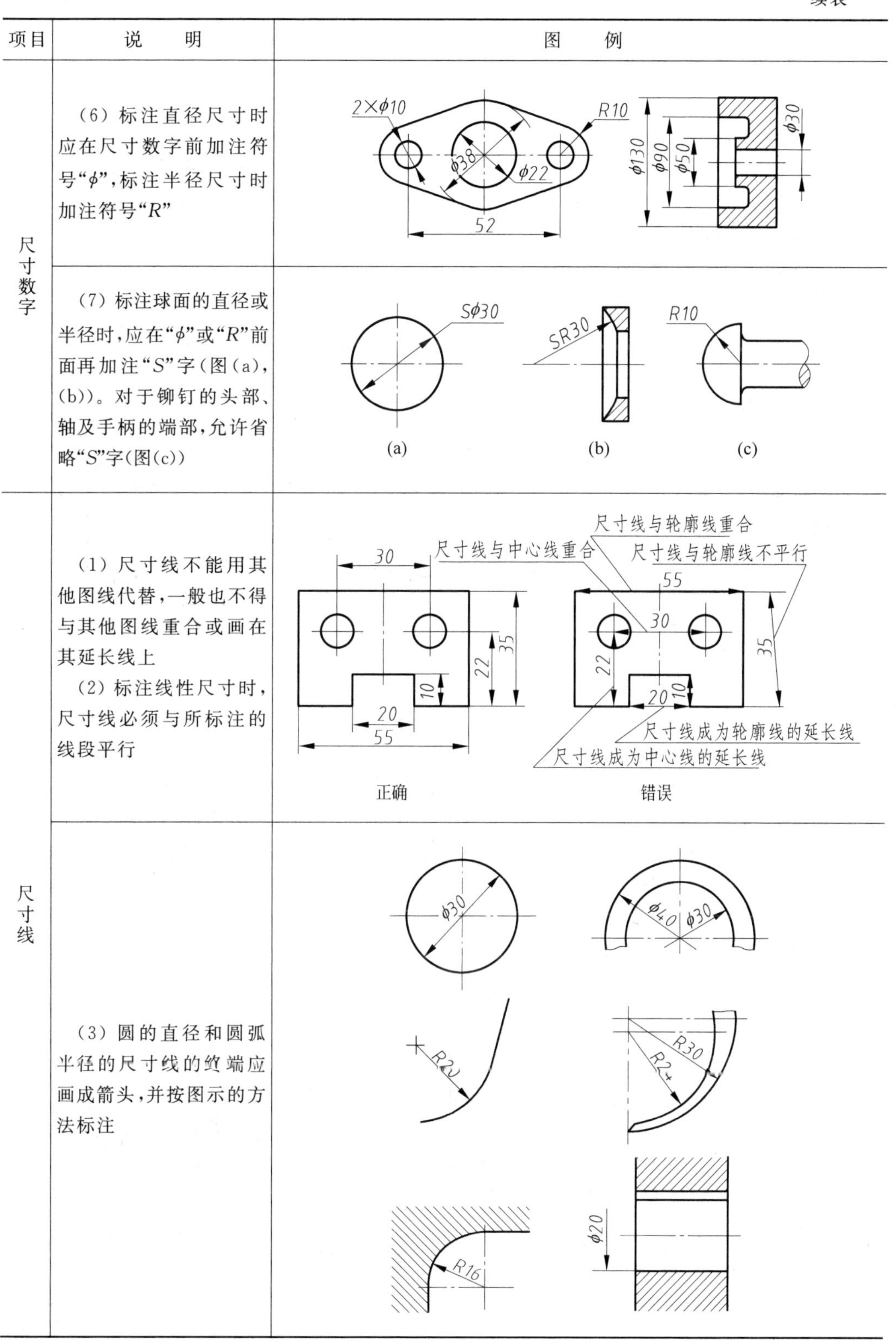

续表

项目	说明	图例
尺寸线	(4) 当圆弧的半径过大或在图纸范围内无法标出其圆心位置时,可按图(a)的形式标注。若不需要标其圆心位置,可按图(b)的形式标注	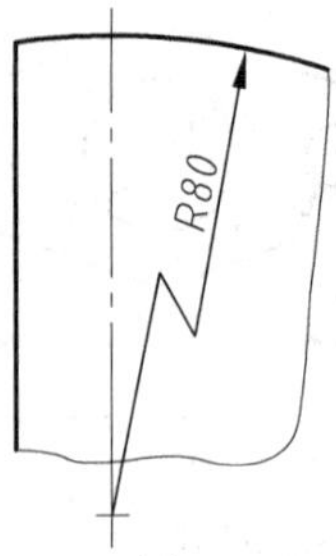 (a) 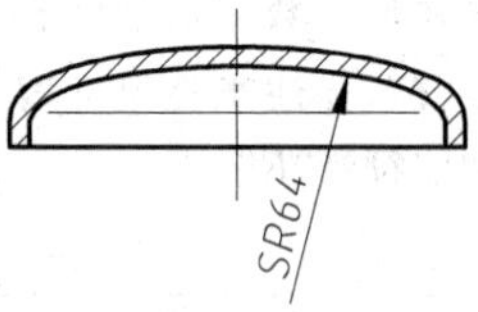 (b)
	(5) 对称机件的图形画出一半时,尺寸线应略超过对称中心线(图(a));如画出多于一半时,尺寸线应略超过断裂线(图(b))。以上两种情况都只在尺寸线的一端画出箭头(图中 M30 表示粗牙普通螺纹,大径为 30)	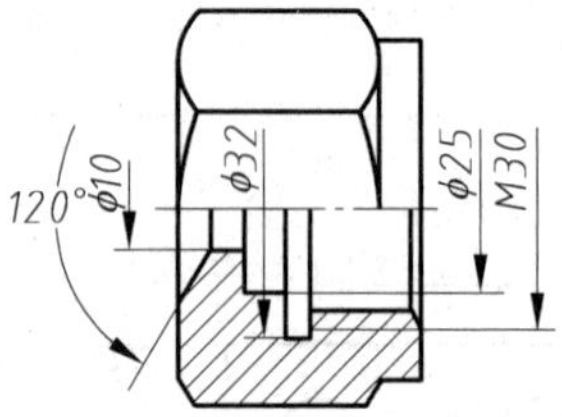 (a) 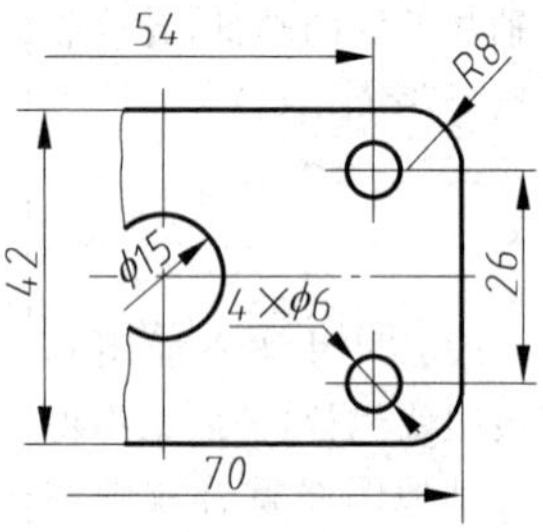 (b)
尺寸界线	(1) 尺寸界线用细实线绘制,并应由图形的轮廓线、轴线或对称中心线处引出,也可利用轮廓线、轴线或对称中心线作尺寸界线	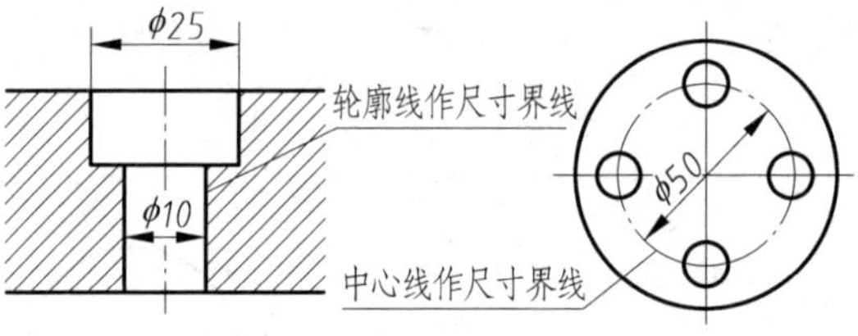 轮廓线作尺寸界线 中心线作尺寸界线 (a) (b)
	(2) 尺寸界线应与尺寸线垂直。当尺寸界线过于贴近轮廓线时,允许倾斜画出(不与尺寸线垂直)(图(a)) (3) 在光滑过渡处标注尺寸时,必须用细实线将轮廓线延长,从它们的交点引出尺寸界线(图(b))	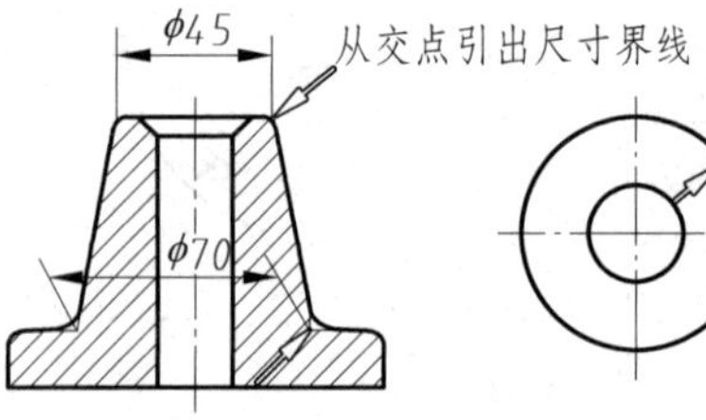 从交点引出尺寸界线 (a) 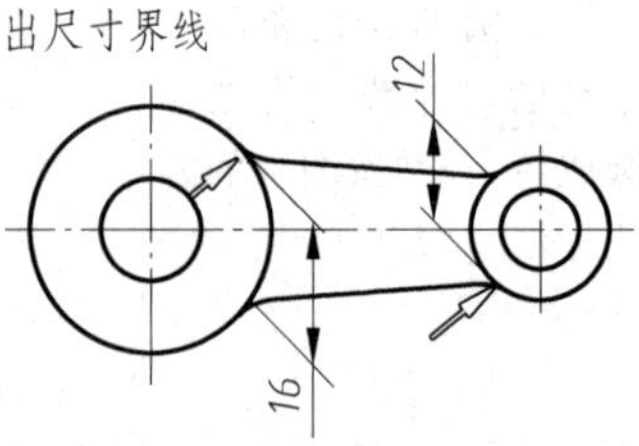 (b)

续表

项目	说　明	图　例
尺寸界线	(4) 当表示曲线轮廓上各点的坐标时，可将尺寸线或其延长线作为尺寸界线	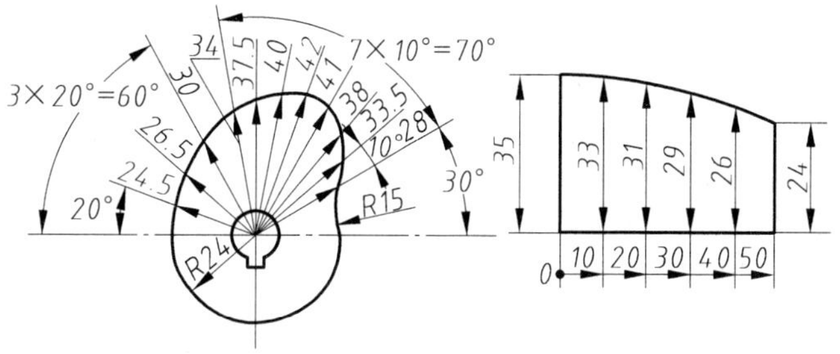
狭小部位	(1) 当没有足够位置画箭头或写数字时，箭头或数字可有一个布置在外面 (2) 位置更小时，箭头和数字可以都布置在外面 (3) 狭小部位标注尺寸时箭头可用圆点代替（当尺寸界线两侧均无法画箭头时）	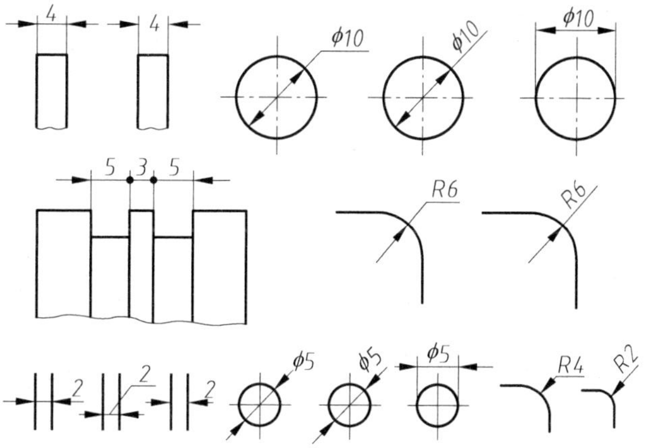
角度	(1) 角度的尺寸数字一律水平填写 (2) 角度的尺寸数字应写在尺寸线的中断处，必要时允许写在外面，或引出标注 (3) 角度的尺寸界线必须沿径向引出	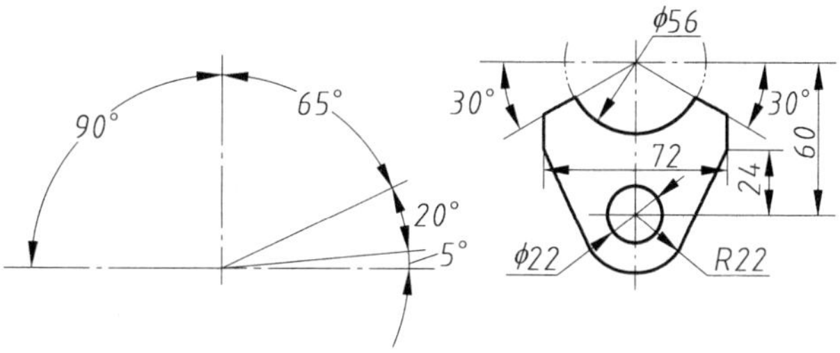
弧长及弦长	(1) 标注弧长时，应在尺寸数字上加符号“⌒” (2) 弧长及弦长的尺寸界线应平行于该弦的垂直平分线（图(a)）。当弧长较大时，尺寸界线可改用沿径向引出（图(b)）	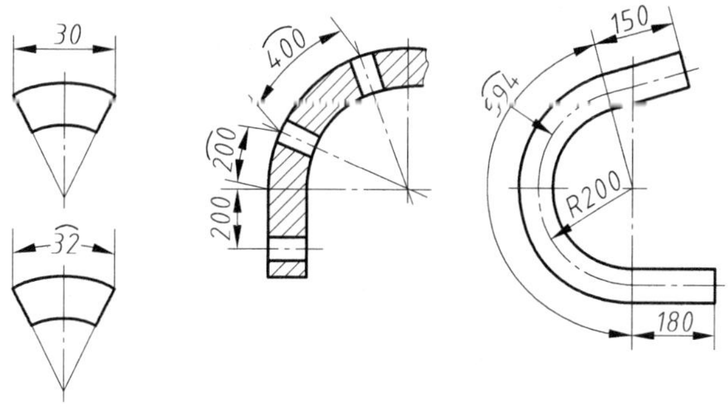 (a)　(b)

续表

项目	说明	图例
均布的孔	均匀分布的孔，可按图(a)及图(b)所示标注。当孔的定位和分布情况在图中已明确时，允许省略其定位尺寸和“EQS”字样(图(c)) 注：EQS意为均匀分布(简称均布)	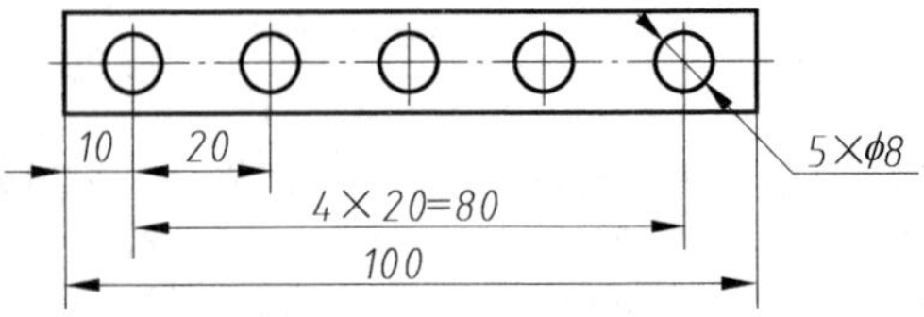 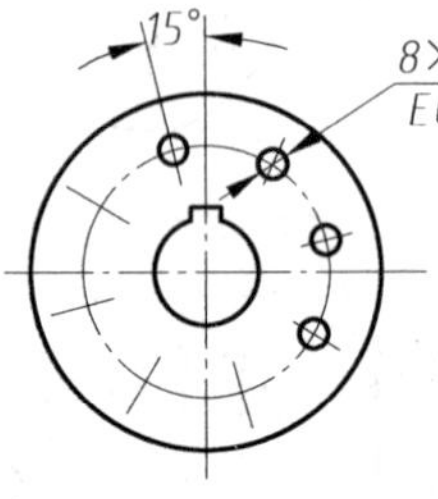 10 20 5×ϕ8 4×20=80 100 (a) 15° 8×ϕ6 EQS　8×ϕ6 (b) 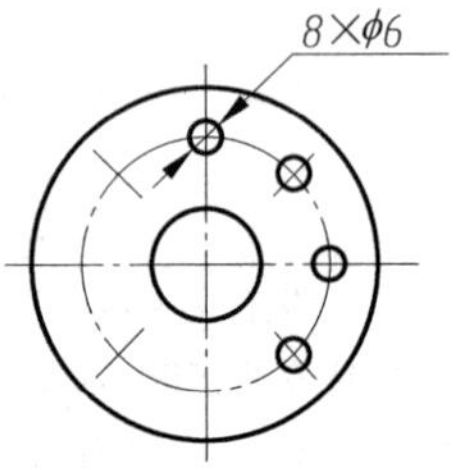　(c)
对称图形	当图形具有对称中心线时，分布在对称中心线两边的相同结构要素，仅标注其中的一组要素尺寸	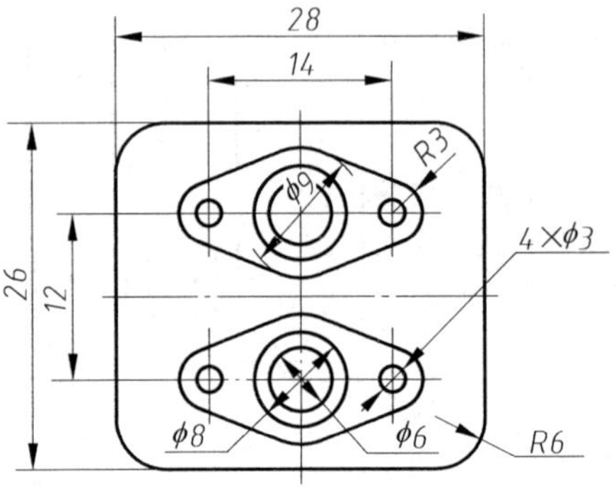 28 14 R3 ϕ9 4×ϕ3 26 12 ϕ8 ϕ6 R6
正方形结构	标注断面为正方形结构的尺寸时，可在正方形边长尺寸数字前加注符号“□”或用“$B\times B$”(B为正方形边长)注出	□14 14×14 □14 14×14 注：方形或矩形小平面可用对角交叉细实线表示。
板状机件	标注板状机件时可在尺寸数字前加注符号“t”，表示均匀厚度板，而不必另画视图表示厚度	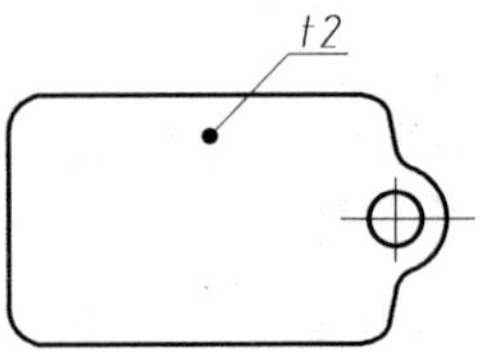 t2

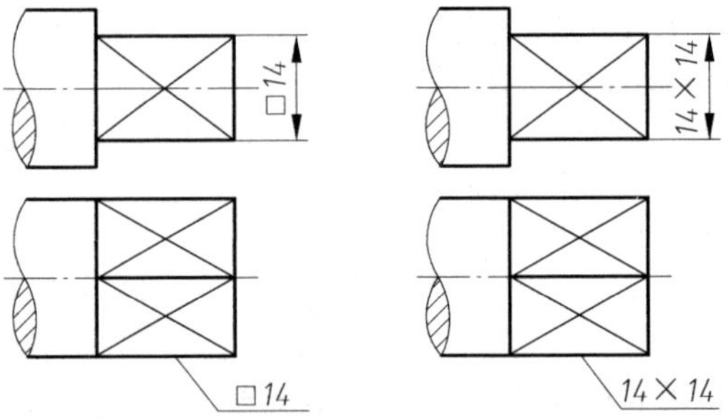

2. 自明尺寸

图 13-1 所示机件用 t 0.8 标注方式表明其为 0.8mm 厚的薄板，不再画第二个视图。此时 3 个圆均理解为通孔。因为，若为不通孔或凸台，必定有另一图形表示其深浅或高低，并标尺寸。现无，则必为通孔。

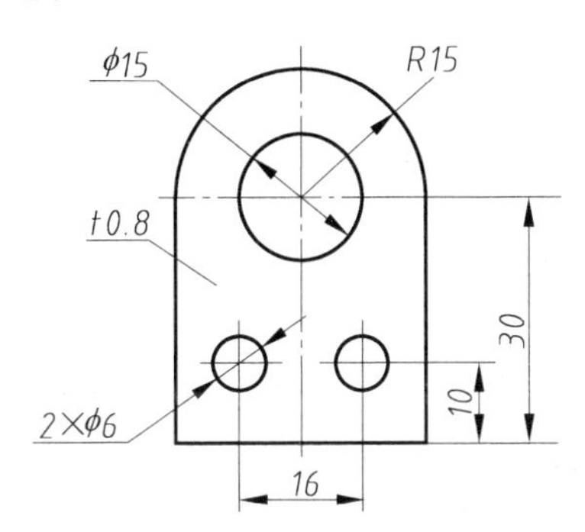

图 13-1　图示尺寸与自明尺寸

13.2　组合体的尺寸标注

组合体由基本体组成，其尺寸标注的基础是基本体的尺寸标注。

13.2.1　常用基本体的尺寸标注

常用基本体的尺寸标注已形成固定形式，如图 13-2 所示（其中图 13-2(b)为四棱柱的两视图）。

13.2.2　组合体的尺寸分析

1. 组合体中的 3 类尺寸

图 13-3 所示为一个组合体的尺寸标注。所标的尺寸，可以按其作用分成 3 类。

1）定形尺寸

定形尺寸指用来确定组合体中各基本体大小和形状的尺寸。例如：

（1）直立圆筒的尺寸，包括外径 ϕ100、内径 ϕ75 和高度 65；

（2）水平方板的尺寸，包括长 160、宽 110 和厚度 40；

（3）侧立板的尺寸，包括厚 40、宽 110、下端宽 50、斜边角度 60°和孔径 ϕ50。

原则上，每一个基本体均需用定形尺寸确定大小，但有时考虑到组合后形体的互相联系和影响，有些基本体的定形尺寸可省略，有些定形尺寸没有直接标出。如侧立板的 Y 方向尺寸（宽）110，由于已由图形表明与水平板同宽，就不必重复标注而可以省略了；其板高亦没有直接标出，而是标注了组合后的尺寸 107（尺寸 107 和水平板厚度 40 之差即为侧立板高）。

2）定位尺寸

定位尺寸指用来确定组合体中各基本体之间相对位置的尺寸。例如：

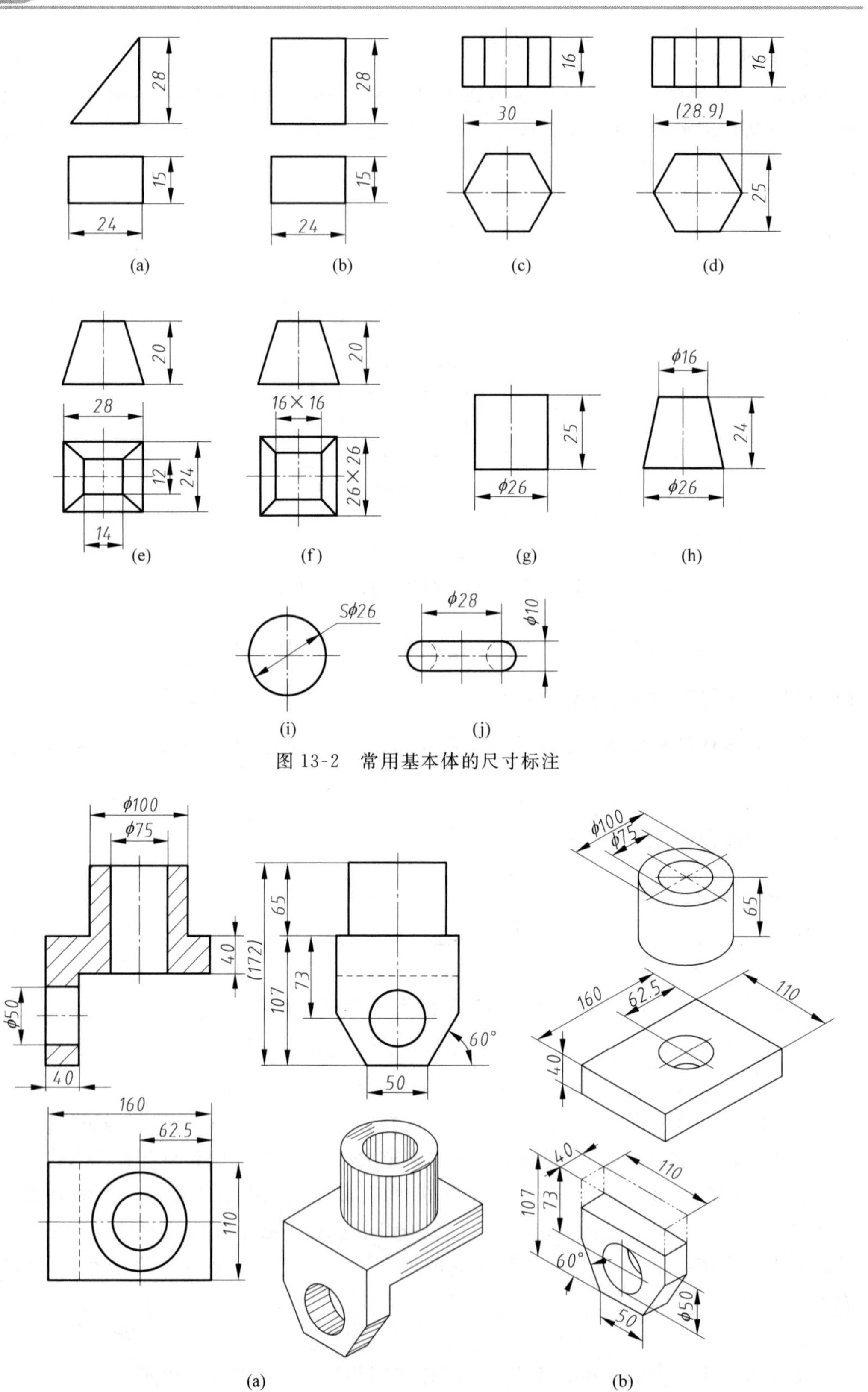

图 13-2 常用基本体的尺寸标注

图 13-3 组合体的尺寸

(1) 确定圆筒中心轴线在 X 方向与水平方板右边距离的尺寸 62.5；

(2) 确定侧立板上 $\phi50$ 孔的中心高低位置的尺寸 73。

原则上每个基本体在 X,Y,Z 3 个方向上均需定位，但由于有些组合、定位关系已由图示表明，可以不必标注。例如，圆筒和 $\phi50$ 孔的轴线在 Y 方向上均位于水平方板的前后对称面上，侧立板左边与水平板左边共面等，这些都已由图示表明而无需再标注定位尺寸了。

3) 总体尺寸

总体尺寸指用来确定组合体在 X,Y,Z 3 个方向总长、总宽和总高的尺寸。例如：

(1) 总长 160；

(2) 总宽 110；

(3) 总高 172。

总体尺寸有时就是某一基本体的定形尺寸，如 160 和 110 既是水平方板的长和宽，又是组合体的总长和总宽。

本例组合体的总高 172 在制造过程中并不使用，与尺寸 107 和 65 相比较为次要，只是说明组合体成形后的总高，可将其用括号括起来，作为参考尺寸。

必须指出，标注总体尺寸时，如遇回转体，一般不以轮廓线为界直接标注其总体尺寸。如图 13-1 中，总高由中心高 30 和 $R15$ 间接确定；又如图 13-5 中，总高由尺寸 $R12$,28 和 $\phi40/2$ 间接确定。

最后，应当说明，将尺寸分为定形尺寸、定位尺寸和总体尺寸只是进行尺寸标注时的一种分析方法和手段。实际上，尺寸的作用往往是双重或多重的，定位尺寸都有确定组合体整体形状的作用，定形尺寸有时也有定位功能。任何一个尺寸的改变都将改变组合体的形状。

2. 尺寸基准

尺寸的起点称为尺寸基准。这里只介绍组合体定位尺寸的基准选择。

由于组合体中的各基本体需要在 X,Y,Z 3 个方向定位，所以在 3 个方向上都要有定位尺寸，也就要在 3 个方向上都有尺寸基准。虽然有时定位尺寸可以省略，但该方向尺寸基准仍需明确。

可以选作尺寸基准的常是某主要基本体的底面、端(侧)面、对称平面以及回转体的轴线等。

在图 13-4 中，底板和立板的左右对称平面Ⓛ作为 X 方向的尺寸基准，确定两板和圆孔的对中关系；宽度方向(Y 方向)以底板后侧面Ⓑ作基准来标注立板的定位尺寸 8；高度方向(Z 方向)以底板的底面Ⓗ为基准来确定 $\phi20$ 孔的高度位置(中心高 34)。

在图 13-5 中，X 方向以圆筒左端面Ⓛ为基准来设置、标注定位尺寸 36，以确定半圆头板的左右位置；高度方向以圆筒轴线Ⓗ为基准来标注定位尺寸 28，以确定半圆头块的高低及 $\phi14$ 孔的高低位置；Y 方向以圆筒对称平面Ⓑ为基准来确定半圆头块与之对称的关系(图示对称，不必再标定位尺寸)。

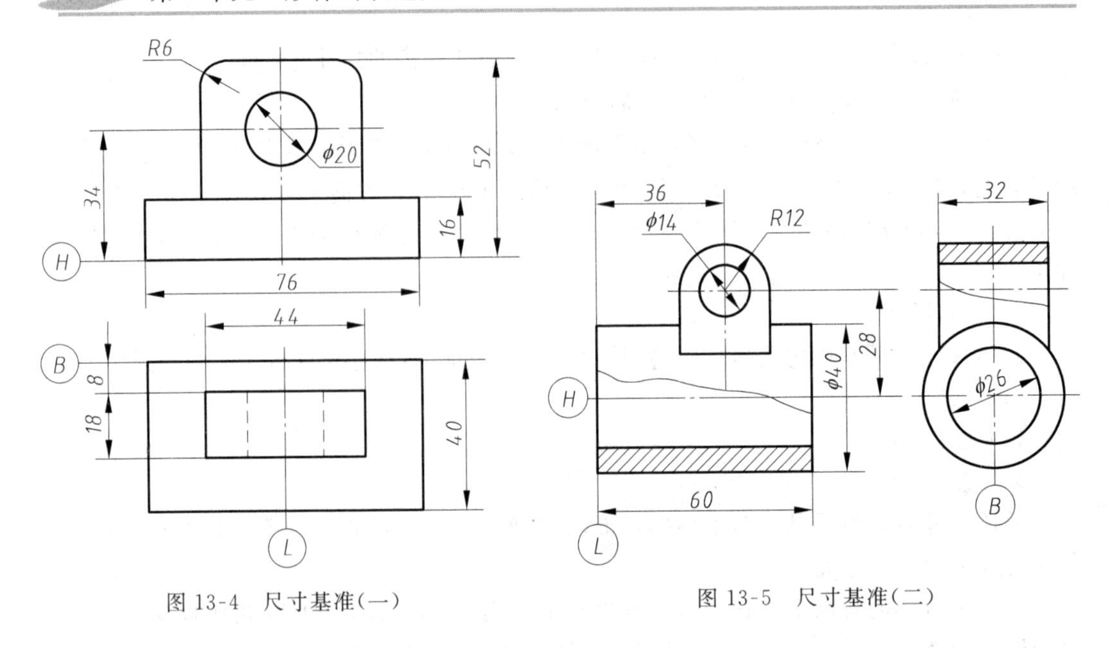

图 13-4　尺寸基准(一)　　　　图 13-5　尺寸基准(二)

注意：当以轴线或对称平面为基准时，"起点作用"是以"关于其对称"形式起作用的。

13.2.3　组合体尺寸标注中应注意的几个问题

1. 不可直接标注交线的尺寸

当组合体出现交线时，不可直接标注交线的尺寸，而应该标注产生交线的形体或截面的定形、定位尺寸。

图 13-6 所示是一个十字滑块。它由一圆柱截切产生凸舌而成。从形体组成的角度看是属于切割式的组合体。凸舌部分的尺寸应该注 20(图 13-6(a))，而不应注 54(图 13-6(b))。前者为截平面的定位尺寸，后者为所得截交线之间距离。

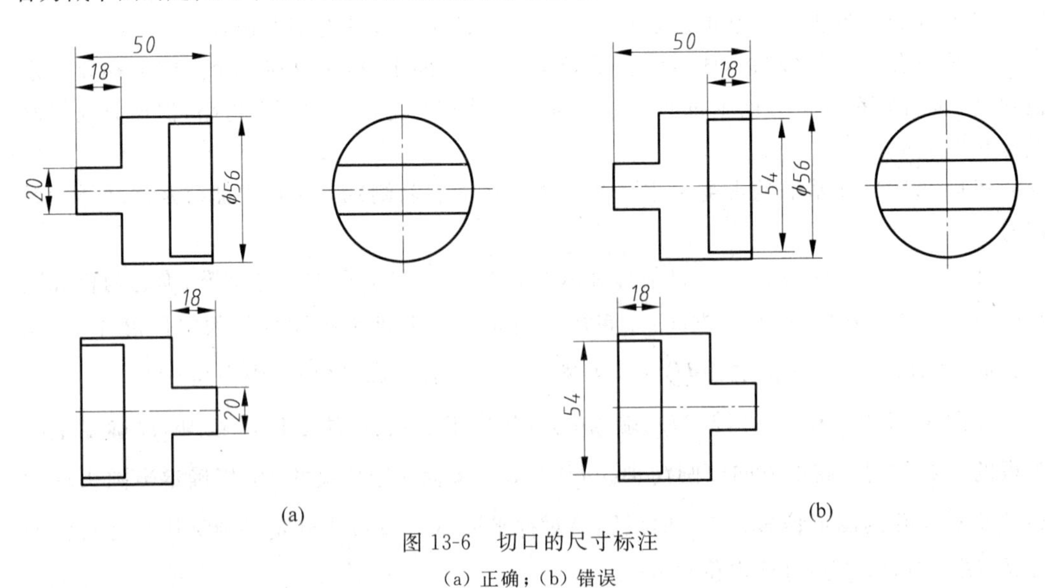

图 13-6　切口的尺寸标注

(a) 正确；(b) 错误

图 13-7 是两圆柱相交的例子，其尺寸注法见图 13-7(a)。图 13-7(b)中用 $R15$ 标注相贯线的尺寸是错误的：一是因为不应直接标注交线的尺寸；二是因为相贯线不是圆弧。

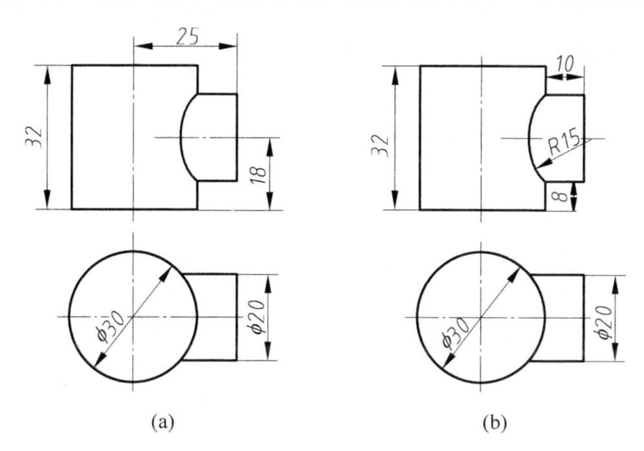

图 13-7　相交体的尺寸注法

(a) 正确；(b) 错误

2. 不应用回转体的轮廓线确定回转体的位置

确定回转体的位置时，应确定其轴线，而不应确定其轮廓线。图 13-7(b)中以轮廓线高度 8 来确定横放圆柱高低是错误的，在确定其左右位置时以竖放圆柱右轮廓作为尺寸基准也是错误的。

3. 不应出现“封闭尺寸”

如图 13-8 所示，底板厚 16，立板高 36，总高为 16＋36＝52。若在图 13-8(b)中将此 3 个尺寸同时标出，则形成了“封闭尺寸”(封闭尺寸链)。一方面这是不必要的，因为 3 个尺寸中只要有两个确定后，第三个自然就确定了；另一方面，也是不合理的(其原因在第 15 章中详细分析)。如按图 13-8(a)所示标注方法标注，只标底板厚度 16 和总高 52，空出立板高度不标，则为合理标注。至于 3 个尺寸中不标哪一个，应视不同情况而定。若同时将 3 个尺寸都标注出，则必须选一不重要者用括号括起，称为参考尺寸。在图 13-3 中，总高 172＝65＋107，标注时 172 作为参考尺寸标成(172)，不造成封闭。

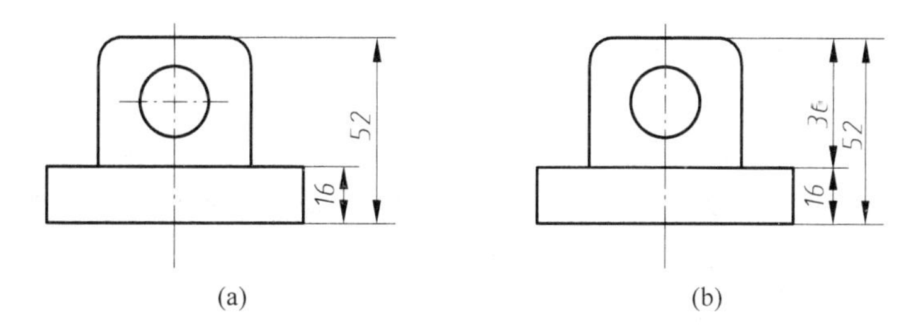

图 13-8　封闭尺寸

(a) 合理；(b) 不合理

13.2.4 组合体尺寸标注的方法和步骤

组合体尺寸标注的核心内容，是运用形体分析法保证尺寸标注的完全。现以图13-9所示的组合体为例说明标注组合体尺寸的方法和步骤。

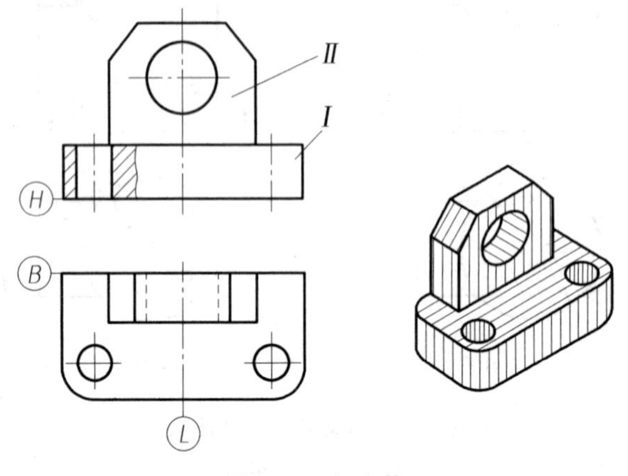

图13-9 组合体

1. 分析形体

该组合体由底板Ⅰ和立板Ⅱ组成，它们都是左、右对称的。立板Ⅱ叠加在底板Ⅰ上，两板的对称平面重合。板Ⅰ上有两个与对称平面对称分布的小圆通孔。板Ⅱ上有一个轴线位于对称平面上的圆柱通孔。

2. 选尺寸基准

选对称平面为长度方向的尺寸基准Ⓛ，底板的后端面为宽度方向的基准Ⓑ，底板的底面为高度方向的基准Ⓗ。

3. 标注各形体的定形尺寸、定位尺寸以及组合体的总体尺寸

标注的次序如下(图13-10)。

1) 标注基础形体(现为底板)的尺寸(图13-10(a))

定形尺寸：X方向——尺寸70；Y方向——尺寸36；Z方向——尺寸16以及圆角尺寸$R8$。

因为以底板作为整个组合体的基础，所以底板没有定位尺寸。

2) 标注底板上两个圆孔的尺寸(图13-10(b))

定形尺寸：X及Y方向——尺寸$\phi10$；Z方向——省略(等于底板的Z方向定形尺寸)。

定位尺寸：X方向——尺寸50，对于基准Ⓛ对称分布(一般标注尺寸50，而不标注两个25)；Y方向——尺寸26；Z方向——省略。

3) 标注立板的尺寸(图13-10(c))

定形尺寸：X方向——尺寸44，28；Y方向——尺寸14；Z方向——尺寸34^*及10。

定位尺寸：X方向——省略，因为立板以它的对称面与底板的对称面重合；Y方向——省略，因为立板和底板二者的背面共面；Z方向——省略(图示自明，与底板紧贴)。

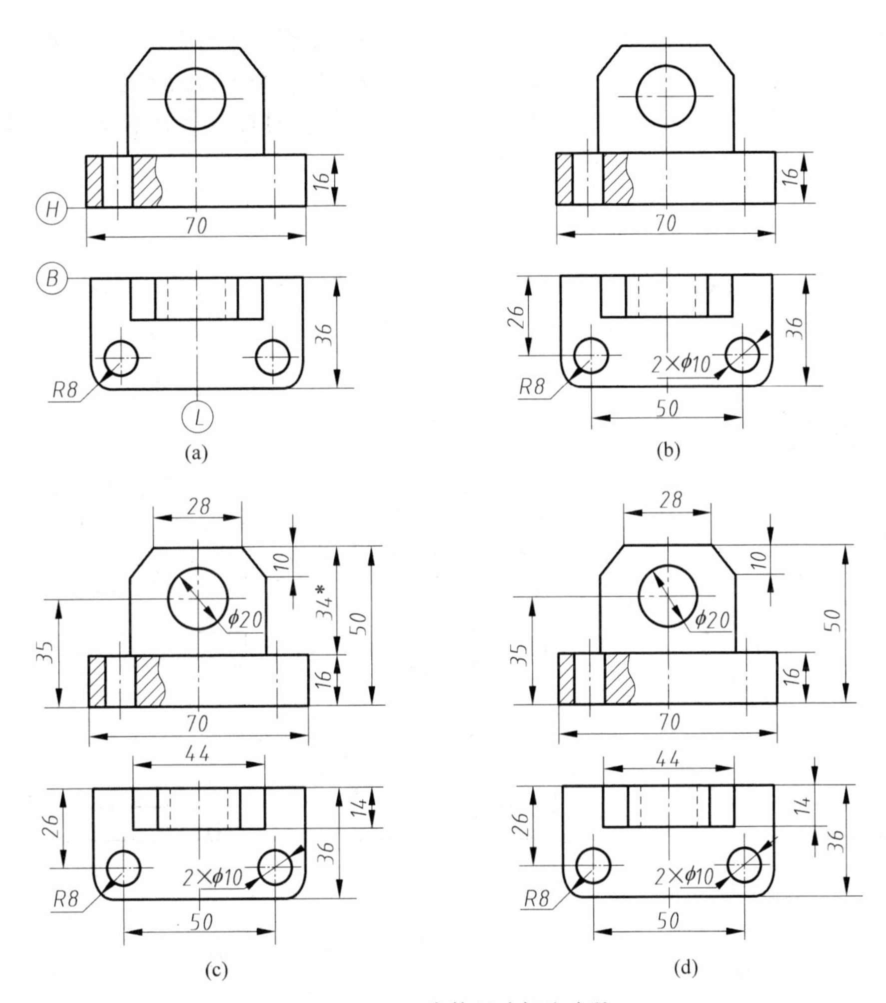

图 13-10 组合体尺寸标注步骤

4）标注立板上圆孔的尺寸(图 13-10(c))

定形尺寸：X 及 Z 方向——尺寸 φ20；Y 方向——省略(等于立板的厚度尺寸)。

定位尺寸：X 及 Y 方向——省略；Z 方向——尺寸 35。

5）标注总体尺寸(图 13-10(c))

X 及 Y 方向都与底板的 X 及 Y 方向的定形尺寸相同，不必重注；Z 方向的总高为尺寸 50。

4. 检查、调整

按形体逐个检查它们的定位、定形尺寸以及组合体的总体尺寸，补上遗漏，除去重复，并对标注和布置不恰当的尺寸进行修改和调整。例如，在图 13-10(c)的俯视图中，立板的厚度尺寸 14 注在底板宽度尺寸 36 的外面不合适，应调整其位置；两板的高度尺寸及组合体的总体尺寸 16，34^* 和 50 构成封闭尺寸，应去掉立板的尺寸 34^*(认为底板是基础形体，底板尺寸和总体尺寸更重要)。调整后的尺寸标注如图 13-10(d)所示。

最后，必须强调指出，尺寸要注得完整，一定要先对组合体进行形体分析，然后逐个形体地标注其定形、定位尺寸。注完一个形体的尺寸再注另一个形体的尺寸，切忌一个形体的尺寸还没有注完，就进行另一个形体尺寸的标注。另外，对每一个形体，一定要考虑 X，Y，Z 3个方向的定位，不要遗漏。

13.2.5　常见结构的尺寸标注

有些简单的“组合结构”在机件中出现频繁，其尺寸标注方法已经固定，不必再如上述去逐步分析，只要模仿标注即可，图13-11列出了其中一部分，可供参考。

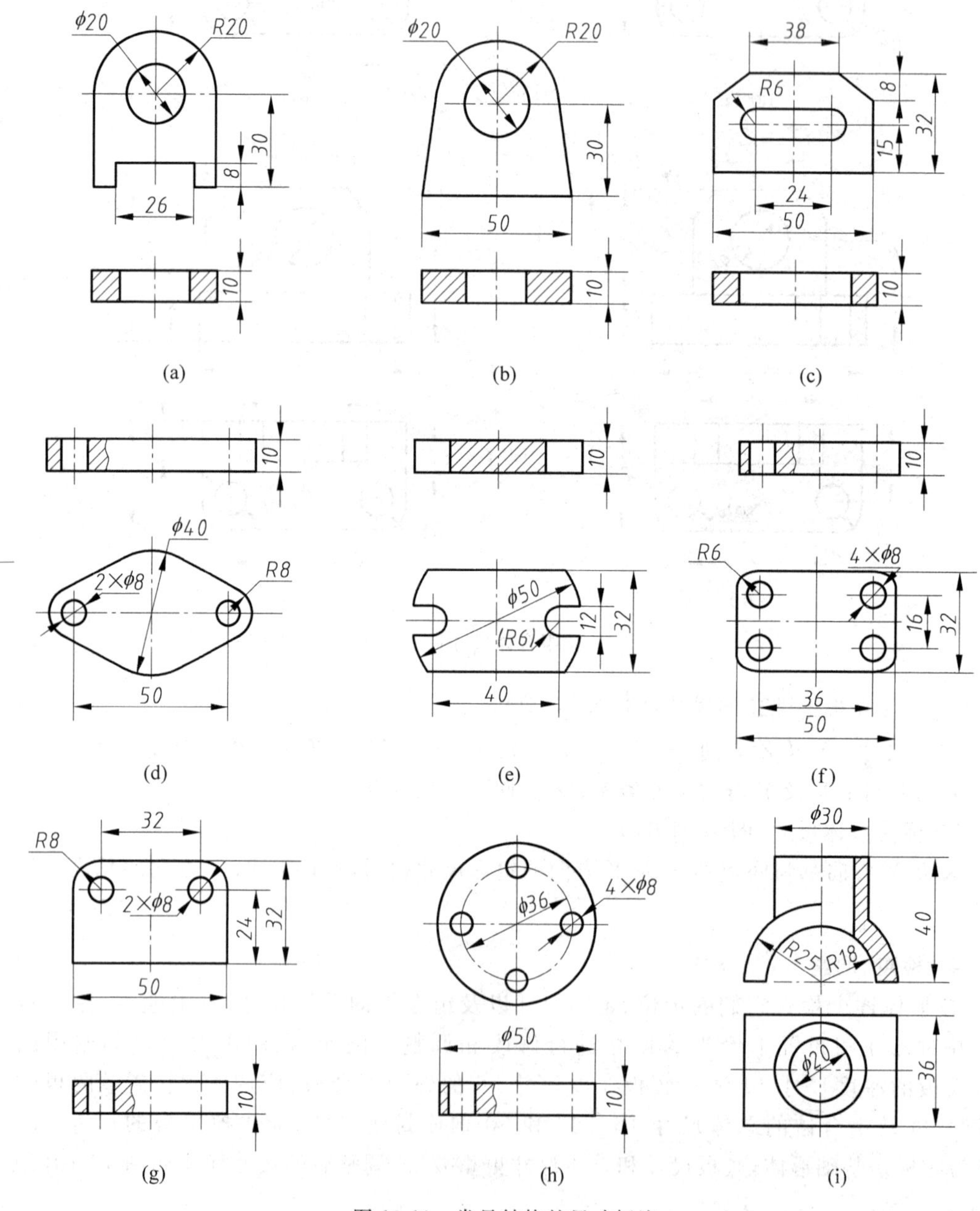

图13-11　常见结构的尺寸标注

13.3 尺寸的清晰布置

为了看图方便，在标注尺寸时应当考虑使尺寸的布置整齐清晰。下面提出几种常见的处理方法，以供参考。

(1) 为了使图面清晰，应当将多数尺寸注在视图外面(图 13-12(a))。与两视图有关的尺寸注在两视图之间(例如图 13-12(a)中的尺寸 100)。图 13-12(b)中的尺寸标注得不好。

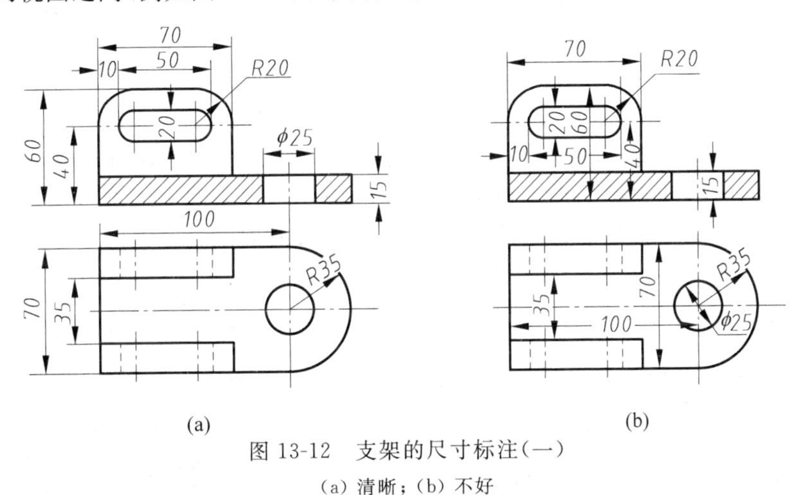

图 13-12 支架的尺寸标注(一)

(a) 清晰；(b) 不好

(2) 零件上每一形体的尺寸，应尽可能集中标注在反映该形体特征的视图上。例如，在图 13-13(a)中，垂直板的尺寸 A、C、B、D 应集中注在左视图上，三角肋的尺寸 E、F 应集中注在主视图上，而底板的尺寸 G、H、J、X 和 R 应集中注在俯视图上。这样，看图时查找方便。

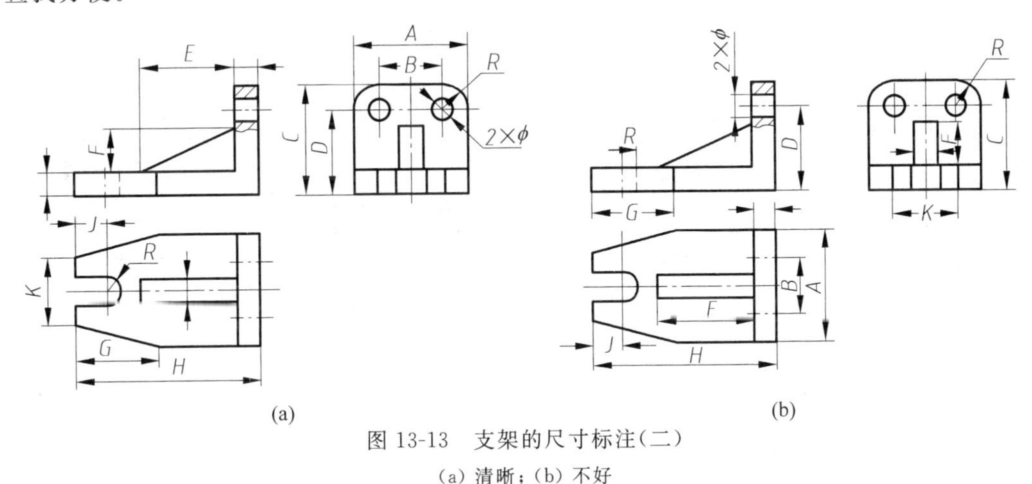

图 13-13 支架的尺寸标注(二)

(a) 清晰；(b) 不好

(3) 避免在用虚线表示的结构上标注尺寸。例如，图 13-13(b)中立板上两个小孔的尺寸，应改标在左视图上(图 13-13(a))，或图形取局部剖视。

(4) 同心圆柱的尺寸，最好注在非圆的视图上(图 13-14)。

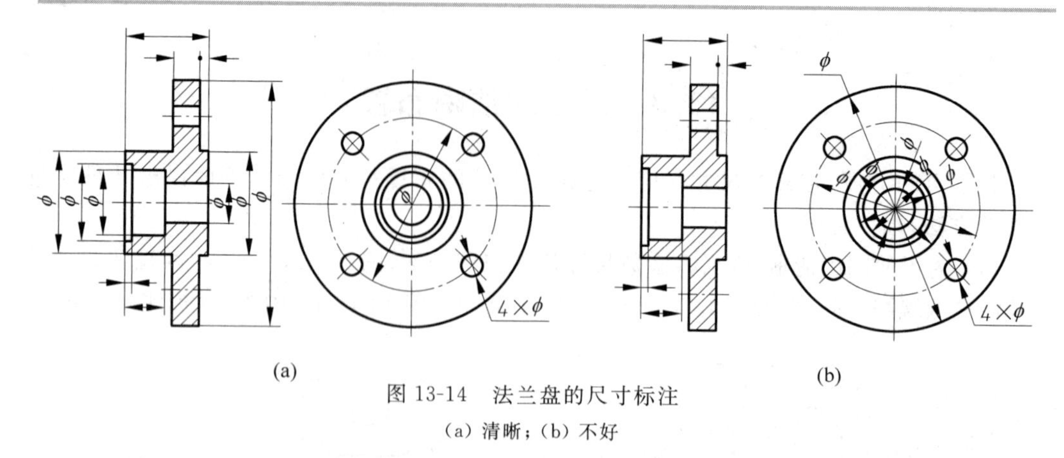

图 13-14 法兰盘的尺寸标注

(a) 清晰；(b) 不好

(5) 尽量避免尺寸线与尺寸线或尺寸界线相交。相互平行的尺寸应按大小排列，小的在内，大的在外，并使它们的尺寸数字互相错开(图 13-14 及图 13-15)。

(6) 内形尺寸与外形尺寸最好分别注在视图的两侧(图 13-16)。

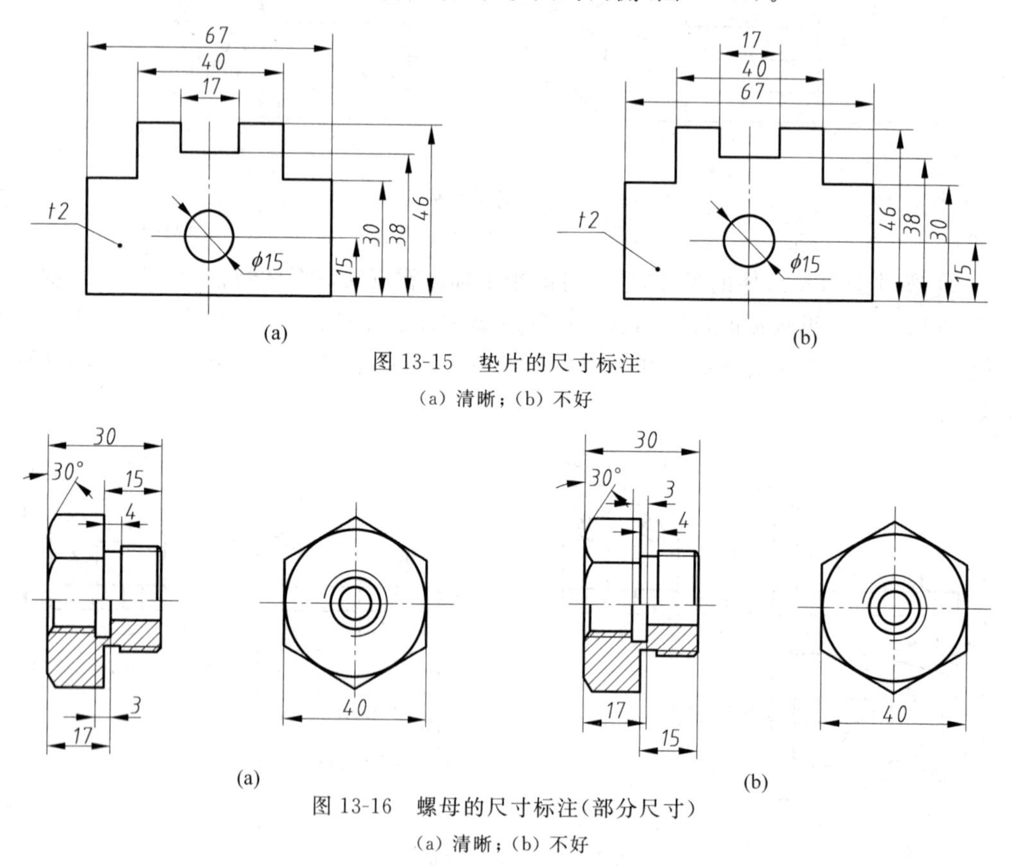

图 13-15 垫片的尺寸标注

(a) 清晰；(b) 不好

图 13-16 螺母的尺寸标注(部分尺寸)

(a) 清晰；(b) 不好

13.4 圆弧连接图形的尺寸标注

在第 2 章的基本作图中，已学习了给定尺寸后，按先已知线段、再中间线段、后连接线段的顺序绘制含有圆弧连接的平面图形的方法(重点是圆弧的作图)。下面分析在设计此类图形时如何合理地确定各线段性质并给定和标注圆和圆弧的尺寸。由于大多数情况下已知圆弧、中间圆弧和连接圆弧的定形尺寸——直径或半径是直接标出的，所以要重点分析其圆心定位尺寸的给定和标注。

1. 标示给定

采用此种方法，可直接按图示和标注确定圆心位置。具体做法又分 3 种：

(1) 直接标出定位尺寸，给定圆心位置。

(2) 采用间接标注，即标注出圆弧外廓定位尺寸，利用圆弧半径反算出圆心位置。

(3) 图示自明表示出圆心位置，如图示表明圆心位于哪一点、哪一线或哪一面上。

2. 隐含给定

不标注定位尺寸，从图示也无法看出，但事实上已利用圆弧与已有线段(圆弧或直线)的相切关系或该圆弧过定点的约束条件限定，作图时可利用几何关系交出圆心位置。凡圆弧有一个相切关系或过一定点，就等于隐含给定了一个圆心定位尺寸。

已知圆弧在作图时需首先绘出，它起到已知条件和部分作图基准的作用，且尚无相切条件可利用，故其圆心的两个定位尺寸(直角坐标系的两个线性尺寸或极坐标系的一个线性尺寸和一个角度)均需标示给定。

中间圆弧作图时已有一个相切或过定点条件可利用，其圆心的两个定位尺寸中已有一个隐含给定，仅需标示给定出另一个定位尺寸即可。

连接圆弧受两个相切关系(或过定点关系)的约束，圆心位置已完全隐含给定，不应再标定位尺寸。

例 13-1 标注图 13-17 所示支架轮廓形状的尺寸。

(1) 支架的功能是以 $\phi 20$ 孔支承轴。工作时以水平面Ⓗ和侧平面Ⓛ定位在基座上，因此将Ⓗ和Ⓛ选作尺寸基准。

(2) 同心圆 $\phi 20$ 和 $\phi 40$ 为支架的主要工作部分，设为已知圆弧。其圆心 O 的两个定位尺寸 30 和 90 均直接标出。

(3) 下部 L 形支承板与基准关系图示自明，不必标注尺寸定位。

(4) 左侧圆弧 $R50$ 设计通过点 A，则已隐含给定一个圆心定位尺寸，选为中间圆弧。图示表明其圆心又位于过点 B 的水平线上，亦不必再标另一定位尺寸。

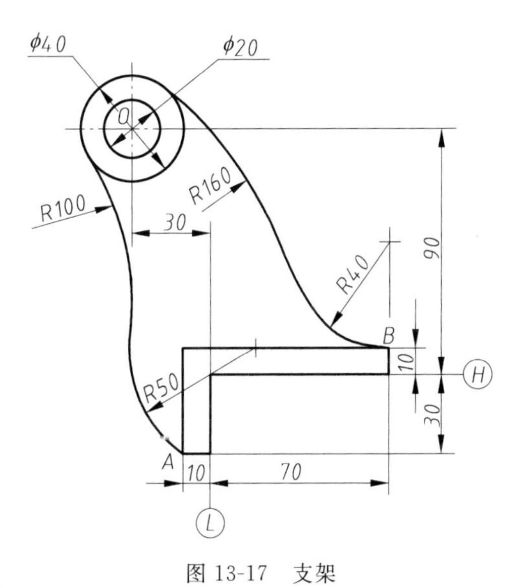

图 13-17 支架

(5) 右侧圆弧 $R40$ 设计通过点 B，亦隐含给定一个圆心定位尺寸，也选作中间圆弧。图示表明其圆心位于过点 B 的铅垂线上，亦不必再标另一定位尺寸。

(6) 圆弧 $R100$ 和 $R160$ 均与已知圆弧和中间圆弧相切，两个圆的位置都以隐含方式限定，均为连接圆弧，不应再标定位尺寸。

例 13-2 标注图 13-18(a)所示手柄的尺寸。

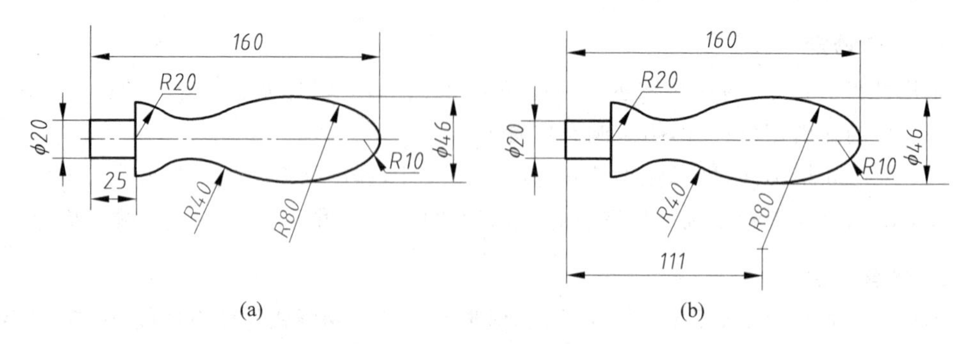

(a) (b)

图 13-18 手柄的尺寸标注

(a) 正确；(b) 错误

(1) 手柄的功能是插入主机件孔内，供人手握之用。它由一个圆柱体和另一回转体组成，另一回转体母线由4段圆弧光滑(相切)连接形成。圆柱左端面和两回转体的共同回转轴线选为尺寸基准。

(2) 左端圆柱尺寸 $\phi20$ 和 25 已标出，圆弧 $R20$ 的圆心图示位于圆柱右端面和轴线上，已定，$R20$ 为已知圆弧。

(3) 手柄长度 160 需直接标注，这实际上已间接标出于右端圆弧 $R10$ 的一个定位尺寸(其圆心必距左端基准 150)。该弧圆心又图示位于轴线上，$R10$ 亦为已知圆弧。

(4) 圆弧 $R40$ 和圆弧 $R80$ 分别与已知圆弧 $R20$ 和 $R10$ 相切，其圆心定位尺寸各隐含给定一个。作为手柄，其赤道圆 $\phi46$ 应直接标出(以示其粗)。这等于间接标出了 $R80$ 的另一个定位尺寸$\left(\text{其圆心上下位置必位于距轴线 } 80-\frac{46}{2}\text{处}\right)$，故 $R80$ 为中间圆弧。

(5) $R40$ 受两个相切条件约束，为连接圆弧，不应再标定位尺寸。

图 13-18(b)所示的尺寸标注是错误的，原因是：

(1) 多标注了圆弧 $R80$ 圆心左右位置的定位尺寸 111，使 $R80$ 成为已知圆弧，造成了两个已知线段连接。按此种标注法作图与利用相切关系确定圆心会产生矛盾，不能保证相切光滑连接(若确需保证 111，则 160 不应再标，此时 $R10$ 为连接弧)。

(2) 左端圆柱长度未标注，$R20$ 也就缺少左右方向圆心定位尺寸，其右 $R40$ 亦未定位，从左、从右均无法完成作图。

3. 标注步骤和注意事项

标注圆弧连接形成的图形的尺寸时，先按对象所表示的机件的功能选定已知圆弧，将其定形、定位尺寸标注完全(或图示自明确定)，再分析与已知圆弧光滑连接的圆弧(或直线)，确定其性质(中间线段或连接线段)，决定是否需要标注尺寸，要标几个尺寸。

注意：不要造成两个已知线段“光滑”连接，在两个已知线段之间可以有任意中间线段，但必须有，也只能有一个连接线段。

13.5 轴测图的尺寸注法

对于轴测图的尺寸注法，应做到以下 3 点：

(1) 线性尺寸的尺寸线必须和所标注的线段平行，尺寸界线一般应平行于某一轴测轴。尺寸数字应按相应的轴测图形标注在尺寸线的上方或左方，数字最好给人以书写在由尺寸线和尺寸界线所确定的平面内的感觉。当在图形中出现字头向下时应引出标注，将数字按水平位置注写(图 13-19)。

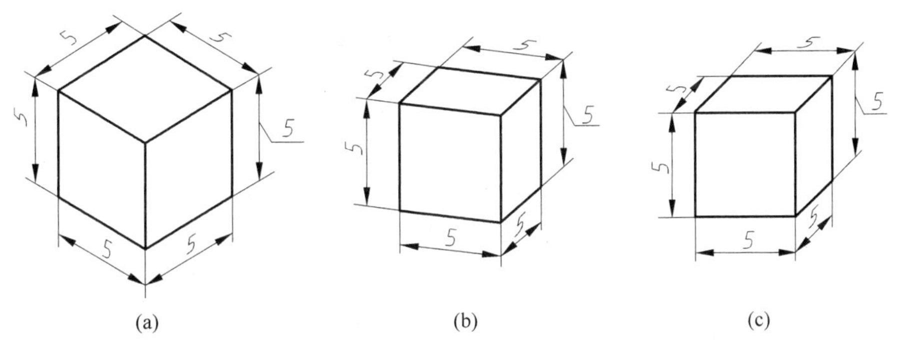

图 13-19 轴测图尺寸注法(一)

(2) 标注圆的直径时，尺寸线和尺寸界线应分别平行于圆所在平面内的轴测轴；标注圆弧半径或较小圆的直径时，尺寸线可从(或通过)圆心引出标注，但注写数字的横线必须平行于轴测轴(图 13-20)。

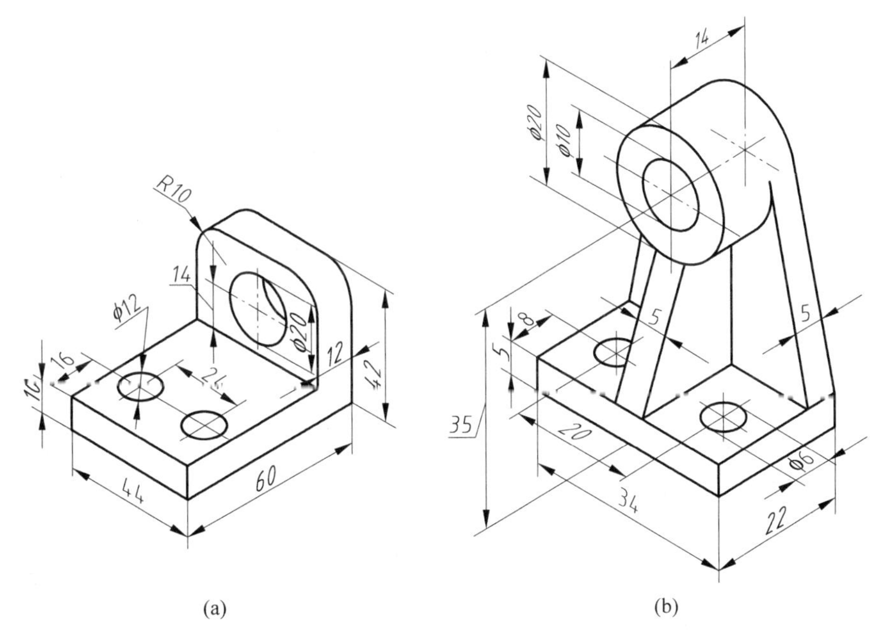

图 13-20 轴测图尺寸注法(二)

(3) 标注角度的尺寸线,应画成与该角度所在平面内圆的轴测投影椭圆相应的椭圆弧,角度数字一般写在尺寸线的中断处,字头向上(图 13-21)。

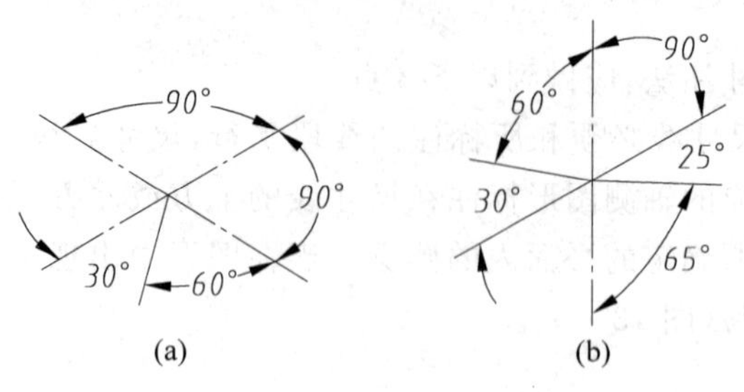

图 13-21 轴测图尺寸注法(三)

第 5 单元

机械零部件的表达方法

本单元以机械零部件的表达方法为主线，讲解标准件与常用件、零件图、装配图、公差与配合、表面结构以及相关的国家标准规范等，形成机械设计表达的完整知识体系，着重培养解决实际问题的能力。

14 标准件与常用件

机器的功能不同，所含零件的种类和形状等也不同。但有一些零件被广泛、大量地在各机器上频繁使用，如螺钉、螺母、垫圈、齿轮、轴承、弹簧等，这些零件可称为常用件。为了设计、制造和使用方便，它们的结构形状、尺寸、画法和标记有的已完全标准化了，有的部分标准化了，有的虽未标准化但也已形成很强的规律性。完全标准化的零件称为标准件。在设计、绘图和制造时必须遵守国家标准规定和已形成的规律。

14.1 螺纹及螺纹紧固件

14.1.1 螺纹的形成、结构和要素

1. 螺纹的形成和结构

如图 14-1 所示，将工件装卡在与车床主轴相连的卡盘上，使它随主轴作等速旋转，同时使车刀沿轴线方向作等速移动，则当刀尖切入工件达一定深度时，就在工件的表面上车制出峰谷相间的螺旋槽，称为螺纹。

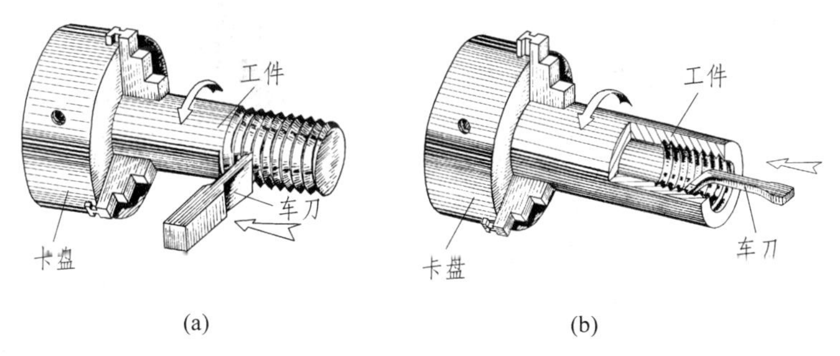

图 14-1 车螺纹

(a) 车外螺纹；(b) 车内螺纹

制在零件外表面上的螺纹叫外螺纹，制在零件孔腔内表面的螺纹叫内螺纹。

螺纹的表面可分为凸起和沟槽两部分。凸起部分的顶端称为牙顶，沟槽部分的底部称为牙底。

为了防止螺纹端部损坏和便于安装，通常在螺纹的起始处做出圆锥形的“倒角”或球面形的“倒圆”，如图14-2所示。

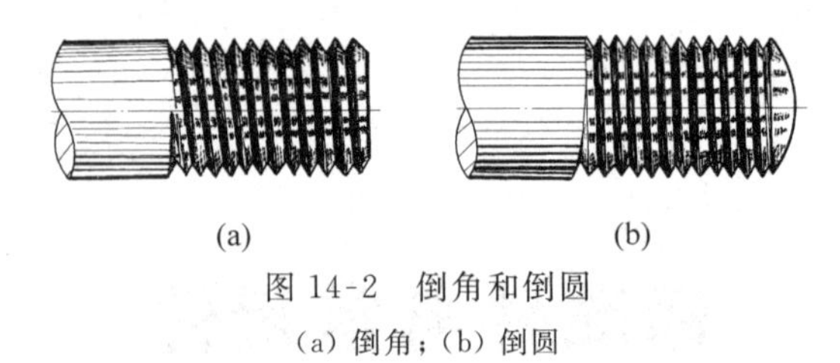

图14-2 倒角和倒圆
(a) 倒角；(b) 倒圆

当车削螺纹的刀具快要到达螺纹终止处时，要逐渐离开工件，因而螺纹终止处附近的牙型将逐渐变浅，形成不完整的螺纹牙型，这一段螺纹称为螺尾(图14-3)。加工到要求深度的螺纹才具有完整的牙型，才是有效螺纹。

为了避免出现螺尾，可以在螺纹终止处事先车削出一个槽，以便于刀具退出，这个槽称为螺纹退刀槽(图14-4)。

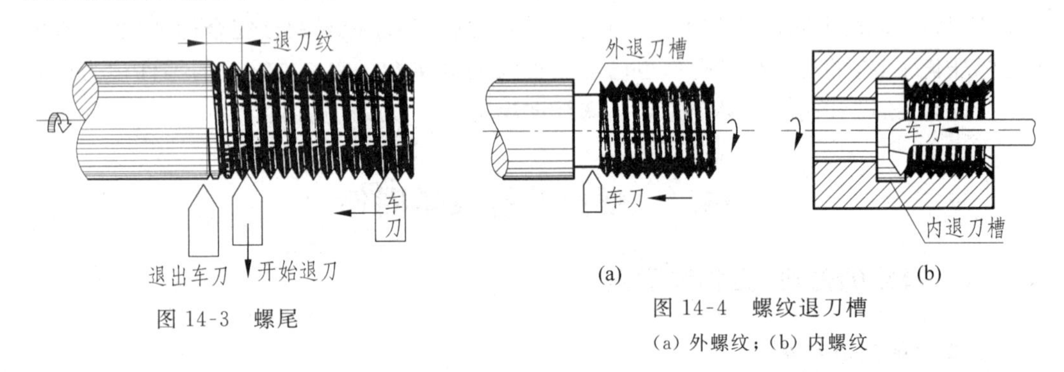

图14-3 螺尾

图14-4 螺纹退刀槽
(a) 外螺纹；(b) 内螺纹

2. 螺纹的要素

以最常用的圆柱螺纹为例(图14-5)。

1) 螺纹牙型

在通过螺纹轴线的剖面上，螺纹的轮廓形状称为螺纹牙型。常见的螺纹牙型有三角形和梯形等。

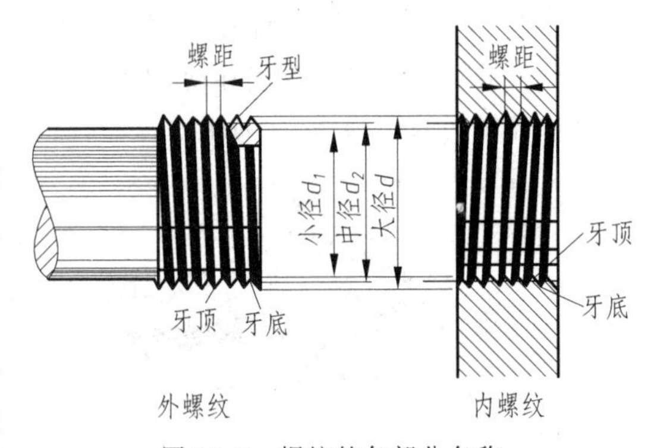

图14-5 螺纹的各部分名称

2) 直径

螺纹的直径有大径、小径和中径。与外螺纹牙顶或内螺纹牙底相重合的假想圆柱面的直径称为大径。内、外螺纹的大径分别以 D 和 d 表示。

与外螺纹牙底或内螺纹牙顶相重合的假想圆柱面的直径称为小径。内、外螺纹的小径分别以 D_1 和 d_1 表示。

中径是一个假想圆柱的直径，该圆柱的母线(称为中径线)通过牙型上沟槽和凸起宽度相等的地方，此圆柱称为中径圆柱。内、外螺纹的中径分别用 D_2 和 d_2 表示。

3) 线数

螺纹有单线和多线之分。当圆柱面上只有一条螺纹盘绕时叫做单线螺纹(图14-6(a))；

如果同时有 2 条或 3 条螺纹盘绕，则称为双线或三线螺纹。螺纹的线数以 n 表示。图 14-6(b)所示为双线螺纹。

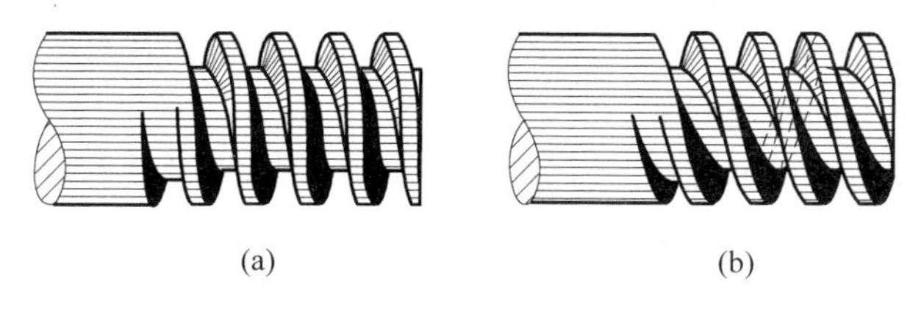

(a) (b)

图 14-6 螺纹的线数

(a) 单线螺纹；(b) 双线螺纹

4) 螺距和导程

螺纹上相邻两牙在中径线上对应点之间的轴向距离 P 称为螺距。同一条(线)螺纹上相邻两牙在中径线上对应点之间的轴向距离 P_h 称为导程。螺距与导程的关系为：螺距＝导程/线数。因此，单线螺纹的螺距 $P=P_h$，多线螺纹的螺距 $P=P_h/n$。

5) 旋向

螺纹有右旋和左旋之分，将外螺纹轴线铅垂放置，螺纹右上左下则为右旋，左上右下为左旋。右旋螺纹顺时针旋转时旋合，逆时针旋转时退出，左旋螺纹反之，其中以右旋为最常用。以右、左手判断右旋螺纹和左旋螺纹的方法如图 14-7 所示。

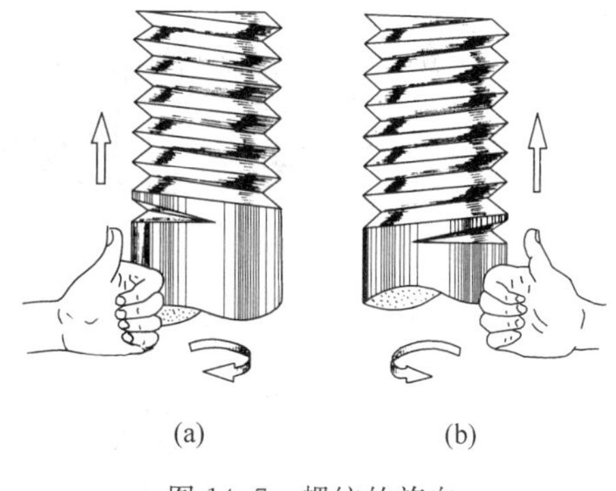

(a) (b)

图 14-7 螺纹的旋向

(a) 左旋螺纹；(b) 右旋螺纹

在螺纹的 5 个要素中，螺纹牙型、直径和螺距是决定螺纹的最基本要素，称为螺纹三要素。凡这 3 个要素都符合标准的称为标准螺纹。螺纹牙型符合标准，而大径、螺距不符合标准的称为特殊螺纹。若螺纹牙型不符合标准，则称为非标准螺纹。内、外螺纹总是成对地使用，但只有当 5 个要素相同时，内、外螺纹才能旋合在一起。

14.1.2 螺纹的种类

螺纹常按用途分为两大类：连接螺纹和传动螺纹。

1 连接螺纹

常见的连接螺纹有 3 种：粗牙普通螺纹、细牙普通螺纹和管螺纹。

连接螺纹的共同特点是牙型皆为三角形，其中普通螺纹的牙型角为 60°，管螺纹的牙型角为 55°。

同一种大径的普通螺纹，一般有几种螺距，螺距最大的一种称为粗牙普通螺纹，其余称为细牙普通螺纹。细牙普通螺纹多用于细小的精密零件或薄壁零件，而管螺纹多用于水管、油管、煤气管等。

2. 传动螺纹

传动螺纹是用来传递动力和运动的，常用的是梯形螺纹，有时也用锯齿形螺纹。

每种螺纹都有相应的特征代号(用字母表示)，标准螺纹的各参数如大径、螺距等均已规定，设计选用时应查阅相应标准。

表 14-1 介绍了常用标准螺纹。本书附录中有部分标准螺纹参数。

表 14-1 常用标准螺纹

螺纹种类		特征代号	外形图	内外螺纹旋合后牙型的放大图	功用
连接螺纹	粗牙普通螺纹	M	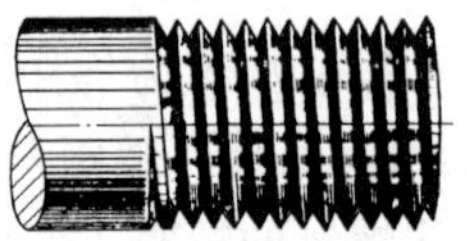	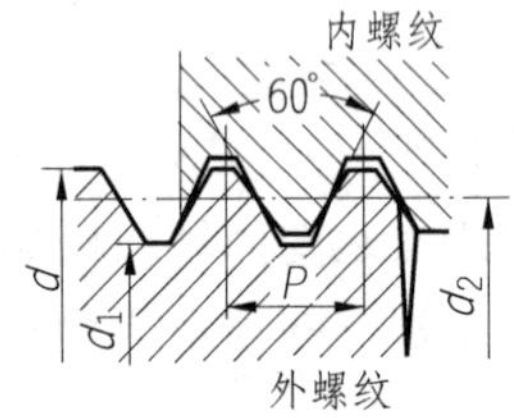	是最常用的连接螺纹。细牙螺纹的螺距较粗牙为小，切深较浅，用于细小的精密零件或薄壁零件上
	细牙普通螺纹	M			
连接螺纹	圆柱管螺纹	G或R_P	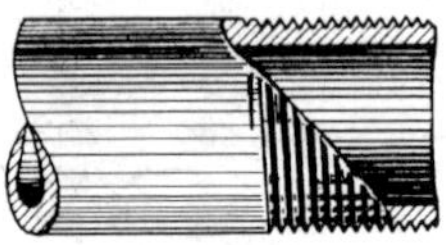	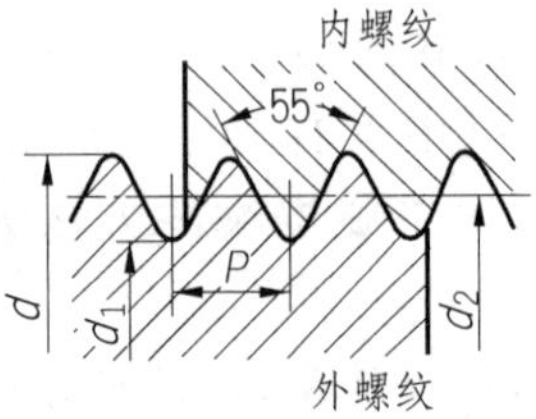	用于水管、油管、煤气管等薄壁管子上，是一种螺纹深度较浅的特殊细牙螺纹，仅用于管子的连接。分为非密封(代号 G)与密封(代号 R_P)两种
传动螺纹	梯形螺纹	Tr	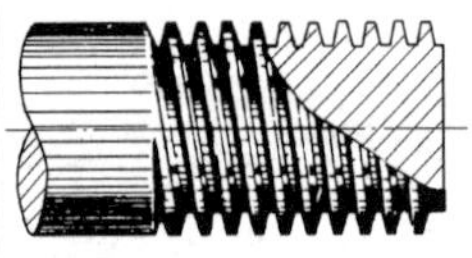	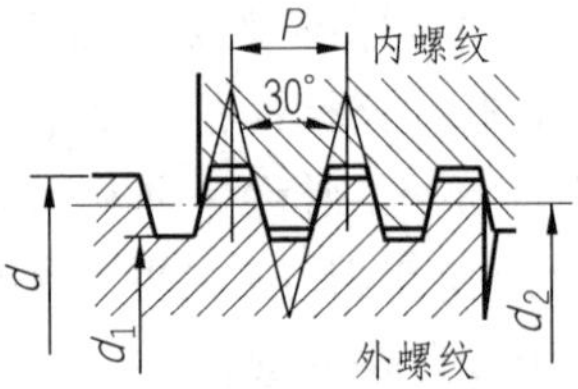	作传动用，各种机床上的丝杠多采用这种螺纹
	锯齿形螺纹	B	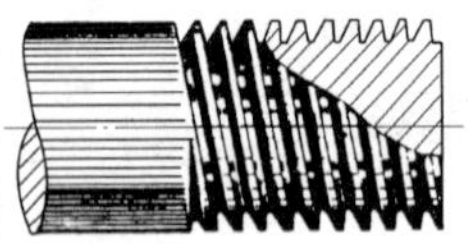	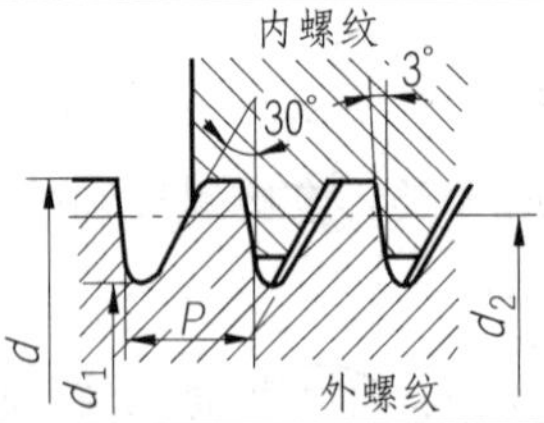	只能传递单向动力，例如螺旋压力机的传动丝杠就采用这种螺纹

注：d——外螺纹大径；d_1——外螺纹小径；d_2——外螺纹中径；P——螺距。

14.1.3 螺纹的规定画法

绘制螺纹的真实投影是十分烦琐的事情，并且在实际生产中也没有必要这样做。为了便于绘图，国家标准(GB/T 4459.1—1995)对螺纹的画法作了规定，综述如下：

(1) 可见螺纹的牙顶用粗实线表示；可见螺纹的牙底用细实线表示(当外螺纹画出

倒角或倒圆时，应将表示牙底的细实线画入圆角或倒圆部分)。在垂直于螺纹轴线的投影面的视图(投影为圆的视图)中，表示牙底的细实线圆只画约 3/4 圈(空出的约 1/4 圈的位置不作规定)，此时，螺杆(外螺纹)或螺孔(内螺纹)上倒角的投影不应画出(图 14-8 和图 14-9)。

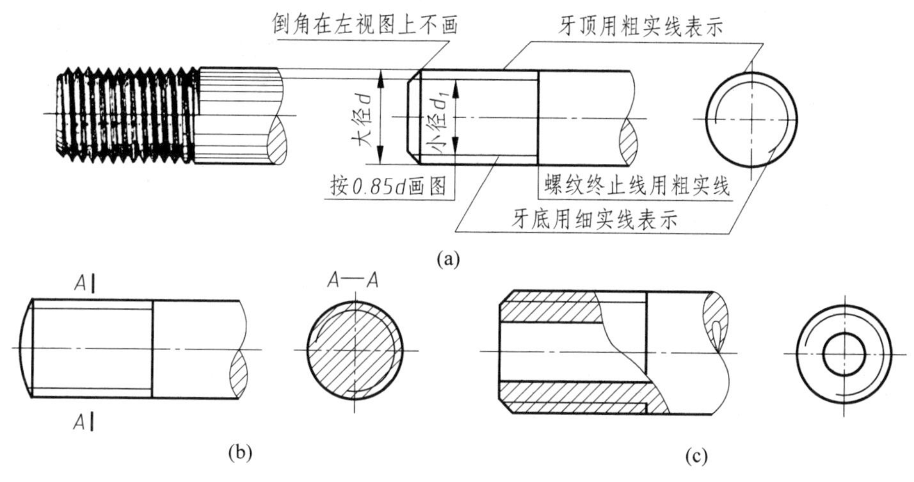

图 14-8　外螺纹画法

(2) 有效螺纹的终止界线(简称螺纹终止线)用粗实线表示。外螺纹终止线的画法如图 14-8 所示，内螺纹终止线的画法如图 14-9 所示。

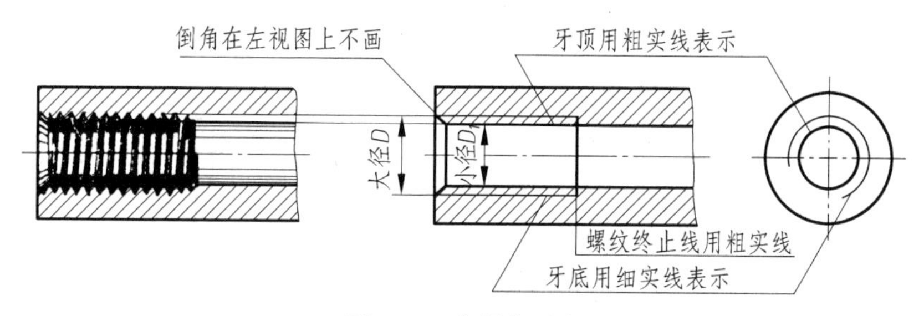

图 14-9　内螺纹画法

(3) 螺尾部分一般不必画出，当需要表示螺尾时，螺尾部分的牙底用与轴线成 30°的细实线绘制(图 14-10)。

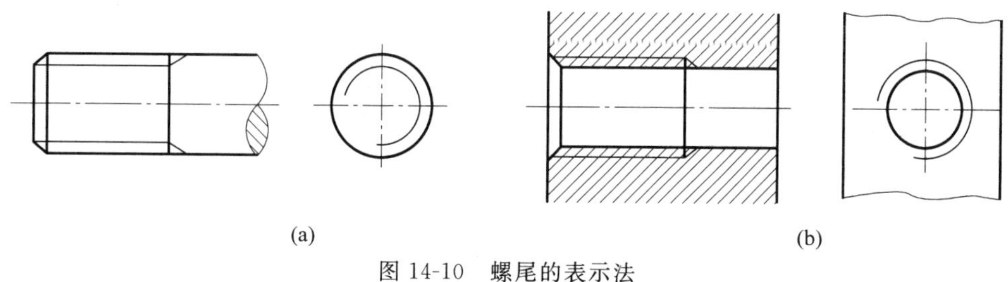

(a)　(b)

图 14-10　螺尾的表示法

(a) 外螺纹；(b) 内螺纹

(4) 无论是外螺纹还是内螺纹，在剖视或断面图中的剖面线都必须画到粗实线为止(图14-8，图14-9，图14-10(b))。

(5) 在绘制不穿通的螺孔时，一般应将钻孔深度与螺纹深度分别画出(图14-11(b))。钻孔深度 H 一般应比螺纹深度 b 大 $0.5D$，其中 D 为螺纹大径。钻头端部有一圆锥，锥顶角为118°，钻孔时，不穿通孔(称为盲孔)底部造成一锥面，在画图时钻孔底部锥面的顶角可简化为120°(图14-11(a))。

(6) 不可见螺纹的所有图线用虚线绘制(图14-12)。

(7) 当需要表示螺纹牙型时，可按图14-13所示的形式绘制。

(8) 锥面上的螺纹画法如图14-14所示。

(9) 螺纹孔相交时，只画出钻孔的交线(用粗实线表示)，如图14-15所示。

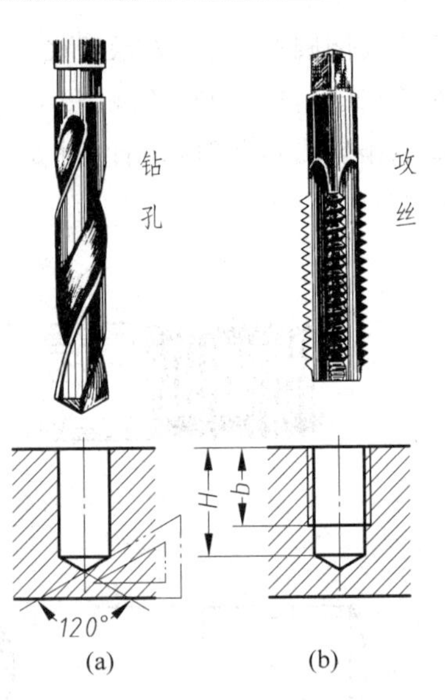

图14-11　不穿通螺孔

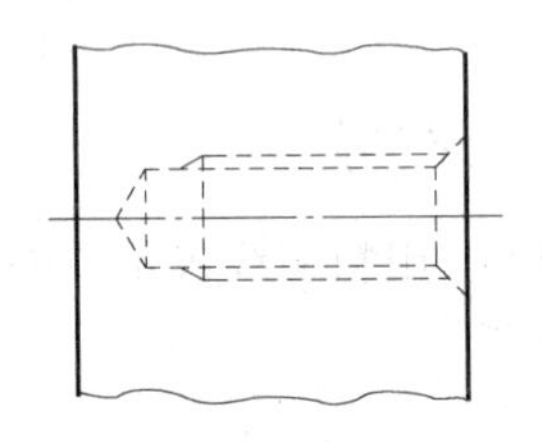
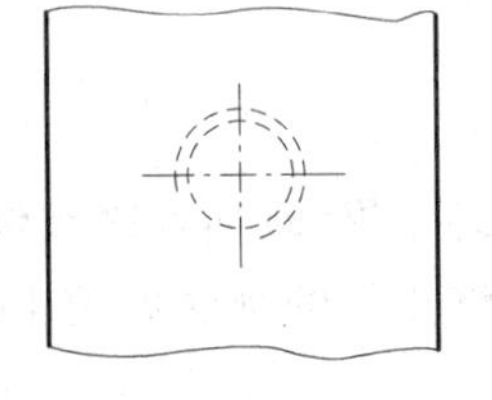

图14-12　不可见螺纹的表示

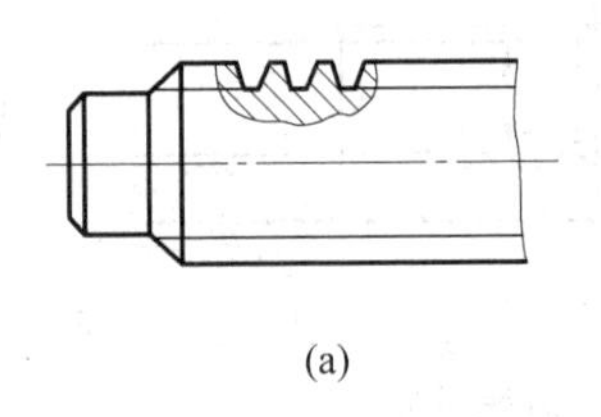
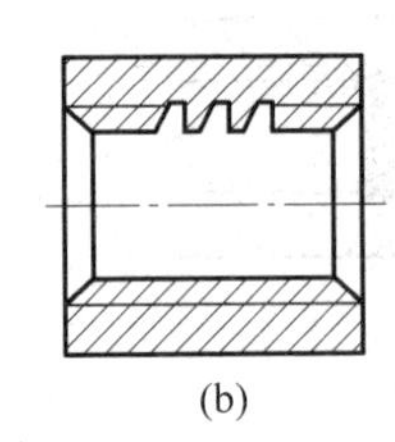

(a)　(b)

图14-13　表示牙型的方法

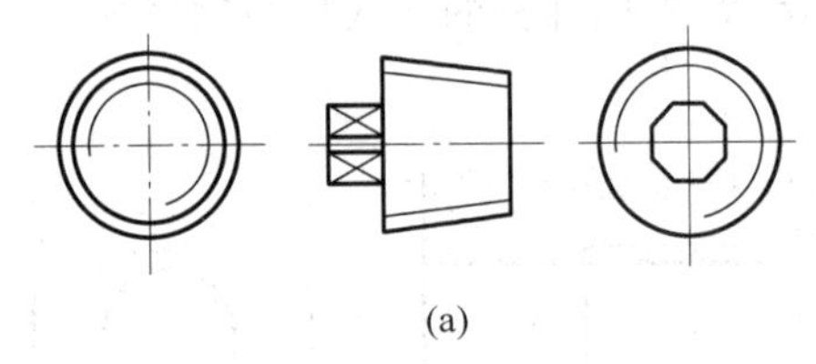
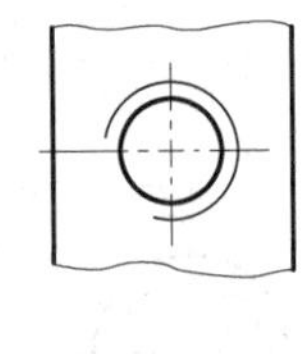
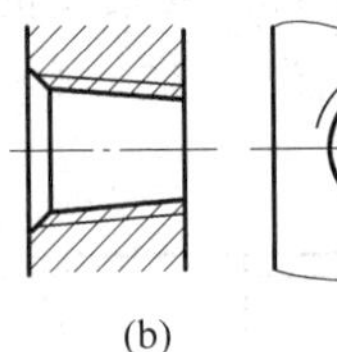
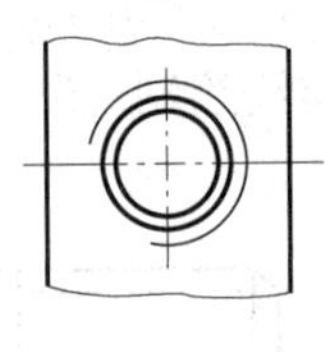

(a)　(b)

图14-14　锥面上的螺纹画法

(a) 外螺纹；(b) 内螺纹

(10) 螺纹连接的画法。以剖视图表示内、外螺纹的连接时，其旋合部分应按外螺纹的画法绘制，其余部分仍按各自的画法表示(图14-16)。

因为只有牙型、大径、小径、螺距及旋向都相同的螺纹才能旋合在一起，所以在剖视

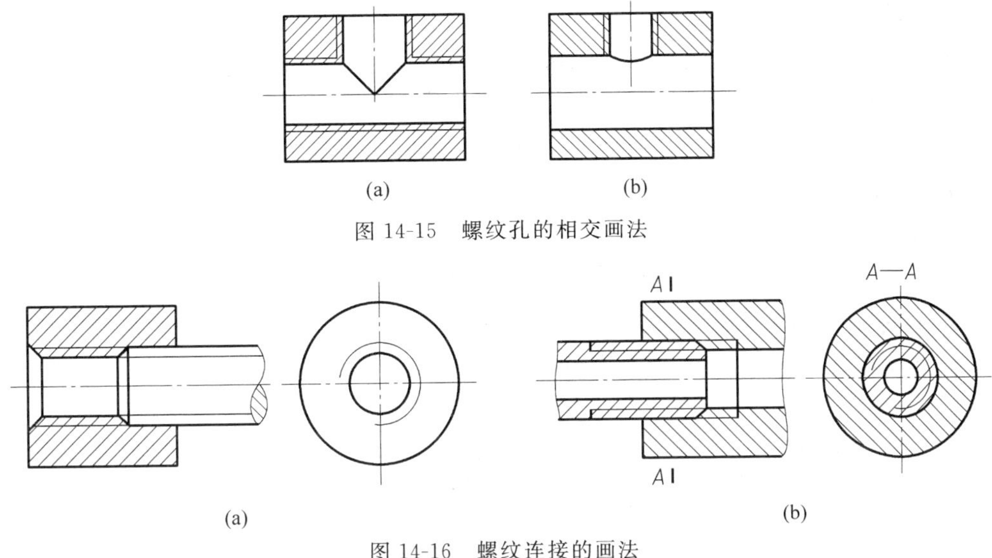

(a) (b)

图 14-15 螺纹孔的相交画法

(a) (b)

图 14-16 螺纹连接的画法

中，表示外螺纹牙顶的粗实线，必须与表示内螺纹牙底的细实线在一条直线上；表示外螺纹牙底的细实线，也必须与表示内螺纹牙顶的粗实线在一条直线上。

14.1.4 螺纹的标注

因为各种螺纹的画法相同，所以为了便于区分，还必须在图上进行标注。

1. 螺纹的完整标注格式

[特征代号] [公称直径] × [导程(*P*螺距)] [旋向] — [公差带代号] [旋合长度代号]

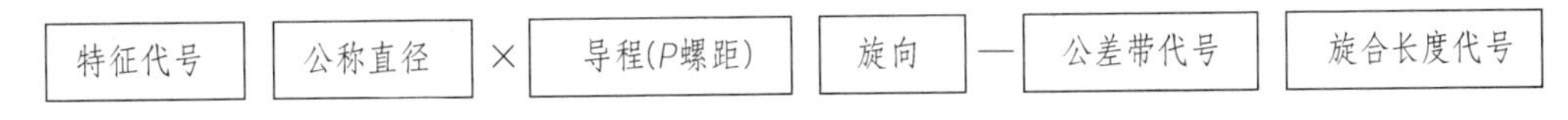

1）特征代号

如表 14-1 所列，如粗牙普通螺纹及细牙普通螺纹均用“M”作为特征代号。

2）公称直径

除管螺纹(代号为 G 或 R_P)为管子公称直径外，其余螺纹均为大径。

3）导程(P 螺距)

单线螺纹只标导程即可(螺距与之相同)，多线螺纹导程、螺距均需标出。粗牙普通螺纹螺距已完全标准化，查表即可，不标注。

4）旋向

当旋向为右旋时，不标注；当旋向为左旋时要标注“LH”两个大写字母。

5）公差带代号

由表示公差等级的数字和表示基本偏差的字母(外螺纹用小写字母，内螺纹用大写字母)组成，如 5g，6g，6H 等。内、外螺纹的公差等级和基本偏差都已有规定。

需要说明的是，外螺纹要控制顶径(即大径)和中径两个公差带，内螺纹也要控制顶径(即小径)和中径两个公差带。

公差等级规定为：

内螺纹顶径的公差等级有 5 种：4，5，6，7，8；中径的公差等级有 5 种：4，5，6，7，8。外螺纹顶径的公差等级有 3 种：4，6，8；中径的公差等级有 7 种：3，4，5，6，7，8，9。

基本偏差规定为：

内螺纹的基本偏差有G,H两种；外螺纹的基本偏差有e,f,g,h共4种；中径和顶径的基本偏差相同。

螺纹公差带代号标注时应顺序标注中径公差带代号及顶径公差带代号，当两公差带代号完全相同时，可只标一项。

6）旋合长度代号

分别用S,N,L来表示短、中等和长3种不同旋合长度，其中N省略不标。

2. 标准螺纹标注示例

标准螺纹标注示例如表14-2～表14-4所示。

表14-2 普通螺纹的标注

螺纹种类	标注的内容和方式	图例	说明
粗牙普通螺纹	M10—5g6g—S（螺纹大径：M10；中径公差带：5g；顶径公差带：6g；短旋合长度：S）	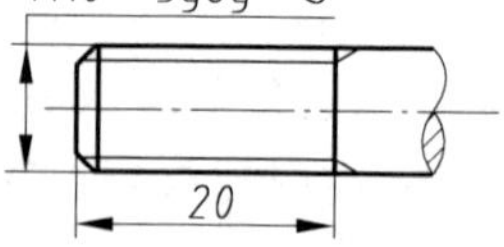 M10—5g6g—S；20	(1) 不注螺距 (2) 右旋省略不注，左旋要标注 (3) 中径和顶径公差带相同时，只注一个代号，如7H (4) 当旋合长度为中等长度时，不标注 (5) 图中所注螺纹长度，均不包括螺尾在内
	M10LH—7H—L（旋向，左旋：LH；顶径和中径公差带(相同)：7H；长旋合长度：L）	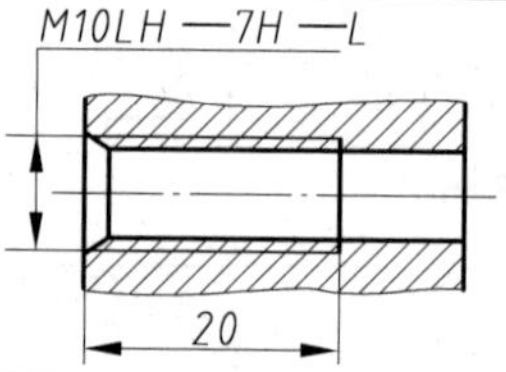 M10LH—7H—L；20	
细牙普通螺纹	M10×1—6g（螺距：1）	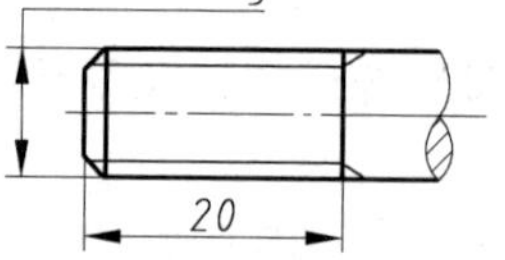 M10×1—6g；20	(1) 要注螺距 (2) 其他规定同上

表14-3 管螺纹的标注

螺纹种类	标注方式	图例	说明
非螺纹密封的管螺纹	G1A （外螺纹公差等级分A级和B级两种，此处表示A级） G3/4 （内螺纹公差等级只有一种）	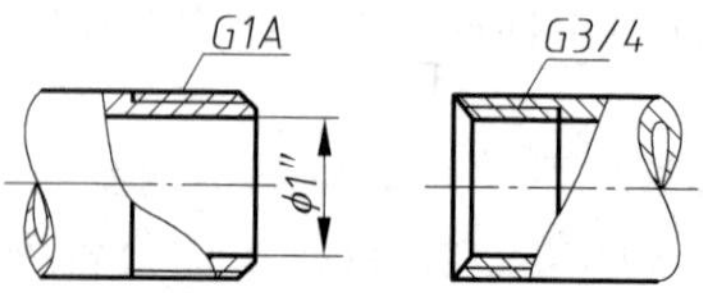 G1A；ϕ1″；G3/4	(1) 特征代号后边的数字是管子尺寸代号而不是螺纹大径，管子尺寸代号数值等于管子的孔径，单位为英寸。作图时应据此查出螺纹大径
用螺纹密封的圆柱管螺纹	R_p1 R_p3/4 （内外螺纹均只有一种公差带）	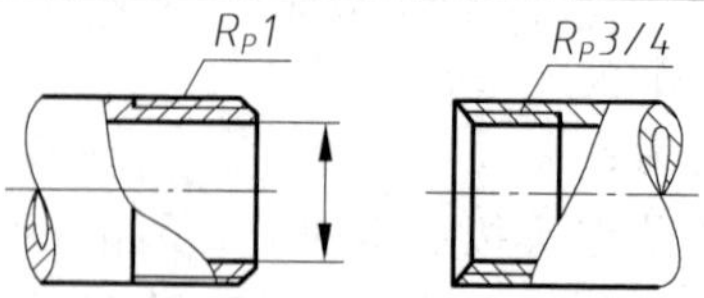 R_p1；R_p3/4	

续表

螺纹种类	标注方式	图　　例	说　　明
用螺纹密封的圆锥管螺纹	R1/2(外螺纹) R_c1/2(内螺纹) (内外螺纹均只有一种公差带)	R1/2　　R_c1/2	(2) 管螺纹标记一律注在引出线上(不能以尺寸方式标记),引出线应由大径处引出(或由对称中心处引出)

表 14-4　梯形螺纹的标注

螺纹种类	标注方式	图　　例	说　　明
单线梯形螺纹	Tr36×6—8e 公差带代号 导程=螺距 螺纹大径	Tr36×6—8e	(1) 单线注导程即可 (2) 多线的要注导程、螺距 (3) 右旋省略不注,左旋要注 LH (4) 旋合长度分为中等(N)和长(L)两组,中等旋合长度代号 N 可以不注
多线梯形螺纹	Tr36×12(P6)LH—8e—L 左旋 螺距 导程	Tr36×12(P6)LH—8e—L	

3. 特殊螺纹与非标准螺纹的标注

(1) 牙型符合标准,直径或螺距不符合标准的螺纹,应在特征代号前加注“特”字,并标出大径和螺距,如图 14-17 所示。

(2) 绘制非标准的螺纹时,应画出螺纹的牙型,并注出所需要的尺寸及有关要求,如图 14-18 所示。

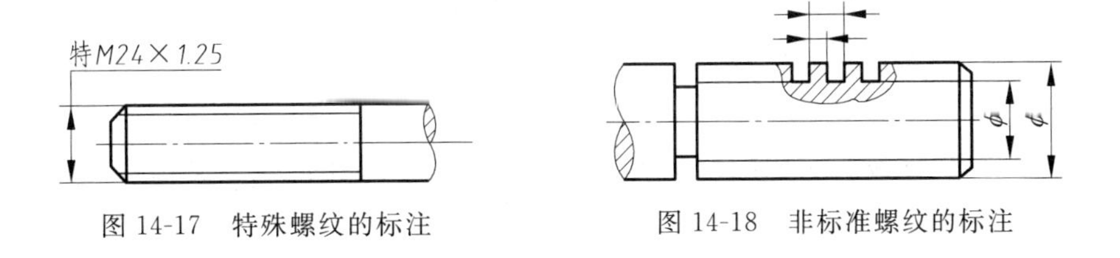

图 14-17　特殊螺纹的标注　　图 14-18　非标准螺纹的标注

4. 螺纹副的标注

内、外螺纹旋合到一起后称螺纹副,其标注示例如图 14-19 所示。

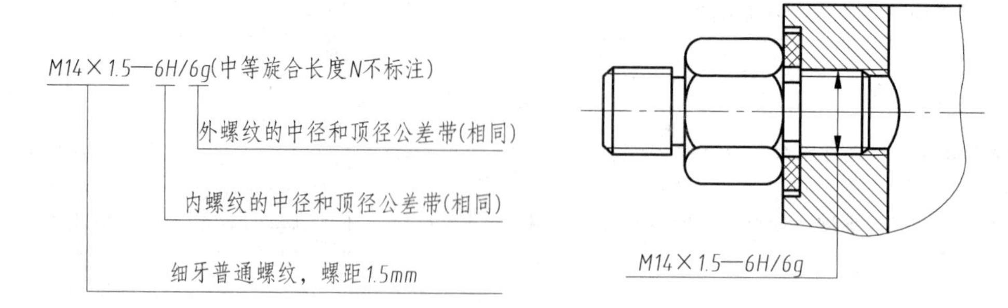

图 14-19 螺纹副的标注

14.1.5 常用螺纹紧固件的画法和标记

螺纹紧固件指的是通过螺纹旋合起紧固、连接作用的主要零件和辅助零件。

常用的螺纹紧固件有螺栓、螺钉、双头螺柱、螺母和垫圈等，均为标准件。在设计机器时，标准件不必画零件图，只需在装配图中画出，并写明所用标准件的标记即可。

1. 常用紧固件的比例画法

紧固件各部分尺寸可以从相应国家标准中查出，但在绘图时为了简便和提高效率，却大多不必查表绘图而是采用比例画法。

所谓比例画法就是当螺纹大径选定后，除了螺栓等紧固件的有效长度要根据被紧固件实际情况计算、查表确定外，紧固件的其他各部分尺寸都取与紧固件的螺纹大径 d(或 D)成一定比例的数值来作图的方法。

下面分别介绍六角螺母、六角头螺栓、垫圈和双头螺柱的比例画法(图 14-20)。

1) 六角螺母

六角螺母各部分尺寸及其表面上用几段圆弧表示的交线，都以螺纹大径 d 的比例关系画出，如图 14-20(a)所示。

2) 六角头螺栓

六角头螺栓各部分尺寸与螺纹大径 d 的比例关系如图 14-20(b)所示。六角头头部除厚度为 $0.7d$ 外，其余尺寸的比例关系和画法与六角螺母相同。

3) 垫圈

垫圈各部分尺寸按与它相配的螺纹紧固件的大径 d 的比例关系画出，如图 14-20(c)所示。

4) 双头螺柱

双头螺柱的外形可按图 14-20(d)所示的简化画法绘制。其各部分尺寸与大径 d 的比例关系如图 14-20(d)所示。

各种螺钉的比例画法在下面装配画法中介绍。

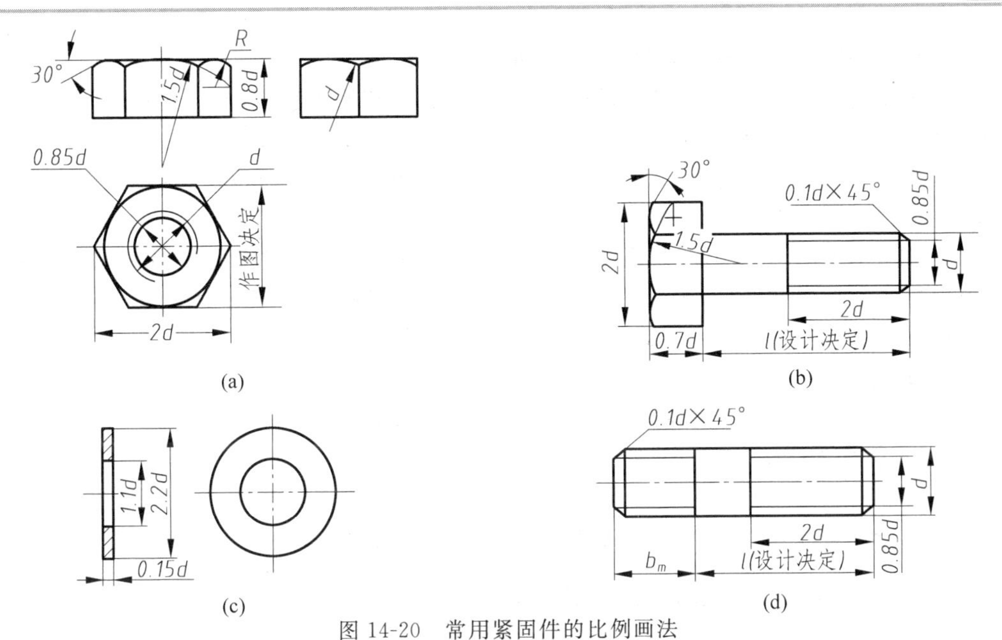

图 14-20 常用紧固件的比例画法

(a) 六角螺母的比例画法；(b) 六角头螺栓的比例画法；(c) 垫圈的比例画法；(d) 双头螺柱的比例画法

2. 紧固件的标记方法(GB/T 1237—2000)

紧固件有完整标记和简化标记两种标记方法。完整标记形式如下：

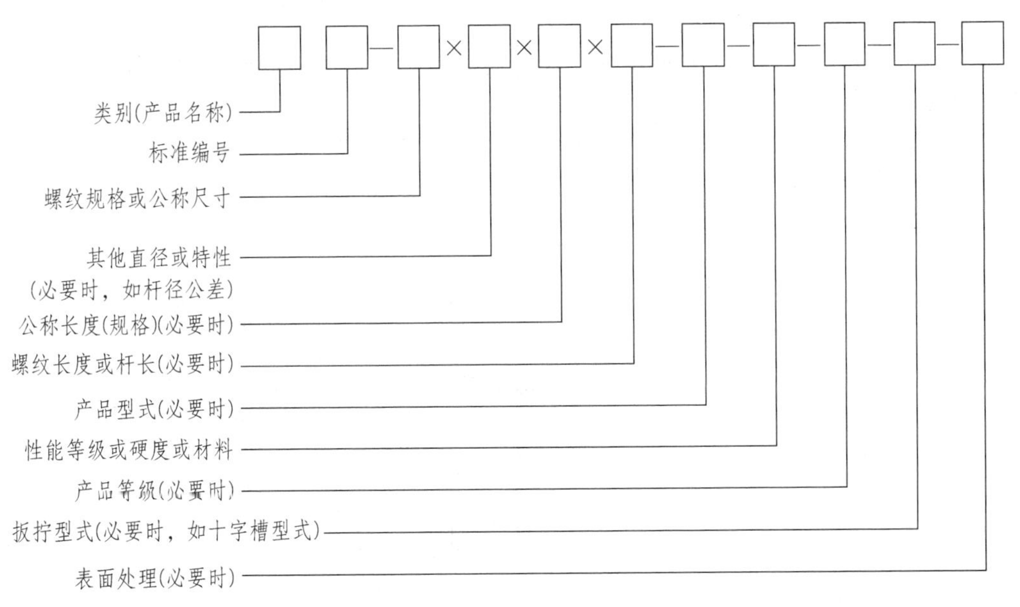

图 14-21 所示六角头螺栓的公称直径 d 为 M10,公称长度为 45,性能等级 10.9 级,产品等级为 A 级,表面氧化。其完整标记为：

螺栓 GB/T 5782—100—M10×10.9—A—O

在一般情况下,紧固件采用简化标记法,简化原则如下：

(1) 类别(名称)、标准年代号及其前面的“—”,允许全部或

M10
45

图 14-21 六角头螺栓

部分省略。省略年代号的标准应以现行标准为准。

(2) 标记中的"—"允许全部或部分省略；标记中"其他直径或特性"前面的"×"允许省略。但省略后不应导致对标记的误解，一般以空格代替。

(3) 当产品标准中只规定一种产品型式、性能等级或硬度或材料、产品等级、扳拧型式及表面处理时，允许全部或部分省略。

(4) 当产品标准中规定两种及其以上的产品型式、性能等级或硬度或材料、产品等级、扳拧型式及表面处理时，应规定可以省略其中一种，并在产品标准的标记示例中给出省略后的简化标记。

上述螺栓的标记可简化为：

螺栓 GB/T 5782 M10×45

还可进一步简化为：

GB/T 5782 M10×45

常用紧固件的标记示例可查阅本书附录及有关产品标准。

14.1.6 螺纹紧固件的装配图画法

在画螺纹紧固件的装配图时首先作如下规定：

(1) 当剖切平面通过螺杆的轴线时，螺栓、螺柱、螺钉及螺母、垫圈等均按未剖切绘制。

(2) 在剖视图上，相接触的两个零件的剖面线的方向或间隔应不同，同一零件在各视图上的剖面线的方向和间隔必须一致。

1. 螺栓连接装配图的画法

螺栓连接由螺栓、螺母、垫圈组成。螺栓连接用于当被连接的两个零件厚度不大，容易钻出通孔的情况，如图 14-22 所示。

螺栓连接装配图一般根据公称直径 d 按比例关系画出，如图 14-23 所示。在画图时应注意下列两点：

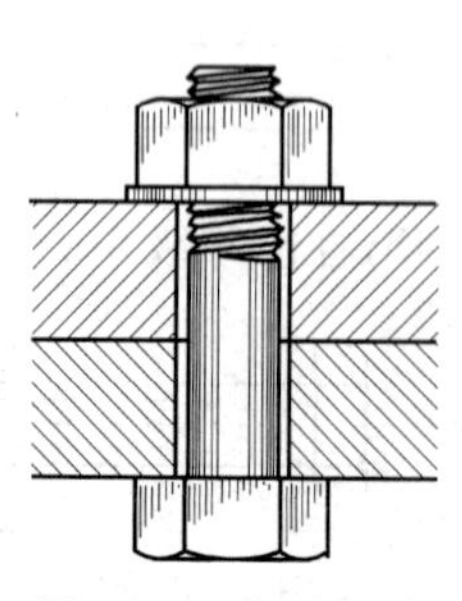

图 14-22 螺栓连接

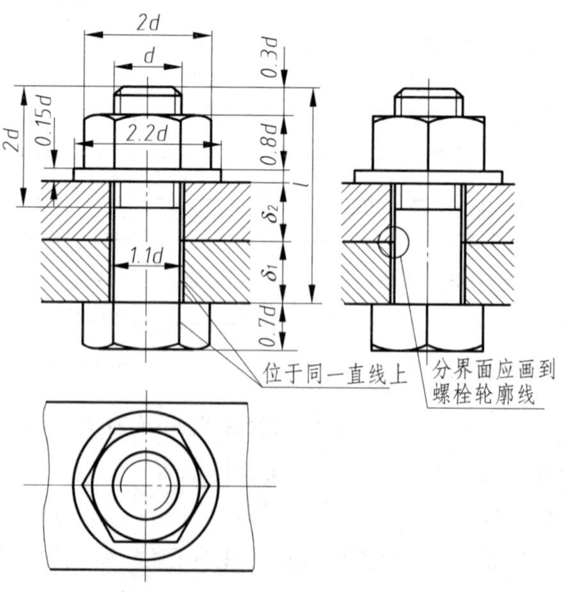

图 14-23 螺栓连接装配图画法

(1) 螺栓的有效长度 l 应按下式估算：

$$l=\delta_1+\delta_2+0.15d(\text{垫圈厚})+0.8d(\text{垫母厚})+0.3d$$

其中，$0.3d$ 是螺栓末端的伸出高度。

然后根据估算出的数值查附表 A4-1 中螺栓的有效长度 l 的系列值，选取一个相近的标准数值。

(2) 为了保证成组多个螺栓装配方便，不因上、下板孔间距误差造成装配困难，被连接零件上的孔径总比螺纹大径略大些，画图时按 $1.1d$ 画出。同时，螺栓上的螺纹终止线应低于通孔的顶面，以显示拧紧螺母时有足够的螺纹长度。

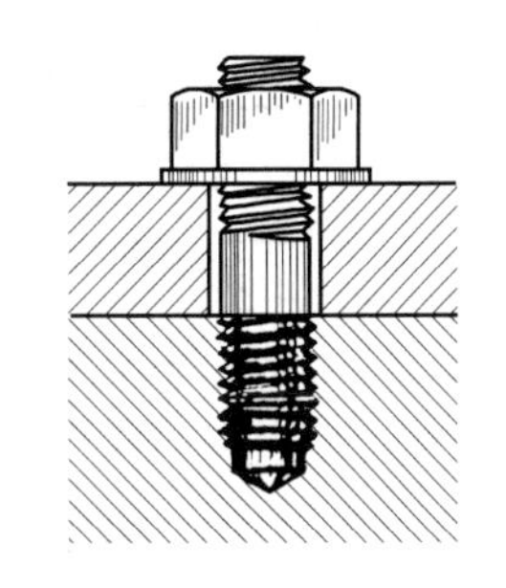

图 14-24　双头螺柱连接

2. 双头螺柱连接装配图的画法

双头螺柱连接由双头螺柱、螺母、垫圈组成。连接时，一端直接拧入被连接零件的螺孔中，另一端用螺母拧紧(图 14-24)。

双头螺柱连接多用于被连接件之一太厚，不适于钻成通孔或不能钻成通孔而又要较为频繁拆卸时。在拆卸时只需拧出螺母、取下垫圈，而不必拧出螺柱，因此采用这种连接不会损坏被连接件上的螺孔。

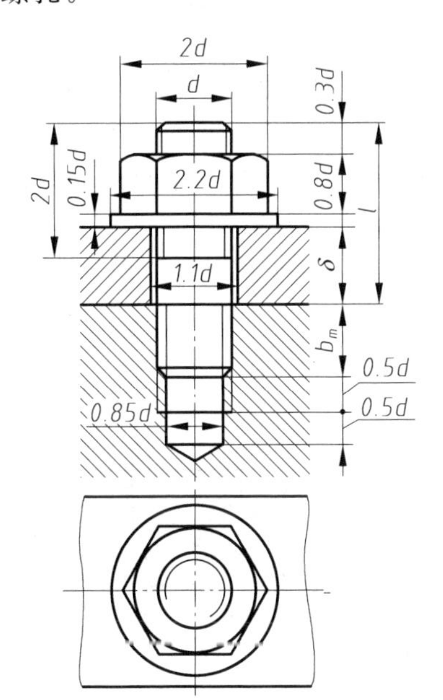

图 14-25　双头螺柱连接装配图画法

双头螺柱装配图的比例画法如图 14-25 所示。在画图时应注意下列几点：

(1) 双头螺柱的有效长度 l 应按下式估算：

$$l=\delta+0.15d(\text{垫圈厚})+0.8d(\text{螺母厚})+0.3d$$

然后根据估算出的数值查附表 A5-1 中双头螺柱的有效长度 l 的系列值，选取一个相近的标准数值。

(2) 双头螺柱旋入机件一端的长度值 b_m 与机件的材料有关。对于钢和青铜 $b_m=d$，对于铸铁 $b_m=1.5d$，对于铝 $b_m=2d$。

旋入端应全部拧入机件的螺孔内，所以螺纹终止线与机件端面应平齐。

(3) 为确保旋入端全部旋入，机件上螺孔的螺纹深度应大于旋入端的螺纹长度 b_m。在画图时，螺孔的螺纹深度可按 $b_m+0.5d$ 画出，钻孔深度可按 b_m+d 画出。

(4) 螺母的垫圈等各部分尺寸与大径 d 的比例关系和画法与前述相同。

(5) 在装配图中，对于不穿通的螺孔，也可以不画出钻孔深度，而仅按螺纹的深度画出，六角螺母及螺杆头部的倒角也可省略不画。如图 14-26 所示。

3. 螺钉连接装配图的画法

螺钉连接不用螺母，而是将螺钉直接拧入机件的螺孔里，依靠螺钉头部压紧被连接件(图 14-27)。

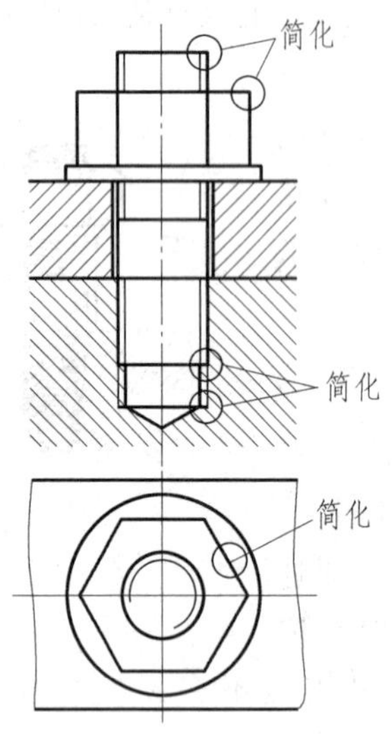

图 14-26 装配图的简化画法

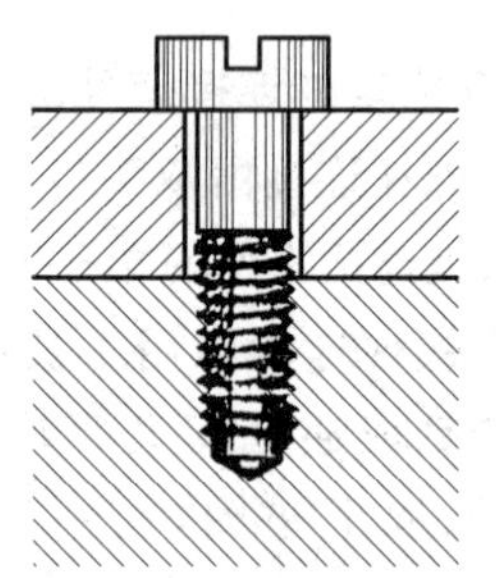
图 14-27 螺钉连接

螺钉根据头部形状不同有许多型式。图 14-28 是几种常用螺钉装配图的比例画法。

画螺钉装配图时应注意下列几点：

(1) $l=\delta+b_m$(b_m 根据被旋入零件的材料而定，见双头螺柱)，然后根据估算出的数值查附录各表之中相应螺钉的有效长度 l 的系列值，选取相近的标准数值。

(2) 为了使螺钉头能压紧被连接零件，螺钉的螺纹终止线应高出螺孔的端面(图 14-28(a)，(b))，或在螺杆的全长上都有螺纹(图 14-28(c)，(d))。

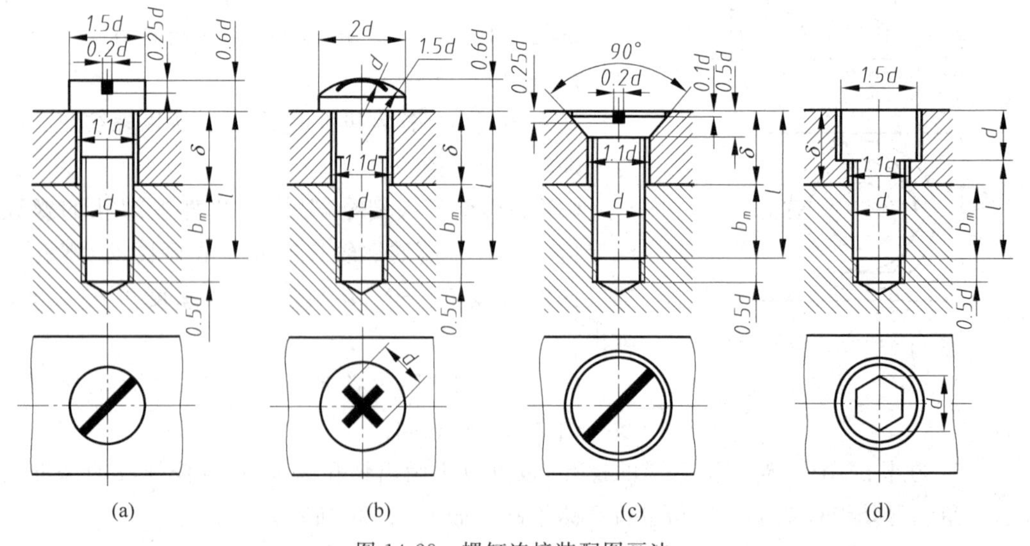

图 14-28 螺钉连接装配图画法

(a)开槽圆柱头螺钉；(b) 十字槽盘头螺钉；(c) 开槽沉头螺钉；(d) 内六角圆柱头螺钉

(3) 螺钉头部的一字槽和十字槽的投影可以涂黑表示。在投影为圆的视图上，这些槽按习惯应画成与中心线成45°，如图14-28(a)，(b)，(c)所示。

4. 紧定螺钉连接装配图的画法

与螺栓、双头螺柱和螺钉不同，紧定螺钉不是利用旋紧螺纹产生轴向力压紧机件起固定作用。

紧定螺钉分为柱端、锥端和平端3种：柱端紧定螺钉利用其端部小圆柱插入机件小孔(图14-29(a))或环槽(图14-29(c))中起定位、固定作用，阻止机件移动。锥端紧定螺钉利用端部锥面顶入机件上小锥坑(图14-29(b))起定位、固定作用。平端紧定螺钉则依靠其端头平面与机件表面的摩擦力起定位作用。上述3种紧定螺钉能承受的横向力依次递减。

有时也常将紧定螺钉“骑缝”旋入(将两机件装好后再加工螺孔，使孔在两机件上各有一半，再旋入紧定螺钉)，起固定作用(图14-29(d))。此时称为骑缝螺钉。

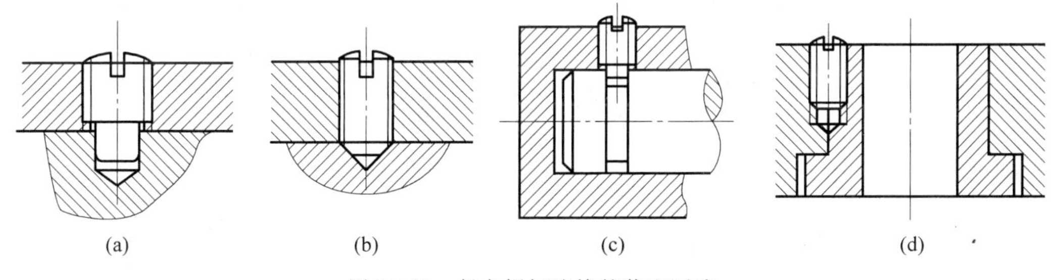

图14-29 紧定螺钉连接的装配画法

14.1.7 螺纹紧固件的简化画法

国家标准规定：在装配图中，常用螺栓、螺钉的头部及螺母也可采用表14-5所列的简化画法。

表14-5 螺栓、螺钉头部和螺母的简化画法

序号	型式	简化画法	序号	型式	简化画法
1	六角头螺栓		4	无头内六角螺钉	
2	方头螺栓		5	无头开槽螺钉	
3	圆柱头内六角螺钉		6	沉头开槽螺钉	

续表

序号	型　式	简化画法	序号	型　式	简化画法
7	半沉头开槽螺钉	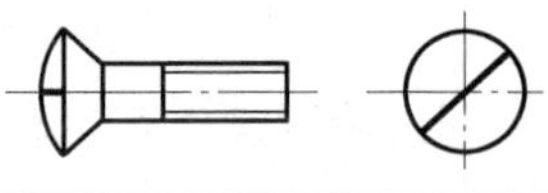	14	六角法兰面螺栓	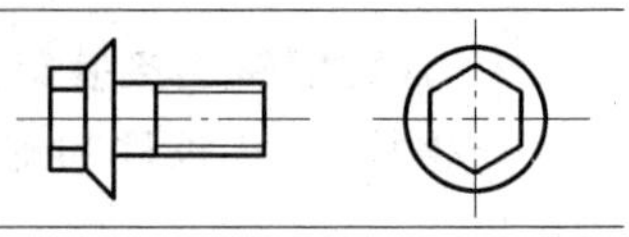
8	圆柱头开槽螺钉	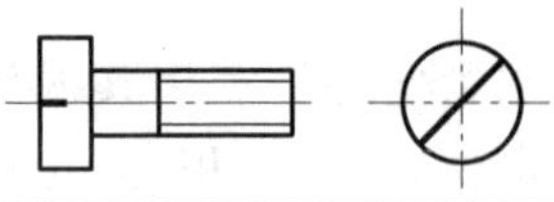	15	圆头十字槽木螺钉	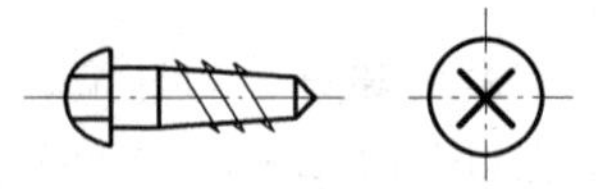
9	盘头开槽螺钉	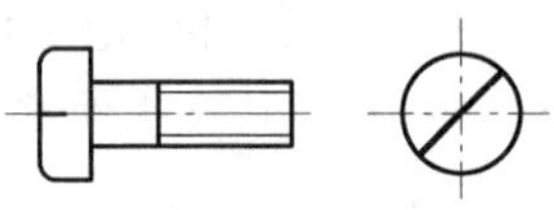	16	六角螺母	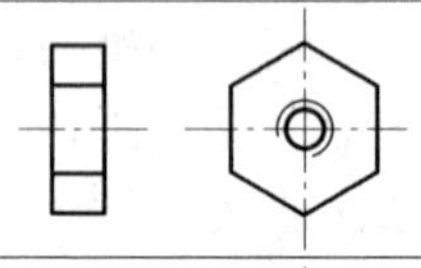
10	沉头开槽自攻螺钉	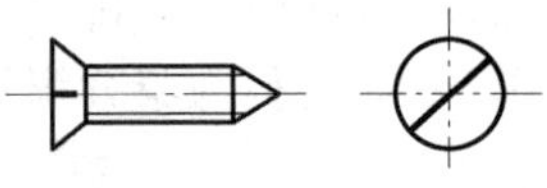	17	方头螺母	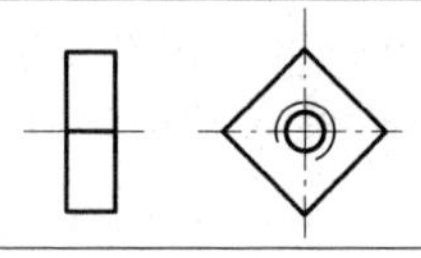
11	沉头十字槽螺钉	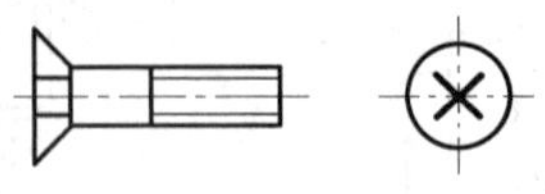	18	六角开槽螺母	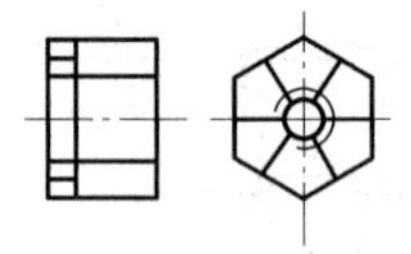
12	半沉头十字槽螺钉	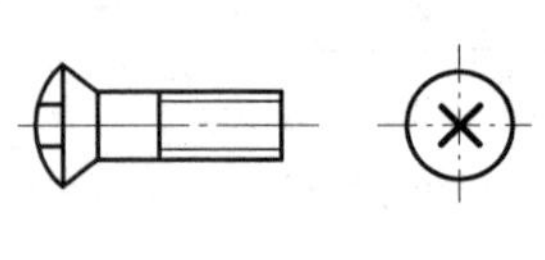	19	六角法兰面螺母	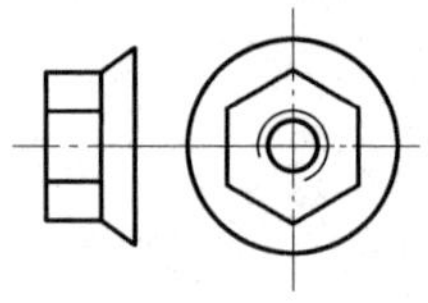
13	盘头十字槽螺钉	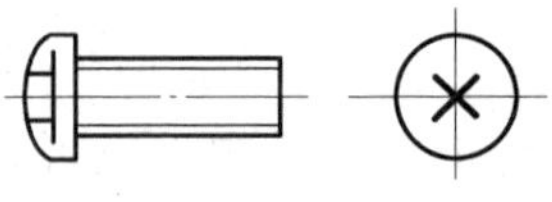	20	蝶形螺母	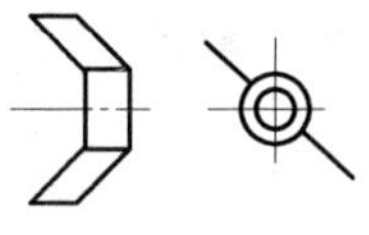

14.1.8 螺纹的防松装置及其画法

在变载荷或连续冲击和振动载荷下，螺纹连接常会自动松脱，这样很容易引起机器或部件不能正常使用，甚至发生严重事故。因此在使用螺纹紧固件进行连接时，有时还需要有防松装置。

防松装置大致可以分为两类：一类是靠增加摩擦力，另一类是靠机械固定。

1. 靠增加摩擦力

(1) 弹簧垫圈。它是一个开有斜口、形状扭曲具有弹性的垫圈(图 14-30(a))。当螺母拧紧后，垫圈受压变平，产生弹力，作用在螺母和机件上，使摩擦力增大，就可以防止螺母自动松脱(图 14-30(b))。在画图时，斜口可以涂黑表示，但要注意斜口的方向应与螺栓螺纹旋向相反(一般螺栓上螺纹为右旋，则垫圈上斜口的斜向相当于左旋)。

(2) 双螺母。它是依靠两螺母在拧紧后，相互之间所产生的轴向作用力，使内、外螺纹之间的摩擦力增大，以防止螺母自动松脱，如图 14-31 所示。

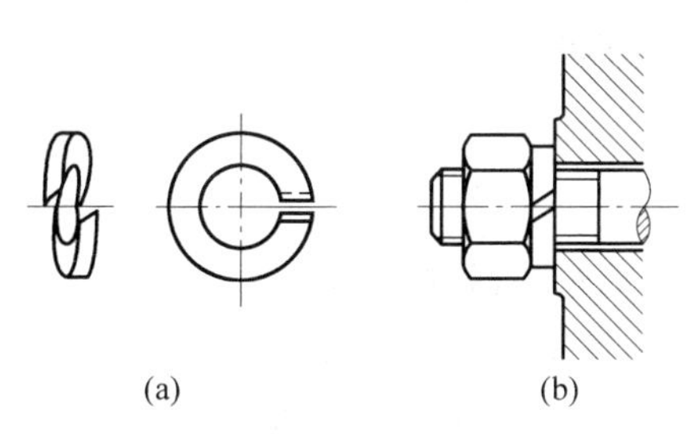

图 14-30　弹簧垫圈防松结构

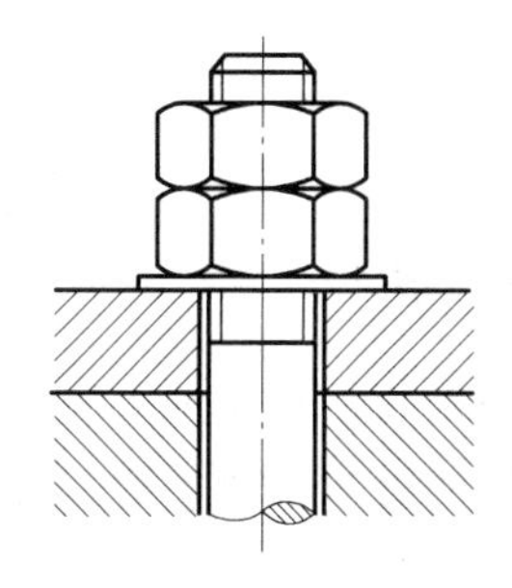

图 14-31　双螺母防松结构

2. 靠机械固定

(1) 开口销。如图 14-32 所示，用开口销直接与六角开槽螺母和螺杆穿插在一起，以防止松脱。

(2) 止动垫片。如图 14-33 所示，在拧紧螺母后，把垫片的一边向上敲弯与螺母紧贴；而另一边向下敲弯与机件贴紧。这样，螺母就被垫片卡住，不能松脱。

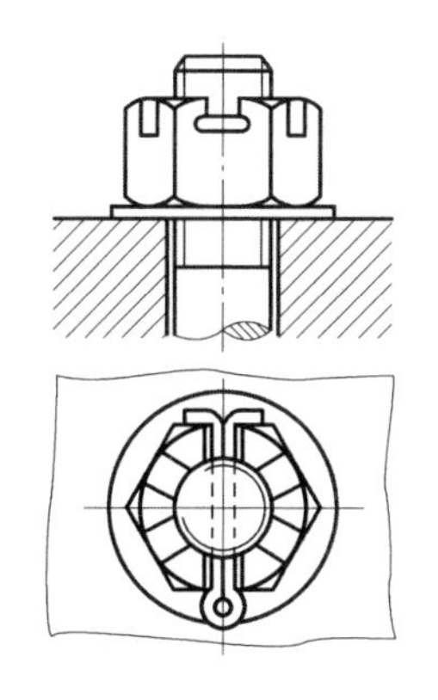

图 14-32　开口销防松结构

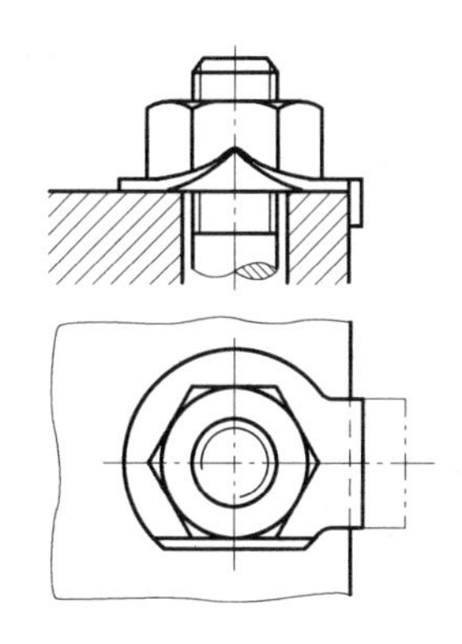

图 14-33　止动垫片防松结构

(3) 止动垫圈。如图 14-34(a)所示。这种垫圈为圆螺母(图 14-34(b))专用，用来固定轴端零件(图 14-35)，以防止螺母松脱。在轴端开出一个方槽，把止动垫圈套在轴上，使垫圈内圆上凸起的小片卡在轴槽中，然后拧紧螺母，并把垫圈外圆上的某小片弯入圆螺母外面的方槽中。这样，圆螺母就不能自动松脱。

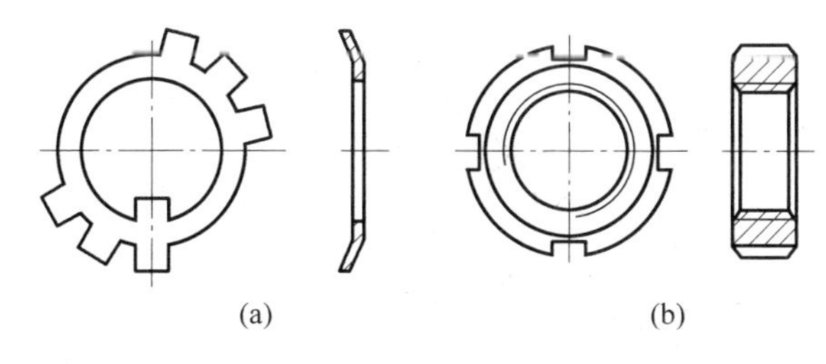

图 14-34　止动垫圈和圆螺母
(a) 止动垫圈；(b) 圆螺母

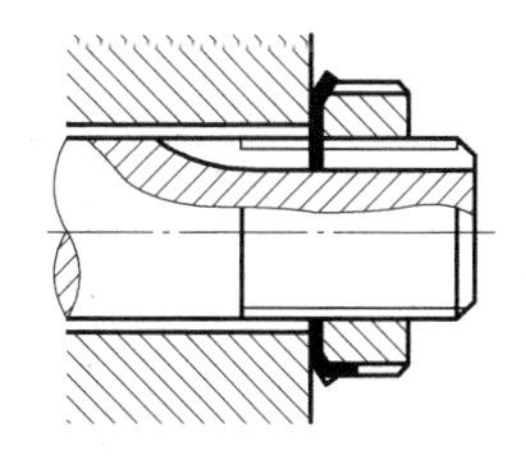

图 14-35　装配情形

14.2 键、花键和销

14.2.1 键

键用来连接轴及轴上的传动件，如齿轮、皮带轮等，起传递扭矩的作用。

常用的键有普通平键、半圆键和钩头楔键3种，它们的型式和规定标记如表14-6所示。选用时可根据轴的直径查键的标准，得出它的尺寸。平键和钩头键的长度 L 应根据轮毂(轮盘上有孔，穿轴的那一部分)长度及受力大小选取相应的系列值。

表 14-6 常用键的型式及标记

名 称	图 例	标记示例
普通平键		键 $b \times L$ GB/T 1096—2003
半圆键		键 $b \times d_1$ GB/T 1099—2003
钩头楔键		键 $b \times L$ GB/T 1565—2003

普通平键和半圆键的两个侧面是工作面，在装配图中，键与键槽侧面之间应不留间隙；而键的顶面是非工作面，它与轮毂的键槽顶面之间应留有间隙，如图14-36和图14-37所示。钩头楔键的顶面有1∶100的斜度，键的顶面和底面同为工作面，与槽底和槽顶都没有间隙，如图14-38所示。

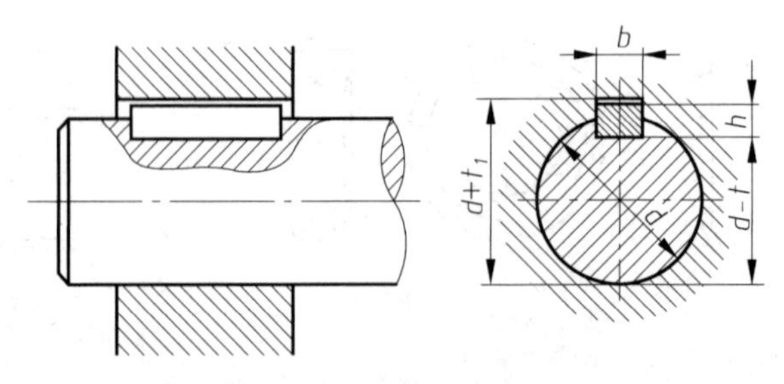

图 14-36 平键的装配图

轴上的键槽和轮毂上的键槽的画法和尺寸注法，如图 14-39 所示。

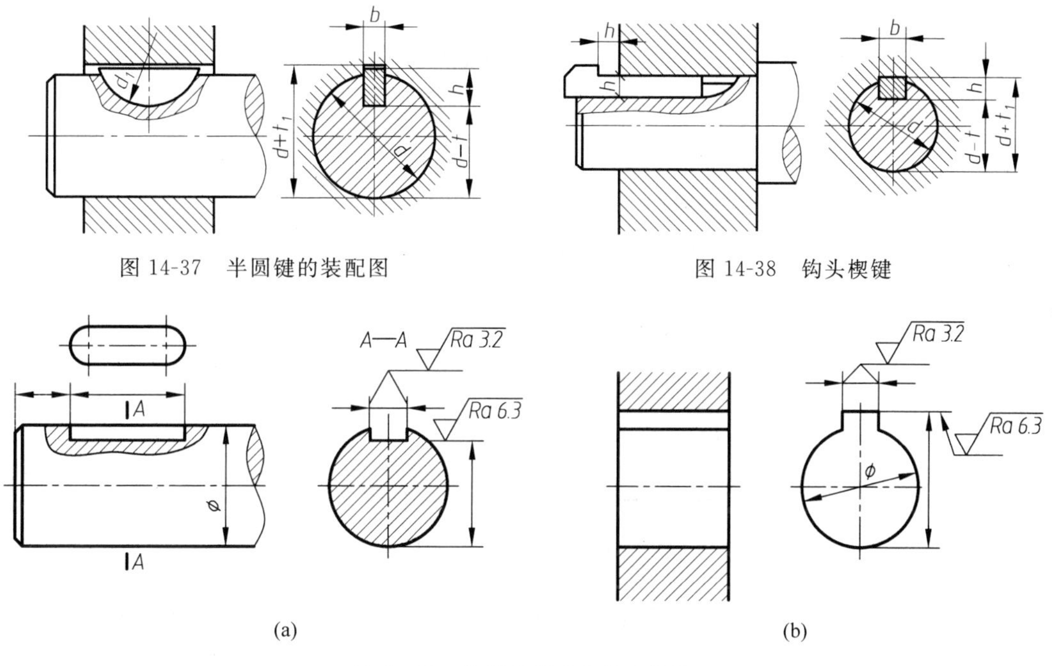

图 14-37 半圆键的装配图

图 14-38 钩头楔键

(a) (b)

图 14-39 键槽的画法和尺寸注法

(a) 轴上的键槽；(b) 轮毂上的键槽

14.2.2 花键

花键是把键直接做在轴上，与轴成一整体，如图 14-40(a)所示。把花键轴装入齿轮的花键孔内，能传递较大的扭矩，并且两者的同轴度和轮沿轴向的滑移性能都较好，适于需轴向移动的轮。因此，花键连接在汽车和机床中应用很广。

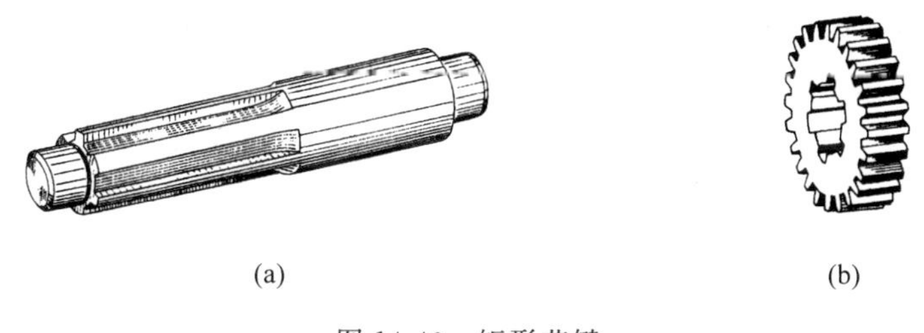

(a) (b)

图 14-40 矩形花键

(a) 花键轴；(b) 齿轮上的花键孔

花键的齿形有矩形、渐开线形和三角形等，其中以矩形最为常见，它的结构和尺寸已标准化。

1. 矩形花键的画法

国家标准对矩形花键的画法作如下规定：

(1) 外花键。在平行于花键轴线的投影面的视图中，大径用粗实线、小径用细实线绘制，并用断面图画出一部分或全部齿形(图 14-41)。

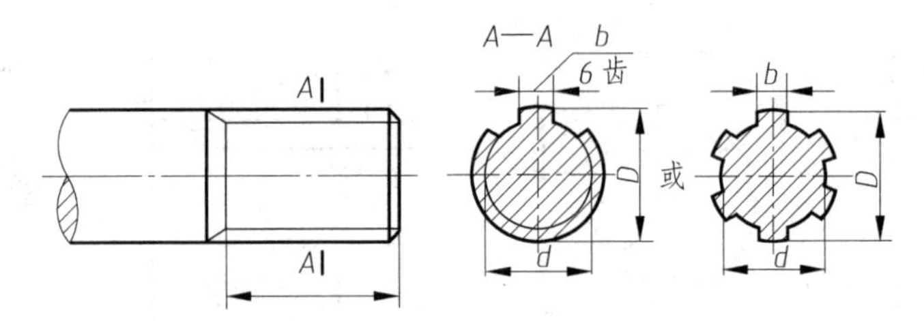

图 14-41 外花键的画法和标注

在垂直于花键轴线的投影面上的视图按图 14-42 左视图绘制。

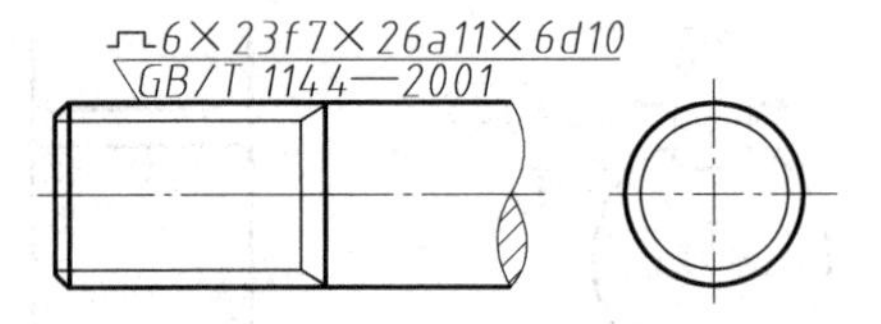

图 14-42 外花键的代号标注

(2) 花键工作长度的终止端和尾部长度的末端均用细实线绘制，并与轴线垂直，尾部则画成斜线，其倾斜角度一般与轴线成 30°(图 14-41 和图 14-42)。必要时，可按实际画出。

(3) 内花键。在平行于花键轴线的投影面的剖视图中，大径及小径均用粗实线绘制，并用局部视图画出一部分或全部齿形(图 14-43)。

(4) 花键连接用剖视表示时，其连接部分按外花键的画法画，见图 14-44。

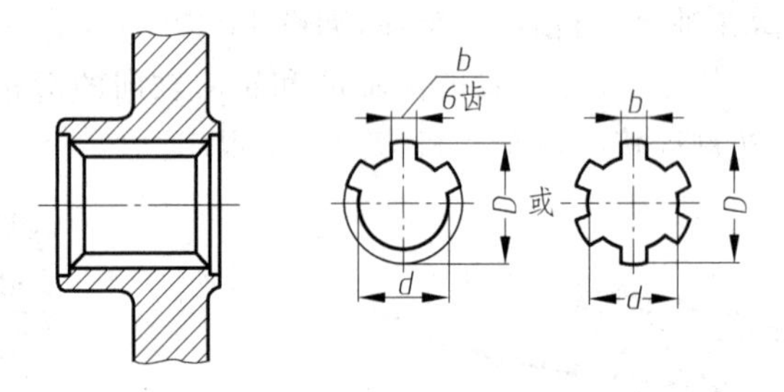

图 14-43 内花键的画法和标注

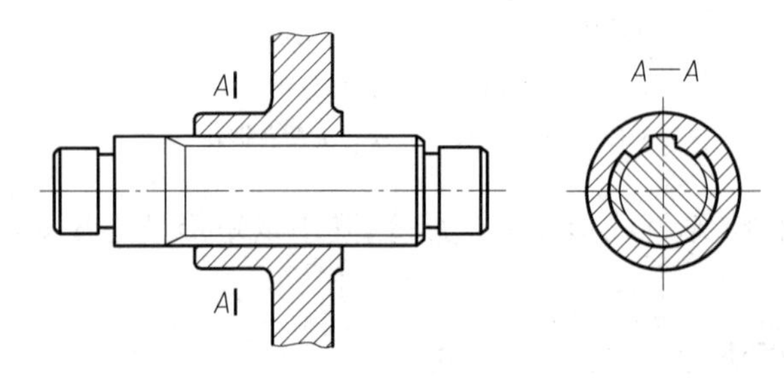

图 14-44 花键连接的画法

2. 矩形花键的尺寸标注

花键一般注出小径、大径、键宽和工作长度，如图 14-41 和图 14-43 所示，也可以用标注花键代号的方法，如图 14-42 所示。

花键的代号用下式表示：

⨅齿数 × 小径 × 大径 × 键宽

小径、大径及键宽数值后均应加注公差带代号。

14.2.3　销

1. 圆柱销和圆锥销

圆柱销和圆锥销用来连接和固定零件，或在装配时作定位用。它们的型式和尺寸都已经标准化，见表 14-7。

表 14-7　圆柱销和圆锥销的型式及其标记

名　称	型　式	标记示例	说　明
圆柱销		销　GB/T 119.1 6m6×30(公称直径 $d=6$，公差 m6，公称长度 $l=30$，材料为钢，不淬火，不表面处理)	末端形状由制造者确定，可根据工作条件选用
圆锥销		销 GB /T 117×60(A 型，公称直径 $d=10$，公称长度 $l=60$，材料为 35 钢，热处理 28～387HRC，表面氧化)	A 型(磨削)：锥面表面粗糙度 $Ra=0.8\mu m$ B 型(切削或冷镦)：锥面表面粗糙度 $Ra=3.2\mu m$ 锥度 1∶50 有自锁作用，打入后不会自动松脱

圆柱销和圆锥销的装配图画法见图 14-45 和图 14-46。

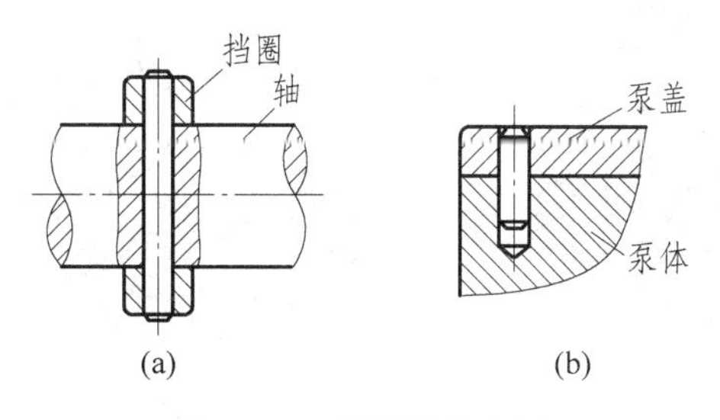

图 14-45　圆柱销装配图

(a) 连接用；(b) 定位用

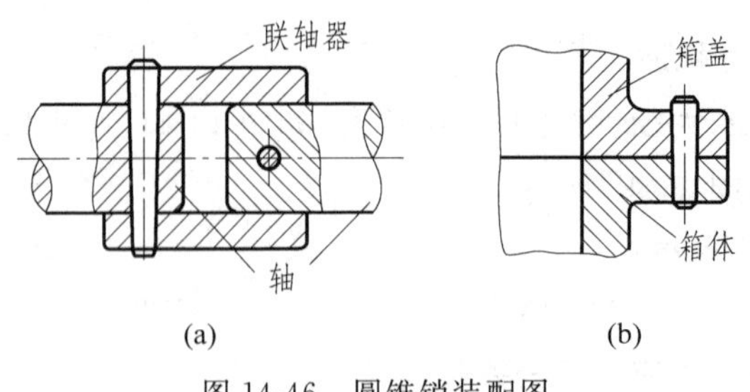

图 14-46 圆锥销装配图

(a) 连接用；(b) 定位用

用销连接或定位的两个零件上的销孔是在装配时一起加工的，在零件图上应当注明，如图 14-47 所示。圆锥销孔的尺寸应引出标注，其中 $\phi4$ 是所配圆锥销的公称直径(即它的小端直径)。

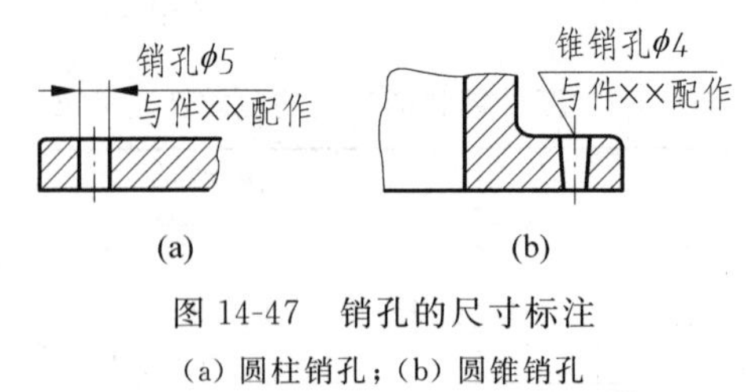

图 14-47 销孔的尺寸标注

(a) 圆柱销孔；(b) 圆锥销孔

2. 开口销

开口销用来锁定螺母或垫圈，防止松脱，如图 14-32 所示。

14.3 齿 轮

在机械上，常用齿轮把一根轴的转动传递给另一根轴以达到变速、换向等目的。齿轮的种类很多，根据其传动情况可分为 3 类：圆柱齿轮，用于两轴平行时(图 14-48(a))；锥齿轮，用于两轴相交时(图 14-48(b))；蜗轮蜗杆，用于两轴交叉时(图 14-48(c))。

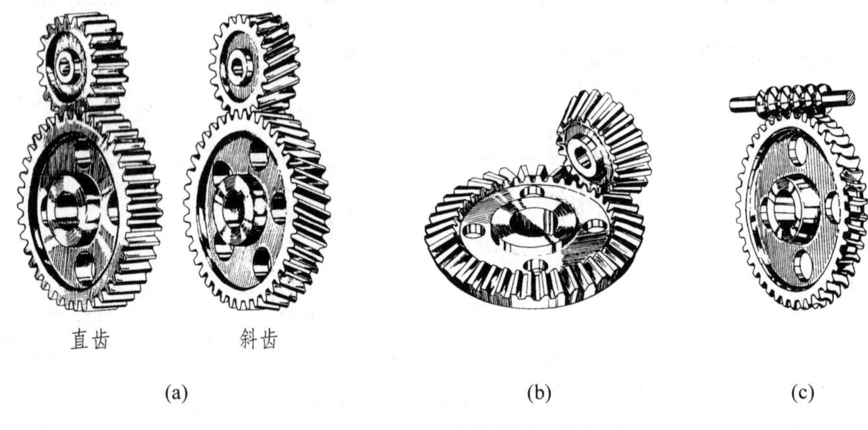

图 14-48 齿轮传动

(a) 圆柱齿轮；(b) 锥齿轮；(c) 蜗轮蜗杆

本节仅介绍最常用的圆柱齿轮的基本知识及规定画法。锥齿轮和蜗轮蜗杆的基本知识及规定画法将在“机械原理”及“机械设计”课程中学习。

常见的圆柱齿轮按其齿的方向分成直齿轮和斜齿轮两种，见图 14-48(a)。

1. 圆柱齿轮各部分的名称和尺寸关系

现以标准直齿圆柱齿轮为例来说明(图 14-49)。

(1) 齿顶圆：通过轮齿顶部的圆称为齿顶圆，其直径以 d_a 表示。

(2) 齿根圆：通过轮齿根部的圆称为齿根圆，其直径以 d_f 表示。

(3) 分度圆①：标准齿轮的齿厚(某圆上齿部的弧长)与齿间(某圆上空槽的弧长)相等的圆称为分度圆，其直径以 d 表示。

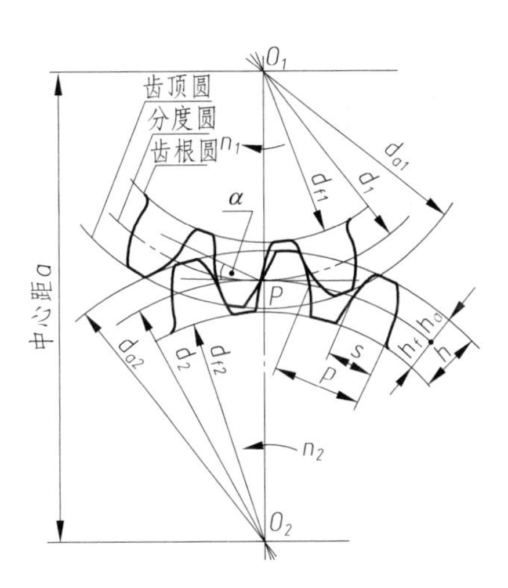

图 14-49 两啮合的标准直齿圆柱齿轮各部分的名称

(4) 齿高：齿顶圆与齿根圆之间的径向距离称为齿高，以 h 表示。分度圆将齿高分为两个不等的部分。齿顶圆与分度圆之间的距离称为齿顶高，以 h_a 表示；分度圆与齿根圆之间的距离称为齿根高，以 h_f 表示。齿高是齿顶高与齿根高之和，即

$$h = h_a + h_f$$

(5) 齿距：分度圆上相邻两齿的对应点之间的弧长称为齿距，以 p 表示。

(6) 模数：设齿轮的齿数为 z，则分度圆的周长 $=zp=\pi d$，即 $d=\frac{p}{\pi}z$。如果取 p 为有理数，那么 d 就成了无理数$\left(例如，若\ z=20，p=10，则\ d=\frac{p}{\pi}y=\frac{10}{\pi}\times 20=63.66203\cdots\right)$。因此，为了便于计算和测量，取 $m=\frac{p}{\pi}$ 为参数，于是 $d=mz$。这样，若规定参数 m 为有理数，则 d 也为有理数。我们把 m 称为模数。由于模数是齿距 p 和 π 的比值，因此若齿轮的模数大，其齿距就大，齿轮的轮齿就肥大。齿轮能承受的力量也就大。模数是设计和制造齿轮的基本参数。为了设计和制造方便，已经将模数标准化。模数的标准值见表 14-8。

表 14-8 标准模数(GB/T 1357—1987)

第一系列	0.1	0.12	0.15	0.2	0.25	0.3	0.4	0.5	0.6	0.8	1
	1.25	1.5	2	2.5	3	4	5	6	8	10	12
	16	20	25	32	40	50					
第二系列	0.35	0.7	0.9	1.75	2.25	2.75	(3.25)	3.5	(3.75)	4.5	5.5
	(6.5)	7	9	(11)	14	18	22	28	(30)	36	45

注：① 本表适用于渐开线圆柱齿轮。对斜齿轮是指法面模数。

② 选用模数时，应优先选用第一系列，其次是第二系列，括号内的模数尽可能不用。

① 在“机械原理”课程中将给出更严格的定义。

(7) 压力角：两个相啮合的轮齿齿廓在接触点 P 处的受力方向与运动方向之间的夹角称为压力角。若点 P 在分度圆上，则压力角为两齿廓公法线与两分度圆的公切线的夹角，在图 14-49 中以 α 表示。我国标准齿轮的分度圆压力角为 20°。通常所称压力角指分度圆压力角。

只有模数和压力角都相同的齿轮才能相互啮合。

在设计齿轮时要先确定模数和齿数，其他各部分尺寸都可由模数和齿数计算出来。标准直齿圆柱齿轮的计算公式见表 14-9。

表 14-9 标准直齿圆柱齿轮的尺寸计算公式

各部分名称	代 号	公 式
分度圆直径	d	$d=mz$
齿顶高	h_a	$h_a=m$
齿根高	h_f	$h_f=1.25m$
齿顶圆直径	d_a	$d_a=m(z+2)$
齿根圆直径	d_f	$d_f=m(z-2.5)$
齿距	p	$p=\pi m$
齿厚	s	$s=zm\sin\frac{90^\circ}{z}$
中心距	a	$a=\frac{1}{2}(d_1+d_2)=\frac{1}{2}m(z_1+z_2)$

2. 单个圆柱齿轮画法

在视图中，齿轮的轮齿部分按下列规定绘制：齿顶圆和齿顶线用粗实线表示。分度圆和分度线用细点画线表示。齿根圆和齿根线用细实线表示(图 14-50(a))，也可省略不画(图 14-50(c))。在剖视图中，当剖切平面通过齿轮的轴线时，轮齿一律按不剖处理。这时，齿根线用粗实线绘制(图 14-50(b))。对于斜齿轮，可在非圆的外形图上用 3 条与轮齿倾斜方向相同的平行细实线表示轮齿的方向(图 14-50(c))。

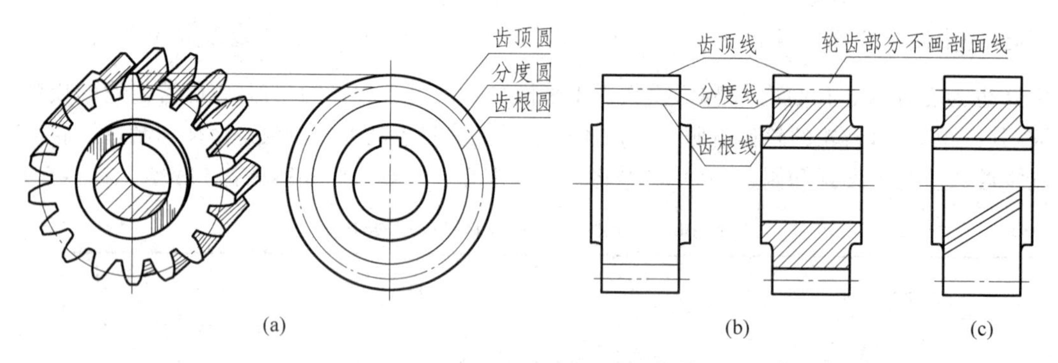

图 14-50 单个圆柱齿轮的画法

(a) 外形；(b) 全剖；(c) 半剖(斜齿)

3. 圆柱齿轮啮合的画法

两标准齿轮相互啮合时，它们的分度圆处于相切位置，此时分度圆又称节圆。啮合部分的规定画法如下：

(1) 在垂直于圆柱齿轮轴线的投影面的视图上，两齿轮的节圆应该相切。啮合区内的齿顶圆仍用粗实线画出(图 14-51(a))，也可省略不画(图 14-51(b))。

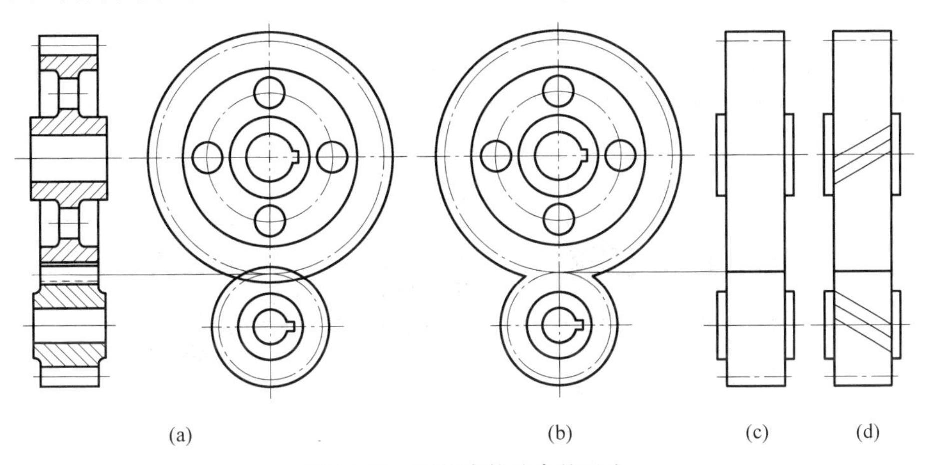

图 14-51　圆柱齿轮啮合的画法

(a) 全剖和左视图；(b) 左视图的另一种画法；(c) 未剖(直齿)；(d) 未剖(斜齿)

(2) 在平行于圆柱齿轮轴线的投影面的视图上，啮合区内的齿顶线不需画出，节线用粗实线绘制(图 14-51(c)及(d))。

(3) 在剖视图中，当剖切平面通过两啮合齿轮的轴线时，在啮合区内，将一个齿轮的轮齿用粗实线绘制；另一个齿轮的轮齿被遮挡的部分用虚线绘制(图 14-51(a)和图 14-52))，也可以省略不画(图 14-53)。

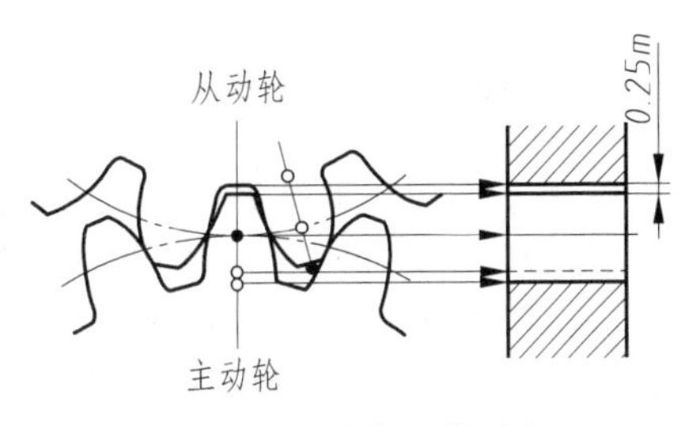

图 14-52　啮合区的画法

(4) 在剖视图中，当剖切平面不通过啮合齿轮的轴线时，齿轮一律按不剖绘制。

4. 齿轮和齿条啮合的画法

当齿轮的直径无限大时，其齿顶圆、齿根圆、分度圆和齿廓曲线都成了直线。这时，齿轮就变成了齿条。齿轮和齿条啮合的画法如图 14-53 所示。

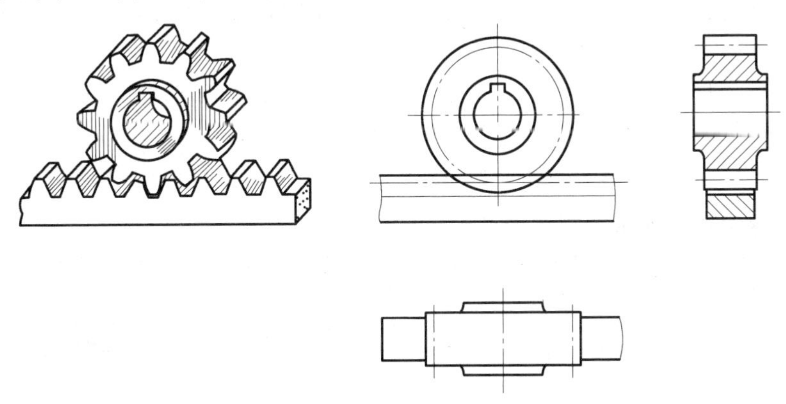

图 14-53　齿轮与齿条啮合的画法

14.4　弹　　簧

弹簧的种类很多,常见的有金属螺旋弹簧和涡卷弹簧等(图 14-54)。根据受力情况不同,螺旋弹簧又分为压缩弹簧(图 14-54(a))、拉伸弹簧(图 14-54(b))和扭转弹簧(图 14-54(c))3 种。

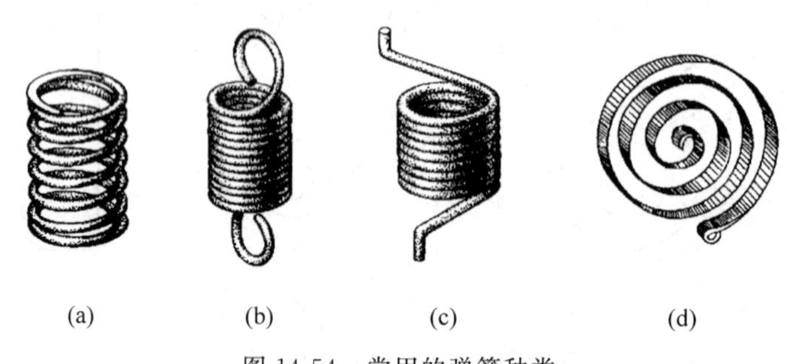

图 14-54　常用的弹簧种类

(a) 压缩弹簧;(b) 拉伸弹簧;(c) 扭转弹簧;(d) 涡卷弹簧

14.4.1　圆柱螺旋压缩弹簧

1. 圆柱螺旋压缩弹簧的各部分名称和尺寸关系

参看图 14-54(a)和图 14-55(a)。为了使压缩弹簧的端面与轴线垂直,在工作时受力均匀,在制造时将两端几圈并紧、磨平,称为支承圈。两端支承圈总数常用 1.5 圈、2 圈和 2.5 圈 3 种形式。除支承圈外,中间那些保持相等节距、产生弹力的圈称为有效圈,有效圈数是计算弹簧刚度时的圈数。弹簧参数已标准化,设计时选用即可。下边给出与画图有关的几个参数。

(1) 簧丝直径 d:制造弹簧的钢丝直径,按标准选取。

(2) 弹簧中径 D:弹簧的平均直径,按标准选取。

弹簧内径 D_1:弹簧的最小直径,$D_1=D-d$;

弹簧内径 D_2:弹簧的最大直径,$D_2=D+d$。

(3) 有效圈数 n、支承圈数 n_2 和总圈数 n_1,它们之间的关系为 $n_1=n+n_2$,有效圈数 n 按标准选取。

(4) 节距 t:两相邻有效圈截面中心线的轴向距离,按标准选取。

(5) 自由高度 H_0:弹簧无负荷时的高度,$H_0=nt+2d$。

计算后取标准中相近值。圆柱螺旋压缩弹簧的尺寸及参数由 GB/T 2089—1994 规定。

2. 圆柱螺旋压缩弹簧的规定画法

(1) 螺旋压缩弹簧在平行于轴线的投影面上的视图中,其各圈的轮廓线应画成直线(图 14-55)。

(2) 螺旋压缩弹簧在图上均可画成右旋。但左旋螺旋弹簧不论画成右旋或左旋,一律要加注“左”字。

(3) 有效圈数在 4 圈以上的螺旋压缩弹簧,中间各圈可以省略不画(图 14-55)。当中间各圈省略后，图形的长度可适当缩短。

(4) 因为弹簧画法实际上只起一个符号作用，所以螺旋压缩弹簧要求两端并紧并磨平时，不论支承圈数多少，均可按图 14-55 的形式绘制。支承圈数在技术条件中另加说明。

(5) 在装配图中，当弹簧中间各圈采用省略画法时，弹簧后面被挡住的结构一般不画，可见部分画到弹簧钢丝的剖面轮廓或中心线处(图 14-56(a))。

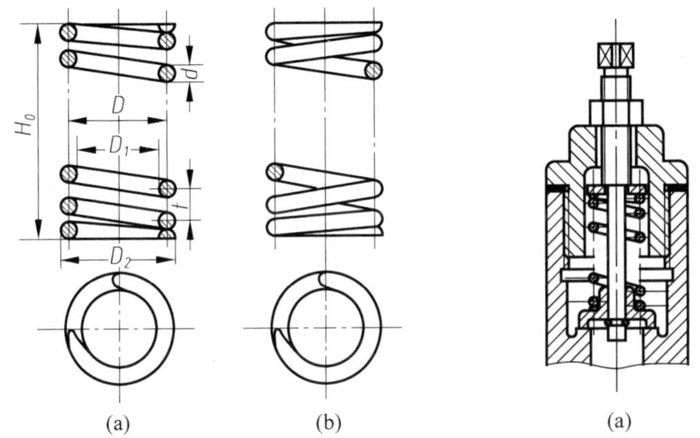

图 14-55 圆柱螺旋压缩弹簧的画法

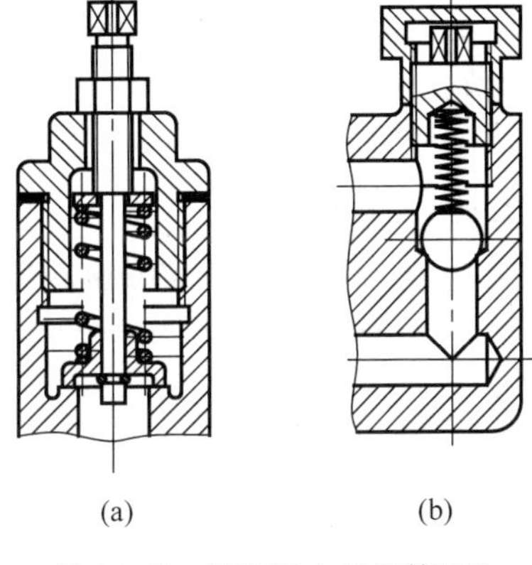

图 14-56 装配图中的弹簧画法

(6) 在装配图中，螺旋弹簧被剖切时，簧丝直径小于 2mm 的剖面可以用涂黑表示。当簧丝直径小于 1mm 时，可采用示意画法(图 14-56(b))。

3. 圆柱螺旋压缩弹簧的画图步骤

已知圆柱螺旋压缩弹簧的簧丝直径 $d=6$，弹簧中径 $D=35$，节距 $t=10$，有效圈数 $n=6.5$，右旋，其作图步骤如图 14-57 所示。

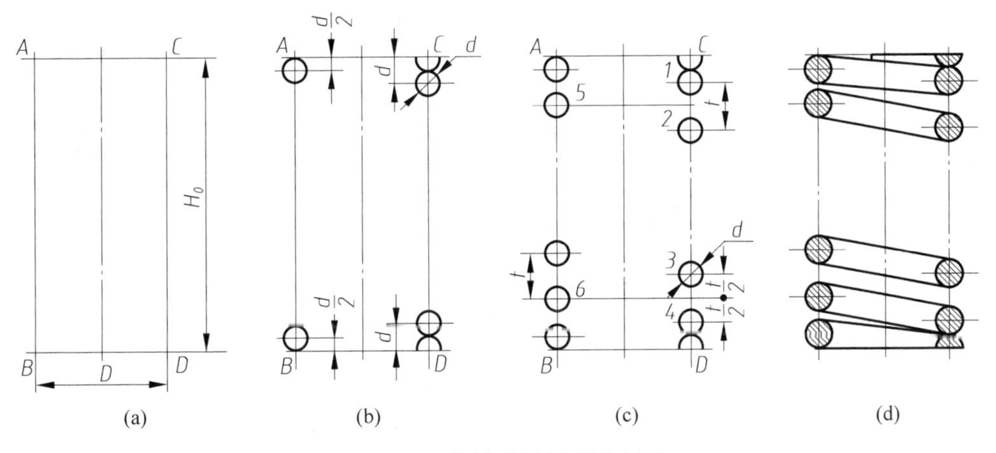

图 14-57 螺旋弹簧的画图步骤

(1) 算出弹簧自由高度 H_0，用 D 及 H_0 画出长方形 $ABDC$(图 14-57(a))。

(2) 画出支承圈部分直径与簧丝直径相等的圆和半圆(图 14-57(b))。

(3) 画出有效圈数部分直径与簧丝直径相等的圆(图 14-57(c))。先在 CD 上根据节

距 t 画出圆2和3；然后从1,2和3,4的中点作水平线与 AB 相交，画出圆5和圆6。

(4) 按右旋方向作相应圆的公切线及剖面线，即完成作图(图14-57(d))。

在装配图中画处于被压缩状态的螺旋压缩弹簧时，H_0 改为实际被压缩后的高度，其余画法不变。

4. 圆柱螺旋压缩弹簧的标记

弹簧的标记由名称、型式、尺寸、标准编号、材料牌号以及表面处理组成。

例如，YA型弹簧，材料直径1.2mm，弹簧中径8mm，自由高度40mm，刚度、外径、自由高度的精度为2级，材料为碳素弹簧钢丝B级，则表面镀锌处理的左旋弹簧的标记为

YA 1.2×8×40-2 左　GB/T 2089—1994　B级-D-Zn

5. 零件图示例

图14-58为圆柱螺旋压缩弹簧零件示例。可以看出：

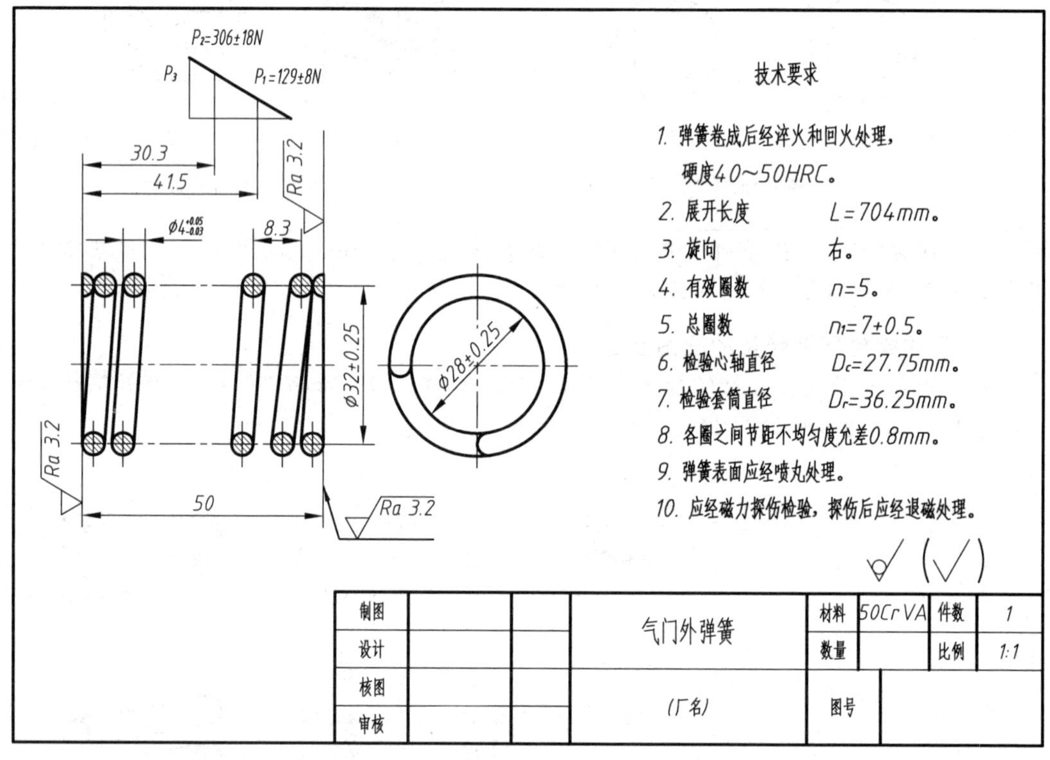

图14-58 圆柱螺旋压缩弹簧零件图

(1) 弹簧的参数应直接标注在图形上。当直接标注有困难时，可在技术要求中说明。

(2) 当需要表明弹簧的负荷与高度之间的变化关系时，必须用图解表示。螺旋压缩弹簧的机械性能曲线成直线，其中，P_1 为弹簧的预加负荷，P_2 为弹簧的最大负荷，P_3 为弹簧的允许极限负荷。

14.4.2 涡卷弹簧与板弹簧

涡卷弹簧在垂直于轴线的投影面上的图形，可采用省略画法，如图14-59及图14-60所示。

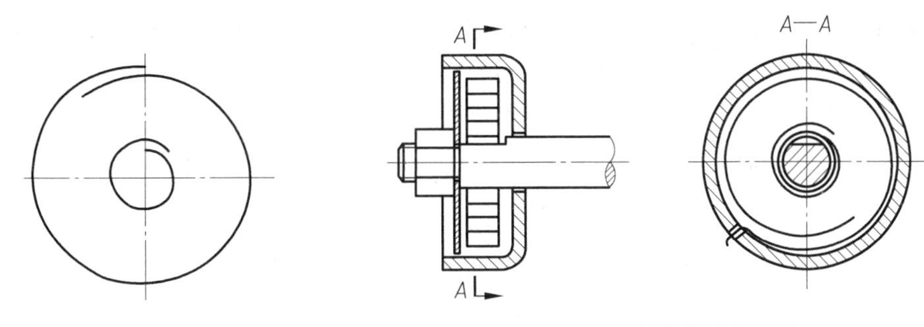

图 14-59 涡卷弹簧的画法　　图 14-60 涡卷弹簧的装配画法

板弹簧可按图 14-61(a)所示，仅画出其外形轮廓。图 14-61(b)为其立体图。

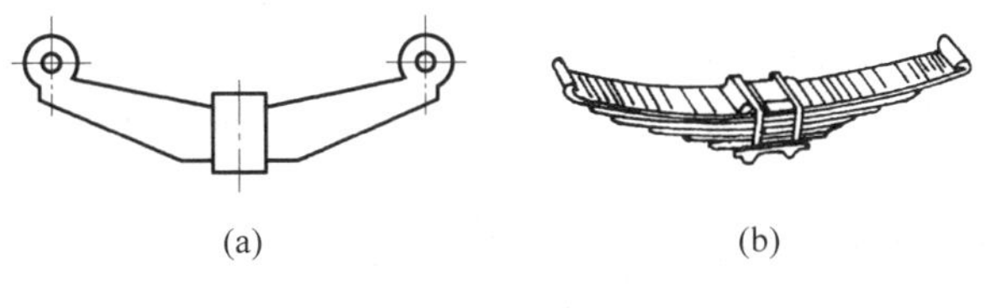

(a)　(b)

图 14-61 板弹簧的画法

(a) 外形图；(b) 立体图

14.5 滚动轴承

滚动轴承是标准组件，由专门的工厂生产，需用时可根据要求确定型号，选购即可。在设计机器时，不必画滚动轴承的组件图，只要在装配图中按规定画出即可。

滚动轴承的种类很多，但它们的结构大致相似，一般由 4 种零件组成，如图 14-62 所示。

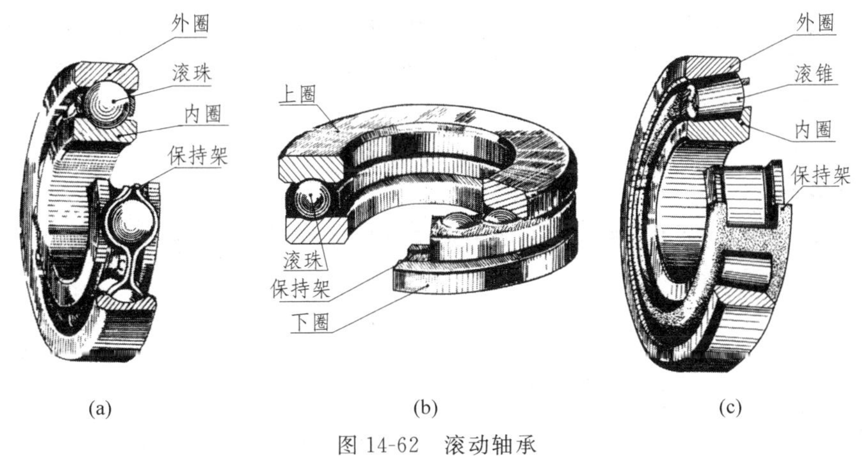

(a)　(b)　(c)

图 14-62 滚动轴承

(a) 深沟球轴承；(b) 推力球轴承；(c) 圆锥滚子轴承

滚动轴承按其受力方向可分为 3 类：

(1) 向心轴承，主要承受径向力，如图 14-62(a)所示深沟球轴承。

(2) 推力轴承，只承受轴向力，如图 14-62(b)所示推力球轴承。

(3) 向心推力轴承，同时承受径向力和轴向力，如图 14-62(c)所示圆锥滚子轴承。

国家标准规定用代号来表示滚动轴承。代号能表示出滚动轴承的结构、尺寸、公差等级和技术性能等特性。轴承的基本代号由轴承类型代号、尺寸系列代号和内径代号构成，以下为两个示例，详细内容可查阅相关国家标准。

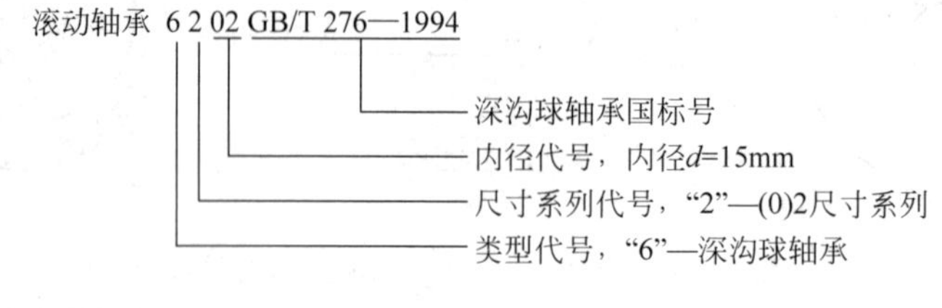

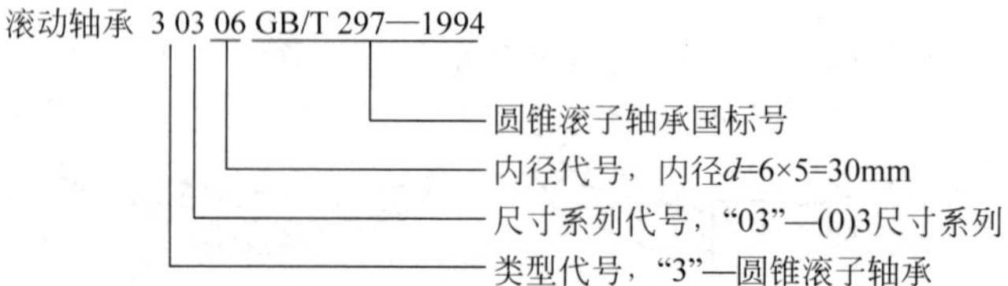

在装配图中，滚动轴承可以用3种画法来绘制：通用画法、特征画法和规定画法。前两种属简化画法，在同一图样中一般只采用这两种简化画法中的一种。

对于这3种画法，国家标准《机械制图 滚动轴承表示法》(GB/T 4459.7—1998)作了如下规定。

1. 基本规定

(1) 通用画法、特征画法及规定画法中的各种符号、矩形线框和轮廓线均用粗实线绘制。

(2) 绘制滚动轴承时，其矩形线框或外框轮廓的大小应与滚动轴承的外形尺寸(由手册中查出)一致，并与所属图样采用同一比例。

(3) 在剖视图中，用通用画法和特征画法绘制滚动轴承时，一律不画剖面符号(剖面线)。采用规定画法绘制时，轴承的滚动体不画剖面线，其各套圈可画成方向和间隔相同的剖面线，如图14-63(a)所示。若轴承带有其他零件或附件(如偏心套、紧定套、挡圈等)，其剖面线应与套圈的剖面线呈不同方向或不同间隔，如图14-63(b)所示。在不致引起误解时也允许省略不画，如图14-67所示。

2. 通用画法

(1) 在剖视图中，可用矩形线框及位于线框中央正立的十字形符号表示，如图14-64(a)所示。通用画法在轴的两侧以同样方式画出，如图14-64(b)所示。

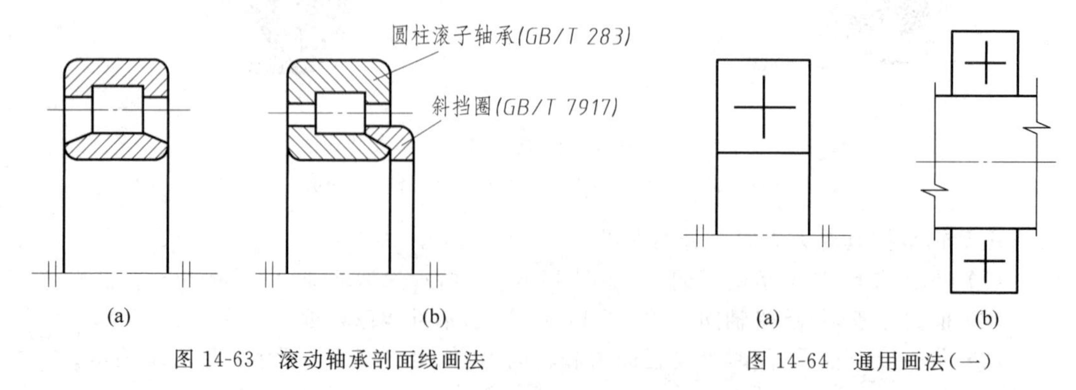

图14-63 滚动轴承剖面线画法　　图14-64 通用画法(一)

(2) 当需要表示滚动轴承的防尘盖和密封圈时,可按图 14-65(a)和(b)绘制。当需要表示滚动轴承内圈或外圈有无挡边时,可按图 14-65(c)和(d)所示方法,在十字符号上附加一短画表示内圈或外圈无挡边的方向。

(3) 通用画法的尺寸比例示例见图 14-66,尺寸 d,A,B 和 D 由手册中查出。

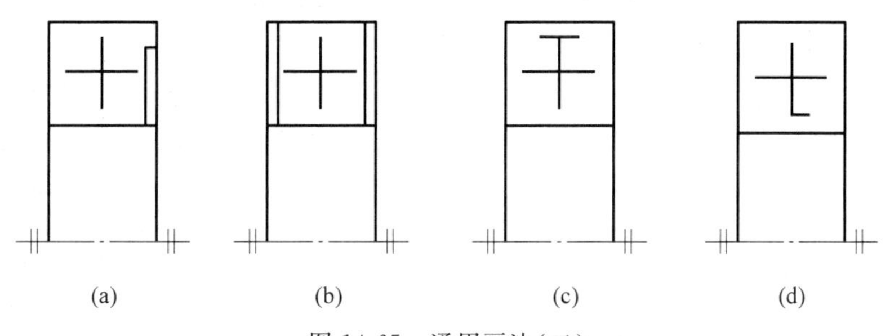

图 14-65 通用画法(二)

(a) 一面带防尘盖;(b) 两面带密封圈;(c) 外圈无挡边;(d) 内圈有单挡边

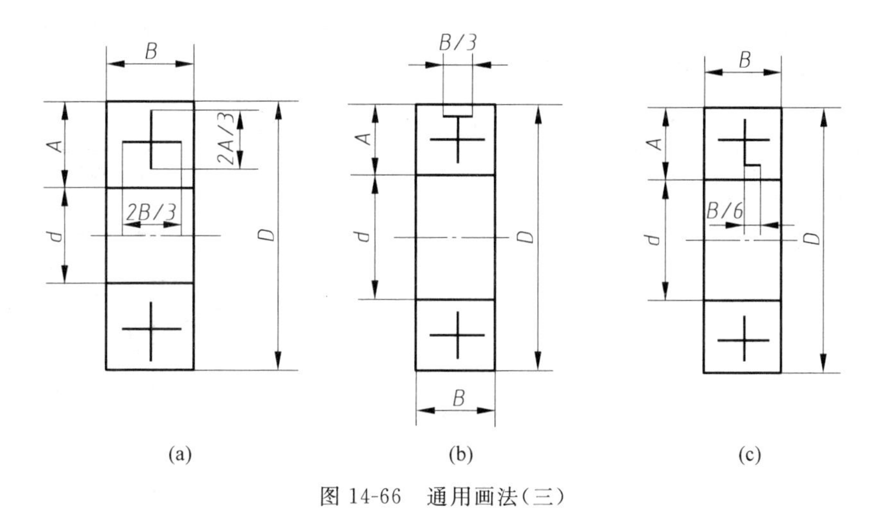

图 14-66 通用画法(三)

(4) 如需确切地表示滚动轴承的外形,则应画出其剖面轮廓,并在轮廓中央画出正立的十字形符号。十字符号不应与剖面轮廓线接触,如图 14-67 所示。

(5) 滚动轴承带有附件或零件时,这些附件或零件可以只画出其外形轮廓(图 14-67(a),(b)),也可以为了表达滚动轴承的安装方法而将某些零件详细画出(图 14-67(c))。

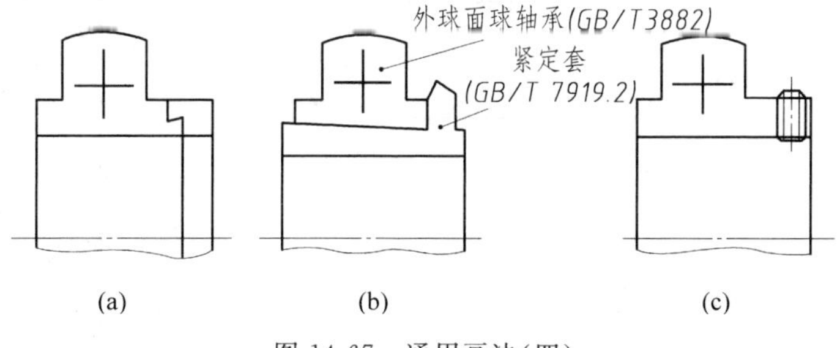

图 14-67 通用画法(四)

(a) 画外形轮廓;(b) 附件按外形轮廓画;(c) 画出某一零件

3. 特征画法

(1) 在剖视图中,当要较形象地表示滚动轴承的结构特征时,可采用在矩形线框内画出其结构要素符号的方法表示。常用轴承的特征画法在表14-10中给出。

(2) 在垂直于滚动轴承轴线的投影面的视图上,无论滚动体的形状(球、柱、针等)及尺寸如何,均按图14-68的方法绘制。

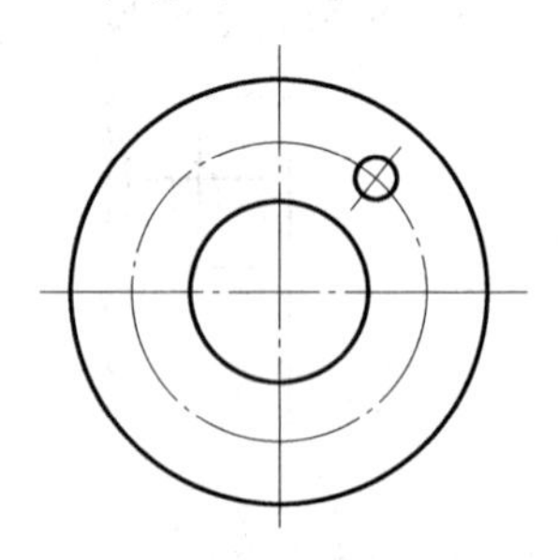

图14-68 滚动轴承轴线垂直于投影面的特征画法

(3) 通用画法中有关防尘盖、密封圈、挡边、剖面轮廓和附件或零件画法的规定也适用于特征画法。

(4) 特征画法亦应绘制在轴的两侧。

4. 规定画法

规定画法既能较真实、形象地表达滚动轴承的结构、形状,又简化了对滚动轴承中各零件尺寸数值的查找,必要时可以采用。在装配图中,滚动轴承的保持架及倒角、圆角等可省略不画。规定画法一般绘制在轴的一侧,另一侧按通用画法绘制,如表14-10所示。

表14-10 常用滚动轴承的特征画法和规定画法

轴承类型及标准号	特征画法	规定画法
深沟球轴承(60000型) GB/T 276—1994	B, 2B/3, A, B/6, d, D	B, B/2, A, A/2, A/2, d, 60°, D
圆柱滚子轴承(N0000型) GB/T 283—1994		B, B/2, A/8, A/2, A, A/2, 15°, A/2, d, D

续表

轴承类型及标准号	特征画法	规定画法
角接触轴承(70000 型) GB/T 292—1994	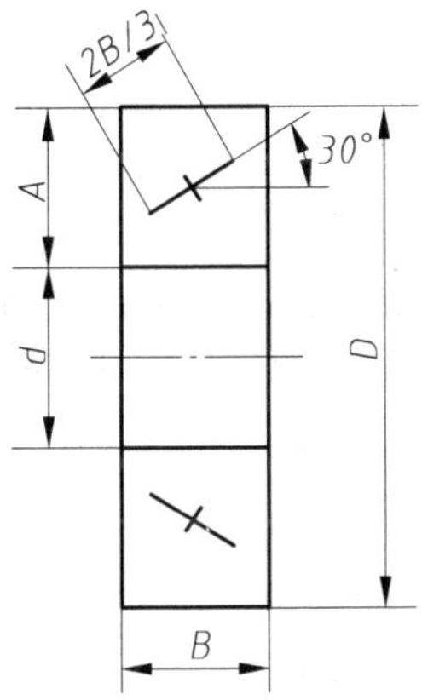	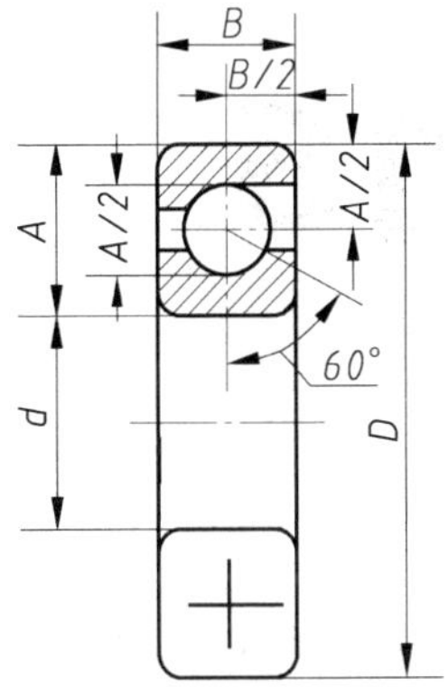
圆锥滚子轴承(30000 型) GB/T 297—1994		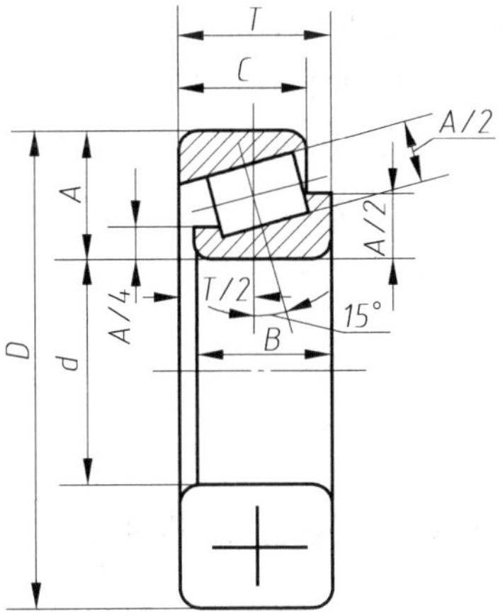
推力球轴承(51000 型) GB/T 301—1995	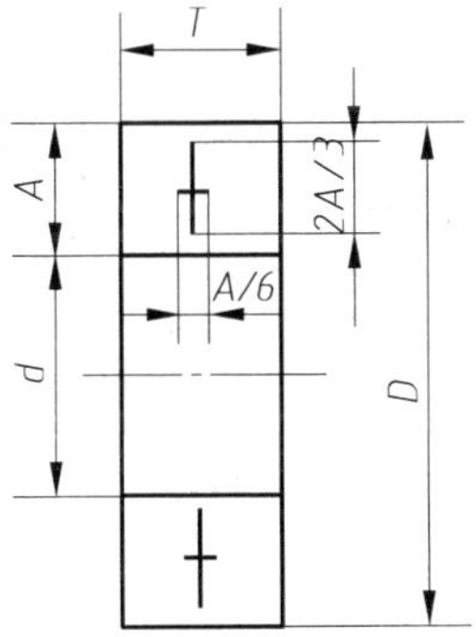	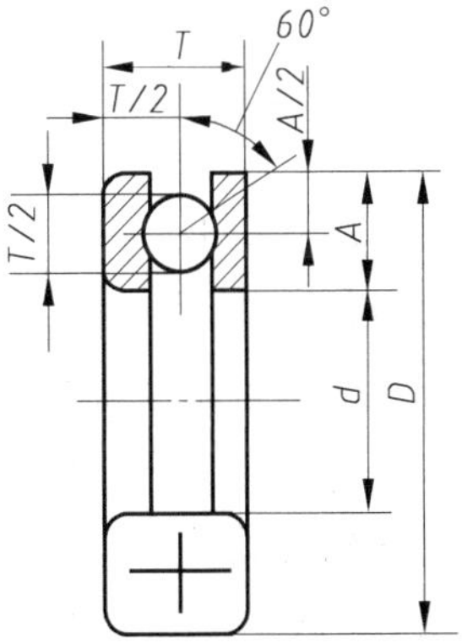

15 零　件　图

零件是组成机器的最小单元，也是机器的制造单元。制造机器时一般是先制成零件，再将零件装配成机器。零件的制造质量直接影响着机器功能的发挥和保证，在机器的设计、制造过程中必须把完整的有关零件形状、结构、尺寸和质量要求等方面的信息准确地传递。这种传递的媒介就是零件图。国家标准定义："表示零件结构、大小及技术要求的图样称为零件图"。零件图是生产零件的依据。

本章学习零件图的内容、零件图的绘图方法和步骤、零件图视图的选择、零件图中尺寸和技术要求的标注以及如何阅读零件图等内容。

15.1 概　　述

15.1.1 零件图的内容

图 15-1 所示为一轴承底座，图 15-2 是它的零件图。从图 15-2 中可以看出，一张零件图包括 4 项内容：

(1) 一组视图——用以表示零件的结构形状。

(2) 若干尺寸——用以确定零件各部分的大小和相对位置，有的也可以说明形状(如 $\phi12$ 表示直径为 12mm 的圆柱状孔)。

(3) 技术要求——用符号或文字说明零件制造时应达到的质量要求，常见的有尺寸公差、表面粗糙度、形状和位置公差、热处理和表面处理等要求。

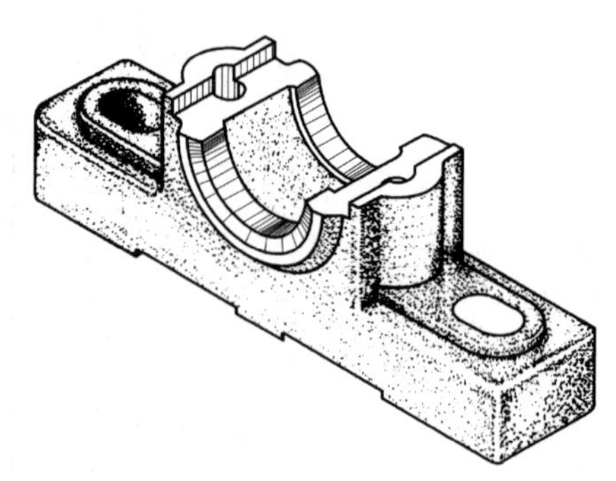

图 15-1　轴承底座

(4) 标题栏——用来填写零件名称、材料、数量、绘图比例、图号以及绘制者和审核者姓名等内容。

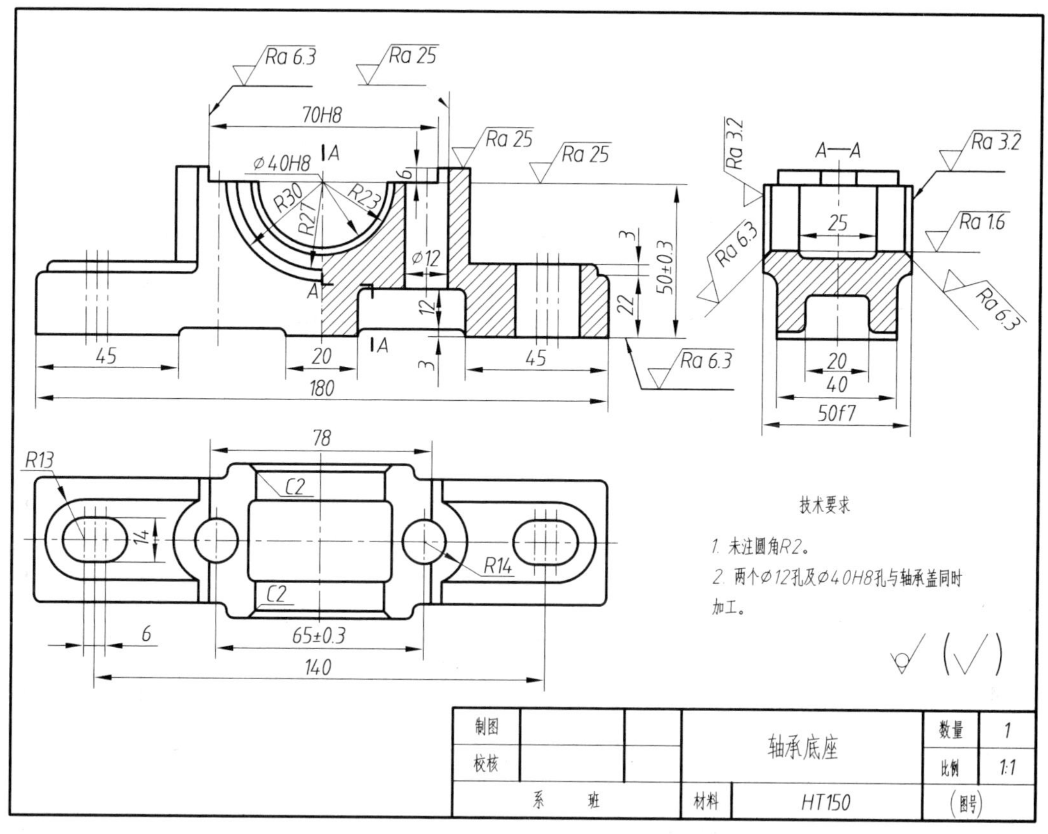

图 15-2　轴承底座零件图

其中，首要内容是一组视图。和前边所学过的组合体的视图相对比，零件视图有以下 3 个特点：

(1) 使用了国家标准规定的各种图样画法，而不再是简单的“看得见画实线，看不见画虚线”了。例如，图 15-2 中主视图使用了半剖视，左视图采用了全剖视。

(2) 视图数目按需要决定，不再是千篇一律的三视图。例如，图 15-3 所示螺杆的零件图用一个主视图再画一个移出断面和一处局部放大图就够了；图 15-4 连接盘的零件图用了一个全剖的主视图和一个画外形的左视图；图 15-2 则用了 3 个视图。

(3) 加工方法给零件形状和图形带来微细变化。零件在制造过程中所使用的加工方法可分为两大类，即材料成型法和切削加工法。成型法常用的有铸造、锻压、非金属材料注塑成型等；切削加工法常用的有车、铣、刨、磨等。最终用成型法完成的表面，两表面相交处留小半径的圆角(这些圆角半径并不一一注出，而是在图样右上角或技术要求中统一注出)。此时，一方面要在图上将这些代表两表面的线在相交处画成圆角过渡，如图 15-5 所示。另一方面，这种小圆角使表面交线变得不明显，呈“缺头断尾”状，称为过渡线，如图 15-6 和图 15-7 所示。在阅读零件图时当对此有正确理解。两个最终用切削加工法完成的表面相交，或一个最终用切削加工法完成的表面与一个最终用成型法完成的表面相交时，画法和前面组合体视图的画法相同——画尖角并完整地画出交线。

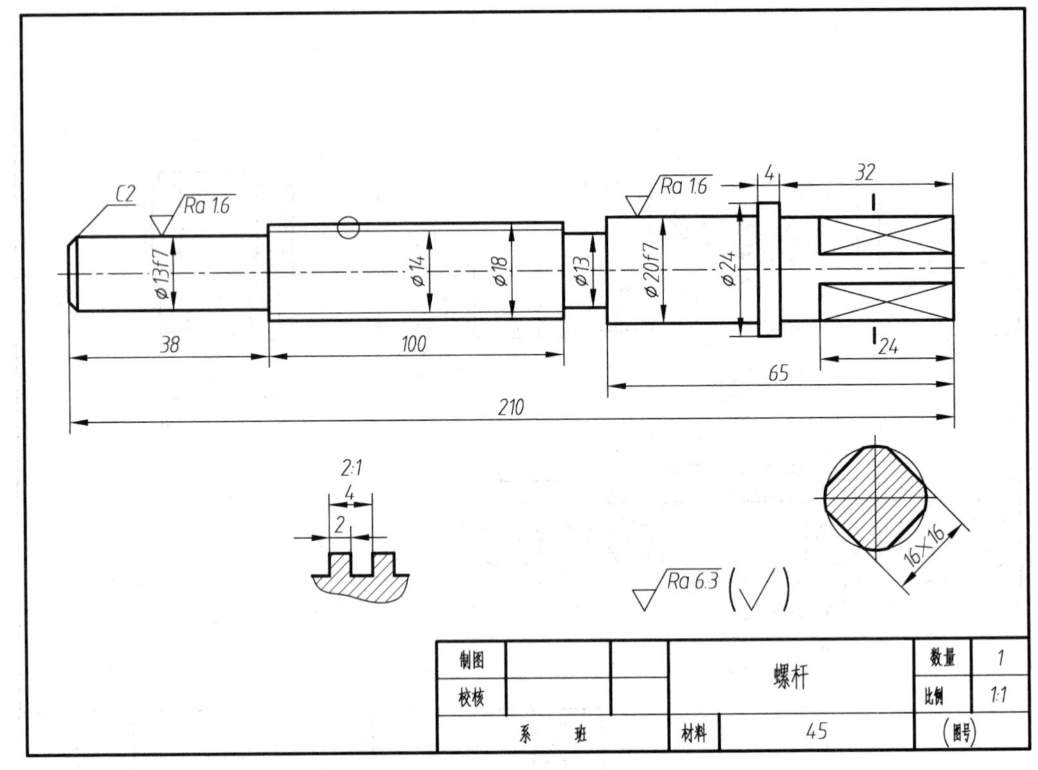

图 15-3 螺杆的零件图

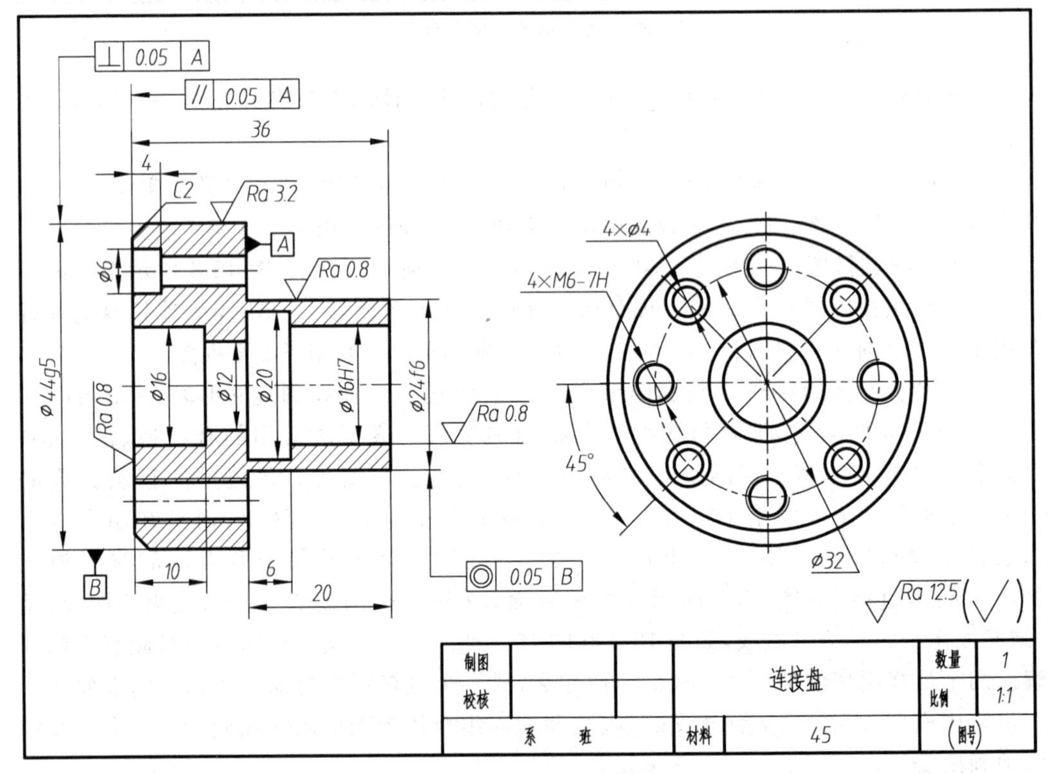

图 15-4 连接盘的零件图

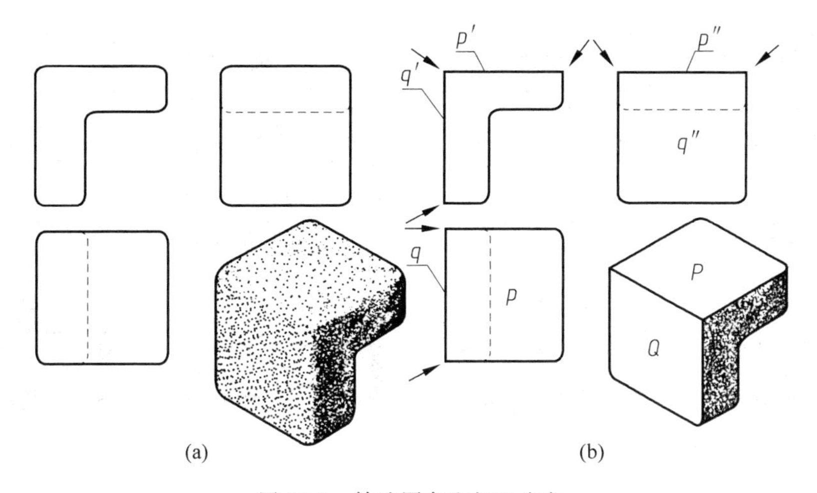

图 15-5 铸造圆角和加工尖角

(a) 铸造毛坯；(b) 切削加工后的零件(P、Q 两平面为加工面)

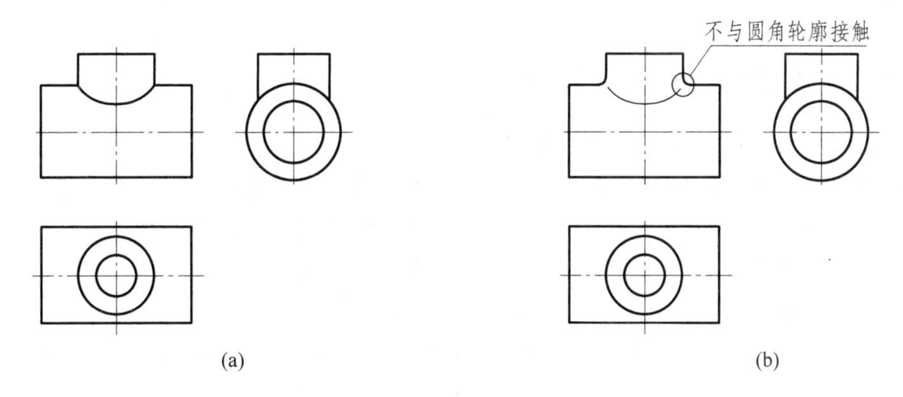

图 15-6 过渡线的画法(一)

(a) 无铸造圆角；(b) 有铸造圆角

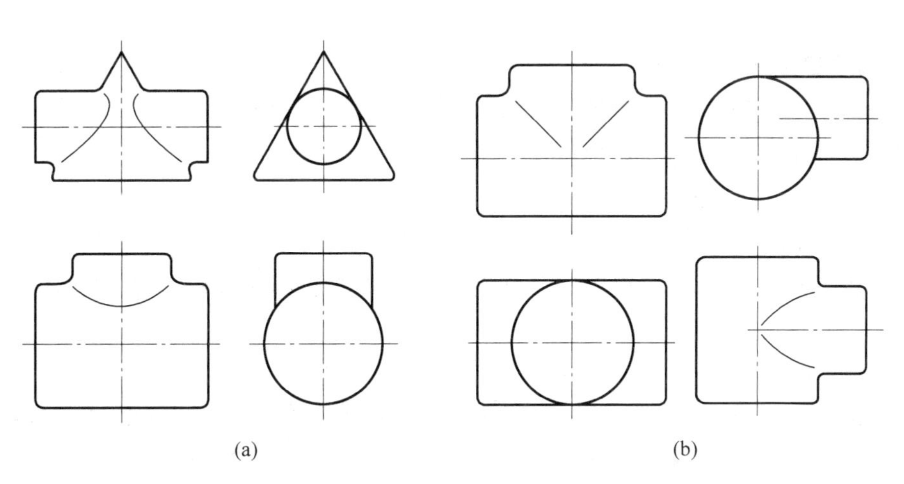

图 15-7 过渡线的画法(二)

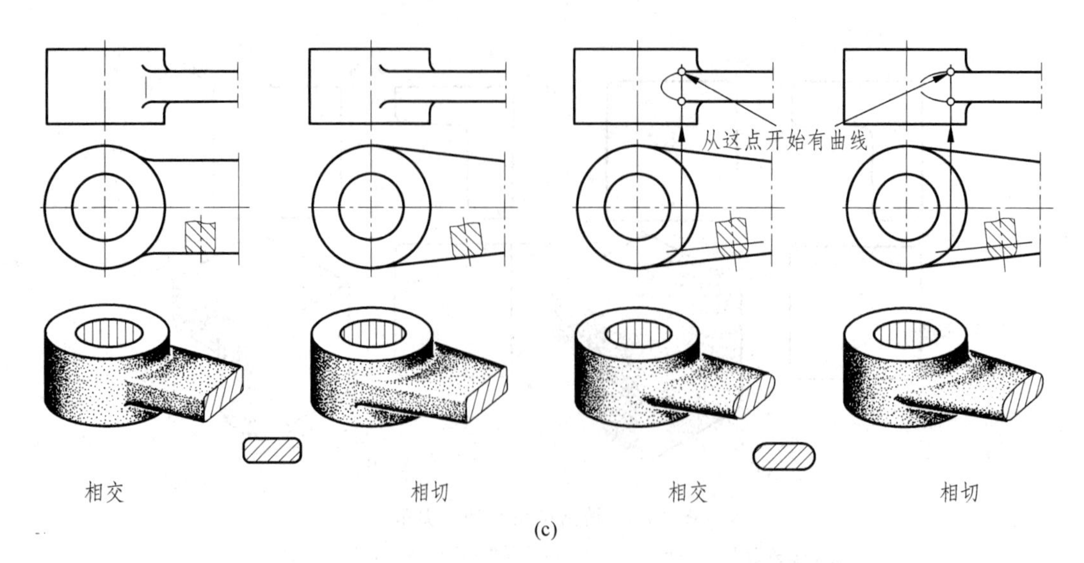

(c)

图 15-7(续)

15.1.2　绘制零件图的方法和步骤

绘制零件图有两种方法：测绘和拆图。

根据零件实物绘制其图样称为测绘。在需仿制已有机器或修配损坏的零件又无图时用测绘方式。在设计新机器时，先要根据功能要求画出机器的装配图，确定机器的主要结构，再根据装配图绘制各零件的零件图，这种方式称为拆图。

这里介绍测绘的步骤，拆图的步骤将在第16章中介绍。

测绘工作分为两大步：测绘零件草图和根据草图整理、绘制零件正规图(也称零件工作图)。草图是指以目测估计图形与实物的比例，徒手(或部分使用绘图仪器)绘制的图。正规图是指根据零件的真实尺寸，严格按照国家标准的相关规定，用计算机软件或尺规绘制的图。

1. 测绘零件草图的步骤

测绘实际上是“先绘后测”，即先绘图形，后测量尺寸，再将尺寸数值填到所绘图上。

测绘零件草图按以下步骤进行(参阅图15-8)：

(1) 对零件进行功能、结构形状和加工方法分析(15.1.3节介绍)。

(2) 作视图选择，确定表达方案(15.2节介绍)。

(3) 确定画图比例，根据视图数目和图形大小选取适当幅面的图纸(画草图多用方格纸)。

(4) 画边框和标题栏。

(5) 布置视图(图15-8(a))。画出各视图的作图基线(对称线、中心线、底面的积聚性投影等)以确定各视图的位置。布图时要注意留有余地，以便标注尺寸。

(6) 画底稿(图15-8(b)及(c))。从主视图开始作图，先画主体结构，后画细部结构

(如倒角、圆角、螺孔、沟槽等)。画图时注意各视图之间的投影关系，各视图上有投影联系的图线要同时画出以便提高效率。画底稿时应注意两点：其一，所画图形应当保持零件各部分之间以及长、宽、高 3 个方向之间的相对大小比例关系。其二，不要照画零件上的原有疵病(如因磨损产生的凹痕，铸造产生的气孔、砂眼和形状歪斜，零件上的缺损部分等)，应将其改正，以完美形式画出。

(7) 描黑(图 15-8(d))。检查底稿，描黑，画剖面线。

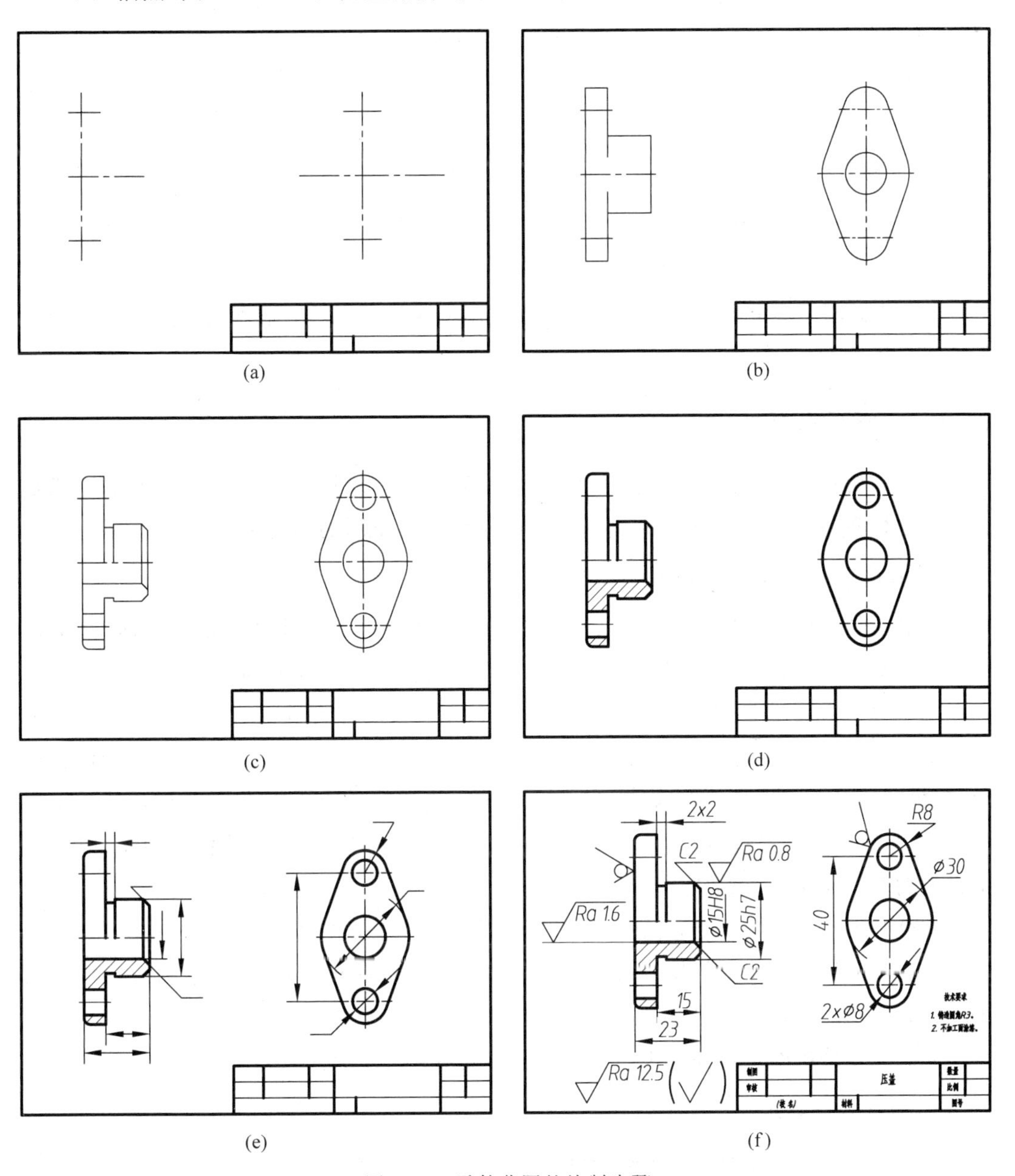

图 15-8 零件草图的绘制步骤

(8) 画出全部尺寸界线、尺寸线(图 15-8(e))。这是标注尺寸中重要的一步,要用形体分析法分析需要标注哪些尺寸,怎样布置尺寸,使标注的尺寸完全、正确、清晰、合理。

(9) 根据所画出的尺寸线,从零件逐一测量尺寸数值,填写到所画的尺寸线上。填画尺寸线及标注尺寸时应注意以下两点:其一,必须画出全部尺寸线之后再进行测量,绝不要每画出一个尺寸线就填一个尺寸数值。其二,零件上标准结构要素(如螺纹、齿形、键槽等)的参数测得初值后要查阅手册将其圆整到标准值。

(10) 根据对零件进行功能分析定出尺寸公差、表面粗糙度、形位公差各项技术要求,并逐一标注(图 15-8(f))。

(11) 检查全图,填写标题栏(图 15-8(f))。

2. 绘制零件正规图的步骤

(1) 对草图进行整理、修改。

(2) 选择国家标准规定的比例、图幅,按前述步骤(4)~(11),根据尺寸数值用计算机软件或尺规绘图。

15.1.3 零件分析

零件分析包括对零件进行功能分析和工作状态分析、结构分析、加工方法和加工状态分析及进行零件归类。如前所述,零件分析是测绘零件草图的第一步骤。

1. 零件功能分析和工作状态分析

机器及其部件由零件装配而成。每台机器及各部件都有特定的功能和用途,其中各个零件也都有各自的功能,功能分析就是分析某零件完成什么任务,起什么作用。

图 15-9 为一台齿轮减速器,在工程中大量使用。其功能为将原动机(电动机、内燃机等)所输出的高速度、小扭矩转换为低速度、大扭矩。该减速器由齿轮、轴、箱体、箱盖、轴承、螺栓和销钉等零件和组件(如轴承)装配而成。齿轮的功能是传动,箱体的功能是支承和包容,箱盖的功能是包容,轴承的功能是支承,端盖的功能是密封,螺栓的功能是连接,销钉的功能是使箱体、箱盖定位……

在分析了零件的功能之后,还要分析零件的工作状态,也就是分析零件是怎样放置、怎样安装和怎样工作的。例如,箱盖是开口向下的,箱体是开口向上的,轴和齿轮轴是水平放置和工作的等。工作状态是进行视图选择的重要依据之一。

同时需要分析的是零件和相邻零件的连接关系。

2. 零件结构分析

结构分析指的是分析零件由哪些基本几何体和机械要素所组成,各自的相对位置和连接关系如何。

零件结构可分为主体结构、局部功能结构和局部工艺结构 3 个层次。

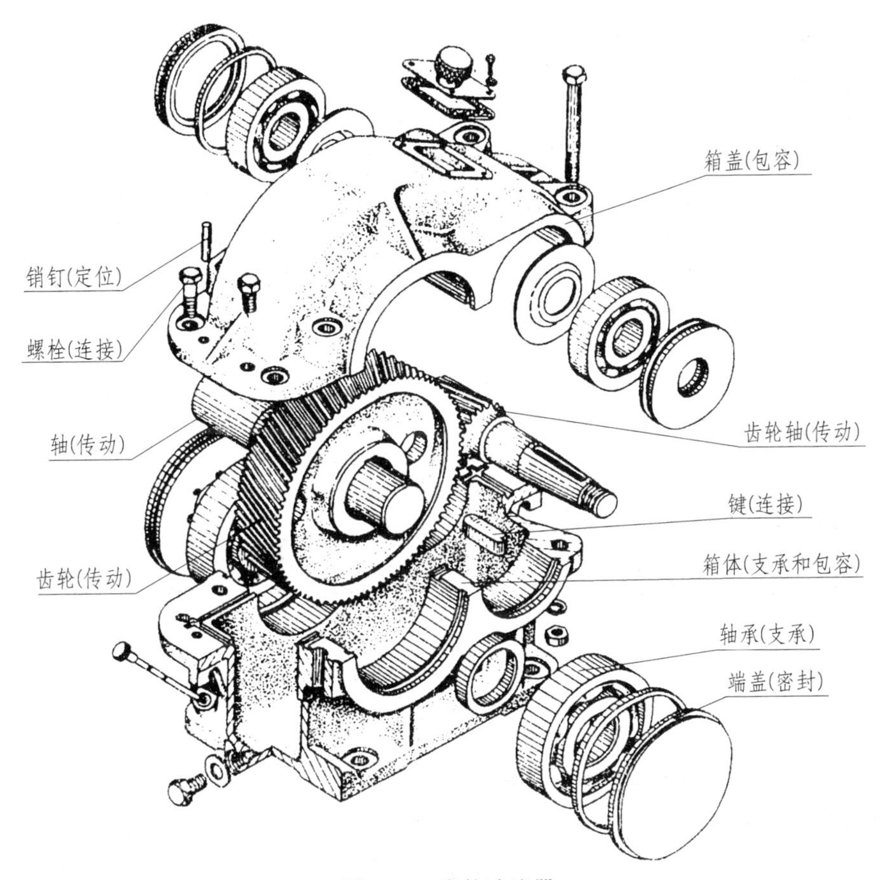

图 15-9 齿轮减速器

1) 主体结构

主体结构是指零件中那些相对较大的主要基本形体及其相对关系,它们是形成零件体的基础。在绘图和读图时,可以先把零件抽象成由主体结构形成的组合体的几何模型,使用组合体画图、读图和尺寸标注的方法进行分析和表达。

如图 15-10(a)所示的齿轮轴,其主体结构为图 15-10(b)所示的具有共同回转轴线的 7 段圆柱和 1 段圆锥台。

主体结构在绘图时多用基本视图如实表达。

2) 局部功能结构

局部功能结构是指为实现传动、连接等特定功能在主体结构上制出的局部结构。齿轮轴的齿用来传动,螺纹用来连接、固定,键槽用来装键以进行连接和传动。它们都是在各圆柱、圆锥上制造出来的局部功能结构。

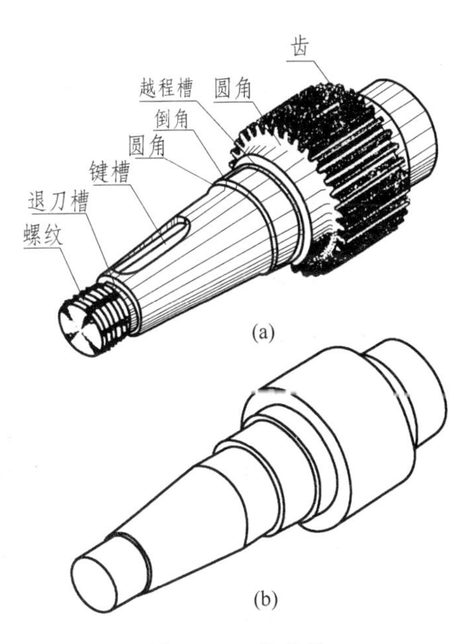

图 15-10 齿轮轴

(a) 外形图; (b) 主体结构图

局部功能结构在绘图时或如实画出(如键槽),或用规定画法画出,再辅以规定标注(如螺纹、齿轮的齿)。

3) 局部工艺结构

局部工艺结构是指零件上为确保加工和装配质量而构造的微细结构。例如,图 15-10(a)所示的齿轮轴上显示了圆角、倒角、退刀槽、越程槽等局部工艺结构。此外,还有一种局部工艺结构称为起模斜度,如图 15-11 所示。起模斜度是在铸造零件进行造型时为了起模方便而在模样的内、外壁沿起模方向而做出的斜度,一般为 5°左右,它最终会在零件上反映出来。若斜度较小,在图上可以不画,若斜度较大则应画出。

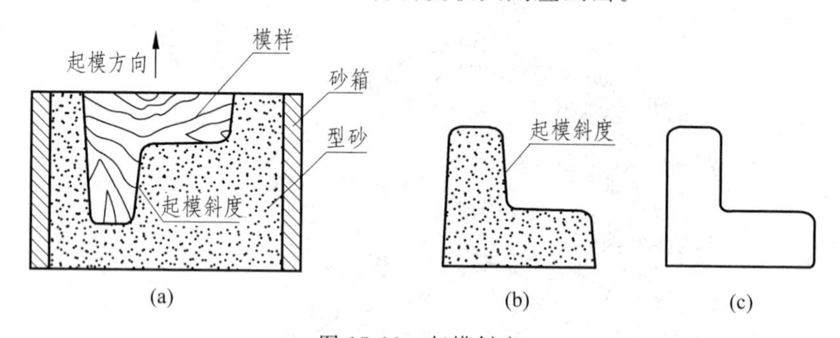

图 15-11 起模斜度

(a) 起模斜度应便于起模;(b) 铸件上的起模斜度;(c) 可以不画斜度

3. 零件的加工方法和加工状态分析

零件的加工方法和加工状态分析指的是分析零件用什么方法加工,加工步骤怎样,在每一加工步骤中零件是怎样装夹固定的,呈现何种状态。这种状态称为加工状态。加工状态是选择视图的主要依据之一。

15.2 视图选择

视图选择指的是为零件选择一组合适的视图,正确、完全、清晰地表达零件的形状结构,并符合生产要求。

15.2.1 视图选择的要求和原则

1. 对视图选择的要求

(1) 正确:投影关系正确,图样画法和各种标注方法符合国家标准规定。

(2) 完全、确定:在尺寸的配合下,把零件整体和各部分的形体结构、形状、位置和相对关系表达得完全唯一确定,无不同理解。

(3) 清晰、合理:图形清晰,便于阅读者较迅速地读懂、理解和进行空间想象。

(4) 利于绘图和尺寸标注:便于画图,视图要为尺寸标注提供方便。

2. 视图选择的原则

(1) 表示零件信息量最多的那个视图应作为主视图。

(2) 在满足要求的前提下,使视图(包括剖视图和断面图)的数量最少,力求制图简便。

(3) 尽量避免使用虚线表达零件的结构。

(4) 避免不必要的细节重复。

15.2.2 视图选择的步骤和方法

1. 进行零件分析

对于零件进行功能、结构和加工方法、加工状态及工作状态分析。

2. 选择主视图

主视图是表示零件信息量最多的视图,而且主视图一旦确定,零件在基本投影面体系中的安放状态就确定了,其他各基本视图也就被确定了,所以必须首先选择主视图。

(1) 选择适当的零件摆放方式和投射方向,使所得主视图满足以下要求:①反映零件的工作状态、加工状态或安装状态;②表示零件结构形状信息量最多,能最明显、充分地反映零件结构形状特征;③形态稳定、平衡;④使相应确定的其他视图和全组视图稳定、平衡,画图方便和宜于图纸及屏幕的利用(这一条初学者往往要到下一步骤中才能发现)。以上 4 条有时能兼顾,有时会发生矛盾。要分析、比较,取综合效果最佳的方案。其中,前两条直接关系到"信息表达",更为重要。

(2) 确定主视图画法。根据零件的功能、结构形状特征和加工方法,选用各种图样的画法,进一步实现主视图"表示信息量最多"。套类和箱壳类零件功能上多用来包容其他零件,结构上多有空腔、内孔,腔、孔加工要求高(对其标注也较多),多需要用剖视画法表示其内形的全部或部分。轴等实心零件则多画外形,必要时仅取小范围局部剖即可。

3. 选择其他基本视图,表达主体结构

主视图确定后,进一步逐个检查、分析主体结构,有尚未完全、确定、清晰表达之处时,选用基本视图且使用合适的图样画法,配合主视图将零件的主体结构形状完全、确定、清晰地表达出来。此时,往往也同时附带表达出一些次要部分。

选择视图时,习惯上俯视图优先于仰视图,左视图优先于右视图。

有时,在这一步会发现因主视图选取不当而带来的全组视图不合理,这时应返回去重新选择主视图。

4. 添加辅助视图,或修改已选取的视图画法

主视图和其他基本视图确定后,再逐个检查、考虑余下的次要部分,增加一些辅助视图进行表达或对已有视图在画法上进行修改、调整,将零件各部分都完全、确定、清晰地表达出来。

5. 检查、比较、调整、修改

对形成的视图方案再进行全面检查、比较。首先检查零件各部分结构形状和相对位置及连接关系是否已完全确定;其次检查表达是否清晰、合理,主次关系是否处理得当,有无更好的方案。如有不妥,则进行调整、修改,最后完成视图选择,形成最终方案。

对于以上步骤和方法，有3点需要强调：

(1) 时刻想着要使读图方便。

(2) 视图选择是灵活多样的，每一步都想一想："是否还有其他表达方法?"尽可能多地考虑几种方案，进行对比、择优。调整、修改的工作往往贯穿在全过程之中。

(3) 要与尺寸标注相联系，又要有利于标注尺寸。

以上步骤方法的运用将结合叉架类零件详述。

15.2.3 各类零件的视图选择

将上述理论具体运用到各类零件的视图选择，已形成了有规律的结果，初学者可以在作视图选择时参考。

1. 轴、套类零件

以图15-12所示阶梯轴为例介绍轴类零件的视图选择，以图15-14所示轴套为例介绍套类零件的视图选择。

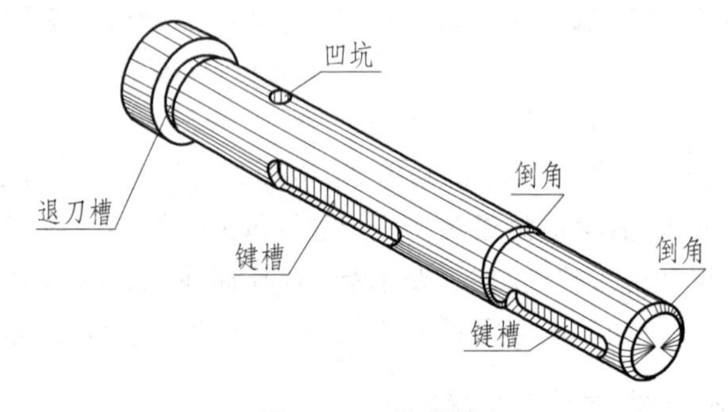

图15-12 阶梯轴

1) 功能、结构和加工分析

轴的功用一般是承载，在它上面装上轮子(齿轮、皮带轮等)传递运动或动力。轴的主体结构是若干段相互连接的不同直径的圆柱体(有时有圆锥台)。较为常见的是各段圆柱(锥台)有共同的回转轴线。在轴上常见的局部功能结构有键槽、螺纹、销孔等；常见的局部工艺结构为倒角和退刀槽、越程槽。轴主要在车床上进行车削加工和在磨床上进行磨削加工，加工状态为轴线水平。轴在工作时可以呈现各种状态。

2) 视图选择

如图15-13所示，主视图取轴线水平放置状态，且直径大端一般在左(与进行车削和磨削加工时的状态一致)，用非圆视图表示各段圆柱的直径和长度以及相互排列顺序。绝大部分轴基本上是实心零件，主视图以显示外部形状为主，必要时采取小的局部剖视显示孔、槽等细小的局部结构。对于这些细小局部结构，还常用断面图和局部放大图表示其形状和标注其尺寸。

图15-14所示轴套的视图选择如图15-15所示。除因零件空心而将主视图画成半剖视图外，其余视图特点与轴基本相同。

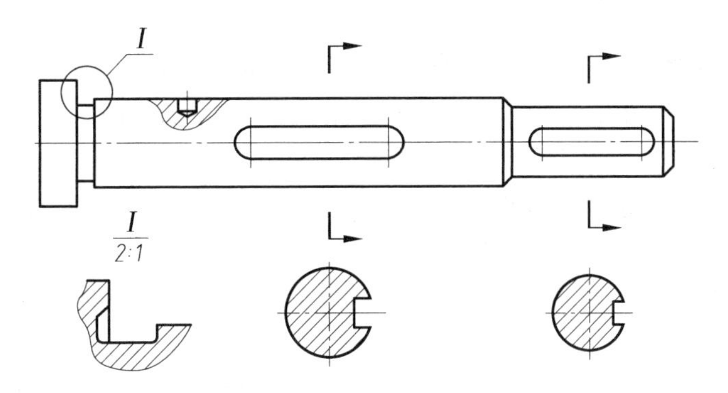

图 15-13 轴的视图选择

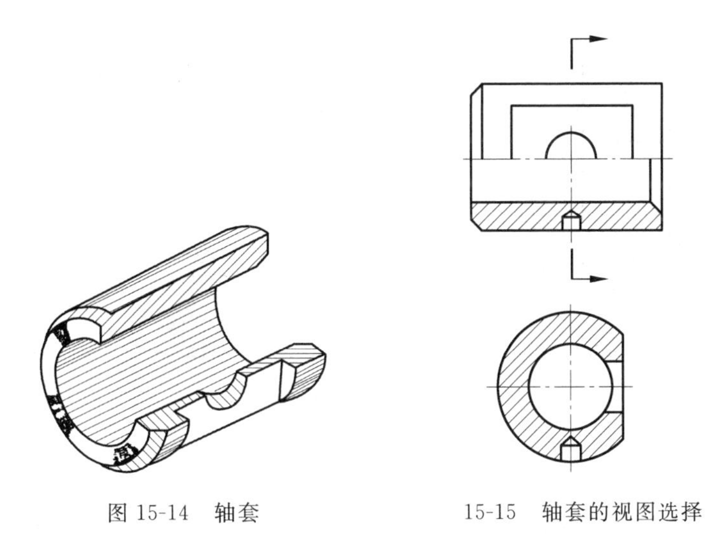

图 15-14 轴套　　15-15 轴套的视图选择

2. 轮盘类零件

现以图 15-16 所示的端盖为例研究轮盘类零件的表达。

1）功用及结构特点

轮盘类零件可细分为两类：轮类（齿轮、皮带轮、手轮等）和盘类（法兰盘、端盖等）。它们有着共同的结构特点：①基本上是圆柱；②径向尺寸（直径）远远大于轴向尺寸（长度、高度或厚度）。

轮子是装在轴上起传动作用的。小轮一般是一个带轴孔的圆柱实体；较大的轮子则是将轮毂与轮缘之间的实体减薄，成为辐板（目的是减少材料消耗并减轻零件的质量）；再大的轮子则是将辐板改为均匀分布的辐条。

图 15-16 端盖

端盖和法兰盘的圆形盘面上有均匀分布的

孔，以便穿过螺栓或螺钉。

轮盘类零件主体的加工方法是车削，螺栓孔是在钻床上加工的（钻孔），齿轮的齿是在铣床上加工的，或在专用的制齿机床（插齿机、滚齿机等）上加工的。

2）表达方案

如图15-17所示，轮盘类零件一般用两个基本视图表达基本形状。主视图取轴线水平状态的非圆视图，与车削加工时的装卡状态一致。主视图画成全剖视图（有时是用几个相交剖切平面剖切、旋转后再投射而成的，以便表示轴孔和均布孔的通、深情况）。侧视图用于表现盘上孔的分布情况及某些非圆形状（如此例中盘上的三角形凸台），也常用来标注轴孔内键槽的尺寸。某些局部结构可以用局部视图及局部放大图来表示。

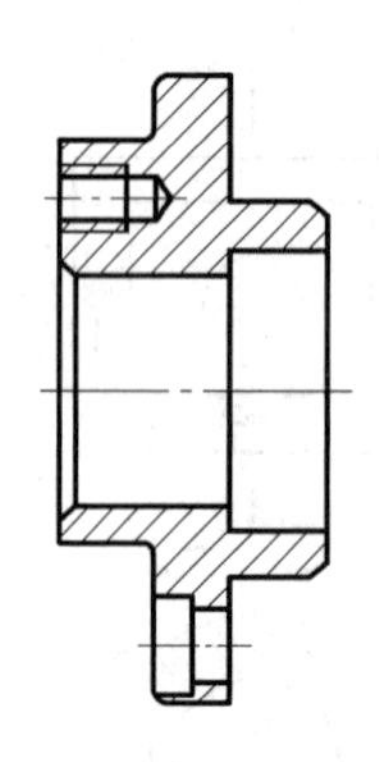
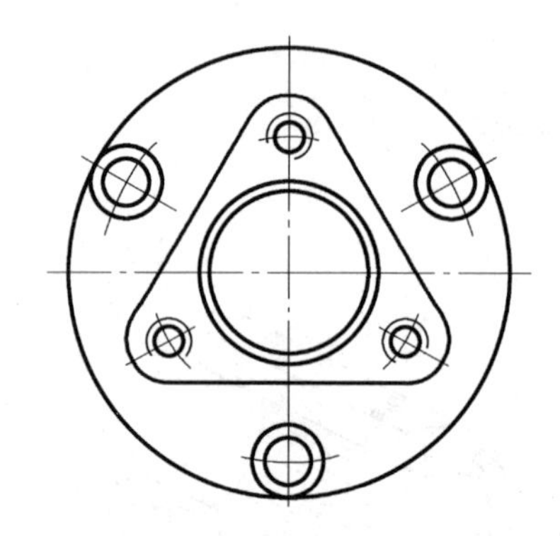

图15-17　端盖的视图选择

3. 叉架类零件

叉架类零件中，用得较多的是支座。下面以图15-18所示轴承座为例说明视图选择的步骤和方法。

1）零件分析

（1）轴承座的功能为支承轴，其工作状态如图15-18所示。

（2）轴承座的主体结构包括4个部分：①圆筒，用来包容和支承轴（轴在轴孔中旋转），是轴承座的工作部分；②支承板，用来支承圆筒和轴，连接圆筒和底板；③肋板，加强支承，增加强度和刚度，连接圆筒和底板；④底板，整个零件的基础，与机座连接，确定轴承座的位置。轴承座的局部功能结构有顶部的凸台及其上的螺孔、底板上的两个凸台及其上的光孔。螺孔的功能是装油杯以加油润滑，光孔的功能是穿螺栓以与机座固定。

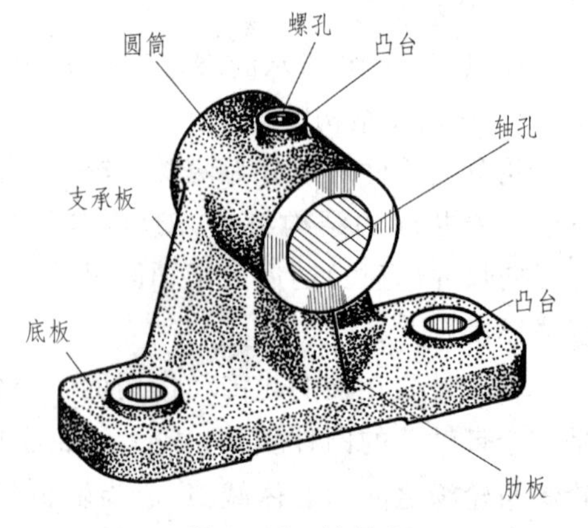

图15-18　轴承座

(3) 轴承座先经铸造制成毛坯,再切削加工。轴孔及两端面、底板底面及各凸台顶面、螺孔、光孔均需切削加工。要求最高的表面为轴孔表面,在车床、铣床或镗床上加工。轴承座上主要的局部工艺结构是各处铸造圆角和底板底部的挖空。

2) 选择主视图

(1) 轴承座属叉架类零件,按工作状态选择主视图。图 15-19(a)和(b)都反映了轴承座的工作状态。虽然图 15-19(b)在取剖视(图 15-20)后对最主要形体——圆筒的结构形状表达得很清楚,但从总体分析看,还是图 15-19(a)对各主、次结构的形状、相对位置和连接关系表达得更清楚,给出的信息更多。同时,图 15-19(a)的形态更显平衡、稳定,所以确定图 15-19(a)为主视图。

(2) 从主体结构考虑,主视图画外形圆即可。

3) 选择其他视图,完成主体结构表达

逐个检查主体结构,分析、选用基本视图表达。

(1) 圆筒长度和轴孔通、深情况在主视图中未能表达,可用左视图或俯视图表达(均需取剖视)。用左视图不仅能反映其加工状态,而且还能清晰地表明主轴孔与螺纹孔的相对关系和连接情况,较俯视图更好。左视图可取全剖视,也可以取局部剖视(图 15-20)。

(2) 支承板厚度在主视图中未能表达,可用左视图或俯视图表达,用左视图更明显(图 15-20)。

(3) 主视图上只表达了梯形肋板的厚度,未表明形状,需要左视图表达(图 15-20)。至此,左视图的必需性显而易见。考虑到内外需兼顾,暂定画成局部剖视(图 15-20(b))。

(4) 底板的形状、宽度在主视图中均未表明。虽然左视图可以表明其宽度,但确定它的形状非俯、仰视图不可。优先考虑添加俯视图。

至此,形成了图 15-21 所示的初步方案。

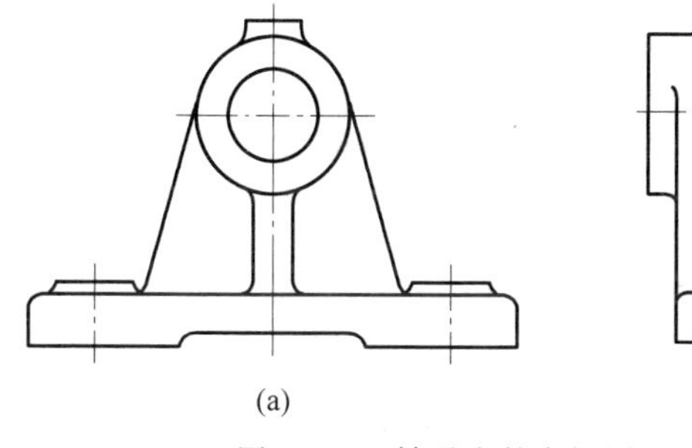

(a) (b)

图 15-19 轴承座的主视图

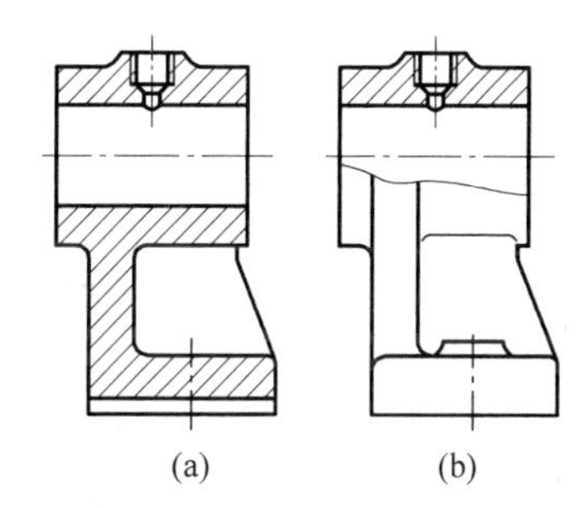

(a) (b)

图 15-20 轴承座的剖视图

(a) 全剖视;(b) 面部剖视

若当初以图 15-19(b)为主视图,则将形成图 15-22 所示的视图方案。显然,这一方案在平衡、稳定及图纸利用等方面都不如前一方案好。

4) 选择辅助视图,表达其余局部结构

3 个凸台、2 个光孔和 1 个螺纹孔的形状、位置以及与主体结构的关系等,除光孔通、深不明外,都已附带表达清楚。光孔的通、深可在图 15-21 中的主视图中取局部剖视表示(虽然可以用尺寸标明,但图更直观),不必另加辅助视图。

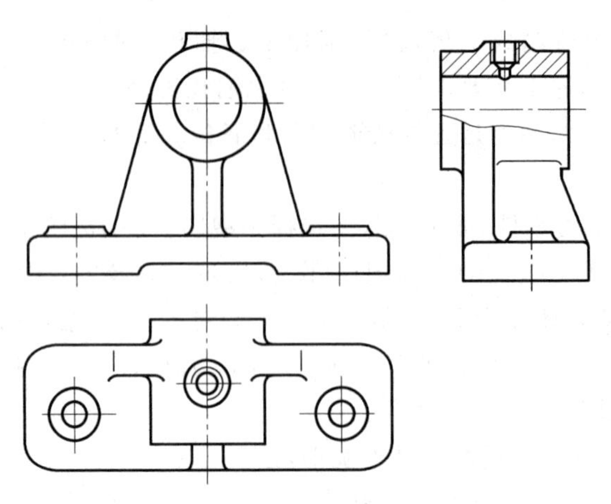

图 15-21 轴承座视图方案(一)

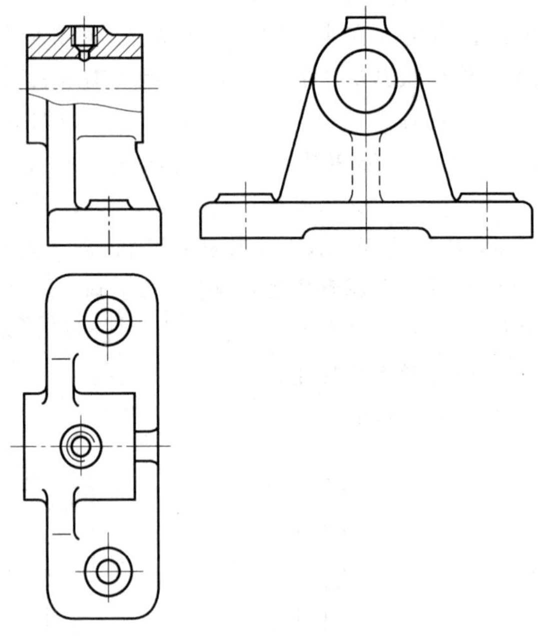

图 15-22 轴承座视图方案(二)

5）检查、比较、调整、修改

(1) 检查后发现,支承板与肋板的垂直连接关系虽然可以从图 15-21 分析出来,但不明显、不清晰,于读图不利。改进的办法有两个：一个是加画断面图,如图 15-23 所示；另一个是将俯视图画成全剖视图,如图 15-24 所示。后者同时去掉了对圆筒的重复表达,简便了画图,使底板形状完整,还比前者少一个图,所以采用后者。

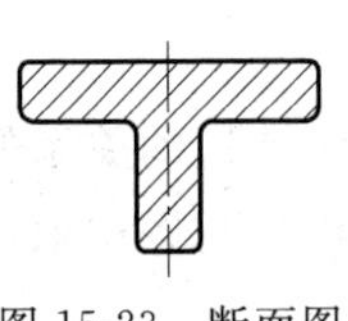

图 15-23 断面图

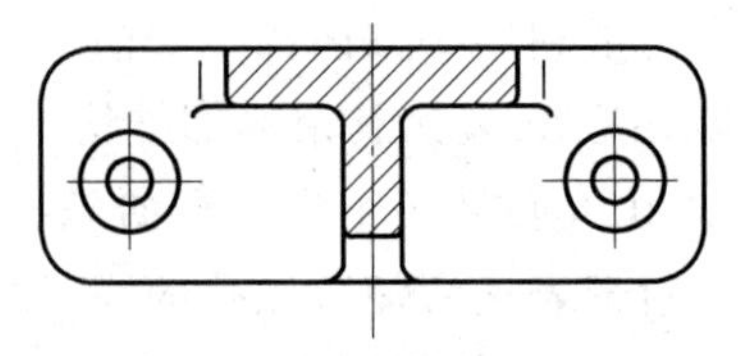

图 15-24 全剖图俯视图

(2) 左视图画成局部剖视图虽可"内外兼顾",但下部凸台表达重复,而且增加了画图量,不如改为全剖视图更清晰、鲜明,画图量少,且对底面挖空处表达有利。

至此,形成图 15-25 所示的最终方案。经查,无投影和图样画法错误,视图选择全过程完毕。

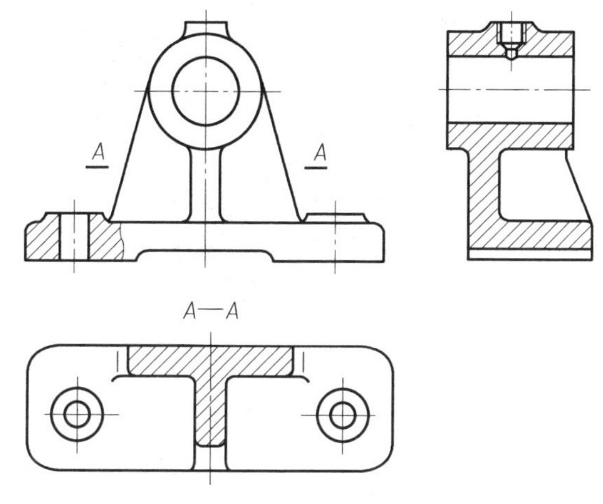

图 15-25 轴承座视图方案(三)

图 15-26 为另一方案,读者可与图 15-25 所示方案比较,指出其逊于图 15-25 之处。

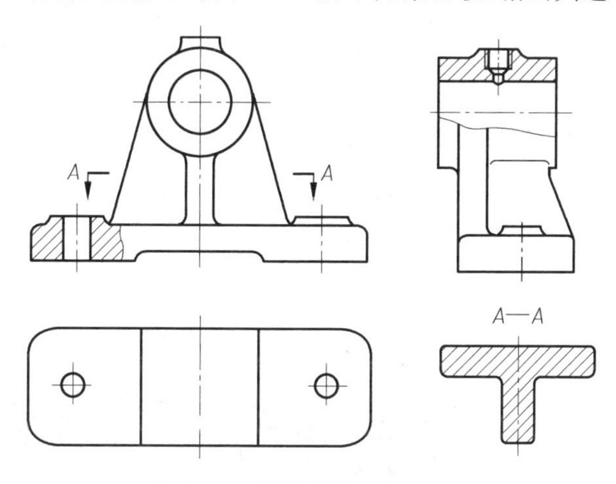

图 15-26 轴承座视图方案(四)

4. 箱壳类零件

以汽车转向器壳体为例进行说明。

1) 零件分析

(1) 功能分析。图 15-27 简单表示了汽车转向器的部件构成。在壳体的上部装有螺杆,螺杆与方向盘轴相连接。螺杆套有螺母,螺杆和螺母的螺旋槽中嵌有滚珠,以减少摩擦。壳体下部装有扇形齿轮轴,它与螺母下端的齿条相啮合。方向盘转动时,螺杆转动,螺母移动,带动扇形齿轮摆动,通过扇形齿轮轴再拉动其他零件,使汽车前轮摆动、转向。可以看出,壳体的功能是包容、安装螺杆、螺母、扇形齿轮轴等其他零件。其工作状态为:

装扇形齿轮轴的孔轴线水平，在下方；安装螺杆部分在上方；箱体正放。

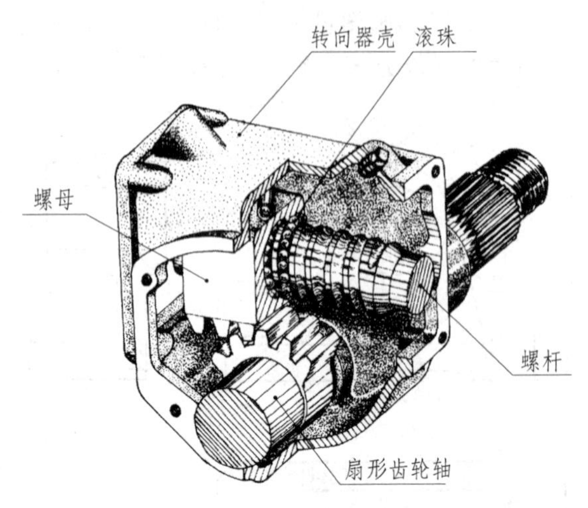

图 15-27 汽车转向器

(2) 结构分析。图 15-28 是转向器壳体的轴测图，整个零件可分解为 6 个部分：①箱体，是中空的，用来包容螺母和扇形齿轮，它的上半部分是长方形柱体，下半部分是轮廓为直线和圆弧的柱体；②圆柱筒，用来包容和支承扇形齿轮轴；③带孔方板，位于箱体两侧，上有螺孔，用以安装盖板，螺杆轴穿过方板；④面板，轮廓由圆弧及直线组成，凸出在箱体的左面，以便安装其他零件，上有螺孔；⑤斜凸台，在箱体上方，上有螺孔用于加油，它的形状由半个圆柱与方柱组合而成；⑥凸起部分，有两种形状，一种是圆柱体，另一种是球头圆柱体，主要是为了使钻螺孔处有足够的壁厚。上述 4 部分为局部功能结构。

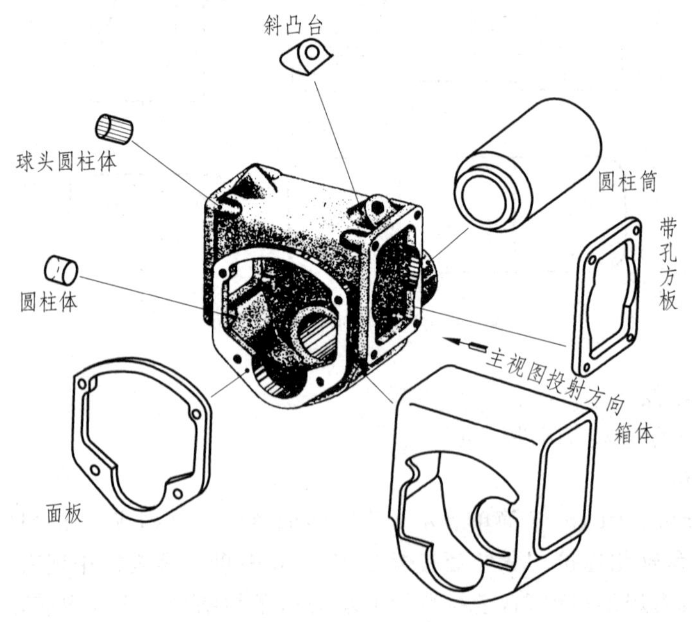

图 15-28 转向器壳体的结构分析

(3) 加工分析。先铸造形成毛坯，再切削加工。加工面多，加工状态多变。局部工艺结构主要是铸造圆角。

2）选择主视图

(1) 壳体类零件按工作状态选择主视图。转向器壳体形成主视图时如图 15-28 摆放，与其工作状态一致。取图中箭头方向为主视图投射方向，这样表示主体结构形状特征的信息量多，能明显、充分地反映圆筒的形状特征、箱体的部分形状特征以及二者的连接关系，平衡、稳定性尚可。

(2) 壳体功能为以内腔包容其他零件，故主观图应以反映内腔形状为主，取全剖视画法（图 15-29）。

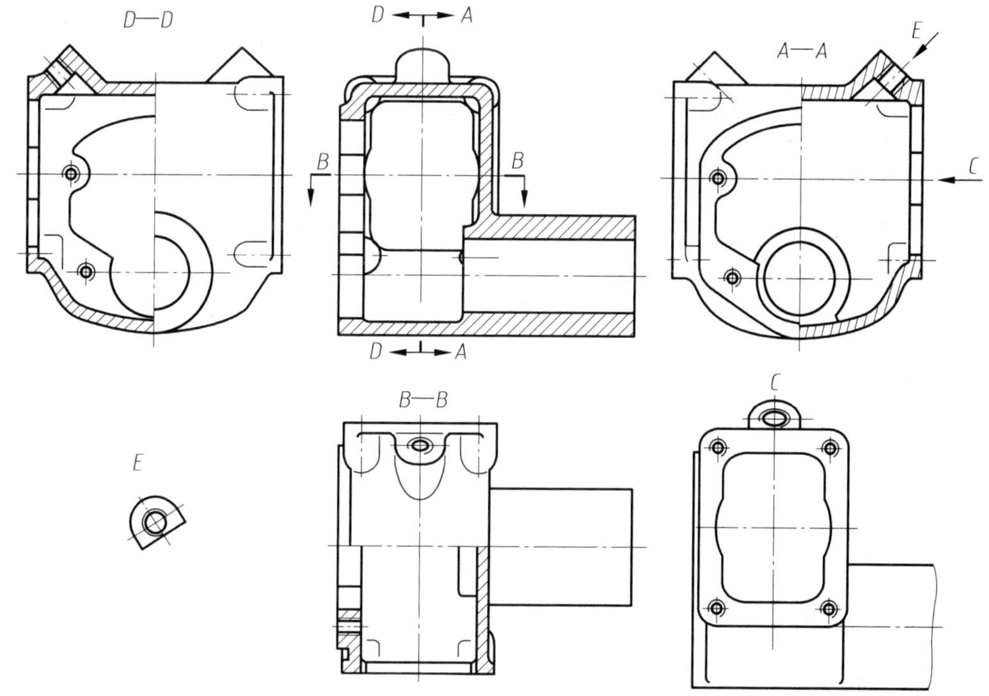

图 15-29 调整前的转向器壳体视图方案

3）选择其他基本视图，完成主体结构表达。

主视图未能将箱体结构形状表达完全，为此需增加左视图及俯视图，且需取剖视。考虑到箱体的左、顶外表面上有面板、球头圆柱体和斜凸台等诸多局部功能结构，壳体又前后对称，取半剖视图即能内外兼顾，附带表达更多内容又不影响图形清晰，故选 *A*—*A* 半剖视图为左视图，*B*—*B* 半剖视图为俯视图（图 15-29）。

4）选择辅助视图，表达其余局部结构

逐个检查各部分结构，发现带孔方板未表达，加 *C* 向视图表达。箱体右壁外表的球头圆柱体未表达清晰，取 *D*—*D* 半剖视图（实为右视图）表达。斜凸台端面实形未表达，用 *E* 向斜视图表达。

至此，形成图 15-29 的方案。

5）检查、比较、调整、修改

经查，无不完全、不确定之处。*C* 向视图的目的是表达带孔方板形状，其结构完整，外轮廓封闭，无需画其余部分，直接放在左视图旁边，使看图更方便。*D*—*D* 半剖视图所表达的内形，从左、俯、主三视图中很容易分析出来，不致引起误解，可以省去。于是，将 *D*—*D* 半剖视图改为 *D* 向视图且仅画一半。

再考虑图纸或屏幕的利用，调整、修改为图15-30所示的视图方案。

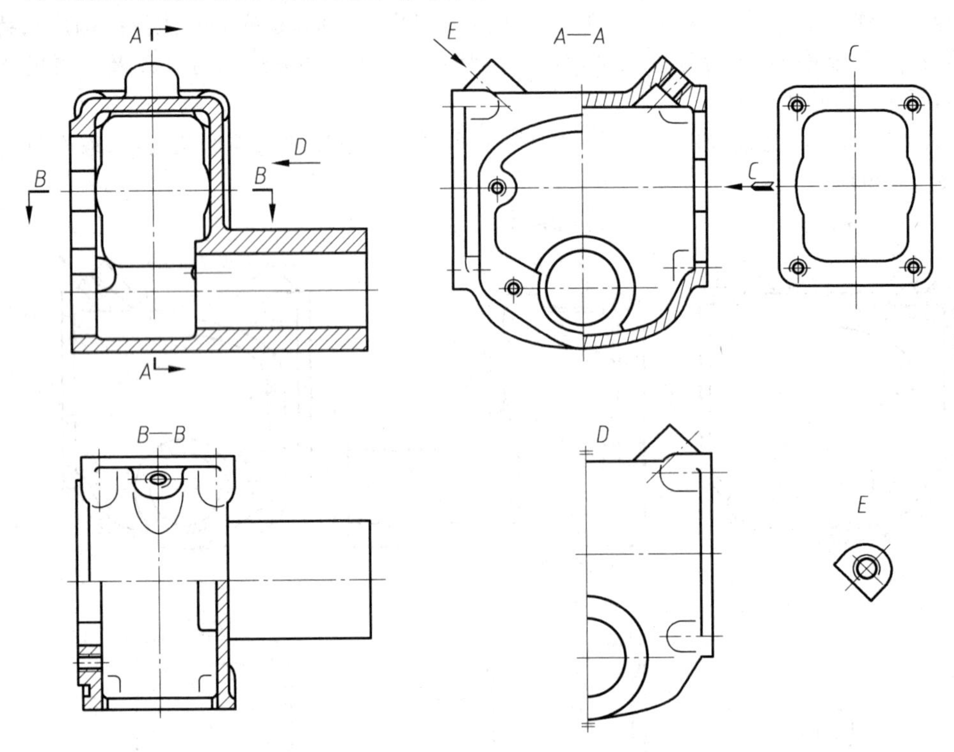

图15-30 调整后的转向器壳体视图方案

5. 薄板弯制件

薄板弯制件是将薄金属板剪裁、下料成一定形状后弯制而成的。从结构、功能分析，多属于叉架、箱壳类零件，其视图选择方法与上面两类零件基本相同，不同之处在于需加画展开图，如图15-31所示。

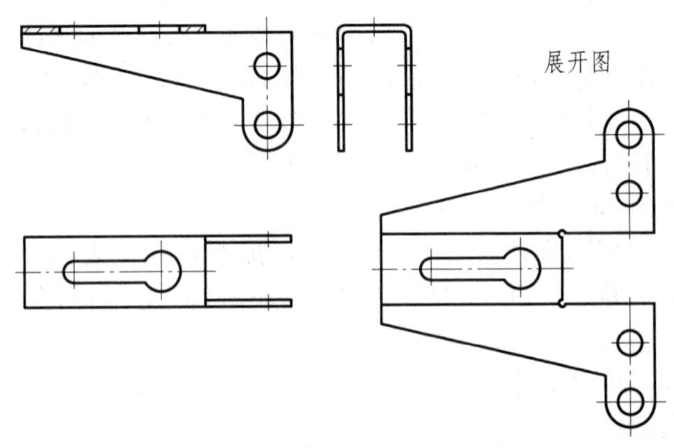

图15-31 薄板弯制件的视图方案

6. 镶合件

镶合件是将预先制得的金属零件与塑料一起注塑成形得到的。镶合件可实现某些特殊功能，如既有导电部分又有绝缘部分，表面柔软有弹性，整体又有一定强度和刚度。镶合件既可以简化结构，省去装配过程，又可使零件触感良好，有较好的人-机工程性能。镶合件已较广泛地在各工程领域和日常生活中使用。

图 15-32 所示为一旋钮的图样，该旋钮即为镶合件。

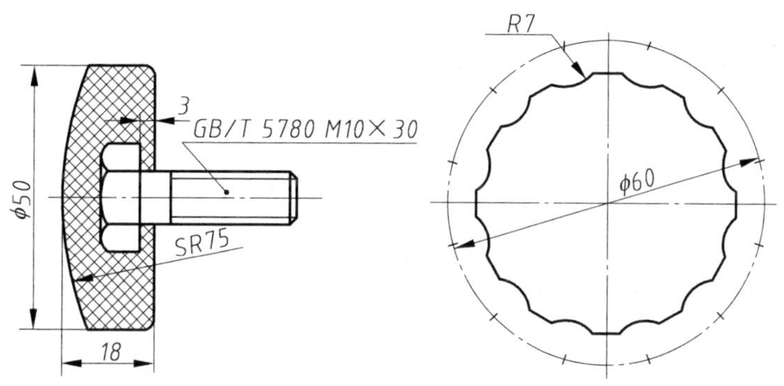

图 15-32 镶合件图例

镶合件一般应画两张图样：一张图是预制金属件的零件图，图中注有为制造该金属件所需的全部尺寸；另一张图是预制金属件与塑料部分镶合成形后的整体图，图中注出塑料部分的全部尺寸及金属件在注塑时的定位尺寸（如图 15-32 中的尺寸 3）。如果镶入的金属件是标准件，则可不必单独画它的零件图。图 15-32 所示旋钮中镶入件螺栓即为标准件，此时只要注明其标准代号及规格即可。

15.3 尺寸标注

在第 13 章中，我们已经学习了有关尺寸标注的基本知识，在这里介绍零件图中零件尺寸标注的合理性。这里的合理，指的是所标的尺寸在加工零件时便于度量，便于控制和检测其精度，根据所标注的尺寸加工成的零件能保证实现其功能。

必须明确，当在零件图中标注尺寸时，是在标注需要加工制造成形、需要发挥自身功能的立体零件的尺寸，而不仅仅是在标注平面上的图线的尺寸。

15.3.1 合理标注尺寸的基本原则

1. 合理选择尺寸基准

尺寸基准是尺寸的起点。能够合理地选择基准，才能合理地标注尺寸。

基准分为设计基准和工艺基准。

1）设计基准

设计基准是零件上主要定形、定位尺寸和重要性能尺寸的起点。在零件的长度、高度、宽度 3 个方向上必须各有一个设计基准。

设计基准是主要基准。可以作为设计基准的是零件上主形体的回转轴线、对称中心平面、主要定位面（与其他零件的结合面、底面、端面）等。在图 15-33 中，A，B，C 分别为轴承座 3 个方向的设计基准。

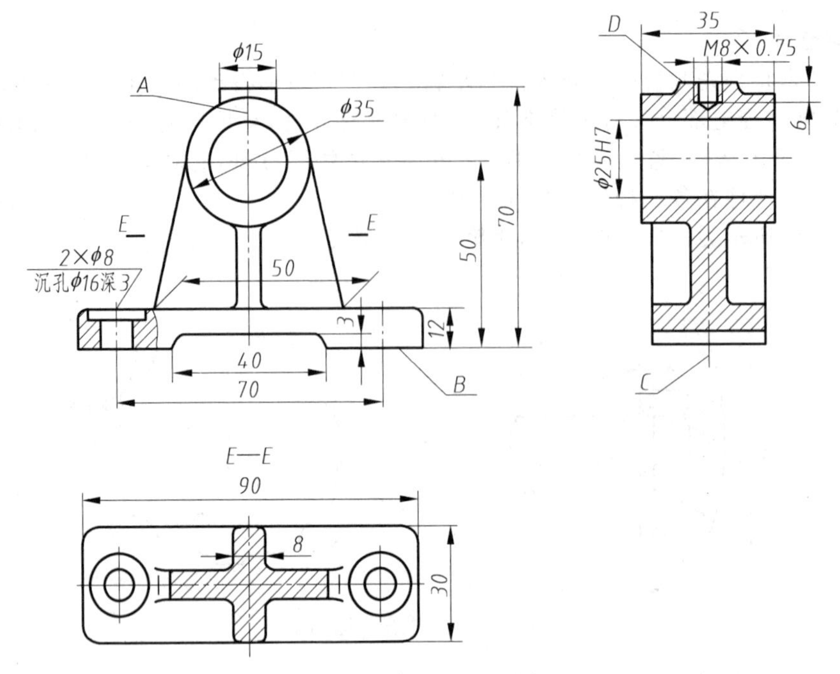

图 15-33 轴承座的尺寸标注

2）工艺基准

工艺基准是为加工和测量零件所设的辅助基准。零件上有些结构的尺寸若以设计基准为起点标注，将不便于控制加工和测量，这时需增加一些辅助基准，以作为标注这些尺寸的起点。在图 15-33 中，螺纹孔 M8×0.75 的深度，以 *B* 面为基准标注十分不便，若改以 *D* 面为基准标注其深度尺寸(6mm)，则便于控制加工和测量。*D* 面就是工艺基准。

在设计基准与工艺基准之间必要时应直接有尺寸联系，如图 15-33 中的尺寸 70。

2. 重要尺寸必须直接注出

保证零件工作性能或保证零件与其他零件正确装配关系的尺寸为零件的重要尺寸。零件的重要尺寸必须直接标出，不应由其他尺寸推算得出。

1）直接注出重要的定形尺寸

如图 15-34(a)所示，摆杆插入支架两耳之间，在其间摆动，于是需要控制两耳间的距离 16H7，如图 15-34(b)所示。图 15-34(c)，(d)的注法是不合理的。

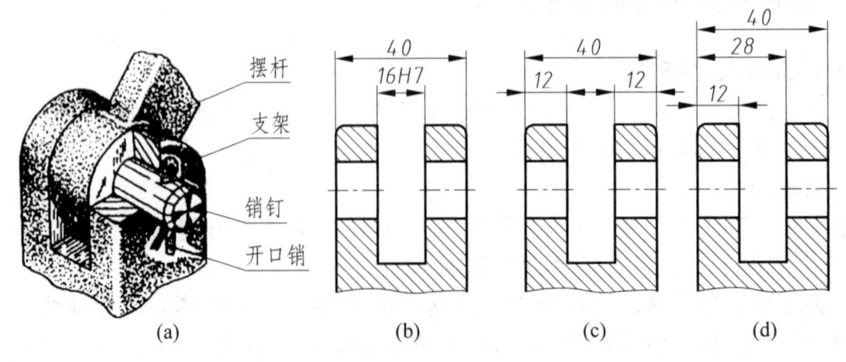

图 15-34 直接注出重要的定形尺寸

2）直接注出重要的定位尺寸

图 15-33 中轴承架的轴孔中心高度 50，底板上两个孔心距 70，都是重要的定位尺寸，该直接注出，图 15-35 的注法是不合理的。

3. 一般尺寸的标注应尽量符合制造加工工艺，便于加工和测量

1）数个平行的非加工面中只能有一个与加工面有尺寸联系

如图 15-36(a)所示，铸件上几个平行的非加工面 B，C，D 中只有 B 面与加工面 A 有尺寸联系（尺寸 10），这种注法合理。若如图 15-36(b)所示，B，C，D 3 个非加工面均与加工面 A 有尺寸联系，则在加工 A 面时很难（甚至不可能）同时保证它们的联系尺寸 10，35 和 45 的精确。

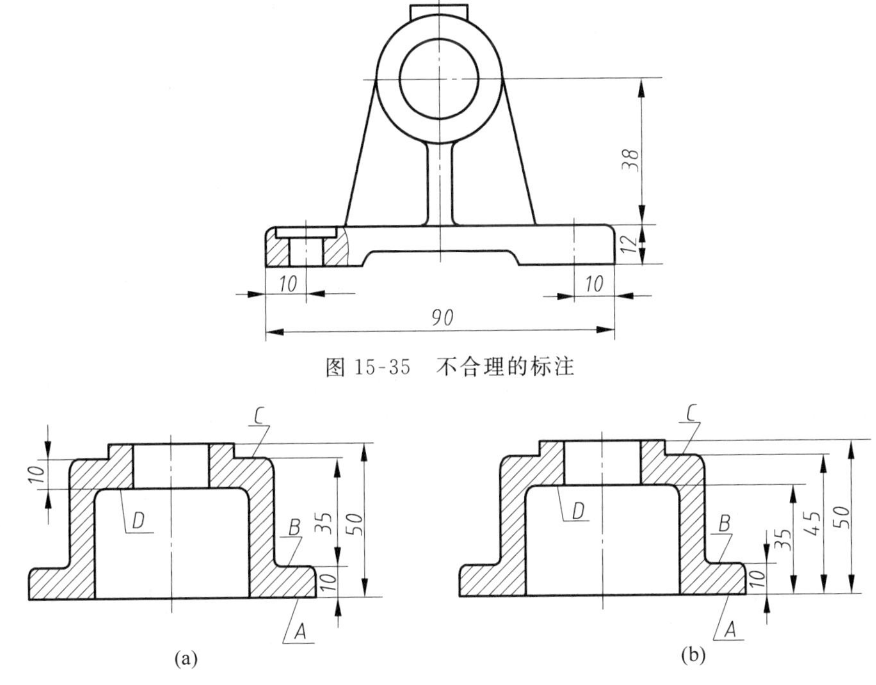

图 15-35 不合理的标注

图 15-36 毛坯面的尺寸标注

(a) 合理；(b) 不合理

2）标注的尺寸应尽量符合加工顺序

例如，图 15-37 为一销轴，是在车床上用棒料加工制成的，其尺寸标注即符合图 15-38 所示的加工顺序：

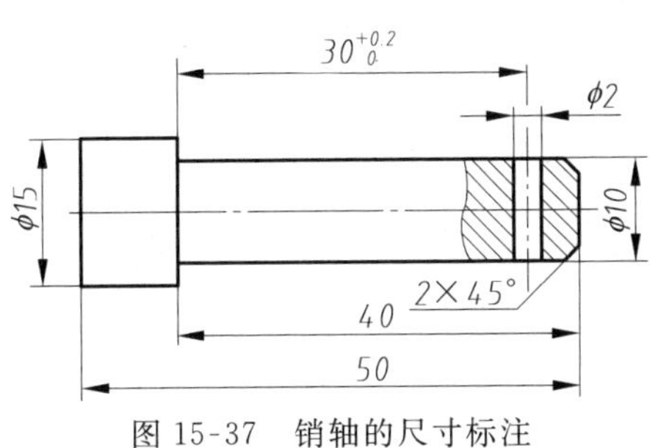

图 15-37 销轴的尺寸标注

（1）在约55的长度内，车外圆得 $\phi15$（图15-38(a)）；

（2）车外圆得 $\phi10$、长40，车倒角2×45°（图15-38(b)）；

（3）在长度50处切断（图15-38(c)）；

（4）钳工划线定出尺寸 $30^{+0.2}_{0}$，钻孔 $\phi2$（图15-38(d)）。

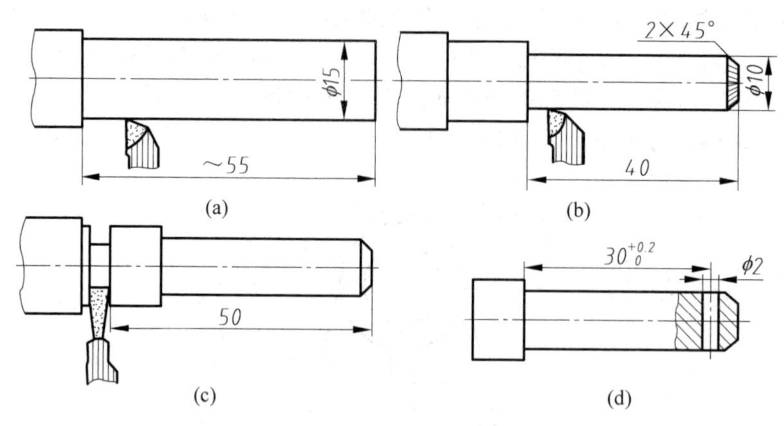

(a)　(b)　(c)　(d)

图15-38　销轴的加工顺序

又例如，轴上退刀槽的加工顺序一般如图15-39所示：先确定退刀槽的位置35，再用宽度等于槽宽的车刀切出退刀槽，得到 $\phi15$ 的外圆（图15-39(a)）；再车出轴端 $\phi20$ 外圆（图15-39(b)）。图15-40(a)所示的尺寸注法符合上述加工顺序，为合理注法；图15-40(b)所示的尺寸注法不合理。

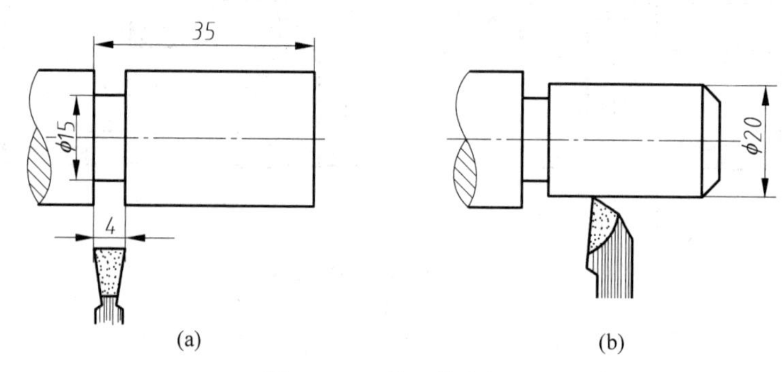

(a)　(b)

图15-39　退刀槽的加工

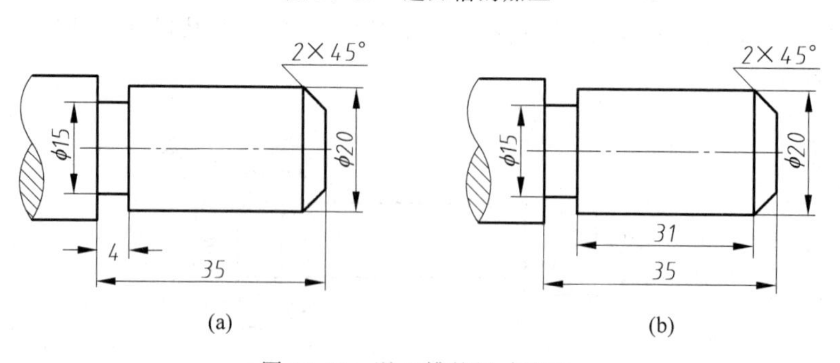

(a)　(b)

图15-40　退刀槽的尺寸注法

(a) 合理；(b) 不合理

4. 标注尺寸时要考虑便于检验和测量

例如，在图 15-41 中，图 15-41(a)的尺寸注法合理，A 和 C 两个尺寸都便于测量；图 15-41(b)的尺寸注法不合理，因为尺寸 B 不便于检测。在图 15-42 中，按图 15-42(a)方式标注的尺寸便于检测，为合理注法；按图 15-42(b)方式标注的尺寸不便于检测，为不合理注法。

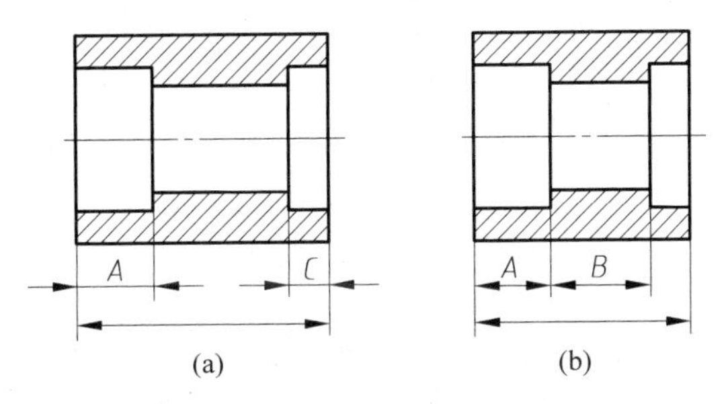

图 15-41 合理和不合理尺寸标注示例(一)
(a) 合理；(b) 不合理

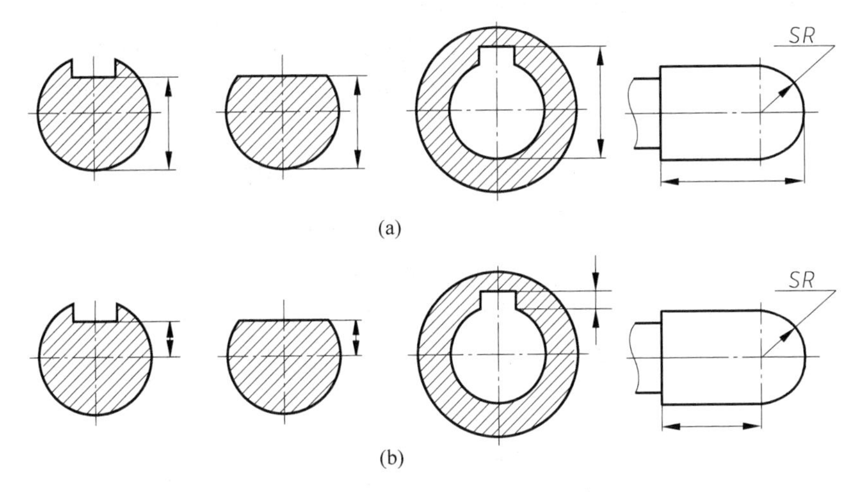

图 15-42 合理和不合理尺寸标注示例(二)
(a) 合理；(b) 不合理

5. 避免出现封闭的尺寸链

在图 15-43 所示零件图中，高度方向有 A、B 和 C 3 个尺寸，只要知道其中两个，第三个即可确定。在机构制造中这样的 3 个尺寸构成封闭尺寸链，其中的每一个尺寸称为尺寸链中的一环。

实际加工时，因为种种因素，例如机床和测量工具的精度、技术的熟练程度等的影响，不可能(也不必要)将尺寸做得绝对精确。为此，需要对各个尺寸规定误差范围，以便保证零件的精度。误差范围越小，精度越高，但造价也越高。

图 15-43(a)中把 3 个尺寸全行注出，形成了封闭尺寸链。3 个尺寸全行注出即表示对 3 个尺寸都有要求，都要控制其误差范围。设 A 为重要尺寸，其误差范围为±0.05。

因为 $A=B+C$，所以 B 和 C 的误差范围就必须定得更小，例如 B 为 ±0.02，C 为 ±0.03，才能保证 A 的要求。结果它们比重要尺寸 A 的要求还高，这显然是不合理的。

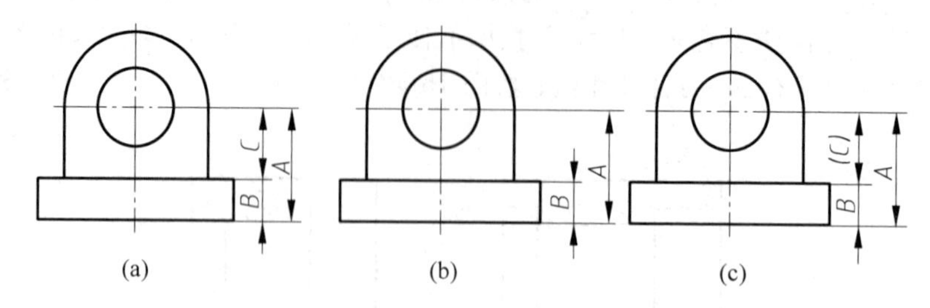

图 15-43 避免出现封闭尺寸链

(a) 不合理；(b)，(c) 合理

图 15-43(b)中只标出了尺寸 A 和 B，并将它们的误差范围分别定为 ±0.05 和 ±0.08。由于尺寸 C 对零件工作性能无影响，所以加工时不必严格控制，图纸中也不必标注出。最后的结果是尺寸 C 的误差范围将为 ±0.13，这样的标注方法既保证了重要尺寸的精度要求，又降低了次要尺寸的精度要求，显然是合理的。

据上所述，在标尺寸时应避免出现封闭尺寸链。做法是在尺寸链中挑选一个最次要的尺寸空出不注，不作要求(如图 15-43(b)所示)，以此来容纳尺寸链中环的积累误差。

如果由于某种原因需要注出这一空档尺寸，则需将它用圆括号括起来(如图 15-43(c)所示)。这种尺寸称为参考尺寸，参考尺寸在加工后是不检验的。

6. 有直接装配关系的零件相关尺寸注法应一致

如图 15-44 所示镜头架和底板，其凸块和凹槽用尺寸 40 配合。装配后要求 A 面对齐。在二者的零件图上尺寸注法应一致。如图 15-44(a)注法合理，图 15-44(b)注法不合理。

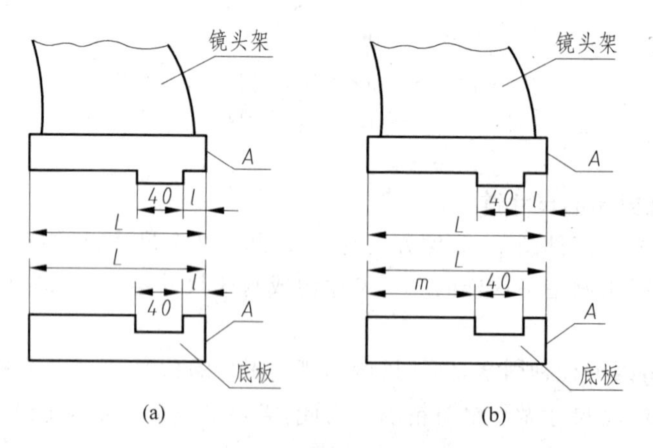

图 15-44 镜头架与底板

(a) 合理；(b) 不合理

图 15-45 所示泵盖和泵体的孔的定位尺寸注法完全一致，容易保证装配精度，是合理标注。

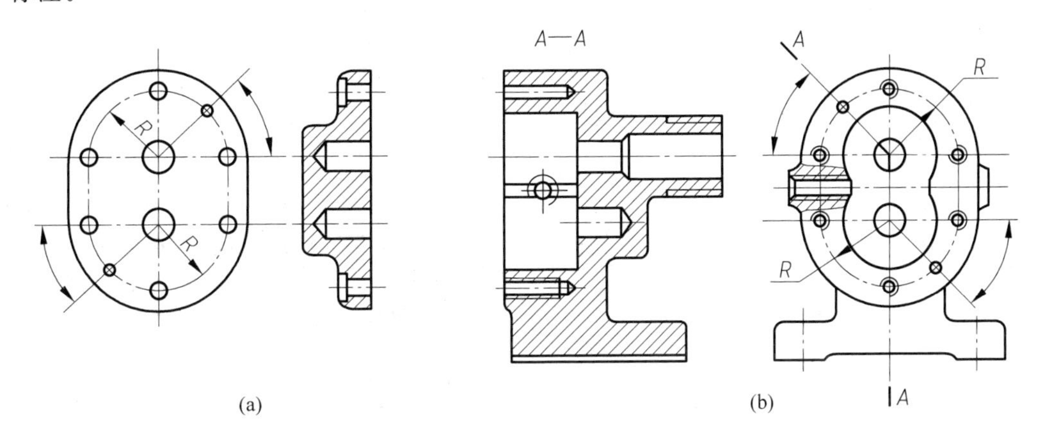

图 15-45 泵盖与泵体的尺寸标注

(a) 泵盖；(b) 泵体

15.3.2 尽量使用国家标准规定的简化注法和习惯注法

为了简化绘图工作，提高效率，使图面清晰，国家标准《技术制图简化表示法》(GB/T 16675.2—1996)规定了若干简化注法，读者可以查阅，并在绘制零件图、标注尺寸时尽量模仿采用。有些局部功能结构和局部工艺结构常常使用，多年来在业内已形成习惯注法，亦应采用，择其常用者列于表 15-1 和表 15-2 中。

表 15-1 倒角和沟槽的标注

结构名称	尺寸标注方法	说 明
倒角	C2　C2　30°　2 C2　C2　30°　2	一般 45°倒角按“宽度×角度”注出，如 2×45°。30°或 60°倒角应分别注出宽度和角度 45°倒角可简化为“C 宽度”标注，如 C2 即表示 2×45°
退刀槽	2×ϕ8　2×1　2×1	一般按“槽宽×深”或“槽宽×直径”注出

表 15-2 常用孔的尺寸注法

序号	类型	旁注法		普通注法	说明
1	光孔	4×φ4↧10	4×φ4↧10	4×φ4 10	4个直径为4、深为14、均匀分布的孔
2	光孔	4×φ4H7↧10 ↧12	4×φ4H7↧10 ↧12	4×φ4H7 10 12	4个直径为4的孔，公差为H7的孔深为10，孔全深为12，均匀分布
3	螺孔	3×M6—7H	3×M6—7H	3×M6—7H	3个螺纹通孔，大径为M6，螺纹公差等级为7H，均匀分布
4	螺孔	3×M6—7H↧10	3×M6—7H↧10	3×M6—7H 10	3个螺纹孔，大径为M6，螺纹公差等级为7H，螺孔深为10，均匀分布(光孔按常规深度为大径的一半)
5	螺孔	3×M6—7H↧10 ↧12	3×M6—7H↧10 ↧12	3×M6—7H 10 12	3个螺纹孔，大径为M6，螺纹公差等级为7H，螺孔深为10，光孔深为12，均匀分布
6	沉孔	6×φ7 ⌵φ13×90°	6×φ7 ⌵φ13×90°	90° φ13 6×φ7	锥形沉孔的直径φ13及锥角90°，均需标注
7	沉孔	4×φ6.4 ⌴φ12↧4.5	4×φ6.4 ⌴φ12↧4.5	φ12 4.5 4×φ6.4	柱形沉孔的直径φ12及深度4.5，均需标注
8	沉孔	4×φ9 ⌴φ20	4×φ9 ⌴φ20	φ20 4×φ9	锪平φ20的深度不需标注，一般锪平到形成完整圆光面为止

15.4 技术要求

技术要求是用来控制零件制造质量的，标注技术要求应该使用规定符号或文字。常见的零件技术要求有表面结构、尺寸公差、几何公差、热处理及表面处理等。

15.4.1 表面结构(GB/T 16747—2009，GB/T 1031—2009)

1. 表面结构的概念

表面结构是评定零件加工表面质量的重要指标之一。根据国家标准，表面结构的参数由轮廓法确定，表面轮廓是由一个指定平面和实际表面相交所得的轮廓。按照测量和计算方法的不同，可将表面轮廓分为粗糙度轮廓(R 轮廓)、波纹度轮廓(W 轮廓)和形状轮廓(P 轮廓)，如图 15-46 所示。

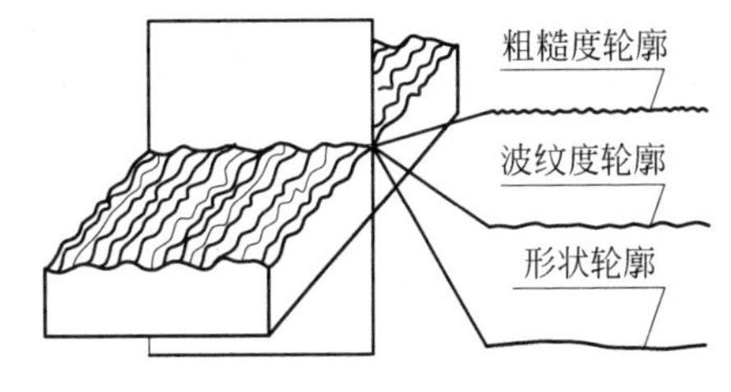

图 15-46 表面轮廓

其中，粗糙度轮廓描述的是一种微观的表面不平度；波纹度轮廓描述的是由一种间距比粗糙度大得多的、随机的或接近周期形式的成分构成的表面不平度；形状轮廓描述的则是一表面的宏观轮廓。对于粗糙度轮廓、波纹度轮廓和形状轮廓，都可以在其定义基础上进行测量计算从而得到描述表面结构的参数，分别称为粗糙度参数(R 参数)、波纹度参数(W 参数)和形状轮廓参数(P 参数)。

2. 表面结构的参数及数值

R 参数、W 参数和 P 参数都是评定表面结构的参数，其中，R 参数(表面粗糙度参数)是最常用的评定参数，它的数值大小对零件的耐磨性、耐腐蚀性、抗疲劳强度、零件之间的配合关系和外观质量都有直接的影响。常用的 R 参数有两个，分别是轮廓的算术平均偏差 Ra 和轮廓的最大高度 Rz。

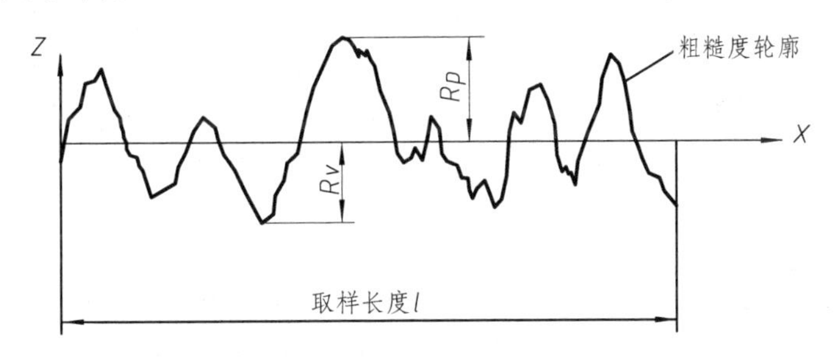

图 15-47 表面粗糙度评定参数

图 15-47 所示为在一个取样长度内的粗糙度轮廓线。在一个取样长度 l 内，粗糙度轮廓线纵坐标值 $Z(x)$ 的绝对值的算术平均值为 Ra，用公式表示为

$$Ra = \frac{1}{l}\int_0^l |Z(x)|\,dx$$

或者近似表示为

$$Ra = \frac{1}{n}\sum_{i=0}^{n}|Z_i|$$

在一个取样长度内，粗糙度轮廓线最大峰高和轮廓线最大谷深之和为 Rz，用公式表示为

$$Rz = Rp + Rv$$

其中，Rp 为在一个取样长度内的最大轮廓峰高；Rv 为在一个取样长度内的最大轮廓谷深。

Ra 参数的数值一般在表15-3中选取，Rz 参数的数值一般在表15-4中选取。不同加工方法获得的 Ra 数值见表15-5。

表15-3 轮廓的算术平均偏差 *Ra* 的数值

μm

Ra	0.012	0.2	3.2	50
	0.025	0.4	6.3	100
	0.05	0.8	12.5	
	0.1	1.6	25	

表15-4 轮廓的最大高度 *Rz* 的数值

μm

Rz	0.025	0.4	6.3	100	1600
	0.05	0.8	12.5	200	
	0.1	1.6	25	400	
	0.2	3.2	50	800	

表15-5 常用 *Ra* 数值及应用举例

Ra	加工方法	应用举例
6.3	精车、精铣、精刨、铰孔等	较重要的接触面、转动和滑动速度不高的接触面，如轴套、齿轮端面、键槽等
3.2		
1.6		
0.8	精铰、磨削、抛光等	要求较高的接触面、转动和滑动速度较高的接触面，如齿轮的工作面、导轨表面、主轴轴颈表面、圆锥销孔表面等
0.4		
0.2		
0.1	研磨、超精密加工等	要求密封性能较好的表面、转动和滑动速度极高的表面，如精密量具表面、气缸内表面及活塞环表面、精密机床主轴轴颈表面等
0.05		
0.025		
0.012		
0.006		

在测量 Ra 和 Rz 时，推荐按照表15-6选用对应的取样长度，这时取样长度值的标注在图样或技术文件上可以省略。当有特殊要求时，应给出相应的取样长度值，并在图样上或技术文件中标出。

表 15-6 ***Ra*,*Rz*** 参数值与取样长度的对应关系

$Ra/\mu m$	$Rz/\mu m$	l_r/mm
≥0.008～0.02	≥0.025～0.10	0.08
>0.02～0.1	>0.10～0.50	0.25
>0.1～2.0	>0.50～10.0	0.8
>2.0～10.0	>10.0～50.0	2.5
>10.0～80.0	>50～320	8.0

3. 表面结构的标注

图 15-48 是表面结构的图形符号画法，其尺寸要求见表 15-7。

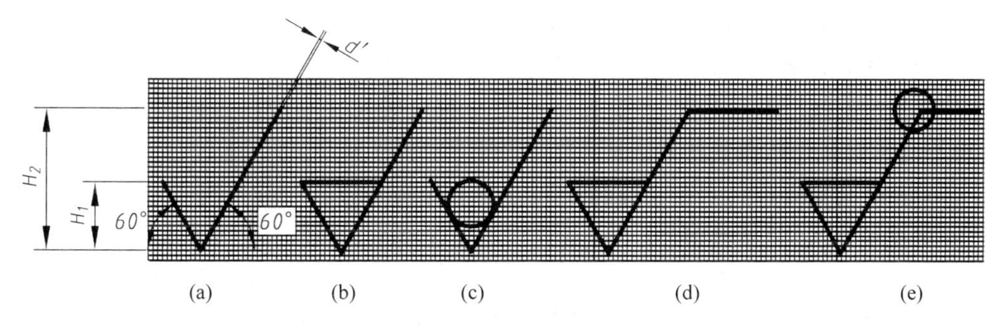

图 15-48 表面结构的图形符号

表 15-7 图形符号的绘制尺寸要求 mm

数字和字母高度 h	2.5	3.5	5	7	10	14	20
符号线宽 d'	0.25	0.35	0.5	0.7	1	1.4	2
高度 H_1	3.5	5	7	10	14	20	28
高度 H_2(取决于标注内容)	7.5	10.5	15	21	30	42	60

图 15-48(a)为基本图形符号，由两条不等长的与标注平面成 60°的直线构成，仅用于简化符号标注，无补充说明时不能单独使用。图 15-48(b)和(c)为对表面结构有去除材料或不去除材料的要求时使用的扩展图形符号，图 15-48(b)为要去除材料的扩展符号，图 15-48(c)为不去除材料的扩展符号。

当要求标注表面结构特征的补充信息时，需要使用完整图形符号，即在基本图形符号或扩展图形符号的长边上加一条横线。图 15-48(d)为要求去除材料的完整图形符号。

对于某个图形中封闭轮廓的各表面有相同的表面结构要求时，可以使用图 15-48(e)所示的图形符号。例如图 15-49 所示的表面结构符号，是指该封闭图形周围的 1～6 个表面具有相同的表面结构要求，而不包括其前后两个表面。

在完整图形符号中，表面结构参数代号和数值、加工方法、加工余量等补充要求，应注写在图 15-50 所示的规定位置。

位置 a：注写第一个表面结构要求，或者表面结构的唯一要求。

位置 b：注写第二个表面结构要求，如果有更多的表面结构要求，图形符号应在垂直方向上扩展。

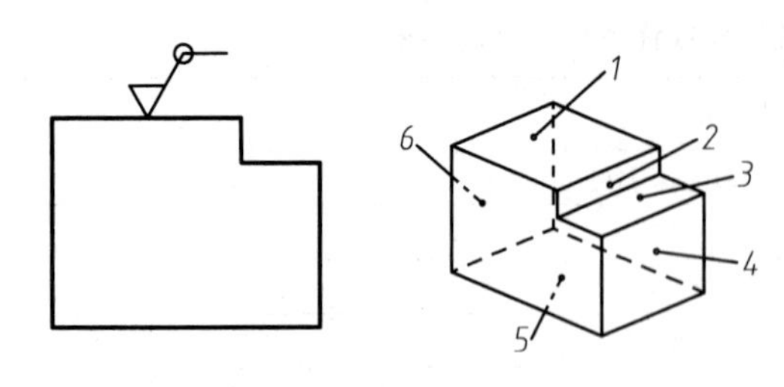

图 15-49　具有相同要求的封闭轮廓表面结构标注

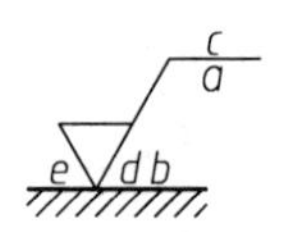

图 15-50　补充要求的注写位置

位置 c：注写加工方法，如车、铣等，表面处理，涂层或其他加工工艺要求。

位置 d：注写表面纹理方向。

位置 e：注写加工余量，以毫米为单位。

在图样中标注表面结构时，注意如下事项：

(1) 一个表面一般只标注一次，并尽可能与相应的尺寸和公差等标注在同一个视图上，符号应从材料外指向并接触表面。

(2) 表面结构应与尺寸在注写和读取方向上保持一致。一般情况下，表面结构要求标注在可见轮廓线、尺寸线、尺寸界线或它们的延长线上，必要时，也可以标注在带箭头的指引线上，如图 15-51 所示。

(3) 如果不引起误解，表面结构要求也可以标注在相关尺寸线所标尺寸的后面，如图 15-52 所示。

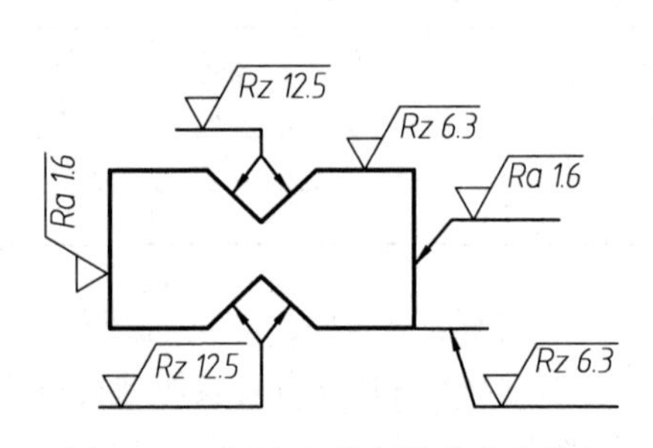

图 15-51　标注在轮廓线或基准线上

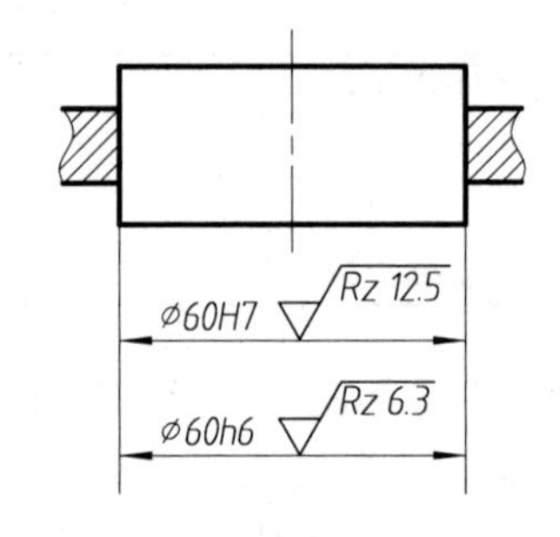

图 15-52　标注在尺寸线上

(4) 表面结构还可以注写在几何公差的框格上方，见图 15-53。

(5) 键槽、倒角等工艺结构的表面结构注法见图 15-54。

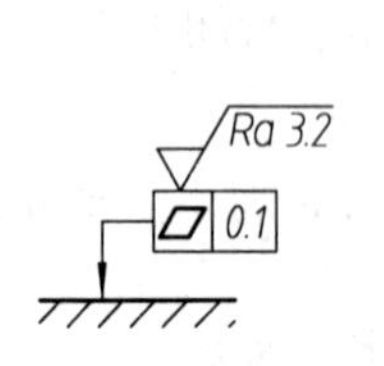

图 15-53　标注在几何公差框格上方

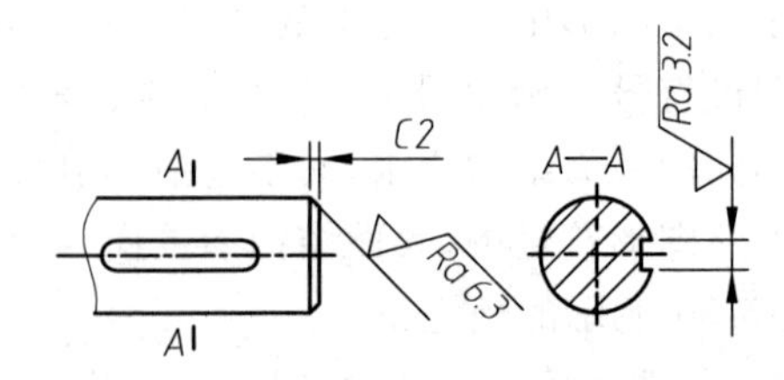

图 15-54　键槽、倒角的表面结构注法

（6）若零件的大部分或者全部表面具有相同的表面结构要求，则可以在图样的标题栏附近进行统一标注。这时，表面结构要求的符号后面应有括号，里面填写无任何其他标注的基本符号，如图 15-55(a)所示，或者图中已有的不同的表面结构要求，如图 15-55(b)所示。

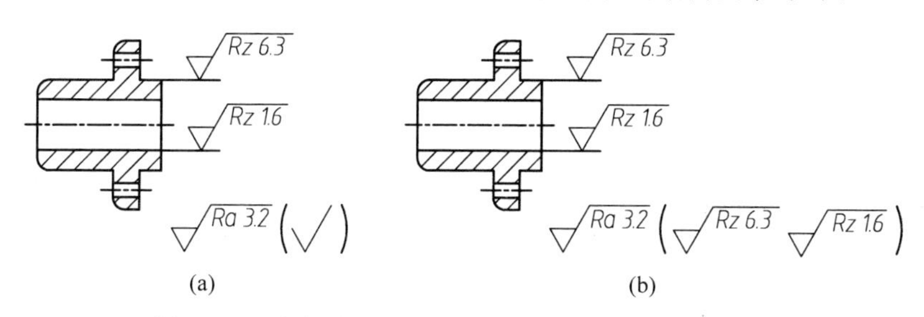

图 15-55 大部分表面有相同表面结构要求的简化注法

15.4.2 尺寸极限偏差

在大批量生产中，要求零件具有互换性。所谓互换性，就是在同一规格的众多零件中，不经挑选和修配加工，就能顺利装配到机器上并满足功能要求的特性。

保证互换性的理想方法是把尺寸做得绝对准确，但由于技术、设备等诸多因素的影响和对生产效率的要求，这是不可能的。保证互换性的切实可行的办法是在满足零件性能要求的条件下允许尺寸在所限定的范围内变动。在零件图中用尺寸极限偏差来表示允许尺寸变动的范围。

1. 相关术语及定义

1）公称尺寸

公称尺寸是指由图样规范确定的理想形状要素尺寸，如图 15-56(a)中小轴的直径 $\phi20$ 和长度 40。

2）上极限尺寸

上极限尺寸指轴或孔允许的最大尺寸，见图 15-56(b)中的 $\phi20.023$。

3）下极限尺寸

下极限尺寸指轴或孔允许的最小尺寸，见图 15-56(b)中的 $\phi20.002$。

零件的实际尺寸只要在两个极限尺寸之间(含极限尺寸)就符合质量要求。

为了能直观地看出公称尺寸和尺寸允许变化的情况，一般在零件图上不直接标注极限尺寸，而是标注公称尺寸和上极限偏差及下极限偏差。

4）偏差

某一尺寸减去其公称尺寸所得的代数差称为偏差。

5）上极限偏差与下极限偏差

上极限偏差指上极限尺寸减其公称尺寸所得的代数差，见图 15-56(b)中的 +0.023。上极限偏差代号：孔为 ES，轴为 es。

下极限偏差指下极限尺寸减其公称尺寸所得的代数差，见图 15-56(b)中的 +0.002。下极限偏差代号：孔为 EI，轴为 ei。

6）极限偏差

极限偏差包括上极限偏差和下极限偏差。

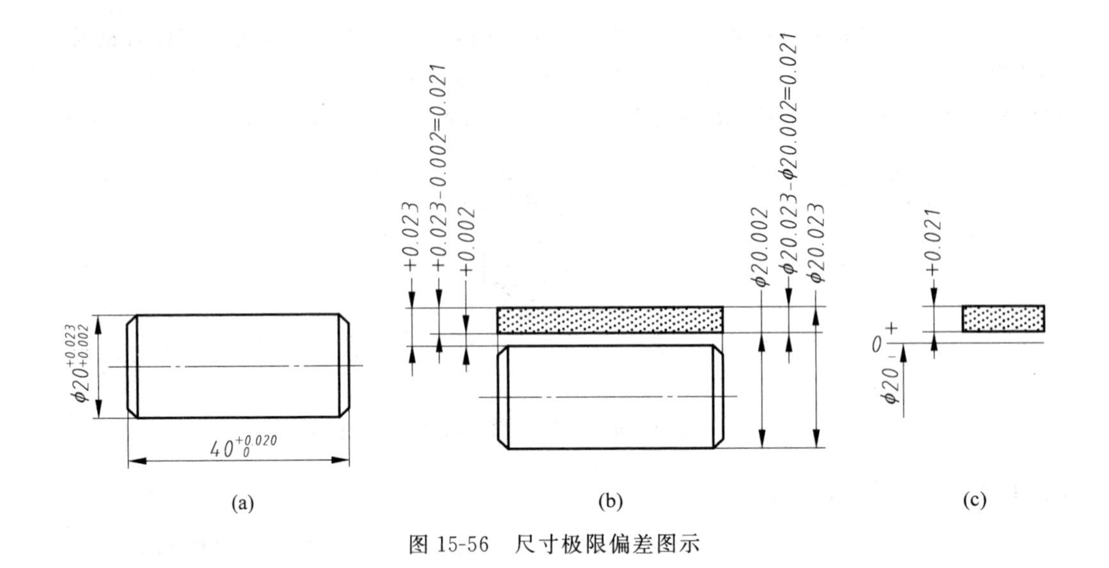

图 15-56 尺寸极限偏差图示

7）尺寸公差

尺寸公差是上极限尺寸与下极限尺寸之差，或上极限偏差与下极限偏差之差。它是允许尺寸的变动量，简称公差。即

尺寸公差＝上极限尺寸－下极限尺寸＝上极限偏差－下极限偏差

图 15-56(b)中小轴直径的尺寸公差＝20.023－20.002＝0.023－0.002＝0.021。

8）公差带

在研讨有关公差的问题时，为简单明了，常用图 15-56(c)所示的公差带图解。图中，表示公称尺寸的一条直线称为零线，由代表上极限偏差和下极限偏差或上极限尺寸和下极限尺寸的两条直线所限定的一个区域称为公差带。

9）基本偏差

基本偏差指用以确定公差带相对于零线位置的上极限偏差或下极限偏差，一般指靠近零线的那个偏差。显然，若公差带位于零线上，则下极限偏差为基本偏差；若公差带位于零线之下，则上极限偏差为基本偏差。为了满足不同的功能要求，国家标准规定了孔和轴各有 28 种基本偏差，用拉丁字母表示。孔用大写字母，轴用小写字母。图 15-57 为基本偏差系列图，从图中可以看出各基本偏差是上偏差还是下偏差，以及各基本偏差与零线的相对位置状态。具体数值可从书后附表 D2-1 查出。

10）标准公差

标准公差指国家标准“极限与配合制”中规定的公差值，标准公差值用来确定公差带的大小。显然，同一公称尺寸的公差值大，则允许变动量大，意味着尺寸精度低；反之，公差值小，意味着尺寸精度高。国家标准规定的标准公差等级也就是确定尺寸精确程度的等级，共分为 20 级，以 IT01，IT0，IT1，IT2，…，IT18 表示。随着 IT 值的增大，精度依次降低，公差值也由小变大。

本书附录 D2 列出了标准公差数值表。

实用中一般不写“IT”字母，直接用数字表示标准公差等级。

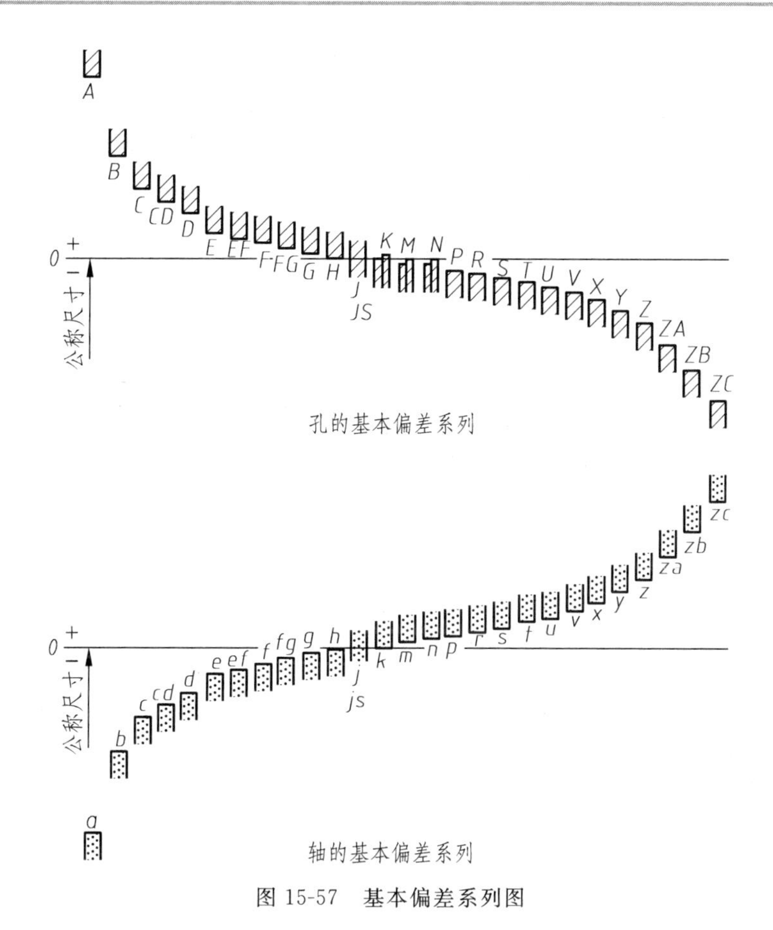

图 15-57 基本偏差系列图

11）公差带代号

公差带代号指由代表基本偏差的字母和代表标准公差等级的数字组成的代表公差带状态的代号，如 H8，f7 等。有了公称尺寸和公差带代号，就可以从孔、轴极限偏差表（见附表 D2-1）中查出极限偏差的具体数值，也就可以确定上极限尺寸和下极限尺寸了。

例如，根据 ϕ30H8 可查出公称尺寸 ϕ30 孔的下极限偏差为 0，上极限偏差为 $+33\mu m=+0.033mm$。根据 ϕ60f7 可查出公称尺寸 ϕ60 的轴上极限偏差为 $-30\mu m=-0.030mm$，下极限偏差为 $-60\mu m=-0.060mm$。

2. 尺寸极限偏差在零件图中的标注

在零件图中常用下列 3 种方式之一标注尺寸极限偏差：

（1）在公称尺寸后只注公差带代号，字体大小与公称尺寸数字一样，如图 15-58(a) 所示。

（2）在公称尺寸后注出极限偏差数值，如图 15-58(b) 所示。

（3）既标注公差带代号，又在其后括号中标注极限偏差数值，如图 15-58(c) 所示。

当采用直接在公称尺寸后注出极限偏差数值的方法标注（图 15-59）时要注意以下 4 点细则：

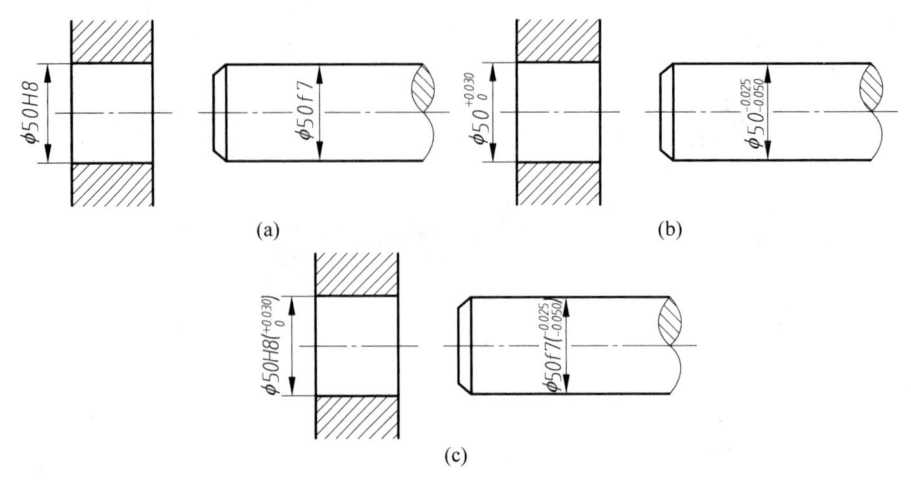

图 15-58　极限偏差的标注

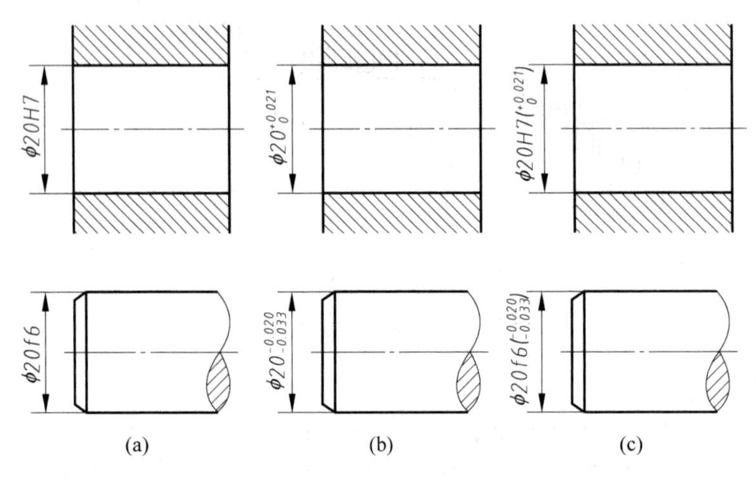

图 15-59　极限偏差的标注

(a) 注公差带代号；(b) 注极限偏差值；(c) 混合标注

(1) 上、下极限偏差绝对值不同时，偏差值字高比基本尺寸字高小一号，下偏差应与基本尺寸注在同一底线上，上偏差注在下偏差上方，上、下偏差小数点对齐；

(2) 上、下极限偏差小数点后位数必须相同，位数不同时，位数少的用数字“0”补齐；

(3) 某一偏差为“零”时，用数字“0”标出，并与另一偏差的个位数字对齐；

(4) 上、下极限偏差绝对值相同时，仅写一个数值，字高与基本尺寸相同，数值前标写“±”，如 $\phi60\pm0.03$。

当同一公称尺寸的表面具有不同的极限偏差要求时，应用细实线分开，将分段界线标注清楚，各段分别标注极限偏差，如图 15-60 所示。

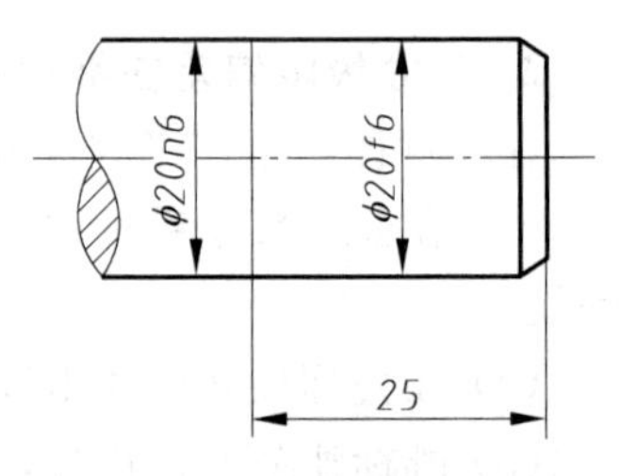

图 15-60　不同偏差要求的标注

15.4.3 配合

配合是指公称尺寸相同、相互结合的孔和轴公差带之间的关系。配合用来控制相互结合的孔和轴的运动关系，达到不同的机械性能，满足机器功能需要。

1. 配合的种类

配合分为间隙配合、过盈配合和过渡配合 3 种。

1）间隙配合

如果一批零件中孔的公差带完全在轴的公差带之上，任取其中一对孔、轴相配合，则孔、轴之间总有间隙（包括最小间隙为零），这种配合状态称为间隙配合，如图 15-61 所示。

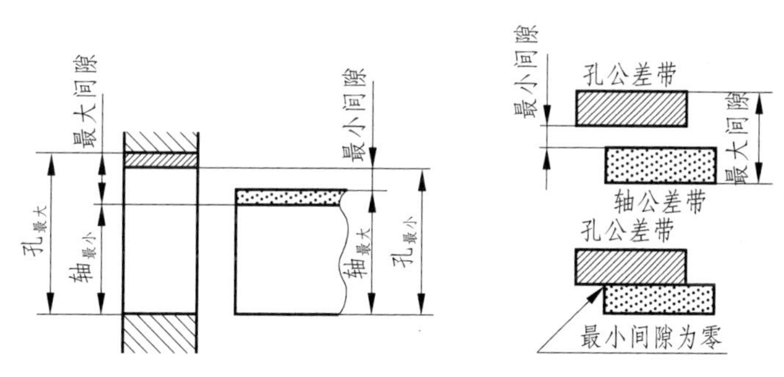

图 15-61 间隙配合

2）过盈配合

如果孔的公差带完全在轴的公差带之下，任取其中一对孔、轴相配合，则轴的实际尺寸总大于孔的实际尺寸，这种配合状态称为过盈配合，如图 15-62 所示。

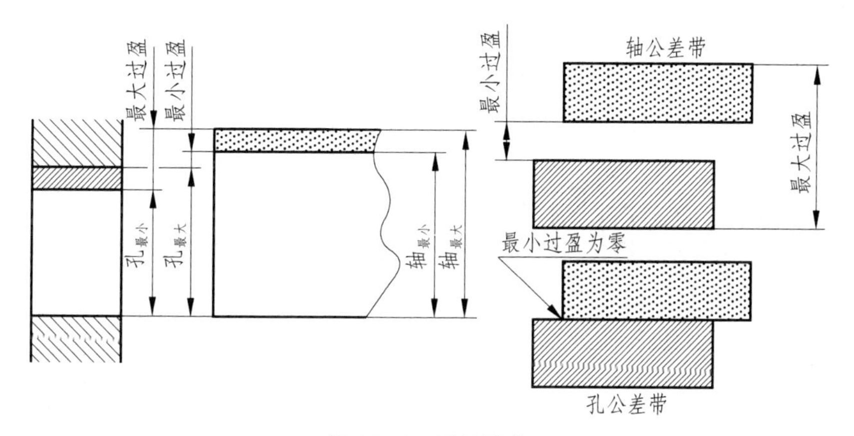

图 15-62 过盈配合

3）过渡配合

如果孔和轴的公差带相互交叠，任取其中一对孔和轴相配，则孔、轴之间有可能有间隙，也可能有过盈，这种配合状态称为过渡配合，如图 15-63 所示。

理解过渡配合时应注意以下几点：

（1）过渡配合产生在较高精度区段，是制造小间隙和小过盈时精度要求与生产效率

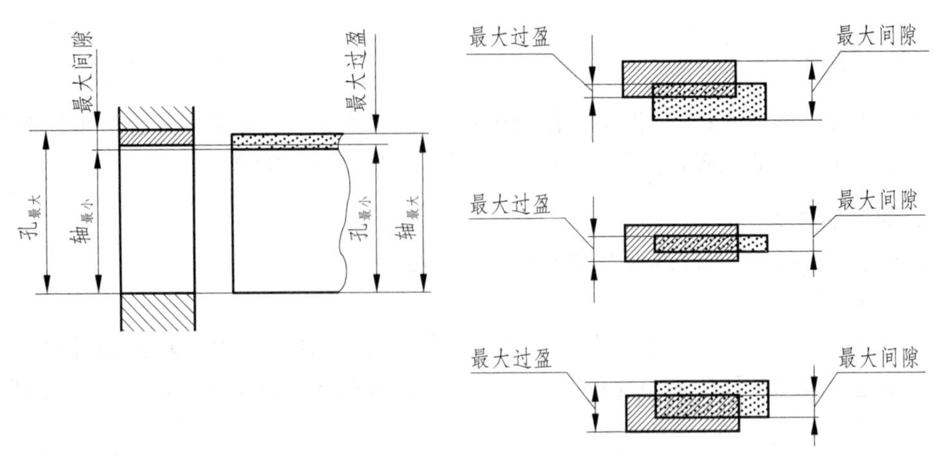

图 15-63 过渡配合

相协调时必然出现的现象。

(2) 过渡配合的平均间隙和平均过盈不大,其性能为实践中所必需。

(3) 各种过渡配合的间隙和过盈的总百分率在生产实践中是有规律的。

2. 基孔制配合和基轴制配合

为了得到孔、轴间的不同配合,可以有两种做法:基孔制配合和基轴制配合。

1) 基孔制配合

基本偏差一定的孔的公差带与不同基本偏差的轴的公差带形成的各种配合称为基孔制配合。此时,孔是基准件,称为基准孔。GB/T 1800.1—2009 规定基准孔的基本偏差用 H(下极限偏差为零)表示。基孔制的各种配合如图 15-64 所示。

2) 基轴制配合

基本偏差一定的轴的公差带与不同基本偏差的孔的公差带形成的各种配合称为基轴制配合。此时,轴是基准件,称为基准轴。GB/T 1800.1—2009 规定基准轴的基本偏差用 h(上极限偏差为零)表示。基轴制的各种配合如图 15-65 所示。

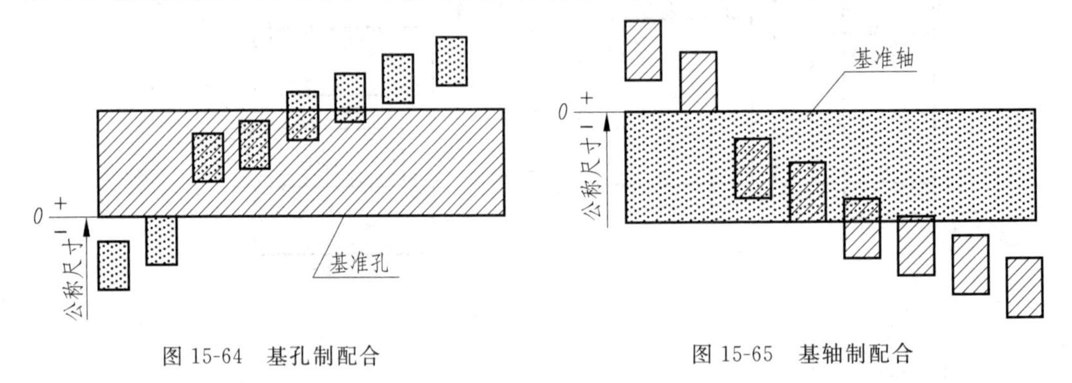

图 15-64 基孔制配合

图 15-65 基轴制配合

选择配合制时要注意以下两点:

① 应优先使用基孔制配合。

② 从图 15-57(基本偏差系列图)中不难看出,基孔制配合中,轴的基本偏差 a~h 产生间隙配合,j~zc 产生过渡配合和过盈配合;基轴制配合中,轴的基本偏差 A~H 产生

间隙配合，J～JC 产生过渡配合和过盈配合。

3. 配合的标注

在装配图上用下面方法标注配合：在公称尺寸后边以分数形式标注孔和轴的公差带代号，分子标注孔的公差带代号，分母标注轴的公差带代号。基孔制配合标注示例见图 15-66，基轴制配合标注示例见图 15-67。有时也采用在尺寸线上方标注孔的基本尺寸和极限偏差数值，在尺寸线下方标注轴的基本尺寸和极限偏差数值的方式，如图 15-68 所示。

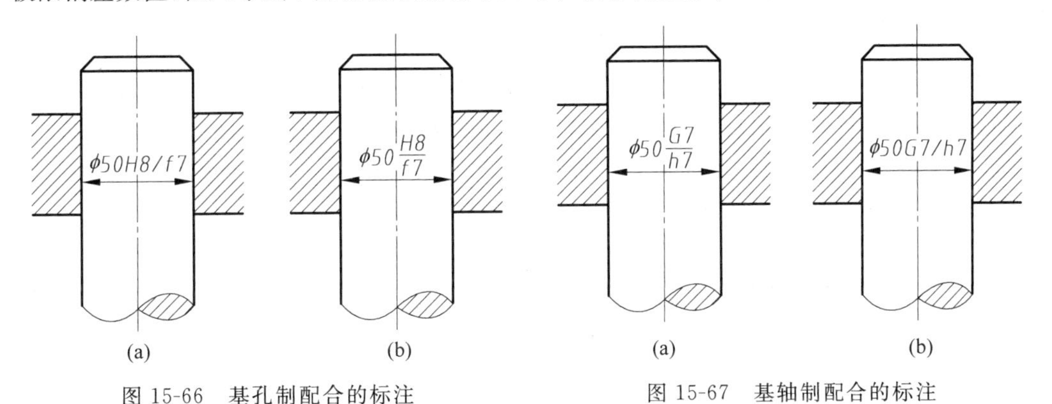

图 15-66　基孔制配合的标注　　　　图 15-67　基轴制配合的标注

注意：滚动轴承是由专业厂家生产的标准组件，其内圈（孔）和外圈（轴）的公差带已经标准化。因此，在装配图中只需标出本部门设计、生产的零件中与之相配合的孔的公差带代号即可，如图 15-69 所示。

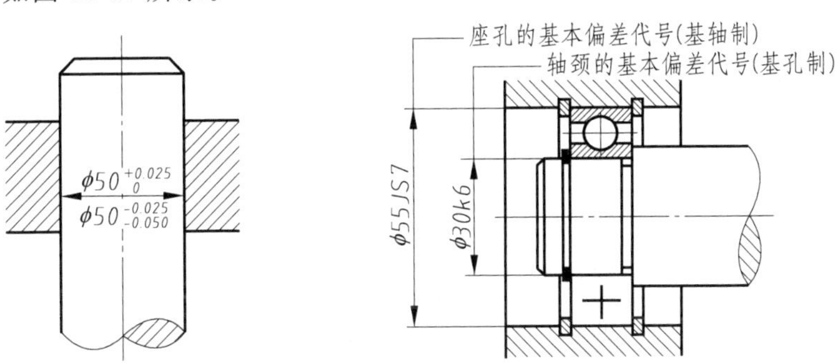

图 15-68　配合的另一种标注法　　　　图 15-69　滚动轴承与孔、轴配合的标注

15.4.4　几何公差

1. 基本概念

零件上的特征部分——点、线或面称为要素，这些要素可以是组成要素，如圆柱体的外表面，也可以是导出要素，如中心线或中心面。在零件加工后，某些要素可能会出现形状、位置或方向等方面的误差。如图 15-70(a)所示，本应为直线的圆柱轮廓线不是理想直线，这属于形状方面的误差；如图 15-70(b)所示，本应重合的两个圆柱面轴线没有重合，这属于位置方面的误差；如图 15-70(c)所示，右侧大直径圆柱端面本应和左侧小圆柱轴线垂直，这属于方向方面的误差。因此，为了保证零件之间的可装配性与互换性，除了需

要对零件的某些要素给出尺寸公差外，还需要给出一些要素的几何公差。

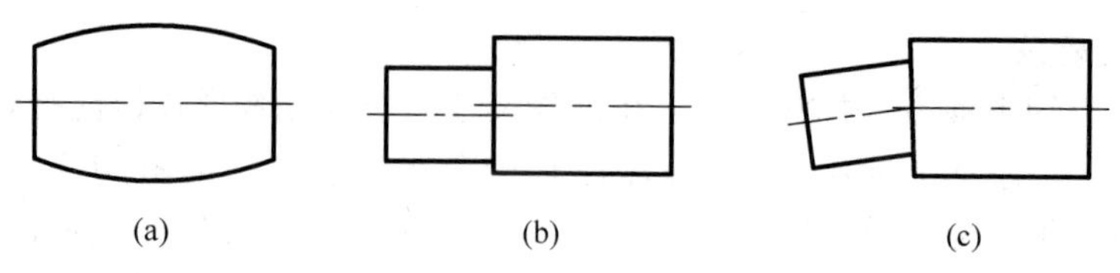

图 15-70 形状、位置和方向误差

(a) 形状误差；(b) 位置误差；(c) 方向误差

单一实际要素(点、线或面，如球心、轴线或端面)的形状所允许的变动量为形状公差，实际要素相对于基准要素的位置所允许的变动量为方向、位置或跳动公差。形状公差、方向公差、位置公差和跳动公差都属于几何公差。几何公差的每一具体项称为特征项目，每一个特征项目用一个符号代表，项目内容和代表符号见表 15-8。

表 15-8 几何公差特征项目及符号

分类	名称	符号	有无基准
形状公差	直线度	—	无
	平面度	⏥	无
	圆度	○	无
	圆柱度	⌭	无
	线轮廓度	⌒	无
	面轮廓度	⌓	无
方向公差	平行度	//	有
	垂直度	⊥	有
	倾斜度	∠	有
	线轮廓度	⌒	有
	面轮廓度	⌓	有
位置公差	位置度	⌖	有或无
	同心度 (用于中心点)	◎	有
	同轴度 (用于轴线)	◎	有
	对称度	⌯	有
	线轮廓度	⌒	有
	面轮廓度	⌓	有
跳动公差	圆跳动	↗	有
	全跳动	⌰	有

2. 几何公差的标注方法

1）公差要求在矩形方框中给出

如图 15-71 所示，该方框由两格或多格组成，框格中的内容从左到右按以下次序填写：

第一格，公差特征的符号。

第二格，公差值及有关符号（公差值用线性值，以 mm 为单位，若公差带是圆形或圆柱形则加注 ϕ，若为球形则加注 $S\phi$）。

第三格及以后各格，用一个或多个字母表示基准要素或基准体系。

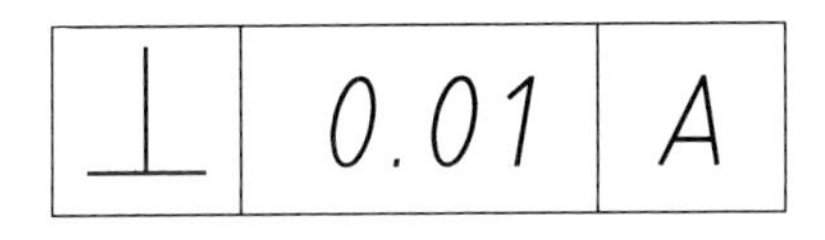

图 15-71 方框

2）用带箭头的指引线将方框与被测要素相连

（1）当被测要素是轮廓线或表面时，将箭头置于要素的轮廓线或轮廓线的延长线上，箭头与尺寸线明显分开，如图 15-72 所示。

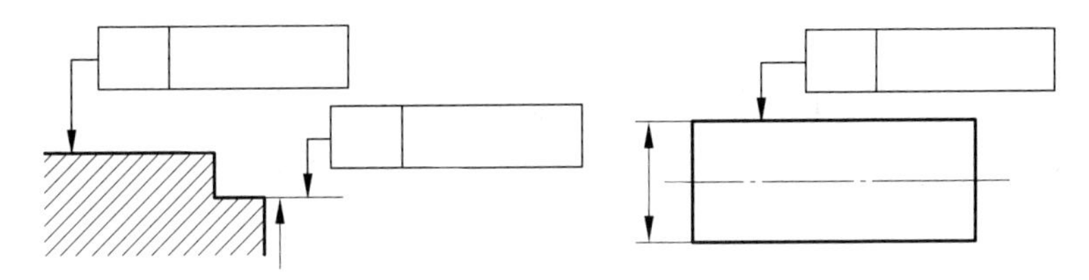

图 15-72 形位公差的标注（一）

（2）当被测要素是实际表面时（表面的投影不积聚成线），箭头可置于带点的参考线上，该点指在实际表面上，如图 15-73 所示。

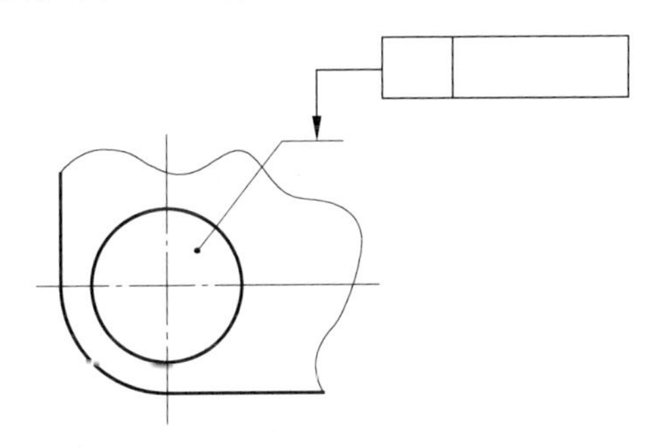

图 15-73 形位公差的标注（二）

（3）当被测要素是轴线、中心平面或由带尺寸要素确定的点时，则带箭头的指引线应与尺寸线的延长线重合，如图 15-74 所示。

几何公差标注的其他注意事项：

① 如仅要求要素某一部分的公差值，则用粗点画线表示其范围，并加注尺寸（见图 15-75 和图 15-76）。

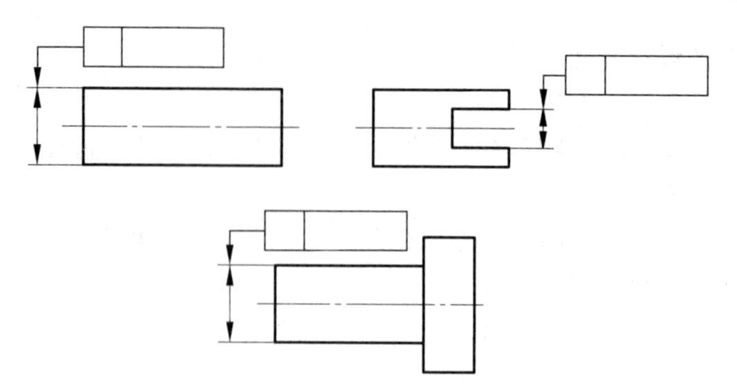

图 15-74 形位公差的标注(三)

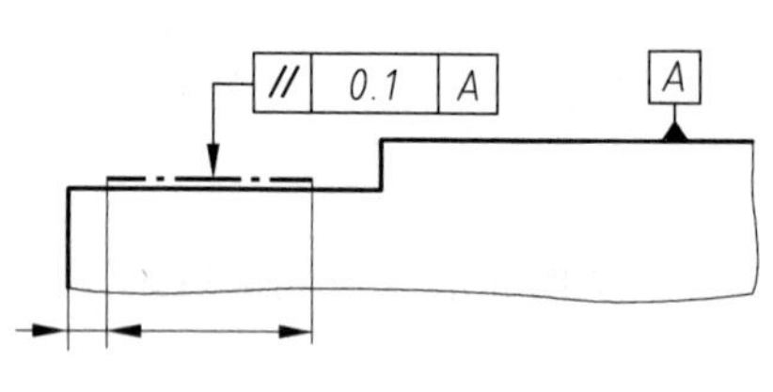

图 15-75 仅要求某一部分公差值(一)

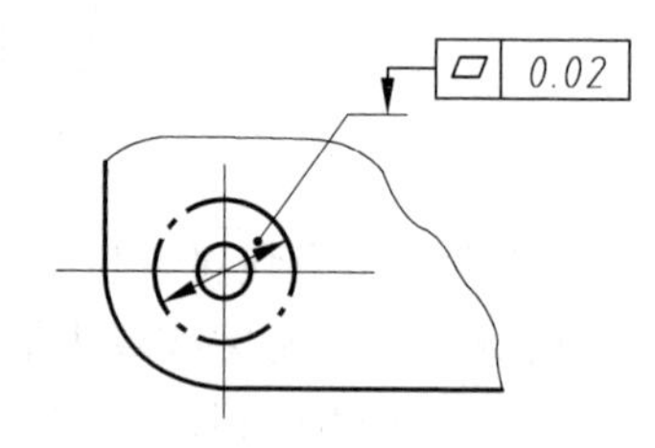

图 15-76 仅要求某一部分公差值(二)

② 当被测要素是圆锥体轴线时,指引线箭头应与圆锥体的大端或小端的尺寸线对齐(图 15-77),或在圆锥体上任一部位添加一空白尺寸线,指引线箭头与之相连(图 15-78)。

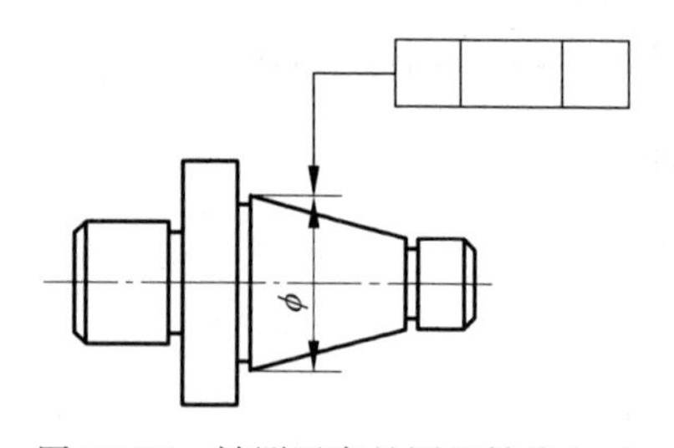

图 15-77 被测要素是圆锥轴线(一)

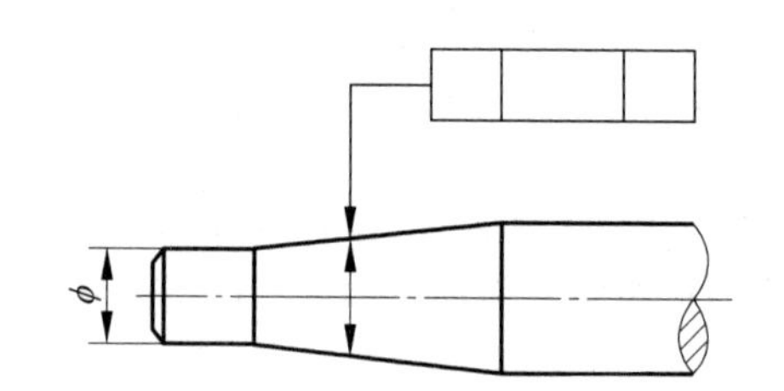

图 15-78 被测要素是圆锥轴线(二)

③ 如对同一要素有一个以上的几何公差特征项目要求时,可将多个框格上下排在一起(图 15-79)。

④ 对几个表面有同一几何公差要求时,可用同一框格多条指引线标注(图 15-80)。

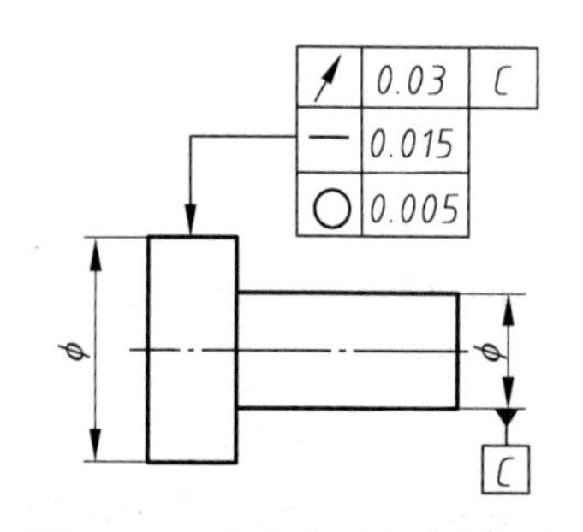

图 15-79 有多个要求时的标注

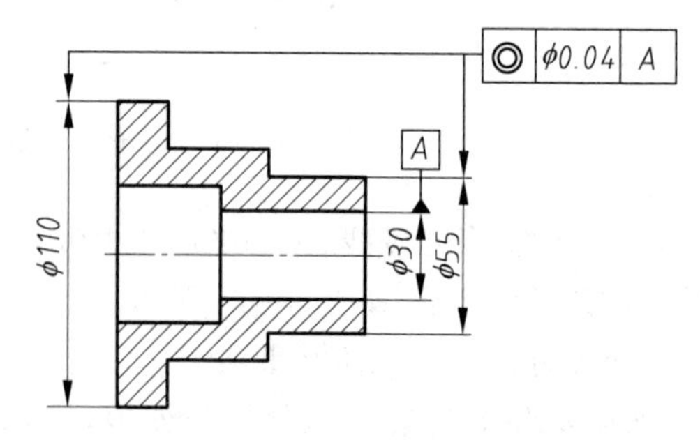

图 15-80 几个表面同一要求时的标注

⑤ 当一个以上要素作为被测要素时，应在框格上方标明。如有 6 个要素时，应标“×”、“6 槽”等(图 15-81)。

3. 基准要素的标注图

相对于被测要素的基准，用一个大写字母表示，该字母标注在方格内，与一个涂黑的或空白的三角形相连以表示基准，如图 15-82 所示。表示基准的字母还应该标注在公差方格内。涂黑的和空白的基准三角形含义相同。基准符号中的字母应始终保持水平方向书写。

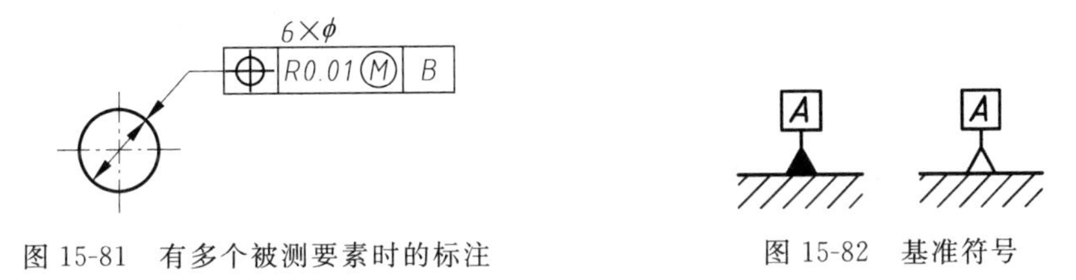

图 15-81 有多个被测要素时的标注　　图 15-82 基准符号

(1) 当基准要素是轮廓线或表面时(图 15-83)，基准三角形应贴近要素的轮廓或其延长线，但与尺寸线明显错开。基准符号还可以置于用圆点指向实际表面的参考线上(图 15-84)。

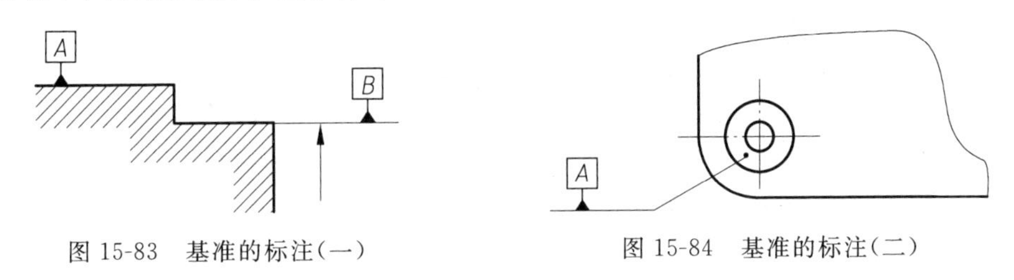

图 15-83 基准的标注(一)　　图 15-84 基准的标注(二)

(2) 当基准要素是轴线、中心平面或由带尺寸的要素确定的点时，则基准三角形贴近时基准符号中的细连线与尺寸线对齐(图 15-85～图 15-87)。因标注基准符号影响尺寸线箭头时，基准三角形可以代替一个箭头(图 15-86)。

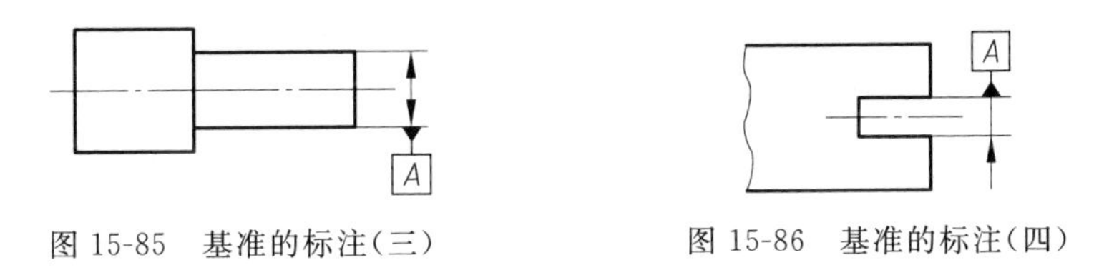

图 15-85 基准的标注(三)　　图 15-86 基准的标注(四)

(3) 如仅要求要素的某一部分作为基准，则该部分应用粗点画线表示并加注尺寸(图 15-87)。

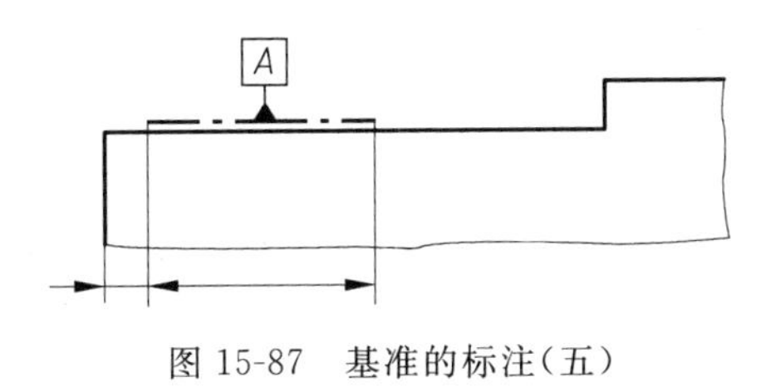

图 15-87 基准的标注(五)

(4) 由两个要素组成的公共基准,在框格中用由短横线隔开的两个基准字母表示(图 15-88)。

(5) 由 2 个或 3 个要素组成的基准体系,如多基准组合,在框格中按基准的优先次序(而不是按字母顺序)从左至右分置于各小格中(图 15-89)。

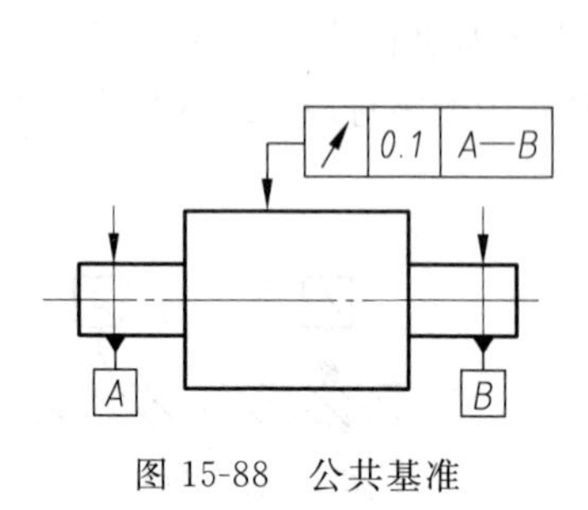

图 15-88 公共基准

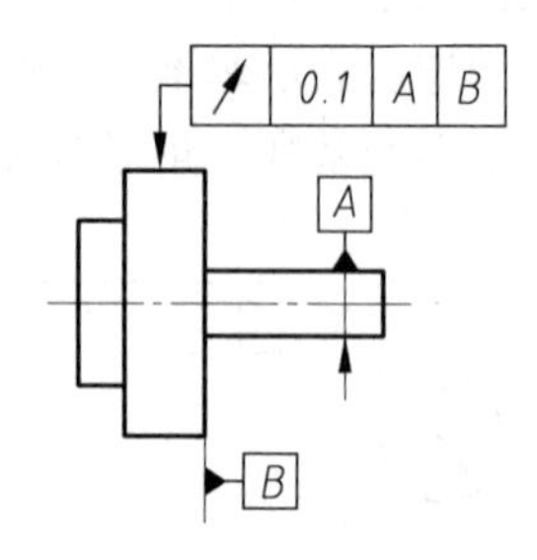

图 15-89 两个基准形成体系

图 15-90 所示的气门阀,是几何公差标注的典型实例。

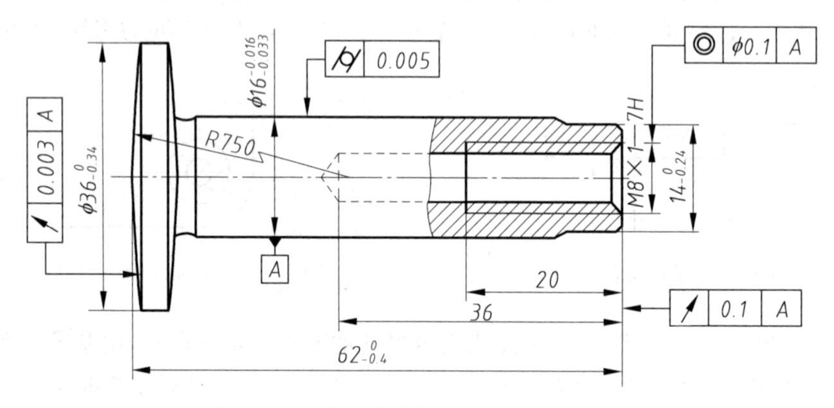

图 15-90 形位公差标注的实例(气门阀)

15.4.5 其他技术要求

(1) 零件毛坯的要求。常见的有铸造圆角的尺寸要求,对气孔、缩孔、裂纹等的限制,锻件去除氧化皮要求,焊缝的质量要求等。

(2) 热处理要求。热处理是将金属零件毛坯或半成品加热到一定温度后保持一段时间,再以不同方式、不同速度冷却以改变金属材料内部组织,从而改善材料机械性能(强度、硬度、韧性等)和切削性能的方法。对零件的热处理要求主要是规定处理方法和限定处理后的性能指标(如硬度值)等。

(3) 表面处理要求。表面处理是在零件表面加镀(涂)层,以提高零件表面抗腐蚀性、耐磨性或使表面美观。常用方法有电镀(锌、铬、银等)和发黑(发蓝)等。

(4) 对检测、试验条件与方法的要求。这些技术要求注写在图样空白处,一般位于标题栏上方。顶行为“技术要求”字样,字号大于下边各行正文字号。注写文字要准确和简明扼要,所用代号和表示方法要符合国家标准规定。

15.5 读零件图

(1) 看标题栏：了解零件的名称、材料、画图比例等，对零件有定性了解。

(2) 分析视图：了解视图数目、每个视图的作用及所采用的表达方法，对零件复杂程度有定性了解。

(3) 分析投影：根据投影关系，用形体分析法、结构分析法分析零件的主体结构、局部功能结构和局部工艺结构。

(4) 分析尺寸：了解零件的大小。

(5) 分析技术要求：明确零件在尺寸精度、表面结构和形状、位置精确度的要求。

现以图 15-91 中的泵体为例，说明看零件图的具体方法和步骤。

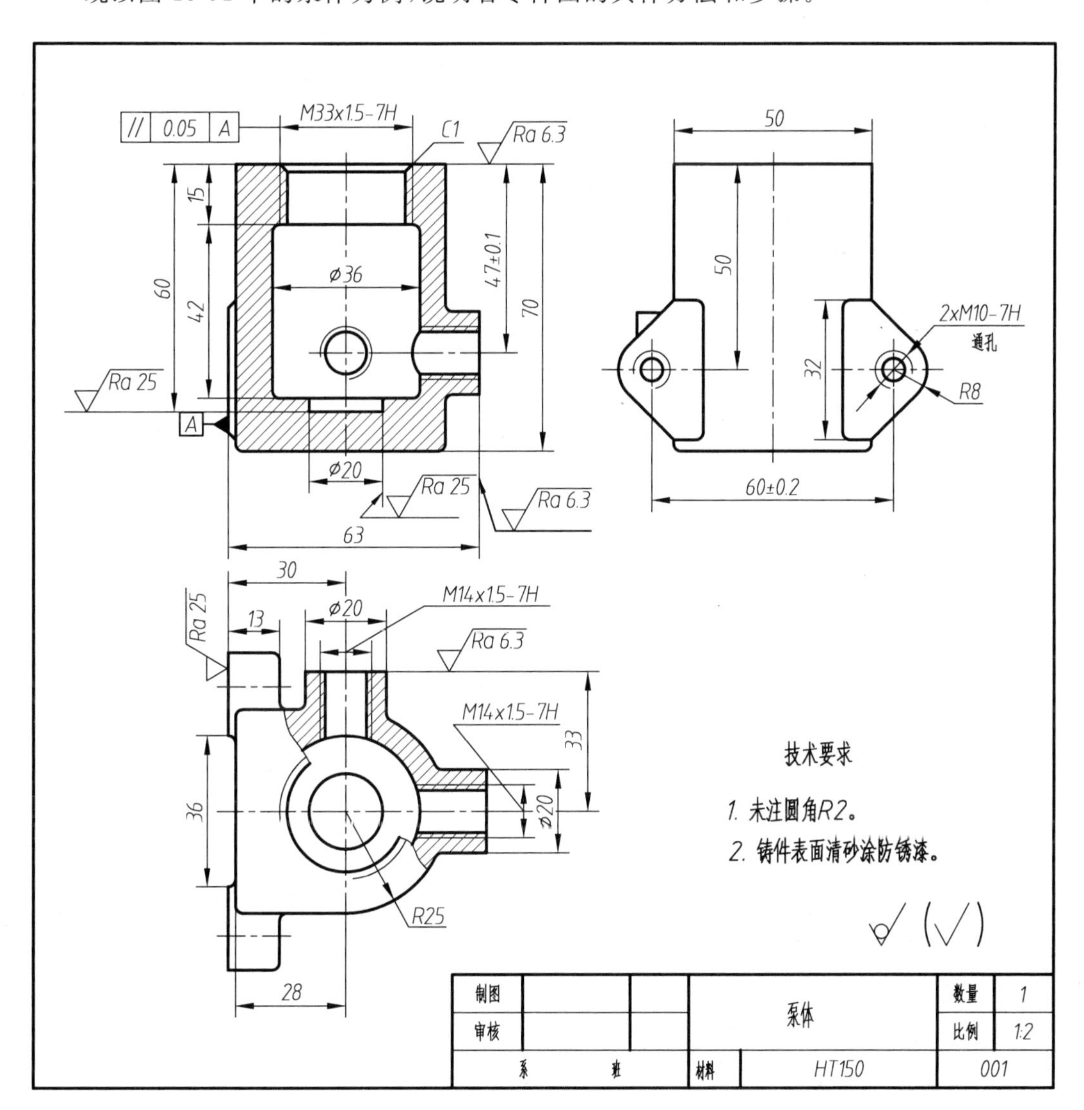

图 15-91 泵体零件图

1. 看标题栏

从标题栏中可知，零件的名称为泵体，材料是铸铁，比例 1∶2。

2. 分析视图

找出主视图，分析各视图之间的投影关系。根据视图的配置关系，可知图 15-91 是由主视图、俯视图和左视图组成的。主视图采用全剖视，俯视图取局部剖视。

3. 分析投影

根据投影关系，用形体分析法想象零件的形状。看图的顺序一般是：先看整体后看细节；先看主要部分后看次要部分；先看容易的后看难的。

看图时有时还要查阅有关的技术资料，如部件装配图和说明书等，以便了解零件各部分结构的功能，并确定其形状。例如，从柱塞泵装配图（第 16 章）中可以看出，柱塞泵是一种供油装置，而泵体是用来安装弹簧、柱塞等零件和连接管路的一个箱体类零件。用形体分析法把图 15-91 中的 3 个视图联系起来看，可以把泵体分解为两大部分：半圆柱形的外形和内有空腔的箱体；两块三角形安装板。按所分部分逐一在视图上对照投影，分析每一部分的结构特点及其相对位置。例如，从主视图中可以看到泵体的主要部分泵腔的结构特点；从俯视图中可见在泵壁上有与单向阀体相接的两个螺孔，分别位于泵体的右边和后边，是泵体的进出油口；从左视图上可见两安装板的形状及其位置。通过上述分析，综合起来就可以想象出泵体的完整形状，如图 15-92 所示。

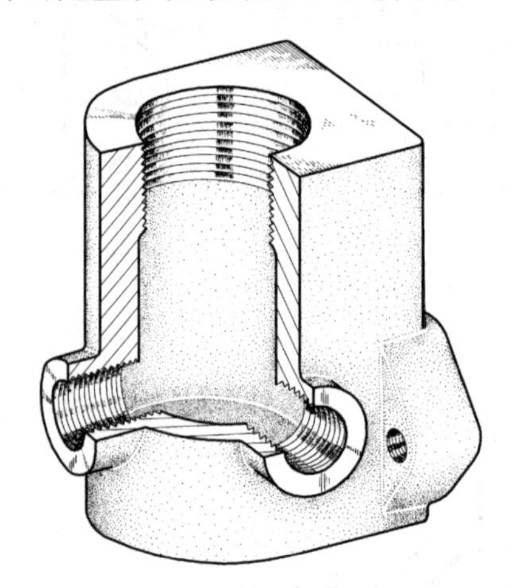

图 15-92　泵体轴测图

4. 分析尺寸

看尺寸的方法是首先找出长、宽、高 3 个方向的尺寸基准，然后从主要结构部分开始，逐个进行分析，找出主要尺寸。由图 15-91 可见，长度方向（左、右）的基准是泵体安装板的端面，高度方向的基准是泵体上端面，宽度方向（前、后）的基准是泵体的前后对称面。零件最大高度 70mm，左、右尺寸 63mm，前、后尺寸 76mm。

5. 分析技术要求

先看尺寸公差。可以看出，有两处尺寸有稍高的公差要求：一处是水平螺孔到顶面的距离 47mm，其尺寸偏差为±0.1mm；另一处是耳板上两螺孔之间的距离 60mm，其尺寸偏差为±0.2mm。

再看表面结构，要求较高的是顶面和两螺孔凸台的端面，需切削加工，*Ra* 值要求 6.3，还有一个不通孔切削加工到 *Ra* 值为 25，其余表面主要为不切削加工的铸造表面。

最后形位公差，只有一处位置公差：M33 螺纹的中心线与左安装面 *A* 的不平行度不应超过 0.05mm。

16 装配图

16.1 概述

部件(机器)是由若干零件按照一定的技术要求装配而成的。装配图是表达部件(机器)的图样。

在设计过程中,一般是根据部件(机器)的功能要求先绘制装配图,然后再根据装配图进一步设计和绘制零件图。

生产过程中,通过装配图了解部件(机器)的组成、装配关系和工作原理,由此制定装配工艺规程。装配图是进行装配、检验、安装以及维修的技术依据。

图 16-1 所示的柱塞泵是一种用于机器润滑的供油装置。图 16-2 是它的装配图。

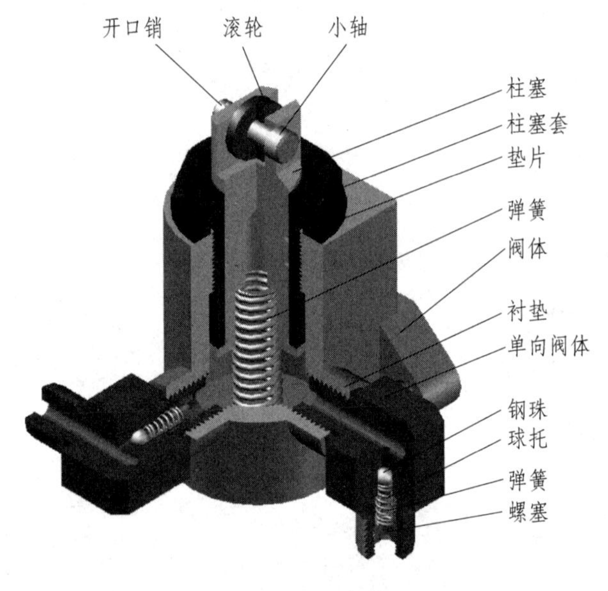

图 16-1 柱塞泵

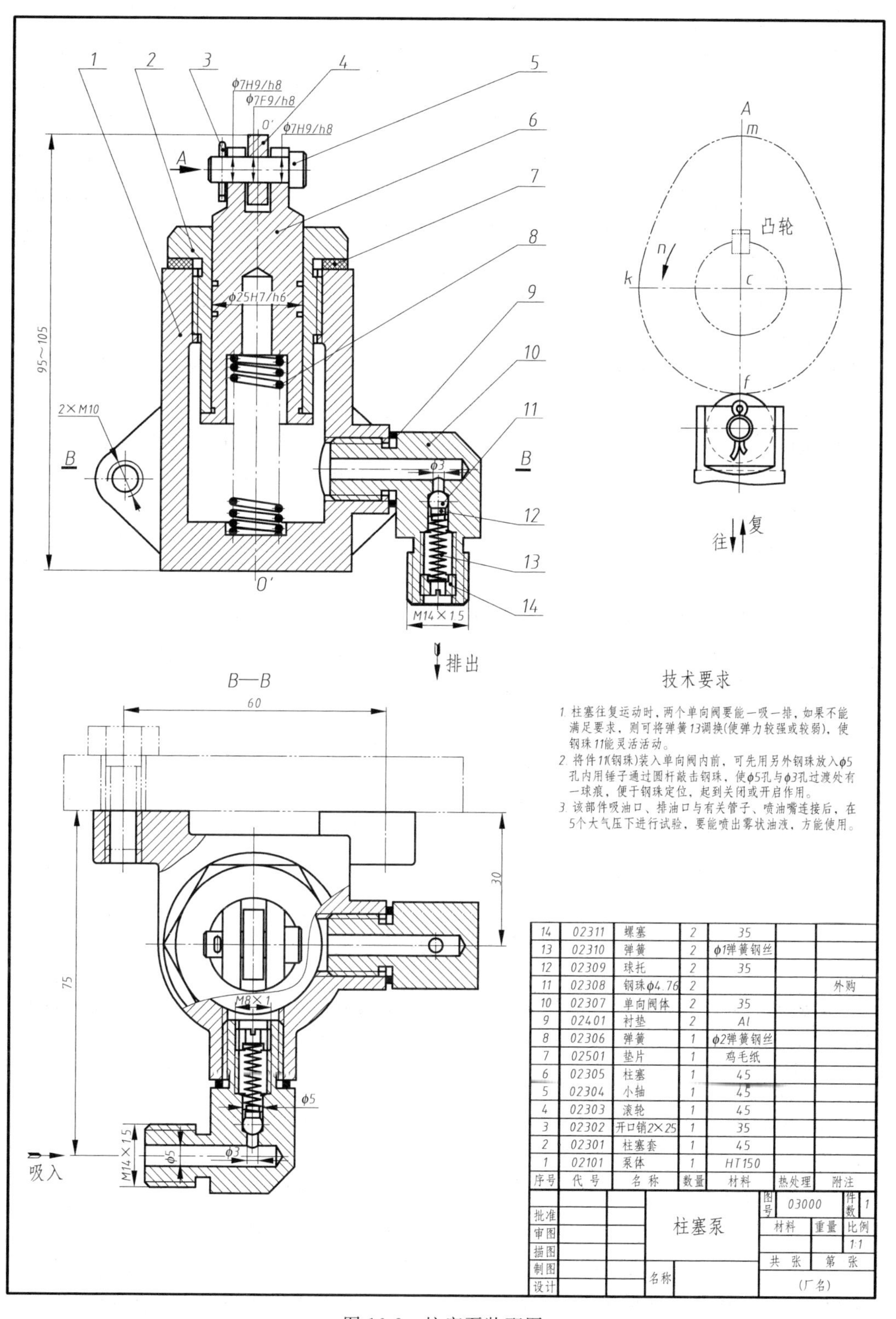

技术要求

1. 柱塞往复运动时，两个单向阀要能一吸一排，如果不能满足要求，则可将弹簧13调换(使弹力较强或较弱)，使钢珠11能灵活活动。
2. 将件11(钢珠)装入单向阀内前，可先用另外钢珠放入φ5孔内用锤子通过圆杆敲击钢珠，使φ5孔与φ3孔过渡处有一球痕，便于钢珠定位，起到关闭或开启作用。
3. 该部件吸油口、排油口与有关管子、喷油嘴连接后，在5个大气压下进行试验，要能喷出雾状油液，方能使用。

14	02311	螺塞	2	35		
13	02310	弹簧	2	φ1弹簧钢丝		
12	02309	球托	2	35		
11	02308	钢珠φ4.76	2			外购
10	02307	单向阀体	2	35		
9	02401	衬垫	2	Al		
8	02306	弹簧	1	φ2弹簧钢丝		
7	02501	垫片	1	鸡毛纸		
6	02305	柱塞	1	45		
5	02304	小轴	1	45		
4	02303	滚轮	1	45		
3	02302	开口销2×25	1	35		
2	02301	柱塞套	1	45		
1	02101	泵体	1	HT150		
序号	代 号	名 称	数量	材料	热处理	附注

			柱塞泵	图号	03000	件数	1
批准				材料		重量	比例
审图							1:1
描图				共 张		第 张	
制图			名称				
设计				(厂名)			

图 16-2 柱塞泵装配图

柱塞泵是如何完成供油过程的呢？

当滚轮上方的凸轮（A向视图上用双点画线画出）旋转时（图示为逆时针旋转），由于升程（cm－cf＝升程）的改变，迫使柱塞上下运动，引起泵腔容积的变化，因而腔内油压也随之改变。

凸轮的f点向下旋转时，由于弹簧的弹力作用使柱塞升高，泵腔容积增大，腔内油压降低。当油压与吸油嘴中弹簧的弹力之和小于大气压时，油池内的油在大气压力作用下进入吸油阀，使吸油嘴中的钢珠离开阀口，单向阀门打开，油进入泵腔，开始吸油。f点旋转至图示位置时，柱塞升至最高点，此时泵腔容积最大，腔内油压最低。

吸油过程中，排油嘴中的钢珠在大气压力下堵住阀口，单向阀门是关闭的。

凸轮继续旋转，柱塞下移，泵腔容积逐渐变小，腔内油压增高。当油压与排油嘴中弹簧的弹力之和高于大气压力时，高压油冲开排油嘴的单向阀门，开始排油。凸轮的m点旋转至与滚轮接触时，柱塞下移至最低点，此时泵腔内油压最高。

排油过程中，吸油嘴中的单向阀门是关闭的（请读者想一想为什么?），以防止油逆流。

凸轮连续旋转，柱塞便不断地作往复运动而将油不断吸入、压出。

装配图与零件图比较主要有以下区别：

（1）图样内容。装配图除视图、尺寸、技术要求和标题栏外，还增加了零件编号和明细栏。

（2）表达方法。同是采用视图、剖视图、断面图，但装配图有其特殊的画法。

（3）表达重点。由于装配图与零件图的作用不同，因此所表达的重点也不同。零件图需将零件的各部分结构形状完全表达清楚，而装配图的重点是把部件的功用、工作原理、零件之间的装配关系表达清楚。

（4）尺寸标注。从加工的需要出发，零件图要求标注零件制造时所需要的全部尺寸，而装配图只需标注与部件性能、装配、安装和体积等有关的少数尺寸。

下面对装配图的表达方法、视图选择、尺寸标注、零件编号、明细栏以及怎样阅读装配图等问题分别进行阐述。

16.2 基本规定

国家标准中有关图样画法的规定完全适用于装配图。从装配图的特点出发，为能更清晰地表达各零件之间的装配关系，绘制装配图时要遵守以下规则。

1. 规定画法（图16-3）

（1）相邻零件的接触表面和配合表面，只画一条粗实线；不接触表面和非配合表面，画两条粗实线。

（2）两个（或两个以上）金属零件相邻接时，剖面线的倾斜方向应相反；或者方向一致但间隔要不等。同一零件在各视图中的剖面线方向、间隔必须一致。

（3）当剖切面通过螺钉、螺母、垫圈等紧固件以及轴、手柄、连杆、键、销、球等实心件的基本轴线时，这些零件均按不剖绘制。当需要表达这些零件上的孔、槽等结构时，可采用局部剖视表示。若剖切面垂直于这些零件的轴线，则仍应画剖面线。

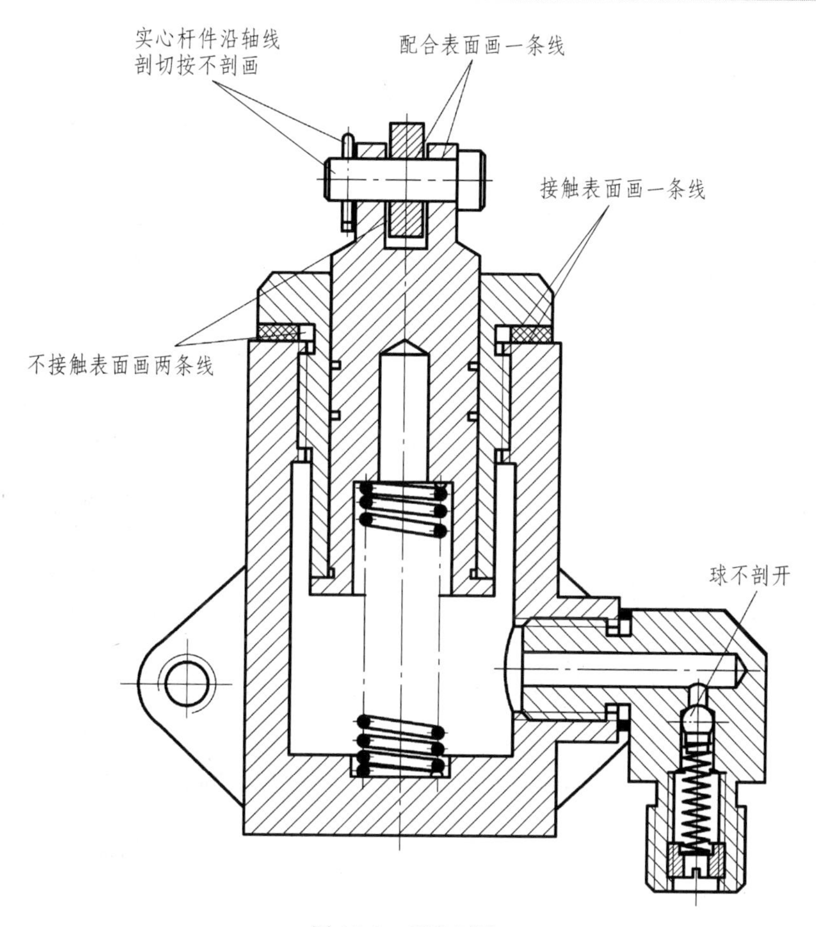

图 16-3 规定画法

2. 特殊画法

1）拆卸画法

为了表示被遮挡零件的装配关系，可假想拆卸相关零件后绘制，需要说明时，加注“拆去××”等。例如，图 16-4 中的俯视图右侧拆去了轴承盖、上轴瓦和螺栓、螺母，则加注“拆去轴承盖等”；图 16-5 中的主视图，加注了“拆去盖和垫片”。

2）沿零件结合面剖切画法

同样为了表示被遮挡零件的装配关系，还可假想沿某些零件的结合面剖切，此时结合面上不画剖面线。但其他被切断的零件剖面上应绘制剖面线。例如，图 16-6 中的 $A—A$ 剖视图，被切断的螺钉剖面上应绘制剖面线。

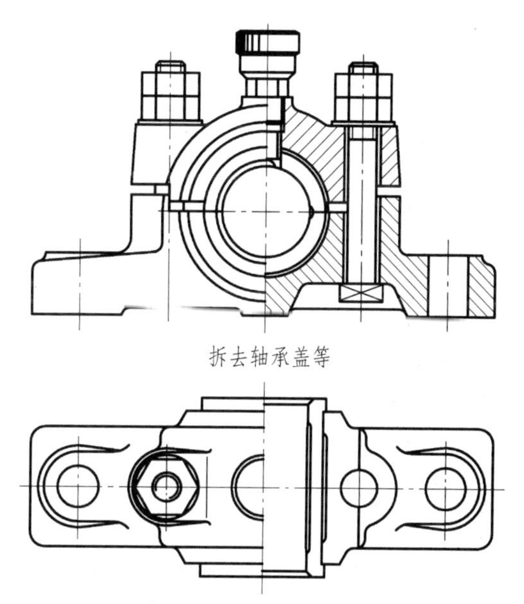

图 16-4 拆卸画法

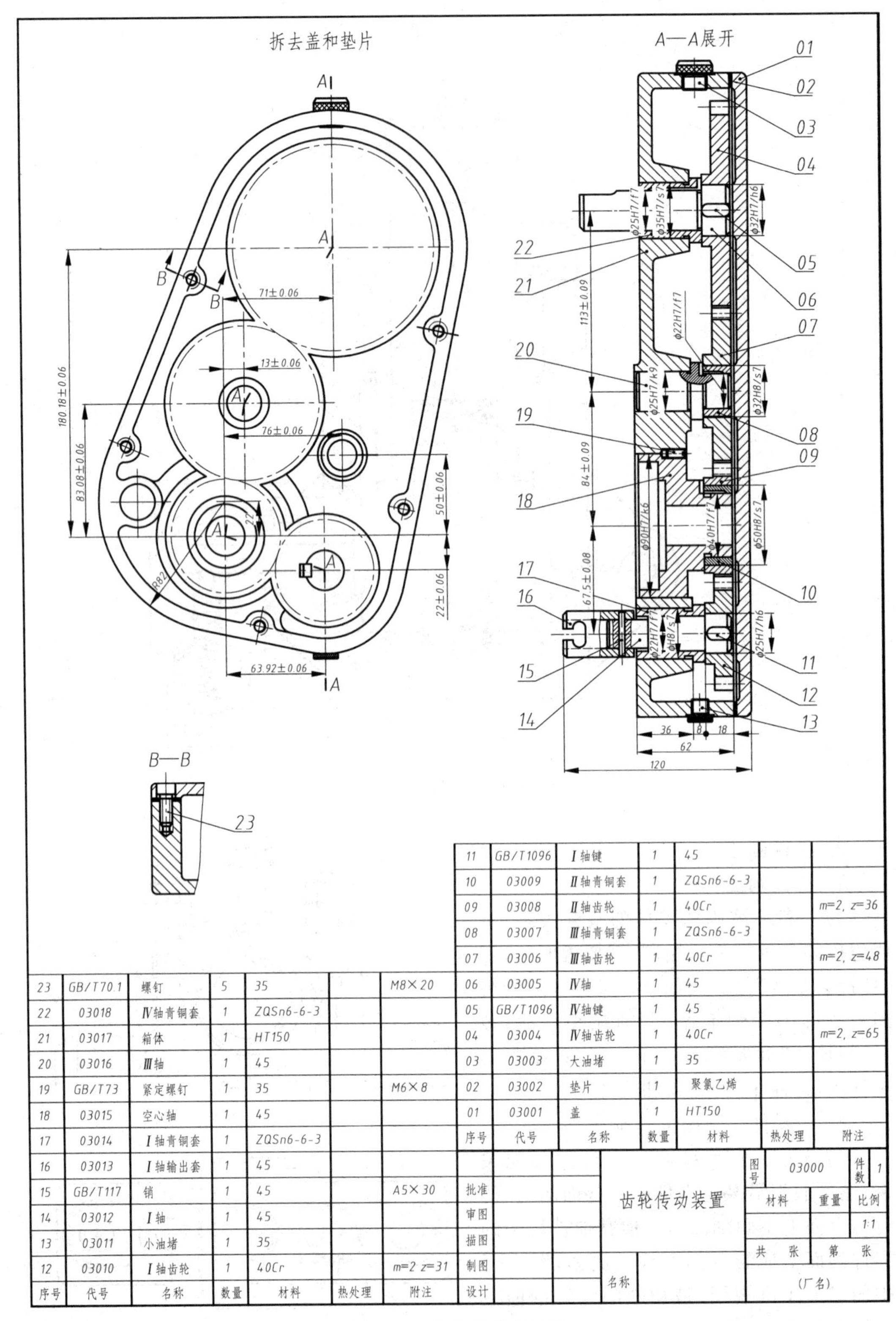

序号	代号	名称	数量	材料	热处理	附注
11	GB/T1096	Ⅰ轴键	1	45		
10	03009	Ⅱ轴青铜套	1	ZQSn6-6-3		
09	03008	Ⅱ轴齿轮	1	40Cr		m=2, z=36
08	03007	Ⅲ轴青铜套	1	ZQSn6-6-3		
07	03006	Ⅲ轴齿轮	1	40Cr		m=2, z=48
06	03005	Ⅳ轴	1	45		
05	GB/T1096	Ⅳ轴键	1	45		
04	03004	Ⅳ轴齿轮	1	40Cr		m=2, z=65
03	03003	大油堵	1	35		
02	03002	垫片	1	聚氯乙烯		
01	03001	盖	1	HT150		

序号	代号	名称	数量	材料	热处理	附注
23	GB/T70.1	螺钉	5	35		M8×20
22	03018	Ⅳ轴青铜套	1	ZQSn6-6-3		
21	03017	箱体	1	HT150		
20	03016	Ⅲ轴	1	45		
19	GB/T73	紧定螺钉	1	35		M6×8
18	03015	空心轴	1	45		
17	03014	Ⅰ轴青铜套	1	ZQSn6-6-3		
16	03013	Ⅰ轴输出套	1	45		
15	GB/T117	销	1	45		A5×30
14	03012	Ⅰ轴	1	45		
13	03011	小油堵	1	35		
12	03010	Ⅰ轴齿轮	1	40Cr		m=2 z=31

		齿轮传动装置	图号	03000	件数	1
批准			材料		重量	比例
审图						1:1
描图			共 张		第 张	
制图						
设计		名称	(厂名)			

图 16-5 传动轴系展开图

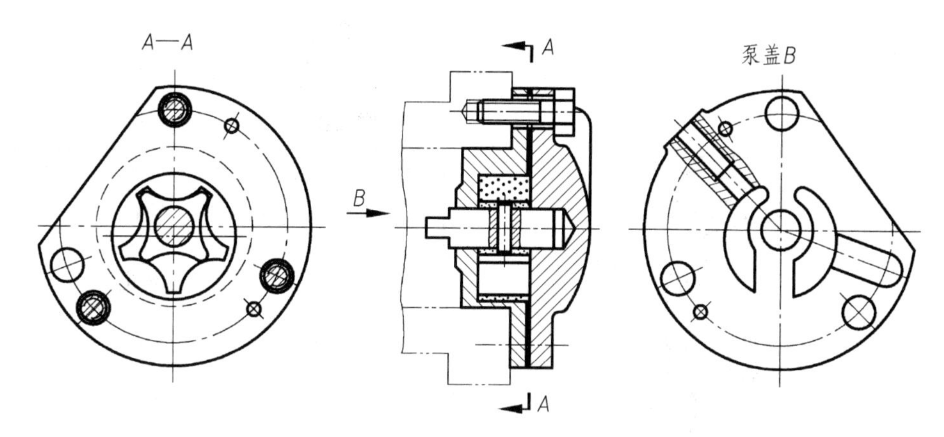

图 16-6 沿零件结合面剖切画法

3）单独画出某个零件

在装配图中为说明某零件的重要结构，可用向视图方式单独画出该零件的视图，但必须在所画视图上方标注该零件的视图名称，在相应视图附近用箭头指明投射方向，并标注相同的字母。例如，图 16-6 中单独绘制了泵盖的 B 向视图。

4）假想画法

与本部件有关但又不属于本部件的相邻零、部件用双点画线画出，以说明二者之间的联系。例如，图 16-2 的 A 向视图中用双点画线画出凸轮、轴、键，有助于说明柱塞泵的工作原理；俯视图中用双点画线画出安装板和螺钉，是为了说明安装关系。

5）夸大画法

当零件很薄、间隙小或锥度、斜度很小，无法正常画出和清晰表达结构时，可将零件或间隙适度夸大绘制。例如，图 16-6、图 16-7 中垫片的厚度均作了夸大处理。

6）展开画法

为了表示传动系统的传动关系以及各轴的装配关系，假想用一组剖切平面按各轴的传动顺序分别沿轴线剖开，并将其平展在同一平面上绘制剖视图，这种画法称为展开画法。展开图上方必须标注"×—×展开"。图 16-5 所示为传动轴系的展开图。

3. 简化画法

(1) 在装配图中，零件的工艺结构，如倒角、退刀槽等细节均可不画。

(2) 对于装配图中若干相同的零件(组)，仅详细地画出一处，其余以点画线表示中心位置即可。如图 16-7 所示的螺钉组和图 16-8 中的轴承架组的处理。

(3) 装配图中可省略螺栓、螺母、销等紧固件的投影，用点画线和指引线说明它们的位置。螺钉、螺柱、销连接时，指引线从装入端引出；螺栓连接时，则从装有螺母的一端引出，如图 16-9 所示。

(4) 当剖切平面通过标准组件或该组件已在其他视图表示清楚时，可以只画出它的外形图，如图 16-4 中的油杯。装配图中的滚动轴承需表示结构时，一侧采用规定画法，另一侧采用通用画法简化表示，如图 16-7 所示。

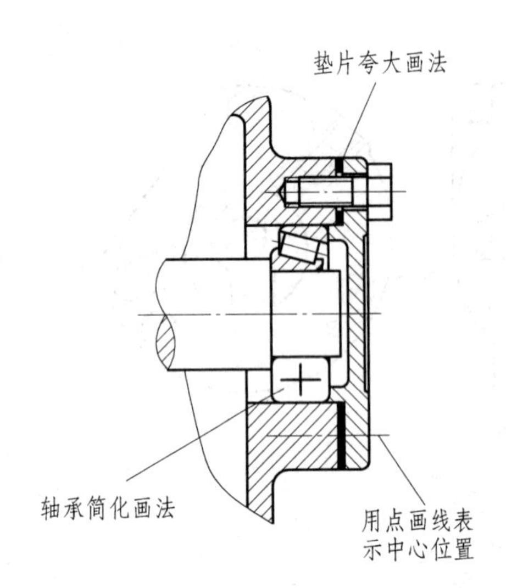

图 16-7 螺钉组简化画法

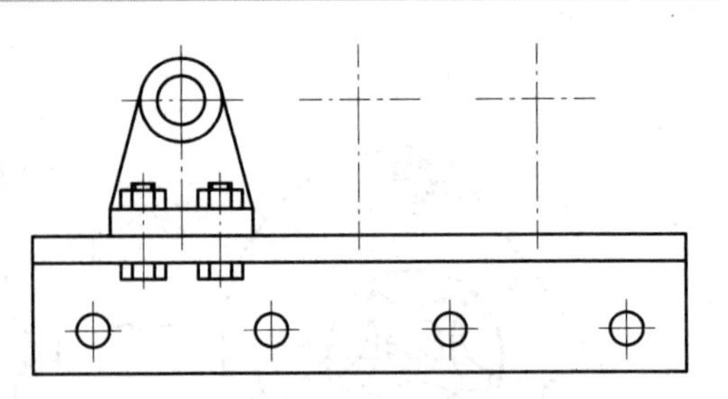

图 16-8 轴承架组简化画法

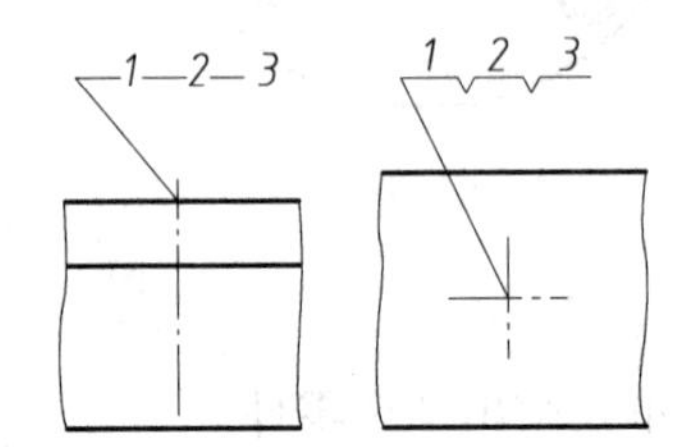

图 16-9 紧固件简化画法

(5) 被弹簧挡住的结构按不可见轮廓绘制。可见部分从弹簧的外轮廓线或从弹簧钢丝的中心线画起,如图 16-3 所示。

(6) 在不致引起误解时,对称视图可只画 1/2 或 1/4,但需在对称中心线两端画出对称符号——两条平行的细实线,如图 16-10 中的俯视图。

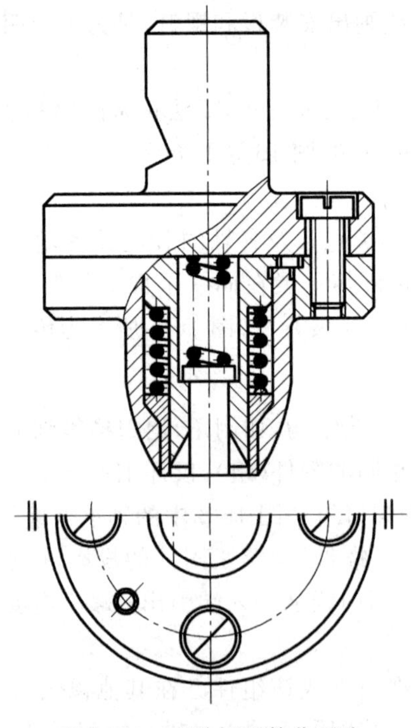

图 16-10 对称视图简化画法

16.3 视图选择

装配图视图选择的基本出发点是有利于生产和便于读图。由此,要求装配图的视图表达必须**完全**、**正确**、**清晰**,即

(1) 部件的功用、工作原理、结构、零件之间的装配关系表达要完全;

(2) 视图的表达方法要正确,符合国家标准的规定;

(3) 图样清晰,便于读图。

视图选择大致可按以下步骤进行(以图16-11所示车床尾架为例说明)。

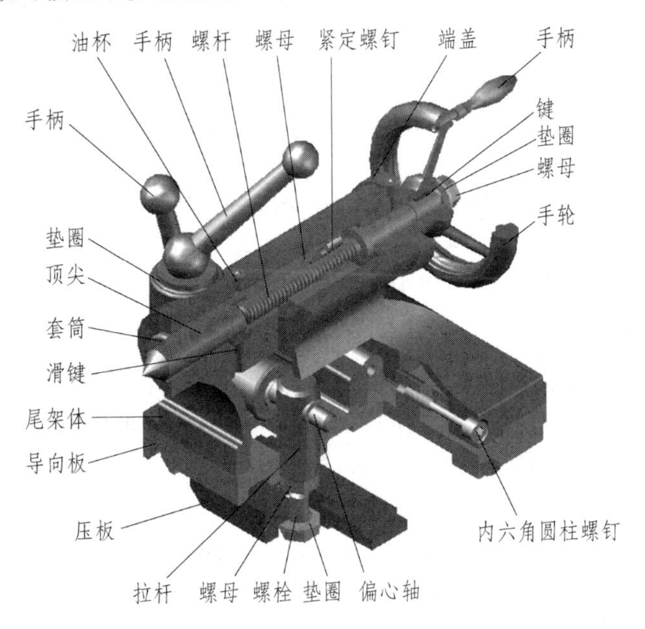

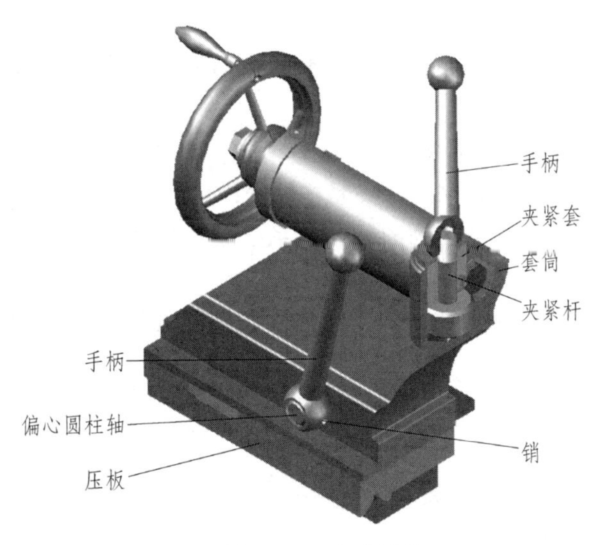

图16-11 车床尾架

1. 部件分析

从部件功能、工作原理出发分析、了解各零件在部件中的作用以及相互之间的装配关系。

尾架的主要功能：尾架顶尖与机床主轴顶尖配合对加工工件进行轴线定位。

尾架的结构分析：顶尖装在套筒中，套筒用紧定螺钉与螺母固定。滑键嵌入套筒底部长槽中以限制套筒只能作轴向移动。

转动手轮时，通过键的作用使螺杆旋转，因而带动螺母以及套筒、顶尖作轴向移动。

当顶尖移至所需位置时，转动顶部手柄，使得夹紧杆与夹紧套将套筒锁紧。

尾架靠导向板置于车床床身导轨上，并沿导轨滑动。拉杆内装有偏心轴，手柄与偏心轴用销连接。当手柄带动偏心轴旋转时，偏心圆柱使拉杆和压板上下运动，尾架便与床身锁紧或脱开。

内六角圆柱螺钉用以调整顶尖的横向位置。当需要车削锥面时，可将尾架调成与主轴顶尖偏离。

通过以上分析，尾架的装配关系可分为4个部分：套筒与顶尖移动部分、套筒夹紧部分、尾架固定在床身导轨上的夹紧装置和尾架横向调整装置。每一部分各为一条装配线。

尾架装配图的视图选择，应将以上4条装配线的结构、装配关系表达清楚。

2. 选择主视图

装配图的表达内容确定之后，首先选择主视图，然后再确定其他视图。

主视图是最重要的视图，它应反映与工作原理有关的主要装配关系。

从以上分析得知，通过手轮、螺杆带动套筒及顶尖移动，是体现尾架功能的主要装配线。因此，主视图应主要表达这条装配线。

表达方法：采用通过套筒轴线纵向剖切的局部剖视，不仅可表达主装配线结构，还可以表达尾架横向移动的方形导轨和起调整作用的内六角圆柱螺钉，同时反映了尾架的工作位置。

3. 选择其他视图

按照表达完全的要求，对部件的几条装配线逐一检查，对未表达清楚的部分，选择合适的表达方法进行表达。

套筒、顶尖移动装配线：在主视图中已表达清楚。

套筒夹紧装配线：需表达。采用沿夹紧杆轴线剖切的 *A*—*A* 剖视图。

尾架夹紧装置装配线：手柄与轴的装配关系已表达清楚，还需表达轴与拉杆的装配关系。采用通过偏心轴轴线剖切的 *B*—*B* 剖视图。

尾架横向调整装配线：需表达。采用沿内六角圆柱螺钉轴线剖切的 *C*—*C* 剖视图。为说明刻线情况，作 *D* 向视图。

车床尾架装配图初步方案见图16-12。

4. 检查、调整

该步骤的目的是从全局出发，对初步确定的方案进行检查、比较、调整和修改，最终使之满足完全、正确、清晰的要求。

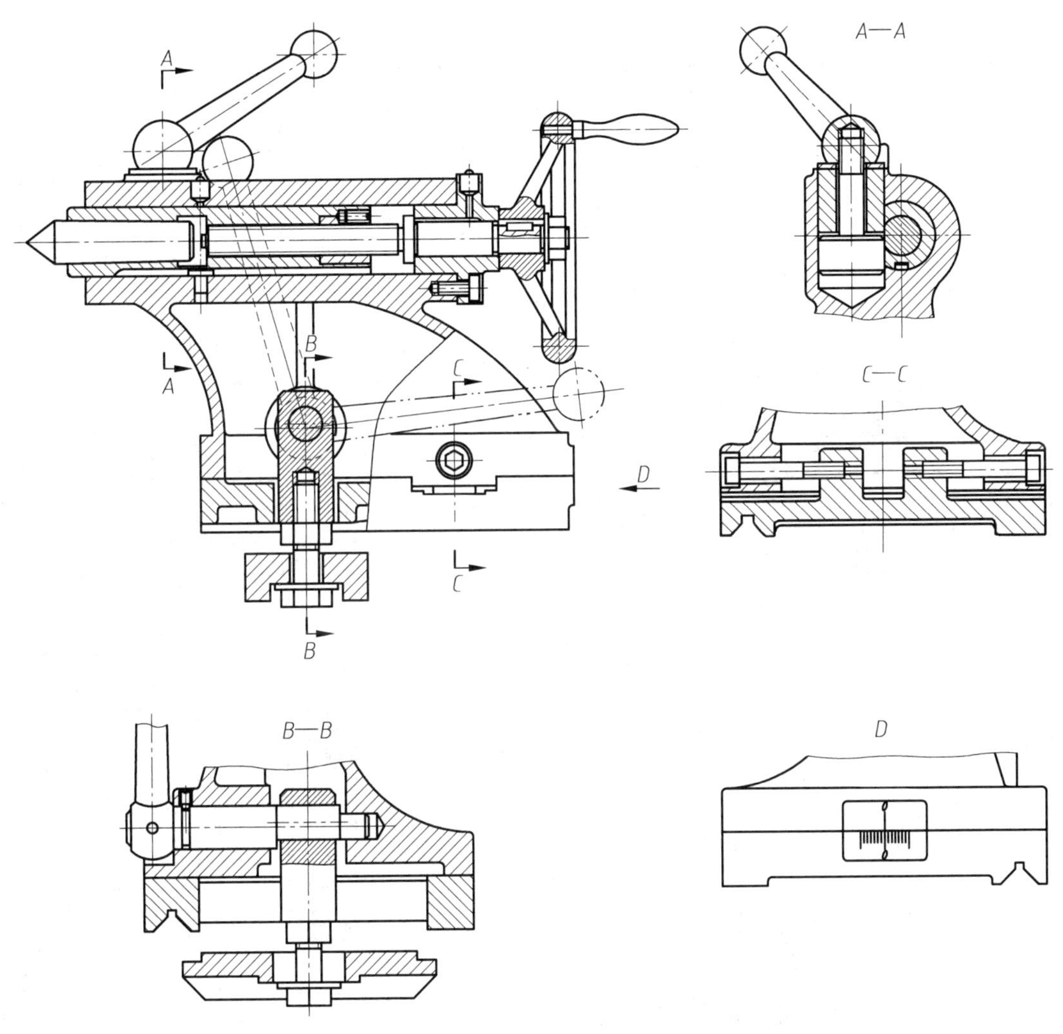

图 16-12 车床尾架装配图初步方案

重点分析以下问题：

(1) 各视图的表达意图是否明确，并做到主次分明。主要装配线是否表示在基本视图上。

(2) 各装配线结构是否表达完全，与工作原理有直接关系的零件的关键结构、形状是否确定。

(3) 视图的配置是否有利于看图。

对于尾架装配图的初步方案可作如下调整：

(1) 表示套筒夹紧部分的 A—A 剖视图与表示尾架夹紧装置的 B—B 剖视图合并为左视图，既有完整概念，又与主视图有密切的投影对应关系，便于读图。

(2) C—C 剖视图与 D 向视图均用于表达横向调整装置，内容相关，取两视图相邻配置。

调整后形成图 16-13 所示方案。

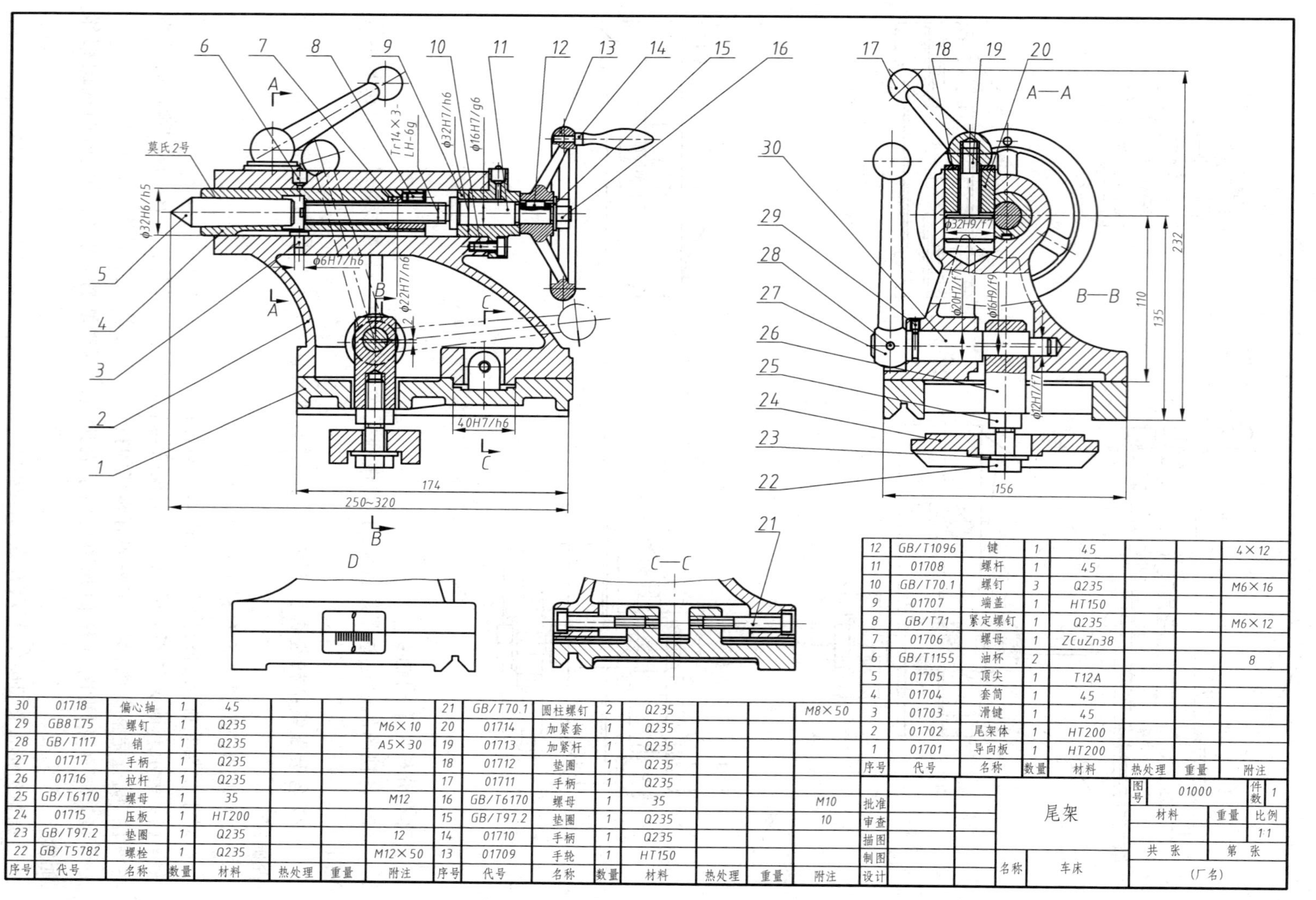

序号	代号	名称	数量	材料	热处理	重量	附注
30	01718	偏心轴	1	45			
29	GB8T75	螺钉	1	Q235			M6×10
28	GB/T117	销	1	Q235			A5×30
27	01717	手柄	1	Q235			
26	01716	拉杆	1	Q235			
25	GB/T6170	螺母	1	35			M12
24	01715	压板	1	HT200			
23	GB/T97.2	垫圈	1	Q235			12
22	GB/T5782	螺栓	1	Q235			M12×50

序号	代号	名称	数量	材料	热处理	重量	附注
21	GB/T70.1	圆柱螺钉	2	Q235			M8×50
20	01714	加紧套	1	Q235			
19	01713	加紧杆	1	Q235			
18	01712	垫圈	1	Q235			
17	01711	手柄	1	Q235			
16	GB/T6170	螺母	1	35			M10
15	GB/T97.2	垫圈	1	Q235			10
14	01710	手柄	1	Q235			
13	01709	手轮	1	HT150			

序号	代号	名称	数量	材料	热处理	重量	附注
12	GB/T1096	键	1	45			4×12
11	01708	螺杆	1	45			
10	GB/T70.1	螺钉	3	Q235			M6×16
9	01707	端盖	1	HT150			
8	GB/T71	紧定螺钉	1	Q235			M6×12
7	01706	螺母	1	ZCuZn38			
6	GB/T1155	油杯	2				8
5	01705	顶尖	1	T12A			
4	01704	套筒	1	45			
3	01703	滑键	1	45			
2	01702	尾架体	1	HT200			
1	01701	导向板	1	HT200			

批准			尾架	图号 01000		件数	1
审查				材料	重量		比例
描图							1:1
制图				共 张		第 张	
设计			名称 车床	(厂名)			

图16-13 车床尾架装配图

16.4 尺寸标注、零件编号和明细栏

1. 尺寸标注

装配图尺寸标注与零件图尺寸标注的要求完全不同。零件图要提供制造零件所需要的全部信息，因此要求标注零件所有结构形状的全部尺寸。而装配图的功能是说明部件的功用、性能、装配关系、工作原理等，按照装配图的使用目的、要求，只需标注与部件性能、装配、安装、运输等相关的尺寸。

1）特性尺寸

特性尺寸指表明部件性能或规格的尺寸。例如，图 16-2 中柱塞泵的进、出油口尺寸 $\phi3$ 决定了进、出油量，是特性尺寸。

2）装配尺寸

装配尺寸指用以保证部件装配性能的尺寸，分为以下两种：

(1) 配合尺寸，指表示零件间配合性质的尺寸。例如，图 16-2 中柱塞与柱塞套的配合尺寸 $\phi25$ H7/h6，小轴与柱塞的配合尺寸 $\phi7$ H9/h8。

(2) 相对位置尺寸，用来表示零件间重要的相对位置尺寸。例如，图 16-2 中泵体中心与底面的距离尺寸 30。

3）安装尺寸

安装尺寸指将部件安装到其他部件或基座上所需的尺寸。图 16-2 中泵体底板上两螺孔的中心距 60、螺钉孔 M10、单向阀接口 M14×1.5 等都属于安装尺寸。

4）外形尺寸

外形尺寸指表示部件总长、总宽、总高的尺寸。它反映了部件的大小，提供了包装、运输、安装等所占的空间。如图 16-2 中 95～105(表示柱塞泵高度的最大和最小尺寸)。

2. 零件编号

为便于看图和生产管理，需对装配图中所有零件进行编号。目前使用的编号方法有两种：

(1) 顺序编号法，即部件中除标准件外所有零件按顺序编号。图 16-13 所示尾架属于此种编号法。由明细栏中的代号栏可以看出，零件由 01701 开始至 01718。

(2) 分类编号法，即全部零件除标准件外，还分自制件、外购件等；自制件又按零件材料种类如铸铁、钢、有色金属等分类，每一类再按顺序编号。图 16-2 所示柱塞泵属于此种编号法。各零件代号右起第三位数字是分类号：1 代表铸铁，2 代表铜，3 代表钢，4 代表铝等。

例如，泵体编号 02101 的含义是：02 部件号，1 铸铁，01 零件号。又如，衬垫是铝件，其编号为 02401；柱塞是钢件，其编号则为 02305。具体如何编写，需依据各行业、工厂的规定进行。

零件编号形式如图 16-14 所示。在所标注的零件上打一黑点，引出指引线(细实线)，

指引线顶端画短横线或小圆圈(均为细实线),编号数字注写在横线上方、圆圈内或指引线端部附近,字体比装配图中的尺寸数字大两号。当所指部分(零件很薄或涂黑的断面)内不便画圆点时,可用箭头指向该部分轮廓。

同一装配图中编号形式应一致。

零件编号需遵守以下规定:

(1) 每个零件必须编号,相同零件只编一个号,不能重复;

(2) 标准化组件,如滚动轴承、油杯等可视为一个整体,编一个号;

(3) 一组连接件或装配关系清楚的零件组,允许采用公共指引线编号(见图 16-15);

(4) 指引线不能相交,当通过剖面区域时,指引线尽量不与剖面线平行;

(5) 零件编号应按顺时针或逆时针方向整齐排列。

(a) (b)

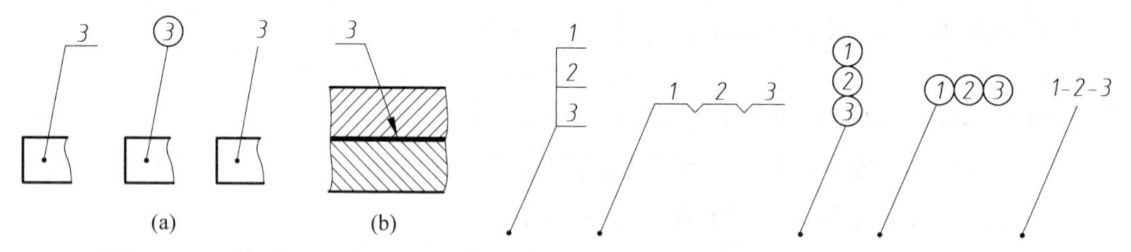

图 16-14 零件编号形式

(a) 单个零件编号;(b) 薄零件编号

图 16-15 零件组公共指引线编号形式

3. 明细栏

明细栏是部件(机器)全部零件的详细目录,包括零件编号、名称、材料、数量等。明细栏配置于标题栏上方,自下而上填写零件编号。上方地位不够时可移至标题栏左方续写,如图 16-13 所示。

明细栏的内容、格式在国家标准(GB/T 10609.2—2009)中已作规定,标准中同时又指出“可按实际需要增加或减少”,学习时可参考图 16-16 所示格式绘制。

02						
01						
序号	代号	名称	数量	材料	热处理	附注

批准				图号		件数
审图				材料	重量	比例
描图						
制图			名称	共 张		
设计				(厂名)		

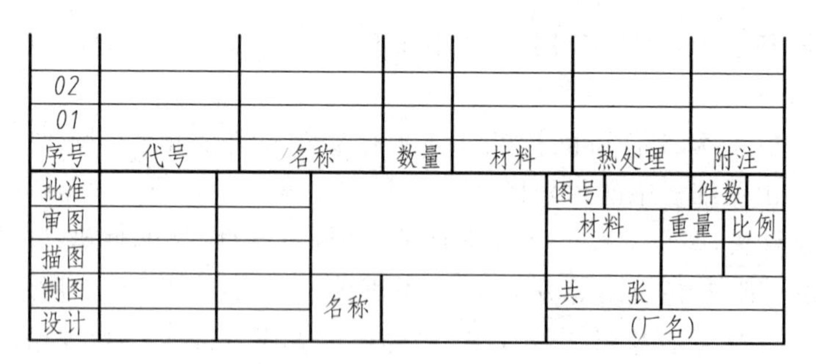

图 16-16 标题栏和明细栏参考格式

4. 技术要求

部件装配必须遵守的技术要求,图样中无法表达时,可用文字说明。一般书写在图纸右下方空白处,如图 16-2 所示。

16.5 画装配图的方法和步骤

以图 16-1 所示柱塞泵为例说明绘制装配图的方法和步骤。

1. 分析表达对象

对柱塞泵的功能、工作原理、结构特点、零件之间的装配关系以及技术条件进行深入了解、分析是绘制装配图之前必做的工作。

2. 确定表达方案

根据装配图的视图选择原则，确定表达方案。

柱塞泵共有 4 条装配线(见图 16-17)：

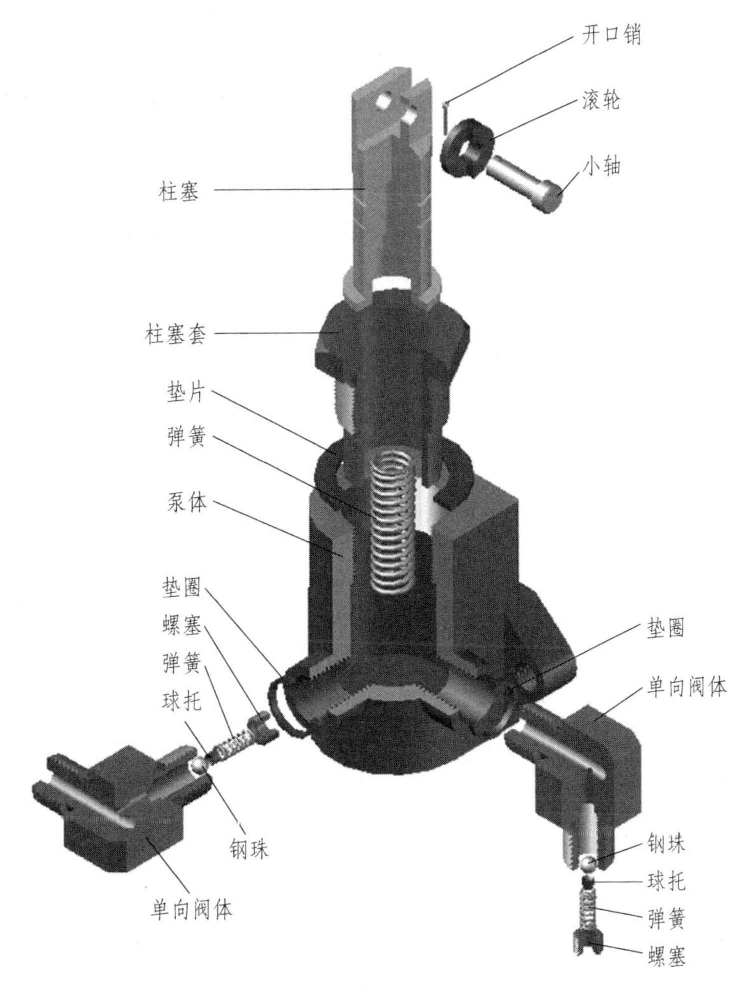

图 16-17 柱塞泵的装配线

(1) 沿泵体中心线装配的零件，包括泵体、柱塞、弹簧、柱塞套、垫片。它是主装配线。

(2) 柱塞上端沿水平轴线装配线，包括小轴、滚轮、开口销，可称为小轴滚轮装配线。

（3）进油单向阀装配线，包括单向阀体、钢珠、球托、弹簧、螺塞、垫圈。

（4）出油单向阀装配线（零件同上）。

主视图取沿泵体中心线及出油孔中心线剖切的全剖视图。目的是表达主装配线、小轴滚轮装配线和出油单向阀装配线的结构。

俯视图取沿进、出油孔中心线剖切的局部剖视，主要表达进油、出油单向阀装配线的结构及部件的安装情况。

部件的动力来源及运动情况则用 A 向视图加以补充。

3. 作图

（1）根据部件的大小、所选表达方案的视图数量确定绘图比例和图幅，画出图框、标题栏、明细栏（见图 16-18(a)）。

（2）画各视图的主要基线——主要的中心线、对称线以及主要端面的轮廓线。注意：各视图之间要留出标注尺寸、零件编号的空间（见图 16-18(a)）。

（3）画主体零件——泵体。一般从主视图开始，几个基本视图配合进行（见图 16-18(b)）。

（4）画主装配线——柱塞套、垫片、柱塞等（见图 16-18(c)）。

（5）依次画其他装配线——进油、出油单向阀装配线，滚轮小轴装配线（见图 16-18(d)）。

（6）画细部结构——弹簧、开口销、螺钉、螺钉孔以及 A 向视图等（见图 16-18(e)）。

（7）检查、加深、画剖面线，标注尺寸及公差配合等（见图 16-18(f)）。

（8）对零件进行编号，填写明细栏、标题栏、技术要求，完成装配图（见图 16-18(f)）。

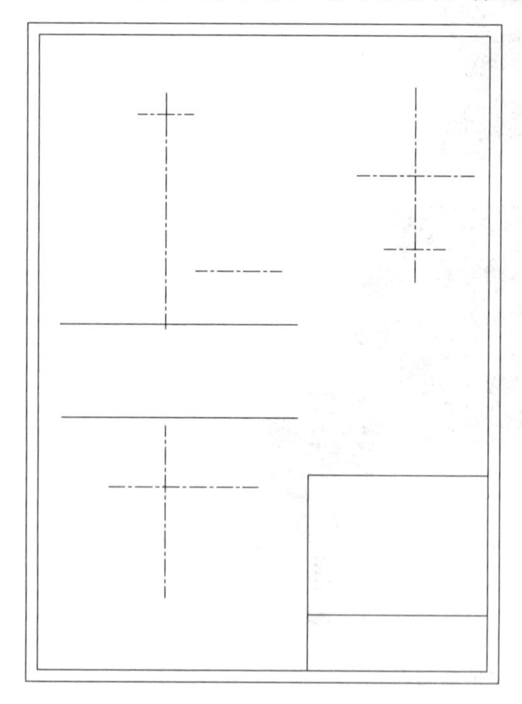

(a)

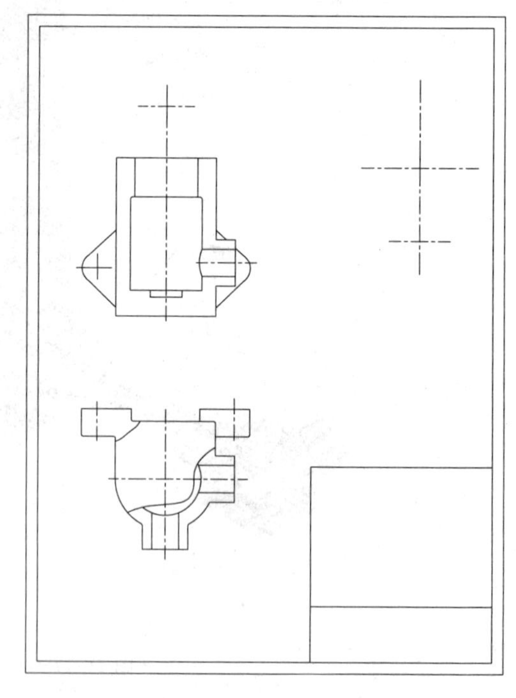

(b)

图 16-18　装配图的画图步骤

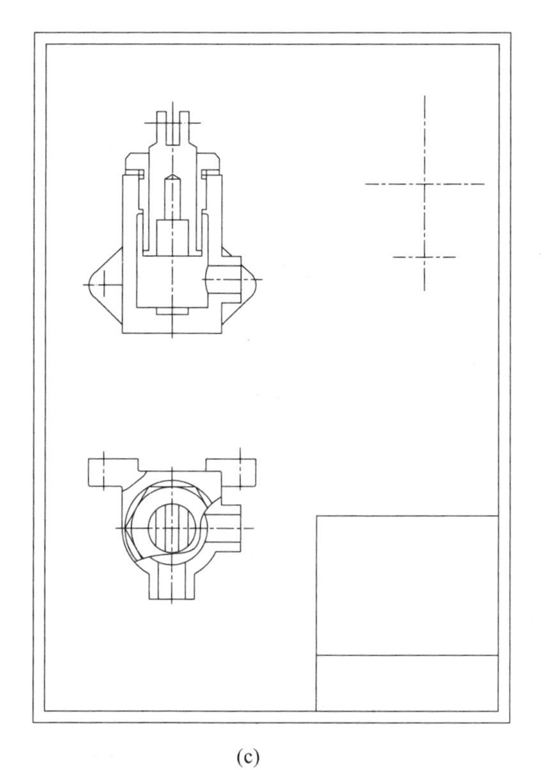

(c)

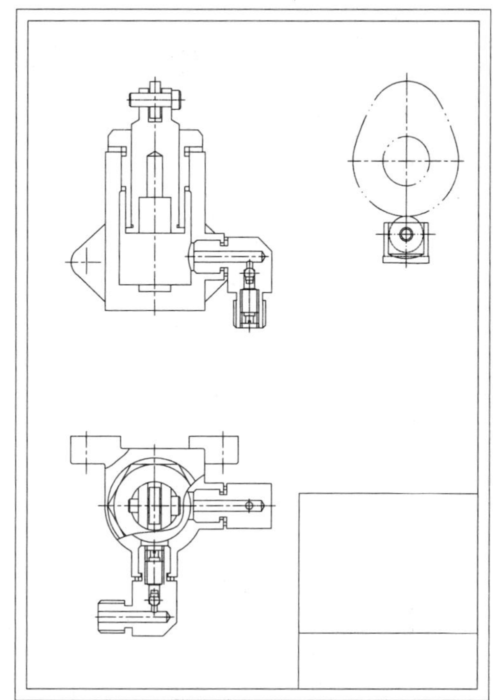

(d)

(e)

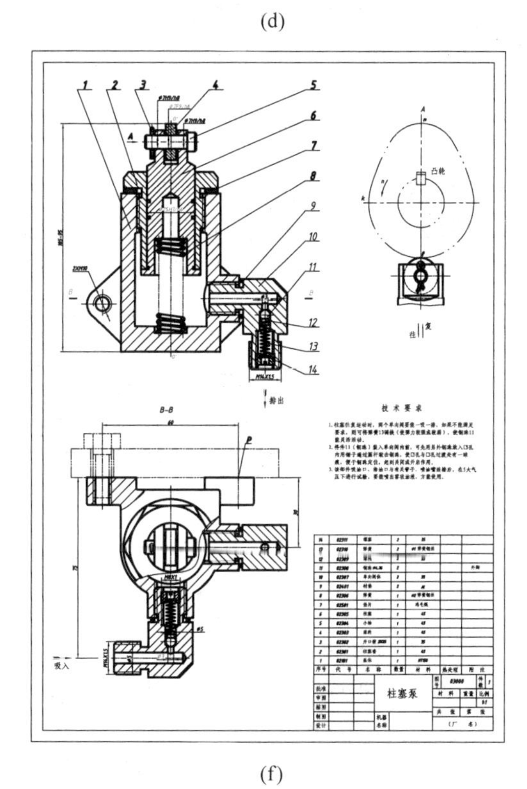

(f)

图 16-18(续)

16.6 装配结构与装配关系

设计过程中一定要考虑装配结构的合理性，这样才能保证部件的性能要求，保证零件加工和拆装的方便。下面仅就常见的装配结构问题作简要介绍。

1. 零件的接触面

在同一方向上，两个零件一般只应有一个接触面或配合面，否则就要提高接触面处的尺寸精度，增大加工成本。图16-19中(a)，(b)，(c)是平面接触，(d)是圆柱面接触。

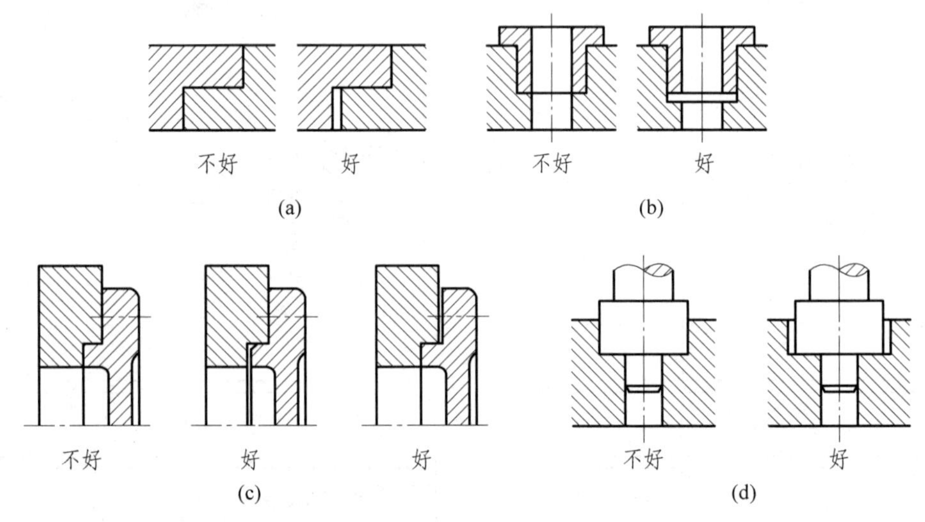

图16-19 两零件的接触面

2. 接触面拐角结构

阶梯轴与孔端面接触时，拐角处的孔边要倒角或轴根要切槽，以保证两端面紧密接触。图16-20中(a)是错误的，(b)，(c)，(d)所示的3种处理方式是正确的。

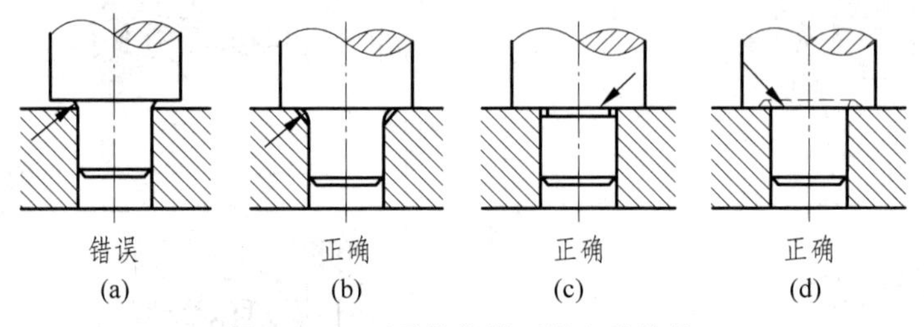

图16-20 两零件接触面拐角处结构

(a) 端面无法靠紧；(b) 孔边倒角；(c) 轴根切槽；(d) 轴根切槽

3. 密封装置结构

密封装置的作用是防止流体泄漏或防止灰尘进入部件。图16-21所示的密封装置是用在泵或阀上的常见结构。填料一般为浸过油的石棉绳，拧紧压盖螺母时，压盖将填料压紧而起到密封作用。但是只有当压盖与阀体端面之间有空隙时，才能保证将填料压紧。轴与压盖孔之间必须有空隙，以免转动时二者之间产生摩擦。图16-21(b)中压盖与阀体端面之间没有空隙，因此是错误的。

4. 轴向定位结构

装在轴上的滚动轴承、齿轮、皮带轮等均需轴向定位，使之不产生轴向移动。图 16-22 中的滚动轴承、齿轮是靠阶梯轴的轴肩定位的；齿轮右侧用螺母、垫圈压紧，垫圈与轴肩的台阶面之间必须留有间隙才能保证压紧。

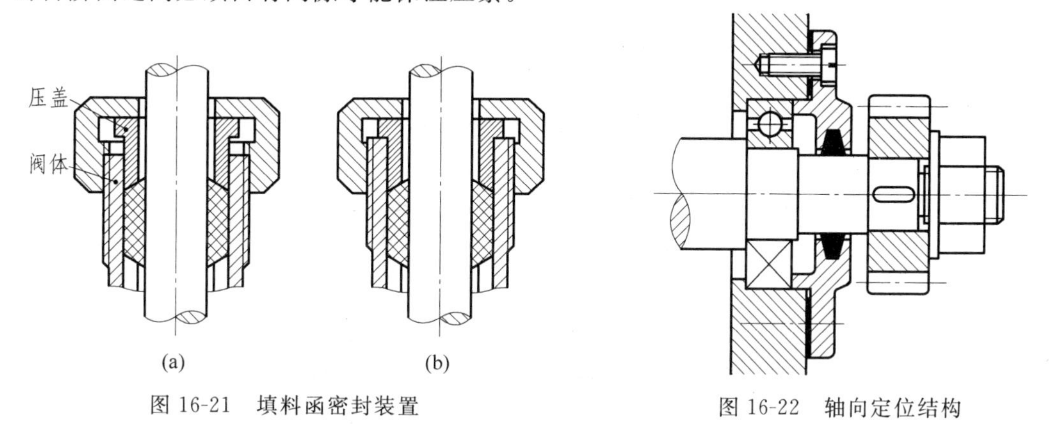

图 16-21 填料函密封装置

图 16-22 轴向定位结构

5. 考虑安装、拆卸的方便操作

图 16-23 所示为滚动轴承安装在箱体轴承孔内及安装在轴上的情形。(b)，(d)所示是合理的，而在(a)，(c)情形下轴承将无法拆卸，是不合理的。

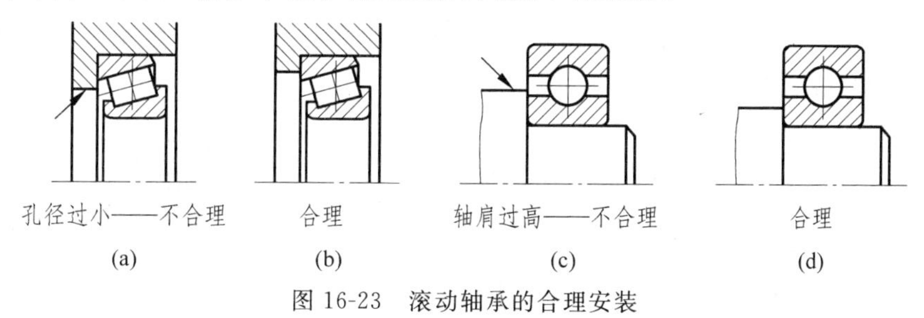

图 16-23 滚动轴承的合理安装

图 16-24(a)所示为箱体内装入衬套的情形，显然更换衬套时很难拆卸。若在箱体上钻几个螺孔(工艺孔)，如图 16-24(b)所示，拆卸时则可用螺钉将衬套顶出。

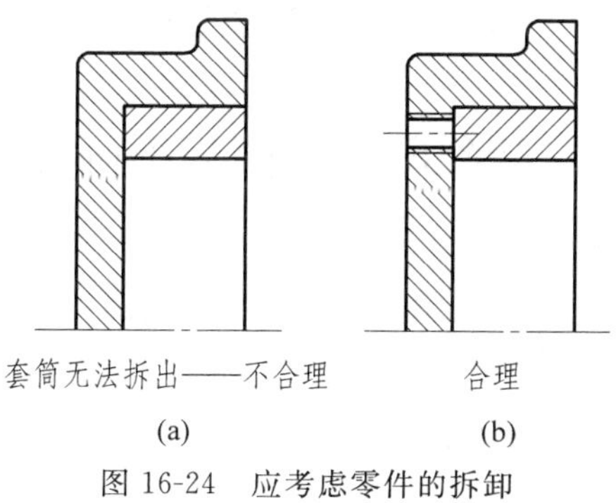

图 16-24 应考虑零件的拆卸

安排螺钉位置时要考虑扳手拆装螺钉时的活动空间和螺钉装入时所需的空间。图 16-25(a)所留空间过小，扳手无法使用。图 16-26(a)也是空间过小，螺钉无法放入。

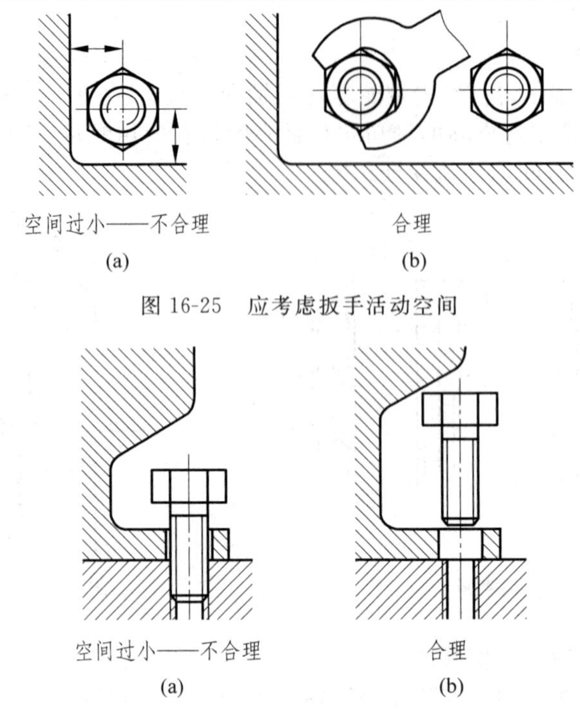

图 16-25 应考虑扳手活动空间

图 16-26 应考虑螺钉装入所需空间

图 16-27 所示为螺栓头全部封在箱体内，无法安装。解决办法是在箱体上开一手孔或改用双头螺柱结构。

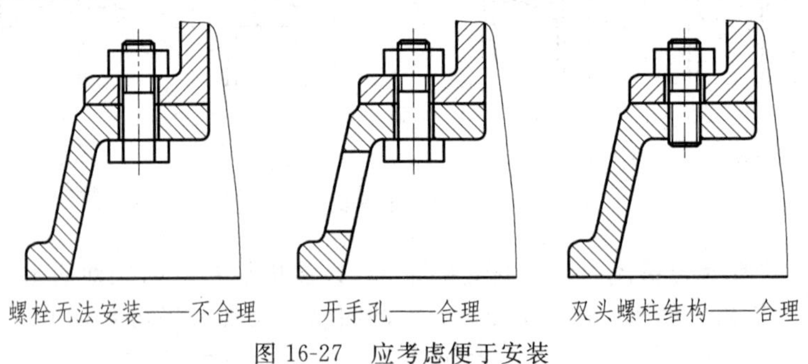

图 16-27 应考虑便于安装

16.7 装配图的读图与拆画零件图

何时需要读装配图呢？

装配部件（机器）时，要按照装配图来安装零件（或部件）；设计过程要根据装配图完成零件的设计；技术交流时，也需参阅装配图了解部件或机器的具体结构。

16.7.1 读装配图的方法和步骤

读装配图的目的是搞清机器或部件的结构、功能、工作原理、各零件之间的装配关系以及各零件的主要结构。读装配图应该按一定的步骤顺序进行。

下面以图 16-28 所示蝴蝶阀为例介绍读装配图的方法。

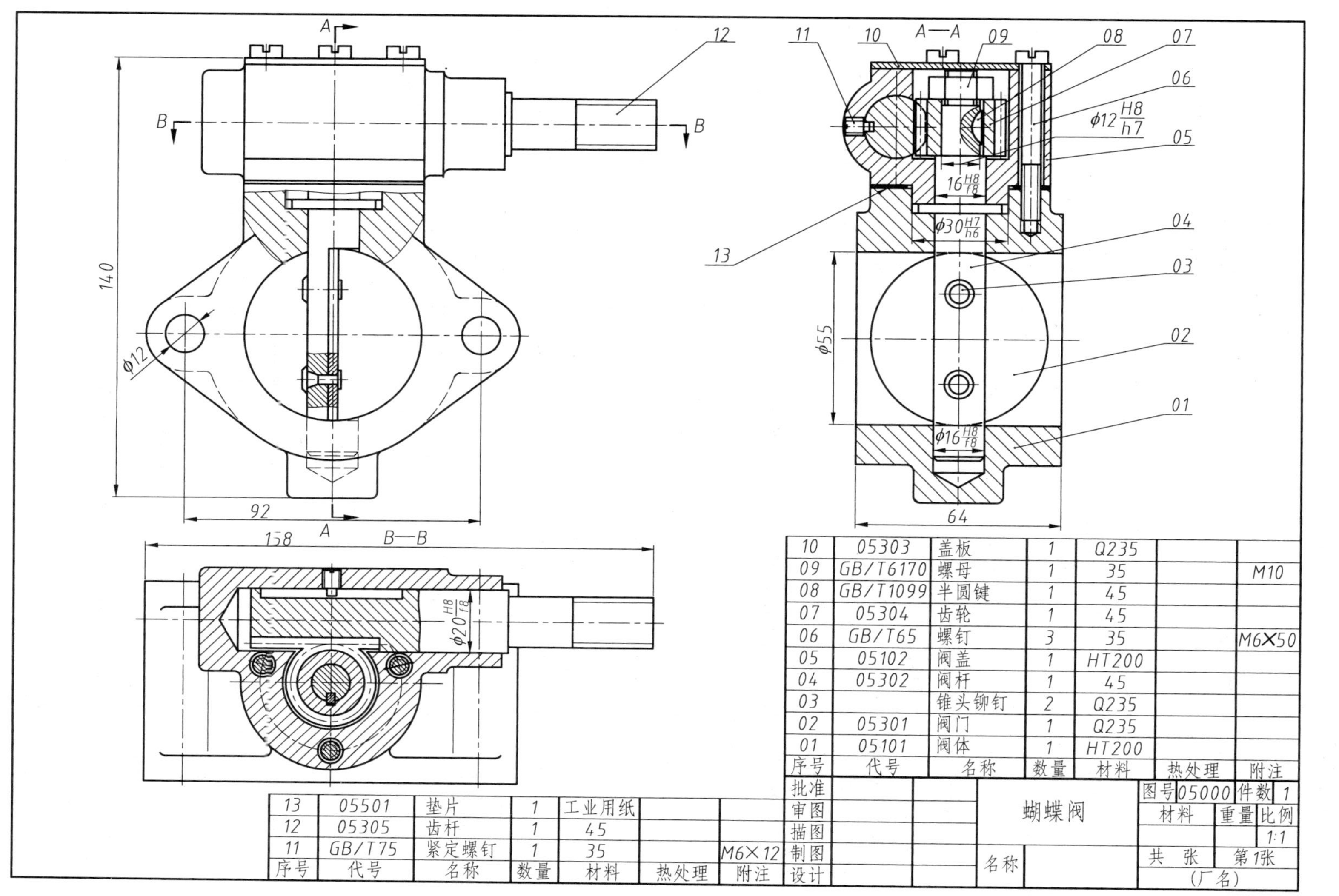

A—A
B—B
A
B
01
02
03
04
05
06
07
08
09
10
11
12
13
140
92
158
64
φ12
φ55
φ12 H8/h7
16 H8/f8
φ30 H7/h6
φ16 H8/f8
φ20 H8/f8
10 05303 盖板 1 Q235
09 GB/T6170 螺母 1 35 M10
08 GB/T1099 半圆键 1 45
07 05304 齿轮 1 45
06 GB/T65 螺钉 3 35 M6×50
05 05102 阀盖 1 HT200
04 05302 阀杆 1 45
03 锥头铆钉 2 Q235
02 05301 阀门 1 Q235
01 05101 阀体 1 HT200
序号 代号 名称 数量 材料 热处理 附注
13 05501 垫片 1 工业用纸
12 05305 齿杆 1 45
11 GB/T75 紧定螺钉 1 35 M6×12
序号 代号 名称 数量 材料 热处理 附注
批准
审图
描图
制图
设计
蝴蝶阀
名称
图号 05000 件数 1
材料 重量 比例
1:1
共 张 第1张
(厂名)

图 16-28 蝴蝶阀

1. 概括了解

(1) 读标题栏了解部件名称、大致用途和绘图比例。

(2) 读明细栏及零件编号了解部件组成、零件的名称、数量及所在位置。

(3) 分析视图,了解视图数量、名称、相互关系、采用的图样画法及表达意图。

图16-28所示标题栏说明该部件名称为蝴蝶阀,是一种用来控制管道中流体流量的装置。绘图比例为1∶1。

零件编号和明细栏中的序号,都说明蝴蝶阀由13个零件组成,结构较为简单。

蝴蝶阀装配图共有3个视图:主视图主要表达部件的结构外形,局部剖视表示阀杆4的结构形状以及阀门2、阀杆4、锥头铆钉3的连接方式;左视图采用全剖视,表达阀体1和阀盖5的内部结构、阀杆4系统的装配关系以及螺钉6、螺钉11的装配关系;俯视图采用B—B剖视,表达齿杆12与齿轮7的传动关系和装配关系,同时表达阀体1、阀盖5的结构形状。

2. 分析部件的工作原理和传动关系

分析部件的工作原理一般从传动关系入手。

蝴蝶阀的运动过程是:齿杆12在外力作用下左右移动,带动与齿杆啮合的齿轮7转动,通过半圆键8将齿轮的运动传递给阀杆4,固定在阀杆4上的阀门2随之同步转动,完成开启和闭合,实现蝴蝶阀控制流体流量的功能。

3. 分析零件间的装配关系,深入了解部件结构

1) 正确区分零件

正确区分零件,除利用投影关系外,以下几种方法简便、快捷、有效:

(1) 利用剖面线区分。同一零件剖面线的倾斜方向和间隔在各视图中均相同;而不同零件的剖面线则方向不同或间隔不同。利用这个鲜明特征很容易将两个零件区分开。例如,图16-28左视图中阀盖5与相邻零件齿杆12的剖面线方向、间隔均不同,一定是两个零件;而阀盖5的剖面线在俯视图中找到了相同者,肯定是一个零件,由此可确定阀盖的形状。

(2) 利用零件编号区分。一个零件一个编号。左视图中,1,2一定分别指的是两个零件:阀体和阀门,而不是阀体1上有一个孔。俯视图中$\phi 20$轴段没有编号,它一定和主视图中的齿杆是一个整体。

(3) 用装配图的规定画法和特殊表达方法区分。例如,利用"剖切平面通过实心件轴线时实心件不剖"的规定,可区分阀杆4和齿轮7;利用"标准件不剖"的规定,可区分螺钉和螺母。

2) 部件结构分析

这是读装配图的进一步深入。在以上分析的基础上,按照装配线把零件间的装配关系搞清楚。主要分析以下几点:各装配线的零件组成、运动关系、配合关系、连接和固定方式、定位和调整、密封装置、拆装顺序、主要零件的结构形状。

蝴蝶阀有阀杆系统和齿杆系统两条垂直交叉的装配线。阀杆系统装配线为主要装配线。

(1) 各装配线的零件组成

阀杆系统由阀杆4、阀门2、锥头铆钉3、齿轮7、半圆键8和螺母9等6个零件组成,阀杆是该装配线的核心零件。

齿杆系统由齿杆12、阀盖5和紧定螺钉11组成。

(2) 运动关系

即分析运动如何传递以及运动的形式(转动、移动、摆动、往返运动等)。

齿杆沿轴线作往复直线运动，带动与之啮合的齿轮作旋转运动，阀杆和与阀杆铆合的阀门亦随之转动。当齿杆移至俯视图所示位置时，阀门开启最大；齿杆向右移至极限位置时，齿轮带动阀杆顺时针旋转 90°，阀门关闭。

紧定螺钉 11 的圆柱端嵌入齿杆 12 的长槽中以防止齿杆转动，保证齿杆与齿轮正确啮合。槽的长度限定了齿杆在外力作用下的移动范围。

(3) 配合关系

凡配合零件，均应清楚基准制、配合种类、公差等级。这些内容根据公差配合符号判断。

阀杆 4 与阀体 1 的 ϕ16H8/f8 配合和阀杆 4 与阀盖 5 的 ϕ16H8/f8 配合，均为间隙配合，目的是保证阀杆能够在孔内轻松自如地转动。

齿杆 12 装入阀盖 5 孔中，采用 ϕ20H8/f8 配合(间隙配合)，也是为了使齿杆可以轻松移动和转动。

(4) 连接和固定方式

阀杆 4 与阀门 2 用锥头铆钉 3 铆合。

阀杆 4 与齿轮 7 通过半圆键 8 连接，并传递运动。

阀体 1、阀盖 5、盖板 10 由 3 个螺钉 6 连接。

(5) 定位和调整

即分析每个零件是如何定位的，装配时是否需要调整，调整的方法是什么。

阀体 1 和阀盖 5 的定位由 ϕ30H7/h6 配合保证。

阀杆 4 的轴向定位由阀盖 5 的 ϕ30 h6 凸台下端面、阀体 1 的 ϕ30H7 孔底面与阀杆 4 轴肩的上、下面相互接触实现。阀体 1、阀盖 5 与阀杆 4 的轴向间隙由垫片 13 的厚度进行调整。若过紧会妨碍阀杆 4 转动，过松则会使阀杆 4 产生轴向窜动。

阀杆 4 的径向靠阀盖 5 和阀体 1 上的 ϕ16H8 孔定位。

齿轮 7 径向由半圆键 8 定位，轴向由阀杆 4 的轴肩定位，用螺母 9 锁紧防止轴向移动。

(6) 密封装置

阀盖 5 上端由盖板 10 用螺钉 6 拧紧实现密封。

(7) 拆装顺序

安装顺序如下：

① 阀杆 4 从阀体 1 上方进入，使其下端装入阀体底部 ϕ16H8 的孔中；

② 阀门 2 与阀杆 4 用锥头铆钉 3 铆合；

③ 加垫圈 13，将阀盖 5 底部凸台装入阀体 1 上端 ϕ30H7 的孔中；

④ 在阀杆 4 键槽内装入半圆键 8；

⑤ 安装齿轮 7；

⑥ 旋紧阀杆 4 上端的螺母 9；

⑦ 加盖板 10，用 3 个螺钉 6 将盖板、阀盖、阀体连接在一起；

⑧ 将齿杆 12 装入阀盖 5 的 ϕ20H8 孔中，并与齿轮 7 啮合；

⑨ 旋入紧定螺钉 11，将阀门、齿杆调至俯视图位置后旋紧螺钉；

⑩ 装好后进行调试，保证拉动齿杆时阀杆转动自如，且无轴向窜动。

拆卸顺序不再赘述，请读者自己完成。

(8) 主要零件的结构形状

经以上分析，多数零件的形状、结构均已清晰，但有些零件还需进一步分析。

如阀体零件，由主视图、左视图得知它的主体结构是圆柱筒。因设置安装孔的需要，左右必须有凸起，而前后的肋是为了增加它的强度。因此阀体的前后端面形成带圆角的菱形，好似蝴蝶，蝴蝶阀由此得名。

阀体上端凸台形状在所有视图中均未直接反映。而从设计和结构的常识知道，作为阀体和阀盖安装时的结合面，形状一般是相同的，因此从俯视图即可得知阀体上端凸台的形状。

最后综合起来想象出蝴蝶阀的整体形状结构，如图16-29所示。

需要强调的是，读装配图的各个环节是互相联系的，不要截然分开。比如分析工作原理时，也要分析零件间的装配关系；分析装配关系时，离不开分析零件的形状、结构；而分析零件的形状、结构时，又要进一步分析零件间的装配关系和部件的结构。因此，读图是一个不断深入、综合认识的过程。

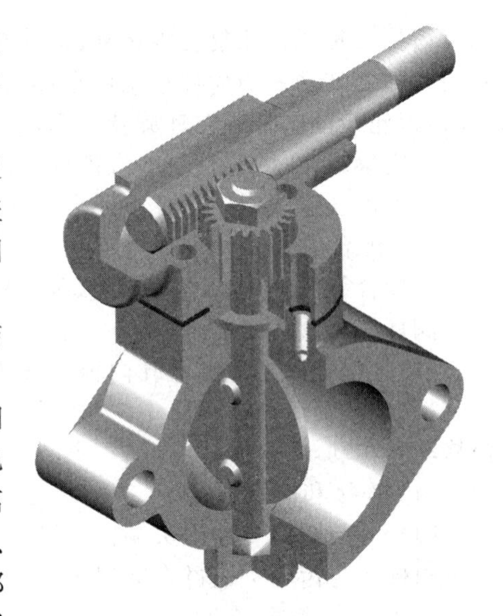

图16-29 蝴蝶阀

16.7.2 拆绘零件图的方法和步骤

根据装配图绘制零件图称为**拆图**。拆图的过程是对零件进一步设计的过程。所以，拆图是设计工作中的一个重要环节。

1. 拆绘零件图的步骤

(1) 读懂装配图；

(2) 将欲绘制零件的结构、形状、功能分析清楚；

(3) 选择视图和表达方案；

(4) 选择图幅、比例，按照零件图要求绘制零件图。

2. 拆绘零件图应注意的问题

(1) 由于装配图主要的表达内容是装配关系和工作原理，因此对某些零件，特别是形状复杂的零件往往表达不完全，这就需要根据零件的功用、结构知识等加以补充完善，例如前面列举的阀体上端凸台的形状。

(2) 零件上的工艺结构，如倒角、圆角、退刀槽等，在装配图中可省略不画，拆绘零件图时均应表达清楚。

(3) 装配图视图方案的选择是从表达装配关系和部件的工作原理角度考虑的，而零件图的视图方案应从如何表达零件的结构形状来考虑。二者的表达目的不同、要求不同，因此零件图的视图方案不能照搬装配图中该零件的视图。

(4) 装配图中零件的尺寸标注是不完全的(装配图只标注相关尺寸)。拆绘零件图时，缺少的尺寸，可在装配图上按比例直接量取；有的则需查阅手册；还有的需要自行设计确定。但要注意各零件之间的相关尺寸不能出现矛盾。

(5) 零件的表面结构、公差等技术要求要根据零件在部件中的作用、与其他零件的装配关系、工艺结构等要求来确定。

图16-30所示为蝴蝶阀阀体的零件图。

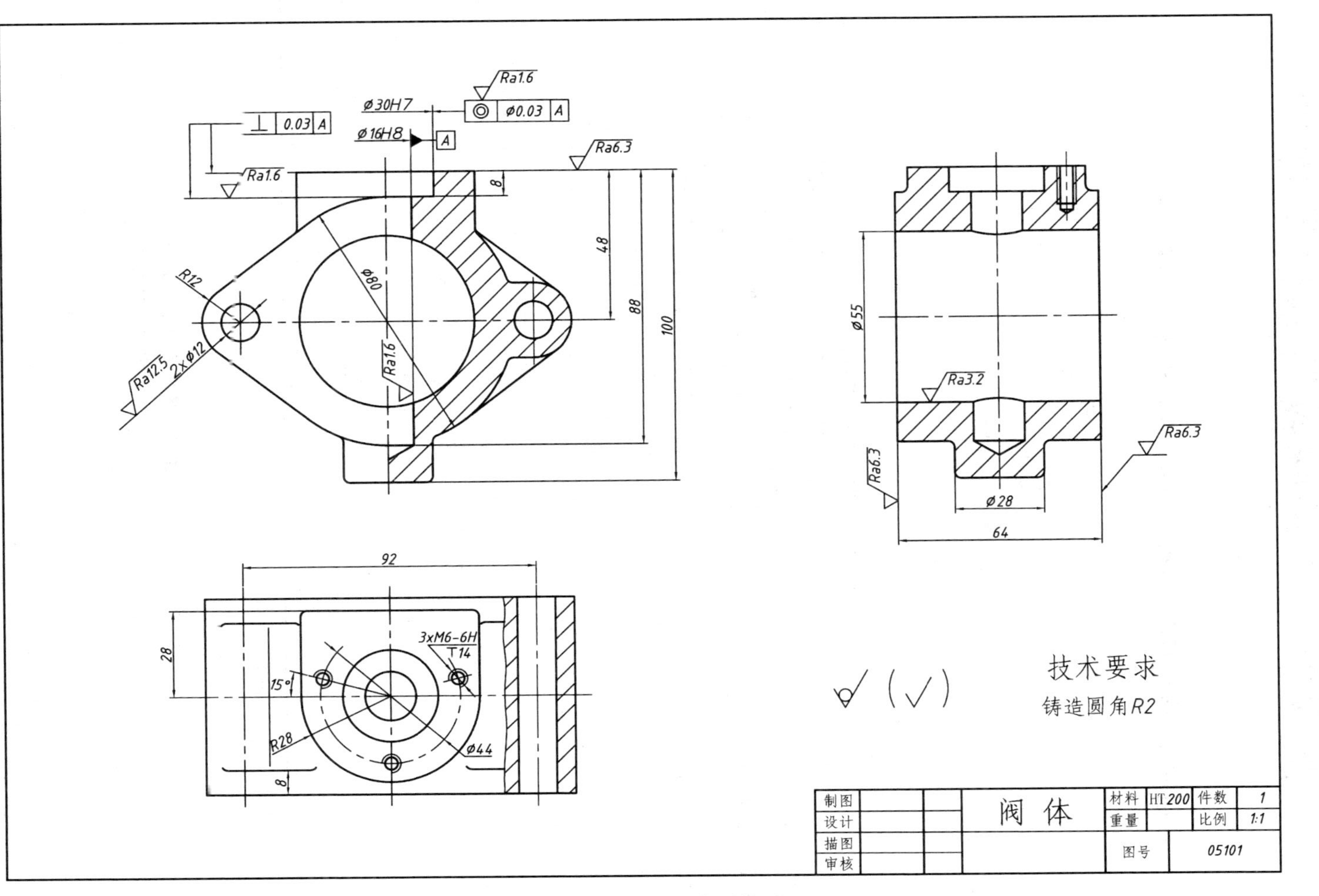

图 16-30 蝴蝶阀阀体零件图

附录 A　常用螺纹及螺纹紧固件

A1　普通螺纹(摘自 GB/T 193—2003,GB/T 196—2003)

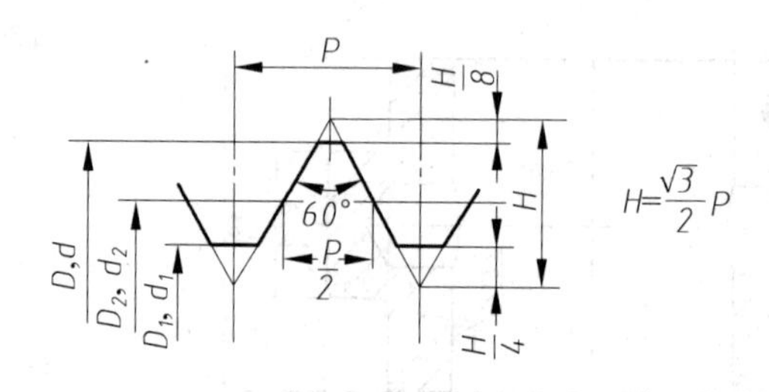

附表 A1-1　直径与螺距系列、基本尺寸　　mm

公称直径 D,d 第一系列	公称直径 D,d 第二系列	螺距 P 粗牙	螺距 P 细牙	粗牙小径 D_1,d_1
3		0.5	0.35	2.459
	3.5	(0.6)		2.850
4		0.7	0.5	3.242
	4.5	(0.75)		3.688
5		0.8		4.134
6		1	0.75,(0.5)	4.917
8		1.25	1,0.75,(0.5)	6.647
10		1.5	1.25,1,0.75,(0.5)	8.376
12		1.75	1.5,1.25,1,(0.75),(0.5)	10.106
	14	2	1.5,(1.25),1,(0.75),(0.5)	11.835
16		2	1.5,1,(0.75),(0.5)	13.835

公称直径 D,d 第一系列	公称直径 D,d 第二系列	螺距 P 粗牙	螺距 P 细牙	粗牙小径 D_1,d_1
	18	2.5	2,1.5,1,(0.75),(0.5)	15.294
20		2.5		17.294
	22	2.5	2,1.5,1,(0.75),(0.5)	19.294
24		3	2,1.5,1,(0.75)	20.752
	27	3	2,1.5,1,(0.75)	23.752
30		3.5	(3),2,1.5,1,(0.75)	26.211
	33	3.5	(3),2,1.5,(1),(0.75)	29.211
36		4	3,2,1.5,(1)	31.670
	39	4		34.670
42		4.5	(4),3,2,1.5,(1)	37.129
	45	4.5		40.129
48		5		42.587
	52	5		46.587
56		5.5	4,3,2,1.5,(1)	50.046

注:① 优先选用第一系列,括号内尺寸尽可能不用。第三系列未列入。

② 中径 D_2,d_2 未列入。

附表 A1-2　细牙普通螺纹螺距与小径的关系　　mm

螺距 P	小径 D_1,d_1	螺距 P	小径 D_1,d_1	螺距 P	小径 D_1,d_1
0.35	$d-1+0.621$	1	$d-2+0.918$	2	$d-3+0.835$
0.5	$d-1+0.459$	1.25	$d-2+0.647$	3	$d-4+0.752$
0.75	$d-1+0.188$	1.5	$d-2+0.376$	4	$d-5+0.670$

注:表中的小径按 $D_1=d_1=d-2\times\frac{5}{8}H,H=\frac{\sqrt{3}}{2}P$ 计算得出。

A2　梯形螺纹(摘自 GB/T 5796.2—2005,GB/T 5796.3—2005)

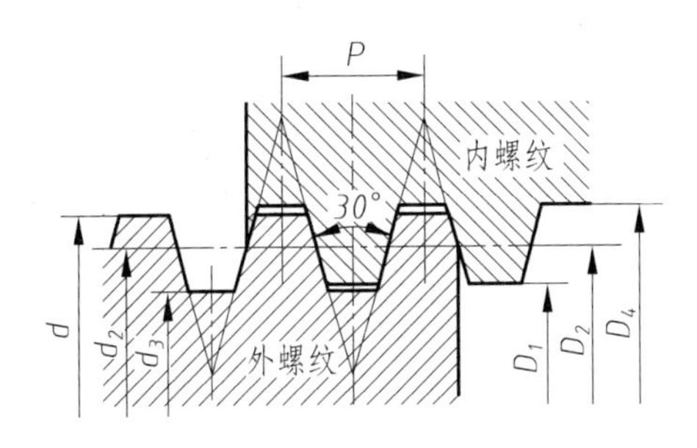

附表 A2-1　直径与螺距系列、基本尺寸　　mm

公称直径 d 第一系列	公称直径 d 第二系列	螺距 P	中径 $d_2=D_2$	大径 D_4	小径 d_3	小径 D_1
8		1.5	7.25	8.30	6.20	6.50
	9	1.5	8.25	9.30	7.20	7.50
		2	8.00	9.50	6.50	7.00
10		1.5	9.25	10.30	8.20	8.50
		2	9.00	10.50	7.50	8.00
	11	2	10.00	11.50	8.50	9.00
		3	9.50	11.50	7.50	8.00
12		2	11.00	12.50	9.50	10.00
		3	10.50	12.50	8.50	9.00
	14	2	13.00	14.50	11.50	12.00
		3	12.50	14.50	10.50	11.00
16		2	15.00	16.50	13.50	14.00
		4	14.00	16.50	11.50	12.00
	18	2	17.00	18.50	15.50	16.00
		4	16.00	18.50	13.50	14.00
20		2	19.00	20.50	17.50	18.00
		4	18.00	20.50	15.50	16.00
	22	3	20.50	22.50	18.50	19.00
		5	19.50	22.50	16.50	17.00
		8	18.00	23.00	13.00	14.00
24		3	22.50	24.50	20.50	21.00
		5	21.50	24.50	18.50	19.00
		8	20.00	25.00	15.00	16.00
	26	3	24.50	26.50	22.50	23.00
		5	23.50	26.50	20.50	21.00
		8	22.00	27.00	17.00	18.00
28		3	26.50	28.50	24.50	25.00
		5	25.50	28.50	22.50	23.00
		8	24.00	29.00	19.00	20.00
	30	3	28.50	30.50	26.50	29.00
		6	27.00	31.00	23.00	24.00
		10	25.00	31.00	19.00	20.00
32		3	30.50	32.50	28.50	29.00
		6	29.00	33.00	25.00	26.00
		10	27.00	33.00	21.00	22.00
	34	3	32.50	34.50	30.50	31.00
		6	31.00	35.00	27.00	28.00
		10	29.00	35.00	23.00	24.00
36		3	34.50	36.50	32.50	33.00
		6	33.00	37.00	29.00	30.00
		10	31.00	37.00	25.00	26.00
	38	3	36.50	38.50	34.50	35.00
		7	34.50	39.00	30.00	31.00
		10	33.00	39.00	27.00	28.00
40		3	38.50	40.50	36.50	37.00
		7	36.50	41.00	32.00	33.00
		10	35.00	41.00	29.00	30.00

A3 非螺纹密封的管螺纹(摘自 GB/T 7307—2001)

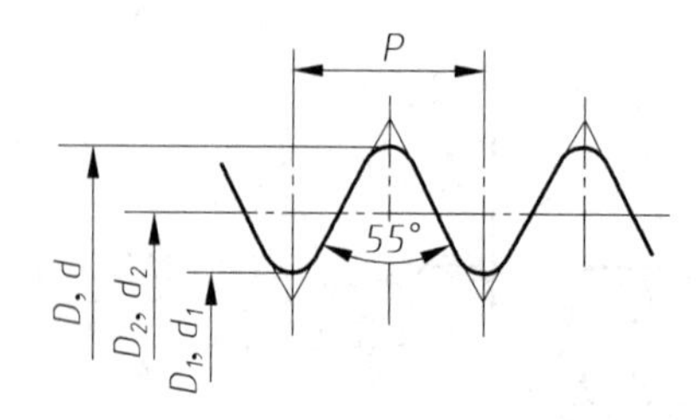

附表 A3-1

mm

尺寸代号	每25.4mm内的牙数 n	螺距 P	基本直径	
			大径 D,d	小径 D_1,d_1
$\frac{1}{8}$	28	0.907	9.728	8.566
$\frac{1}{4}$	19	1.337	13.157	11.445
$\frac{3}{8}$	19	1.337	16.662	14.950
$\frac{1}{2}$	14	1.814	20.955	18.631
$\frac{5}{8}$	14	1.814	22.911	20.587
$\frac{3}{4}$	14	1.814	26.441	24.117
$\frac{7}{8}$	14	1.814	30.201	27.877
1	11	2.309	33.249	30.291
$1\frac{1}{8}$	11	2.309	37.897	34.939
$1\frac{1}{4}$	11	2.309	41.910	38.952
$1\frac{1}{2}$	11	2.309	47.803	44.845
$1\frac{3}{4}$	11	2.309	53.746	50.788
2	11	2.309	59.614	56.656
$2\frac{1}{4}$	11	2.309	65.710	62.752
$2\frac{1}{2}$	11	2.309	75.184	72.226
$2\frac{3}{4}$	11	2.309	81.534	78.576
3	11	2.309	87.884	84.926

A4　螺栓

六角头螺栓—C级(GB/T 5780—2000)、六角头螺栓—A和B级(GB/T 5782—2000)

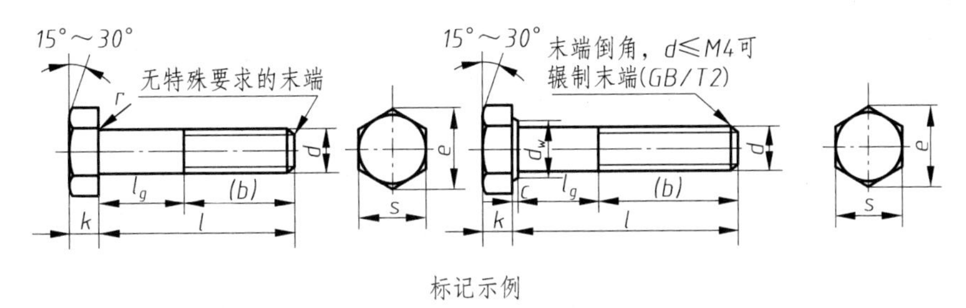

标记示例

螺纹规格d=M12、公称长度l=80、性能等级为8.8级、表面氧化、A级的六角头螺栓：

螺栓　GB/T 5782　M12×80

附表 A4-1　mm

螺纹规格 d			M3	M4	M5	M6	M8	M10	M12	M16	M20	M24	M30	M36	M42
b参考	l≤125		12	14	16	18	22	26	30	38	46	54	66	—	—
	125<l≤200		18	20	22	24	28	32	36	44	52	60	72	84	96
	l>200		31	33	35	37	41	45	49	57	65	73	85	97	109
c			0.4	0.4	0.5	0.5	0.6	0.6	0.6	0.8	0.8	0.8	0.8	0.8	1
d_w	产品等级	A	4.57	5.88	6.88	8.88	11.63	14.63	16.63	22.49	28.19	33.61	—	—	—
		B	4.45	5.74	6.74	8.74	11.47	14.47	16.47	22	27.7	33.25	42.75	51.11	59.95
e	产品等级	A	6.01	7.66	8.79	11.05	14.38	17.77	20.03	26.75	33.53	39.98	—	—	—
		B,C	5.88	7.50	8.63	10.89	14.20	17.59	19.85	26.17	32.95	39.55	50.85	60.79	72.02
k	公称		2	2.8	3.5	4	5.3	6.4	7.5	10	12.5	15	18.7	22.5	26
r			0.1	0.2	0.2	0.25	0.4	0.4	0.6	0.6	0.8	0.8	1	1	1.2
s	公称		5.5	7	8	10	13	16	18	24	30	36	46	55	65
l(商品规格范围)			20～30	25～40	25～50	30～60	40～80	45～100	50～120	65～160	80～200	90～240	110～300	140～360	160～440
l系列			12,16,20,25,30,35,40,45,50,55,60,65,70,80,90,100,110,120,130,140,150,160,180,200,220,240,260,280,300,320,340,360,380,400,420,440,460,480,500												

注：① A级用于d≤24和l≤10d或≤150的螺栓；
B级用于d>24和l>10d或>150的螺栓。

② 螺纹规格d范围：GB/T 5780为M5～M64；GB/T 5782为M1.6～M64。

③ 公称长度范围：GB/T 5780为25～500；GB/T 5782为12～500。

A5 双头螺柱

双头螺柱—$b_m = 1d$(GB/T 897—1988)

双头螺柱—$b_m = 1.25d$(GB/T 898—1988)

双头螺柱—$b_m = 1.5d$(GB/T 899—1988)

双头螺柱—$b_m = 2d$(GB/T 900—1988)

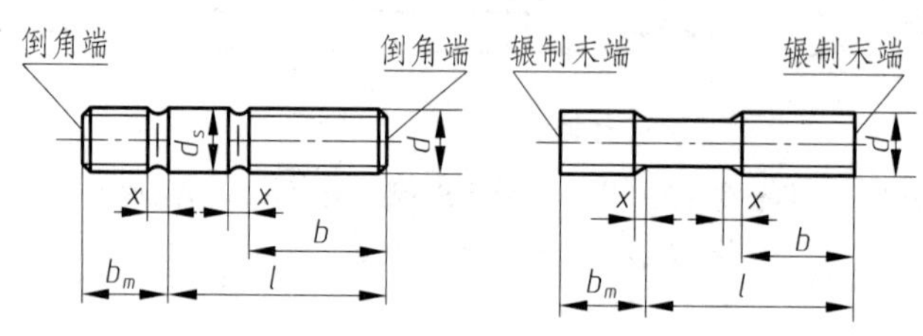

标 记 示 例

两端均为粗牙普通螺纹、d=10、l=50、性能等级为4.8级、B型、b_m=1d的双头螺柱：

螺柱 GB/T 897 M10×50

旋入机体一端为粗牙普通螺纹、旋螺母一端为螺距1的细牙普通螺纹、d=10、l=50、性能等级为4.8级、A型、b_m=1d的双头螺柱：

螺柱 GB/T 897 AM10—M10×1×50

附表 A5-1

mm

螺纹规格		M5	M6	M8	M10	M12	M16	M20	M24	M30	M36	M42
b_m(公称)	GB/T 897	5	6	8	10	12	16	20	24	30	36	42
	GB/T 898	6	8	10	12	15	20	25	30	38	45	52
	GB/T 899	8	10	12	15	18	24	30	36	45	54	65
	GB/T 900	10	12	16	20	24	32	40	48	60	72	84
d_s(max)		5	6	8	10	12	16	20	24	30	36	42
x(max)		2.5P										
$\frac{l}{b}$		$\frac{16\sim22}{10}$ $\frac{25\sim50}{16}$	$\frac{20\sim22}{10}$ $\frac{25\sim30}{14}$ $\frac{32\sim75}{18}$	$\frac{20\sim22}{12}$ $\frac{25\sim30}{16}$ $\frac{32\sim90}{22}$	$\frac{25\sim28}{14}$ $\frac{30\sim38}{16}$ $\frac{40\sim120}{26}$ $\frac{130}{32}$	$\frac{25\sim30}{16}$ $\frac{32\sim40}{20}$ $\frac{45\sim120}{30}$ $\frac{130\sim180}{36}$	$\frac{30\sim38}{20}$ $\frac{40\sim55}{30}$ $\frac{60\sim120}{38}$ $\frac{130\sim200}{44}$	$\frac{35\sim40}{25}$ $\frac{45\sim65}{35}$ $\frac{70\sim120}{46}$ $\frac{130\sim200}{52}$	$\frac{45\sim50}{30}$ $\frac{55\sim75}{45}$ $\frac{80\sim120}{54}$ $\frac{130\sim200}{60}$	$\frac{60\sim65}{40}$ $\frac{70\sim90}{50}$ $\frac{95\sim120}{60}$ $\frac{130\sim200}{72}$ $\frac{210\sim250}{85}$	$\frac{65\sim75}{45}$ $\frac{80\sim110}{60}$ $\frac{120}{78}$ $\frac{130\sim200}{84}$ $\frac{210\sim300}{91}$	$\frac{65\sim80}{50}$ $\frac{85\sim110}{70}$ $\frac{120}{90}$ $\frac{130\sim200}{96}$ $\frac{210\sim300}{109}$
l系列		16,(18),20,(22),25,(28),30,(32),35,(38),40,45,50,(55),60,(65),70,(75),80,(85),90,(95),100,110,120,130,140,150,160,170,180,190,200,210,220,230,240,250,260,280,300										

注：P是粗牙螺纹的螺距。

A6　螺钉

1. 开槽圆柱头螺钉(摘自 GB/T 65—2000)

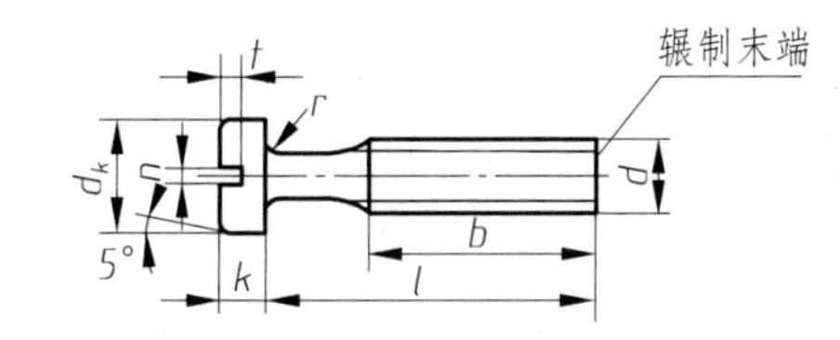

标记示例

螺纹规格d=M5、公称长度l=20、性能等级为4.8级、不经表面处理的A级开槽圆柱头螺钉：

螺钉　GB/T 65　M5×20

附表 A6-1　　mm

螺纹规格 d	M4	M5	M6	M8	M10
P(螺距)	0.7	0.8	1	1.25	1.5
b	38	38	38	38	38
d_k	7	8.5	10	13	16
k	2.6	3.3	3.9	5	6
n	1.2	1.2	1.6	2	2.5
r	0.2	0.2	0.25	0.4	0.4
t	1.1	1.3	1.6	2	2.4
公称长度 l	5～40	6～50	8～60	10～80	12～80
l 系列	5,6,8,10,12,(14),16,20,25,30,35,40,45,50,(55),60,(65),70,(75),80				

注：① 公称长度 $l \leqslant 40$ 的螺钉，制出全螺纹。

② 括号内的规格尽可能不采用。

③ 螺纹规格 d=M1.6～M10；公称长度 $l=2\sim80$。

2. 开槽沉头螺钉(摘自 GB/T 68—2000)

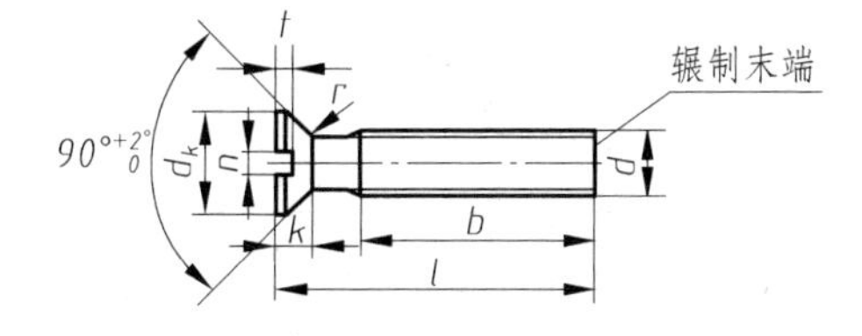

标记示例

螺纹规格d=M5、公称长度l=20、性能等级为4.8级、不经表面处理的A级开槽沉头螺钉：

螺钉　GB/T 68　M5×20

附表 A6-2　　mm

螺纹规格 d	M1.6	M2	M2.5	M3	M4	M5	M6	M8	M10
P(螺距)	0.35	0.4	0.45	0.5	0.7	0.8	1	1.25	1.5
b	25	25	25	25	38	38	38	38	38
d_k	3.6	4.4	5.5	6.3	9.4	10.4	12.6	17.3	20
k	1	1.2	1.5	1.65	2.7	2.7	3.3	4.65	5
n	0.4	0.5	0.6	0.8	1.2	1.2	1.6	2	2.5
r	0.4	0.5	0.6	0.8	1	1.3	1.5	2	2.5
t	0.5	0.6	0.75	0.85	1.3	1.4	1.6	2.3	2.6
公称长度 l	2.5～16	3～20	4～25	5～30	6～40	8～50	8～60	10～80	12～80
l 系列	2.5,3,4,5,6,8,10,12,(14),16,20,25,30,35,40,45,50,(55),60,(65),70,(75),80								

注：① 括号内的规格尽可能不采用。

② M1.6～M3 的螺钉、公称长度 $l \leqslant 30$ 的，制出全螺纹；

M4～M10 的螺钉、公称长度 $l \leqslant 45$ 的，制出全螺纹。

3. 十字槽沉头螺钉(摘自 GB/T 819.1—2000)

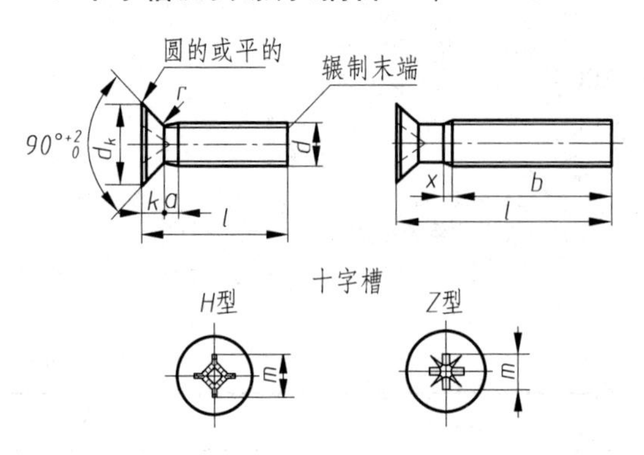

标记示例

螺纹规格d=M5、公称长度l=20、性能等级为4.8级、不经表面处理的H型十字槽沉头螺钉:

螺钉 GB/T 819.1 M5×20

附表 A6-3 mm

螺纹规格 d	M1.6	M2	M2.5	M3	M4	M5	M6	M8	M10
P	0.35	0.4	0.45	0.5	0.7	0.8	1	1.25	1.5
a max	0.7	0.8	0.9	1	1.4	1.6	2	2.5	3
b min	25	25	25	25	38	38	38	38	38
d_k 理论值 max	3.6	4.4	5.5	6.3	9.4	10.4	12.6	17.3	20
d_k 实际值 max	3	3.8	4.7	5.5	8.4	9.3	11.3	15.8	18.3
d_k 实际值 min	2.7	3.5	4.4	5.2	8	8.9	10.9	15.4	17.8
k max	1	1.2	1.5	1.65	2.7	2.7	3.3	4.65	5
r max	0.4	0.5	0.6	0.8	1	1.3	1.5	2	2.5
X max	0.9	1	1.1	1.25	1.75	2	2.5	3.2	3.8
十字槽 槽号 No.	0		1		2		3	4	
十字槽 H型 m 参考	1.6	1.9	2.9	3.2	4.6	5.2	6.8	8.9	10
十字槽 H型 插入深度 min	0.6	0.9	1.4	1.7	2.1	2.7	3	4	5.1
十字槽 H型 插入深度 max	0.9	1.2	1.8	2.1	2.6	3.2	3.5	4.6	5.7
十字槽 Z型 m 参考	1.6	1.9	2.8	3	4.4	4.9	6.6	8.8	9.8
十字槽 Z型 插入深度 min	0.7	0.95	1.45	1.6	2.05	2.6	3	4.15	5.2
十字槽 Z型 插入深度 max	0.95	1.2	1.75	2	2.5	3.05	3.45	4.6	5.65

l 公称	l min	l max	M1.6	M2	M2.5	M3	M4	M5	M6	M8	M10
3	2.8	3.2									
4	3.7	4.3									
5	4.7	5.3									
6	5.7	6.3									
8	7.7	8.3									
10	9.7	10.3									
12	11.6	12.4									
(14)	13.6	14.4									

续表

螺纹规格 d			M1.6	M2	M2.5	M3	M4	M5	M6	M8	M10
公称	min	max									
16	15.6	16.4					规格				
20	19.6	20.4									
25	24.6	25.4									
30	29.6	30.4							范围		
35	34.5	35.5									
40	39.5	40.5									
45	44.5	45.5									
50	49.5	50.5									
(55)	54.4	55.6									
60	59.4	60.6									

注：① 尽可能不采用括号内的规格。

② P——螺距。

③ d_k 的理论值按 GB/T 5279—1985 规定。

④ 公称长度在虚线以上的螺钉，制出全螺纹[$b=l-(k+a)$]。

4. 紧定螺钉

开槽锥端紧定螺钉
(GB/T 71—1985)

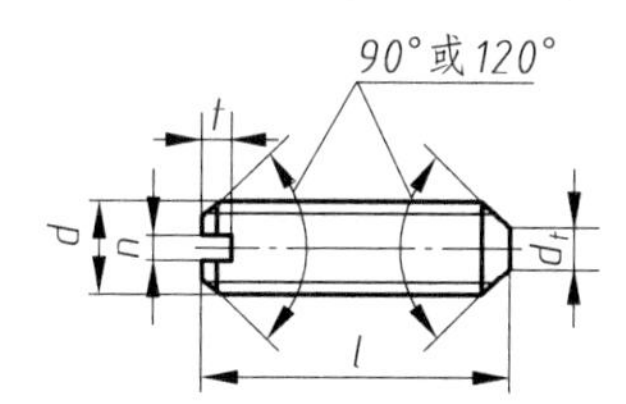

开槽平端紧定螺钉
(GB/T 73—1985)

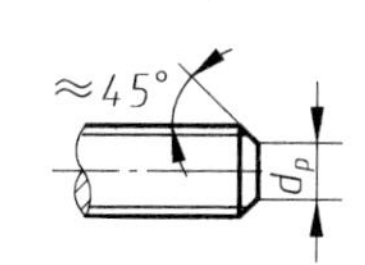

开槽长圆柱端紧定螺钉
(GB/T 75—1985)

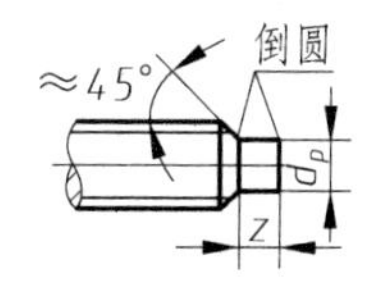

标 记 示 例

螺纹规格d=M5、公称长度l=12、性能等级为14H级、表面氧化的开槽长圆柱端紧定螺钉：

螺钉 GB/T 75 M5×12

附表 A6-4　　mm

螺纹规格 d		M1.6	M2	M2.5	M3	M4	M5	M6	M8	M10	M12
P(螺距)		0.35	0.4	0.45	0.5	0.7	0.8	1	1.25	1.5	1.75
n		0.25	0.25	0.4	0.4	0.6	0.8	1	1.2	1.6	2
t		0.74	0.84	0.95	1.05	1.42	1.63	2	2.5	3	3.6
d_t		0.16	0.2	0.25	0.3	0.4	0.5	1.5	2	2.5	3
d_p		0.8	1	1.5	2	2.5	3.5	4	5.5	7	8.5
z		1.05	1.25	1.5	1.75	2.25	2.75	3.25	4.3	5.3	6.3
l	GB/T 71—1985	2～8	3～10	3～12	4～16	6～20	8～25	8～30	10～40	12～50	14～60
	GB/T 73—1985	2～8	2～10	2.5～12	3～16	4～20	5～25	6～30	8～40	10～50	12～60
	GB/T 75—1985	2.5～8	3～10	4～12	5～16	6～20	8～25	10～30	10～40	12～50	14～60
l 系列		2,2.5,3,4,5,6,8,10,12,(14),16,20,25,30,35,40,45,50,(55),60									

注：① l 为公称长度。

② 括号内的规格尽可能不采用。

A7 螺母

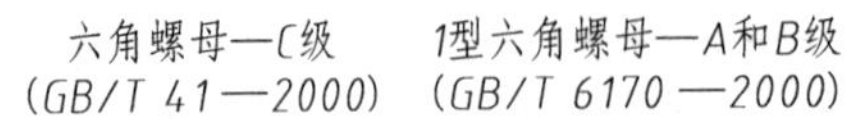

六角薄螺母
(GB/T 6172.1—2000)

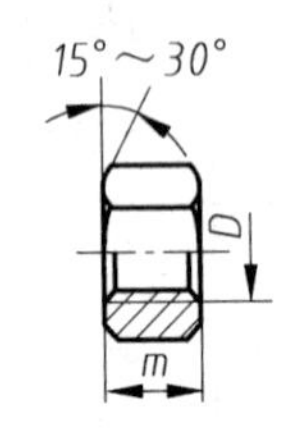

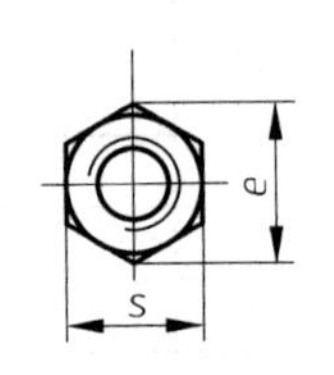

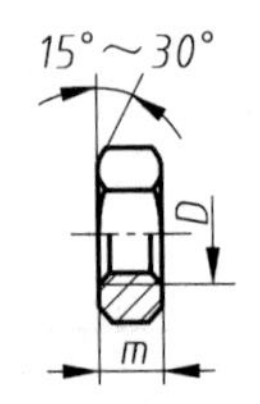

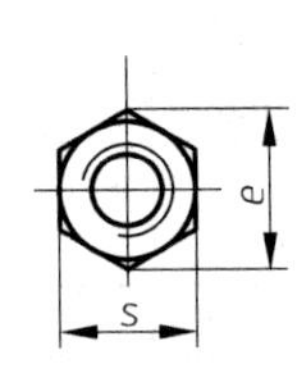

标记示例

螺纹规格D=M12、性能等级为5级、不经表面处理、C级的六角螺母：

螺母 GB/T 41 M12

螺纹规格D=M12、性能等级为8级、不经表面处理、A级的1型六角螺母：

螺母 GB/T 6170 M12

附表 A7-1 mm

螺纹规格 D		M3	M4	M5	M6	M8	M10	M12	M16	M20	M24	M30	M36	M42
e	GB/T 41	—	—	8.63	10.89	14.20	17.59	19.85	26.17	32.95	39.55	50.85	60.79	72.02
	GB/T 6170	6.01	7.66	8.79	11.05	14.38	17.77	20.03	26.75	32.95	39.55	50.85	60.79	72.02
	GB/T 6172.1	6.01	7.66	8.79	11.05	14.38	17.77	20.03	26.75	32.95	39.55	50.85	60.79	72.02
s	GB/T 41	—	—	8	10	13	16	18	24	30	36	46	55	65
	GB/T 6170	5.5	7	8	10	13	16	18	24	30	36	46	55	65
	GB/T 6172.1	5.5	7	8	10	13	16	18	24	30	36	46	55	65
m	GB/T 41	—	—	5.6	6.1	7.9	9.5	12.2	15.9	18.7	22.3	26.4	31.5	34.9
	GB/T 6170	2.4	3.2	4.7	5.2	6.8	8.4	10.8	14.8	18	21.5	25.6	31	34
	GB/T 6172.1	1.8	2.2	2.7	3.2	4	5	6	8	10	12	15	18	21

注：A级用于 $D\leqslant 16$；B级用于 $D>16$。

A8　垫圈

1. 平垫圈

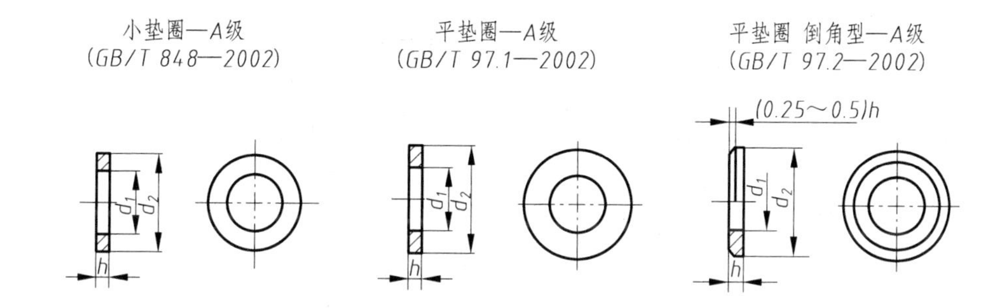

标 记 示 例

标准系列、公称规格8、性能等级为200HV级、不经表面处理、产品等级为A级的平垫圈：

垫圈 GB/T 97.1 8

附表 A8-1

mm

公称规格（螺纹大径 d）		1.6	2	2.5	3	4	5	6	8	10	12	14	16	20	24	30	36
d_1	GB/T 848	1.7	2.2	2.7	3.2	4.3	5.3	6.4	8.4	10.5	13	15	17	21	25	31	37
	GB/T 97.1	1.7	2.2	2.7	3.2	4.3	5.3	6.4	8.4	10.5	13	15	17	21	25	31	37
	GB/T 97.2	—	—	—	—	—	5.3	6.4	8.4	10.5	13	15	17	21	25	31	37
d_2	GB/T 848	3.5	4.5	5	6	8	9	11	15	18	20	24	28	34	39	50	60
	GB/T 97.1	4	5	6	7	9	10	12	16	20	24	28	30	37	44	56	66
	GB/T 97.2	—	—	—	—	—	10	12	16	20	24	28	30	37	44	56	66
h	GB/T 848	0.3	0.3	0.5	0.5	0.5	1	1.6	1.6	1.6	2	2.5	2.5	3	4	4	5
	GB/T 97.1	0.3	0.3	0.5	0.5	0.8	1	1.6	1.6	2	2.5	2.5	3	3	4	4	5
	GB/T 97.2	—	—	—	—	—	1	1.6	1.6	2	2.5	2.5	3	3	4	4	5

2. 弹簧垫圈

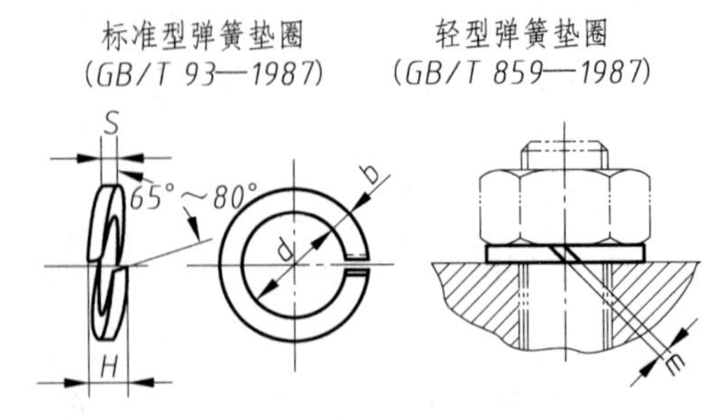

标记示例

规格16、材料为65Mn、表面氧化的标准型弹簧垫圈：

垫圈 GB/T 93 16

附表 A8-2　　mm

规格(螺纹大径)		3	4	5	6	8	10	12	(14)	16	(18)	20	(22)	24	(27)	30
d		3.1	4.1	5.1	6.1	8.1	10.2	12.2	14.2	16.2	18.2	20.2	22.5	24.5	27.5	30.5
H	GB/T 93	1.6	2.2	2.6	3.2	4.2	5.2	6.2	7.2	8.2	9	10	11	12	13.6	15
	GB/T 859	1.2	1.6	2.2	2.6	3.2	4	5	6	6.4	7.2	8	9	10	11	12
S(*b*)	GB/T 93	0.8	1.1	1.3	1.6	2.1	2.6	3.1	3.6	4.1	4.5	5	5.5	6	6.8	7.5
S	GB/T 859	0.6	0.8	1.1	1.3	1.6	2	2.5	3	3.2	3.6	4	4.5	5	5.5	6
m≤	GB/T 93	0.4	0.55	0.65	0.8	1.05	1.3	1.55	1.8	2.05	2.25	2.5	2.75	3	3.4	3.75
	GB/T 859	0.3	0.4	0.55	0.65	0.8	1	1.25	1.5	1.6	1.8	2	2.25	2.5	2.75	3
b	GB/T 859	1	1.2	1.5	2	2.5	3	3.5	4	4.5	5	5.5	6	7	8	9

注：① 括号内的规格尽可能不采用。

② *m* 应大于零。

附录B　常用键与销

B1　键

1. 平键和键槽的剖面尺寸(GB/T 1095—2003)

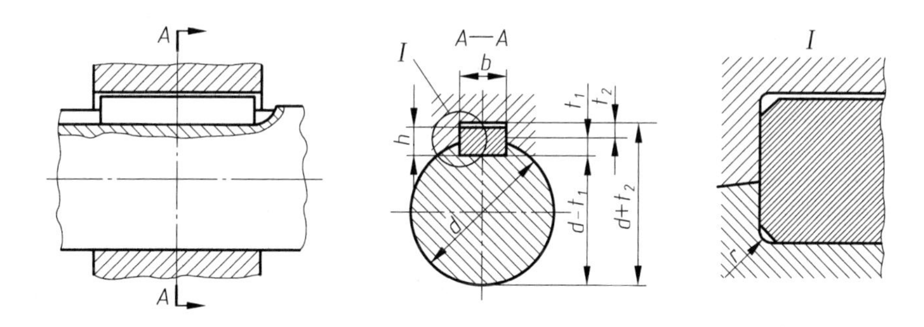

附表 B1-1　　mm

<table>
<tr><th rowspan="5">键尺寸
$b\times h$</th><th colspan="12">键　　槽</th></tr>
<tr><th colspan="6">宽度 b</th><th colspan="4">深度</th><th colspan="2" rowspan="3">半径 r</th></tr>
<tr><th rowspan="3">基本
尺寸</th><th colspan="5">极限偏差</th><th colspan="2">轴 t_1</th><th colspan="2">毂 t_2</th></tr>
<tr><th colspan="2">正常连接</th><th>紧密连接</th><th colspan="2">松连接</th><th rowspan="2">基本
尺寸</th><th rowspan="2">极限
偏差</th><th rowspan="2">基本
尺寸</th><th rowspan="2">极限
偏差</th></tr>
<tr><th>轴 N9</th><th>毂 JS9</th><th>轴和毂 P9</th><th>轴 H9</th><th>毂 D10</th><th>min</th><th>max</th></tr>
<tr><td>2×2</td><td>2</td><td rowspan="2">−0.004
−0.029</td><td rowspan="2">±0.0125</td><td rowspan="2">−0.006
−0.031</td><td rowspan="2">+0.025
0</td><td rowspan="2">+0.060
+0.020</td><td>1.2</td><td rowspan="5">+0.1
0</td><td>1.0</td><td rowspan="5">+0.1
0</td><td rowspan="3">0.08</td><td rowspan="3">0.16</td></tr>
<tr><td>3×3</td><td>3</td><td>1.8</td><td>1.4</td></tr>
<tr><td>4×4</td><td>4</td><td rowspan="3">0
−0.030</td><td rowspan="3">±0.015</td><td rowspan="3">−0.012
−0.042</td><td rowspan="3">+0.030
0</td><td rowspan="3">+0.078
+0.030</td><td>2.5</td><td>1.8</td></tr>
<tr><td>5×5</td><td>5</td><td>3.0</td><td>2.3</td><td rowspan="3">0.16</td><td rowspan="3">0.25</td></tr>
<tr><td>6×6</td><td>6</td><td>3.5</td><td>2.8</td></tr>
<tr><td>8×7</td><td>8</td><td rowspan="2">0
−0.036</td><td rowspan="2">±0.018</td><td rowspan="2">−0.015
−0.051</td><td rowspan="2">+0.036
0</td><td rowspan="2">+0.098
+0.040</td><td>4.0</td><td rowspan="2">+0.2
0</td><td>3.3</td><td rowspan="2">+0.2
0</td></tr>
<tr><td>10×8</td><td>10</td><td>5.0</td><td>3.3</td><td>0.25</td><td>0.40</td></tr>
</table>

续表

键尺寸 $b\times h$	键槽											
	宽度 b						深度				半径 r	
	基本尺寸	极限偏差					轴 t_1		毂 t_2			
		正常连接		紧密连接	松连接		基本尺寸	极限偏差	基本尺寸	极限偏差		
		轴 N9	毂 JS9	轴和毂 P9	轴 H9	毂 D10					min	max
12×8	12	0 −0.043	±0.0215	−0.018 −0.061	+0.043 0	+0.120 +0.050	5.0	+0.2 0	3.3	+0.2 0	0.25	0.40
14×9	14						5.5		3.8			
16×10	16						6.0		4.3			
18×11	18						7.0		4.4			
20×12	20	0 −0.052	±0.026	−0.022 −0.074	+0.052 0	+0.149 +0.065	7.5	+0.2 0	4.9	+0.2 0	0.40	0.60
22×14	22						9.0		5.4			
25×14	25						9.0		5.4			
28×16	28						10.0		6.4			
32×18	32	0 −0.062	±0.031	−0.026 −0.088	+0.062 0	+0.180 0.080	11.0		7.4			
32×20	36						12.0	+0.3 0	8.4	+0.3 0	0.70	1.00
40×22	40						13.0		9.4			
45×25	45						15.0		10.4			
50×28	50						17.0		11.4			
56×32	56	0 −0.074	±0.037	−0.032 −0.106	+0.074 0	+0.220 +0.100	20.0		12.4		1.20	1.60
63×32	63						20.0		12.4			
70×36	70						22.0		14.4			
80×40	80						25.0		15.4		2.00	2.50
90×45	90	0 −0.087	±0.0435	−0.037 −0.124	+0.087 0	+0.260 +0.120	28.0		17.4			
100×50	100						31.0		19.5			

2. 普通平键的型式尺寸(GB/T 1096—2003)

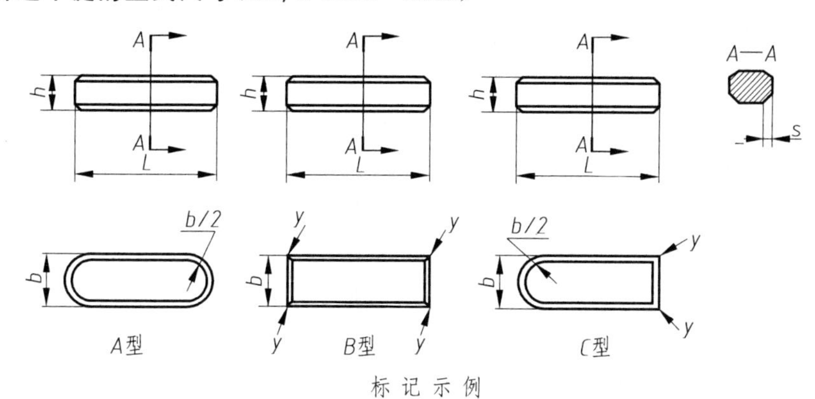

标 记 示 例

宽度$b=6$，高度$h=6$，长度$L=16$的平键：

GB/T 1096 键6×6×16

附表 B1-2

mm

宽度 b	基本尺寸		2	3	4	5	6	8	10	12	14	16	18	20	22
	极限偏差(h8)		0 −0.014		0 −0.018			0 −0.022		0 −0.027				0 −0.033	
高度 h	基本尺寸		2	3	4	5	6	7	8	8	9	10	11	12	14
	极限偏差	矩形(h11)	—		—			0 −0.090					0 −0.110		
		方形(h8)	0 −0.014		0 −0.018			—					—		
倒角或倒圆 s			0.16～0.25			0.25～0.40			0.40～0.60					0.60～0.80	
长度 L															
基本尺寸	极限偏差(h14)														
6	0 −0.36				—	—	—	—	—	—	—	—	—	—	—
8						—	—	—	—	—	—	—	—	—	—
10							—	—	—	—	—	—	—	—	—
12	0 −0.43						—	—	—	—	—	—	—	—	—
14								—	—	—	—	—	—	—	—
16								—	—	—	—	—	—	—	—
18									—	—	—	—	—	—	—

续表

宽度 b	基本尺寸		2	3	4	5	6	8	10	12	14	16	18	20	22
	极限偏差(h8)		0 −0.014		0 −0.018			0 −0.022		0 −0.027				0 −0.033	
高度 h	基本尺寸		2	3	4	5	6	7	8	8	9	10	11	12	14
	极限偏差	矩形(h11)	—		—			0 −0.090					0 −0.110		
		方形(h8)	0 −0.014		0 −0.018			—					—		
倒角或倒圆 s			0.16～0.25			0.25～0.40			0.40～0.60					0.60～0.80	
长度 L															
基本尺寸	极限偏差(h14)														
20	0 −0.52								—	—	—	—	—	—	—
22			—			标准					—	—	—	—	—
25			—							—	—	—	—	—	—
28			—								—	—	—	—	—
32	0 −0.62		—								—	—	—	—	—
36			—									—	—	—	—
40			—	—								—	—	—	—
45			—	—					长度				—	—	—
50			—	—	—									—	—
56	0 −0.74		—	—	—										—
63			—	—	—	—									
70			—	—	—	—									
80			—	—	—	—	—								
90	0 −0.87		—	—	—	—	—					范围			
100			—	—	—	—	—	—							
110			—	—	—	—	—	—							

3. 半圆键和键槽的剖面尺寸(GB/T 1098—2003)

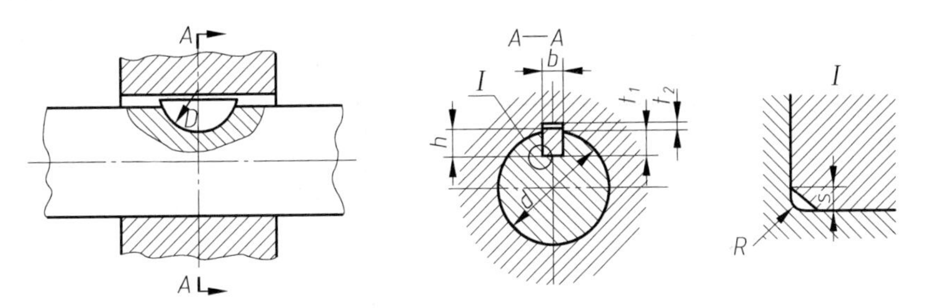

附表 B1-3　　mm

键尺寸 $b\times h\times D$	键槽 宽度 b 基本尺寸	极限偏差 正常连接 轴 N9	正常连接 毂 JS9	紧密连接 轴和毂 P9	松连接 轴 H9	松连接 毂 D10	深度 轴 t_1 基本尺寸	轴 t_1 极限偏差	毂 t_2 基本尺寸	毂 t_2 极限偏差	半径 R max	半径 R min
1×1.4×4 1×1.1×4	1	−0.004 −0.029	±0.0125	−0.006 −0.031	+0.025 0	+0.060 +0.020	1.0	+0.1 0	0.6	+0.1 0	0.16	0.08
1.5×2.6×7 1.5×2.1×7	1.5						2.0		0.8			
2×2.6×7 2×2.1×7	2						1.8		1.0			
2×3.7×10 2×3×10	2						2.9		1.0			
2.5×3.7×10 2.5×3×10	2.5						2.7		1.2			
3×5×13 3×4×13	3						3.8	+0.2 0	1.4			
3×6.5×16 3×5.2×16	3						5.3		1.4			
4×6.5×16 4×5.2×16	4	0 −0.030	±0.015	−0.012 −0.042	+0.030 0	+0.078 +0.030	5.0		1.8		0.25	0.16
4×7.5×19 4×6×19	4						6.0		1.8			
5×6.5×16 5×5.2×19	5						4.5		2.3			
5×7.5×19 5×6×19	5						5.5		2.3			
5×9×22 5×7.2×22	5						7.0	+0.3 0	2.3			
6×9×22 6×7.2×22	6						6.5		2.8			
6×10×25 6×8×25	6						7.5		2.8	+0.2 0		
8×11×28 8×8.8×28	8	0 −0.036	±0.018	−0.015 −0.051	+0.036 0	+0.098 +0.040	8.0		3.3		0.40	0.25
10×13×32 10×10.4×32	10						10		3.3			

注：键尺寸中的公称直径 D 即为键槽直径最小值。

4. 半圆键的型式尺寸(GB/T 1099.1—2003)

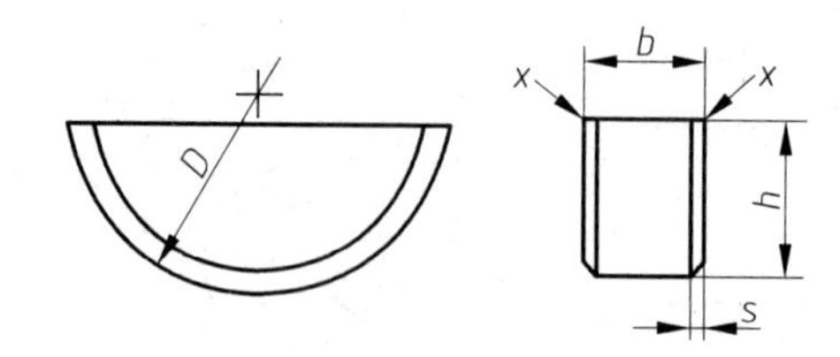

标 记 示 例

宽度b=6、高度h=10、直径D=25的普通型半圆键:

GB/T 1099.1 键6×10×25

附表 B1-4

mm

<table>
<tr><th rowspan="2">键尺寸
$b\times h\times D$</th><th colspan="2">宽度 b</th><th colspan="2">高度 h</th><th colspan="2">直径 D</th><th colspan="2">倒角或倒圆 s</th></tr>
<tr><th>基本尺寸</th><th>极限偏差</th><th>基本尺寸</th><th>极限偏差
(h 12)</th><th>基本尺寸</th><th>极限偏差
(h 12)</th><th>min</th><th>max</th></tr>
<tr><td>1×1.4×4</td><td>1</td><td rowspan="16">0
−0.025</td><td>1.4</td><td rowspan="3">0
−0.10</td><td>4</td><td>0
−0.120</td><td rowspan="7">0.16</td><td rowspan="7">0.25</td></tr>
<tr><td>1.5×2.6×7</td><td>1.5</td><td>2.6</td><td>7</td><td rowspan="4">0
−0.150</td></tr>
<tr><td>2×2.6×7</td><td>2</td><td>2.6</td><td>7</td></tr>
<tr><td>2×3.7×10</td><td>2</td><td>3.7</td><td rowspan="3">0
−0.12</td><td>10</td></tr>
<tr><td>2.5×3.7×10</td><td>2.5</td><td>3.7</td><td>10</td></tr>
<tr><td>3×5×13</td><td>3</td><td>5</td><td>13</td><td rowspan="3">0
−0.180</td></tr>
<tr><td>3×6.5×16</td><td>3</td><td>6.5</td><td rowspan="8">0
−0.15</td><td>16</td></tr>
<tr><td>4×6.5×16</td><td>4</td><td>6.5</td><td>16</td><td rowspan="7">0.25</td><td rowspan="7">0.40</td></tr>
<tr><td>4×7.5×19</td><td>4</td><td>7.5</td><td>19</td><td>0
−0.210</td></tr>
<tr><td>5×6.5×16</td><td>5</td><td>6.5</td><td>16</td><td>0
−0.180</td></tr>
<tr><td>5×7.5×19</td><td>5</td><td>7.5</td><td>19</td><td rowspan="5">0
−0.210</td></tr>
<tr><td>5×9×22</td><td>5</td><td>9</td><td>22</td></tr>
<tr><td>6×9×22</td><td>6</td><td>9</td><td>22</td></tr>
<tr><td>6×10×25</td><td>6</td><td>10</td><td>25</td></tr>
<tr><td>8×11×28</td><td>8</td><td>11</td><td rowspan="2">0
−0.18</td><td>28</td><td rowspan="2">0.40</td><td rowspan="2">0.60</td></tr>
<tr><td>10×13×32</td><td>10</td><td>13</td><td>32</td><td>0
−0.250</td></tr>
</table>

B2 销

1. 圆柱销(GT/T 119.1—2000)——不淬硬钢和奥氏体不锈钢

末端形状，由制造者确定
允许倒角或凹穴

≈15°　c　l　d

标记示例

公称直径d=6、公差为m6、公称长度l=30、材料为钢、不经淬火、不经表面处理的圆柱销：

销　GB/T 119.1　6m6×30

附表 B2-1　　mm

公称直径 d(m6/h8)	0.6	0.8	1	1.2	1.5	2	2.5	3	4	5
$c\approx$	0.12	0.16	0.20	0.25	0.30	0.35	0.40	0.50	0.63	0.80
l(商品规格范围公称长度)	2～6	2～8	4～10	4～12	4～16	6～20	6～24	8～30	8～40	10～50
公称直径 d(m6/h8)	6	8	10	12	16	20	25	30	40	50
$c\approx$	1.2	1.6	2.0	2.5	3.0	3.5	4.0	5.0	6.3	8.0
l(商品规格范围公称长度)	12～60	14～80	18～95	22～140	26～180	35～200	50～200	60～200	80～200	95～200
l 系列	2,3,4,5,6,8,10,12,14,16,18,20,22,24,26,28,30,32,35,40,45,50,55,60,65,70,75,80,85,90,95,100,120,140,160,180,200									

注：① 材料用钢时硬度要求为 125～245 HV30，用奥氏体不锈钢 A1(GB/T 3098.6)时硬度要求 210～280 HV30。
② 公差 m6：$Ra\leqslant0.8\mu$m；
公差 h8：$Ra\leqslant1.6\mu$m。

2. 圆锥销(GB/T 117—2000)

A型(磨削)　　B型(切削或冷镦)

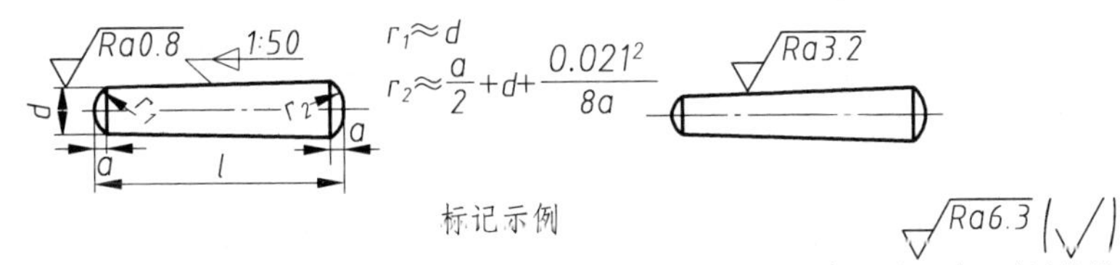

标记示例

公称直径d=10、长度l=60、材料为35钢、热处理硬度28～38HRC、表面氧化处理的A型圆锥销：

销　GB/T 117　10×60

附表 B2-2　　mm

d(公称)	0.6	0.8	1	1.2	1.5	2	2.5	3	4	5
$a\approx$	0.08	0.1	0.12	0.16	0.2	0.25	0.3	0.4	0.5	0.63
l(商品规格范围公称长度)	4～8	5～12	6～16	6～20	8～24	10～35	10～35	12～45	14～55	18～60

续表

d(公称)	6	8	10	12	16	20	25	30	40	50
a≈	0.8	1	1.2	1.6	2	2.5	3	4	5	6.3
l(商品规格范围公称长度)	22～90	22～120	26～160	32～180	40～200	45～200	50～200	55～200	60～200	65～200
l 系列	2,3,4,5,6,8,10,12,14,16,18,20,22,24,26,28,30,32,35,40,45,50,55,60,65,70,75,80,85,90,95,100,120,140,160,180,200									

3. 开口销(GB/T 91—2000)

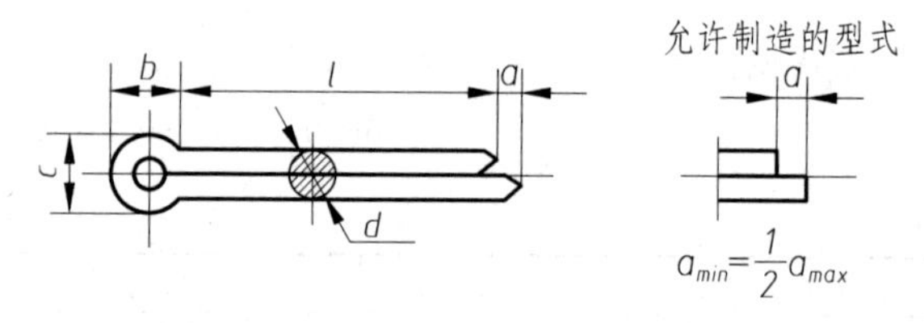

标记示例

公称直径d=5、长度l=50、材料为低碳钢、不经表面处理的开口销:

销 GB/T 91 5×50

附表 B2-3 mm

公称规格		0.6	0.8	1	1.2	1.6	2	2.5	3.2	4	5	6.3	8	10	13
d	max	0.5	0.7	0.9	1.0	1.4	1.8	2.3	2.9	3.7	4.6	5.9	7.5	9.5	12.4
	min	0.4	0.6	0.8	0.9	1.3	1.7	2.1	2.7	3.5	4.4	5.7	7.3	9.3	12.1
C	max	1	1.4	1.8	2	2.8	3.6	4.6	5.8	7.4	9.2	11.8	15	19	24.8
	min	0.9	1.2	1.6	1.7	2.4	3.2	4	5.1	6.5	8	10.3	13.1	16.6	21.7
b≈		2	2.4	3	3	3.2	4	5	6.4	8	10	12.6	16	20	26
a_{max}		1.6	1.6	1.6	2.5	2.5	2.5	2.5	3.2	4	4	4	4	6.3	6.3
l(商品规格范围公称长度)		4～12	5～16	6～20	8～26	8～32	10～40	12～50	14～65	18～80	22～100	30～120	40～160	45～200	70～200
l 系列		4,5,6,8,10,12,14,16,18,20,22,24,26,28,30,32,36,40,45,50,55,60,65,70,75,80,85,90,95,100,120,140,160,180,200													

注：公称规格等与开口销孔直径。对销孔直径推荐的公差为：

公称规格≤1.2：H13；

公称规格>1.2：H14。

附录 C　常用滚动轴承

C1　深沟球轴承(GB/T 276—1994)

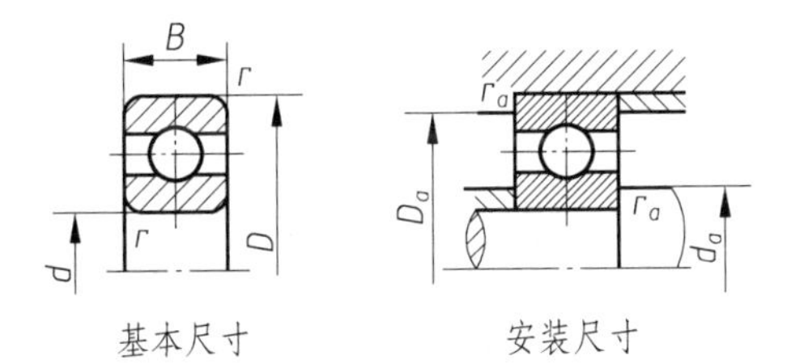

基本尺寸　　安装尺寸

标记示例

内径d=20的60000型深沟球轴承，尺寸系列为(0)2，组合代号为62：

滚动轴承　6204　GB/T 276—1994

附表 C1-1

轴承代号	基本尺寸/mm				安装尺寸/mm		
	d	D	B	r_s min	d_a min	D_a max	r_{as} max
(0)1 尺寸系列							
6000	10	26	8	0.3	12.4	23.6	0.3
6001	12	28	8	0.3	14.4	25.6	0.3
6002	15	32	9	0.3	17.4	29.6	0.3
6003	17	35	10	0.3	19.4	32.6	0.3
6004	20	42	12	0.6	25	37	0.6
6005	25	47	12	0.6	30	42	0.6
6006	30	55	13	1	36	49	1
6007	35	62	14	1	41	56	1
6008	40	68	15	1	46	62	1
6009	45	75	16	1	51	69	1
6010	50	80	16	1	56	74	1
6011	55	90	18	1.1	62	83	1
6012	60	95	18	1.1	67	88	1
6013	65	100	18	1.1	72	93	1
6014	70	110	20	1.1	77	103	1
6015	75	115	20	1.1	82	108	1
6016	80	125	22	1.1	87	118	1
6017	85	130	22	1.1	92	123	1
6018	90	140	24	1.5	99	131	1.5
6019	95	145	24	1.5	104	136	1.5
6020	100	150	24	1.5	109	141	1.5

续表

轴承代号	基本尺寸/mm				安装尺寸/mm		
	d	D	B	r_s min	d_a min	D_a max	r_{as} max
(0)2 尺寸系列							
6200	10	30	9	0.6	15	25	0.6
6201	12	32	10	0.6	17	27	0.6
6202	15	35	11	0.6	20	30	0.6
6203	17	40	12	0.6	22	35	0.6
6204	20	47	14	1	26	41	1
6205	25	52	15	1	31	46	1
6206	30	62	16	1	36	56	1
6207	35	72	17	1.1	42	65	1
6208	40	80	18	1.1	47	73	1
6209	45	85	19	1.1	52	78	1
6210	50	90	20	1.1	57	83	1
6211	55	100	21	1.5	64	91	1.5
6212	60	110	22	1.5	69	101	1.5
6213	65	120	23	1.5	74	111	1.5
6214	70	125	24	1.5	79	116	1.5
6215	75	130	25	1.5	84	121	1.5
6216	80	140	26	2	90	130	2
6217	85	150	28	2	95	140	2
6218	90	160	30	2	100	150	2
6219	95	170	32	2.1	107	158	2.1
6220	100	180	34	2.1	112	168	2.1
(0)3 尺寸系列							
6300	10	35	11	0.6	15	30	0.6
6301	12	37	12	1	18	31	1
6302	15	42	13	1	21	36	1
6303	17	47	14	1	23	41	1
6304	20	52	15	1.1	27	45	1
6305	25	62	17	1.1	32	55	1
6306	30	72	19	1.1	37	65	1
6307	35	80	21	1.5	44	71	1.5
6308	40	90	23	1.5	49	81	1.5
6309	45	100	25	1.5	54	91	1.5
6310	50	110	27	2	60	100	2
6311	55	120	29	2	65	110	2
6312	60	130	31	2.1	72	118	2.1
6313	65	140	33	2.1	77	128	2.1
6314	70	150	35	2.1	82	138	2.1
6315	75	160	37	2.1	87	148	2.1
6316	80	170	39	2.1	92	158	2.1
6317	85	180	41	3	99	166	2.5
6318	90	190	43	3	104	176	2.5
6319	95	200	45	3	109	186	2.5
6320	100	215	47	3	114	201	2.5
(0)4 尺寸系列							
6403	17	62	17	1.1	24	55	1
6404	20	72	19	1.1	27	65	1
6405	25	80	21	1.5	34	71	1.5
6406	30	90	23	1.5	39	81	1.5
6407	35	100	25	1.5	44	91	1.5
6408	40	110	27	2	50	100	2

续表

轴承代号	基本尺寸/mm				安装尺寸/mm		
	d	D	B	r_s min	d_a min	D_a max	r_{as} max
6409	45	120	29	2	55	110	2
6410	50	130	31	2.1	62	118	2.1
6411	55	140	33	2.1	67	128	2.1
6412	60	150	35	2.1	72	138	2.1
6413	65	160	37	2.1	77	148	2.1
6414	70	180	42	3	84	166	2.5
6415	75	190	45	3	89	176	2.5
6416	80	200	48	3	94	186	2.5
6417	85	210	52	4	103	192	3
6418	90	225	54	4	108	207	3
6420	100	250	58	4	118	232	3

注：r_{smin}为 r 的单向最小倒角尺寸；r_{asmax}为 r_a 的单向最大倒角尺寸。

C2　圆锥滚子轴承(GB/T 297—1994)

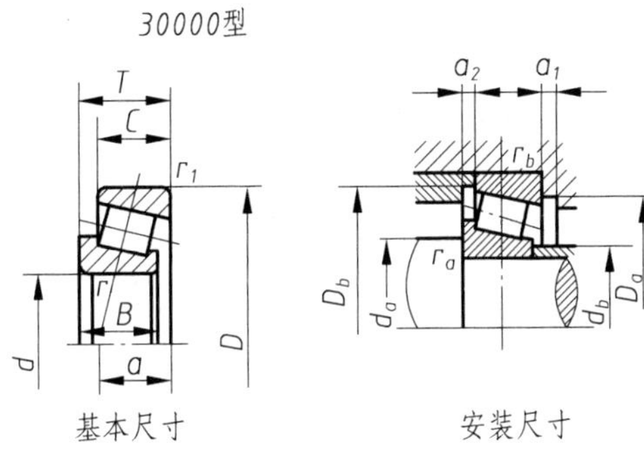

标记示例

内径d=20、尺寸系列代号为02的圆锥滚子轴承：

滚动轴承　30204　GB/T 297—1994

附表 C2-1

轴承代号	基本尺寸/mm								安装尺寸/mm								
	d	D	T	B	C	r_s min	r_{1s} min	a ≈	d_a min	d_b max	D_a min	D_a max	D_b min	a_1 min	a_2 min	r_{as} max	r_{bs} max
02尺寸系列																	
30203	17	40	13.25	12	11	1	1	9.9	23	23	34	34	37	2	2.5	1	1
30204	20	47	15.25	14	12	1	1	11.2	26	27	40	41	43	2	3.5	1	1
30205	25	52	16.25	15	13	1	1	12.5	31	31	44	46	48	2	3.5	1	1
30206	30	62	17.25	16	14	1	1	13.8	36	37	53	56	58	2	3.5	1	1
30207	35	72	18.25	17	15	1.5	1.5	15.3	42	44	62	65	67	3	3.5	1.5	1.5
30208	40	80	19.75	18	16	1.5	1.5	16.9	47	49	69	73	75	3	4	1.5	1.5
30209	45	85	20.75	19	16	1.5	1.5	18.6	52	53	74	78	80	3	5	1.5	1.5
30210	50	90	21.75	20	17	1.5	1.5	20	57	58	79	83	86	3	5	1.5	1.5
30211	55	100	22.75	21	18	2	1.5	21	64	64	88	91	95	4	5	2	1.5
30212	60	110	23.75	22	19	2	1.5	22.3	69	69	96	101	103	4	5	2	1.5
30213	65	120	24.75	23	20	2	1.5	23.8	74	77	106	111	114	4	5	2	1.5
30214	70	125	26.25	24	21	2	1.5	25.8	79	81	110	116	119	4	5.5	2	1.5
30215	75	130	27.25	25	22	2	1.5	27.4	84	85	115	121	125	4	5.5	2	1.5
30216	80	140	28.25	26	22	2.5	2	28.1	90	90	124	130	133	4	6	2.1	2
30217	85	150	30.5	28	24	2.5	2	30.3	95	96	132	140	142	5	6.5	2.1	2
30218	90	160	32.5	30	26	2.5	2	32.3	100	102	140	150	151	5	6.5	2.1	2
30219	95	170	34.5	32	27	3	2.5	34.2	107	108	149	158	160	5	7.5	2.5	2.1
30220	100	180	37	34	29	3	2.5	36.4	112	114	157	168	169	5	8	2.5	2.1

续表

轴承代号	基本尺寸/mm								安装尺寸/mm								
	d	D	T	B	C	r_s min	r_{1s} min	a ≈	d_a min	d_b max	D_a min	D_a max	D_b min	a_1 min	a_2 min	r_{as} max	r_{bs} max
03尺寸系列																	
30302	15	42	14.25	13	11	1	1	9.6	21	22	36	36	38	2	3.5	1	1
30303	17	47	15.25	14	12	1	1	10.4	23	25	40	41	43	3	3.5	1	1
30304	20	52	16.25	15	13	1.5	1.5	11.1	27	28	44	45	48	3	3.5	1.5	1.5
30305	25	62	18.25	17	15	1.5	1.5	13	32	34	54	55	58	3	3.5	1.5	1.5
30306	30	72	20.75	19	16	1.5	1.5	15.3	37	40	62	65	66	3	5	1.5	1.5
30307	35	80	22.75	21	18	2	1.5	16.8	44	45	70	71	74	3	5	2	1.5
30308	40	90	25.25	23	20	2	1.5	19.5	49	52	77	81	84	3	5.5	2	1.5
30309	45	100	27.25	25	22	2	1.5	21.3	54	59	86	91	94	3	5.5	2	1.5
30310	50	110	29.25	27	23	2.5	2	23	60	65	95	100	103	4	6.5	2	2
30311	55	120	31.5	29	25	2.5	2	24.9	65	70	104	110	112	4	6.5	2.5	2
30312	60	130	33.5	31	26	3	2.5	26.6	72	76	112	118	121	5	7.5	2.5	2.1
30313	65	140	36	33	28	3	2.5	28.7	77	83	122	128	131	5	8	2.5	2.1
30314	70	150	38	35	30	3	2.5	30.7	82	89	130	138	141	5	8	2.5	2.1
30315	75	160	40	37	31	3	2.5	32	87	95	139	148	150	5	9	2.5	2.1
30316	80	170	42.5	39	33	3	2.5	34.4	92	102	148	158	160	5	9.5	2.5	2.1
30317	85	180	44.5	41	34	4	3	35.9	99	107	156	166	168	6	10.5	3	2.5
30318	90	190	46.5	43	36	4	3	37.5	104	113	165	176	178	6	10.5	3	2.5
30319	95	200	49.5	45	38	4	3	40.1	109	118	172	186	185	6	11.5	3	2.5
30320	100	215	51.5	47	39	4	3	42.2	114	127	184	201	199	6	12.5	3	2.5
22尺寸系列																	
32206	30	62	21.25	20	17	1	1	15.6	36	36	52	56	58	3	4.5	1	1
32207	35	72	24.25	23	19	1.5	1.5	17.9	42	42	61	65	68	3	5.5	1.5	1.5
32208	40	80	24.75	23	19	1.5	1.5	18.9	47	48	68	73	75	3	6	1.5	1.5
32209	45	85	24.75	23	19	1.5	1.5	20.1	52	53	73	78	81	3	6	1.5	1.5
32210	50	90	24.75	23	19	1.5	1.5	21	57	57	78	83	86	3	6	1.5	1.5
32211	55	100	26.75	25	21	2	1.5	22.8	64	62	87	91	96	4	6	2	1.5
32212	60	110	29.75	28	24	2	1.5	25	69	68	95	101	105	4	6	2	1.5
32213	65	120	32.75	31	27	2	1.5	27.3	74	75	104	111	115	4	6	2	1.5
32214	70	125	33.25	31	27	2	1.5	28.8	79	79	108	116	120	4	6.5	2	1.5
32215	75	130	33.25	31	27	2	1.5	30	84	84	115	121	126	4	6.5	2	1.5
32216	80	140	35.25	33	28	2.5	2	31.4	90	89	122	130	135	5	7.5	2.1	2
32217	85	150	38.5	36	30	2.5	2	33.9	95	95	130	140	143	5	8.5	2.1	2
32218	90	160	42.5	40	34	2.5	2	36.8	100	101	138	150	153	5	8.5	2.1	2
32219	95	170	45.5	43	37	3	2.5	39.2	107	106	145	158	163	5	8.5	2.5	2.1
32220	100	180	49	46	39	3	2.5	41.9	112	113	154	168	172	5	10	2.5	2.1
23尺寸系列																	
32303	17	47	20.25	19	16	1	1	12.3	23	24	39	41	43	3	4.5	1	1
32304	20	52	22.25	21	18	1.5	1.5	13.6	27	26	43	45	48	3	4.5	1.5	1.5
32305	25	62	25.25	24	20	1.5	1.5	15.9	32	32	52	55	58	3	5.5	1.5	1.5
32306	30	72	28.75	27	23	1.5	1.5	18.9	37	38	59	65	66	4	6	1.5	1.5
32307	35	80	32.75	31	25	2	1.5	20.4	44	43	66	71	74	4	8.5	2	1.5
32308	40	90	35.25	33	27	2	1.5	23.3	49	49	73	81	83	4	8.5	2	1.5
32309	45	100	38.25	36	30	2	1.5	25.6	54	56	82	91	93	4	8.5	2	1.5
32310	50	110	42.25	40	33	2.5	2	28.2	60	61	90	100	102	5	9.5	2	2
32311	55	120	45.5	43	35	2.5	2	30.4	65	66	99	110	111	5	10	2.5	2
32312	60	130	48.5	46	37	3	2.5	32	72	72	107	118	122	6	11.5	2.5	2.1
32313	65	140	51	48	39	3	2.5	34.3	77	79	117	128	131	6	12	2.5	2.1
32314	70	150	54	51	42	3	2.5	36.5	82	84	125	138	141	6	12	2.5	2.1
32315	75	160	58	55	45	3	2.5	39.4	87	91	133	148	150	7	13	2.5	2.1
32316	80	170	61.5	58	48	3	2.5	42.1	92	97	142	158	160	7	13.5	2.5	2.1
32317	85	180	63.5	60	49	4	3	43.5	99	102	150	166	168	8	14.5	3	2.5
32318	90	190	67.5	64	53	4	3	46.2	104	107	157	176	178	8	14.5	3	2.5
32319	95	200	71.5	67	55	4	3	49	109	114	166	186	187	8	16.5	3	2.5
32320	100	215	77.5	73	60	4	3	52.9	114	122	177	201	201	8	17.5	3	2.5

注：r_{smin}等含义同表C1-1。

C3　推力球轴承（GB/T 301—1995）

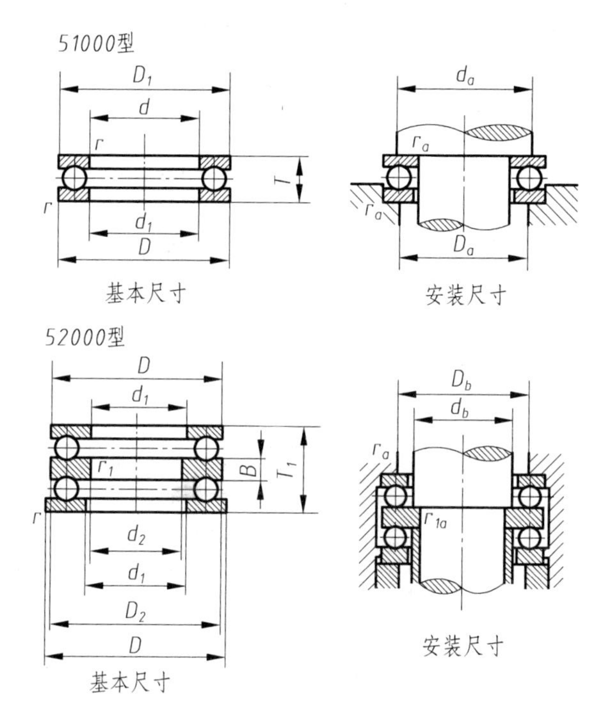

标记示例

内径d=20、
51000型推力球轴承、
12尺寸系列：
滚动轴承　51204
GB/T 301—1995

附表 C3-1

轴承代号		基本尺寸/mm											安装尺寸/mm					
		d	d_2	D	T	T_1	d_1 min	D_1 max	D_2 max	B	r_s min	r_{1s} min	d_a min	D_a max	D_b min	d_b max	r_{as} max	r_{1as} max
12(51000型)、22(52000型)尺寸系列																		
51200	—	10	—	26	11	—	12	26	—	—	0.6	—	20	16		—	0.6	—
51201	—	12	—	28	11	—	14	28	—	—	0.6	—	22	18		—	0.6	—
51202	52202	15	10	32	12	22	17	32	32	5	0.6	0.3	25	22		15	0.6	0.3
51203	—	17	—	35	12	—	19	35	—	—	0.6	—	28	24		—	0.6	—
51204	52204	20	15	40	14	26	22	40	40	6	0.6	0.3	32	28		20	0.6	0.3
51205	52205	25	20	47	15	28	27	47	47	7	0.6	0.3	38	34		25	0.6	0.3
51206	52206	30	25	52	16	29	32	52	52	7	0.6	0.3	43	39		30	0.6	0.3
51207	52207	35	30	62	18	34	37	62	62	8	1	0.3	51	46		35	1	0.3
51208	52208	40	30	68	19	36	42	68	68	9	1	0.6	57	51		40	1	0.6
51209	52209	45	35	73	20	37	47	73	73	9	1	0.6	62	56		45	1	0.6
51210	52210	50	40	78	22	39	52	78	78	9	1	0.6	67	61		50	1	0.6
51211	52211	55	45	90	25	45	57	90	90	10	1	0.6	76	69		55	1	0.6
51212	52212	60	50	95	26	46	62	95	95	10	1	0.6	81	74		60	1	0.6
51213	52213	65	55	100	27	47	67	100		10	1	0.6	86	79	79	65	1	0.6
51214	52214	70	55	105	27	47	72	105		10	1	1	91	84	84	70	1	1
51215	52215	75	60	110	27	47	77	110		10	1	1	96	89	89	75	1	1

续表

轴承代号		基本尺寸/mm											安装尺寸/mm					
		d	d_2	D	T	T_1	d_1 min	D_1 max	D_2 max	B	r_s min	r_{1s} min	d_a min	D_a max	D_b min	d_b max	r_{as} max	r_{1as} max
151216	52216	80	65	115	28	48	82	115		10	1	1	101	94	94	80	1	1
51217	52217	85	70	125	31	55	88	125		12	1	1	109	101	109	85	1	1
51218	52218	90	75	135	35	62	93	135		14	1.1	1	117	108	108	90	1	1
51220	52220	100	85	150	38	67	103	150		15	1.1	1	130	120	120	100	1	1
13(51000型)、23(52000型)尺寸系列																		
51304	—	20	—	47	18	—	22	47		—	1	—	36	31	—	—	1	—
51305	52305	25	20	52	18	34	27	52		8	1	0.3	41	36	36	25	1	0.3
51306	52306	30	25	60	21	38	32	60		9	1	0.3	48	42	42	30	1	0.3
51307	52307	35	30	68	24	44	37	68		10	1	0.3	55	48	48	35	1	0.3
51308	52308	40	30	78	26	49	42	78		12	1	0.6	63	55	55	40	1	0.6
51309	52309	45	35	85	28	52	47	85		12	1	0.6	69	61	61	45	1	0.6
51310	52310	50	40	95	31	58	52	95		14	1.1	0.6	77	68	68	50	1	0.6
51311	52311	55	45	105	35	64	57	105		15	1.1	0.6	85	75	75	55	1	0.6
51312	52312	60	50	110	35	64	62	110		15	1.1	0.6	90	80	80	60	1	0.6
51313	52313	65	55	115	36	65	67	115		15	1.1	0.6	95	85	85	65	1	0.6
51314	52314	70	55	125	40	72	72	125		16	1.1	1	103	92	92	70	1	1
51315	52315	75	60	135	44	79	77	135		18	1.5	1	111	99	99	75	1.5	1
51316	52316	80	65	140	44	79	82	140		18	1.5	1	116	104	104	80	1.5	1
51317	52317	85	70	150	49	87	88	150		19	1.5	1	124	111	114	85	1.5	1
51318	52318	90	75	155	50	88	93	155		19	1.5	1	129	116	116	90	1.5	1
51320	52320	100	85	170	55	97	103	170		21	1.5	1	142	128	128	100	1.5	1
14(51000型)、24(52000型)尺寸系列																		
51405	52405	25	15	60	24	45	27	60		11	1	0.6	46	39		25	1	0.6
51406	52406	30	20	70	28	52	32	70		12	1	0.6	54	46		30	1	0.6
51407	52407	35	25	80	32	59	37	80		14	1.1	0.6	62	53		35	1	0.6
51408	52408	40	30	90	36	65	42	90		15	1.1	0.6	70	60		40	1	0.6
51409	52409	45	35	100	39	72	47	100		17	1.1	0.6	78	67		45	1	0.6
51410	52410	50	40	110	43	78	52	110		18	1.5	0.6	86	74		50	1.5	0.6
51411	52411	55	45	120	48	87	57	120		20	1.5	0.6	94	81		55	1.5	0.6
51412	52412	60	50	130	51	93	62	130		21	1.5	0.6	102	88		60	1.5	0.6
51413	52413	65	50	140	56	101	68	140		23	2	1	110	95		65	2.0	1
51414	52414	70	55	150	60	107	73	150		24	2	1	118	102		70	2.0	1
51415	52415	75	60	160	65	115	78	160	160	26	2	1	125	110		75	2.0	1
51416	—	80	—	170	68	—	83	170	—	—	2.1	—	133	117		—	2.1	—
41417	52417	85	65	180	72	128	88	177	179.5	29	2.1	1.1	141	124		85	2.1	1
51418	52418	90	70	190	77	135	93	187	189.5	30	2.1	1.1	149	131		90	2.1	1
51420	52420	100	80	210	85	150	103	205	209.5	33	3	1.1	165	145		100	2.5	1

注：r_{smin}等含义同表C1-1。

附录D　极限与配合

D1　公称尺寸至500mm的轴、孔公差带(摘自GB/T 1801—2009)

附表D1-1

公称尺寸至500mm的轴公差带规定如下，选择时，应优先选用圆圈中(优先)的公差带，其次选用方框中(常用)的公差带，最后选用其他的公差带。

h1　js1

h2　js2

h3　js3

g4　h4　js4　k4　m4　n4　p4　r4　s4

f5　g5　h5　j5　js5　k5　m5　n5　p5　r5　s5　t5　u5　v5　x5

e6　f6　g6　h6　j6　js6　k6　m6　n6　p6　r6　s6　t6　u6　v6　x6　y6　z6

d7　e7　f7　g7　h7　j7　js7　k7　m7　n7　p7　r7　s7　t7　u7　v7　x7　y7　z7

c8　d8　e8　f8　g8　h8　js8　k8　m8　n8　p8　r8　s8　t8　u8　v8　x8　y8　z8

a9　b9　c9　d9　e9　f9　h9　js9

a10　b10　c10　d10　e10　h10　js10

a11　b11　c11　d11　h11　js11

a12　b12　c12　h12　js12

a13　b13　h13　js13

公称尺寸至500mm的孔公差带规定如下，选择时，应优先选用圆圈中(优先)的公差带，其次选用方框中(常用)的公差带，最后选用其他的公差带。

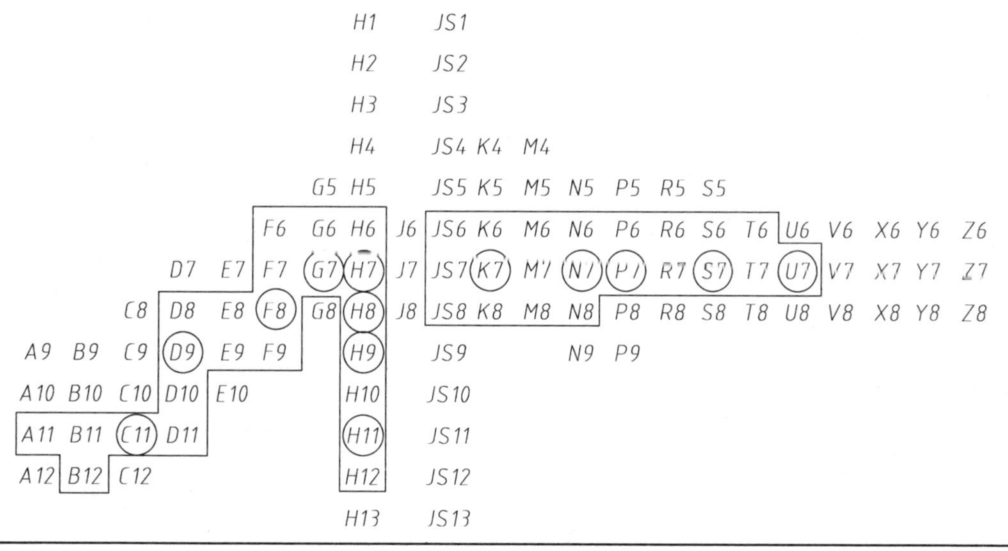

D2 优先选用及其次选用(常用)公差带极限偏差数值表(摘自 GB/T 1800.2—2009)

1. 轴

附表 D2-1 常用及优先

公称尺寸/mm		常用及优先公差带												
		a	b		c			d				e		
大于	至	11	11	12	9	10	⑪	8	⑨	10	11	7	8	9
—	3	−270 −330	−140 −200	−140 −240	−60 −85	−60 −100	−60 −120	−20 −34	−20 −45	−20 −60	−20 −80	−14 −24	−14 −28	−14 −39
3	6	−270 −345	−140 −215	−140 −260	−70 −100	−70 −118	−70 −145	−30 −48	−30 −60	−30 −78	−30 −105	−20 −32	−20 −38	−20 −50
6	10	−280 −370	−150 −240	−150 −300	−80 −116	−80 −138	−80 −170	−40 −62	−40 −76	−40 −98	−40 −130	−25 −40	−25 −47	−25 −61
10	14	−290 −400	−150 −260	−150 −330	−95 −138	−95 −165	−95 −205	−50 −77	−50 −93	−50 −120	−50 −160	−32 −50	−32 −59	−32 −75
14	18													
18	24	−300 −430	−160 −290	−160 −370	−110 −162	−110 −194	−110 −240	−65 −98	−65 −117	−65 −149	−65 −195	−40 −61	−40 −73	−40 −92
24	30													
30	40	−310 −470	−170 −330	−170 −420	−120 −182	−120 −220	−120 −280	−80 −119	−80 −142	−80 −180	−80 −240	−50 −75	−50 −89	−50 −112
40	50	−320 −480	−180 −340	−180 −430	−130 −192	−130 −230	−130 −290							
50	65	−340 −530	−190 −380	−190 −490	−140 −214	−140 −260	−140 −330	−100 −146	−100 −174	−100 −220	−100 −290	−60 −90	−60 −106	−60 −134
65	80	−360 −550	−200 −390	−200 −500	−150 −224	−150 −270	−150 −340							
80	100	−380 −600	−220 −440	−220 −570	−170 −257	−170 −310	−170 −390	−120 −174	−120 −207	−120 −260	−120 −340	−72 −107	−72 −126	−72 −159
100	120	−410 −630	−240 −460	−240 −590	−180 −267	−180 −320	−180 −400							
120	140	−460 −710	−260 −510	−260 −660	−200 −300	−200 −360	−200 −450	−145 −208	−145 −245	−145 −305	−145 −395	−85 −125	−85 −148	−85 −185
140	160	−520 −770	−280 −530	−280 −680	−210 −310	−210 −370	−210 −460							
160	180	−580 −830	−310 −560	−310 −710	−230 −330	−230 −390	−230 −480							
180	200	−660 −950	−340 −630	−340 −800	−240 −355	−240 −425	−240 −530	−170 −242	−170 −285	−170 −355	−170 −460	−100 −146	−100 −172	−100 −215
200	225	−740 −1030	−380 −670	−380 −840	−260 −375	−260 −445	−260 −550							
225	250	−820 −1110	−420 −710	−420 −880	−280 −395	−280 −465	−280 −570							
250	280	−920 −1240	−480 −800	−480 −1000	−300 −430	−300 −510	−300 −620	−190 −271	−190 −320	−190 −400	−190 −510	−110 −162	−110 −191	−110 −240
280	315	−1050 −1370	−540 −860	−540 −1060	−330 −460	−330 −540	−330 −650							
315	355	−1200 −1560	−600 −960	−600 −1170	−360 −500	−360 −590	−360 −720	−210 −299	−210 −350	−210 −440	−210 −570	−125 −182	−125 −214	−125 −265
355	400	−1350 −1710	−680 −1040	−680 −1250	−400 −540	−400 −630	−400 −760							
400	450	−1500 −1900	−760 −1160	−760 −1390	−440 −595	−440 −690	−440 −840	−230 −327	−230 −385	−230 −480	−230 −630	−135 −198	−135 −232	−135 −290
450	500	−1650 −2050	−840 −1240	−840 −1470	−480 −635	−480 −730	−480 −880							

轴公差带极限偏差

μm

(带圈者为优先公差带)

f					g			h							
5	6	⑦	8	9	5	⑥	7	5	⑥	⑦	8	⑨	10	⑪	12
−6 −10	−6 −12	−6 −16	−6 −20	−6 −31	−2 −6	−2 −8	−2 −12	0 −4	0 −6	0 −10	0 −14	0 −25	0 −40	0 −60	0 −100
−10 −15	−10 −18	−10 −22	−10 −28	−10 −40	−4 −9	−4 −12	−4 −16	0 −5	0 −8	0 −12	0 −18	0 −30	0 −48	0 −75	0 −120
−13 −19	−13 −22	−13 −28	−13 −35	−13 −49	−5 −11	−5 −14	−5 −20	0 −6	0 −9	0 −15	0 −22	0 −36	0 −58	0 −90	0 −150
−16 −24	−16 −27	−16 −34	−16 −43	−16 −59	−6 −14	−6 −17	−6 −24	0 −8	0 −11	0 −18	0 −27	0 −43	0 −70	0 −110	0 −180
−20 −29	−20 −33	−20 −41	−20 −53	−20 −72	−7 −16	−7 −20	−7 −28	0 −9	0 −13	0 −21	0 −33	0 −52	0 −84	0 −130	0 −210
−25 −36	−25 −41	−25 −50	−25 −64	−25 −87	−9 −20	−9 −25	−9 −34	0 −11	0 −16	0 −25	0 −39	0 −62	0 −100	0 −160	0 −250
−30 −43	−30 −49	−30 −60	−30 −76	−30 −104	−10 −23	−10 −29	−10 −40	0 −13	0 −19	0 −30	0 −46	0 −74	0 −120	0 −190	0 −300
−36 −51	−36 −58	−36 −71	−36 −90	−36 −123	−12 −27	−12 −34	−12 −47	0 −15	0 −22	0 −35	0 −54	0 −87	0 −140	0 −220	0 −350
−43 −61	−43 −68	−43 −83	−43 −106	−43 −143	−14 −32	−14 −39	−14 −54	0 −18	0 −25	0 −40	0 −63	0 −100	0 −160	0 −250	0 −400
−50 −70	−50 −79	−50 −96	−50 −122	−50 −165	−15 −35	−15 −44	−15 −61	0 −20	0 −29	0 −46	0 −72	0 −115	0 −185	0 −290	0 −460
−56 −79	−56 −88	−56 −108	−56 −137	−56 −186	−17 −40	−17 −49	−17 −69	0 −23	0 −32	0 −52	0 −81	0 −130	0 −210	0 −320	0 −520
−62 −87	−62 −98	−62 −119	−62 −151	−62 −202	−18 −43	−18 −54	−18 −75	0 −25	0 −36	0 −57	0 −89	0 −140	0 −230	0 −360	0 −570
−68 −95	−68 −108	−68 −131	−68 −165	−68 −223	−20 −47	−20 −60	−20 −83	0 −27	0 −40	0 −63	0 −97	0 −155	0 −250	0 −400	0 −630

公称尺寸/mm		常用及优先公差带														
		js			k			m			n			p		
大于	至	5	6	7	5	⑥	7	5	6	7	5	⑥	7	5	⑥	7
—	3	±2	±3	±5	+4 0	+6 0	+10 0	+6 +2	+8 +2	+12 +2	+8 +4	+10 +4	+14 +4	+10 +6	+12 +6	+16 +6
3	6	±2.5	±4	±6	+6 +1	+9 +1	+13 +1	+9 +4	+12 +4	+16 +4	+13 +8	+16 +8	+20 +8	+17 +12	+20 +12	+24 +12
6	10	±3	±4.5	±7	+7 +1	+10 +1	+16 +1	+12 +6	+15 +6	+21 +6	+16 +10	+19 +10	+25 +10	+21 +15	+24 +15	+30 +15
10	14	±4	±5.5	±9	+9 +1	+12 +1	+19 +1	+15 +7	+18 +7	+25 +7	+20 +12	+23 +12	+30 +12	+26 +18	+29 +18	+36 +18
14	18															
18	24	±4.5	±6.5	±10	+11 +2	+15 +2	+23 +2	+17 +8	+21 +8	+29 +8	+24 +15	+28 +15	+36 +15	+31 +22	+35 +22	+43 +22
24	30															
30	40	±5.5	±8	±12	+13 +2	+18 +2	+27 +2	+20 +9	+25 +9	+34 +9	+28 +17	+33 +17	+42 +17	+37 +26	+42 +26	+51 +26
40	50															
50	65	±6.5	±9.5	±15	+15 +2	+21 +2	+32 +2	+24 +11	+30 +11	+41 +11	+33 +20	+39 +20	+50 +20	+45 +32	+51 +32	+62 +32
65	80															
80	100	±7.5	±11	±17	+18 +3	+25 +3	+38 +3	+28 +13	+35 +13	+48 +13	+38 +23	+45 +23	+58 +23	+52 +37	+59 +37	+72 +37
100	120															
120	140	±9	±12.5	±20	+21 +3	+28 +3	+43 +3	+33 +15	+40 +15	+55 +15	+45 +27	+52 +27	+67 +27	+61 +43	+68 +43	+83 +43
140	160															
160	180															
180	200	±10	±14.5	±23	+24 +4	+33 +4	+50 +4	+37 +17	+46 +17	+63 +17	+54 +31	+60 +31	+77 +31	+70 +50	+79 +50	+96 +50
200	225															
225	250															
250	280	±11.5	±16	±26	+27 +4	+36 +4	+56 +4	+43 +20	+52 +20	+72 +20	+57 +34	+66 +34	+86 +34	+79 +56	+88 +56	+108 +56
280	315															
315	355	±12.5	±18	±28	+29 +4	+40 +4	+61 +4	+46 +21	+57 +21	+78 +21	+62 +37	+73 +37	+94 +37	+87 +62	+98 +62	+119 +62
355	400															
400	450	±13.5	±20	±31	+32 +5	+45 +5	+68 +5	+50 +23	+63 +23	+86 +23	+67 +40	+80 +40	+103 +40	+95 +68	+108 +68	+131 +68
450	500															

注：公称尺寸小于1mm时，各级的a和b均不采用。

续表

（带圈者为优先公差带）

r			s			t			u		v	x	y	z
5	6	7	5	⑥	7	5	6	7	⑥	7	6	6	6	6
+14 +10	+16 +10	+20 +10	+18 +14	+20 +14	+24 +14	—	—	—	+24 +18	+28 +18	—	+26 +20	—	+32 +26
+20 +15	+23 +15	+27 +15	+24 +19	+27 +19	+31 +19	—	—	—	+31 +23	+35 +23	—	+36 +28	—	+43 +35
+25 +19	+28 +19	+34 +19	+29 +23	+32 +23	+38 +23	—	—	—	+37 +28	+43 +28	—	+43 +34	—	+51 +42
+31 +23	+34 +23	+41 +23	+36 +28	+39 +28	+46 +28	—	—	—	+44 +33	+51 +33	—	+51 +40	—	+61 +50
						—	—	—			+50 +39	+56 +45	—	+71 +60
+37 +28	+41 +28	+49 +28	+44 +35	+48 +35	+56 +35	—	—	—	+54 +41	+62 +41	+60 +47	+67 +54	+76 +63	+86 +73
						+50 +41	+54 +41	+62 +41	+61 +43	+69 +48	+68 +55	+77 +64	+88 +75	+101 +88
+45 +34	+50 +34	+59 +34	+54 +43	+59 +43	+68 +43	+59 +48	+64 +48	+73 +48	+76 +60	+85 +60	+84 +68	+96 +80	+110 +94	+128 +112
						+65 +54	+70 +54	+79 +54	+86 +70	+95 +70	+97 +81	+113 +97	+130 +114	+152 +136
+54 +41	+60 +41	+71 +41	+66 +53	+72 +53	+83 +53	+79 +66	+85 +66	+96 +66	+106 +87	+117 +87	+121 +102	+141 +122	+163 +144	+191 +172
+56 +43	+62 +43	+73 +43	+72 +59	+78 +59	+89 +59	+88 +75	+94 +75	+105 +75	+121 +102	+132 +102	+139 +120	+165 +146	+193 +174	+229 +210
+66 +51	+73 +51	+86 +51	+86 +71	+93 +71	+106 +71	+106 +91	+113 +91	+126 +91	+146 +124	+159 +124	+168 +146	+200 +178	+236 +214	+280 +258
+69 +54	+76 +54	+89 +54	+94 +79	+101 +79	+114 +79	+110 +104	+126 +104	+139 +104	+166 +144	+179 +144	+194 +172	+232 +210	+276 +254	+332 +310
+81 +63	+88 +63	+103 +63	+110 +92	+117 +92	+132 +92	+140 +122	+147 +122	+162 +122	+195 +170	+210 +170	+227 +202	+273 +248	+325 +300	+390 +365
+83 +65	+90 +65	+105 +65	+118 +100	+125 +100	+140 +100	+152 +134	+159 +134	+174 +134	+215 +190	+230 +190	+253 +228	+305 +280	+365 +340	+440 +415
+86 +68	+93 +68	+108 +68	+126 +108	+133 +108	+148 +108	+164 +146	+171 +146	+186 +146	+235 +210	+250 +210	+277 +252	+335 +310	+405 +380	+490 +465
+97 +77	+106 +77	+123 +77	+142 +122	+151 +122	+168 +122	+186 +166	+195 +166	+212 +166	+265 +236	+282 +236	+313 +284	+379 +350	+454 +425	+549 +520
+100 +80	+109 +80	+126 +80	+150 +130	+159 +130	+176 +130	+200 +180	+209 +180	+226 +180	+287 +258	+304 +258	+339 +310	+414 +385	+499 +470	+604 +575
+104 +84	+113 +84	+130 +84	+160 +140	+169 +140	+186 +140	+216 +196	+225 +196	+242 +196	+313 +284	+330 +284	+369 +340	+454 +425	+549 +520	+669 +640
+117 +94	+126 +94	+146 +94	+181 +158	+200 +158	+210 +158	+241 +218	+250 +218	+270 +218	+347 +315	+367 +315	+417 +385	+507 +475	+612 +580	+742 +710
+121 +98	+130 +98	+150 +98	+193 +170	+202 +170	+222 +170	+263 +240	+272 +240	+292 +240	+382 +350	+402 +350	+457 +425	+557 +525	+682 +650	+322 +790
+133 +108	+144 +108	+165 +108	+215 +190	+226 +190	+247 +190	+293 +268	+304 +268	+325 +268	+426 +390	+447 +390	+511 +475	+626 +590	+766 +730	+936 +900
+139 +114	+150 +114	+171 +114	+233 +208	+244 +208	+265 +208	+319 +294	+330 +294	+351 +294	+471 +435	+492 +435	+566 +530	+696 +660	+856 +820	+1036 +1000
+153 +126	+166 +126	+189 +126	+259 +232	+272 +232	+295 +232	+357 +330	+370 +330	+393 +330	+530 +490	+553 +490	+635 +595	+780 +740	+960 +920	+1140 +1100
+159 +132	+172 +132	+195 +132	+279 +252	+292 +252	+315 +252	+387 +360	+400 +360	+423 +360	+580 +540	+603 +540	+700 +660	+860 +820	+1040 +1000	+1290 +1250

2. 孔

附表 D2-2 常用及优先

公称尺寸/mm		常用及优先公差带													
		A	B		C	D				E		F			
大于	至	11	11	12	⑪	8	⑨	10	11	8	9	6	7	⑧	9
—	3	+330 +270	+200 +140	+240 +140	+120 +60	+34 +20	+45 +20	+60 +20	+80 +20	+28 +14	+39 +14	+12 +6	+16 +6	+20 +6	+31 +6
3	6	+345 +270	+215 +140	+260 +140	+145 +70	+48 +30	+60 +30	+78 +30	+105 +30	+38 +20	+50 +20	+18 +10	+22 +10	+28 +10	+40 +10
6	10	+370 +280	+240 +150	+300 +150	+170 +80	+62 +40	+76 +40	+98 +40	+130 +40	+47 +25	+61 +25	+22 +13	+28 +13	+35 +13	+49 +13
10	14	+400 +290	+260 +150	+330 +150	+205 +95	+77 +50	+93 +50	+120 +50	+160 +50	+59 +32	+75 +32	+27 +16	+34 +16	+43 +16	+59 +16
14	18														
18	24	+430 +300	+290 +160	+370 +160	+240 +110	+98 +65	+117 +65	+149 +65	+195 +65	+73 +40	+92 +40	+33 +20	+41 +20	+53 +20	+72 +20
24	30														
30	40	+470 +310	+330 +170	+420 +170	+280 +120	+119 +80	+142 +80	+180 +80	+240 +80	+89 +50	+112 +50	+41 +25	+50 +25	+64 +25	+87 +25
40	50	+480 +320	+340 +180	+430 +180	+290 +130										
50	65	+530 +340	+380 +190	+490 +190	+330 +140	+146 +100	+170 +100	+220 +100	+290 +100	+106 +60	+134 +60	+49 +30	+60 +30	+76 +30	+104 +30
65	80	+550 +360	+390 +200	+500 +200	+340 +150										
80	100	+600 +380	+440 +220	+570 +220	+390 +170	+174 +120	+207 +120	+260 +120	+340 +120	+126 +72	+159 +72	+58 +36	+71 +36	+90 +36	+123 +36
100	120	+630 +410	+460 +240	+590 +240	+400 +180										
120	140	+710 +460	+510 +260	+660 +260	+450 +200	+208 +145	+245 +145	+305 +145	+395 +145	+148 +85	+185 +85	+68 +43	+83 +43	+106 +43	+143 +43
140	160	+770 +520	+530 +280	+680 +280	+460 +210										
160	180	+830 +580	+560 +310	+710 +310	+480 +230										
180	200	+950 +660	+630 +340	+800 +340	+530 +240	+242 +170	+285 +170	+355 +170	+460 +170	+172 +100	+215 +100	+79 +50	+96 +50	+122 +50	+165 +50
200	225	+1030 +740	+670 +380	+840 +380	+550 +260										
225	250	+1110 +820	+710 +420	+880 +420	+570 +280										
250	280	+1240 +920	+800 +480	+1000 +480	+620 +300	+271 +190	+320 +190	+400 +190	+510 +190	+191 +110	+240 +110	+88 +56	+108 +56	+137 +56	+186 +56
280	315	+1370 +1050	+860 +540	+1060 +540	+650 +330										
315	355	+1560 +1200	+960 +600	+1170 +600	+720 +360	+299 +210	+350 +210	+440 +210	+570 +210	+214 +125	+265 +125	+98 +62	+119 +62	+151 +62	+202 +62
355	400	+1710 +1350	+1040 +680	+1250 +680	+760 +400										
400	450	+1900 +1500	+1160 +760	+1390 +760	+840 +440	+327 +230	+385 +230	+480 +230	+630 +230	+232 +135	+290 +135	+108 +68	+131 +68	+165 +68	+223 +68
450	500	+2050 +1650	+1240 +840	+1470 +840	+880 +480										

孔公差带的极限偏差　μm

（带圈者为优先公差带）

G		H							Js			K			M		
6	⑦	6	⑦	⑧	⑨	10	⑪	12	6	7	8	6	⑦	8	6	7	8
+8 +2	+12 +2	+6 0	+10 0	+14 0	+25 0	+40 0	+60 0	+100 0	±3	±5	±7	0 −6	0 −10	0 −14	−2 −8	−2 −12	−2 −16
+12 +4	+16 +4	+8 0	+12 0	+18 0	+30 0	+48 0	+75 0	+120 0	±4	±6	±9	+2 −6	+3 −9	+5 −13	−1 −9	0 −12	+2 −16
+14 +5	+20 +5	+9 0	+15 0	+22 0	+36 0	+58 0	+90 0	+150 0	±4.5	±7	±11	+2 −7	+5 −10	+6 −16	−3 −12	0 −15	+1 −21
+17 +6	+24 +6	+11 0	+18 0	+27 0	+43 0	+70 0	+110 0	+180 0	±5.5	±9	±13	+2 −9	+6 −12	+8 −19	−4 −15	0 −18	+2 −25
+20 +7	+28 +7	+13 0	+21 0	+33 0	+52 0	+84 0	+130 0	+210 0	±6.5	±10	±16	+2 −11	+6 −15	+10 −23	−4 −17	0 −21	+4 −29
+25 +9	+34 +9	+16 0	+25 0	+39 0	+62 0	+100 0	+160 0	+250 0	±8	±12	±19	+3 −13	+7 −18	+12 −27	−4 −20	0 −25	+5 −34
+29 +10	+40 +10	+19 0	+30 0	+46 0	+74 0	+120 0	+190 0	+300 0	±9.5	±15	±23	+4 −15	+9 −21	+14 −32	−5 −24	0 −30	+5 −41
+34 +12	+47 +12	+22 0	+35 0	+54 0	+87 0	+140 0	+220 0	+350 0	±11	±17	±27	+4 −18	+10 −25	+16 −38	−6 −28	0 −35	+6 −48
+39 +14	+54 +14	+25 0	+40 0	+63 0	+100 0	+160 0	+250 0	+400 0	±12.5	±20	±31	+4 −21	+12 −28	+20 −43	−8 −33	0 −40	+8 −55
+44 +15	+61 +15	+29 0	+46 0	+72 0	+115 0	+185 0	+290 0	+460 0	±14.5	±23	±36	+5 −24	+13 −33	+22 −50	−8 −37	0 −46	+9 −63
+49 +17	+69 +17	+32 0	+52 0	+81 0	+130 0	+210 0	+320 0	+520 0	±16	±26	±40	+5 −27	+16 −36	+25 −56	−9 −41	0 −52	+9 −72
+54 +18	+75 +18	+36 0	+57 0	+89 0	+140 0	+230 0	+360 0	+570 0	±18	±28	±44	+7 −29	+17 −40	+28 −61	−10 −46	0 −57	+11 −78
+60 +20	+83 +20	+40 0	+63 0	+97 0	+155 0	+250 0	+400 0	+630 0	±20	±31	±48	+8 −32	+18 −45	+29 −68	−10 −50	0 −63	+11 −86

续表

公称尺寸/mm		常用及优先公差带(带圈者为优先公差带)											
		N			P		R		S		T		U
大于	至	6	⑦	8	6	⑦	6	7	6	⑦	6	7	⑦
—	3	−4 −10	−4 −14	−4 −18	−6 −12	−6 −16	−10 −16	−10 −20	−14 −20	−14 −24	—	—	−18 −28
3	6	−5 −13	−4 −16	−2 −20	−9 −17	−8 −20	−12 −20	−11 −23	−16 −24	−15 −27	—	—	−19 −31
6	10	−7 −16	−4 −19	−3 −25	−12 −21	−9 −24	−16 −25	−13 −28	−20 −29	−17 −32	—	—	−22 −37
10	14	−9 −20	−5 −23	−3 −30	−15 −26	−11 −29	−20 −31	−16 −34	−25 −36	−21 −39	—	—	−26 −44
14	18												
18	24	−11 −24	−7 −28	−3 −36	−18 −31	−14 −35	−24 −37	−20 −41	−31 −44	−27 −48	—	—	−33 −54
24	30										−37 −50	−33 −54	−40 −61
30	40	−12 −28	−8 −33	−3 −42	−21 −37	−17 −42	−29 −45	−25 −50	−38 −54	−34 −59	−43 −59	−39 −64	−51 −76
40	50										−49 −65	−45 −70	−61 −86
50	65	−14 −33	−9 −39	−4 −50	−26 −45	−21 −51	−35 −54	−30 −60	−47 −66	−42 −72	−60 −79	−55 −85	−76 −106
65	80						−37 −56	−32 −62	−53 −72	−48 −78	−69 −88	−64 −94	−91 −121
80	100	−16 −38	−10 −45	−4 −58	−30 −52	−24 −59	−44 −66	−38 −73	−64 −86	−58 −93	−84 −106	−78 −113	−111 −146
100	120						−47 −69	−41 −76	−72 −94	−66 −101	−97 −119	−91 −126	−131 −166
120	140	−20 −45	−12 −52	−4 −67	−36 −61	−28 −68	−56 −81	−48 −88	−85 −110	−77 −117	−115 −140	−107 −147	−155 −195
140	160						−58 −83	−50 −90	−93 −118	−85 −125	−127 −152	−119 −159	−175 −215
160	180						−61 −86	−53 −93	−101 −126	−93 −133	−139 −164	−131 −171	−195 −235
180	200	−22 −51	−14 −60	−5 −77	−41 −70	−33 −79	−68 −97	−60 −106	−113 −142	−105 −151	−157 −186	−149 −195	−219 −265
200	225						−71 −100	−63 −109	−121 −150	−113 −159	−171 −200	−163 −209	−241 −287
225	250						−75 −104	−67 −113	−131 −160	−123 −169	−187 −216	−179 −225	−267 −313
250	280	−25 −57	−14 −66	−5 −86	−47 −79	−36 −88	−85 −117	−74 −126	−149 −181	−138 −190	−209 −241	−198 −250	−295 −347
280	315						−89 −121	−78 −130	−161 −193	−150 −202	−231 −263	−220 −272	−330 −382
315	355	−26 −62	−16 −73	−5 −94	−51 −87	−41 −98	−97 −133	−87 −144	−179 −215	−169 −226	−257 −293	−247 −304	−369 −426
355	400						−103 −139	−93 −150	−197 −233	−187 −244	−283 −319	−273 −330	−414 −471
400	450	−27 −67	−17 −80	−6 −103	−55 −95	−45 −108	−113 −153	−103 −166	−219 −259	−209 −272	−317 −357	−307 −370	−467 −530
450	500						−119 −159	−109 −172	−239 −279	−229 −292	−347 −387	−337 −400	−517 −580

注：公称尺寸小于1mm时，各级的A和B均不采用。

D3　优先和常用配合(摘自 GB/T 1801—2009)

1. 公称尺寸至 500mm 的基孔制优先和常用配合

附表 D3-1　基孔制优先，常用配合

基准孔	轴																				
	a	b	c	d	e	f	g	h	js	k	m	n	p	r	s	t	u	v	x	y	z
	间隙配合								过渡配合			过盈配合									
H6						$\frac{H6}{f5}$	$\frac{H6}{g5}$	$\frac{H6}{h5}$	$\frac{H6}{js5}$	$\frac{H6}{k5}$	$\frac{H6}{m5}$	$\frac{H6}{n5}$	$\frac{H6}{p5}$	$\frac{H6}{r5}$	$\frac{H6}{s5}$	$\frac{H6}{t5}$					
H7						$\frac{H7}{f6}$	◤$\frac{H7}{g6}$	◤$\frac{H7}{h6}$	$\frac{H7}{js6}$	◤$\frac{H7}{k6}$	$\frac{H7}{m6}$	◤$\frac{H7}{n6}$	◤$\frac{H7}{p6}$	$\frac{H7}{r6}$	◤$\frac{H7}{s6}$	$\frac{H7}{t6}$	◤$\frac{H7}{u6}$	$\frac{H7}{v6}$	$\frac{H7}{x6}$	$\frac{H7}{y6}$	$\frac{H7}{z6}$
H8					$\frac{H8}{e7}$	◤$\frac{H8}{f7}$	$\frac{H8}{g7}$	◤$\frac{H8}{h7}$	$\frac{H8}{js7}$	$\frac{H8}{k7}$	$\frac{H8}{m7}$	$\frac{H8}{n7}$	$\frac{H8}{p7}$	$\frac{H8}{r7}$	$\frac{H8}{s7}$	$\frac{H8}{t7}$	$\frac{H8}{u7}$				
				$\frac{H8}{d8}$	$\frac{H8}{e8}$	$\frac{H8}{f8}$		$\frac{H8}{h8}$													
H9			$\frac{H9}{c9}$	◤$\frac{H9}{d9}$	$\frac{H9}{e9}$	$\frac{H9}{f9}$		◤$\frac{H9}{h9}$													
H10			$\frac{H10}{c10}$	$\frac{H10}{d10}$				$\frac{H10}{h10}$													
H11	$\frac{H11}{a11}$	$\frac{H11}{b11}$	◤$\frac{H11}{c11}$	$\frac{H11}{d11}$				◤$\frac{H11}{h11}$													
H12		$\frac{H12}{b12}$						$\frac{H12}{h12}$													

注：① $\frac{H6}{n5}$，$\frac{H7}{p6}$在公称尺寸小于或等于 3mm 和$\frac{H8}{r7}$在小于或等于 100mm 时，为过渡配合。

② 标注◤的配合为优先配合。

2. 公称尺寸至 500mm 的基轴制优先和常用配合

附表 D3-2　基轴制优先、常用配合

基准轴	孔																				
	A	B	C	D	E	F	G	H	JS	K	M	N	P	R	S	T	U	V	X	Y	Z
	间隙配合								过渡配合			过盈配合									
h5						$\frac{F6}{h5}$	$\frac{G6}{h5}$	$\frac{H6}{h5}$	$\frac{JS6}{h5}$	$\frac{K6}{h5}$	$\frac{M6}{h5}$	$\frac{N6}{h5}$	$\frac{P6}{h5}$	$\frac{R6}{h5}$	$\frac{S6}{h5}$	$\frac{T6}{h5}$					
h6						$\frac{F7}{h6}$	◤$\frac{G7}{h6}$	◤$\frac{H7}{h6}$	$\frac{JS7}{h6}$	◤$\frac{K7}{h6}$	$\frac{M7}{h6}$	◤$\frac{N7}{h6}$	◤$\frac{P7}{h6}$	$\frac{R7}{h6}$	◤$\frac{S7}{h6}$	$\frac{T7}{h6}$	◤$\frac{U7}{h6}$				
h7					$\frac{E8}{h7}$	◤$\frac{F8}{h7}$		◤$\frac{H8}{h7}$	$\frac{JS8}{h7}$	$\frac{K8}{h7}$	$\frac{M8}{h7}$	$\frac{N8}{h7}$									
h8				$\frac{D8}{h8}$	$\frac{E8}{h8}$	$\frac{F8}{h8}$		$\frac{H8}{h8}$													
h9				◤$\frac{D9}{h9}$	$\frac{E9}{h9}$	$\frac{F9}{h9}$		◤$\frac{H9}{h9}$													
h10				$\frac{D10}{h10}$				$\frac{D10}{h10}$													
h11	$\frac{A11}{h11}$	$\frac{B11}{h11}$	◤$\frac{C11}{h11}$	$\frac{D11}{h11}$				◤$\frac{H11}{h11}$													
h12		$\frac{B12}{h12}$						$\frac{H12}{h12}$													

注：标注◤的配合为优先配合。

3. 配合的应用

附表 D3-3 优先配合特性及应用举例

基孔制	基轴制	优先配合特性及应用举例
$\frac{H11}{c11}$	$\frac{C11}{h11}$	间隙非常大，用于很松的、转动很慢的动配合，或要求大公差与大间隙的外露组件，或要求装配方便的、很松的配合
$\frac{H9}{d9}$	$\frac{D9}{h9}$	间隙很大的自由转动配合，用于精度非主要要求时，或有大的温度变动、高转速或大的轴颈压力时
$\frac{H8}{f7}$	$\frac{F8}{h7}$	间隙不大的转动配合，用于中等转速与中等轴颈压力的精确转动，也用于装配较易的中等定位配合
$\frac{H7}{g6}$	$\frac{G7}{h6}$	间隙很小的滑动配合，用于不希望自由转动，但可自由移动和滑动并精密定位时，也可用于要求明确的定位配合
$\frac{H7}{h6}$ $\frac{H8}{h7}$ $\frac{H9}{h9}$ $\frac{H11}{h11}$	$\frac{H7}{h6}$ $\frac{H8}{h7}$ $\frac{H9}{h9}$ $\frac{H11}{h11}$	均为间隙定位配合，零件可自由装拆，而工作时一般相对静止不动。在最大实体条件下的间隙为零，在最小实体条件下的间隙由公差等级决定
$\frac{H7}{k6}$	$\frac{K7}{h6}$	过渡配合，用于精密定位
$\frac{H7}{n6}$	$\frac{N7}{h6}$	过渡配合，允许有较大过盈的更精密定位
$\frac{H7^{*}}{p6}$	$\frac{P7}{h6}$	过盈定位配合，即小过盈配合，用于定位精度特别重要时，能以最好的定位精度达到部件的刚性及对中性要求，而对内孔承受压力无特殊要求，不依靠配合的紧固性传递摩擦负荷
$\frac{H7}{s6}$	$\frac{S7}{h6}$	中等压入配合，适用于一般钢件，或用于薄壁件的冷缩配合，用于铸铁件可得到最紧的配合
$\frac{H7}{u6}$	$\frac{U7}{h6}$	压入配合，适用于可以承受大压入力的零件或不宜承受大压入力的冷缩配合

注：* 公称尺寸小于或等于 3mm 为过渡配合。

D4 公差等级与加工方法的关系

附表 D4-1 公差等级与加工方法的关系

加工方法	公差等级(IT)																	
	01	0	1	2	3	4	5	6	7	8	9	10	11	12	13	14	15	16
研磨	—	—	—	—	—	—	—											
珩						—	—	—	—									
圆磨、平磨							—	—	—	—								
金刚石车、金刚石镗							—	—	—									
拉削							—	—	—	—								
铰孔								—	—	—	—	—						
车、镗									—	—	—	—	—					
铣										—	—	—	—					
刨、插												—	—					
钻孔												—	—	—	—			
滚压、挤压												—	—					
冲压												—	—	—	—	—		
压铸													—	—	—	—		
粉末冶金成形								—	—	—								
粉末冶金烧结									—	—	—	—						
砂型铸造、气割																		—
锻造																	—	

参考文献

[1] 石光源,周积义,彭福荫. 机械制图[M]. 3 版. 北京:高等教育出版社,1990.

[2] 刘朝儒,彭福荫,高政一. 机械制图[M]. 5 版. 北京:高等教育出版社,2006.

[3] 焦永和. 机械制图[M]. 北京:北京理工大学出版社,2001.

[4] 谭建荣,张树有,陆国栋,等. 图学基础教程[M]. 2 版. 杭州:浙江大学出版社,2006.

[5] 大连理工大学工程画教研室. 机械制图[M]. 5 版. 北京:高等教育出版社,2003.

[6] 常明. 画法几何及机械制图[M]. 3 版. 武汉:华中科技大学出版社,2004.

[7] 何铭新,钱可强. 机械制图[M]. 5 版. 北京:高等教育出版社,2004.

[8] Bertoline G R. Fundamentals of Graphics Communication[M]. 5th Ed. McGraw-Hill Companies, Inc., 2005.

[9] 全国技术产品文件标准化技术委员会. 中国标准出版社第三编辑室. 技术产品文件标准汇编. 机械制图卷[M]. 2 版. 北京:中国标准出版社,2009.

[10] 国家技术监督总局. 中华人民共和国国家标准 GB/T 13361—1992 技术制图通用术语[M]. 北京:中国标准出版社,1992.

[11] 中华人民共和国国家质量监督检疫总局. 中华人民共和国国家标准 GB/T 197—2003 普通螺纹 公差[M]. 北京:中国标准出版社,2003.

[12] 国家标准局. 中华人民共和国国家标准 GB/T 71—1985 开槽锥端紧定螺钉[M]. 北京:中国标准出版社,1985.

[13] 国家技术监督总局. 中华人民共和国国家标准 GB/T 41—2000 六角螺母 C 级[M]. 北京:中国标准出版社,2000.

[14] 中华人民共和国国家质量监督检疫总局. 中华人民共和国国家标准 GB/T 97.1—2002 平垫圈 A 级[M]. 北京:中国标准出版社,2002.

[15] 中华人民共和国国家质量监督检疫总局. 中华人民共和国国家标准 GB/T 97.2—2002 平垫圈 倒角型 A 级[M]. 北京:中国标准出版社,2002.

[16] 中华人民共和国国家质量监督检疫总局. 中华人民共和国国家标准 GB/T 1096—2003 普通型 平键[M]. 北京:中国标准出版社,2003.

[17] 中华人民共和国国家质量监督检疫总局. 中华人民共和国国家标准 GB/T 1095—2003 平键 键槽的剖面尺寸[M]. 北京:中国标准出版社,2003.

[18] 国家技术监督总局. 中华人民共和国国家标准 GB/T 119.1—2000 圆柱销[M]. 北京:中国标准出版社,2000.

[19] 国家技术监督总局. 中华人民共和国国家标准 GB/T 117—2000 圆锥销[M]. 北京:中国标准出版社,2000.

[20] 国家技术监督总局. 中华人民共和国国家标准 GB/T 3505—2009 产品几何技术规范(GPS) 表面结构 轮廓法 术语 定义及表面结构参数[M]. 北京:中国标准出版社,2009.

[21] 国家技术监督总局. 中华人民共和国国家标准 GB/T 1031—2009 产品几何技术规范(GPS) 表面结构 轮廓法 表面粗糙度参数及其数值[M]. 北京:中国标准出版社,2009.

[22] 中华人民共和国国家质量监督检疫总局. 中华人民共和国国家标准 GB/T 1801—2009 产品几何技术规范(GPS) 极限与配合 公差带和配合的选择[M]. 北京:中国标准出版社,2009.

平台功能介绍

如果您是教师，您可以

- 建立课程
- 管理课程
- 管理题库
- 发布试卷
- 布置作业
- 管理问答与话题

如果您是学生，您可以

- 发表话题
- 提出问题
- 加入课程
- 下载课程资料
- 编辑笔记
- 使用优惠码和激活序列号

如何加入课程

1 找到教材封底“数字课程入口”

范例

数字课程入口

刮开涂层获取二维码

刮开涂层

2 刮开涂层获取二维码，扫码进入课程

范例

获取更多详尽平台使用指导可输入网址

http://www.wqketang.com/course/550

如有疑问，可联系微信客服：DESTUP

清華大学出版社

出品的在线学习平台